JN172453

現代都市法の課題と展望

原田純孝先生古稀記念論集

楜澤能生・佐藤岩夫・髙橋寿一・高村学人＝編

日本評論社

原田純孝先生近影

古稀をお祝いし、謹んで本書を
原田純孝先生に捧げます。

執筆者一同

はしがき

　私たちが敬愛する原田純孝先生は、2016 年 1 月 1 日にめでたく満 70 歳の誕生日を迎えられました。先生は、1968 年 3 月に東京大学法学部を卒業された後、東京大学社会科学研究所助手、東京経済大学助教授を経て、1982 年 4 月から 2008 年 3 月までの 26 年間、東京大学社会科学研究所に助教授・教授として在職され、その後中央大学法科大学院教授に移られた後、2016 年 3 月に同大学を定年で退職されました。この間、民法、フランス法、都市法、農業法、家族法等の研究、教育に勤しまれるとともに、日本農業法学会会長、日本法社会学会事務局長等を歴任されました。

　多岐にわたる原田先生の研究のなかでも特筆すべきは、都市法および農業法に関する卓越したご研究です。

　原田先生が助手として研究生活を開始し、その後長く在職された東京大学社会科学研究所は、渡辺洋三先生や利谷信義先生、稲本洋之助先生などをはじめとして土地法・住宅法研究の優れた伝統がありましたが、原田先生は、それらの伝統を継承するとともにさらに発展させ、都市法学という新たな研究領域を意欲的に開拓されました。原田先生の数多くの論攷のほか、先生が編者として刊行された『現代の都市法』（1993 年）、『日本の都市法Ⅰ・Ⅱ』（2001 年）などには、原田先生が日本の都市法学の発展にとっていかに大きな役割を果たされたかが示されています。

　そして、原田先生の都市法研究に言及するとき欠くことができないのが、先生が主宰され、1986 年から 2007 年までの実に 21 年の長きにわたり継続した都市法研究会です。同研究会には、法学の研究者だけでなく、都市計画や建築学、経済学、財政学等多様な分野から、都市問題・都市法に関心を持つ多くの研究者が結集しました。都市法研究会の活動の全体像を示す記録は、『社会科

学研究』61 巻 3・4 合併号（2010 年）に収録されていますが、同研究会の魅力は、何といっても、幅広い分野・世代の研究者に対して実に自由闊達な学際的議論の場を提供した点にあります。その中心には、多様な議論を広く受けとめる原田先生の包容力と、日本の都市法が進むべき方向性を常に的確に示した先生の優れた洞察と指導力がありました。

　他方、農業法分野において原田先生がはたされた役割も誠に大きいものがあります。原田先生の最初のご著書である『近代土地賃貸借法の研究』（1980年）は、フランスの農地賃貸借法制の歴史的考察を主題とする研究でしたが、それは一方で、不動産賃貸借法の研究を媒介として上述の都市法研究につながっていくとともに、他方で、その後の原田先生の農業法研究の礎ともなるものでした。原田先生は、その時々の農業政策・農業法の変化を精緻に分析されるとともに、それらが内包する課題に鋭い批判を加える多くの論攷を発表されています。そして 2012 年からは日本農業法学会会長に就任され、名実ともに日本における農業法学を牽引する存在となっておられます。

　原田先生の農業法研究が多方面で重要な影響を及ぼした一例として、2009年の農地法改正に際しての、国会審議における先生の参考人意見をあげることができます（第171 国会衆議院農林水産委員会、2009 年 4 月 14 日）。この参考人意見において原田先生は、農地賃貸借の自由化に対する批判の論陣を張り、その意見は、農地が貴重な地域資源であること、農地の権利取得を促進すべき対象が耕作者であることを明確化する法案修正や、一般企業等が借り受けた農地の適正な利用を担保するための措置を設ける修正等、実際の立法に大きな影響を及ぼしました。

　以上の研究の全体を貫く原田先生の学問に対する真摯な姿勢と、温厚、誠実なお人柄は、私たち後進の研究者を強く惹きつけ、また、先生の教えは各自の研究の導きの糸となってまいりました。そのような原田先生がめでたく古稀を迎えるに当たり、私たちは、先生への心からの感謝とお祝いの気持ちを表するため、本書の刊行を計画いたしました。その際私たちは、上に述べたような、都市法学および農業法学の発展に原田先生がはたされた大きな役割に鑑み、都市法学および農業法学に焦点を合わせた論文集を編集することが、先生の古稀をお祝いするには最もふさわしいと考えました。そこで、都市法研究会や農業

はしがき　v

法学会その他の場で親しく原田先生と交流の機会があった研究者の皆さまに本書へのご寄稿のお願いを申し上げるとともに、本書の企画の趣旨として、（ここでは都市法学の用語を、住宅法研究や農業法研究も含めて広くとらえることを前提に）以下のねらいもお伝えいたしました――「原田先生の都市法学に刺激を受けて各自の研究を進めてきた後進の研究者が、原田都市法学の意義と可能性をあらためて位置づけ直すとともに、それを単に原田都市法学の回顧的叙述にとどめることなく、各自の関心領域においてそれぞれに発展させることを通じて、現代日本の都市法が抱える課題の解決と、今後の都市法学発展の展望を得ることをめざして本書を刊行する」（執筆依頼状からの抜粋）。

　幸いにも多くの方々が、この趣旨に賛同され、大変力のこもった論攷をお寄せくださいました。都市法、住宅法、農業法各分野の最新の研究成果をお届けすることで、原田先生のご学恩に些かでも酬いることができたのではないかと考えています。

　そもそもの企画の立ち上げが若干遅くなってしまったことや、その後の編者の作業の不手際のため、本書の刊行が、原田先生が古稀をお迎えになった日から随分遅れてしまいましたことを、先生ならびに執筆者の皆様にお詫び申し上げます。

　原田先生は、現在、弁護士として実務の第一線で活躍される一方、研究活動も、以前にも増して精力的に続けておられます。原田先生が今後も益々お元気でご活躍されることを祈念しつつ、心からのお祝いと敬愛の気持ちを込めて、本書を先生に捧げます。

　なお、最後になりましたが、出版事情が大変厳しい折にもかかわらず、本書の出版をお引き受けいただいた日本評論社に感謝申し上げます。また、同社編集部の中野芳明、岡博之両氏には、終始献身的で丁寧な編集作業をしていただきました。お二人にこの場を借りて厚くお礼を申し上げます。

　2017 年 11 月

　　　　　　　　　　　　　　　　　　　　　　　　　　　　編者一同

現代都市法の課題と展望

原田純孝先生古稀記念論集

目　次

はしがき　iii

第1部　都市法の基礎理論

近代と現代——都市法の架橋と対峙 ………………………五十嵐敬喜　3

現代都市法論と都市コモンズ研究
　　——連結のための試論 ………………………………高村学人　29

「都市のスポンジ化」への対応と公共性 ………………角松生史　53

都市計画の法主体に関する覚書き ………………………亘理　格　73

都市空間形成における矛盾論についての覚書
　　——H.ルフェーブルの所説を中心に………………山田良治　95

第2部　都市法の現代的変容

住民参加の権利性と権利主体について
　　——再開発事業の同意権の法的性質と共通利益 ………見上崇洋　119

風力発電設備の立地選定
　　——国土整備計画と建設管理計画 ………………………髙橋寿一　141

米軍基地確保政策にみる日米安保体制の特異性 ………川瀬光義　167

大阪都心部における土地所有の現代的展開
　　——商社所有地の分析 ………………………………名武なつ紀　189

変動するフランス物的担保法制の現状
　　——2006年民法典改正前後の点描‥‥‥‥‥‥‥‥‥‥今村与一　205

第3部　都市法と住宅・居住

住宅資産所有の不平等について‥‥‥‥‥‥‥‥‥‥‥‥‥平山洋介　239

住居賃借人保護と民法典
　　——ドイツ住居賃貸借法の近時の展開‥‥‥‥‥‥‥佐藤岩夫　261

不良マンション対策と「住宅への権利」
　　——フランスの経験‥‥‥‥‥‥‥‥‥‥‥‥‥‥‥‥寺尾　仁　289

第4部　都市法と農地・農業

農業的土地利用と都市的土地利用の整序問題
　　——その回顧と展望‥‥‥‥‥‥‥‥‥‥‥‥‥‥‥‥楜澤能生　311

農地制度運用における農業委員会の地域的秩序形成機能
　　——農業委員会法2015年改正を手がかりとして‥‥‥緒方賢一　339

都市農家の行動原理と都市農地の行方‥‥‥‥‥‥‥‥‥安藤光義　361

阿蘇における農村と都市をむすぶ営みとその周辺‥‥‥‥島村　健　387

中山間地域等直接支払制度の現状と課題
　　——福島県西会津町の山間集落の取組みから‥‥‥‥岩崎由美子　411

フランス農業にみる家族経営の変容と継承‥‥‥‥‥‥‥石井圭一　435

第5部　比較の中の都市法

ドイツ現代都市計画をどう理解するか………………大村謙二郎　457

シャンパン生産地の文化的景観の保全………………鳥海基樹　503

「近隣計画制度」にみるイギリス都市法における
　　住民自治の位置づけ……………………………………小川祐之　521

米国 Michigan 州 Detroit 市の Land bank による不動産取得について
　　──違法な土地収用と規制との間………………長谷川貴陽史　541

原田純孝先生略歴・著作目録　557

執筆者紹介　593

第1部　都市法の基礎理論

近代と現代

都市法の架橋と対峙

五十嵐敬喜

はじめに
Ⅰ　課題の整理
Ⅱ　都市法の課題
Ⅲ　現代都市法への架橋
Ⅳ　現代総有都市論
Ⅴ　近代都市と現代都市の対峙
終わりに

はじめに

　日本は、2004年を境に、明治以降の人口膨張時代から人口縮小の時代に反転するようになった。これまでの人口膨張も、これからの人口縮小も、いずれも世界に類を見ないスピードで進行した（する）。国土交通省によれば、1945年の戦後当時の7000万人の人口はおおよそ70年かけて6000万人増加し、2000年初頭には13000万人（都市膨張時代）になった。ところがこの13000万人はまた70年かけて最大で7000万人減少（都市縮小時代）し、ちょうど、明治の初期の人口である4000万人に戻るというのである。人口はいろいろな意味で「国力」のバロメーターであり、人口減は国力の低下につながるとして危惧する声が多い。最もこの想定と危惧には二つの問題がある。一つは、このような人口減想定は極端にバイアスがかかっていて、実際のところ日本の人口は、1億人から9000万人程度で推移（外国からの移民などを含む）するというのである。もう一つは、国力の低下というような場合に、その国力とは何かというものであり、戦後日本では、これは端的に「経済成長力」と考えてきた。確かにこの経済成長力という指標によれば、人口減は国力の低下に結びつくと考え

4

られるが、たとえば豊かな自然と文化というような視点で見れば、人口減は必ずしも悪ではない、というような意見もある。

　それはどうあれ、人口減に「高齢化率」（今後日本はかなりの長い期間、65歳以上の高齢者が人口の半分近くを占める）というものを加えると、日本はこれまで経験したことのない状況を迎えることは確実である。冒頭、今後日本社会の予測を記したが、この事実は、本稿のテーマである「都市法」にも圧倒的な影響を与える、ということを確認しておきたいからである。そこであらかじめ、そこでの人口減と高齢者増という文脈の下で、まず、現行都市法を点検するという作業から始めよう。

Ⅰ　課題の整理

　1　日本の都市法はそのほとんどが戦後制定（その後の改定を含めて）された。その基本的な特徴として、上に見たような爆発的に増加する人口や経済の成長（以下開発という）に適合し、またこれを促進するように制定されてきたといってよいであろう。
　なおここでいう都市法とは
　　　国土の計画法。全国総合開発計画法（その後国土形成計画法に改定）と各種事業計画。
　　　都市規制法。都市計画法、建築基準法など。
　　　都市事業法。区画整理法・都市再開発法と道路法、河川法など。
　　　都市組織法。日本住宅公団（その後など独立行政法人都市再生機構）、道路公団（その後民営化）など。
　　　資格法。建築士法。
　　　税・補助金　都市計画税と補助金。
などの全体を指し、これを「近代都市法」と呼ぶことにする。これら念頭に置けば、戦後の開発というものがどういう仕組みで行われてきたかある程度想像できよう。

　2　これら開発を主体とした都市法の主役は「国」であった。国は、計画か

ら税と補助金までを一手に握り（国家高権ともいわれる）、実行してきた。自治体はあくまで「地方公共団体」、すなわち国の従属的な付属機関であり、自治体行政は当初「機関委任事務」すなわち、自治体には一切の裁量が認められない、と位置づけられてきたのである。その後、2000年「地方分権改革」を経て、都道府県と市町村の都市行政は、地方自治法上は「自治事務」と確認されたが、都市では、自治体は既存の都市法と補助金等に拘束されいまだに自由裁量権はほとんど発揮できないままでいる。今回はこれに加えて人口減社会の到来で、現在の自治体のほぼ半分に当たる 800 以上の自治体が「消滅」するという困難な状況にある。現実的には「合併」等により、これらの自治体もいずれかの自治体に帰属され、消滅するということはあり得ないと思われるが、合併により、自治体の範囲が広がるにつれて中心地から遠隔な地域は事実上「放置」される可能性が高い。

3　国家（と自治体）は、都市膨張時代に合わせて、道路、橋、上下水道、ホールなどの生活・文化のあらゆる領域にわたって膨大な建設・開発事業（以下公共事業という）を行ってきた。しかし縮小時代には、この拡大路線は深刻な事態を迎える。一つは、人口減が確実であるにもかかわらず、公共事業は景気浮揚と称してどんどん拡大され、土建業者などの利権や地元の雇用の確保が絡み、不要と思われる事業でも中止できなくなっているということである。被災地の防潮堤などはその典型である。ついでインフラの老朽化に伴い、これらの修理・維持管理あるいは放置を、誰がどのように計画し、かつ実施していくか、ということである。国は世界でも飛びぬけて巨額な借金を超す膨大な借金を抱えている。また自治体の福祉などに予算をとられ、都市に回す余裕を持っていない。政府の統計でも新規の公共事業は全部やめてその費用をこの維持管理費用に回したとしても追いつかないというような状況となっていることを覚えておきたいのである。

4　個別都市論で見ていくと、日本は、世界でも飛びぬけて、東京一極集中と地方の過疎が著しい。この問題は、戦後当初から都市問題の中でも最大級の問題と意識され、国土計画でも繰り返し繰り返し検討対象とされてきた。そし

て、一度は「首都移転法」（天皇も一緒に移動する場合は遷都）が制定され、立法、行政、司法の日本の三権を含む首都機能全体の移転が企画されたが、これが「挫折」したことは周知のとおりである。それ以降、東京独り勝ちがずっと継続してきた。人口減社会でもこの格差はいっそう開くばかりというのが現実である。本来「地方創生」も、地方の若者を吸い寄せるこの「東京」の構造を転換しない限り成果を挙げることはできない。今日ではこの格差是正よりも、むしろ、東京は海外都市との「競争と勝利」と、かつ2020年東京オリンピックを梃子に、様々なスポーツ施設だけでなく、ホテルなどの民間資本もますます活性化するようになり、その格差は開くばかりである。

　都市法は本来都市問題を解決するために存在するものである。このような格差拡大について、どのような対応が可能か、根源的な問題として再考されなければならないだろう。

　この点に関して、現在、政府の対応として注目されるのが「コンパクトシティ」構想である。これは地方都市の再生を図るため、役所、病院、事務所、商店そして住宅などの都市機能を市街地の一点に集中させ、その他は、公共交通機関によって連結するという構想であるが、これがうまく機能するかどうか、後に詳しく検証することにする。

　5　最後に、やや哲学・思想的なレベルともかかわる論点であるが、ここで改めて都市法とは何か、という問題を突き詰めておきたい。先に都市法とは都市問題を解決するためにある、とした。それは法律は本来消極的なもので、各種政策を後ろから支えるものだ、というような認識に立てば、それはそれで伝統的な位置づけといえよう。しかし、もう少し深く考えると都市法には、問題解決だけでなく、人々が良い（生活したい）と思う都市を創るということを援助するという側面もあってしかるべきであろう。そこでこのような観点から都市法を見た場合に、これまでの近代都市法は「膨張型」（例えば都市の空間を縦と横に広げていく、あるいは、インフラを整備する）であったというだけでなく、そこには、都市社会に「機能性や利便性あるいは効率」といった機能の確保を重視してきたという事実を直視しなければならない。「近代」という定義をどのようにするか、それは多様だが、その中で、機能性、利便性あるいは効率の

確保などは、「近代」という言語の中の重要な要素であることは確実であろう。とりわけ、日本で顕著なのは、これまでの、道路、空港、ダムなどの公共事業に加えて、最近は市場機能をフルに活用しての超高層ビル、ハイスピードで動く新幹線や高速道路、大規模商業施設、原子力発電、高度に発達した情報社会などが「近代」の象徴といえるであろう。しかし、そのような近代の深化の過程で、「複雑な社会」を形成してしまったということに注目しなければならない。それは一方で、機能性や便利性を謳歌する人々を多く誕生させている。東京一極集中は観念的には否定されても、それを実行に移すことができないのは、東京の機能性や利便性さらに効率性、もっと言えばそれらが全体として醸し出す大都市の魔力・魅力を多くの人が歓迎しているからである。他方で、しかしそれは機能性や便利性という基準に合わない「人通り、町並み、自然との融合」といった要素を破壊するという点でも圧倒的であった。シャッター通り、空き家・空き地、地域固有文化の破壊そして究極のコンクリートジャングルなどなどを想起すれば、それも容易に理解可能であろう。この事実は実はそのような形が壊されたということにとどまらず、そこで生活した人々の「敗退」を示す。この問題をさらに掘り下げていくと、近代の病根といったものが浮きだされてくる。機能性・利便性・効率性などのあくなき追求は

①　家庭や地域を含めて、人々のつながりを希薄にし、人々の個化（個人化、孤立化）を進めていく。個化をこのまま放置すると孤独死、限界集落あるいは無縁社会などとつながっていく。

②　放置された空き地、空き室、そしてさびれていく地域と、荒廃した森、川、海などはそこで暮らしていた人々の生活の反映であり、生活の充実度を計る物理的な尺度となっている。

③　地域の自治を象徴していた祭り（寺や神社の消滅と並行しながら）、地場産業、名物、特殊な自然などなどの地域資源が失われていき、全国画一的な、そして「貧相」なまちづくりが進む

などなどとなる。

　少子・高齢化の拡大は、良い生活とは何か、という問題に大きなインパクトを与える（と期待したい）。多数の高齢者を抱える社会は、機能性・利便性・効率化だけでは維持できない。これら高齢者をささえる人的・財政的負担は重く

若者にのしかかる。介護、病院そして死の日常化は、幸福の意味とは何かということを普通の日々の課題にしていく。人々のつながりの破壊は、社会という意味を鋭く問う、というようなことになるのだろう。それらは総じてあくなき機能性・利便性・効率性の追求への懐疑を生み出し、それを促進し担保してきた近代都市法への疑問につながる。同時にそれを人間らしい生活に巻き戻すための現代都市法を待望するようになるのである。

II　都市法の課題

　上記のような課題について都市法はどのように受け止めたら良いか。縮少社会への移行は、言うまでもなく空間の縮少として現れる、空き地・空き室の発生はその先駆けであり、自治体の消滅はその究極的な姿といえよう。端的に量的な観点だけで「縮少」に対応する、というだけならたぶん空き地や空き室の増大をそのままにしてしまうというだけであり、そういう意味では近代都市法でも何も困ることはない。ある意味でそれは土地所有権の絶対性の結果なのである。しかし空き地や空き室の発生はある種の病気であり、これを健康体にするために、有効利用などを考えていく、というのであれば、これは近代都市法では対処し切れない。つまり質の異なる法（これを現代都市法という）の出現が待望されるとすれば、そこには、これまでの近代都市法のテクストとは異なる、新しいコンテクスト、つまりパラダイム転換が用意されなければならないのである。

　しかし実はこのパラダイム転換は、とてつもない飛躍（たとえば革命）を必要とするものではない。やや平凡であるが、このような病理的現象（正確に言えば、近代の病弊は日本だけに限らず、世界各国に見られる。しかし、日本のような一極集中現象は韓国を除き世界中に見られない）がなぜ日本だけに起きているかを学ぶことによって、その手掛かりが得られるのである。ヨーロッパやアメリカなどで、それぞれの都市がバランスを保ち、特にヨーロッパでは中世以来の美しい都市を維持しているのは、自治体を中心に「成長管理」や「美の追求」を行ってきたからであり、それを、実現可能にする制度的担保として「建築の不自由の原則」を維持してきたからであった。しかし、日本ではこれまで

さんざん指摘されてきたようにその真逆になっている。筆者は、このように日本がヨーロッパやアメリカと正反対になっている根源的な理由として、建築の自由をささえる「日本の土地所有権の絶対性」があり、それが「空間価値の無差別破壊（超高層ビルの乱立と空き地・空き室の発生）」が原因であると認識している。そこでこれと対峙し、かつ克服していくためには土地の所有権は個別にしたままでもよいが、その利用方法については共同で行うという「現代総有論」が必要だとして、その内容や法制度改革などを

　五十嵐他『都市計画法改正』（第一法規、2009 年）

　五十嵐編著『現代総有論序説』（株式会社ブックエンド、2014 年）

　五十嵐編著『現代総有論』（法政大学出版会、2016 年）

として発表してきた。そこで今回は、その本質論や現代総有法のイメージなどは可能な限り省略（重複する部分もあるが）して、これを土台にここまで見てきた諸課題に対してこの現代総有論を中核にする現代都市法の観点からどのように対処していくか、いろいろなアイデアを含めて、提案していくという形にしていくことにしよう。もっともこれは、これまで現代総有論に共にかかわってきた人々と全て共有するものではなく異論・反論ももちろんあるのであるが、筆者の独断で以下箇条書きにしていく。

1　市民論を超えた総有主体の想定を

　改革を考える場合、当然のことであるが、何よりも原点となるのは、人々（国民・市民）は今後の少子・高齢化の時代にどのような生活を望むか、ということである。都市は現代総有論でも見たように、土地制度に規定されるが、同時にそのうえで活動する人々の生活によっても規定される。それは相互に規定し合う弁証的なものであるが、本稿ではこのうち、より生活の視点を合わせて論究していきたいのである。さてこのような生活を見ていく場合、筆者が重視している点は、最近の個人、家庭、地域そして自治体の「空洞化」という点についてである。

　近代都市法は地方分権改革によってかなり是正されたとはいえ依然として国家中心の法であった。したがって、これと正反対の主張を行うとすればその出発点は、基本的人権を有する個人、その集団としての市民ということになる。

そしてこのような二極の構図と位置づけは、法政大学名誉教授・政治学者松下圭一の『市民自治の憲法理論』（岩波新書、1975年）以来、大きな力を持ってきた。しかし、困難は、その原点である個人が、果たして近代が想定したような、真・善・美を求める、あるいは自由・平等・博愛を尊ぶ、基本的人権を有する個人として、このような価値の破壊に対して「戦う」市民であるか、ということである。都市の観点から、筆者個人の経験的な感想を言えば1970年代、いわゆる「革新自治体」誕生のころから、1980年後半のバブルの発生のころまで市民は大いに活動した。ついでに言えば筆者の「日照権」も「都市法」も、そして「美の条例」の策定なども、この市民とともにあったのである。しかし、バブル崩壊以降、日本社会はこの個人の観点から見ても大いに変質したのではないか。市民、つまりある価値観のもとで、自己の利益だけでなく、他人つまり公共の利益の為、考え行動するという市民は都市の分野ではめっきり少なくなっている（もちろん阪神淡路大震災や東日本大震災などのボランテア、様々な領域におけるNPOの活性化、原発や憲法改悪に反対する運動などは、大きく展開していることは十分に承知している）というのが実感なのである。都市には、バブル崩壊以降、先に見た機能性・利便性そして効率性を享受しようとする人々が、断然多くなってきている。これと正反対の現象なのか同時並行的な現象なのか定かではないが、市民という言葉は徐々に先細りし、深部では、個人の孤立化・個人化（以下個化という）が深く・広く突き進んでいるのではないか。端的には引きこもり、自殺などの増加が目に見えている現象であるが、このような異常現象ではなくても、人との関係を持たないという人々は圧倒的に増えている。この個化発生の要因として、貧困、病気、差別など（いわば古典的なもの）にプラスして、いわゆる大衆化、疎外、排除・差別の中で、人間関係（社会）を拒否する（される）というようなニュアンスで語られる要因が多くなっている。そしてさらにこれは微妙なところもあるが、さきに見たような機能性・利便性・効率性といったものに逆に追い込まれ、社会と無縁になっていった結果とみることも可能なのではないか。

　なおこれにまさしく少子・高齢化が、個化現象を必然的に増加させていくことは付け加えるまでもないだろう。自殺者が年3万人（これは「市」の人口に匹敵する。最近はやや減少している）、自殺を考えたことがある人が50万人、さ

らには同じように膨大な引きこもる人々、といった事態はやはり異常としか言いようがない。

近代を謳歌する人間と近代に追い込まれて個化する人々の間で、公共の利益のために献身する市民は急激に減少していく。その結果、多くの地域で町づくりの運動は「お任せ民主主義」になっていった。

これまでこのような個化は、当初、自己責任とされ、ついでに、家族によるケアの必要性が強調された。その後、学校など他の地域の機関の関与が必要とされ、さらにそれだけでなく、自治体あるいは国家の責任というようになってきている。しかし、率直にこのような個化問題を、国家と個人という関係だけで処理することは、人員、財政、時間、その質などなどの面で限界があることは明らかである。

現代都市法、つまりまちづくりの観点からいえば、地域地域ごとの総有主体が、国と個人の中間にあって、これらと協力（補完）・関係しあいながら、地域の独自生活（文化）を発掘し、持続させるために、各種事業を営み、このプロセスの中で個化している人々を可能な限りまちづくりに参加させていくというのが、筆者の期待なのである。これがなければ、現代総有論もスタートの当初から観念的なそれに留まり、たちどころに空洞化してしまうであろう。市民論を超えた総有主体を想定するというのが、現代都市法の出発点である。

2　自治体と住民の団結を

自治体は住民に最も近い総合機関として都市法の主役でなければならない。これは現代都市法でも変わりがない。自治体はこれまでもマスター・プランの策定を始めとして各種事業法の定める道路、緑化、防災、住宅計画などなどの計画を策定し実施してきた。戦後70年たって、日本国中すべてのところで、敗戦時とは全く異なる「都市」ができたことはこれらの営為の結果であることは言うまでもない。しかし、その都市は住民たちの誇るに足るものとなっているかどうか。客観的に言って、その質は、ヨーロッパやアメリカの都市との間に格段の差異がある。結論的に言うと、これまで自治体が行ってきた都市づくりは、その多くは国の法律によって義務づけられた都市を作ったものであり、全国画一的な、貧相なものなっているという点が否めないのである。このよう

な都市の現実に対して

　住民との対話・参加が著しく不足し、反対意見ないし対案はほとんど無視されること、

　高齢者にやさしい、自然との共存、持続可能性など美辞麗句の、実行可能性のない作文だけのものになっていること、

　国の政策に異議を申し立てる計画はほとんど策定されず、策定されたとしても補助金の関係などでほとんど実現の可能性がないこと、

　計画策定者の責任や実現時期、その費用負担などなどが不明確であること、

　議会などでの活発な議論などが少ないこと、

　どちらかといえば計画はほとんどが「開発計画」となってきたこと

などが指摘されてきた。

　2000年の地方分権一括改革により、都市に関する事務は、地方自治上はすべて自治事務、すなわち自治体は自ら裁量に基づいて、都市行政を行うというものに変革された。それによりこれらの指摘は一掃されるはずであったのである。しかし現実は、建築確認事務の「民間化」に見られるように、都市行政における中核的な問題である「建築・開発のコントロール」は空洞化（自治体内部では建築確認業務は事実上消滅している）しているし、都市事業に関しては、補助金などを含めて一層、国への追従という形になっている。また自治体の大きな事業であり、まちづくりに決定的な影響を与えてきた区画整理や再開発事業は、バブル崩壊後地価の値下がりにより、全国いたるところで立ち往生となっている。このような自治体の非力を補い、住民自身を活性化するための情報公開、意見書の提出あるいはワークショップなどなども、国や自治体の行政を変革するほどの力を持ち得ていない。というより、そのような非力・無力感が、市民から自治体を遠ざけている、という面を見なければならない。これが近代都市法の現実なのである。

　自治体の無力という現実を踏まえて対応は二つに分かれる。だから自治体や住民は頼りにならない。したがって今以上に、国の力（権限、財源、組織）を強化しなければならないというものである。これは東京一極集中や消滅自治体への対応というような論点を考えるとある程度の説得力を持つ。もう一つはこれとは正反対にだからこそ住民の力を強め、自治体を強化しなければならない

というものである。消滅自治体からの回避は、まさしく自治体と住民の団結が
なければ不可能であり、これもまた十分に説得力を持つ議論といえよう。自治
体をどうするか、現代都市法の大きな課題であり、論は煮詰まりつつあるので
はないか。

Ⅲ　現代都市法への架橋

　都市にその意義や価値を重く見る自治体は、近代法の枠組みの中でも、「横
浜市」などかっての革新自治体は指導要綱行政による各種国の基準を上回る都
市行政を行った。現在でも、景観法に基づく美しい都市の形成、重要建築物の
保存、観光目的を含めた街並み整備などを試みている先駆的な自治体も多数あ
るが、全国を総体としてみれば急速に、まちの衰退、荒廃が進んだ。縦割り行
政、補助金、線・色・数値によるゾーニング、膨大な公共事業は、徐々にその
効能を著しく失ってきたのである。しかし、このような停滞を「外部状況」の
変化はもう放置しておくことができない。停滞への反撃は災害と復興、都市中
心部の空洞化と郊外への拡散、国際競争での敗北、地域特性の弱体化などへの
対応の強制（？）から始まった。そこには近代都市法の限界を突き破る様々な
試みが見られる。

1　東日本大震災復興特別区域法
　東日本大震災の復興の中で目指された一つのモデルは、いわば小さな美しい
集落あるいは田園都市の構築というものであった。そしてそれは今後の少子・
高齢化社会のモデルとも期待されたのである。たとえばイギリスのエベネザ
ー・ハワードのそれを想起すればわかるように、そこでは住宅と作業所、農地、
適当な商店あるいは保育所などの公的施設が「一体」として計画され、自治的
な共同体的生活が営まれる。ここでは生活と労働が共存し、そこでの収益は一
部、地域に還元される。そして世界中から、大災害から復興を遂げた「美しい
村」として訪問客を迎えるというイメージである。しかし、現行近代都市法に
依れば、そもそもの原点である、住と農地あるいは漁港は、ゾーニングによっ
て切り離され、一体化することができない。そこで政府は被災自治体を対象に

東日本大震災復興特別区域法を定め、この特別区域では、規制・手続きなどの緩和などとともに、土地利用の再編の特例として「都市、農地、森林の従来の枠組みを超えた再編計画の特例」として定めたのである。さらにこの特別区域には、そのような土地利用の再編だけでなく、それを実現するための「税や金融・財政上の特例」を集中させる。そしてそのために、縦割り行政を排して総合的な町づくりを行う機関として新たに創設された「復興庁」[1]が担当するという設計が試みられたのである。これは現行都市のゾーニングを、都市計画法だけでなく、農地法や森林法まで広げて、そのすべての仕切り（ゾーニング）を廃止し、改めて、白紙の状態から、設計をしようとする点や、土地利用の設計だけでなく事業と連続し、これを税や・金融支援などを総合的に行う、という点で特色がある。つまりここでは計画から実現までが連続してとらえられているのである。さらに、重要な観点は、この新たな特別区域の範囲や内容を「国と自治体の協議」を通じて、絶えず、追加・変更できるとする措置を持ち込んだという点にある。被災地は、海辺、山辺、平地などで構成され、人々の生活も、漁業、林業、工業など様々な業種から成り立っている。これらが復興の過程で、どのような姿となっていくか、そして何よりも住民の希望がどのように変化するかは必ずしも自明ではなく、絶えざる更新は当然といえよう。これも、事業計画はもちろん、ゾーニング（法的には一応5年ごとの見直しという規定はあるが、事実上空洞化していることは周知のとおりである）などもいったん決定されたら絶対に変更できないという近代都市法（官僚のというべきか）の硬直性と比べると、これはそれを覆す変革なのである。もちろんこの法は、大震災の中での復興法として特別に制定されたものである。しかし消滅自治体とされた地域の実態を見れば、地域の再生のためにはこのような「一体化」は不可避であり、特別区域の発想を被災地にとどめないで、名乗りを上げた全国どの地域でも活用できるようにすべきであろう。

---

(1) 復興庁の限界とその可能性について五十嵐敬喜「復興庁　復興の司令塔・姿見えず」（都市問題、2016年3月号）。なお復興庁は10年で解体されるということになっているが、災害復興はもちろん、少子・高齢化のまちづくり対応のため存続させよ、というのが私の意見である。

第1部　都市法の基礎理論　15

2　都市再生特別措置法（以下コンパクトシティという）

　都市法の分野でいえば、少子高齢化社会に備えた立法として、次に見る「特区」と並んで目玉商品となっているのがコンパクトシティである。「Ⅰ　課題の整理」で見たように少子・高齢化社会の到来は、政府にとっても大ショックであった。これに対して安倍政権は「まち・ひと・しごと創生本部」（2014年）を立ち上げ、「地方創生」の掛け声の下、子育て支援や職場の確保などの事業にプラスして、地域経済全体の活性化のためのプレミアム付き商品券、ふるさと名物商品・旅行券などの事業を加速させた。自治体もこれに呼応して「まち・ひと・しごと創生総合戦略」を策定し、少子・高齢化の歯止めに躍起である。

　このような中でコンパクトシティ（「まち」に対応するもの）は、社会保障制度改革国民会議の『住み慣れた地域で最後まで暮らしを地域で人生の続けることのできる仕組み』（2013年）、日本再興戦略の閣議決定（2014年）、経済財政運営と改革の基本方針（2014年）などをうけて、

　2015年　中心市街地活性化法一部改正
　2015年　都市再生特別措置法一部改正（立地適正化計画制度導入）
　　　　　地域公共交通活性化法

として法制化された。国土交通省によれば、これらの法改正を受けてすでに70％の自治体がコンパクトシティをマスター・プランに書き込み、多くの自治体が立地適正化計画の具体的作業に取り組みはじめたという。これは先の復興特別区域法と異なって全国に適用される。

　そこでまずこれがどのようなものか概略を見ておきたい。コンパクトシティは先行する富山市や熊本市の実験をモデルにしたもので、都市の持続可能な経営、高齢者と子育て対応などを目的に、既存の市街地の中に新たにもう一つのゾーンをつくり、そこには、「立地適正化計画」により、都市機能誘導区域と居住誘導区域が定められる。前者は歩いて暮らせるまちづくりを目指し、容積率の緩和や税・財政の援助のもと、福祉、医療、商業機能を集中させようというものであり、後者は人口密度を維持するために、低層で景観の良い地域をつくろうというものである。要するに、職場と住居をワンセットで確保し、若者が職場がないため故郷を離れることを防ぐ、言ってみれば「人口のダム」を作

るというアイデアである。注目すべきは、その実現の手法であり。ここには後に見る私の現代総有と共通するいくつかの仕掛けがある。一つは「主体」である。これは総有と同じように自治体だけでも住民だけでもなく、市町村、都市再生推進法人、NPO などが参加する「都市再生協議会」が主役となる。現代総有の場合も主体は原則土地所有権者であるが、市町村などの参加も排除していないので、ともに地域に関係するものすべてが参加できるという意味でかなり共通するものといえよう。もう一つ、コンパクトシティを実現するための手法として、規制緩和・税・財政を投入して開発を促進する一方で、これらの区域内外で、建築・開発を行う場合に、計画に適合させるべく、事前に届け出を義務づけ、「行政指導」を行い、これに従わない場合は「中止」を勧告するとしているのがユニークである。行政から事実上の中止勧告を受けた場合、それは法的拘束力を持たないとはいえ、これに逆らって続行するのは極めて困難であろう。コンパクトシティは、既成市街地すなわち都市的に熟成した地域で行われるため、被災地のような特別区域法で見た田園都市とはそのイメージはかなり異なるが、新たなゾーニングの範囲内では、どのようなものを作ろうと創るまいと原則自由、個別者の意思にゆだねられるというような近代都市法とはかなり異なっている。「計画」が事実上、かなり強力な力を持つという点で近代都市法との質的な差異を確認しておきたい。

　なおこの二つの法は、一応「自治体」を単位として構想されているのであるが、自治体というよりも地域単位で、規制緩和や税財政の集中によって、特定の目的を達成しようとするものに、次の「特区」制度がある。

3　総合特区区域法

　特区は、小泉政権時代に中国の経済特区に刺激を受けたというようなこともあって、一般的な規制の緩和ではなく特定の目的をもって規制緩和をする。「どぶろく特区」などの構造特区から始まったが、これにプラスして民主党政権時代の「総合特区」、さらに安倍政権での「国家戦略特区」が相次いで制定された。以下このうち国家戦略特区と総合特区についてみてみよう。双方は「特区」すなわち特別な区域に適用される。

　(イ)　国家戦略総合特区は「国家のイニシアテブにもとづく区域」が対象とさ

れ、

　　我国の経済成長のエンジンとなる産業・機能の集積拠点の形成

　　外国人医師の日本国内での診察業務の解禁

　　旅館業法を除外して、賃貸住宅を宿泊施設として利用可能

　　容積率の緩和

などを目的とし、

　　東京圏「国際的な競争力の向上のためのグローバルな企業や人材の受け入れ促進」

　　新潟市「農業の大規模化や企業の農業参入の促進、6次産業の推進」

などが指定されている。これに対し

　㋺　地域活性化総合特区は「地方がイニシアテブを持ち自治体」が対象とされ

　　地域資源を最大限活用した地域活性化の取り組みによる地域力の向上

などを目的とし、

　　柏市　柏の葉キャンパス「公民学連携による自律した都市経営」

　　和歌山県「高野・熊野」文化・地域振興

　　山口県「次世代型農業生産構造特区」

などが指定されている。

　このような「特区」に指定されると、国と地方が協議しながら

　　規制・制度の特例　建築基準法の特例、用途規制の緩和、委任条例の特例、

　　税制　法人税の軽減

　　財政　予算制度を重点的に活用

　　金融　利子補給金を支給

などの援助が行われる、というものである。ここでも、従来の都市法では考えられないような、特殊目的の下、都市法の緩和と、当該目標を達成するための、あらゆる手法が総合的に動員されているという点に特徴がある、ということはもう説明する必要もないであろう。

IV　現代総有都市論

　以上、復興特別区域、コンパクトシティそして特区を見てきた。これらの法には共通して極めて大きな特徴がある。ここまでその特徴を部分的に指摘してきたが、ここでは都市法の構造問題としてまとめておきたい。それは一言でいえば近代都市法を変質させ、私の言う現代都市法につながるものであるということである。そこで、この特徴を、近代都市法から、現代都市法の「架橋」としてまずとらえておきたい。

　最初に指摘しなければならないのは、これらはある特殊な観点から、自治体あるいは区域を対象として、従来のルールすなわち「近代都市法」とは異なったルールを形成しようとしていることである。復興、都市の空洞化阻止、そしてグローバル化の下での経済の発展あるいは地域の振興などがそれであるが、逆に言えば、これらの目的は、近代都市法の下では達成できない、ということの証明でもあろう。その目的のため、ある区域を定め、ここだけ特殊なルールを適用する。これを「穴抜き手法」としよう。この穴抜き手法は近代都市法に依るゾーニング、用途規制、容積率などの様々な規制を緩和するという点でまず共通し、かつ、この緩和するだけでなく、「税、財政、金融」上の便宜を集中的に投下する、という総合性を持っている。近代都市法では、それぞれの建築や開発は企業者の意図と自己責任で行われる。税や財政あるいは金融などの面からの特別な援助ももちろん存在しない。これは近代における「自由と平等」という、最も本質的な価値から見て当然な処置であろう。にもかかわらずこれらの例外的な処置は、復興、都市の空度化阻止、経済発展や地域の振興といった「目的」によって正当化（公共性は担保されている）され、他の土地利用や支援との間で「差別」が容認されるのである。しかし、果たしてそれでよいのかどうか、これが本質的な大問題なのである。これは真正面から検討される必要があろう。

1　コンパクトシティの可能性

　そこで、中でも最も普遍性を持つコンパクトシティから見てみよう。端的に

言って、この政策は「人を中心部に動かす」という政策である。しかしそれは成功するのかどうか疑問も多い。そもそも、そのような差別的な政策が正当性や公共性を持つことができるのは成功する確率が非常に高い、という場合であり、あらかじめ失敗が予想されるようなものであれば、それは論外というべきであろう。現に日本で最初のコンパクトシティといわれた青森駅前の「アウガ」は破綻し、市の財政に決定的なダメージを与えていることに留意しておこう。ただこの可能性の有無の検討は単純ではなく、以下少し長くなるが、多角的に検討されなければならない。

　この問題は、日本人の生活スタイルと深くかかわっている。日本人の生活スタイルには「定住派」と「移動派」の二つがあるがこの双方がコンパクトシティのネックとなるのではないかと考えられるのである。

　日本では、稲作を始めた弥生以来「定住」が始まり、現在でも定住派は多い。これは自由に各地を移動するアメリカ人などと比べると大きな違いである。つまり日本人にとって生まれたところは御先祖様の眠る故郷であり、そこはこれまで築かれてきた農業などの生業やコミュニティを含めて、どんなことがあっても離れがたき土地となってきた。個人的に言えば私はダムの建設で水底に沈んでしまう人たちの移転地を多くみてきた。沢山の人がやむなく故郷を捨てたが、それでもそこがどのように不便でも、また最終的にそこに子供が戻ってくるかどうか、ほとんど絶望的であるにもかかわらずダム湖周辺に居住を選択して生活している人たちが多いことは事実である。また、最近の東日本大震災で放射能に汚染された地域でも、あらゆる困難を承知のうえで故郷に復帰したいと考える人が多くいるという事実を見れば、この「定住」観念がいかに根深いか知るであろう。都心部に魅力的な都市をつくったとしても、周辺の人々は、ほとんど移住しないのではないか。ではこれら定住者はどうなるのであろうか。コンパクトシティの大眼目の一つであり「都市の健全な財政」の確保も財政投資は中心部に向けられる。またに民間が投資するはずもなく、そのため定住派は事実上放置され郊外地のコミュニティは崩壊し、廃墟・廃村が続出するのではないか。つまりある特定の地域に対する特典の付与は、他の地域の犠牲の上に成り立っているということを認識しなければならない。

　では逆に、中心部はうまくワークするであろうか。移動派を都市に呼びこむ

ためには都市の中心部を活性化させなければならない。その最も手っ取り早い一般的な手法は土地の高度利用である。容積率を緩和し、商店、住居、ホテル、そして様々な公共施設を一点に集めるという政策は先の青森アウガだけでなく、富山はもちろん実はすでに全国で実施されてきた政策であった。そして、現実を直視すればその結果は惨めなものに終わっていることはすぐわかる。自治体の再開発事業では「保留床」が売れず、自治体は何十億円・何百億円の借金を抱えこんでいる。民間主導ビルでも、テナントは全国同じような居酒屋しかない、というような風景が全国で見られる。分譲マンションも人を集めるという点ではいかにも合理的に見えるが、長期的な視点から見ると、居住者の高齢化などとともに維持管理が不可能になり、いずれ廃墟の館となって立ち往生することも、充分に想定される事態なのである。市場の論理が成功する地域は東京など大都市の一部に過ぎないことを強調したい。

　また、このコンパクトシティにとっても近代都市法が実は強敵であるということも自覚しなければならない。中心市街地の内部は確かに「計画論」の強化で対応できよう。しかしそれ以外の地では近代都市法が適用されていて、原則「土地所有権の自由・建築の自由」となっている。言い換えれば企業も個人も、どこに何を建てても、また何も立てなくても自由なのである。コンパクトシティの周辺や隣接する自治体にショッピングセンターや病院などが建築されるというのは近代都市法の必然であり、それは当のコンパクトシティと本質的に対立する。

　さらにこれに関連して、次のような点も考えておく必要がある。それぞれのコンパクトシティが、病院・学校・商店などのインフラや住宅を整えたとしても、それよりもさらに他に魅力的なコンパクトシティが出てきたとしたら、人々は他所へ移動するということである。これが定住派とは反対の移動派の一般的な行動様式であり、移動派の存在は、内部に呼び込む時には強みであるが、逆に離れられる場合には弱みとなるのである。要するにそれぞれの自治体が、どんなに都市施設を集めてみても、他の都市の一個のショッピングセンターだけでそれは一挙に崩壊してしまう。とりわけ、全国の都市がコンパクトシティ競争を行ったら、そもそも人口はこれ以上増えない、という事実を前提にすれば、それは他の都市の人口の奪い合いになるだけだということを強く指摘して

第1部　都市法の基礎理論　21

おきたい。

　先に見たように、差別をするだけの正当性や公共性があるかどうかの判断に
当たっては、その前提として、それが成功するという保証がなければならない
が、このようにみると、成功の確率は相当に怪しいのではないか、というのが
疑問の第一である。

　それだけでなくコンパクトシティはほんとに人々に豊かな生活を保障できる
のか、というのが本質的な論点も浮かぶ。確かに機能分類的に言えば、そこに
は住宅、商業施設、病院あるいは商店が一堂に集められ、機能的な器は全部揃
うということになる。しかし、それぞれが真実幸福をもたらすのであろうか。

　ヨーロッパの2ないし3万人の町や村は、もちろん、公共施設や商業施設な
どフルセットでそろえているわけではない。しかしそれぞれの町や村にはほか
にない「お国自慢」があり、人々はそれに十分に満足しながら生活をしている。
なぜ、満足なのか。

　伝統的にそのような生活をしてきた。機能性や便利性などよりも地域固有の
文化や人間関係などを重視する、というような特色が、満足感を支えているの
かもしれない。そしてこの「問い」を詰めていくと、究極的には都市の主人公
は誰かという問いと重なってくる。この問いに対して誰でも今では「住民」と
答えるようになってきている。コンパクトシティも計画策定などについて「協
議会」を主役にし、その中に商業者やNPOといった住民も加えていて、住民
参加が担保されている。しかし富山や熊本のコンパクトシティはその誕生の初
めから、首長のリーダーシップによって始まり、それに国が着目し、一般化し
て全国に普及させようとしたアイデアであり、その構図も、本質的にはマスタ
ー・プランの策定、立地計画、区域指定、様々な援助は「上」から下降されて
くるものであった。このような図式の中で、住民がたまたま顔を出したとして
も、それはせいぜい思い付きの「希望」を述べるというだけで、自ら知恵をだ
し自ら「まち」をつくるという発想とは程遠いのである。東日本大震災では、
それこそ、全国のコンサルや学者が総動員され、現地で何十回、何百回ものワ
ークショップが実施され、それなりに、立派なマスター・プランや実施計画が
策定された。それにもかかわらずよく言われるように「人の住まない町」が出
現しようとしている。それはなぜなのか。それは決して住民参加が不十分だっ

たからというだけではない、ということをリアルにつかまえ、その真実を探求しなければならないのである。ヨーロッパの人々が小さな町でも、幸福感を感じているのは、それはその町が自分のものだと感じるからではないか。震災復興のまちづくりは、深いところで見るとそれは他所から与えられるものであり、自分のものではないのであろう。

　特区などの穴抜き手法は、その目的を見ると一見いかにも公共性がありその手法も合理的で、差別も正当化されるように見える。しかし、それは上からの視点で構築されたものであり、そもそも成功するかどうかおぼつかなく、仮に形は整ったとしても、実は企業の動向（市場）などによって極めて不安定なものであり、いつしかその内部は空洞化しているという可能性も高いのである。

　このように、穴抜き手法は、近代都市法の縦割り行政や画一的規制を乗り越えていくという点で、現代都市法（現代総有都市）へ架橋する部分を持つが、人々が真実生き生きとして、誇りに思えるまちを創る、という点では明確な「限界」がある。逆にそのような都市はどうしたら作れるか。法はそれを担保し、援助し励ますことができるか、これが現代都市法の宿題である。

2　現代総有都市への第一歩

　近代都市法の建築の自由制度の下では、コンパクトシティも崩壊する危険性が高い。「消滅自治体の恐怖」は、「ひと・しごと」を生き生きとさせる「まち」、すなわち本当の私たちの都市の形成によってしか克服できない。そのための第一歩として、私たちは「建築自由」の原則を「建築不自由」に変更（ただし現行憲法 29 条の許容する範囲内で）し、「建築確認」ではなく、「許可制」と制度改革すること。そして、人々は土地を個々的に利用するのではなく、一定の方向性のもと共同で行うという方法によりまちづくりを行う現代総有論をベースにする「都市改革・都市計画制度等改革基本法」[2]の提案を行った。

　このイメージや内容については、すでに何度か紹介しているので、ここではその要点を紹介しておきたい。

　(1)　現代総有の核心は、建築の不自由、つまり自治体による「許可」がない限り、建築や開発はできない、ということ及び建築や開発は、自治体の定めるマスター・プランに沿って可能な限り共同で行うという点にある。ただ、これは直ちに、土地

所有権の公有化を意味するものではなく（総有主体が全部所有権を取得してもよく、またマンションなどの場合は、賃借権の総有というようなこともありうる）、個別の土地所有権は存続されるが利用を共同して行うという点が強調される。

　(イ)　マスタープランには、当該地域の文化、特質、資源などを含む町の未来像が描かれる。町の文化や特質などは、定量的な数値ではなく、定性的な言語によって記述され、住民と合意しながら議会で議決される。

　(ロ)　行政は、申請された建築や開発許可の申請について、このマスター・プランに合致するかどうかを審査し、疑問がある場合は、専門家や住民で構成される審議会で審査する。

　(ハ)　建築あるいは開発申請が、審議会で不許可とされた場合は不服申し立てできる。

　近代都市法では、マスター・プランと建築・開発許可が切断されているのに対し、これを連結し、さらにマスター・プランにいう文化や地域の個性を確保するために許可基準の中に、線・色・数値で構成される線引き、色塗り、容積率の規制などの近代的合理基準にプラスして、文化や地域性を確保するための定性的な基準（言語基準）を導入しようというものである。もちろん住民はマスター・プランや許可基準及び審議会に対して参加することができ、その決定に対して法的に意見を述べることができる。

　(2)　許可制の導入は都市法全体について大きなインパクトを与える。

　許可制の導入は、安全などについて定めた建築基準法の単体規定を除き、建築基準法と都市計画法を一体化させる。そしてこの一体化作業は漸次

　従来の線引き、色塗り、数値基準を無効化させていく。

　道路、住宅、緑、景観などの他の政策と建築・開発の連動を可能にする。

---

　(2)　私たちの現代総有都市の前提となる「許可制」の導入は、現在のところ500本、少なくとも50本といわれる都市法の全体のうち、都市計画法と建築基準法を対象にして、小さいがしかし本質的な一撃を与える。私たちはこの法案を議員立法として提案したいと考え衆議院法制局との間でおよそ2年にわたって案を作成してきた。当初衆議院法制局は許可制は現行都市法のひいては憲法29条の土地所有権の根源にかかわるとして否定的であった。しかし、少子・高齢化のもと発生してきた空き地や空き室の対処から始まって、今後自治体の半分が消滅する。地方創生の喧伝とまちづくりなど、時代を反映する決定的な「立法事実」の浮上によって、土地所有権に対する画一的でない方法による誘導と実現という観点から許可制を容認するようになったのである。しかし法案の実現のためには、議会での多数派の形成とともに、最終的にはこれを現実に運用する役人（官僚）の協力・同意が必要である。そこで、私たちは総理大臣のもとに関係省庁を集め「2年内」に「許可制」を前提に、関係法令を全部見直していくという方法を提案した。なお五十嵐敬喜＝野口和雄『都市改革・都市計画制度等改革基本法』（長妻私案　景観と住環境を考える全国ネットワーク、2014年）参照。

土地共同利用、例えば、住宅と公園、作業所、農地、保育所（ハワードのような田園都市を想起せよ）などの総合的な開発、利用を可能にしていく。

建築や開発の成長管理を行うことができる。

計画・規制と事業を一体化することを可能にする。

などの動的な発展可能性を有し、それは、計画・規制・事業の縦割りを緩和し、やがて公法（建築基準法など都市法）と私法（民法）などの区分も無力化していくという展望を与える。

もちろんこのような自治体への強力な裁量権の付与は常に「乱用の危険性」もあり、これについては先に見たように審議会や不服審査などのコントロールを準備しなければならない。また、強力な権限の付与はそれを担当する職員の量や質の確保が必須であり、これは自治体職員の削減や民営化を模索してきた自治体にとって、現代総有の行政化は最も大きな宿題となる。

V　近代都市と現代都市の対峙

日本の都市は自治体消滅に見られるように今後、世界はもちろん日本史上で全く経験したことのない変化にさらされることは確実である。最後にこの変化を考慮にいれながら、コンパクトシティと許可制、すなわち近代都市法と現代都市法の比較をしていきたい。その検討は、先の「穴抜き法」が近代都市法と現代都市法を架橋するという現象を超えて、同時にそれらの進行の過程で、架橋から「対峙」に変化していくという事態を生じさせるであろう。

少子・高齢化社会では人々は互いに協力しあわなければ生きていけない。この協力は互いの人間関係あるいは社会関係だけでなく、土地所有そのものにも要請される。そして土地（マンションなどの建物を含む）の共同利用はこの「協力」を担保する最大限の保障である。共同利用は古くはヨーロッパではコモンズ、日本では入会権や漁業権（一部都市の長屋）などに見られたものであるが、現代総有は人々が共同して土地利用を行うという形を「都市」に導入しようというものであり、「現代」は、これまでのコモンズや入会権と異なるというメルクマールである。

現代総有の総有部分に着目していえば、所有権をそのまま所有権者に保留し、地代が支払われるという点で所有権者の参加への抵抗感を和らげ、組織内部で

は一人一票の民主主義が保障される。また持分権による分割請求を認めないという点で「共有権」と異なり、まちの一体性と継続性が確保される。

組織からの離脱（対価は支払われる）は、まちづくりに参加する権利の放棄になる。

このような諸点についてコンパクトシティとの対比をしていくと、双方、新しい都市づくりという点や、既存ルールから脱却するという点では共通する部分もあるが、コンパクトシティは、個別土地利用を強力な計画の下でコントロールするが、必ずしも共同利用するというわけではない。またその主体も、固有の土地所有権者というよりは、新たに進出してきた外部資本が圧倒的な力を持つことになるであろう。さらに、その組織原則は一人一票というような民主主義が貫徹されない、というような差異がある。

総有主体（各地で任意に立ち上げられる）は、まず自らの地域（当初は近隣、徐々にそれは自治体まで拡大される）をどのように「再生」させるかという「ビジョン」を検討する。そしてこのビジョンを自治体のマスター・プランにそれぞれの地域の具体的な姿として書き込み、さらに条例と予算により、これを実現するための建築や開発のルール、保存、空き地や空き室の再利用などの方法やそのための財源などを確保するのである。これが住民発意から実施までのプロセスである。地域資源を有効に活用するというコモンズなどの総有と比べると、そこには、まさしく都市に対応するために、総有空間が対象となり条例や予算あるいは不服申し立てなど近代的な制度がフルに活用される、ということが質的な相違となる。

総有主体の掲げるビジョンには、地域性を生かした文化、祭りあるいは商品開発や新産業への展望とその事業化が語られる。そのプロセスのなかでもう一つ指摘しておきたい点は建築や開発のスピードについてである。

特別区域、コンパクトシティそして様々な特区は、計画の年度、担当者の変更、そして予算などの制約の下、とりわけその成果を早く示さなければならない、というようなこともあって、短期間に事業を完成させなければならない。

現代総有都市は人々が協力し合って、地元資源（自然、人脈、技能、世界情報など）を掌握しながら、地域の技師（大工、庭園師、商店主、農家）によって、小さな建築（空き室の再利用）づくりから始まって、少しずつそれぞれの成果

や欠陥などを点検しつつ時間をかけて継続させていく。次第にそれは個別土地や建物の利用から、道路や公園、あるいは緑地なども広められ、その拡大につれて、地元の雇用・教育・あるいは介護などが組み込まれていく、というのが理想である。コンパクトシティにはこのような「ゆっくり、小さいものから」という発想は全くなく、主体は役所とゼネコンを中心に巨大な建築や土木工事から始められ、その内容やスピードも、市民というよりは、市場や財源によって決められるといういかにも「他者依存的」なものとなっていることを強調したい。自らの町を自分たちで作り上げる。そこには働くことの喜び、完成した時の感激、そしてその作業を次世代に繋いでいく使命感などなどが生まれる。この達成感と継続こそ都市の最大の魅力なのであり、ヨーロッパなどでは現在でも中世都市が存続しているのは、そのような志と形を現代でも共有しているからである。持続可能性ある都市を創るには、それに値するだけの価値を深め創りださなければならないのであり、その一つの要件が「時間」の共有なのである。

　近代都市法に穴をあけるという手法は、その対象に選ばれた地域では手っ取り早くその成果をあげることができる。しかし、それが限界である。長時間かけて積み上げられていくプロセスとその成果の絶えざる確認と点検こそ、今後およそ2100年まで続く少子・高齢化社会に対応する正攻法だと提言したい。

　なお本稿では、許可制という都市計画・建築基準法にかかわる改革の実を取り上げたが、近代都市法を構成した計画法、事業法、組織法、資格法そして税や財政なども、同じような視点からいずれその改革が必然となるのであるが、その検討は別稿に譲りたい。それら改革がなければ近代都市法から現代都市法への架橋および対峙の全体が完成しないことは言うまでもなく、その意味で都市法改革をその全体のための第一歩としたのである。

終わりに

　現代総有都市に似たものとして、エベネザー・ハワードの「田園都市」、これを参考に地域から全国土まで広げた大平正芳元総理大臣の「田園都市論」（三全総に定住圏構想として取り入れられている）などが思い出される。確かにそ

こでは現代総有にも通じる土地の共同利用、都市と農村を一体化している都市の形、あるいは「会社」の組織、運営と管理などについて学ぶ点は多く、今でも魅力的・有効なものがある。だが、それとは決定的に異なる部分もある。かっての田園都市は国家や自治体ではなく、先のハワードやロバート・オウエンといった優れた篤志家のイニシアティブによるものであった。彼らは田園の中で人口2ないし3万人の新たな都市を形成した。しかし、私たちの現代総有都市は市民自らの発意により、既存の都市の中から合意のできた地域から自発的につくっていくというものであり、その規模も2ないし3軒の隣組から、いずれ自治体全域に広がることを射程に入れている。そして今回は紙数の制約でその紹介を省略するが、このような方法や具体的な姿が、現時点でも活性化している商店街、生産力の高い農業、シェアハウス、村ごと都市経営を行っている小さくても元気な市町村などなどに「現代総有都市の萌芽」として実践されているということを報告しておきたいのである。そもそも何のために土地を共同利用し一緒に生活をするのか。ハワードの時代、それは田園の中での自給自足的な生活をすることが人間的であるからであり、その典型が職住一体であった。それは牧歌的であり、自己完結的であった。現代総有都市もその幸福感を共有するが、現代は、当時と比べて、圧倒的に「他者依存」（都市化）が進んでいる。食料、エネルギー、情報、水、病院・学校などのインフラ、労働などなど、日常のすべてが「他者」にゆだねられているのである。したがって、現代総有都市もこの他者依存を前提にしなければ発足できず、これをどのように受け入れ、また取捨選択し、それと決別して自立していくかが問われることになろう。現代総有都市は長期間の実験都市なのである。

参考文献
安本典夫『都市法概説〔第2版〕』（法律文化社、2013年）は近代都市法の全体像を余すことなく分析し紹介している。

（いがらし・たかよし　法政大学名誉教授）

現代都市法論と都市コモンズ研究
連結のための試論

高村学人

    I   課題の設定
    II   都市法学と都市コモンズ研究の理論的前提
    III 都市の重層性と法源論
    IV 所有権論と土地利用規制
    V   結びに代えて

I　課題の設定

　地域コミュニティによる資源・空間管理を中心におく都市コモンズ研究と都市全体の秩序づけのために様々なアクターの参加を通じてパブリックな規制システムを構想する都市法学とは、関心を寄せる法現象のレイヤー（階層）に違いがある。しかし、持続可能な都市づくりのためには、両者が関心を向けるレイヤーが上手く連結されることが不可欠となる。

　そこで本稿は、両者を繋ぎ合わせることを課題として設定する[1]。この課題の達成は、両者にとって未解決の理論的課題を明らかにし、それを乗り越えるための道筋を見出すことによって初めて可能となろう。

　都市コモンズ研究も近年では、Foster & Iaione（2016）のように都市全体をコモンズとして捉えた上で異質な人々が共存するインクルーシブな土地利用規制のあり方を法学の立場から理論化する試み[2]が現れて議論が進展しており、

---

(1)　筆者は、高村（2012）で都市コモンズ研究のラフなスケッチを行ったが、大変有り難いことに原田（2016）から書評を頂くことができた。その中で原田は、現代都市法論の含意と問題意識と拙著のそれとが共通するものであると表現された。同書が原田からの長年の教えを受ける中で書かれたものであるので、そのことは自明の理であるが、本稿では、より具体的・意識的に両者の繋がりを考察し、都市法学を発展・継承することを課題として設定した。

都市法学との接点が広がっている。

　以下では、まず、Ⅱ. 都市法学と都市コモンズ研究の双方の理論的前提を確認した上で、Ⅲ. 都市の重層性と法源、Ⅳ. 土地利用規制と所有権論の関連について順次考察し、両者のアプローチの連結を模索することにしたい。

Ⅱ　都市法学と都市コモンズ研究の理論的前提

1　都市法学の生成・展開

　それでは、我が国における都市法学の生成・展開を追いながら、そこにどのような理論が内在していたかを確認していこう。

(1)　法学にとっての体系化の意義

　我が国で初めて都市法という概念を提唱したのは、五十嵐（1987）である。五十嵐が述べているように、都市法という名の基本的な実定法律は存在せず、都市に関わる法は、様々な実定法規、判例、学説、条例、制度的取り決めの中に分散的に存在している。それでも都市法という概念を立ててこれらを体系化しようとする試みが開始され、発展してきたのは、どうしてであろうか。

　都市法と同じように基本的な法律が存在しない消費者法を体系化した大村（2003: 15-16）は、法典という外形的メルクマールが存在しない場合でもその法領域を指導する独自の基本原理という実質的メルクマールが見出せるならば、それを独立した法領域として体系化できるとする。さらに大村は、様々な法の中に分散する法を整序し体系化を与えるのは、法学独自の思考方法であるとし、体系化のメリットを、①問題の解決を助ける、②問題の発見を促す、③学習を

---

(2)　人種的隔離居住の歴史を持つアメリカでは、コモンズ論には、居住地間の格差を助長しかねないものという批判が強いが、Foster は、デトロイト出身のアフリカ系アメリカ人女性であり、条件不利地域であっても地域コミュニティによる共同管理が環境改善のために不可欠であることを自らの体験を交えながら主張する所有法学者である。Iaione は、イタリアの公法学者であり、イタリアのみならずヨーロッパ内の都市自治体との連携ネットワーク（LabGov）を運営しながら、条件不利地域の再生手法を実験的に探っている。

　両者のコーディネイトにより 2014 年に国際コモンズ学会で都市コモンズのテーマ大会がボローニャで開催され、その成果として Foster & Iaione（2016）が書かれている。2017 年のユトレヒトでの国際コモンズ学会世界大会でもこの論文を共通の基盤として都市コモンズに関する多くのセッションが実務家とも連携しながら開催された。

容易にするといった3点に求めた（同上40）。

　五十嵐も都市法の体系化を試みる理由を、都市に固有な問題（都市問題）が発生し、その問題の発見と解決のための法学が必要となったこと、都市に関する法現象の中に統一原理を理論として見出すことができることに求めた（五十嵐1987: 2-）。

　それでは、五十嵐やそれに続く都市法学は、都市法の基本原理をどこに求め、どのように都市法を体系化しようとしたのだろうか。ここでは、五十嵐、磯部、原田の学説を検討していく[3]。先に結論を述べれば、いずれの学説においてもキー概念となったのは、空間という概念であった。

(2)　五十嵐による都市法の体系化

　日照権裁判やマンション紛争の弁護士として実務をリードした五十嵐が都市法の体系化に取り組んだのは、個別紛争の解決や既存の方法では対応できない「都市問題」という独自の問題が発生し、都市政策という政策群による対処だけでなく、問題発生の法学的な分析、問題解決の体系的な指針を法学的に示す必要があったからである（五十嵐1987: 1-）。

　都市経済学は、都市の発生・発展の要因を「集積による利益」に求めたのに対して（宮本1999: 19-）、五十嵐は、都市問題を「都市の適正な容量を超えて人や物あるいは資本が集中することによって生じる、安全性、美あるいは快適性や利便性に対する混乱」と定義する（五十嵐1987: 6）。この混乱を制御するのが都市法の役割とされるが、集積の過剰、有限な資源・空間の過剰利用を都市の問題として捉え、それをコントロールするルールとして法を位置づける五十嵐の視点は、後述する都市コモンズ研究と重なるものである。

　五十嵐（1987: 3）は、集積の過剰に伴う都市問題は、我が国では高度成長以降に発生したとし、体系化の対象となる都市法もこの時期以降のものに限定する方法を取る。そして都市法学の目的を「都市における空間価値とその構造に関するルールの解明」に求める（同上2）。ここで言う空間価値とは、都市にお

---

(3)　以下の論述は、都市法学の展開を検討する髙橋（2010）からの示唆が大きい。磯部の都市法学については、服部（2016）も参照。法科大学院レベルでの学習方法を教科書として示し、道路、区画整理、収用といったハードな部分の都市法も体系的に説明したという点では、安本（2013）も重要な業績である。

ける安全、美、快適性、利便性といった価値のことであり、この価値は土地に注目する土地法では十分に取り込めない。またこれらの価値に対する侵害も、環境法や公害法では個別的に取り扱うに留まるため、都市の構造全体からそれを把握する都市法というアプローチが必要であるとされた（五十嵐1987: 4）

(3) 磯部による都市法学の試み

五十嵐に続く磯部（1990）の都市法学の試みは、オーリウの制度法学に立脚しながら都市において生成する自生的秩序を法の中に取り込むことで、そのような秩序の形成に関与し、そこから利益を受けている人々の法的地位を正統化することを目指すものであった。

都市問題の発生を都市化の密度が許容範囲を超えた点に求め、都市法を「有限の都市公共空間の適正な管理を可能にするための都市的土地利用秩序に関する法」として定義する点で磯部は五十嵐と共通する視点に立つ（磯部1990: 3）。

しかし、磯部が五十嵐や次の原田と異なるのは、都市法を高度経済成長期や近代以降に生成・展開したものと捉えるのではなく、人が集住した時点で生じる秩序として超歴史的に捉える点にある。磯部は、この秩序を「「近代法」の確立した法カテゴリーによってはうまく説明のつかない、曖昧な中間的法現象」とし、この法秩序の認識を通じて「近代西欧法の基本的認識道具に対する方法的反省」を促すことを都市法学の理論的な課題として設定した（磯部1990: 18）。

磯部が、都市空間における客観法秩序の成立を「人口密度が低い場所では自由な喫煙行動が、混雑する場所では禁止される」という例で説明したように、磯部都市法学では、一定の範域内に共存する同質的な人々の間での法秩序生成のプロセスに主眼が置かれ、五十嵐や原田が重視した大企業やディベロッパーと都市住民との対立・対抗関係にはあまり焦点があわせられなかった。磯部のこの視点は、コモンズ研究と共通性があるとも言える。

(4) 現代都市法論のアプローチ

五十嵐、磯部に続く形で展開したのが原田を中心とする現代都市法論[4]である。現代都市法論は、欧米の都市法の比較研究からスタートしたこともあり

---

(4) 現代都市法論とは、吉田（1999: 37）の命名に基づくものであるが、原田（2016）も自らの理論をそのように表現している。

（原田 1993）、あるべき都市法の提示においては進んだ欧米の実定都市法の内容が参照され[5]、欧米都市法の発展段階を基準として日本の都市法の歴史的展開を分析する特徴を有する（原田編 2001）。

現代都市法論が生成・展開したのは、バブル経済の最中であり、地価高騰や民活・規制緩和型の都市再開発に伴う問題が深刻化していた時期であった。このこととも関係し、現代都市法論では、都市を経済的諸活動の場 vs 生活の場という構図で二元的・対抗的に捉える見方が提示される（原田 1993: 4-）。

しかし、渡辺（1977）がブルジョワ的財産権と生存権的財産権という対抗図式のもとで土地法を理論化したのとは異なり、原田においては、両者の対抗関係は事実問題として存在することを認めつつも、都市法の中核概念となる都市空間の概念化においては、次のように両者も共同しながら同じ都市空間を構成するという位置づけが提示される[6]。

「共同の「場」としての都市空間　都市は、多様な側面を有するが、都市がなによりもまず、多数の人々の経済的諸活動と生活の場であることは明らかである。そして、経済活動と日々の生活──ないしは、そのための二つの「場」──が完全に切り離されることは現実にはありえないから、その意味での都市は、そこに住み働く人々にとって、一つの与えられた共同の都市空間を構成する」（原田 1993: 5）

経済の論理と生活の論理のせめぎあいは西欧の都市法の発展過程でも不断に存在した。しかし、原田は、高度経済成長期以降の西欧諸国の都市法においては、経済の論理から生活の論理への重点の移動が生じたことを強調する（原田 1999: 7）。

原田が現代都市法と呼ぶ法とは、生活の論理の重視を都市法の実体的な目標として都市計画法典の理念・目的を定める条文においてはっきりと謳い、それを各レイヤーにおいて実現する手続法を備えた法体系のことである（同上）。

現代都市法論の基本原理が先の共同の都市空間という概念であるが、このような空間の重視は、渡辺・稲本編（1982, 3）の土地法学とは異なる側面から都

---

(5)　原田（1999: 12）では、あるべき都市法の理念・目的としてフランスの都市計画法典第1条の条文が引用・提示されている。

(6)　渡辺の土地法学との相違と共通性については、原田他（2010）の討議記録を参照。

市問題を把握するために積極的に打ち出されたものである。原田（1980）もコミットした近代的土地所有権論を中核に置く土地法学では、所有権と利用権の対抗関係で問題を捉えるため、土地の上の空間把握、すなわち、そこに生きている人々の生活、居住、景観、美観、環境といったものが入りにくい[7]。このような要素を法に取り込むための媒介概念となったのが空間である。

　しかし、これらの要素の充実を実現すべき都市も、その物理的な基盤たる土地は現実には細分化されて、個別の私的所有権の対象となっているという矛盾がある（原田 1993: 6）。この矛盾を克服せずに私的所有権をコアとする市場原理に委ねていては、良好な都市空間は形成されない。よって土地所有権をパブリックな規制のもとでコントロールする必要がある。このような問題意識から現代都市法論は、構想され、次のように都市法を定義した。

　「都市法とは、「都市を私的所有権の自由の束縛から解放して、これを共同の生活・活動空間として都市住民の手に取り戻し、そのようなものとしてのあるべき都市を住民の意思に基づいて形成・整備・創造していくための法の体系」なのである」（原田 1993: ii）

　このようにして都市法学の中核に置かれた空間概念は、都市計画の策定過程への参加や都市計画訴訟における原告適格を住民に幅広く認めたり、計画に基づく所有権制限の正統性を導いたりすることを可能とする媒介的法概念として機能していくことになる。

2　都市コモンズ研究の理論と現代的展開

　次に都市コモンズ研究の理論的前提や近年の研究動向を見ていき、そこにおける都市の概念、法の概念を明らかにしていこう。

（1）　コモンズ研究の出発点と都市への応用

　コモンズ研究が開始されたのは、ハーディンが「コモンズ（共有地）の悲劇」という論文を発表し（Hardin 1968）、誰でもアクセスできる有限の資源に対しては、各人が自己の短期的利益のみを追求するため資源の過剰利用が生じてしまい、皆の存続が危機に陥るという社会的ジレンマが存在することを示し

---

(7)　同上。

たことに遡る。

　ハーディンが提示した解決は、コモンズを分割して私的所有権を設定し市場原理に委ねるか、コモンズへの国家官吏による管理・統制を強化するか、のいずれかであったが、これに対してオストロムは、地域コミュニティによる資源の共同所有・管理の優位性を対抗的に論証した（Ostrom 1990）。

　オストロムは、地域コミュニティによる資源管理の優位性を、①資源を日常的に利用している者こそが資源状態の変化をよりよく知ることができ、変化に応じて利用ルールを柔軟に変更できる、②資源利用者は、利用ルールの違反者の発見を容易にできる、③地域コミュニティの構成員は、資源を持続的に利用できることが不可欠なので資源管理の運営に熱心に関わる、という点に求めた。

　この理論に基づき、我が国でも堂免・坂野・小川（2001）によるまちづくり協定、斎藤・中城（2004）による郊外住宅地管理の研究がなされ、児童公園、マンション管理、地域景観を対象とする高村（2012）もそれに続いた。これら研究は、単位資源の過剰利用の問題だけでなく、資源管理を行うためのルールの運営といった資源システムを維持・運営するための労務供給問題もカバーし、オストロムの理論を発展させた。

　さらに最近では、都市の低成長・縮小といった変化を前提に、過少利用状態にある空き地、空き家や遊休公有財産が負の外部性を生じさせるのを防ぐために、空き地のコミュニティガーデン化（秋田・高村・宗野 2014）、高経年マンション内での空き住戸の共同管理（齋藤 2016）、遊休公有地の市民団体による活用（堂免 2017）といったテーマにも都市コモンズ研究は、その射程を拡大しつつある。

（2）　資源管理論から規範的主張論へ

　ただ、以上に見てきた日本の都市コモンズ研究は、地域コミュニティによる資源・空間の管理の向上に焦点が向けられ、都市の構造全体や都市社会運動を射程に収めるものではなかった。

　これに対してグローバル資本による都市空間の私有化・再囲い込み化に警鐘を鳴らし、これに対抗する都市社会運動に注目するハーヴェイ（2013）やネグリ・ハート（2012）は、コモンズという概念を先の都市コモンズ研究とはやや異なる意味で用いる。

彼らがよく用いるのが、Commoning という概念である。これには都市を自分たちのものに取り戻すという意味がある。「ウォール街を占拠する」運動は、ニューヨークのズコッティ広場での座り込み・占拠活動から始まり、世界中の都市に拡大したが、この運動が問題化したのは、このズコッティ広場が元来、リバティ・パークという名の公設公園であったにも関わらず、隣接する巨大ビルを所有する不動産会社の会長の名前がつけられた民設公園となったことで公園での自由な活動に警備員が過剰介入するようになったという問題である。この問題をこの運動は、都市の公共空間の私有化・再囲い込み化（Privatization）として捉え、このような傾向が世界中の都市に拡大していることを問題化した。

Commoning とは、このような公共空間の私有化・再囲い込み化に対抗して市民が運動を組織し、その空間を占拠する（occupy）ことで公共性を取り戻す行為を指す。イタリアの比較法学者である Mattei もこのような運動を評価し、私的所有権が所有者のみに資源・空間の排他的利用を認めることを批判し、Commoning という運動から生じるコモンズという規範的主張、すなわち都市は皆のものである、都市への権利をわれわれは有している、という規範的命題が私的所有権を制約する原理となるとし、その理論化に取り組んでいる[8]。

(3) 多元的都市コモンズ概念による統合

これまでは、資源管理理論としてのコモンズ研究とハーヴェイらのような運動としてのコモンズという規範的主張論とは、別々に展開していた[9]が、Foster & Iaione（2016）は、両者の統合を試みる。なぜなら、入会権を簒奪する国家に対する抗議運動が同時に地域コミュニティこそが入会地を最も上手く管理できることの論証を怠らなかったように、実際の歴史過程においては両者のコモンズ概念は、必ず絡み合いながら用いられていたからである。

Foster & Iaione（2016）が最も具体的に論じるのが、衰退した都市・地域における空き地や遊休公有地の問題である。アメリカやイタリアの都市では、こ

---

(8) Bailey and Mattei（2013）では、イタリアでの水道事業の民営化や劇場等の公共施設の民間売却に反対する社会運動が、水や文化はコモンズであるという規範的主張を伴いながら展開していった点に注目し、2011 年の国民投票でこのような民営化を禁じるに至った点を私的所有権に対する共通財（beni communi）理論による制約として法学的に論じる。

(9) 先の Bailey and Mattei（2013: 965）も両者が異なる内容であるという立場を示す。

れらの土地を住民組織や市民団体にコミュニティガーデンや遊具公園として管理してもらうことを施策として推進している。このように管理・利用されることは、周辺住民にとっても効用があり、地域・都市の再生をもたらす効果がある。しかし、再生過程に入ってくるとこの土地を所有するオーナーや市は、この土地を民間ディベロッパーに高く売却し、ガーデン活動を行っていた住民・市民を閉め出すことをよく行う。ガーデン活動というコモンズ管理を通じて生まれた正の利益は、すべて所有者、市、民間ディベロッパーといった管理に関与しなかった者に捕獲（capture）される。

　このような正の利益の独占的捕獲をコントロールし、それを住民達に帰属させるためには、法の役割が重要となる。それゆえに資源管理論と規範的主張論のそれぞれのコモンズ概念が上手く重ね合わされる必要がある、というのが、彼らの多元的都市コモンズ概念論（Pluralistic Conception of the Urban Commons）の主張のコアである（Foster & Iaione 2016: 291）。

　以上見てきたように地域コミュニティ単位の資源管理論としてのコモンズ研究は、都市空間の公共性を資本による私有化・囲い込みに対して対抗させる規範的主張論と結びつくことによって都市全体の構造や所有権者以外のコモンズへのアクセス権といった側面にも関心を広げ、両者を統合するための法の役割の考察にも向かうこととなった。この地平に立った上で、次から都市法学との接点をより具体的に見ていくことにしよう。

Ⅲ　都市の重層性と法源論

1　都市の重層性と法発展の基盤

　都市は、本来は、城壁に囲まれた一つの自治団体を意味したが（ウェーバー1965 [1921]）、実際には拡大を続け、一枚岩的な把握を困難にしていった。実際の都市圏は、市という自治体区域よりも大きいことが多いし、市の中にも行政区、中・小学区、自治会・町内会といった形でさまざまなレイヤーが存在し、それぞれのレイヤーが重層的に重なり合いながら都市の運営はなされている。

　よって都市法には、どのレイヤーからどのように秩序を組み立てていくのか、異なるレイヤー間の調整をどのように行うのか、といった課題に指針を与える

役割が期待される。この課題は、都市法を発展させる法の源をどこに求めるのか、という広い意味での法源論とも関係してくる。以下では、これらの点につき都市法学やコモンズ研究がどのように考えてきたか、を検討していこう。

2 都市法学による重層性の捉え方

　吉田（1999: 40）が特徴づけたように原田の現代都市法論の特徴は、都市を多層性・多元的構造において捉え、それぞれのレイヤーでの公共性の形成とレイヤー間の調整を重視する点にある（原田1997: 28）。

　日照権の生成を理論化した五十嵐（1980）が生ける法論に依拠し、磯部（1990）の主たる関心が住民間の協定や要綱行政といったインフォーマルな法の効力を制度理論で説明することにあったように、両者においては、都市の中の地域社会から湧き出てくる法を法システムの中に吸い上げることが重視されていた。

　これに対して原田は、「慣習的な慣行に基礎づけられた暗黙の了解」は、農村社会のものであり、都市の場合にはそのようなものに期待することができないと率直に述べ（原田1997: 34）、法化社会を前提に実定法システムから法の探索をスタートすべきという立場を示している。吉田（1990: 33）も地域コミュニティの自己決定にのみ公共性形成を委ねるのは困難であり、「自治体レベルあるいは全国レベルでの普遍的な公共性を担保する法システム」の役割を同様に重視する。

　しかし、現代都市法論が主張したのは、テクノクラートが上から秩序を与えるというものでなく、それぞれのレイヤーでパブリックな討議を通じて公共性が形成され、その際、都市法が参加手続に委ねるだけでなく、実体的目標として住民や生活の利益の重視を指針として示すことで皆に納得が形成されるという秩序像であった。

　実際の都市圏と市の区域のずれという問題についても、市（コミューン）の上に都市圏共同体を設定して広域的計画を作成したり、県を超えた州レベルで経済・雇用計画を立てたりするフランスのモデルが念頭におかれているため、磯部（1990: 15）のように自治体法を特権的に重視する構成は取られず、都市の多層性・多元性は、国家レベルの公共性まで延長されていく（原田1999: 10）。

第1部　都市法の基礎理論　39

このように現代都市法論は、都市の公共性を形成するレイヤーを幅広く取り、それぞれのレイヤーでの合意形成プロセスにパブリックの参加を期待する。原田は、さまざまな主体がこの手続に参加するとしながらも、異なる利害はそこで調整され皆が納得する均衡点が見出されるとする（原田 1999: 8-9）。ここで念頭に置かれているパブリックとは、個別利害の関心から手続に参加しながらも討議を経ることで学習・自己変容を行い、都市全体の正義の観点から合意を形成できる市民・公衆である。ゆえに原田の都市法学では、共和国型の一つの市民社会が想定されており、地域、階級や個別利害によって異なる諸社会が存在するという見方は取られていない[10]。

ゆえに事後的統制となる裁判での訴えの利益・原告適格も地域内の土地所有者に限るといった狭い見方は取られず、市民・住民に幅広く認めていくというアプローチが取られる（原田 1999: 15）。都市は公共性の空間であり、そのような空間への参与は、土地所有権に基づかなくても市民・住民に開かれるべきだからである[11]。

3　都市コモンズ研究にとっての法源・原告適格論と重層性問題

これに対して都市コモンズ研究は、土地利用規制を相隣間の地役的関係から出発して説明する[12]ため、訴えの利益・原告適格もそのような地役的相互関係の規制に服している土地所有権者に限定する立場となる[13]。

狭義のコモンズは、入会地・共有牧草地のような共同所有の対象となっている資源・空間を指すものであるが、都市コモンズ研究では、私的所有の対象と

---

(10)　原田他（2010: 221）での原田の渡辺の市民法論に関する発言部分を参照。

(11)　現代都市法論の空間概念に依拠しながら、原告適格論を分析・基礎づける議論としては、見上（2006）を参照。また空間秩序への参与権を土地所有権から独立して導く議論として、石川（1997）も参照。

(12)　ただしフランスの都市計画による所有権制限も見上（1977, 8）が検討したように地役（servitude）として位置づけられ、地役の公益性や地役設定に伴う価値増加から都市計画制限に補償が伴わないということが正当化された。また今日のフランスでも、例えば、社会住宅を都市内で建設し、階層の社会的混合を図る場面においても地役設定という形が取られており（齋藤2016）、所有権制限と地役の関係は、掘り下げられるべき論点とも言える。

(13)　都市法における原告適格をオーリウの規約法（droit statutaire）の概念を基礎にして空間管理に参与している規約法の構成員に地位・身分（statut）を導く磯部（1990）の議論もこのような立場となろう。

なっている住宅・住宅地に対して地域コミュニティが及ぼしている共同規制を
セミ・コモンズという概念で捉え、これを研究の中に取り込む[14]。

例えば、日本の建築協定の法的性質については契約説、準条例説という見方
とやや独立してそれを集団的な地役権設定として捉える見解があるが（長谷川
2005: 50）、都市コモンズ研究はそのような見解を取る。アメリカの制限的不動
産約款や住宅所有者組合もアメリカの所有法学では、地役（Servitudes）に関
する法の章の中で位置づけられている（Dukeminier, Jesse et als. 2014）。

このように地役的相互関係から土地利用規制を位置づけ、それを積み上げて
いく立場においては、訴えの利益・原告適格は、建築協定違反に対する差し止
めや損害賠償請求の訴訟が建築協定に加入する土地所有者の総体としての建築
協定運営委員会に限られ、行政や協定区域外の者には認められていないように
（長谷川 55）、異議申し立ての資格は、規制に服している土地所有者にのみ認め
るという見方となる[15]。

しかし、このような見方に立つと都市全体のあるべき空間秩序に公衆が関心
を持ち、訴訟を通じて公共的議論のフォーラムが設定されることは不可能にな
り、都市が小規模コミュニティ毎にモザイク状に構成されていくことになる。
ハーヴェイ（2013）は、オストロムの理論が小規模コミュニティのガバナンス
のみを扱い、小規模単位のルール形成がどのようにして都市全体のルール形成
に接合してくるのか、小規模単位の私的ルール形成に対しての民主主義的統
制や司法的統制が開かれたものになっているのか、といった点につき考察がな
されていないことを批判する。

この批判に対するオストロム側の回答は、多極的ガバナンス論というものに
なる[16]。多極的ガバナンス論とは、都市圏の秩序は、入れ子状的（Nested
Enterprise）に重層的に構成されているが、実際の都市圏の大きさに対応した

---

(14) セミ・コモンズ概念については、高村（2017b）で説明した。また入会地も本来は農地に堆
　　 肥として敷き詰める草を刈ってくるために存在したゆえ、農地に対する承役地としての位置づけ
　　 を有した。

(15) 互換的利害関係という法概念に基づき、景観利益への原告適格を相互的土地利用規制に服し
　　 ていた地権者のみに認めた国立マンション訴訟民事地裁判決の論理と共通する見方となる。

(16) 多極的ガバナンス論については、高村（2017a）で紹介したので、ここでは詳しい文献提示
　　 は省略する。

強い広域的地方政府は不要であり、その都市圏の中で小規模な自治体、目的毎の特別区、住宅所有者組合によるプライヴェート・コミュニティが数多く存在し、それぞれが個性を発揮しながら住民獲得を競い合っていく方が、イノヴェーションが生まれ、都市全体の居住環境も向上するという考えである。住民が自らの選好にマッチする居住地を選び、そこを統治する単位が小規模であれば、住民参加や相互協力も生まれやすいという哲学がそこにある。

　ただ、あまりに自由に競わせるとコミュニティが望ましくない人々を排除する傾向を強めることになる。よってこの多極的ガバナンス論では、裁判所が憲法の修正条項の人権保護規定を通じて地方自治体やプライヴェート・コミュニティのルールの実質的内容を積極的に司法審査することを重視する。また都市圏全体に関わるコモンズの資源管理、例えば、水の供給に関しては、この問題を各統治体が科学的知見に基づき水平的に議論していくための土俵を裁判所が間接的に支援していくことが展望される。

　この多極的ガバナンス論の考え方は理論というよりも現実のアメリカの地方自治や裁判所の姿そのものであるとも言え、フランスの都市の各レイヤーに応じて統治団体を設定し、多層的な調整を図っていくモデルと対極にあると言える。

　多極的ガバナンス論には、当然ながら地域間の格差を拡大させるという批判がある。この批判を意識し、アメリカのみでなくイタリアの地方自治も考察の対象とする Foster & Iaione（2016: 326）は、多極性という原則よりも先に補完性の原則をより重要なものと位置づけ、小規模自治体や地域コミュニティが統治できる場合はできるだけその能動性を政府は支援するが、できない場合には政府がその役割を担うべきという考えを示す。また国家や都市自治体の役割も重視し、より恵まれない地域での共同統治を支援し、都市全体をインクルーシブにしていくことがそれらの役割であるとし（Ibid: 340）、多極的ガバナンス論に内在する競争主義の是正を試みる。

Ⅳ　所有権論と土地利用規制

　最後に所有権論と土地利用規制の関係について見ていこう。ここでは、議論

の範囲は都市に限らず、農地も含めたものとなる。

1 現代都市法論の所有権論

現代都市法論の所有権論の特徴は、所有権に対する規制を空間という概念から正統化し、この規制の手法として私法的な手段でなく、公法的な手段・手続を重視することで規制の公共性を確保する点にあると言える。

(1) 公的規制の重視

先述したように現代都市法論は、所有権 vs 利用権の土地法学の枠組から脱却し、双方の権利を都市全体の秩序に基づきパブリックな規制に服させるために共同の空間という概念をその理論の中核に置いた。さらに髙橋（2010）が浮かび上がらせたように原田の都市法学は、土地法の中で都市という特殊な場にのみ適用される法として都市法を捉えるのでなく、都市の外側にある農地や森林もフランスの urbanisme が適用範囲としているのと同様に都市の空間に影響を与えうるという位置づけで都市法の適用対象とし、厳しい転用規制や開発・建築不自由の原則をそこに導くものであった[17]。

このように土地利用への強い公的規制を導く原田の議論に対しては、髙橋が紹介するように渡辺から「土地の国有とまではいかないとしても、少なくとも収用の論理が全面的に展開する」、「土地の利用計画を決めて計画に従った利用をしなさい、と。それに従っていない人は国家の他の計画に即して公的に処理するという論理にいってしまうのではないか」という疑問も提示される（原田他 2010: 209）。

これに対する原田の回答は、都市法の実体的目標で住民重視が打ち出されているという実質面、計画策定や許可過程における参加手続を保障することで利益が調整されるという手続面の両者を考慮するというものであり（同上 213）、都市計画法による公共性の確保を通じて所有権の保障を図るというものであった。

(2) 供用義務論と公法・私法の役割分担

都市の空間利用のあり方は、公法的な手段・手続を通じて決せられるべきと

---

(17) 原田他（2010: 214）での討論部分と原田（2011: 57）を参照。

いう原田の考えは、稲本（1986）の供用義務論に対する原田の批判においても
貫かれている。

　稲本（1986）は、バブル経済の最中に都心において低利用の土地が多く存在
し、その土地の一定割合が普通借地として借地法の厚い保護を受けていること
を問題とし、高まる土地需要・再開発欲求に応えるためには、現況の利用が都
市計画で与えられた容積率を十分に使いきっていない場合、借地権者はその土
地に伴う供用義務を果たしていないため、借地オーナーはそれを理由として借
地契約の更新拒絶をできるという議論を展開した。また都市計画ルールについ
ても再開発を実施する民間ディベロッパーの役割を重視し、このディベロッパ
ーが提案する高度利用の事業計画が優良なものであれば、既存の都市計画ルー
ルは緩和され、土地所有者がこのディベロッパーに再開発を行ってもらうこと
が所有権に内在する供用義務の実現方法ともなるとした。

　この供用義務論に対する違和感こそが土地法研究から独立する形で現代都市
法論をスタートさせるモティーフとなった。稲本の供用義務論を批判する原田
（1987）の論点は多岐にわたるが、批判論点のコアに置かれたのが、市街地の
有効利用・高度利用という「すぐれて政策的な判断を民事の立法によって包括
的かつ抽象的に宣言することが、果たして立法政策として妥当なことであろう
か」という点であり（原田 1987: 54）、民事法をその都度その都度の政策に従属
させるべきではない、という視点であった。

　確かに稲本が提唱した供用義務論に基づけば、借地オーナーがディベロッパ
ーの土地利用要望に応じる形で高度利用の事業計画の提案に応じた場合、この
実現を阻む借地権は解消され、私人間のやりとりを中心にして都市が再編され、
借地人が法の保護の外に追いやられることになっていく。このような民事法改
革案に対して原田が提示するのは、土地有効利用の判断は、パブリックな計画
的コントロールで行われるべきというものであり（同上）、民事法と公法とし
ての都市計画法は切り離し、政策判断に対して民事法の自律性を護るべきとい
うものであった。

(3)　都市法と農業法の共通性

　またこの論文（原田 1987）では、併せて農用地利用増進法（1980 年）によっ
て導入された存続期間が短期で更新権が否定される農用地利用権についても検

討がなされる。この保護が弱い農用地利用権の導入は、農地価格上昇を期待する農地所有者が保護の厚い農地賃貸借を嫌い、農地を貸し出さないことへの政策対応としてなされたものであった。稲本（1986: 246-）は、これにより農地流動化・規模拡大が期待できると評価したのに対して原田は、農地価格の上昇という問題に賃貸借法の改変で本来応えるべきでないとし、農地法ではかろうじてこの農用地利用権の設定に市町村が公的に関与する仕組があるため、改変による歪みをカバーできうるとした（原田 1987: 52）。

　都市の土地に限らず、農地利用のあり方も所有権と利用権の関係についての私法ルールの変革を通じてではなく、公的な関与・規制を通じて行われるべきであるという原田の考えは、フランス農業法を紹介する際に、農地の権利移動への県知事による統制、土地集約化も SAFER という公的機関が担っていることを重視する点にも現れている（原田 2014）。このことは、法と経済学の影響も強いアメリカの所有法学者が公法的な土地利用規制よりも所有法の内容修正を通じて効率的な土地利用を達成しようとするのとは、コントラストをなすと言える。

2　都市コモンズ研究の所有権論と収用

　これに対してアメリカの所有法学の影響下にある都市コモンズ研究は、所有法の内容修正を通じて私法的な手段で効率的な土地利用の達成を目指す傾向があり、私人間の交渉・取引ではそれが不可能な場合、効率性や分配的正義の実現のために収用を用いることをさほど躊躇わないという議論傾向がある。

　Foster & Iaione（2016）が中心的に論じる衰退地域の空き地の問題に再び戻ろう。このような空き地は、地域住民によるコミュニティガーデンづくりによって再生した場合でも、所有者や市は、この土地を民間ディベロッパーに売却することが多いため、コモンズ管理による便益は、それに関わらない者に独占的に捕獲される、という問題があった。

　Foster & Iaione（2016: 320-）では、そのような土地売買や開発に対しての無効確認・差止訴訟の可能性が所有権の内在的制約論、公共信託論等から検討されるが、実際にそのような訴訟が裁判所で受理されるのは難しいため、代替案として低所得者向けのアフォーダブル住宅を供給するコミュニティ開発法人

に衰退地域全体の転換やエリアマネジメントを公共的に担うという位置づけを与え、この法人に収用権限を付与するというアイディアが提示される（Ibid: 324）。

　この法人には、単にコミュニティガーデンとして利用されている私有地を収用するだけでなく、一体的利用のために必要な周辺の小規模な土地も買取交渉によって取得することが難しい場合には収用によってそれらの土地を集約化する権限が付与される[18]。アメリカのコミュニティ開発法人とは、単に低家賃住宅を供給するだけでなく、コミュニティを組織化したり、多機能的なサービスを供給したりする事業体としての性格を有しているが（宗野 2012）、この私法人に収用権限を付与することで地域コミュニティの参加を引き出しながら緑豊かなオープンスペースと多機能的で地域コミュニティのコアとなる中層の低家賃集合住宅づくりを実現しようというのが Foster & Iaione（2016）の主張である。

3　所有権の細分化問題——アンチ・コモンズ論と近代的土地所有権論の接点

　以上の議論に見られるように都市コモンズ研究者は、土地や空間はまとまりのある規模があってこそ共同での利用価値が増すという考えに立つため、細分化した土地所有権の集約化には、積極的である。

　しかし、細分化した土地所有権の集約化というテーマは、原田（1980）も参加した近代的土地所有権論争の主題でもあった。この点を最後に考察していこう。

　近代的土地所有権論争とは、水本（1966）が、資本主義が最も早期に発展したイギリスの近代的土地所有権の構造に注目し、資本家的農場経営が可能となった条件は、歴史の推移とともに強化されていった土地賃借権の厚い保護にあるとし、賃借権が物権に類似する形で保護されることを「賃借権の物権化」と表現し、このイギリスの土地所有権構造を近代的土地所有権の典型と位置づけ、

---

　(18)　ここでは、ボストンの荒廃地区においてコミュニティガーデンの運営やさまざまな活動によってコミュニティを再生させた Dudley Street Neighborhood Initiative という団体が土地信託法人を組織し、この法人に市が収用権限を委譲したという事例があるべきモデルとして紹介されている（Foster & Iaione 2016: 323-）。この事例の紹介やコミュニティ開発法人の住宅所有法の意義に関しては、吉田（2006: 122-）の検討も示唆に富む。

日本の借地・借家権の保護強化を提唱したことから開始した論争である。また
この論争は、各国の資本主義の原始的蓄積期において法がどのような構造を取
ったのか、その構造が現代の国家独占資本主義時代の各国の現代法の型にどの
ような影響を及ぼしているか、というマルクス主義法学の比較法研究の方法論
とも密接に結びついており（稲本 1966）、大きな関心を集めた。

　封建制下の領主階級が保有した土地は、大革命によってシンプルな所有権構
成となり、またナポレオン民法典の均分相続を通じて細分化した。このように
細分化した土地を集約化し、大規模農場経営の展開を可能ならしめるのは、資
本主義が展開していく上で不可欠の条件である。大革命が独立自営的な小土地
所有農民を生み出したという高橋史学ではなく、大革命の時点においても土地
所有と借地農経営との間の矛盾・対立が深化していたとするルフェーブルの史
学に立脚する原田（1980: 47-）は、水本の問題設定、すなわち資本家的農場経
営はいかなる近代的土地所有権法によって可能となったのか、という問い自体
は、共有する。

　しかし、原田（1980）は、フランスにおいては物権的構成ではなく債権的構
成が取られたこと、そのような法でも借地による集約が可能であったこと、水
本が設定した論点とは別の改良施行権・有益費償還請求権といった賃借権の内
的構造が借地農の資本投下にとってより重要であったことを論じ、近代的土地
所有権法という形で典型モデルを設定することを批判し、近代化・資本主義化
のプロセスにおける法のあり方を相対化した。

　この論争は、この原田の仕事により終止符が打たれることになるが、ここで
は、この論争の枠組内において、細分化した土地の集約化は、①所有権の集約
（＝土地購入）ではなく、賃借権を通じて借地という形でなされたこと、②その
ような集約に伴う取引コストは、資本家的借地農場経営者が引き受けたこと、
③このことが今日にも続くフランスやイギリスの農業経営の強さに繋がってい
ると位置づけられたこと、を確認しておこう。

　これに対して、細分化・複雑化した所有権をアンチ・コモンズの状態として
捉え、その集約化の困難さを論じたアメリカの所有法学者のヘラーは、どのよ
うに議論を立てたか、を見ておこう。

　ヘラーは、所有権の対象となる土地が細分化し、多数の所有者が一地域に存

在したり、一つの所有物に対しても所有権者のみが権利を持つ一物一権でなく、借地・借家人等のさまざまな権利者が生じたりした場合、望ましい土地利用を実現するには、無数の権利者からの全員一致の合意獲得が必要となるが、それはあまりに取引コストが高いため、誰もそのコストを引き受けるものが現れず、利用が放棄された過少利用状態が生じることをアンチ・コモンズの悲劇と命名した（Heller 1998）。

　そしてこの悲劇の状態を解決するために、①所有権の切り出し・分割化や細分化をもたらす立法を禁じること、②所有権の断片化（Fragmentation）が見られる地域に対しては特別区として土地集約区という仕組を導入し、専門家の支援のもとコミュニティ主導で権利の整理・土地の集約化を実施させること、③全員一致原則を修正し、少数者が拒否権を持つことを防ぐこと、を提唱し、アメリカの法実務に大きな影響を与えている（高村 2015）。

　ただし、このヘラーの議論に対しては、政策決定者や多数者の観点から望ましい土地利用のあり方が決定され、多様な価値や少数者の権利への配慮が欠けるという批判があり、筆者もそのままの形でヘラーの議論を導入することには慎重である[19]。

　しかし、ヘラーが問題とした不動産の過少利用問題は、今日の我が国において空き家、空き地、耕作放棄地、荒廃森林という形で深刻化しており、とりわけこれら問題の背景に多数共有者問題や所有者不明化問題があるゆえ（吉原 2017）、所有者が利用・管理しない財をどのような法的手段を通じて第三者に利用・管理させていくべきか、という問題は、真剣に論じられる必要がある。

　近年、我が国の立法が導入した手段は、都市の空き地であれば自治体がコーディネートする形で短期間の利用を地域団体・市民団体に可能とし[20]、所有者不明の耕作放棄地や荒廃森林であれば知事の裁定を通じて第三者に利用権を設定[21]するというものである。一物一権のシンプルな構成をベストとするヘラーの立場からすると、このような手段は暫定的な方法に過ぎず、長期的には

---

(19)　ヘラーの議論を検討しつつ、その効率性重視の見方に疑問を呈するものとして、角松（2017）も参照。

(20)　2017 年の都市緑地法等の一部を改正する法律での市民緑地認定制度の創設がこれに該当する。

かえって問題を複雑にするという評価になる[22]が、フランスの農地集約化の歴史過程は、原田が論じるように賃貸借とその契約過程への公的主体の関与によって実現されてきた。昨今の過少利用問題に対してどのような法的手段をどのように組み合わせて解決すべきか、その際、所有権自体をどのように概念化すべきか、この課題は、原田の都市法学やそれに先立つ土地法研究の蓄積と近年の都市コモンズ研究のアプローチを接合することでこそ探索が可能となろう[23]。

V　結びに代えて

最後に本稿での都市コモンズ研究と都市法学との比較検討から導かれる都市法研究にとっての今後の研究課題についてまとめておこう。

都市コモンズ研究も都市を重層的に捉える点で都市法学と共通性があるが、下からの自律的な秩序形成やコミュニティ間の競争に都市全体の秩序のイノヴェーションを求めるため、地域間の格差や都市全体の正義の実現という点で弱点があった。これに対して現代都市法論は、レイヤー毎の参加手続やレイヤー間の調整過程での公共的議論の可能性を展望し、そのような議論を実現する役割を法に求めた。また両者のこのような力点の差は、依拠する理論だけでなく、アメリカを準拠とするか、ヨーロッパの国を準拠とするか、という点にも起因していることが本稿の検討から明らかになった。この点に注目しながら都市コモンズ研究の競争主義に修正を加える Foster & Iaione (2016) は、EU の補完性原理を地方自治法・都市法のフィールドにも導入し、そのことで小規模単位の取組の創発性と都市全体としての正義・公正さの両立を目指していた。

このような議論の動向や蓄積に鑑みるならば、我が国においては、基礎自治

---

(21) 2009 年の農地制度改革による所有者不明の遊休農地に対する措置と 2011 年の森林法改正による要間伐森林の土地が所有者不明である場合の措置の導入がここで念頭に置かれる。

(22) ヘラーのアンチ・コモンズ論の影響の下で創設されたアメリカのランドバンクでは、債務関係の権利クリーニングと細分化した土地の再統合が裁判所の協力も得ながら進められている（高村 2015）。

(23) 土地区画整理組合や市街地再開発組合に事業終了後もまちづくり組織としての役割を展望する安本（2005）の議論もここで参考になる。

体それ自体を平成の大合併により広域化し、そこに自己責任を求めてきたことが特徴として浮かび上がる。そのことによって都市の重層性の調整がどのようになされるようになってきたのか、都市全体の正義と小規模単位の創発性の双方の実現がなされているか、なされていないとすればどのような役割が法に必要か、といった点の解明が一つ目の今後の研究課題となる。

二つ目は、現代都市法論や近代的土地所有権論が設定した土地所有権の細分化という問題が、今日の都市の低成長化や縮小によってより深刻なものとなってきているという点である。この問題に対してどこまで民事法や所有権論のフィールドで対応し、どのようにして私法・公法の協働を構想していくか、ということが研究課題となる。

いずれの課題の遂行においても現代都市法論が重視した比較と歴史からの今日的問題の動態的把握という視点が継承されるべきものとなろう。

参考文献一覧

秋田典子・高村学人・宗野隆俊（2014）「コミュニティの主体性が発揮される公共空間の生成プロセスの解明：コミュニティガーデン型の土地利用を対象として」住総研研究論文集 41 号 205-216 頁

五十嵐敬喜（1980）『日照権の理論と裁判』三省堂

五十嵐敬喜（1987）『都市法』ぎょうせい

石川健治（1997）「空間と財産——対照報告」公法研究 59 号 305-312 頁

磯部力（1990）「「都市法学」への試み」成田頼明他編『行政法の諸問題　下』有斐閣 1-36 頁

稲本洋之助（1966）「資本主義法の歴史的分析に関する覚書——現代における外国法研究の問題点」法律時報 38 巻 12 号 16-21 頁

稲本洋之助（1986）『借地制度の再検討』日本評論社

ウェーバー、マックス（1965）『都市の類型学』（世良晃志郎訳）創文社（Weber, Max, *Wirtschaft und Gesellschaft*, 1921）.

大村敦志（2003）『消費者法　第 2 版』有斐閣

角松生史（2017）「過少利用時代における所有者不明問題」土地総合研究 2017 年春号 17-30 頁

齋藤哲志（2016）「フランス都市法におけるソーシャル・ミックスと所有権」吉田克己・角松生史編『都市空間のガバナンスと法』信山社 377-404 頁

齋藤広子・中城康彦（2004）『コモンでつくる住まい・まち・人——住環境デザインとマネジメントの鍵』彩国社

齋藤広子（2016）「マンションの空き家の管理上の課題と対応」マンション学55号17-26頁

髙橋寿一（2010）「「土地法」から「都市法」への展開とそのモメント」社会科学研究（東京大学）61巻3・4号5-25頁

高村学人（2012）『コモンズからの都市再生——地域共同管理と法の新たな役割』ミネルヴァ書房

高村学人（2015）「土地・建物の過少利用問題とアンチ・コモンズ論——デトロイト市のランドバンクによる所有権整理を題材に」論究ジュリスト No. 15『土地法の制度設計』62-69頁

高村学人（2017a）「サンフランシスコ市におけるビジネス改善地区の組織運営とその法的コントロール——観察調査法によるケース・スタディ（1）（2完）」政策科学（立命館大学）24巻3号265-292頁、同4号181-236頁

高村学人（2017b）「都市コモンズを支える制度（体）と法政策——エリノア・オストロムの法学へのインパクト」コミュニティ政策15号45-70頁

堂免隆浩（2017）「市民による管理運営を前提とした遊休公共用地の活用：持続的な多目的広場を実現させる市民グループの特性および条件」一橋社会科学9号1-23頁

堂免隆浩・坂野達郎・小川哲史（2001）「Self-organized Collective Choice 理論に基づく地域的公共主体の再検討」日本計画行政学会第24回全国大会研究報告要旨集106-109頁

長谷川貴陽史（2005）『都市コミュニティと法——建築協定・地区計画による公共空間の形成』東京大学出版会

服部麻里子（2016）「磯部力教授による「都市法学」の意義」『都市と環境の公法学——磯部力先生古稀記念論文集』勁草書房3-30頁

原田純孝（1980）『近代土地賃貸借法の研究——フランス農地賃貸借法の構造と史的展開』東京大学出版会

原田純孝（1987）「不動産利用における所有権と利用権」ジュリスト875号51-57頁

原田純孝（1993）「序説　比較都市法研究の視点」原田純孝・広渡清吾・吉田克己・戒能通厚・渡辺俊一編『現代の都市法——ドイツ・フランス・イギリス・アメリカ』東京大学出版会3-27頁

原田純孝（1997）「都市の発展と法の発展」『岩波講座　現代の法　9　都市と法』岩波書店3-35頁

原田純孝（1999）「都市にとって法とは何か」都市問題90巻6号3-18頁

原田純孝（2011）「農地制度「改革」とそのゆくえ——地域農業と地域資源たる農地はどうなるか」原田純孝編『地域農業の再生と農地制度』農文協37-67頁

原田純孝（2014）「フランスにおける農地の権利移動規制——「農業経営構造コントロール」の義意と機能——日本との比較の視点から」政策科学（立命館大学）21巻4号3-31頁

原田純孝（2016）「書評　高村学人著『コモンズからの都市再生——地域共同管理と法の新たな役割』」政策科学（立命館大学）24巻1号85-88頁

原田純孝編（2001）『日本の都市法　Ⅰ　構造と展開』東京大学出版会

原田純孝・髙橋寿一・高村学人・山田良治・角松生史・見上崇洋・寺尾仁（2010）「都市法研究の軌跡と展望——共同研究会の討議記録」社会科学研究（東京大学）61巻3・4号207-237頁

ハーヴェイ、デヴィッド（2013）『反乱する都市——資本のアーバナイゼーションと都市の再創造』（森田成也他訳）作品社（Harvey, David, *Rebel Cities: From the Right to the City to the Urban Revolution*, Verso Books, 2012）

ネグリ、アントニオ、ハート、マイケル（2012）『コモンウェルス(上)(下)——〈帝国〉を超える革命論』NHK出版（Negri, Antonio and Hardt, Michael, *Commonwealth*, Belknap Press of Harvard University Press, 2009）

見上崇洋（1977, 8）「フランスの都市計画法の成立に関する一考察——都市計画地役の側面から（1）（2完）」法学論叢102巻2号55-83頁、103巻4号71-102頁

見上崇洋（2006）『地域空間をめぐる住民の利益と法』有斐閣

水本浩（1966）『借地借家法の基礎理論』一粒社

宮本憲一（1999）『都市政策の思想と現実』有斐閣

宗野隆俊（2012）『近隣政府とコミュニティ開発法人——アメリカの住宅政策にみる自治の精神』ナカニシヤ出版

安本典夫（2005）「まちづくりの担い手としての公共組合の可能性」小林武・見上崇洋・安本典夫編『「民」による行政——新たな公共性の再構築』法律文化社178-207頁

安本典夫（2013）『都市法概説　第2版』法律文化社

吉田克己（1999）『現代市民社会と民法学』日本評論社

吉田邦彦（2006）『多文化時代と所有・居住福祉・補償問題』有斐閣

吉原祥子（2017）『人口減少時代の土地問題——「所有者不明化」と相続、空き家、制度のゆくえ』中公新書

渡辺洋三（1977）『土地と財産権』岩波書店

渡辺洋三・稲本洋之助編（1982, 3）『現代土地法の研究　上・下』岩波書店

Bailey, Saki and Mattei, Ugo（2013）"Social Movements as Constituent Power: The Italian Struggle for the Commons", *Indiana Journal of Global Legal Studies*, Vol. 20, No. 2, pp. 965-995.

Dukeminier, Jesse et als.（2014）*Property*, 8th Edition, Aspen Casebook Series, Wolters Kluwer.

Foster, Sheila R and Iaione, Christian（2016）"The City as a Commons", *Yale Law & Policy Review*, Vol. 34, No. 2, pp. 281-349.

Hardin, Garrett（1968）"The Tragedy of the Commons", *Science*, No. 162, pp. 1243-1248.

Heller, Michael（1998）"The Tragedy of the Anticommons: Property in the Transition from Marx to Markets" *Harvard Law Review*, Vol. 111, no. 3, pp. 621-688.

Ostrom, Elinor（1990）*Governing the Commons*, Cambridge University Press.

（たかむら・がくと　立命館大学政策科学部教授）

「都市のスポンジ化」への対応と公共性

角松生史

はじめに
Ⅰ　都市計画において公共性が問題となる局面
Ⅱ　都市計画の課題変容と公共性
Ⅲ　都市のスポンジ化対応施策と公共性
Ⅳ　むすびにかえて——変わるものと変わらぬもの

はじめに[1]

　本稿は、人口減少時代にある日本の都市における重要な問題とみなされている「都市のスポンジ化」現象への対応方策における「公共性」をどのように考えるべきかという問いについて検討するものである。

　「都市のスポンジ化」とは、都市縮小期において、都市の「大きさが変わらず、内部に小さな孔がランダムにあいていく動き」[2]を示す比喩である。国土交通省は、「都市のスポンジ化とは、都市の内部において、空き家、空き地等が、小さな敷地単位で、時間的・空間的にランダムに、相当程度の分量で発生すること及びその状態を言うこととする。都市の密度が低下することで、サービス産業の生産性の低下、行政サービスの非効率化、まちの魅力、コミュニティの存続危機など、様々な悪影響を及ぼすことが懸念される」[3]と説明する。

---

(1)　本稿は、2017 年 3 月 14 日社会資本整備審議会都市計画基本問題小委員会において筆者が行った報告をベースとしている。また、執筆にあたっては、JSPS 科研費 JP15H03290、JP16H03681 の助成を受けている。

(2)　饗庭伸『都市をたたむ——人口減少時代をデザインする都市計画』（花伝社、2015 年）99 頁。なお、饗庭は「都市計画や建築の専門家の間ではほぼ専門用語として定着している」この言葉を初めて耳にしたのは「2009 〜 10 年頃の大方潤一郎（東京大学）の発言であったと記憶している」と述べる（饗庭・前掲 128 頁注(2)）。

(3)　国土交通省都市局「都市のスポンジ化について」（2017 年 8 月、http://www.mlit.go.jp/common/001197383.pdf）

Ⅰでは、都市計画において「公共性」がそもそもどのような局面において問題にされるのかについて整理し、Ⅱでは、「都市化社会」から「都市型社会」を経て「都市縮小」の時代に至る都市計画の課題の変容の中で、都市計画の「公共性」を位置付ける。Ⅲでは、上の検討を踏まえ、「都市のスポンジ化」対応方策の「公共性」がどのように説明されるかを検討する。Ⅳでは、現在でも残る「都市化社会」と共通する課題及び「都市のスポンジ化」対応方策と市場との関係について述べる。

Ⅰ　都市計画において公共性が問題となる局面

そもそも都市計画ないし都市政策一般において、「公共性」が問題になるのはどのような局面だろうか。

1　公共性α──財産権の制約・剝奪の正当化

まず、財産権の制約・剝奪を正当化するものとしての「公共性」が問題になる（以下「公共性α」とする）。日本国憲法29条1項は、「財産権は、これを侵してはならない」と定める一方で、2項で財産権の「内容は、公共の福祉に適合するやうに、法律でこれを定める」とし、さらに3項で「私有財産は、正当な補償の下に、これを公共のために用ひることができる」とする。

(1)　財産権の内容規定と「公共の福祉」適合性──所有権の外部性

ここで29条1項と2項との関係が問題になる。2項によれば財産権は法律によってその内容を与えられる（内容規定）のだから、1項における財産権の「不可侵性」の保障は法律に対しては及ばないという解釈の可能性があるからである。これに対して、1項に基づき、法律に対しても何らかの主観法的内容の保障及び／又は客観法的制約が及ぶという解釈が多くの憲法学説によってとられる[4]わけであるが、ここではその点に立ち入らず、さしあたり2項による内容規定には、「公共の福祉」適合性という客観法的制約が条文上求められていることを確認するにとどめたい。

───────────

(4)　議論の構図を整理するものとして、石川健治「財産権②」小山剛＝駒村圭吾編『論点探究憲法〔第2版〕』（弘文堂、2013年）241-255頁。

第1部 都市法の基礎理論 55

　この憲法的保障の具体的内容については、夙に「十分に掘り下げた検討が行われて来ていない」と指摘されている[5]が、土地所有権について言えば、土地に「周辺地との相互依存性ないし隣接性に伴う特質と制約を内在させる必然性」[6]があることから、相隣外部性の調整が法的課題となる。人々が集中して居住する都市において、その必要性はより高い。この外部性を、財産権の制約を正当化する公共性aの一つの内容と考えることができよう。

　もっとも、外部性と内容規定との関係は、詰めて考えるとやや厄介である。権利の内容を定義することが、外部性を論じる論理的前提になるからである。コースの定理を検討する文脈において、亀本洋は以下のように指摘する。

　「独立した主体の経済活動が、直接関係しない他の主体の経済活動に、いわば間接的にどのように影響を及ぼし、相互に調整されるのかを経済学者は主として研究している。…（中略）…自分の経済活動が他人に直接影響する場合と間接的に影響する場合の境界線をどこに引くのだろうか。それは『権利』（所有権的に把握された権利）による、といってよいであろう。この意味での『権利』は、自己の領域と他者の領域の境界を定め、他者に領域侵犯をしない義務を課すものとされ、同時に、権利者の同意によって他者への移転が可

---

(5)　亘理格「憲法理論としての土地財産権論の可能性」公法研究59号293-304頁（295頁）。内容規定に関する憲法学における現在の議論状況について参照、平良小百合『財産権の憲法的保障』（尚学社、近刊）。

(6)　亘理・前掲注(5)297頁。土地所有権は「元来、財産権のプロトタイプである狭義の所有権の、そのまたプロトタイプであった」（石川健治「空間と財産——対照報告」公法研究59号305-312頁（308頁））にも関わらず、同時にこのような制約を備えていることになる。なお、石川は、上の亘理の指摘は土地所有権の問題と言うより、「保障対象たる土地そのものが『財物』としての価値に限られない、多機能性を本来的に有していることに起因している」ものであり、従って、「亘理会員が強調される公益・対・公益の衡量の局面は、財産権論固有の文脈——『財物』としての土地の特殊性——で論じられるより、『空間秩序』の形成への公法的な参与権（Teilhaberecht）という全く別立ての筋道で、論理構成される方が相応しい」と論ずる（石川・前掲309頁）。これは、都市空間に関わる(i)人格権的利益と財産権的利益の交錯、(ii)私的利害の保障と公的秩序形成との関係の問題を提起した優れた指摘であるが、例えば用途地域規制やさらに狭域的・詳細な地区計画などの都市計画規制を例にとっても、そこで「財物としての土地」の価値を保全するという側面も（例：景観利益の財産的利益の側面）計画の考慮事項の一つになっていることは、否定できない。そして、本文で後に論じるように、都市計画等による行政的対処が私人の個別的・財産的利害に直接関わる側面が増大したことを踏まえ、法がどのように対応すべきかが問題となるのである。

能なものと普通考えられている。（負の）外部性のわかりやすい例として、公害がもち出されることが多い。たとえば、工場の煤煙によって、付近の住民は被害を受けるかもしれない。しかし、ありうるすべての資源について、権利および権利者が定まっているとすれば、全ての影響は直接的なものとなるから、外部性は存在しない。先の例でいえば、煤煙を出す権利——この権利は、普通の土地所有権が土地を使用する権利と使用させない権利を一体として含んでいるように、煤煙を出させない権利とセットになっていると考えることにする——は、工場における生産の生産要素の一つであり、その権利は、工場（の所有者）がもっているか、付近の住民がもっているか、それともそれ以外の人がもっているか、これらのいずれかである。」[7]

このように、厳密に言えば、権利の内容が定義されて初めて「外部性」が問題になるのだから、財産権の内容規定であるところの法律による都市計画規制を「外部性」に対する対応として説明するとすれば、論理的ジレンマを孕むことになる。しかし、この点にもこれ以上は立ち入らず、財産権の内容規定を正当化する公共性 a の一内容として、都市における空間的に集中した土地利用がもたらす相隣外部性の回避があげられることのみをここでは確認しておこう。

(2) 土地収用における「公共の利益」——不特定多数者の利害

内容規定と区別されるものとして、いったんその内容が定義された財産権が「公共のため」（憲法29条3項）に用いられる局面、即ち、土地について言えば土地収用における「公共の利益」の問題がある。比喩的に言えば、内容規定は「ゲームのルールを設定する作用」、収用は「いったん設定されたルールの変更」であるから、後者には前者とは区別された別の正当化根拠が要求されるという考え方が成り立ちうる[8]。

---

(7) 亀本洋『法哲学』（成文堂、2011年）390-391頁。したがって、(1)すべての資源について権利及び権利者が定まっているわけではないこと(2)権利の初期状態から出発して、すべての資源について権利が定まるための費用（制度化費用を含む広義の取引費用）がゼロでないことが、「外部性」を指摘する論理的前提だと言うことになる（亀本・同上391-392頁）。スティーブン・シャベル（田中亘／飯田高訳）『法と経済学』（日本経済新聞出版社、2010年）93頁は、「外部性の問題は、所有権の割当てについて暗黙の前提を置いている」ため、それは社会的厚生の一般的最大化の問題ではなく部分的最適化の問題であるとする。

土地収用制度における「公共の利益」の内容をどのようにとらえ、それをどのように具体化するかという点は、近代土地収用制度の成立時以来この制度の中心的課題であり、20世紀後半以降は、私人が受益者となる「公共的私用収用」の可否が問題になる例が各国で見られた[9]。

　この点、日本の土地収用法は、収用適格事業の範囲を法律で具体的に特定する制限列挙主義[10]の立場をとる。同法3条各号では49種の収用適格事業が列挙されているが、それらは、講学上の公用物ないしそれに準ずるものに関する事業[11]、道路・河川・鉄道等に関する事業を初めとして、不特定多数者の用に供される事業、又は不特定多数者の利益を保護するための事業の用に供される施設が列挙されていると考えられる。

　例えば、同条1号で収用適格が認められている道路は、(1)道路法上の道路（一般の交通の用に供されている道路）、(2)道路運送法上の一般自動車道（一般の自動車を客としている有料道路）、(3)道路運送法上の専用自動車道のうち一般旅客自動車運送事業又は一般貨物自動車運送事業の用に供するものに限られる。無償又は有償で一般の用に供されるか、「有償で、かつ、需要が特定の者のものに限定されない運送事業」[12]の用に供されるものに限定されていることになる。また、第7号の「鉄道」は、「鉄道事業法……による鉄道事業者……がその鉄道事業……で一般の需要に応ずるものの用に供する施設」に限定されてい

---

(8)　角松生史「憲法上の所有権？──ドイツ連邦憲法裁判所の所有権観・砂利採取決定以後」社会科学研究45巻6号1-64頁（58頁）。

(9)　例えば米国では、再開発目的の土地収用が問題にされた Kelo v. City of New London, 545 U.S. 469（2005）（同判決の紹介として、渕圭吾「アメリカ合衆国の土地利用法（Land Use）〔下〕」神戸法學雜誌65巻4号173-296頁（177-181頁）、福永実「経済と収用：経済活性化目的での私用収用は合衆国憲法第五修正『公共の用』要件に反しない」大阪経大論集60巻2号137-150頁、藤井樹也「公用収用と合衆国憲法」アメリカ法判例百選104-105頁）がある。また、ドイツでは、都市建設目的の事業農地整備手続により自動車会社が用地を取得した事例が問題にされた連邦憲法裁判所試走場判決（BVerfGE 74,264）がある（参照、角松生史「『計画による公共性』再考──ドイツ建設法における『計画付随的収用』」三辺夏雄＝磯部力＝小早川光郎＝高橋滋編『原田尚彦先生古稀記念　法治国家と行政訴訟』（有斐閣、2004年）513-549頁（521頁以下））。

(10)　小澤道一『逐条解説土地収用法第三次改訂版〔上〕』（ぎょうせい、2012年）76頁。

(11)　「地方公共団体の事務・事業用に供する施設」（第31号）が講学上の公用物にあたる。それに準ずるものとして、特定の国立研究開発人等の業務に要する施設も収用適格事業とされている（33号──34号の3）。

(12)　小澤・前掲注(10)82頁。

る。

　同条 2 号の河川については、河川法が適用又は準用される河川に加えて「その他公共の利害に関係のある河川」に関する事業に収用適格を認めているが、この「公共の利害に関係のある河川」は、適用河川・準用河川以外の「公共の水流及び水面で、不特定多数の者の利害（傍点は引用者）に直結するもの」と説明される[13]。ここでは不特定多数者による利用のみならず（それを排除する趣旨ではない）、河川管理が不特定多数者の利害に関わることに着目して収用適格が認められていると言える。

　この点で、同条 30 号の「一団地の住宅経営」はやや異質である。「元来、住宅は特定の私人に専用されるものであり、個別の住宅自体に公共の利益を認めることはとうていできるものではない」という考え方[14]が成り立ちうるからである。これについては、住宅対策が重要な政策課題となってきた実情および、同号に定める主体・対象地域・居住目的・規模の要件で「しばることによって住宅経営に一般的な公益性を肯認しうるものである」[15]という説明が試みられている。また、都市計画法上も、「一団地の住宅施設」が都市施設に含められており（同法 11 条 1 項 8 号）、都市計画に定められれば都市計画事業として施行し、収用することが可能になる。同様の問題は 1963 年の新住宅市街地再開発法による新住宅市街地開発事業をめぐって「公共的私用収用」の問題として論じられた[16]。現行都市計画法上、新住宅市街地開発事業や工業団地造成事

---

(13)　小澤・前掲注(10)83 頁。

(14)　小澤・前掲注(10)106 頁。

(15)　小澤・前掲注(10)106 頁。

(16)　ただし、渡辺洋三「住宅問題と法」『財産と法』（東京大学出版会、1973 年（初出 1963 年））205-268 頁（212 頁）は、「公共性を私的利益の対立概念としてとらえるのでなく、むしろ国民個人の私的利益を満足させることこそが、公共性の公共性たる所以であるという基本的立場から出発すべき」だとして、問題の捉え方自体を批判する（なお参照、角松生史『古典的収用』における『公共性』の法的構造——1874 年プロイセン土地収用法における『所有権』と『公共の福祉』(1)」社会科学研究 46 巻 6 号 1-82 頁（19 頁注(41)）。その他新住宅市街地開発事業等の「公共的私用収用」について論ずるものとして、雄川一郎「公用負担法理の動向と土地利用計画」『行政の法理』（有斐閣、1986 年（初出 1967 年））533-551 頁（540-541 頁）、遠藤博也『計画行政法』（学陽書房、1976 年）46-47 頁、塩野宏「国土開発」山本草二他『未来社会と法』（筑摩書房、1976 年）117-261 頁（159 頁注(2)）、藤田宙靖「公共用地の強制的取得と現代公法」『西ドイツの土地法と日本の土地法』（創文社、1988 年（初出、1983 年））158-184 頁（170-172 頁）。

業[17]は市街地開発事業として位置付けられ、都市計画に定められることで収用が可能である。

2 公共性β——公的財政支出の正当化

財産権の制約・剥奪の正当化（公共性α）とは区別される「公共性」の別の局面として、公的財政支出の正当性に関する問いがある。

一般に公的財政支出を正当化するには、それによって得られる便益が費用を上回ることが、少なくとも観念の上で——実際に費用便益分析を実施するか否かに関わらず——要求されるだろう。ある政策目標をここでの「便益」にカウントすることが許されるか、またその重要性をどのように評価するかについての基準として「公共性」の有無が問題になるのである（以下「公共性β」とする）。

ここで第1に、公共性βが問題になる局面においても、不特定多数者の利害に関わる事柄への支出の方が、特定私人の個別的・財産的利害と密接に関わる事柄よりも相対的に正当化が容易である。この点が問われた領域の一つとして、自然災害に対する被災者支援がある。この領域において、「政府は、私有財産制を前提とする日本国憲法の下では、個人の財産権被害に対する個人補償は行われるべきではなく、私的財産自己責任の原則・自助努力による回復が原則であるとの見解を固持している」ことが指摘されている[18]。

特に議論されてきたのは、住宅再建支援の可否である。阪神淡路大震災後3年余りを経て1998年に制定された被災者生活再建支援法に基づく被災者生活再建支援金制度は、「国が戦後一貫して否定してきた被災者個人への支援が実現した大きな成果」[19]とされるが、住宅再建・取得に関わる使途は対象外とされていた。しかし、2004年の同法改正により「居住安定支援制度」が付加され、「『**住宅**再建支援（強調原文）』ではなく賃貸住宅への入居なども視野に入れた『**居住**確保支援』（同上）」であれば可能だという考え方がとられた上で[20]、

---

(17)　首都圏の近郊整備地帯及び都市開発区域の整備に関する法律（1958年）及び近畿圏の近郊整備区域及び都市開発区域の整備及び開発に関する法律（1964年）に基づく事業である。

(18)　山崎栄一『自然災害と被災者支援』（日本評論社、2013年）229頁。

(19)　津久井進『大災害と法』（岩波書店、2012年）71頁。

住宅の解体・撤去・整地費用、住宅の建設・購入のための借入金の利息、賃貸住宅入居の場合の家賃等のための支援が認められた。さらに 2007 年に至り同法は再改正され、支援金の使途の制限が撤廃され、住宅再建への利用も排除されない制度となるに至った[21]。

　他方、2000 年の鳥取県西部地震の被災者に対して鳥取県が支給した「住宅復興補助金」は住宅本体への使用をも予定するものであった。被災地が中山間地にあり高齢化率が高く、財政基盤も脆弱であったことから「被災者が安心して生活できる生活基盤を支援することによって、被災市町村が活力を失うことなく力強い復興に取り組むことを可能にする」という観点からの県独自の再建支援であったとされる[22]。このように、個人の私有財産の回復につながる場合であっても、別の視点からの公共性を見出す余地がある場合には公費支出の余地があるという考え方[23]もとられているところである。

　第 2 に、公的財政支出には、限られた財源を支出する上での効率性が要求される。地方自治法 2 条 14 項は、「地方公共団体は、その事務を処理するに当つては、住民の福祉の増進に努めるとともに、最少の経費で最大の効果を挙げるようにしなければならない」と規定し、地方自治が「常に能率的かつ効率的に処理されなければならない」ことを求める趣旨だと理解されている[24]。また、国については、財政法 9 条 2 項が「国の財産は、常に良好の状態においてこれを管理し、その所有の目的に応じて、最も効率的に、これを運用しなければな

---

(20)　生田長人『防災法』(信山社、2013 年) 201 頁注(8)。生田は、2004 年改正の背景となった中央防災会議専門調査会提言には「よく言われる『私有財産の形成に公費の支出は認められない』というドグマは感じられない」とする (同上)。ただしこれについては、住宅＝財産的利益、居住・生活再建＝人格的利益という概念的区別が前提になっているという理解も可能であろう。

(21)　また、被災世帯の年収・年齢制限も撤廃された。生田は、この改正により生活再建支援金制度は見舞金に性格が変化したと主張する。生田・前掲注(20)203 頁。

(22)　鳥取県ウェブサイト http://www.pref.tottori.lg.jp/secure/127409/WestTottoriPrefEarthquake3_02_record-07juutakusaiken.pdf「道路や河川といった公共物には手厚い支援制度がある。だが、いくら道路を直しても、そこに住まう人がいなくなるのではむなしい」(片山義博知事 (当時) 談) とされる。片山は、鳥取県が農村地帯であること、農地は「全体が一つのシステムとして機能する」ものであり、皆で維持してきた用水路から人が出ていくと、「全体のシステムも破壊されかねません」とする。その意味で、「そこに住み続けることが、本当はパブリックにつながる」というのである。参照、片山義博『住むことは生きること——鳥取県西部地震と住宅再建支援』(東信堂、2006 年) 21-22 頁。

(23)　参照、生田・前掲注(20)、201 頁注(8)。

らない」と定めている。仮に同条同項の趣旨が、財産管理にとどまらず金銭管理に及ぶと解されるのであれば、国の財政全般の効率性に関する一般原理を確認する規定だということになろう[25]。このような効率性の観点も公共性βの内容に含めることが考えられよう。

II　都市計画の課題変容と公共性

1　「都市化社会」における公共性——1968年都市計画法の基本構造

それでは以上のような「公共性」は、「都市化社会」から「都市型社会」を経て「都市縮退」が課題となる日本の都市計画法制の現実的展開[26]の中で、どのように位置付けられるだろうか。

1968年に制定された現行都市計画法は、「都市化社会」における課題に対処すべきものとして位置付けられる。周知のように、同法制定時における中心的課題とされたのは、住宅を中心としたスプロール現象の防止であった。都市化現象の進展に伴い、既成市街地内部における都市環境の悪化・都市公害の深刻化等の問題に加え、都市の周辺部においては「開発に適しない地域において、いわゆる"バラ建ち"のごとき単発的開発が行なわれ、農地、山林が蚕食的に宅地化されて無秩序に市街地が拡散し、必要最低限度の都市施設である道路、下水をも備えないような不良な市街地が形成され、あるいは住宅と工場との混在を呈し、都市機能の渋滞、都市環境の悪化、公害の発生、公共投資の効率の低下等の弊害をもたらしている」[27]課題への対処が求められたのである。

(1)　区域区分制度

同法の根幹としての区域区分制度は、既に「市街地を形成している区域及び

---

(24)　松本英昭『新版逐条地方自治法〔第8次改訂版〕』（学陽書房、2015年）70頁、木村琢麿「行政の効率性について——実定法分析を中心とした覚書き」千葉大学法学論集21巻4号202-155頁（200頁）。批判的検討として、山下竜一「行政法における効率——効率性分析試論」『現代行政法講座　第1巻　現代行政法の基礎理論』（日本評論社、2016年）165-195頁（188-191頁）。

(25)　木村・前掲注(24)196頁。

(26)　参照、内海麻利「拡大型・持続型・縮退型都市計画の機能と手法——都市計画の意義の視点から」公法研究74号173-185頁

(27)　「都市地域における土地利用の合理化を図るための対策に関する答申」（宅地審議会第6次答申）（1967年3月24日）

おおむね十年以内に優先的かつ計画的に市街化を図るべき区域」としての市街化区域（都市計画法7条2項）と、「市街化を抑制すべき区域」としての市街化調整区域（同法7条3項）との間の線引きと、それを担保するための開発許可制度を導入した。市街化調整区域においては原則として開発行為に許可を与えないことによって市街地が無秩序に拡大することを防止し、市街化区域など開発行為が許されるところでは、一定の水準を備えていない開発行為に許可を与えないことによって劣悪な市街地の形成を防止することが、開発許可制度の趣旨である[28]。

　この区域区分制度の公共性は、まず、（スプロールのもたらす非効率に対置されるところの）公共投資の効率性（＝公共性β）の観点から説明される。都市計画法13条1項2号は「区域区分は、当該都市の発展の動向、当該都市計画区域における人口及び産業の将来の見通し等を勘案して、産業活動の利便と居住環境の保全との調和を図りつつ、国土の合理的利用を確保し、効率的な公共投資を行うことができるように定めること」と規定している。

　その上で、市街化調整区域における開発行為に関する無補償の「原則禁止」[29]的規制という財産権の制約をどのように正当化するか（＝公共性a）が問題になる。「土地所有権に対しては、公共の利益に対する目前の支障を除くために必要最小限の規制を行うことのみが許される」とする「必要最小限規制原則」[30]が支配的である日本の土地立法実務の下において、この説明は必ずしも容易ではなかった。この難しさを示しているのが、都市計画法立案に影響を与えた宅地審議会第6次答申と現実の立法との間の相違である。同答申では、既成市街地・市街化地域・市街化調整地域・保存地域という4区分が提言され、市街化調整区域が「段階的、計画的市街化を図るために一定期間市街化を抑制

---

(28)　生田長人『都市法入門講義』（信山社、2010年）47頁。

(29)　安本典夫『都市法概説〔第3版〕』（法律文化社、2017年）64頁

(30)　「必要最小限規制原則」について参照、藤田宙靖「土地基本法第二条の意義に関する覚え書き」『行政法の基礎理論(下)』（有斐閣、2005年）323-343頁、角松生史「ドグマーティクとしての必要最小限原則：意義と射程」藤田宙靖＝磯部力＝小林重敬編『土地利用規制立法に見られる公共性』（土地総合研究所、2002年）82-98頁、大貫裕之「土地利用規制立法における『必要最小限規制原則』の克服・再論」法学67巻5号740-770頁、亘理格「計画的土地利用原則の確立の意味と展望」藤田宙靖博士東北大学退職記念『行政法の思考様式』（青林書院、2008年）619-655頁、生田・前掲注(28)5頁、59-61頁。

又は調整する必要がある地域」である一方で、保存地域は「土地の形状等から
みて開発することが困難な地域、歴史文化、風致等からみて保存すべき地域又
は広義の緑地として保存すべき地域」とされていた。しかし保存地域について
は、「買取請求権なり、あるいは補償なりの裏がないと、それは財産権に対す
るやや大きい制約ではないか」という法制局の見解もあって市街化調整地域に
統合されたことが、立案関係者によって指摘されている[31]。このことによっ
て、1968 年法の市街化調整区域は、「保存を図るため市街化を抑制すべき区域
と開発予備軍だが当面市街化を抑制すべき区域の双方の性格」[32]を有する制度
になった。

　そして、立法過程においては、無補償の財産権制約を正当化する根拠として、
専ら後者の性格、即ち(1)特別の規制でなく一般的な規制であること(2) 34 条 10
号イ[33]のように調整的に許可される場合がありうること(3)何年かごとに区域
区分の見直しもありうること[34]が強調されていたようである。つまり、「開発
行為が公共投資による基盤整備を不可欠の前提とする以上[35]、公共投資の量
的限界や効率性（＝公共性β）は、恒久的に開発行為を抑制すべき地域として
都市計画上指定することの正当化根拠（＝公共性α）たりうるのではないか」
という問いは、現実の法制度において正面から答えられることがなかったので

---

(31)　座談会「線引き制度の成立経過㊤」土地住宅問題 128 号（1985 年）27-44 頁（37 頁、宮沢
　　美智雄発言）。参照、角松生史「都市空間の法的ガバナンスと司法の役割」角松＝山本顕治＝小
　　田中直樹編『現代国家と市民社会の構造転換と法──学際的アプローチ』（日本評論社、2016
　　年）21-44 頁（32 頁注(38)）。
(32)　都市計画法制研究会編著『よくわかる都市計画法〔改訂版〕』（ぎょうせい、2012 年）28-29
　　頁。1968 年制定当初から市街化調整区域は法文上「市街化を抑制すべき区域」（都市計画法 7 条
　　3 項）と定義されているにも関わらず、解説書等で「当面市街化を抑制する区域（傍点は引用
　　者）」と紹介されることがある（例えば都市計画法制研究会編著・前掲 26 頁）のはこのような沿
　　革と関連していると考えられる。
(33)　同号は「開発区域の面積……が政令で定める面積（注：原則 20ha であり、都道府県の条例
　　により 5ha にまで引き下げることができる）を下らない開発行為で、市街化区域における市街
　　化の状況等からみて当該申請に係る開発区域内において行うことが当該都市計画区域における計
　　画的な市街化を図る上に支障がないと認められるもの」には開発許可がなされうるものとしてい
　　た（なお、同規定は 2006 年都市計画法改正に至り、地区計画の内容に適合する建築物のための
　　開発行為（10 号）に一本化された）。
(34)　座談会・前掲注(31)42 頁（松本弘発言）。
(35)　上述（Ⅰ1(1)）の概念的問題はあるが、このことを「外部性」の一種として説明することも
　　可能であろう。

ある。

(2) 用途地域・都市施設

1968 年都市計画法に続く 1970 年建築基準法集団規定改正では、用途地域を 4 種類から 8 種類とする細分化がなされた[36]。用途地域等の地域地区における財産権制約を正当化する公共性（＝公共性 a）は、ここでも上述（Ⅰ1 (1)）の概念的問題はあるが、基本的には近隣外部性との関係で説明できるだろう。例えば住宅と工場が隣り合っていると、工場の操業がもたらす騒音と振動によって居住者は迷惑を被り、良好な住居環境が損なわれる。逆に工場としては、周辺住民に被害をもたらさないために操業に制限が加えられて経済活動の効率を損なう（外部不経済）。また、工場を集積させることで、物流・情報交換・労働力の確保などによってメリットが生じる場合もある（外部経済）。それぞれの用途に用いられる空間の機能を分離することが、各経済活動主体にとっても社会全体にとってもメリットをもたらしうるとひとまず考えられるからである[37]。

また、都市計画に位置付けられる都市施設（都市計画法 11 条）は、上でも触れた（Ⅰ1(2)）一団地の住宅事業のように性質をやや異にするものもあるが、土地収用法 3 条の収用適格事業と同様、不特定多数者の利害に関わることが予定されている都市基盤整備施設が列挙されている。ここでは財産権の制約又は剥奪を正当化する公共性 a（都市施設が都市計画事業として施行された場合、収用が可能となっている）も、公的財政支出の正当性を支える公共性 β も、このような不特定多数者の利害との関係に基礎づけられているのである。

2　都市型社会・都市縮小の時代における公共性

上で見たように、「都市化社会」における都市計画の公共性は、個別的な問

---

(36)　後に 1992 年改正によって用途地域は 12 種類にまで細分化されている。

(37)　角松＝島村健＝竹内憲司「環境を守るためのルールとは」柳川隆他編『エコノリーガル・スタディーズのすすめ——社会を見通す法学と経済学の複眼思考』（有斐閣、2014 年）241-275 頁 (266 頁)。生田は、これに加えて、様々な需要の集中・競合を市場に任せておくと「相対的に経済力の強い需要が市街利用配分を支配し、経済力の弱い需要は適切かつ必要な場所に立地することができず、トータルとして健全で良好な都市を維持・形成することができなくなる」という「資源配分計画としての機能」を指摘する。生田・前掲注(28)54-55 頁。

題はあるが、公共性 α についても公共性 β についても、一定の明瞭性を示していた。

　しかし、都市型社会・都市縮小の時代においては、こういった明瞭性は失われる。政策の重点が既成市街地の再構築へ移行することで、いわゆるアメニティ、都市の個性づくり、地域の活性化などの「目標の不確かなテーマ」の比重が高まる[38]。さらに、よりミクロな空間における個別の状況に対応した文脈的制御の必要性が高まることで、政策的対応と私的・個別的利害とが接近する。また、上に掲げたような政策目標が曖昧さを備えていることから、そもそもそれらが政策目標たりうることについて、具体的空間における当該政策目標の具体化について、明確で民主的な決定が求められることになってくる。

　もっとも、一定の明瞭性を示していた都市化社会における公共性も、私人の個別的・財産的利害と事実としては結びついていた。例えば不特定多数者の利害に関わることから土地収用法の収用適格事業や都市計画事業として位置付けられている鉄道事業（土地収用法3条7号、都市計画法11条1項1号）については、私企業が経営する場合があることが当然のこととして想定されている。電力事業（土地収用法3条17号）等についても同様である。それら事業が、不特定多数者の利害と同時に私企業の利益にもつながることが制度上当然に予定されているのである。また、都市施設の整備に伴って私人が開発利益を享受することも当然想定されていた事態であり、そのような開発利益をどのような場合にどの程度吸収することが可能かが議論されていた。

　しかし、都市型社会や都市縮小の時代においては、本来の政策目標の設定自体が、個別的・財産的利害とひとまず切り離した形で説明すること自体が難しくなっていることが特徴的である。以下では、「スポンジ化」の形態をとりつつ進行している都市縮小の局面において、具体的な対応方策との関係でこの点を見てみることにする。

---

(38)　水口俊典『土地利用計画とまちづくり——規制・誘導から計画協議へ』（学芸出版社、1997年）24頁。

III　都市のスポンジ化対応施策と公共性

　さて、上述のように、都市縮小の時代を迎えながら、都市の「大きさが変わらず、内部に小さな孔がランダムにあいていく動き」がスポンジ化であるならば、それに対応する方策は、発生した「孔」に対する対処と、「孔」の発生予防ということになるだろう[39]。ミクロ空間レベルにおけるこのような対処は、個別利害と密接に関連するだけに、公共性をめぐるさまざまな問題を発生させることになる。

1　空き家対策

　2010年代に入って急速に「社会問題」として浮上した[40]空き家問題とそれへの対策は、「都市のスポンジ化」を代表するような現象及びそれに対する対処の典型例と捉えることができる。

　空き家に対する行政的介入は、当該空き家をめぐるさまざまなステークホルダーの個別利害に様々な影響を与える。

　第1に、空き家所有者と周辺住民との間の関係である。2010年の所沢市「空き家等の適正管理に関する条例」をトリガーとする多くの地方公共団体の空き家対策条例及び2014年の「空家等対策の推進に関する特別措置法」（以下「空家法」という）は、基本的には空き家が発生させる近隣外部不経済を不快とみなす地域社会からの視線に応答することによって、空き家に対する立法的対応を整備した。

　しかし、このことは相隣的・財産的利害調整に行政が関与することに他ならない。そのような政策目標の設定による空き家所有者の財産的制約及び公費支出がなぜ正当化されるのかという、公共性 α 及び β に関する問いを生じさせるのである。あり得べき一つの答えとしては、まず、「所有者の氏名・所在が不明な場合が多い空き家に対して近隣居住者が民事訴訟を提起することの現実的

---

　(39)　国土交通省都市計画基本問題小委員会中間とりまとめ「『都市のスポンジ化』への対応」（2017年8月）13頁（http://www.mlit.go.jp/common/001197384.pdf）。
　(40)　角松生史「『社会問題』としての空き家——多様な視線の交錯」法律時報89巻9号39-45頁。

第1部　都市法の基礎理論　67

困難」が考えられる。しかし、訴訟の相手方の特定が難しい事例は必ずしも空き家問題に限られない。ついで、生命・健康への被害の発生のおそれ等、行政の関与が従来から当然視されてきたような場合に、関与対象を限定することが考えられる。もっとも、仮にそのような限定を行ったとしても、関与自体が相隣的・財産的利害調整に影響を与えること自体は変わらない。また、空家法が措置の対象とする「特定空家」は、生命・健康に関わりうる保安上の危険・衛生上の有害性に加えて、「適切な管理が行われていないことにより著しく景観を損なっている状態」及び「その他周辺の生活環境の保全を図るために放置することが不適切である状態」も含まれ、「景観」や「生活環境」といった要素も含めている[41]。

　第2に、空き家所有者との関係である。例えば自主的除却に対する補助制度を設ける場合、その要件の設定は難しい。例えば当該空き家が近隣外部不経済をもたらす状態に至っていること（例えば空家法上の「特定空家」としての認定）を補助の要件とすると、空き家所有者がそのような状態になるまで放置するインセンティブ——モラル・ハザードと見ることができよう——を生み出してしまう[42]。他方で、要件を幅広く設定すると、もともと自らの費用による除却を予定していた空き家所有者からの保護申請が殺到するような事態も生み出しかねない。特に補助制度を設けない場合であっても、例えば空家法上の代執行（14条9項）を行う場合、所有者が無資力である場合は空家法上の代執行の費用徴収は困難であり、空き家処理費用の負担が所有者から行政へと実質上移転することになる。

　第3に、空き家の所有者とその敷地の所有者とが異なる場合、空家法上の措置が両所有者相互の財産的利害関係に影響を与える[43]。空家法制定後に行われた地方税法改正[44]により、空家法14条2項の勧告を受けた特定空家等の敷

---

(41)　以上は、角松生史「空き家条例と空家法——『空き家問題』という定義と近隣外部性への焦点化をめぐって」都市政策（神戸都市問題研究所）164号13-21頁（18頁）と重複する。

(42)　角松生史「空き家問題」法学教室427号14-18頁（18頁）。

(43)　参照、川口市空家問題対策プロジェクトチーム『所有者所在不明・相続人不存在の空家対応マニュアル——財産管理人制度の利用の手引き』（2017年3月）39-44頁（http://www.city.kawaguchi.lg.jp/kbn/36050037/36050037.html）。

(44)　地方税法349条の3の2。

地については、住宅用地特例の対象から明文で除外されることになった。即ち空家法上の勧告は、空き家所有者のみならず底地所有者にとって財産的不利益を与えることになる[45]。他方で、空き家除却後の敷地の有効活用が可能である場合、空家法上の代執行・略式代執行を行うことは、行政がいわば「地上げ」を代行する事態をもたらす可能性がある。敷地所有者は、みずからが権原を有しない空き家を自力で撤去することはできないと考えられるから、勧告の対象にはなり得ても14条3項の命令の対象にはできない。だとすれば、代執行・略式代執行の費用徴収（行政代執行法2条・5条、空家法14条10項）については、敷地所有者に対して行うことはできないことになる。行政が費用を負担して敷地所有者に受益させることになるが、それが社会的公正に合致するのかという問題があるだろう。

2 スポット的活性化による資産価値の上昇と地域間競争

(1) 資産価値の上昇

例えば空き家再生などにより、スポンジ化による「孔」をふさぎ、そこを地域の拠点として活性化する試み[46]が注目されている。より広い空間的範囲に関わる取り組みとしては、「地域における良好な環境や地域の価値を維持・向上させるための、住民・事業主・地権者等による主体的な取り組み」[47]としてのエリアマネジメントがあげられる。これらの取り組みに公的財政支出を行ったり公共空間の占用を認めたりする場合（＝公共性β）[48]、あるいは例えば景観保全のためのルールを設定する場合（＝公共性α）、そこにはどのような公共性が認められるだろうか。

---

(45) なお、空家法上の勧告は「空家等」の所有者等（14条1項・2項、3条）に対して発せられるものであるが、「空家等」には空家の敷地も含まれる（2条1項）から、敷地所有者に対しても勧告を発することができ、住宅用地特例との関係を考えればそれが求められるであろう。

(46) 参照、饗庭・前掲注(2)169頁以下。

(47) 国土交通省土地・水資源局「エリアマネジメント推進マニュアル」9頁（http://tochi.mlit.go.jp/jitumu-jirei/areamanagement-manual）。参照、中井検裕「エリアマネジメントを発展させるために」小林重敬編『最新エリアマネジメント——街を運営する民間組織と活動財源』（学芸出版社、2015年）176-181頁（176頁）。

(48) 都市再生特別措置法の定める道路占用許可の特例のエリアマネジメント団体による活用について、御手洗潤「国におけるこれまでの仕組みづくり」小林編・前掲書注(47)156-162頁（158頁）。

まず、それら取り組みにより不特定多数者が利用する公共空間が創出される場合、そこに公共性を認めることができるだろう。

それでは、当該地域あるいはその周辺の資産価値を高める[49]という観点はどうか。まず資産価値の上昇それ自体は、仮に当該事業やエリアマネジメントの対象地域の外に効果が及ぶ場合であっても、それ自体は個別的・財産的利益に過ぎないとも考えられる。だとすれば、これに公共性を認めるためには、一定の条件——例えばより広域的な都市計画における当該地域の位置づけ——を充たすことが求められるのではないか。

そして、少なくとも理論的には、これらの取り組みによる不動産価格等の上昇により低所得者等が追い出されてしまうジェントリフィケーション[50]の可能性もある。面的再開発等のみでなく、地域空間におけるコモンズ——例えば公園——を活性化する営みもジェントリフィケーションを招き寄せる場合があることが、欧米諸国について指摘されている。もちろん現実に発生するかどうかは、当該空間が置かれた社会経済的状況と現実のさまざまな文脈に依存する。しかし、少なくとも理論的・抽象的可能性としては、地域空間を活性化させるための空き家を活用したまちづくりや住宅地におけるエリアマネジメントがジェントリフィケーションを招き寄せることもありえよう[51]。

（2）　地域間競争

人口減少時代における上のような地域活性化の取り組みは、各市町村にとって、隣接市町村から人口（特に若年人口）や財源を獲得するための地域間競争

----

(49)　京都大学経営管理大学院「官民連携まちづくり研究会報告書」(2015年7月)（概要版：https://www.gsm.kyoto-u.ac.jp/ja/committees/reports.html）は、エリアマネジメントの地価への影響等を分析した上で、エリアマネジメント活動の公共性を、①活動対象エリア外への外部効果（スピルオーバー効果）、②活動対象エリア内の非構成員への外部効果、③全体余剰増加効果、④政府財政改善効果、⑤弱者保護・公平性の確保の5つの効果で計ることができるとする（40頁）。原田大樹「街区管理の法制度設計」法学論叢180巻5・6号434-480頁（438頁）は、「エリアマネジメントは、不動産所有者が自ら所有する土地・建物の資産価値を高める活動として出発しており、この点に注目すれば私益を追求する活動と評価できる。しかし、街区内の公共サービスの充実が図られることになるため、所有者以外の第三者にもその便益が幅広く及ぶこととなる。その意味ではエリアマネジメントの活動は行政活動との類似性を持つことになる」とする。

(50)　参照、藤塚吉浩『ジェントリフィケーション』（古今書院、2017年）、ニール・スミス（原口剛訳）『ジェントリフィケーションと報復都市——新たなる都市のフロンティア』（ミネルヴァ書房、2014年）。

(51)　この点につき、角松・前掲注(40)44頁。

の手段として位置付けられる面がある。しかしこのような地域間競争が、市町村間のゼロサムゲームに終わってしまうのであれば、当該市町村の観点からは別段、例えば国による補助の正当化事由になるような広域的観点としては、そのような競争に公共性（＝公共性β）があるとは直ちには言えないのではないだろうか。

　そこで、人口や財源を獲得するための地域間競争に広域的観点からの公共性が認められるとすれば、二つの可能性が考えられる。第1に、このような競争が各市町村の創意工夫をもたらし、ノウハウやモデル事例の積み重ねにより、広域的観点からの福利の増大につながるという可能性である。そのような結果につながるような競争上の条件が具わっているかどうかを吟味する必要があるだろう。

　第2に、上の点とも重なるが、地域活性化による競争が、地域間競争における「ゲームのルール」の修正をもたらす可能性である。例えば企業・大規模商業施設の誘致、駅前再開発や都市計画の規制緩和競争以外にも「別のゲーム」があり、そちらのゲームに参加してもらう方が広域的な社会経済的観点から望ましいと言えるのであれば、そちらに誘導することに公共性が認められうるのではないか。

Ⅳ　むすびにかえて──変わるものと変わらぬもの

　本稿はここまで、都市化社会における公共性が、公共性αについても公共性βについても一定の明瞭性を備えていたことと比較して、都市縮小の時代におけるスポンジ化対応施策が必然的に個別的・財産的利害と結びつくことになる構造転換について述べてきた。それを踏まえた上で、3点を指摘したい。

　第1に、公共投資の効率性としての公共性という観点は、都市縮小の時代においても決して重要性が減退するものではなく、むしろ増大していると考えられることである。空き家増大に歯止めがかからない理由として、まず、「住宅過剰社会」[52]と言われる状況が到来しているにもかかわらず、日本の住宅市場

---

(52)　野澤千絵『老いる家　崩れる街──住宅過剰社会の末路』（講談社、2016年）4頁。

における新築中心の構造が変わらないことがあげられる。人口が減少し始めた
2010 年度以降も、毎年の新築住宅の着工戸数は年々増加しているのである[53]。

　状況をさらに悪化させているのが、居住地の拡大が止まらないことである。
都市縮小の時代を迎えても住宅の「バラ建ち」は止まらず[54]、都市の郊外部
の土地利用規制が緩い地域に住宅が新築され、既成市街地の住宅が空き家にな
っていく傾向を見出すことができる。このことが公共投資における深刻な非効
率を生み出すことは言うまでもないだろう。1968 年法の中心的課題であった
スプロール防止は、現在も我々の課題である。公共投資の効率性の追求は、公
共性 β の観点からのみならず、それを根拠にどこまで財産権制約が正当化でき
るかという公共性 a の観点からも、今なお喫緊の重要性を有しているのであ
る[55]。

　第 2 に、スポンジ化対応方策と市場との関係である。都市化社会における都
市計画の役割は、（外部不経済を生み出していたとしても、それなりには）機能し
ている住宅市場がもたらす都市化の一方向的拡大圧力を基本的に前提として、
それを客観的・数値的基準で制御しようというものであった[56]。しかし都市
縮小の時代では、市場の機能不全を是正するための取り組みの重要性が増すと
考えられる。例えば既存住宅の流通促進のための取り組みや、空き家・空き地
に関する権利関係調査、空き家バンク・空き地バンクなどの取り組みである。
このように、都市化社会においては正面から問題にされることが少なかった市
場機能活性化の取り組みへの公的関与に、不特定多数者の利害に関わるものと

---

(53)　野澤・前掲注(52)4 頁。

(54)　野澤・前掲注(52)156-166 頁。

(55)　ただし、例えば既に形成された郊外住宅地のインフラ維持の要否について、公共投資の効率
　　性を新規開発の抑制と同じような意味で語りうるかどうかについては検討を要する。既に存在す
　　る住民の居住の保障という観点が生じるからである（この点は、第 17 回行政法研究フォーラム
　　（2017 年 7 月 29 日）における野田崇（関西学院大学）の報告に対する質疑から示唆を受けた）。
　　また、野澤千絵は、住宅の新規開発の抑制を主張する一方で、ショッピングセンター、医療・介
　　護施設等の生活インフラについては、コンパクトシティによる供給は無理があり、「集約指向か
　　らネットワーク指向」への都市計画法制度の再編が必要になるとする（野澤千絵「コンパクトシ
　　ティは暮らしやすい街になりますか？」蓑原敬他『白熱講義　これからの日本に都市計画は必要
　　ですか』（学芸出版社、2014 年）156-162 頁）。

(56)　饗庭・前掲注(2)53 頁は、計画の意味を「内的な力による変化を、整えて捌くもの」と定義
　　している。

しての公共性（＝公共性β）を認めることができるかも知れない。

　他方で、市場の失敗がもたらす弊害の予防・是正などももちろん必要である。都市の成熟がもたらす新たな問題としてのジェントリフィケーションの抑制や、住宅弱者の居住の確保と地域の持続可能性を担保するためのソーシャル・ミックス実現に向けた施策の適否などが検討の遡上に上ってくるだろう。

　最後に、本稿では、特にミクロ的空間をターゲットとする都市のスポンジ化対応方策が個別利害と構造的に結び付くために「不特定多数者の利害」としての公共性と緊張関係を生じさせること、モラル・ハザードの附随的発生がありうることを論じた。具体的な対応方策を理念的・制度的に精緻化することで、これらの問題を一定程度改善していくことは可能である。しかし、スポンジ化対策が構造的にミクロ的な個別利害と「つきあわざる」をえない以上、そのような改善が限界につきあたることもまた予想される。そうだとすれば、あくまでこれらの問題を完全に排除することを目指すのか、それとも、なんらかの公共性が認められるのであれば問題の発生を一定程度までは許容するのか、最終的には我々は選択を迫られるのかも知れない。

（かどまつ・なるふみ　神戸大学大学院法学研究科教授）

都市計画の法主体に関する覚書き

亘理　格

I　はじめに
II　都市計画の地方分権化
III　都市計画への参加——現行法の枠組み
IV　協定の効力拡張——現行法の枠を超えて
V　むすび——都市計画とまちづくり

I　はじめに

1　都市形成の主体と都市計画の策定主体

　都市の形成には、土地所有者や借地権者等の地権者、借家人も含む住民、民間開発業者その他の事業者（同時に地権者である者も含む）、国や地方公共団体その他の公共団体、町内会や環境保護団体その他の非営利的諸団体等、多様な主体が関与するが、都市計画決定その他都市における土地利用の内容面の規律づけを担う計画策定主体は、現行法上、国や地方公共団体等の行政主体に限られる。都市の土地利用に関する多様な要求の存在を前提に、選択・決定ないし調整を通して適切な均衡点（「土地利用の一定の価値序列」）を見出すことに、都市計画の本来的な機能があるとするならば、個々の都市計画が「十分に実効的な規制力」を有するためには、当該計画の中に「都市形成の主体たるべきものの総意が適切に反映されていることが不可欠であ」り、「その意味で、計画策定手続のあり方は、計画の『公共性』と計画による土地利用規制の正統性を支えるうえで、まさに死活的な意味をもっているといってもよい」[1]。

　原田純孝先生（以下、「原田氏」と呼ぶことをお許し願いたい。）の手になるこ

---

(1)　原田純孝「都市の発展と法の発展」『岩波講座現代の法9　都市と法』（岩波書店、1997年）22 ～ 23頁。

の一節に的確に示されるように、都市計画の策定主体とその手続をどのような仕組みとすべきかは、それ自体に複雑な利害対立を内包する多様な都市形成主体間の調整を通して適切なルールを定める上で決定的な役割を果たすこととなり、その意味で、都市計画の成否を左右する問題である。

　もっとも、都市計画の策定主体と手続として選択し得る制度の幅は、都市計画の歴史的経緯や今日直面している課題により、おのずから制約される。原田氏によれば、都市は、多くの人々にとって「諸活動と居住と生活の『場』」であり、そのような都市住民の不断の営みによって人為的に形成された「一つの与えられた共同の都市空間」である一方、都市の「物理的な基盤たる土地」は、「実際には細分化され」、私的所有権による「個別の私的支配の対象」でもある。このため、「建築の自由」及び市場原理の支配下に置かれた都市には、適切な都市空間の形成に支障が生ずる危険性も内在する[2]。特に第二次世界大戦後の高度経済成長期以降の土地・土地法制は、急激な都市化・工業化に伴い深刻化する住宅問題や公害・環境問題等の歪みや矛盾を可及的に抑制・除去すべく、急速な都市の発展を目的意識的に制御し、その内容を方向づけることが、その目的ないし理念とされた[3]。この意味で、「目的意識的な形成・創造の対象であるべき共同の活動・生活空間が、法制度的には細分化された私的土地所有権の集合体の上に存立しているということ自体に根本的な矛盾がある」[4]。以上の理由から、今日の都市計画においては、多かれ少なかれ、土地利用に対して「パブリックな」ないし「公共的・計画的な」コントロールを確保することが共通課題とならざるを得ない[5]。

　都市計画には、以上のような公共的コントロールを適切かつ実効的に機能させるに相応しい策定主体とその手続が要請される。周知のごとく、実際、西欧諸国における今日の都市計画制度は、基礎自治体に裁量的な都市計画権限が付与され、当該自治体の議会の関与（議決等）を通して公共的かつ計画的な規範形成が図られるという点で、ほぼ共通性を有する[6]。我が国の都市計画も、都

---

(2)　原田・前掲註 (1) 14頁。
(3)　原田・前掲註 (1) 16頁。
(4)　原田・前掲註 (1) 17頁。
(5)　原田・前掲註 (1) 16頁・19頁。
(6)　原田・前掲註 (1) 23頁。

第1部　都市法の基礎理論　75

道府県の計画策定権限や国の機関との協議及び同意義務づけなどの制約が完全には解消されず、また議会の関与権限が未達成であること等の制約を残しながらも、基本的には、基礎自治体による都市計画権限がほぼ確立した状況にあると言えよう。

2　都市計画＝行政の限界

　他方、今日の都市計画は、以下に述べるような新たな状況に直面しており、従来の制度では適切に対処し得ない状況が生じている。

　すなわち、まず第一に、居住に関する人々の価値観の急激な変容や多様化の下で、街区や地区・町内単位での住民の需要に応じた都市居住の快適性が要求されるようになってきた。第二に、急激な高齢化と人口減少化の下で、地方都市を中心に始まった都市の空洞化が大都市を含む全国の都市に拡がり、中心市街地の衰退、空き家・空き地の急増、郊外住宅地の空洞化等が進行しており、既成市街地の再生と「賢明な縮退」を同時に実現するためのきめ細かな計画制度が必要となった。第三に、急激な高齢化と人口減少の下で国・地方公共団体の財源が縮減する中で、高度経済成長期に整備された道路・橋梁等の公共基盤施設は更新時期を迎え、修復再生のための予算支出が増大することとなるため、都市の規模縮小は財源の面からも不可避となる[7]。

　以上のような状況を背景として、都市計画が果たすべき役割が変容し多様化してきており、都市計画には、広域的視点からの土地利用調整が期待される一方、狭域単位での詳細な土地利用調整も期待されるという状況が生じている。つまり、基礎自治体たる市町村による都市計画を基本に据えながらも、国土計画や地域計画等、市町村の境界を越えた広域的な土地利用計画や事業計画との高密度の連携を図る必要性が生じる一方、町内や街区等、市町村の範域より更に狭い地域単位での土地利用計画及び地域施設の整備や管理に取り組むべき役割が増大するのである。特に後者、すなわち狭域単位での土地利用調整との関係では、今日、エリアマネジメントが注目されており、そこでは、地区計画等

---

(7)　今日の都市計画制度を取り巻く社会経済的環境の変容状況に関する私自身の認識については、亘理格「立地適正化計画の仕組みと特徴——都市計画法的意味の解明という視点から」吉田克己＝角松生史編『都市空間のガバナンスと法』(信山社、2016年) 106 〜 107頁も参照。

の公法制度と定期借地権の設定や株式会社形態のまちづくり会社等の私法制度を連携させた手法により、商店街の再生や良好な都市形成に寄与した実例等が紹介されている[8]。また、コモンズ理論研究の進展に応じて、都市公園や町中細街路等のような地域住民の共同利用に供されてしかるべき地域共資産の日常的管理は、市町村より更に小規模な、街区や区・町内等の次元の運営に委ねる方が、適切かつ効率的な管理を可能にするという考え方も紹介されている[9]。

　以上のような地域コミュニティ次元での土地利用計画及び地域施設の整備や管理を想定した場合、都市計画の策定及び決定の権限を全面的に行政に帰属させる現行法の考え方は、果たして妥当なのだろうか。むしろ、行政以外の様々な法主体に、「参加」の枠を超えた都市形成の役割を期待すべき場合があるのではなかろうか[10]。本稿が論じようとするのは、この問題である。何故なら、上述のように、計画策定主体とその手続をどのように定めるかが、都市計画の成否を左右する決定的要因であり、しかも、多様な都市形成主体の意思や利害を適切に反映するための主体及び手続に関する仕組みを採用する必要があることを想起するならば、上述のような都市計画を取り巻く状況変化に対し適切に対応し得るような制度設計を、模索する必要があると思われるからである。

---

(8)　エリアマネジメントの実践例を、中心商店街その他中心市街地の活性化のための施策という視点から分析したものとして、ジュリスト1429号（2011年）76頁以下の特集を参照されたい。本特集では、都市計画学、行政法学及びまちづくり現場の担い手等の多様な視角からの論稿が寄せられている。また、「都市再開発における土地の所有と利用」と題して2回にわたって連載された民法研究者間の座談会（ジュリスト1364号124頁以下及び1365号104頁以下、2008年）も、エリアマネジメントの実践例においては、私的手段と公的手段が連結して利用されていることを論じており、参考になる。

(9)　高村学人『コモンズからの都市再生——地域共同管理と法の新たな役割』（ミネルヴァ書房、2012年）、特にまとめに当たる箇所として、243～250頁参照。

(10)　本稿は、柳瀬良幹博士における「参加」と「事務の処理」の区別（柳瀬良幹「『住民参加』の定義」自治研究50巻2号（1974年）51頁以下）を手がかりに「参加」と「決定」の区別を論じた角松生史氏の一連の論稿から、有益な示唆を得ている。角松生史「手続過程の公開と参加」磯部力＝小早川光郎＝芝池義一編『行政法の新構想Ⅱ』（有斐閣、2008年）289頁以下、同「決定・参加・協働——市民／住民参加の位置づけをめぐって」新世代法政策学研究4号（2009年）1頁以下、特に12～14頁、同「行政過程における参加と責任」法律時報87巻1号（2015年）14頁以下参照。

3 地方分権化と参加制度

そこで、その検討のための前提として、現行法は今日までいかなる対応策を講じてきたかを把握する必要がある。その際、国と地方公共団体間における都市計画権限の分配状況に関わる局面と、国や地方公共団体と土地所有者、住民、民間事業者等、都市形成の様々な主体との間で行われる調整、及び各主体が果たし得る役割に関する局面とに区別する必要がある。そこで以下では、この二つの局面それぞれに即して、都市計画決定権限の帰属や各主体の関与に関する変容状況を把握することとしたい（後述Ⅱ、Ⅲ）。もっとも、前者すなわち都市計画権限の地方分権化に関わる面については、別稿[11]で論じたことがあるので、本稿では簡潔な概観に止めておきたい。

Ⅱ 都市計画の地方分権化

第1次分権改革の一環として1999年制定された地方分権一括法により実現した地方自治法の改正は、機関委任事務を廃止し、従来は機関委任事務とされてきた事務を自治事務と法定受託事務に二分する一方、国と地方公共団体間の役割分担を明確化するための諸規定を定めた[12]。これにより、都市計画法に基づく都道府県知事や市町村の権限の性質も、国の機関委任事務等から都道府県又は市町村の自治事務へ転換した。もっとも、地域地区の指定に関する都市計画や都市施設・市街地開発事業に関する都市計画の決定権限は、従前から、広域的利害に関わる一部の地域地区や国の利害に直結する都市施設や事業を除いて、市町村の団体委任事務に属すとされてきたし、また都市計画事業の施行も、基本的に市町村の事務とされてきた。したがって、主要な都市計画権限の多くは、分権改革以前から市町村の権限とされてきたため、第1次分権改革が都市計画権限の分権化にもたらした成果は、市町村に関する限り限定的なものであった。

---

(11) 亘理格「新制度のもとで自治体の立法権はどうなるか」小早川光郎編著『地方分権と自治体法務——その知恵と力』（ぎょうせい、2000年）75頁以下。

(12) 1999年の地方自治法改正の概要とその意義づけについては、亘理・前掲註（11）77〜82頁参照。

その後、2011年以降推進された「地域主権改革」の一環として、一連の「地域の自主性及び自立性を高めるための改革の推進を図るための関係法律の整備に関する法律」が制定された（いわゆる第1次一括法〜第4次一括法の制定）。これにより、都市計画法に関しても、用途地域の指定に関する市町村の権限の若干の拡大や都市計画区域マスタープランに関する都市計画決定権限の指定都市への移譲等、基礎自治体への権限移譲の範囲が徐々に拡がった。また、国土交通大臣との協議及び同意の取得を義務づける規定（大臣協議・同意制）が改められ、同意取得の義務を廃止し協議へ一本化する等、地方公共団体の自主性を促進する幾つかの改正が実現した。

とはいえ、以上のような一連の都市計画法改正以降も、都市計画法の抜本的な地方分権化は今もって実現していない。用途地域その他の地域地区は、指定可能な地域地区の類型が法律であらかじめ定まっており、地方公共団体はその中から必要に応じて選択し指定することしか許されない。また、建築物の規模の制限（建ぺい率、容積率等）や形態の制限（高さ制限、壁面指定等）は、法律上、指定された用途地域等の種類に応じて選択可能な範囲が限定されるという定め方がなされている。以上のような都市計画法の基本設計は不変であるため、市町村等が行使し得る都市計画権限の幅には、厳然たる制約がある。地方公共団体の都市計画における自由な選択権限行使を法令に基づきあらかじめ制約するという都市計画法の枠組みは、今日も不変なのである[13]。

都市の土地利用に関する地域固有の事情や需要に応じて柔軟な内容の計画的規制を可能とする必要性は高いにもかかわらず、都市計画権限のさらなる地方分権化は、上述のごとく、現行都市計画法の基本的設計思想に由来する様々な制約によって妨げられてきた。そのような現行法の仕組みを抜本的に改め、基礎自治体たる市町村による地域の実情に応じた都市計画を可能ならしめるための新たな設計思想として、都市計画法の枠組み法化が、今日提案されている。

都市計画法の枠組み法化とは、都市計画法という法律で定めるべき事項を、

---

(13)　現行の都市計画法及び建築基準法の枠組みの基本的問題点に関する私の理解については、亘理格「枠組み法モデルとしてのフランス都市計画法」亘理格＝生田長人＝久保茂樹編集代表『転換期を迎えた土地法制度』（土地総合研究所、2015年）160頁以下、特に160頁〜161頁を参照されたい。

都市計画の理念や原則、都市計画の種類及び都市計画に定めるべき事項、必要最小限規制、都市計画決定等の手続等に限定し、計画に基づく権利制限の具体的な内容は市町村等の地方公共団体が、都市計画決定や条例等によって独自に定めることができるように改める、という考え方である[14]。今後の都市計画法制は、このような方向へ変容すべきであろう。

Ⅲ　都市計画への参加──現行法の枠組み

　冒頭で述べたように、都市の形成に関わる主体は、行政主体に止まらず地権者や住民等多様であるが、都市計画決定権限は、法律上、もっぱら市町村や都道府県等の行政主体にのみ帰属する（都市計画法 15 条 1 項）。都市計画は、土地利用の計画的制限と都市施設の整備等という、地域社会の全成員の権利利益に影響を及ぼす公共的事項であり、民主的決定手続を経て決定すべきものであることから、行政主体への都市計画決定権限の集中は一面では当然のことである。もっとも、そうであればこそ、地方公共団体の議会の議決その他、何らかの議会の関与を経るべきであると考えられ、現に、典型的な都市計画制度を有する欧米諸国の多くでは、都市計画決定に議会を関与させてきた[15]。この点で、議会の関与を要求しない我が国の都市計画決定手続には、手続的民主的正統性の調達という点で疑念を抱かざるを得ないが、本稿ではこの問題はこれ以上論じないこととする。ここで論じようとするのは、現行法上、行政主体以外の都市形成主体の意見や意思を反映させるための制度として、いかなる手続が定められているか、また、計画の正当性ないし公共性や民主的正統性等を調達する上で、現行法で定められた手続のみで十分か、そして、現行手続のみでは不十分な場合があるとしたら、それはいかなる場合か、という問題である。

　そこでまず、多様な都市形成主体の参加が現行法上認められている制度を概観し、各制度において、多様な都市形成主体の参加が果たすことが期待される

---

(14)　都市計画法制の枠組み法化の基本的考え方とその制度設計のあり方については、亘理格＝生田長人編集代表『都市計画法制の枠組み法化──制度と理論』（土地総合研究所、2016 年）参照。

(15)　原田純孝氏は、計画策定手続における議会の関与（議決）を「最低限」の要請と性格づける（原田・前掲註（1）23 頁）。

役割及びその法的性質がどのようなものであるかを検討する。各制度の法的性格を捉えるに当たっては、以下の二つの視点からの分類が基本的な分類軸となる。すなわち、まず、当該参加手続が参加者の主観的権利利益の保護を目的としたものであるか、それとも都市計画等公共的な決定過程への民主主義的な正統性の確保を目的としたものであるか、という視点が第一の分類軸となる。また、各手続において表明された意見が行政主体にとって単なる情報提供ないし参考意見に止まるか、それとも単なる参考意見以上の何らかの法的拘束力が認められるか、という視点も第二の分類軸となる。

　以上の二つの視点から、都市形成への私人の関与を定めた幾つかの法制度を概観することにしよう。

1　公告、縦覧、意見書提出手続（17条1項・2項）

　都市計画決定に際して事前に行われる公告・縦覧・意見書提出は、「関係市町村の住民及び利害関係人」に意見書を提出する機会を付与する手続であり、制度目的としては、利害関係人の権利利益保護とともに、住民の意向の反映を通して民主的正統性を確保することにも配慮した制度である。都道府県が決定権限を有する都市計画について、都道府県は、「関係市町村の意見を聴き、かつ、都道府県都市計画審議会の議を経て」決定し、市町村が決定権限を有する都市計画について、市町村は、市町村都市計画審議会の議を経て決定する。都道府県または市町村がそれぞれ都市計画の案を都市計画審議会に付議する際には、上述の公告・縦覧・意見書提出手続により提出された意見書の要旨を各審議会に提出しなければならない（18条2項、19条2項）。しかし、提出された意見書の取り扱い方に関する規定はそれだけであり、意見書の要旨の内容が同審議会の答申内容を拘束するわけではない。また、都道府県又は市町村による都市計画決定は、都市計画審議会の答申内容によって拘束されないので、意見書の要旨の内容が都市計画決定を間接的に拘束することもない。さらに、都道府県又は市町村の都市計画決定の際に、意見書を直接参照することはあり得ようが、その場合も、意見書の内容が都市計画決定を法的に拘束することはない。

　以上から明らかなように、都市計画決定の際の公告・縦覧・意見書提出は、利害関係人の権利利益の保護と民主的正統性の確保の双方を目的とした手続で

はあるが、法的には諮問手続としての性格を有するに止まり、いかなる意味でも法的拘束力を有するものではない。

2 公聴会の開催等（16条1項）

次に公聴会の開催は、「都市計画の案を作成しようとする場合において」、必要に応じて開催されるものであり、「住民の意見を反映させるために必要な措置」の一種として、都道府県や市町村が講じ得るものである。住民の意見の反映を目的とする点で、民主的正統性の調達を目的とした手続であり、必要に応じて開催し得るものであるため、都道府県や市町村にとっては使い勝手の良い情報収集手段として機能する可能性がある。しかし、あくまでも都道府県又は市町村が必要と判断したときに任意でとり得る措置であり、また、公聴会以外の手続との選択可能性も広く認められるものであるに止まる。以上の点で、住民側にその開催への権利性は認められない。

また法的効力という点についても、公聴会において住民等が表明した意見は、都市計画決定権者による都市計画決定の内容を法的に拘束することは想定されていない。行政にとって、公聴会で表明された意見は、都市計画決定の内容を可能な限り適正なものにするため参考とすべき情報提供としての性格を有するに止まるのである。

3 計画提案
——都市計画法（21条の2〜21条の5）及び都市再生特別措置法（37条〜41条）

計画提案は、都市計画区域又は準都市計画区域の区域内にあり、一体として整備・開発・保全のいずれかをなすに相応しい一定規模以上の「一団の土地の区域」を対象に[16]、当該土地の所有者等（建物の所有を目的とする対抗要件を備えた賃借権者等を含む）、及びまちづくりの推進活動を目的に成立された特定非営利活動法人や公益法人等に（都市計画法21条の2第1項・2項）、都市計画の決定又は変更の提案権を付与する制度である。この制度は、2002年の都市計

---

(16) 計画提案の対象となし得る土地は、施行令15条により、原則として0.5ヘクタール以上の面積の土地であることを要する。

画法改正（2002年法律85号による改正）により導入されたものであり、「住民等の自主的なまちづくりの推進や地域の活性化を図りやすくするため」という目的で[17]創設された。

　計画提案の対象たり得る都市計画の範囲は非常に広く、都市計画区域の整備、開発及び保全の方針（いわゆる「都市計画区域マスタープラン」）及び都市再開発方針等に関する都市計画以外の都市計画が、すべて提案の対象となり得る（都市計画21条の2第1項）。提案者は、当該提案に係る都市計画の素案を添えて提案しなければならないが、当該素案の内容は、都市計画に関する基準（都市計画法13条その他の法令の規定に基づく基準）に適合するとともに、対象地の区域内の土地所有権者等の3分の2以上の同意を得なければならない（21条の2第3項2号。土地の面積についても3分の2以上の地積を占める土地所有者等の同意を要する）。計画提案を受けた都道府県又は市町村は、提案を踏まえた都市計画の決定又は変更をする必要があるか否かを、「遅滞なく」判断しなければならず、必要なしと判断した場合はその旨及びその理由を、「遅滞なく」提案者に通知しなければならない（21条の3、21条の5第1項）。これに対し、都市計画の決定又は変更の必要があると判断した場合、都道府県又は市町村は、計画提案を踏まえた都市計画の決定又は変更の案を作成し、都市計画審議会に付議するため当該都市計画の案を計画提案に係る素案とともに同審議会に提出しなければならない（21条の4）。その後の都市計画決定又は変更に至る手続は、通常の都市計画の決定又は変更の場合と同様である。

　他方、都市再生特別措置法に基づく計画提案は、内閣が政令で定めた都市再生緊急整備地域の区域内の土地について、都市再生本部が定めた地域整備方針に適合した内容の都市再生事業を行おうとする者（民間事業者等）に、当該都市再生事業を行うために必要な都市計画の決定又は変更の提案権を付与する制度である。提案者は、当該提案に係る都市計画の素案を添えて提案しなければならず、また、当該素案の内容は、都市計画に関する基準（都市計画法13条その他の法令の規定に基づく基準）に適合するとともに、対象地の区域内の土地所

---

(17)　計画提案制度について本文に引用した導入理由は、第154回国会衆議院本会議及び国土交通委員会における国土交通大臣の趣旨説明（第154回国会衆議院会議録38号(1)4頁、及び同国会国土交通委員会議録19号25頁）による。

有権者等の3分の2以上の同意を得なければならない（都市再生37条2項2号。
土地の面積についても、3分の2以上の地積を占める土地所有者等の同意を要する）。
計画提案を受けた都道府県又は市町村は、提案を踏まえた都市計画の決定又は
変更をする必要があるか否かを、「速やかに」判断しなければならず（38条）、
必要なしと判断した場合は、その旨及びその理由を提案者に通知しなければな
らない（40条1項）。これに対し、都市計画の決定又は変更の必要があると判
断した場合、都道府県又は市町村は、計画提案を踏まえた都市計画の決定又は
変更の案を作成し、都市計画審議会に付議するため当該都市計画の案を計画提
案に係る都市計画の素案とともに同審議会に提出しなければならない（39条）。
計画提案からここに至るまでのプロセスは、都市計画法に基づく計画提案の場
合と基本的に異ならない。ところが、都市再生事業を行おうとする者による計
画提案の場合、都市計画決定権者が当該提案に係る都市計画の決定又は変更を
不要とする判断の通知を行うまでの期間、或いは、当該計画提案を踏まえた都
市計画の決定又は変更を必要と判断し実際に当該決定又は変更を行うまでの期
間が、「計画提案が行われた日から六月以内に」制限されている（41条1項）。
やむを得ない理由により六ヶ月以内での処理をなし得ない場合、当該処理期間
の延長が可能ではあるが、延長の期間と延長する理由を、当該処理期間中に提
案者に通知しなければならないし、また、法令の規定に基づき、都市計画決定
権者から意見を求められ又は協議を受けた者（都道府県の都市計画決定に際して
意見を求められた関係市町村や付議された都市計画審議会、国の利害に重大に関係
がある都市計画に関して協議に基づく同意を求められた国土交通大臣等）は、六ヶ
月間という処理期間内に決定又は変更ができるように、「速やかに意見の申出
又は協議を行わなければならない」（41条3項）。

　以上のように、都市計画法に基づく都市計画の決定又は変更の提案の場合、
対象地の区域の土地所有者等の3分の2以上の同意が義務づけられていること、
また、計画提案を受けた都市計画決定権者の対応の仕方については、提案を踏
まえた都市計画の決定又は変更の要否を「遅滞なく」判断し、不要と判断した
場合は「遅滞なく」その旨とその理由を提案者に通知しなければならないとさ
れていること以外は、都市計画決定権者の自立的な判断を制約するような仕組
みにはなっていない。

これに対し、都市再生緊急整備地域の区域内で都市再生事業の実施に必要な都市計画の決定又は変更を提案する場合については、対象地の区域の土地所有者等の３分の２以上の者の同意が義務づけられるとする点までは、都市計画法上の計画提案の場合と同様だが、期間や迅速性に関するさまざまな規定を通して、都市計画決定権者や都市計画審議会等の自立的な判断を大幅に制約するような仕組みが採用されているという点に、注目しなければならない。

以上を踏まえて検討するならば、都市計画の決定又は変更を求める計画提案は、区域内の土地所有者等の３分の２以上の者の同意を条件に、都市計画の決定又は変更をなし得る機能を、その一部ではあるが、民間事業者等に事実上移譲した仕組みと性格づけることが可能である。なかでも、都市再生特別措置法に基づき都市再生事業を行おうとする者による計画提案に関しては、計画提案が行われた日から六か月以内に都市計画の決定又は変更まで行うことを余儀なくさせるという点で、都市計画決定権者の自立的な都市計画の決定・変更の可能性、並びに都市計画審議会における慎重な審議と議決の可能性を強く制約するものであり、法的にも、都市計画決定権者の自主的な都市計画決定権並びに都市計画審議会の審議権の一部を移転させるものと評すべきであると思われる。そして、そうであるとすれば、計画提案者には、都市計画策定主体たる性格が部分的に付与されたと解することが可能である。

他方、まちづくりの推進活動を目的に設立された特定非営利活動法人や公益法人に計画提案権を付与する制度（都市計画法21条の２第２項）は、自己の主観的権利利益の実現とは明確に切り離された公共の利益ないし地域共同利益の実現を目的とした計画提案に途を開く制度であり、公共的事項であるまちづくりを規律づける規範形成過程への住民団体参加の可能性を切り開く参加制度である。そしてこの場合も、計画提案者たる団体には、都市計画策定主体たる性格が部分的に付与されたと解することが可能である。

4　協議

協議は、今日、様々な行政分野で多用されているが、都市計画や建築規制分野で行われる協議のほとんどは、国の法令ではなく、地方公共団体の条例や要綱に基づき行われるものである。また、都市計画法に定められた典型的な協議

第1部　都市法の基礎理論　85

は、都市計画決定に際して都道府県と国土交通大臣間又は市町村と都道府県知事間で、つまり行政主体ないし行政機関間で行われる協議である（18条3項、19条3項）。これに対し、私人と行政機関間の協議として定められているのは、開発行為の許可申請に際して、関係する公共施設の管理者や開発行為により設置される公共施設の管理者となるべき者との間で行われる協議のみである（32条1項・2項）。特に許可申請時に現にある公共施設の管理者との協議は、同意を得るための手続として行われる協議であり（同条1項）、当該同意を得なければ許可申請をなし得ないという性質のものであるため、当該協議は、管理者側からの拘束度の強い手続であり、許可申請者にとっては交渉の余地の小さい手続だということになる[18]。

5　協定方式
──建築協定（建基法69条以下）、景観協定（景観法81条以下）、緑地協定（都市緑地法45条以下）

　これら三つの協定は、いずれも、土地所有者等が締結した協定に市町村長や景観行政団体が認可することにより、当該協定の拘束力が、当該認可の公告後に協定区域内の土地所有権等を承継した者にも拡張的に及ぶこととなる協定である（建基法75条、景観法86条、都市緑地法50条）。通常の契約や協定との効力上の差違は、このように拘束力が権利承継人へ限定的に拡張されるという点にある。その意味で、これらの協定はいずれも、基本的には協定締結者相互間において、それぞれの締結者の自由な意思に基づき合意された範囲で法的拘束力が生ずるに止まり、協定上の義務の不履行等の協定違反がある場合も、民事上の差止め訴訟や仮処分及び損害賠償が認められるに止まる。こうした効力が権利承継人という当事者に準ずる者へ拡張されるという点を除けば私法上の契約や協定と差違はないのであって、都市計画法や建築基準法等に基づく土地利用規制に対して規範的な影響を及ぼすものではないと考えられてきた[19]。

---

(18)　公共施設管理者との協議手続について、田尾亮介氏は、「行政が私人の行動を一定の方向に導くための協議」と性格づけており、交渉による規範形成への関与の機会を私人側に付与する性質の協議手続から区別している。田尾亮介「協議に関する手続」法律時報87巻1号（2015年）30頁以下、特に31〜33頁。

したがって、協定の内容に違反するか否かは、建築確認や景観法上の勧告や変更命令等の行政規制に対しては中立的であり、こうした規制権限行使の基準とはなり得ないと考えられてきた。もっとも、今後の立法のあり方として、以上のような現行法の仕組みを維持すべきか否かは、別途検討すべき課題である[20]。特に、町内や街区単位あるいはコミュニティ単位における地域共同的かつ相互依存的な規制手法を活用しようとするならば、協定による合意の内容を、建築基準法上の建築確認や是正命令、景観法上の勧告や変更命令等に関連づけるための立法措置が講ぜられるべきではないかと思われる。この問題については、後に検討する。

6 地区計画に関する都市計画決定
——条例で定める手続（都市計画法 16 条 2 項）

　地区計画等の案の作成手続に関しては、法令上、特に支障がない限り、対象区域内の土地所有者等（土地の所有者及び対抗要件を備えた地上権者や借地権者等の利害関係者）の意見を求めて作成しなければならない（都市計画法 16 条 2 項、同法施行令 10 条の 4）。この点で、土地所有者等の権利保護のための参加制度であると言えよう。また、地区計画案の内容となるべき事項の提示方法及び土地所有者等による意見の提出方法は、市町村が条例で定めることができる（都市計画法 16 条 2 項、同法施行令 10 条の 3）。したがって、参加手続の具体的な内容は条例次第で幅のある手続を用意することが可能である。その結果、多くの地方公共団体において、土地所有者等の同意（全員同意や 90％以上の同意等）を地区計画策定の要件とする運用がなされてきたと言われている[21]。もっとも、都市計画法 16 条 2 項は、土地所有者等の「意見を求めて」作成することを要求するに止まり、同意まで要件とするのは同項の規定の趣旨に反するとも考えられる。しかし、同法 17 条の 2 は、さらに、「前二条の規定は、……条例で必

---

(19) 長谷川貴陽史『都市コミュニティと法——建築協定・地区計画による公共空間の形成』（東京大学出版会、2005 年）49 頁以下、特に 52 頁～ 54 頁参照。

(20) この問題を論じる近時の論稿として、大貫裕之「小公共の実現に強制力を付与するための条件と強制力の程度」亘理＝生田編集代表・前掲註（14）153 ～ 154 頁参照。

(21) 地区計画策定時における同意に関する条例の実態については、長谷川・前掲註（19）225 頁及び 233 ～ 234 頁参照。

要な規定を定めることを妨げるものではない」と定めており、その結果、16条2項で要求される意見聴取の義務づけに加えて、同意を義務づけることも可能であると解し得ることとなる。

他方、市町村は、条例で、地区計画等に関する都市計画の決定又は変更や地区計画等の案の内容となるべき事項について、「住民又は利害関係人」による申し出の方法を定めることができる（16条3項）。これにより条例の規定次第では、地区計画の決定・変更又は地区計画の内容について一種の提案権を付与することが可能となる。以上のような申出権は、利害関係人のみならず「住民」にも認め得ることからすると、自己の権利利益に直結しない場合でも、住民共通の利益に基づき一定内容の地区計画の策定を申し出ることも可能だということになる。この点で、地区計画については、条例の定め方次第では、利害関係人の権利利益の保護に止まらず、民主的正統性の確保まで拡張された住民参加の手続を設けることが可能だと考えられる。

7　同意要件

都市計画法上の同意制度として、まず計画提案の際には、前述のように、提案に係る都市計画素案の対象となる土地の区域内の所有者等の3分の2以上の同意を得ていなければならない（21条の2第3項2号）。そのほか、特定街区に関する都市計画の案については、土地の所有者等（建物の所有を目的とする対抗力を備えた地上権者や賃借権者等を含む）の同意を得なければならない（都市計画法17条3項、同法施令11条）。この場合に要求される同意は、土地の所有者等全員の同意である。次に、都市計画事業の施行予定者を定める都市計画の案に関しても同意要件の定めがある（17条5項）が、ここで要求される同意は、当該事業の施行予定者の同意である。

次に、都市計画法以外の関連法律に定められた同意要件について概観すると、何よりも、都市再開発法に基づく同意要件が典型的である。まず、市街地再開発促進区域内の宅地について、所有権者又は借地権者が個人として市町村に対して第一種市街地再開発事業の施行を要請するときは、3分の2以上の同意が要件とされる。この場合要求される同意は、「その区域内の宅地について所有権又は借地権を有するすべての者の三分の二以上の同意」である（都市再開発

法7条の2第3項)。

　また、第一種市街地再開発事業の施行を目的に設立される市街地再開発組合が設立認可の申請を行う際にも、3分の2以上の同意が要求される(都市再開発法14条1項)。この場合要求される同意は、施行地区となるべき区域内の宅地について所有権を有するすべての者及び借地権を有するすべての者のそれぞれ3分の2以上の同意である。また、同意した者が所有し又は借地権を有する宅地の合計地積についても、同様に3分の2以上の地積を占める所有者及び借地権者の同意が要求される。さらに第一種及び第二種の市街地再開発事業を実施するために設立された再開発会社が当該事業を施行しようとする場合も、施行認可申請の際に3分の2以上の同意が要求される(50条の4第1項)。この場合も、施行地区となるべき区域内の宅地について、所有権を有するすべての者及び借地権を有するすべての者のそれぞれ3分の2以上の同意が必要であり、また同意を行った所有者及び借地権者の宅地の地積についても、同様に3分の2以上の比率が要求される。

　以上のような概観から明らかなように、同意要件において同意が要求される者のほとんどは、土地の所有者や借地権者等の地権者である。この場合の同意制度は、当該同意権を有する者自身の主観的な権利保護を目的に付与されたものであることは、言うまでもない。

　他方、同意要件の効果に関しては、同意が得られなければ当該申請を行い得ないという点に鑑みれば、同意の有無は、きわめて重大な結果をもたらす。以上により、都市計画法及び関連法上に定められた同意制度とは、同意権を有する者自身の主観的な権利利益の保護のために、高度の法的効力を備えた同意権を付与した制度であると言えよう。

Ⅳ　協定の効力拡張——現行法の枠を超えて

1　協定と権力的規制の接続可能性

　建築協定、景観協定及び緑地協定は、良好な街並み環境や景観或いは都市緑地を保全するため、土地の所有者等がみずから協定を締結し、市町村等が認可により当該保全目的を側面から支援するという趣旨の制度である。上述のよう

第1部　都市法の基礎理論　89

に、認可公告後に協定区域内の土地取引き等により当該土地の所有者等となった者に対しても効力を及ぼすことにより、通常の私法上の契約としての効力の拡張が図られているが、それ以上の特別の効力が認められるわけではない[22]。これらの協定は、建築基準法、景観法及び都市緑地法という、広い意味での都市計画分野の法制度として位置づけ得るものであり、街区や地区・町内等、狭域単位の土地所有者等の当事者が、相互の合意により居住環境を保全するため使い勝手の良い手段となり得る。にもかかわらず、上述程度の効力拡張が認められるだけでは、依然として実効性に制約のある脇役的手段に止まらざるを得ないように思われる。しかし、市街地におけるきめ細かな居住環境の改善や、縮減傾向下にある都市周辺部における居住環境の再編を利害関係者の共通了解を得ながら実現するには、土地の所有者等がみずから協定を締結し、締結された協定を相互信頼に基づき遵守するという方式の採用が最善である。そのために、協定に現行法以上に強化された何らかの効力を付与するという試みが、なされるべきであろう。

　その試みとして、建築協定に建築確認の際の審査基準たる効力を認めることの許容性、及び協定に違反する建築行為に対し是正措置命令等のサンクションを及ぼす可能性について、検討する必要がある。これは、合意に基づく協定と公権力の行使に当たる規制とを接合させる制度設計、換言すれば、私法上の手段と公法上の手段とを接続するための制度設計の可能性を問う試みにほかならない。

　なお、地区計画の場合は、建築協定とは異なり、一定条件の下では特別の効力が付与されている。すなわち、地区計画で地区整備計画等を定めた場合、開発行為の許可申請に対する審査に際して、当該地区整備計画等の内容に適合するか否かが判断の基準となる（都市計画33条1項5号）。また、地区整備計画の内容に違反する開発行為は、工事の停止命令や除却その他の監督処分（都市計画81条1項）の対象ともなる。これに対して、建築協定その他の協定には、現行法上、このような効力が認められていない。このような現行法を改正し、建築協定にも、建築確認や是正措置命令等の規制権限行使の際の判断基準たる

---

(22)　長谷川・前掲註（19）52〜54頁及び大貫・前掲註（20）152〜153頁参照。

効力を付与すべきかが問題となる。景観協定及び緑地協定に関しても同様の問題を論ずる必要があるが、ここでは差し当たって、建築協定を念頭にこの問題について検討することにしよう。

2 協定内容への準法規性肯定の可能性

この問題について、大貫裕之氏は、まず、協定締結者の合意によって、協定内容への適合性を建築確認の審査対象とすること、及び協定違反に対して是正措置命令を発し得ると定めることは、合意による限り可能であるとする。その上で、問題は、このような合意を介在させず、法律や条例で直接、協定適合性を建築確認の審査対象と定め、また協定違反に対する是正措置命令を定めることが可能かという点にあるとして、当該問題について、「少なくとも、間接的合意とは言え、より住民の直接的合意に近い条例をもって上記の拘束力を付与することは可能とみるべきである」と結論づける。ここで大貫氏が「間接的合意」と言うのは、法律や条例の国民に対する拘束力が「契約を基礎づける合意の擬制」を介して正当化されることを念頭に置いたものであり、なかでも条例は、「より住民の直接的合意に近い」ことを踏まえて、協定への適合性を建築確認の審査対象としまた協定違反に対する是正措置命令を可能とする規定を条例で定めることは、「少なくとも」可能であると結論づける[23]。

大貫氏の見解は、少なくとも条例による根拠づけが備わる場合には、協定の拘束力を建築確認や是正措置命令との関係にまで及ぼすべきだとするものであり、条例に基づき、協定に法規性ないし法規に準じた効力を付与しようとする試みであると言えよう。

3 建築協定と地区計画の接続——私見

契約や行政処分等によって生じた法律効果の執行ないし実効性を確保するための法的手段には、様々なものがあり得るのであって、契約や協定により生じた法律効果の実効性確保手段は民事上の訴訟や強制執行及び損害賠償に限定さ

---

(23) 大貫・前掲註（20）153〜154頁。なお、同論文において大貫氏は、建築協定の締結に土地の所有者等全員の同意を要求する現行法制度を改め、特別多数決による締結を認めるべきかという問題についても検討しているが、本稿ではこの問題を論じないこととする。

第1部　都市法の基礎理論　91

れるべきであると、一概には考えられない。合理的理由の下で法律又は条例に
根拠が定められるならば、建築確認や是正措置命令等の規制的行政手法による
実効性確保も許されると考えるべきであろう。したがって、私も、上述の大貫
説に基本的には賛同するが、問題は、建築確認や是正措置命令に関する現在の
建築基準法の基本枠組みに適合するか、という点にあるように思われる。以下
では、この問題について私見を提示することにしよう。

　協定での合意事項に建築確認の判断基準たる効力を認めることは、協定の合
意内容に「建築基準関係規定」（建築基準法6条1項）と同等の効力を付与する
ことになる。また、当該合意内容違反を理由とした是正措置命令等の発動を可
能とすることは、当該合意内容に「建築基準法令の規定」（同法9条1項）と同
等の効力を付与することになる。いずれも、当該合意内容に法規性ないし法規
に準ずる性格を認めることを意味する。このような法規又は準法規たる性格を、
特定の人々や特定の地区の範囲内の人々の間で交わされた当事者間の合意に認
めることは、何らかの条件が加われば正当化され得るように思われる。

　そのような付加的正当化の根拠として要求される第一のものは、法規性を規
範的に支える授権の存在であり、法律又は条例がそれに該当する。第二に要求
されるのは、協定による合意内容をその内容面で正当化（実体的正当化）する
根拠づけであり、都市計画や建築規制の分野でそれを提供し得るのは、適正な
手続を経て決定された都市計画である。前者、すなわち法律又は条例による授
権に関しては、建築協定等の場合、特定化された区域内における土地所有者等
当事者間の合意が既に成立していることを加味して考えれば、法律又は条例に
基づく授権は、個々の協定ごとの授権までは要求されず、建築協定一般を想定
した一般的授権で足りると考えるべきであろう。他方、後者、すなわち実体的
正当化を担う都市計画に関しては、建築協定等の場合に具体的に想定し得る都
市計画とは、地区計画にほかならない。したがって、以上二つの面での考慮を
総合するならば、地区計画は、現行法上、都市計画法12条の5以下の諸規定
による一般的根拠規定に基づき都市計画決定されるものであり、その点で既に、
法律に基づく一般的授権という条件は満たされる。その基盤の上に、地区計画
の内容面での要件に適合し、かつ適正な法定手続を経て地区計画を定める都市
計画決定がなされるならば、その時点で、上述の二つの条件は満たされると考

えられる。以上のような適正な条件を具えた地区計画の基盤の上に、当該計画区域内の土地所有者等を当事者として締結され認可された建築協定等が付け加わるとき、当該協定の合意内容は、当事者間の契約として拘束力を有するに止まらず、当該土地所有者等の土地の区域の範囲内では、「建築基準関係規定」ないし「建築基準法令の規定」と同等の効力を有すると見なして良いのではないかと思われる。

以上のごとく地区計画との接続による運用を可能とすることにより、建築協定の実効性は強化されるとともに、地区計画制度にとっても、協定の当事者である土地所有者等が、実質的には地区計画の運用主体としての地位を獲得することになると思われる[24]。

なお、以上のような考え方は、部分社会論の見地からも十分に正当化し得るように思われる。この考え方は、部分社会論を直接の論拠に正当化することは難しいが、少なくとも部分社会論にきわめて適合的であると言えよう。のみならず、土地所有者間の合意の存在を前提とし、しかも、地区計画の内容に適合的な合意内容に限り法規ないし準法規たる効力を認めようとする点では、部分社会論よりも法治主義の理念に適合的であると考えられる。

---

(24)　地区計画は1980年の都市計画改正によって導入されたが、導入当初から、地区計画の本質を建築協定の発展形として捉えようとする考え方が有力であった。そのような捉え方の典型例として、地区計画導入直後の座談会における磯部力氏の次の発言が、示唆的である。「法的な強制力の根拠づけについての原理的なパターンとしては、一方では……建築協定のような、関係者が全員同意して契約的に相互に拘束し合うという型と、他方で公権力が一方的に規範を提示してそれを強制していくという型の二つの対極があると思うのですが、地区計画の場合には、その中間みたいな、むしろ建築協定の規範力が公法的にオーソライズされたものという性格が強いような気もするわけですね」(日笠端(司会)ほか「研究会　地区計画の構造と具体化の手法」ジュリスト722号(1980年)(112頁以下)126頁)。

　実際、同座談会における林泰義氏の次の発言に示されるように、地区計画制度の立法化が図られた背景の一つには、建築協定の存在があった。すなわち、地区計画制度導入への「市町村側からの需要」を問われたのに対し、林氏は、新市街地における基盤整備型の地区計画への需要や既成市街地における環境整備型の地区計画への需要と並び、「もう一つは、……建築協定です。横浜とか各地で建築協定をできるだけ活用して、それをしだいに地区詳細計画的な形で定着させたいという試みがあるということです」と述べており(ジュリスト722号118頁)、建築協定の発展形としての地区計画への需要を挙げていた。

第1部　都市法の基礎理論　93

V　むすび——都市計画とまちづくり

　街区や地区・町内等の狭域的範囲において良好なまちづくりや街並み形成を行う際には、一般的に、可能な限り関係権利者や利害関係人の任意の意思を組み込んだ手続や仕組みを採用することが、当該目的の円滑かつ効率的な達成にとって好影響を及ぼす。それは、何よりも、任意の意思を基礎とすることにより、その人々の内発的動機に基づく貢献や協力を期待することができ、また、地域形成や事業遂行の過程又はその後における紛争や争訟の発生を減らすことが期待できるからである。

　もっとも、協議の実質化や合意形成を広域的な範囲で又は多数の人々の間で実現することは困難であり、対象となる地域や人々の範囲が広がれば広がるほど、形骸化しやすい。しかし、逆に狭域的な地域や限られた関係権利者や利害関係人の中では、協議や合意形成が、相対的には実質化されやすい。しかも、エリアマネジメントの実践例として紹介される多くの事例が典型的に示すように、狭域内では、今日、協議や合意形成を抜きにしては、およそ良好なまちづくりや地域形成をなし得ない状況にある[25]。

　以上のごとく、今日の都市計画には、地権者その他の利害関係者や民間事業者等との協議や合意形成を根幹に組み込んだ法制度設計が要求される。さらに、地権者や民間事業者側が率先して始めようとするまちづくりに、行政が後追い的に又は側面から支援するという状況も生ずる。そのような場合における地権者や利害関係者及び民間事業者等の立場は、都市計画への参加者というより、むしろ、「まちづくり」の主体と呼ぶに相応しい[26]。また、そのような場合における行政の役割は、都市計画の主体というより支援役と性格づける方が相応しい。

（25）　前掲註（8）に挙げた諸論稿及び座談会参照。
（26）　田尾亮介氏は、条例や要綱に基づき許認可等に先立って行われる事前協議が、場合によっては「私人による行政決定の準備」として位置づけ得るものであると指摘した上で、このような、行政手続法制定時には想定されなかった状況の下、「今後は、実質的な決定権が私人に分配されている可能性を考慮に入れた検討が必要である」と論じる（田尾・前掲註（18）33頁・38頁）。本稿にとって示唆に富む議論である。

都市計画は都市計画法や建築基準法等の実定法が採用する法律上の用語であるのに対し、「まちづくり」は法律上の用語ではない。したがって、都市形成に与る多様な主体を「まちづくり」の主体として把握することは可能であり、そのような場合、国や地方公共団体の機関の役割を、「まちづくり」に対する側面的支援又は多様な主体間の調整等に限定するという仕組みもあり得よう。たとえば、都市計画という表現は国や地方公共団体による公法的規制及び都市計画事業に限定した用語として用い、そのような枠を超えて地権者や民間事業者が主体となって遂行する様々な地域開発やルール設定については、都市計画とは区別し「まちづくり」という用語で説明する、またはその双方を含む広い概念として、「まちづくり」という用語を用いる、といった用語法の採用が可能である[27]。都市計画及び「まちづくり」の意味をそのように把握したとすれば、都市計画における利害関係者や民間事業者等の役割が増大した今日の都市計画は、「まちづくり」に接近していると説明することもできる。

　以上のような用語法の問題はともあれ、今日の都市計画行政には、民間主体との協議や民間主体間の合意形成、民間主体が主導的に進める「まちづくり」に積極的に関与する必要性が増大しており、また、そのような民間主導型の「まちづくり」をも都市計画に適正に位置づけ、他の様々な計画や事業との調整を図る必要性も増大している。その意味で今日の都市計画は、民間主体による土地利用に関するルールの形成や事業をも組み込み、公私双方の土地利用ルールや事業間の相互調整を図ることなしには成り立ち得ない状況にある。そのような都市計画において基礎自治体をはじめとした行政が果たすべき主要な役割の一つは、多様な都市形成主体間の調整にほかならない。

（わたり・ただす　中央大学法学部教授）

---

(27)　「まちづくり」には元来、多様で柔軟な意味づけが可能な概念としての優位性があるという点については、亘理格「住民参加とまちづくり」㈳日本不動産学会編『不動産学事典』（住宅新報社、2002年）162頁以下参照。

都市空間形成における矛盾論についての覚書

H. ルフェーブルの所説を中心に

山田良治

はじめに
Ⅰ　都市空間をめぐる矛盾の客観的基礎
Ⅱ　ルフェーブルの議論とその特徴
Ⅲ　マルクス空間論からの断絶とその背景
おわりに

はじめに

　社会学や地理学の領域を中心に、「ポスト・モダニズム」の立場から「空間論的転回」を強調する議論が盛んに行われている。これらの議論では、「マルクス主義」あるいは「史的唯物論」を源流としつつも、空間論的視点の脆弱性という観点からその批判・超克を志向する議論が少なからず見られる。しかし、非常に興味深いことは、そこで言われる「マルクス主義」が何を意味しているかという点が必ずしも明確ではないことである。

　マルクス自身が、「私はマルクス主義者ではない」と語ったことは有名であるが、「マルクス主義」であると自認することで確実なことは、当人が「マルクスの議論が正しいと信じている」ということだけである。このことは、「マルクス主義」を批判の対象となる場合も同様であって、批判する側がそれをどのような内容のものとして理解しているかが、批判の妥当性を評価する際の大前提である。このようなことを述べるのは、マルクスその人の議論の不正確な（と考えられる）理解の上に「マルクス主義」批判が展開されることが希ではないからである。もちろん、マルクスが完璧であったと言っているわけではない。しかし、「マルクス主義」に対する批判は、マルクスが展開した議論の内容と

到達点についての可能な限り正確な理解の上に行われるべきであることは自明であろう。

　さて、「空間論的転回」を強調する論者には、ミシェル・フーコーやアンリ・ルフェーブルの議論、とりわけ後者のそれに啓発された者が少なくないように見える。例えば、そのような論者の一人エドワード・ソジャは次のように述べている。

　「（ルフェーブルの議論は――引用者）他の何にもまして、ポストモダンな批判的人文地理学の黎明であり、批判的社会理論における歴史主義への攻撃や空間の再主張の最初の源泉なのである。サルトル、アルチュセール、フーコーから、プーランザス、ギデンス、ハーヴェイ、ジェイムソンまでの、他の一群の空間化の試みのために、ルフェーブルの節操は歩むべき道を指し示した。そして今日まで彼は、独創的でもっとも重要な史的・地理的唯物論者でありつづけている。」［ソジャ、1989］

　このように、ルフェーブルの議論は、地理学者ソジャの立場から見ると「ポストモダンな批判的人文地理学の黎明」として位置づけられるものである。詳細は省くが、社会学など他の領域においても同様に、ルフェーブルの議論が「ポストモダン」的「空間論」の土台となっている場合が少なくない。そしてこのことの帰結として、マルクス本人の認識には立ち入らないか、その点はもうルフェーブルに任せて、彼がポスト・マルクスの議論として提示した論点だけを踏襲する傾向が見受けられる。

　こうした状況を念頭に置きつつ、本稿では、我が国で都市空間の矛盾論を積極的に提示している原田純孝の議論を確認することから始めて、その上でルフェーブルの弁証法的史的唯物論理解および都市空間論の展開を概観しつつ、ルフェーブルがマルクスの論じた空間論の何を継承し、何を看過したのかを検討していく。

I　都市空間をめぐる矛盾の客観的基礎

　論点をより鮮明にするために、一連の「空間論的転回」論とはある意味で対照的な法学者、原田の都市空間論を最初に提示しておくことにしよう。

第1部　都市法の基礎理論　97

　まず、国家等による都市空間の関与・改変の必然性を、原田は次のように述べる。

　「きわめて高度に都市化した現代の先進国社会においては、広い意味での都市形成（維持・保全から開発・整備・創造のすべてを含む）をめぐってさまざまな政策・施策と多様な法現象が複雑多岐に展開し、発展している。今日の都市は、現代資本主義の経済成長に伴って発展し拡大してきたものであるが、その都市の発展・拡大のプロセスは、現実には市場原理のもとで、その自生的成長に委ねてしまうことはできず、そこに形成される都市空間の内容と利用を社会公共的観点から目的意識的に制御しコントロールしようとする政策的、法的介入の仕組みを不可避的に要請するのである。わたしたちが『都市法』と呼ぶのは、そのような政策的、法的介入の仕組みとそれをめぐる法現象の総体である。」［原田、1993］

　ここで原田が述べていることは、現代資本主義社会において市場原理にさらされた都市空間では、固有の都市問題の発生が避けられないこと、その緩和・解決のために都市法の整備による「政策的、法的介入」が必要となるということである。

　このような事態の背後には、都市空間における「根本的矛盾」が存在する。それは、「目的意識的な形成・対象であるべき『共同の活動・生活空間』が法制度的には私的土地所有権の集合体の上に存立している」、あるいは「市街地の土地所有（権）は、土地に対する私的・個別的支配権であると同時に、計画的に形成・創造されるべき共同の都市空間の一部でもある」からである、とする。これが原田の矛盾認識である［原田、1997］。つまり、私的所有（権）の下にある特定の土地空間が、ある圏域における全体空間の一部をなしているという事実である。前者の空間形成は私的な主体にゆだねられるのに対し、後者のそれは社会的に行われる。この場合、両者の目的とそれに基づく空間的実践は、しばしば異なることになる、というよりは基本的に不一致であることを常態とする。言い換えれば、当該空間は異質な二つの使用価値を持つことになる。

　筆者は、これを同様の理解の延長上に、土地所有が持つ「二重独占」性から、原田の矛盾論のさらなる具体化を試みた。すなわち、マルクスの差額地代論と絶対地代論を、所有関係という観点から「利用独占」と「所有独占」に還元

し[1]、前者に関わっては「利用独占」が同時に「非利用独占」（多数者への開放）であるという矛盾、後者に関わっては社会的に必要とされる土地空間の供給が、私的土地所有の裁量に委ねられている矛盾として定式化した［山田、2010]。

　この観点からすれば、原田が指摘する矛盾、都市空間が私的空間であると同時に社会的全体的な空間の一部であることから直接的に派生する現代都市空間に固有の矛盾は、まずは①の利用独占に関わる矛盾であることになる。これらの具体的な内容については、すでに別の機会に詳述しているので、ここでは指摘するだけにとどめる。本稿の観点から重要なことは、第一に、この客観的な矛盾は、都市社会における利害対立を必然化し、あるべき都市空間（表象）をめぐって利潤原理と生活原理のいずれかを反映した意識上・実践上の矛盾・対立を生み出さざるをおかないし、これらを反映した政治的あるいは官僚的等々の種々の協調的あるいは対立的立場を作り出すということであり、第二に、その根底にあるのが「客観的かつ現実的」（ルフェーブル）なこの種の矛盾であるという認識である。

---

(1)　「第1の独占は、土地の利用独占である。さきの例でいえば一等地にあるブティックはその土地・空間を利用することによって特別の超過収益を実現することができる。この超過収益の発生そのものは、土地を所有しているかどうかには関わらない。そこで得られた超過収益は、自分の土地ならば自分のポケットにはいるし、土地を借りているときには地代として地主のポケットにはいるだけの違いである。
　　収益が発生しない住宅地ではどうだろうか。いま事柄を理解しやすくするために住宅地のもっとも重要な質（使用価値・有用性）が職場やショッピング施設などが集中している都市の中心部からの位置という属性にあるとしよう。この場合、例えば都心部から半径10キロメートル以内にあるという属性を持つ土地は、物理的に限定されている。ゆえに、その土地・空間が誰かに利用されてしまっている場合には、その場所における他者の利用は排除される。……（中略）……
　　第2の独占は、土地の所有独占である。ある地域の土地・空間について、なお未利用地があるとしてもその土地が供給されるとは限らない。その土地が市場に登場するかどうかはまったく土地所有者の意志に依存する問題である。通常の商品の場合でもこの種の供給制限は起こりうるが、一般商品は基本的に売るために生産されたものであり、売ることが再生産の絶対的な条件である。ゆえに、自由競争が存在する限り供給を制限することは困難である。
　　ところが土地の場合には、いわゆる寡占状態でない場合でも、土地供給の可能性はもっぱら地主の懐具合と意志にかかっている。もちろん、土地も貸すか売るかしないかぎりは経済的に実現されることはないけれども、継続的な取引を必然化するような経済的論理、インセンティブが土地所有にはビルトインされていない。土地・空間というものが売るために作られたものでないために、売ることがその絶対的な再生産の条件とはならず、ゆえに供給者である土地所有者間の競争は一般商品部門での競争に比べてこの分だけ常に制限されたものとなる。」［山田、1996]

Ⅱ　ルフェーブルの議論とその特徴

　ルフェーブル自身は、哲学、社会学、歴史学等の広範な学識を基盤に、とく
に 1960 年代以降都市（空間）論の研究に力を注ぎ、『空間の生産』をはじめと
して多くの著作を残してきた。彼は、「マルクス主義」者を自認し、自身の議
論の多くをマルクスが確立した理論的方法に負っている。少なくとも、彼の研
究の方法的基盤がそこにあることは疑い得ない。こうした彼のスタンスをもっ
とも集約的に示した著作が、第 2 次大戦後まもなく 1948 年に世に出された
『マルクス主義』である。そこで包括的に論じられた彼の理論的スタンスは、
その 10 年後の 1958 年に公刊された『マルクス主義の現代的諸問題』において
も本質的な部分において継承されている（ただし、この著作がスターリニズムの
席巻とそれとの対決という性格を色濃く反映しているために、反教条主義のスタン
スが格段に強まってはいるが）。この時期を戦後第 1 期と表現することにしよう。
　一方で、1960 年代後半以降に公刊された『都市への権利』（1968 年）から
『空間の生産』（1974 年）に至る都市論とこれをさらに普遍化した空間論に関す
る諸研究は、その主たる認識対象が都市・空間に大きくシフトしている点にお
いて、また理論的なスタンスにおいても相当に大きな変化が見られる。したが
って、前の第 1 期と区別して、これを戦後第 2 期と表現することができるであ
ろう。本稿では、まず第 1 期のルフェーブルの認識を概観した上で、これとの
対比において第 2 期の特徴を検討していくことにしよう。

1　唯物論者としてのルフェーブル

　ルフェーブルにとって「マルクス主義」とは、もちろんマルクスというある
一人の個人の産物ではない。その意味で「マルクス主義」という表現に対する
一定の批判を含んだ「マルクス主義」者である。少し長くなるが、この点につ
いてルフェーブルの述べるところを引用しておこう。
　「『マルクス主義』をひろく、世界観として、しかも近代という時代をそのす
べての問題とともに表現したものとして定義することを認めるならば、『マル
クス主義』はカール・マルクスの著作に限られるものではなく、それを『マル

クスの思想』または『マルクスの哲学』として思いうかべてはならないということは明らかである。

じっさいに、そしてマルクス自身のいうところにしたがっても、近代的な経験と思想との与件の合理的〈科学的〉な仕上げは彼よりもずっと前にはじまっている。

①自然にたいする人間の能動的かつ基本的な関係としての労働——社会分業、労働生産物の交換等々——にかんする探求は18世紀の終わりから、当時産業のうえでもっとも高度に発展していた国（イギリス）において、ペティ、スミス、リカードという一連の偉大な経済学者たちによって開始されていた。

②客観的現実としての、人間の根源としての自然にかんする探求はドルバック、ディドロ、エルヴェシウス、もっとおくれてフォイエルバッハなど偉大な唯物論哲学者たち、ならびに18世紀と19世紀とのあいだにいくつかの自然法則をとり出した数学者、物理学者、生物学者などの科学者たちによって開始され、続行されていた。

③大きな社会集団、階級および階級闘争にかんする研究は、ティエリー、ミニエ、ギゾーのような19世紀のフランスの歴史家たちによって、革命的事件あるいはその事件によって影響された事件の研究のあいだにはじめられていた。

④調和的な世界観との決裂は18世紀の中頃からはじまっていた。この決裂は潜在的にはヴォルテールの著作（『カンディード』）、ルソーの著作（自然に対立する社会）、カントの著作のなかに見いだされた。マルサスのような人の影響力も、彼のすべての誤謬にもかかわらず、過小に評価されることはできない（競争および生存競争の理論）し、もっとあとになって、ダーウィンが安易なオプチミズムに致命的な打撃をあたえた。

しかし、この点にかんして本質的な著作はヘーゲルのそれであり、いまもやはりそうである。彼だけが人間における、歴史における、自然にさえおける諸矛盾の重要性、役割、多様性を明るみに出し、それにじゅうぶん光をあてたのである。1813年（『精神現象学』出版）という年は新しい世界観の形成における主要な日付けとみなされるべきである。

⑤19世紀のフランスの偉大な社会主義者たちは新しい諸問題、すなわち近代経済の科学的組織の問題（サン・シモン）、労働者階級の問題とプロレタリア

第1部　都市法の基礎理論　101

ートの政治的未来の問題（プルードン）、人間、その未来および人間的実現の諸
条件の問題（フーリエ）を立てた。

　⑥最後に、普通に通用している『マルクス主義』ということばは一種の不公
正を含んでいることを忘れないようにするのがよい。はじめから、『マルクス
主義』は真の共同労作の成果であったし、その共同労作のなかでマルクス固有
の天才が花を開いたのである。マルクス主義にたいするフリードリヒ・エンゲ
ルスの寄与は黙って見すごすことも、副次的な面にのけておくこともできない。
とくに、経済的事実の重要性やプロレタリアートの状況等にたいするマルクス
の注意を呼び起こしたのはエンゲルスであった。」［ルフェーブル、1948］

　実は、「マルクス主義は、世界観としてその幅と深さの全体においてとった
ばあい、弁証法的唯物論とよばれる。……右に述べてきたような学説には、こ
の『弁証法的唯物論』という名称のほうが、マルクス主義という習慣的な言い
方よりもいっそう正確に適合する」のであるが、当時の社会状況を踏まえて彼
はあえて「マルクス主義」という表現を用いた。この点は、次の叙述からも確
認できる。

　「細菌学のことを指し示すのに『パストゥール主義』とはいわないように、
いつかは『マルクス主義』といわなくなるだろうということは明らかである。
しかし、われわれはまだそこまでは行っていない。」［ルフェーブル、同上書］

　弁証法的唯物論者としてのルフェーブルがとりわけ強調したのは、端的に示
すとするならば実践論、矛盾論、疎外論の三つの観点であった。それぞれにつ
いて、彼の言うところを例示しておこう。まず唯物論の実践的性格については
次のように指摘している。

　「その理論の独創性はまさに、その理論が現実から切り離されたり、ばらば
らな断片を切り離したりするのでなく、現実のなかに突き入り、現実を発見し、
表現するという事実のなかに存するのである。だからこそ、マルクスの新しい
理論は、それの準備にはなったがみずからは断片的なものにとどまっていたす
べての学説を包含し、しかもそれを変革するのである。」［ルフェーブル、同上
書］

　「人間は、模索的で創造的な実践（社会的実生活）の中で、生産しながら物を
認識する。彼はそれに働きかけ、それを変貌させる。そして彼の認識は、実際

的な行為と行為の結果——生産物——とを《反省》(reflechir) する。人間は、自分の人間的世界を創造すること、すなわち自分を創造することによって、世界を認識する。そしてこのことは、やがて止揚され変貌させられる諸々の所与——すなわち身体、欲求、器官、手、初歩的道具（特に他の道具の生産道具）、労働など——から出発してなされる。」［ルフェーブル、1958］

「概念は、実生活の外に置かれ、それだけ切離され、各概念の領域や限界の確定が行われない時には、物神化される。」［ルフェーブル、同上書］

また、矛盾論についての言及は数多く見られるが、例えば次のごとくである。

「人間的思惟における矛盾ということ（それはあらゆるところでたえず現われる）は本質的な問題を提起する。それらの矛盾の根源は、すくなくとも部分的には、一つの事物のすべての側面をいちどにはとらえることができず、事物を理解するためには総体を破壊し（分析し）なければならないという人間的思惟の不備のなかにある。しかし、いかなる思惟にも存するこの一面性だけでは矛盾を説明するのにじゅうぶんではない。これらの矛盾が事物そのもののうちに基礎を、すなわち出発点をもっているということを認めなければならない。いいかえれば、人間の主観的な思惟および意識における矛盾は客観的かつ現実的な基礎をもっているのである。」［ルフェーブル、1948］

最後に疎外論については次のように述べている。

「ヘーゲルが疎外という哲学的概念をふたたび採りあげたが、マルクスがその概念にそれの弁証法的、合理的かつ実証的な意味をあたえたのであった。そして、それこそマルクス主義の本質的な、有名ではあるけれどもほとんど理解されていない哲学的側面である。」［ルフェーブル、同上書］

「弁証法的思惟だけが、既にブルジョア社会を自分自身の中で否定し止揚する方向に向っている生成を、その総体において——その否定的な面を含めて——捉えることができる。この《否定性》は、ブルジョア社会の歴史的内容の中に、この内容の注目すべき性格の中に、与えられている。その否定的側面は、本質的に弁証法的な疎外という哲学的概念と切離せない。マルクスは、ブルジョア社会を表現する概念である社会的労働が、ブルジョア社会においては疎外された社会的労働に止まっている（なぜなら、社会的に労働し生産する人たちが、生産の社会的手段の所有を《奪われ (prive)》ており、それがまさに《私的

第1部 都市法の基礎理論 103

（prive)》所有権によってであるのだから）ということを発見した。彼は、欲求が、所有権を奪われ、満たされず、破壊された欲求、要するに疎外された欲求であることを発見した。彼は、個人が実現されず、疎外されていることを発見した。そして、このようにして、否定的側面を白日のもとにさらけ出すことによって、彼は諸概念の客観性を深めたのだ。」［ルフェーブル、1958］

　そして、これら三つの観点は切り離されたものではなく、相互に結びついていることが次のように強調される。

　「近代人にとって人間的なものが非人間的なものと識別される……。衝突が緊迫した時期にはいると衝突が意識されるようになり、意識がその解決を予感し、呼びおこし、要求するのである。／……歴史は、近代的意識が基本的な権利請求をおこなうまで、両者が識別しがたく混じりあっていたことをわれわれに示している。弁証法はこの確認を説明し、それを合理的真理の地位に高めようとするのである。人間は矛盾をつうじてしか発展することができなかった、だから、人間的なものは非人間的なものをつうじてしか形成されることができなかった。そして、人間的なものはまず非人間的なものと混じりあっていたからこそ、やがて衝突をつうじてそれから識別され、衝突を解決することによってそれを支配することになるのである。」［ルフェーブル、1948］

　「人間の疎外は、このようにして、そのおそるべき広がりにおいて、その真実の深さにおいて明らかになる。それはただ理論的、形而上学的、宗教的および道徳的、一言でいえばイデオロギー的にすぎないどころか、実践的でもあり、しかもとりわけ実践的、すなわち経済的、社会的、政治的なのである。」［ルフェーブル、1948］

　こうして、疎外論・矛盾論・実践論の３点とそれらの相互関係の認識を核とするルフェーブルの戦後第１期の理論的スタンスは、なによりも『資本論』をはじめとするマルクスの一連の著作とそこで展開された議論を基盤に、一方ではヘーゲルなどマルクス以前の理論的成果を、他方ではレーニンなどマルクス以後の理論的展開を、弁証法的唯物論という、主として哲学的・認識論的観点においてその総括と発展を意図したものであると見ることができる。

2 ルフェーブルの都市・空間論

既述のように、1960年代後半以降のルフェーブルはその関心を都市（問題）に移し、その後の一連の研究業績は1974年の『空間の生産』に結実される。ルフェーブルの空間論の集大成と言うべき同書の内容を中心に、その空間論の特徴を見ておこう。

まず、通常指摘されることは、ルフェーブルの議論が空間への視野の拡張という点で先駆性を持っていることである。もっとも、都市という空間領域への着目それ自体は彼の専売特許ではない。簡単に言えば、その先駆性は一面では弁証法的唯物論の意識的な発展的適用というスタンスで都市・空間を論じようとしたことにある。すなわち、上記の三つの観点——疎外論・矛盾論・実践論——自体はその空間論においても継承されており、この点に第1期における彼の弁証法的唯物論からの継承を確認することができる。そして後述するように、その特徴は他面ではそのことが実存主義的なニュアンスを強めつつ展開されたことである。すなわち、空間論に弁証法的唯物論を適用しようとする過程で、こうした意味合いを含めつつその内容は相当に変化している。ここでは矛盾論を例示しておこう。

ルフェーブルは、社会的空間を「空間の実践」、「空間の表象」、「表象の空間」の三つのカテゴリーの相互関係として空間における「矛盾」を把握しようとした。この概念は『空間の生産』の中で繰り返して提示されるが、たとえば以下のように述べられている。

「1　空間的実践。社会の空間的実践は、社会の空間を分泌する。それは弁証法的相互作用において、社会の空間を提起し、その空間を前提とする。空間的実践は、空間を支配し領有するにつれて、ゆっくりと、確実に、空間を生産する。分析的視点からすると、社会の空間的実践が発見されるのは、その空間の解読を通してである。……

2　空間の表象。つまり思考される空間。科学者の空間、社会・経済計画の立案者の空間、都市計画家の空間、区画割りを好む技術官僚の空間、社会工学者の空間、ある種の科学的性癖をもった芸術家の空間、これらの空間はすべて、生きられる経験や知覚されるものを思考されるものと同一視する。……

3　表象の空間。これは、映像や象徴の連合を通して直接に生きられる空間

であり、それゆえ『住民』の、『ユーザー』の空間である。だがそれはまた芸術家の空間でもあり、おそらくは作家や哲学者といったもの書きのひとびとの、そしてひたすらものを書こうと熱望しているひとびとの空間でもある。これは支配された、それゆえ受動的に経験された空間であり、想像力はこの空間を変革し領有しようとする。」[ルフェーブル、1974]

　ルフェーブルによれば、「この三重性が重要である。それは三項であって、二項ではない。二項の諸関係は、つまるところ対立、対照、敵対に要約される。この諸関係を定義するのは、共鳴・反響・鏡の効果といった意味作用をもつ効果である」として、「主体と客体の二項関係」を乗り越えられなかった従来の「哲学」を批判する。そこでは、「〈知覚されるもの〉、〈思考されるもの〉、〈生きられる経験〉、という三重性の内部に存する弁証法的関係」を理解することの重要性が力説される。

　問題の根源をこの三項関係においてみるルフェーブルの矛盾論的認識（対立的側面を基底におく一般的な矛盾認識とは異なるという意味で、あえて矛盾論「的」認識と呼ぶことにする）は、実は前述した『マルクス主義』の中で述べられた矛盾論と密接に関係している。そこでは次のように述べていた。

　「人間的思惟における矛盾ということ（それはあらゆるところでたえず現われる）は本質的な問題を提起する。それらの矛盾の根源は、すくなくとも部分的には、一つの事物のすべての側面をいちどにはとらえることができず、事物を理解するためには総体を破壊し（分析し）なければならないという人間的思惟の不備のなかにある。」[ルフェーブル、1948]

　この文言で明らかなように、ルフェーブルの関心はなによりも「人間的思惟における矛盾」に向けられている。このようなスタンスを空間に展開しようとしたのが、上記の三項の矛盾論的認識に他ならない。しかし、問題は、この引用に続いて述べられた次の文言で指摘している思惟の矛盾の「客観的かつ現実的な基礎」を彼が自らの空間論においてどのように展開したかである。

　「しかし、いかなる思惟にも存するこの一面性だけでは矛盾を説明するのにじゅうぶんではない。これらの矛盾が事物そのもののうちに基礎を、すなわち出発点をもっているということを認めなければならない。いいかえれば、人間の主観的な思惟および意識における矛盾は客観的かつ現実的な基礎をもってい

るのである。」［ルフェーブル、同上書］

　私見によれば、空間における「客観的かつ現実的な基礎」としての矛盾は、すでにマルクスの『資本論』においてその基本的なフレームが析出されている。その意味では、ルフェーブルの言を借りるならば、「本書で論じてきた構想を、マルクスの言葉とマルクスの思想によって、また同じく科学としての政治経済学、およびイデオロギーとしての政治経済学批判によって、明らかにするときがきた」のである。「今日われわれがやらなければならないのは、相対性理論がニュートン物理学を考察したのと同じようにして、マルクス主義を考察すること」だとした場合、ここでおそらくは「ニュートン物理学」として比喩されているマルクスの「政治経済学」は、空間をめぐる実体的な矛盾関係をどのように、どこまで解明し得たのであろうか。

　マルクスが空間における「客観的かつ現実的な基礎」をどのように把握したかという点は後述することとして、まず資本主義の空間に関わるルフェーブルの「政治経済学」的な認識を見ておこう。それは、いくつか引用すると次のようなものである。

　「資本主義が拡張するとともに、固定資本（不変資本）の概念を考え直す必要に迫られる。というのも、固定資本はもはや工場における設備、建物、原料だけにとどまらないからである。マルクスによれば、固定資本は社会的富の尺度である。固定資本の概念は、いまや明らかに空間における投資（自動車道路、飛行場）にまで、またあらゆる種類の基盤整備にまで、押し広げられる。飛行空間を指示するレーダー網を固定資本にふくめない理由がはたしてあるだろうか。それはかつての道路や運河や鉄道がごくおぼろげな形で予知したような新しい種類の道具である。／

　……空間の生産は、資本主義を既存の空間へと拡張することと不可分の関係にある。資本主義の存続を可能にしたものは、このような状況の総体であり、空間的実践である。」［ルフェーブル、同上書］

　「近代化された資本制生産様式には、空間の全体がふくまれる。そこでは、空間の全体が剰余価値の生産のために利用される。土地しかり、地下資源しかり、大気、地上の光しかりである。これらのすべてが生産諸力と生産物の中にふくまれる。通信と交易の多面的なネットワークを備えた都市の構造は、生産

手段に属する。都市と多様な施設（郵便局、鉄道の駅、倉庫や保管庫、輸送制度、諸種のサービス機関）は固定資本である。分業の編成は、たんに『労働の空間』や企業の空間だけでなく、空間の全体にまで貫かれる。空間全体が生産的に消費される。それは、工場の建物、工業地帯、機械、原料、労働力そのものが生産的に消費されるのと同じである。」［ルフェーブル、同上書］

　「このような状況において進展する『経済』過程は、もはや伝統的な政治経済学が解決しえないものであり、経済学者の予測を完全に裏切るものである。『不動産』産業は、『建築』産業とともに、もはや産業循環の副次的な要因ではなくなる。これらの産業部門は、かつて長い間、産業資本主義と金融資本主義の背後にあって補完的な役割を果たしてきたが、この産業部門が前面に躍り出る。不動産産業部門の発展は、国によって、時期によって、状況に応じて、不均等であるが、総じてこの部門が指導的な役割を果たすようになる。成長と発展の不均等性の法則は、時代遅れになるどころか、むしろ世界化され、世界的な規模で世界市場に適用される。」［ルフェーブル、同上書］

　ここで、ルフェーブルの年頭にあるのは、詰まるところ「不動産」産業が前面に躍り出ること等により、いわゆるインフラ建設としての固定資本投資を梃子として空間全体が剰余価値生産のための手段に転化したということである。しかし、この認識にはいくつかの難点がある。

　第一に、空間は産業資本主義においても、もっとも普遍的で一般的な生産（的消費）手段であった。そうではなくていまや空間の「全体」が一括して問題なのだという場合の根拠は何か。インフラとしての固定資本投資は空間の全体的な結びつきを格段に強化したことは確かであるが、そのことは必ずしも「全体」が実体として生産手段化したことを意味しない。このレベルで「全体」性が存在するとすれば、空間の「全体」が資本・国家政策にとっての編成の対象となったことであるが、一方では、開発投資の対象となる現実の空間は、それが相当に広範囲に及ぶとしても特殊的に具体的なものの集合である。これは、一国の国土計画の存在が必ずしも国土全体が生産（的消費）手段化したことを意味しないのと同じことであり、いわば官僚の思惟の中での出来事と、客観的実体としての固定資本投資とは厳密に区別されなければならない。

　第二に、このような意味での固定資本投資の特別な役割については、ルフェ

ーブルもしばしば引用するマルクスの『経済学批判要綱』においてすでに原理的な検討が行われており、その考察内容は論理の展開に必要な限りで『資本論』にも反映されている（この点についての詳細は［山田、1996]）。

第三に、したがって、ルフェーブルの主張が「政治経済学」の「ニュートン力学」段階を抜け出すためには、何よりも思惟ではなく社会経済の客観的実体の次元において空間全体をめぐる矛盾関係の新たな構造が提示される必要がある。上述の分析を含む彼の空間論においてそのような内容を読み取ることができるであろうか。

第四に、『資本論』においては、後述するようにすでにこうした意味での矛盾論が伏在しているにもかかわらず、ルフェーブルの議論にはこの種の認識は欠落している。「空間の生産に関するカテゴリーと概念を明らかにしたいのであれば、マルクスの諸概念にたちもどらなければならない」（同上）というルフェーブルのスタンスからすれば、何よりも直接的にはそこに立ち戻らねばならないが、彼はそこ（空間に関する政治経済学のカテゴリー）を素通りして、商品論に、言い換えれば交換価値による使用価値の支配という資本主義生産一般の観点から空間論の対立構造を論じている。したがってまた、空間をめぐる矛盾の解消は、交換価値による使用価値の支配という状況の下で、交換価値の原理との戦いの実践を経て、使用価値を原理とするシステムへの移行として展望される。こうした認識は随所で示されているが、以下にいくつかの例を示しておこう。

「都市や都市現実は使用価値に属する。交換価値、工業化による商品の一般化は、使用価値の避難所にして使用の潜在的支配や価値回復の萌芽たる都市や都市現実をおのれに従属せしめることによって、それらを破壊する傾向をもつ。」
［ルフェーブル、1968]

「専門的・特殊的な細分化された諸科学の結果の上に基礎を置いた諸々の綜合的な命題の排棄は、綜合の問題をもっとうまく——政治的な用語で——提起することを可能にするであろう。この歩みの途上において、すでに取り出された諸特徴、すでに定式化された諸問題をふたたび見出すであろう。そして、それらは、より大きな明瞭性のなかにおいて、ふたたび姿を現わすであろう。とくに、使用価値（都市および都市生活、都市的時間）と交換価値（売買される空

間、諸々の生産物や財貨や場所や記号の消費）とのあいだの対立が、十分に明らかになるであろう。」

「抽象空間の『属性』を列挙しようとするならば、まず抽象空間を交換価値が使用価値を吸収しつつある場として考察しなければならない。」［ルフェーブル、1974］

「では使用価値は消滅してしまうのであろうか。空間に分散させられた諸断片がこのように均質化され、商品として交換されることによって、交換と交換価値の絶対的な優位性がうちたてられるのであろうか。交換価値を定義するのは、威信と『地位』の記号なのであろうか。つまり交換価値を定義するのは、中心からの位置関係によって規則づけられたシステムに固有な差異なのであろうか。それゆえ記号の交換は使用価値を吸収してしまい、生産や生産費から生じてくる実践的な関心を飲みこんでしまうのであろうか。」［ルフェーブル、同上書］

「使用価値と交換価値との対立は、はじめはたんなる対照であり非弁証法的な反対関係にすぎないが、やがてそれは弁証法の性格をもつようになる。交換価値が使用価値を吸収することを示そうとする試みは、不完全な形ではあるが、静的な対立に代えて動態的な運動をとりいれようとする試みである。使用価値は、空間において交換価値とときどき鋭く対立しつつ再現する。」［ルフェーブル、同上書］

　以上みてきたように、ルフェーブルの議論を評価するためには、戦後第１期の著作で述べられていた矛盾の「客観的かつ現実的な基礎」とその意識への反映・反省という認識と、第２期の『都市への権利』以降に展開される議論、とくにその集大成としての『空間の生産』における認識論——社会的空間における対立（補完）関係を、二項対立的矛盾よりは「表象」という思惟行為を本質的な契機として捉える三項の矛盾論的認識——との関係をどうみるかという点が問われる。もちろん、一連の都市空間論においても、使用価値と交換価値の対立を客観的矛盾のコアとして把握するスタンスは一貫しており、その意味で思惟を含めた矛盾論的認識の背後に「客観的な基礎」としての矛盾の存在という観点は引き続き頻繁に指摘されており、この点に弁証法的唯物論者としてのルフェーブルの真骨頂がある。ルフェーブル評価に際して、こうした観点が無

視されたり、あるいは言葉だけ継承されたりする傾向が散見されるだけに、この点は重ねて強調しておかなければならない。

Ⅲ　マルクス空間論からの断絶とその背景

1　マルクスの空間論

　周知のように、マルクスの著作の中では、空間移動が資本蓄積に及ぼす作用という問題を別とすれば、土地という労働手段をめぐる経済的利害対立、言い換えれば土地所有の経済的実現の法則は、なによりも『資本論』第3巻第6編「超過利潤の地代への転化」においてもっとも体系的、理論的に論じられている。

　ここでまず注意を要することは、そこで対象とされているのは土地および土地所有であって、空間および空間所有という表現は使われていないことである。それにもかかわらず、この場合、土地と空間は同義である。なぜならば、まず第一に、空間は、特殊例外的な場合を除いて土地と離れて存在することはできない。言い換えれば、土地をめぐる現実の経済的諸関係を認識するに当たって、空間に浮かんでいることを想定する必要はない。第二に、空間は、具体的・物理的には地上での建設行為によって、すなわち土地（改良）資本投資によって生産される。商業空間を扱う場合にはこの形態がとくに大きな意味を持ってくるが、その時代的状況を反映して『資本論』で例示されたのは主として農地・農業地代であった。この場合には、主要な土地資本投資は、土壌改良や灌漑排水設備であって、空間的な形状は決定的な意味を持たない。住宅空間は比較的高大な面積を占めたが、それ自体は消費的利用であり、剰余価値形成との関わりが直接的に問われるわけではないので、資本一般を取り扱う段階では考察の対象とはならない。

　ここでの基本矛盾は、社会的な土地利用の実現が私的土地所有の裁量にゆだねられる点にある。言い換えれば、使用価値としては不可欠な生産手段（この使用価値は位置と豊度を根拠とする質的格差を伴う）であるとともに価値的にみて無償の土地が、私的土地所有という障壁の存在によって任意の使用が妨げられるという問題である。この矛盾は、地代を支払う（価値のないものが価格を持

つ）という方法、または土地所有を廃止する（国有化）という方法によって解決され得る。『資本論』は、この矛盾が、経済的には利用独占に関わる差額地代と所有独占に関わる絶対地代の実現という二様の経路によって解決されることが示された。

2　ルフェーブルの議論を生み出した歴史的・社会的背景

　既述のように、ルフェーブルは都市空間の矛盾を定立するに際して、一方では使用価値と交換価値との矛盾という普遍的な矛盾関係を強調しつつ、他方では「表象」という思惟行為を本質的な契機として捉える三項の対立関係として把握しようとした。

　こうした立論の背景には、20世紀に入って以降、工業化に牽引された都市問題が格段に本格化した事態がある。すなわち、1929年の世界大恐慌の勃発を契機として国家による経済的介入が開始され、第2次世界大戦後にはいわゆるケインズ政策が発展した。その経済面での核心は、有効需要を創出し資本蓄積を促進するための公共投資であった。そして、公共投資は何よりも都市に対するインフラ（社会資本）投資として実現されていった。都市化に伴う住宅開発の本格化も加わって、都市計画を通じて都市空間を何よりも効率的で価値創造的な経済空間として形成・再編・創造することが焦眉の課題となる時代を迎えたのである。資本主義の支配の下で、個々の建造物ではなく、初めて都市空間という一つの全体の創造・変革を社会的実践の対象とする時代、したがってまた底流としての階級闘争が、問題のこの領域では都市空間形成をめぐる対抗関係として現れる時代を迎えたのである。

　それはまず第一に、都市が経済活動であると同時に生活の場でもあることから、経済の論理と生活の論理との対抗として現れる[2]。これをルフェーブルは、もっとも普遍的なレベルにおいて「使用価値と交換価値とのあいだの対立」として捉えたのである。

　しかし、この矛盾の帰趨は確かに都市空間のあり方に作用を及ぼすが、都市

（2）　原田もまた、「現実社会から生ずるさまざまな実体的な諸要請の間の対抗関係、とりわけ経済面からくる諸要請と居住・生活面からくる諸要請——ないしは経済の論理と生活の論理——とのせめぎ合い」を指摘している［原田、1997］。この点は、神野も同様である［神野、2002］。

空間に固有のものではなく、当該社会全体に貫徹する対立・矛盾である。そのことを空間に適用したからといって、直ちに空間固有の客観的矛盾を定式化したことにはならない。ここで、矛盾論を自らの方法論の基礎におく唯物論者としてのルフェーブルが、その理論的スタンスを貫こうとするならば、何らかの形で空間に関する固有の対抗関係を析出しなければならないだろう。その当否は別として、「3項対立」という定式化に歩みを進めていくことのうちに、彼がこうした問題意識を持っていたことが示されているように考えられる。

3　マルクス空間論からの乖離

　問題は、私的所有の集積の上に立つ都市空間全体の改造・創造が課題となる歴史状況の下において、その社会的状況固有の「客観的かつ現実的な基礎」をどう認識するかにある。

　第一に明らかなことは、この矛盾をマルクスが『資本論』において示した認識から直接的に導き出すことはできないということである。というのは、マルクスが眼前に見た19世紀の資本主義社会——とくにこの場合はイギリス資本主義であるが——、農地空間においてその全体が問題となる状況ではなく、都市開発においても、貴族階級を中心とする土地所有者が自己の所有地の開発に際して一定の関与を行うことはあっても、基本的には「投機的建築業者」による無政府的な開発が主であった。[山田、1996]『資本論』が「資本一般」を論じた書である限りは、こうした土地所有の具体的展開を考察の対象とする必要性はないと言えるが、この時代にはそもそも上に見てきたような状況が一般的に存在していない。したがって、マルクスがこの種の「客観的かつ現実的な基礎」を分析すること自体が不可能であった。

　第二に、しかしこのことは、前項において指摘したように、マルクスが空間論を定式化しなかったことを意味するわけではない。問題は地代論として展開された空間（所有）論を、20世紀の時代状況を踏まえて、どのように発展させるか、あるいは発展させることができるのかという点にある。

　前節で見てきたように、ルフェーブルはこの課題をクリアすることができなかった。それは、簡単に言えば、彼がマルクスの土地所有論が同時に空間論であること、またその時点における矛盾の「客観的かつ現実的な基礎」をすでに

第1部 都市法の基礎理論 113

内包した理論を構築していたと認識していなかったためである[3]。

ここでルフェーブルは、前述の3項対立論の定立をもってこれに代えるわけであるが、この点について以下の二つの論点が問われるだろう。

第一に、矛盾ではなく対立にまで視野を広げるならば、現実には多項的な対立を生む「客観的かつ現実的な基礎」は多様に存在する。『資本論』の記述で言えば、資本・土地所有・労働という「三位一体」で現れる3項対立はもとより、商品交換に際して現れる売り手と買い手、売り手相互、買い手相互のいわゆる「3面競争」下の3項対立関係の存在がすぐに浮かび上がる。

第二に、ルフェーブルが、都市問題をもっぱら思惟・表象といった主観あるいは意識を孕む対抗関係において定式化したことである。当然のことながら、あらゆる社会的対抗関係は、意識・表象に媒介されて顕在化する。空間利用の問題について言えば、土地が任意に生産できない使用価値である以上、利用競合という社会的現実が発生する。ここには相異なる利用が共存できないという客観的な矛盾関係が存在する。このような基礎の上に、異なる主体と主体との対立と闘争が生じることになる。ここで観念論者と唯物論者を分かつ基本的な視点は、かつてルフェーブルが指摘したように「客観的かつ現実的な基礎」における対立関係の存在を認めるかどうかであり、これを反映した観念的な対立関係の顕在化である。念のために言えば、この理解は、「客観的かつ現実的な基礎」がすべてを決定するというある種の機械的唯物論とも決定的に袂を分かつ立場である。

おわりに

個々の人間の経済的諸活動の集合でありながら、それらの全体は「神の見えざる手」によって翻弄され、市場がそれ自体として神秘的な力を有する主体のように現れるのが資本主義社会である。同様に、資本主義のある発展段階において、個々の私的土地・空間所有の集合でありながら、一つの有機的な全体と

---

(3) 一般に、マルクスの地代論を現代の都市問題に適用しようとする試みの多くは、成功していない。この点について詳しくは、この問題を含む一連の拙著［山田、1991・1992・1996・2010］を参照されたい。

しても都市空間が社会的実践の対象になり、何か神秘的な力を有する主体のように表象される現実が顕在化し、発展するようになった。都市で生きる人々にとって、ここでは都市空間という物理的空間の全体が実践の対象として現れることによって、何かしら人々の生活と意識を規定する強力なパワーを有する外在的な主体として現象するのである。空間とくに都市空間一般に対する一種の物神崇拝と言うべき状況の出現である。

　しかし、それは根拠のないことではない。確かに現代資本主義社会では、都市空間の全体に対して、複雑な社会的な諸関係とその軋轢が生み出すエネルギーが対象化されているからである。その本質を解明し、矛盾論として都市空間問題を把握するためには、多様な表象の背後にあり、空間・都市空間という場だからこそ醸成されてくる固有の「客観的かつ現実的な」諸関係こそ探り当てなければならない。

参照文献

H. Lefebvre　（1948）*Le Markisme*（竹内良知訳『マルクス主義』白水社、1968 年）
　（1958）*Probimes Acuels du Marxisme*（森本和夫訳『マルクス主義の現実的諸問題』現代思潮新社、1975 年）
　（1968）*Le Droit à la Ville*（森本和夫訳『都市への権利』筑摩書房、2011 年）
　（1974）*La Production de l'espace*（斎藤日出治訳『空間の生産』青木書店、2000 年）
E.W.Soja　（1989）Postmodern Geographies: The Reassertion of Space in Critical Social Theory　加藤政洋・西部均・水内俊雄・長尾謙吉・大城直樹訳『ポストモダン地理学——批判的社会理論における空間の位相』（青土社、2003 年）
　（1996）Thirdspace: Journeys to Los Angeles and Other Real-and-Imaged Places（加藤政洋ほか訳『第三空間——ポストモダンの空間論的転回』青土社、2005 年）
神野直彦（2002）『地域再生の経済学——豊かさを問い直す』（中央公論社）
原田純孝（1993）「比較都市法研究の視点」：原田純孝・広渡清吾・吉田克己・戒能通厚・渡辺俊一編『現代の都市法』（東京大学出版会）、所収
　（1997）「都市の発展と法の発展」講座『現代の法 9』（岩波書店）、所収
山田良治（1991）『戦後日本の地価形成——理論と分析』（ミネルヴァ書房）
　（1992）『開発利益の経済学——土地資本論と社会資本論の統合』（日本経済評論

社）

（1996）『土地・持家コンプレックス――日本とイギリスの住宅問題』（日本経済評論社）

（2010）『私的空間と公共性――「資本論」から現代をみる』（日本経済評論社）

追記：本稿は、2013 年度に文科省から和歌山大学観光学部に交付された特別経費に関する「中間報告書」に収録された拙稿「観光学と空間論」をベースに、大幅に加筆・修正したものである。

（やまだ・よしはる　和歌山大学名誉教授・特任教授）

第 2 部　都市法の現代的変容

住民参加の権利性と権利主体について

再開発事業の同意権の法的性質と共通利益

見上崇洋

    I   問題の所在
    II   事　例
    III 論　点
    IV 参加制度の沿革と都市再開発法
    V   本法 14 条における同意の参加論的意義
    VI 3 分の 2 条項の法意——同意権の性質
    VII 一定範囲の者に共通する集団的利益
    VIII 集団的利益の法理論
    IX 本件の同意権とは——同意者の法的地位
    X   同意権の限界・参加主体の継続性・参加の地位の確定時期など
    XI おわりに——都市法の構造から

I　問題の所在

　行政活動に対する参加の必要性は常識化し、とくに都市法[(1)]分野において住民参加の必要性が強調されてきた。しかし、参加権というとき、権利性がどのように認められるかそれほど明確にはなっていないように思われる。

　都市再開発法は、再開発事業に当たって、事業地内の土地の所有者および借地権者に事業についての同意権を定めている。この同意権の行使はどのような

---

(1)　都市法論は、1980 年代の五十嵐敬喜『都市法』（ぎょうせい、1987 年）を皮切りにして、原田純孝が中心となって、原田等編『現代の都市法』（東京大学出版会、1993 年）、原田純孝編『日本の都市法 I』（東京大学出版会、2001 年）、同編『日本の都市法 II』（東京大学出版会、2001 年）などで現代都市法論として総合化された。その経過も含めて、見上崇洋「『現代都市法論』の特徴と行政法学への影響」社会科学研究（東京大学）61 巻 3・4 号（2010 年）27 頁。その後、安本典夫『都市法概説〔第 2 版〕』（法律文化社、2013 年）（初版は 2006 年）、生田長人『都市法入門講義』（信山社、2010 年）、碓井光明『都市行政法精義 I・II』（信山社、2013・2014 年）などの体系書も出されている。

根拠に基づくのか、そしてこの同意権とはどのような法的性質のものなのか、さらにこの同意権は財産権の行使そのものとは異なる側面があるのではないか、その側面とは参加権として構成する必要があるのではないか、というのが本稿で課題とするところである。

　事業地内の権原保有者が法人設立という形で形式的に突如増大し、それらに参加権が認められるかが問題になったある裁判例を契機に考察するが、近時行政法学で論じられている、公益一般でもなく、効果が分解して個人にのみ帰属するような権利でもなく、しかし地域空間について個人が主張できる権利ないしは法的利益[2]に位置づけられる利益の具体例として、財産権そのものとは異なる性質の権利として位置づけるべき同意権が存在すること、そしてその保護について示したい。

II　事　例

　上記の課題を検討する素材として、東京地判平 26・12・19（以下、本件）を取り上げる。ある地域（A 地域という）について、① A 地域を東京都市計画都市再生計画特別地区に追加する都市計画の変更決定の無効確認請求（判例集未登載・平 24（行ウ）第 97 号）、② A 地域の市街地再開発組合の設立の認可の差止請求（判例集未登載・平 24（行ウ）第 163 号）がされた事件であり、原告らは事業地内に所有権・賃借権を有する会社・個人で、被告は東京都、東京都知事である。

　事実経過は、叙述に必要な限度で簡略化するが、以下の通りである。2005年頃から東京都内で、A 地域に所在し、土地を所有するなど権原を有する企業が、高層のホテルなどの建設を企図し、そのため再開発準備組合をつくり再開発事業の手続をとろうとした。当初、事業地内に権原を有する原告らと協議に入ったが同意を得られなかった。そこで、事業者側は、いろいろ計画変更し（原告らが権原を有する土地が事業地内にあることについては変化せず）、また原告

---

　(2)　見上はこれを共通利益として論じてきた（見上崇洋『地域空間をめぐる住民の利益と法』（有斐閣、2006 年））。本稿では様々な議論を対象とするため後述するように集団的利益と総称しておく。

らと接触したが、原告らは同意せず、2011年7月29日ころまでには直接の協議は行われなくなった。(同年10月ころには、原告からの説明要求がされたが、拒否されている)。

　都市再開発法(昭和44年6月3日、以下本法)14条1項は、「11条1項又は2項の規定による認可を申請しようとする者は、組合の設立について、施行地区となるべき区域内の宅地について所有権を有するすべての者及びその区域内の宅地について借地権を有するすべての者のそれぞれの3分の2以上の同意を得なければならない。この場合においては、同意した者が所有するその区域内の宅地の地積と同意した者のその区域内の借地の地積との合計が、その区域内の宅地の総地積と借地の総地積との合計の3分の2以上でなければならない。」と定めているところ、協議が行われなくなった頃には、同意について定める3分の2要件を充足していなかったようである。

　原告らとの間が没交渉になった状態が続くが、2012年11月7日以降に事業地内に所有権を有する会社が、子会社30社を設立し(正確には2社が15社ずつ)、その各々に30分の1ずつの権利を譲渡し権原を分筆・登記した。そして、面積および権利者数において3分の2の要件を充足したとして2012年12月14日事業申請を行った。2013年4月12日付で東京都知事による本件組合設立認可がなされている。

　申請の直後になって初めて原告らは、変更された事業計画を内容とする組合設立認可が、借地権者50名のうち40名の同意を得て(単純計算すると、30名が新設された法人なので、原始的当事者は20名でうち10名が同意していなかったことになる)法定要件を充足したとして申請されたことを知った。また原告らは、その時点で、事業地内に他の反対者が相当数(もともとの借地権者19名のうち10名)いたことも初めて知ったようである。その後、原告らは、本法14条違反を主たる理由に出訴したが、裁判所は「組合設立申請時に既登記の借地権を有するすべての者」が14条の借地権者である、などと判示して原告敗訴となった[3]。

III 論 点

新たに設立された30の子会社は、事業に関する協議に現実的かつ具体的な行動で関わったことはない（何をしているかの実体はわからない、という方が正確かもしれない）。このような事業の進行過程で新規に設立され、分筆登記による新たな権利者を、本法14条に定めるところの所有者および借地権者の3分の2以上の同意を要するとする法定要件の基礎数に算定することができるか、ということが大きな論点になる。

IV 参加制度の沿革と都市再開発法

1960年代後半から中盤にかけて、まちづくり立法における参加制度が法制化されてきた。その動きを決定的なものにしたのが宅地審議会第六次答申（1967年3月）である。同答申は、高度成長の盛期に生じた開発による様々な社会問題とくに事業と関係・周辺住民とのトラブルを念頭に以下のように述べる。「このような都市地域における土地利用の混乱を収拾して、その弊害を除去し、都市住民に健康で文化的な生活を保障し、機能的な経済活動の運営を確保するためには、各種の目的からする需要が限られた土地の上に競合する都市地域においては、土地の利用は、土地所有者の恣意にまかせず、公共の利益のため一定の制限のもとにおかれるのが合理的であるとの基本理念のもとに、合理的な土地利用計画を確立し、その実現を図ることが必要である。」「土地利用計画は、良好な都市環境と円滑な都市機能の確保を目的とし、都市住民全体の利益の増進を図るものであり、市民生活に密着するものであるので計画の決定に当たっては、公聴会、説明会の開催、意見書の提出とその公正な処理等、一般住民の意見を充分に反映させる手続を経ることにより、計画の合理性と実効

---

(3) ①は一部却下、一部棄却、②は却下。原告らは組合認可処分につき控訴した（東京高裁平27（行コ）第44号）。控訴審での原告側の主張は、法14条違反が中心であったようであるが、和解に至った。なお、本件で争点になった法人新設などにより権利者数を水増しすることは、これまで実務的には皆無ではなかったようである。

性を担保する仕組を確立することが必要である。」

　この答申を受けて、まちづくりの根幹に位置する[4]都市計画法（昭和43年6月15日）は、1968年に全面改正された。建設省OBの三橋壮吉は、この改正都市計画法について、上記宅地審議会第六次答申が大きな意味を持ったことを述べつつ[5]、住民参加のための公聴会や意見提出権などの規程について「市民参加の手続きを実定法上規定したものとして、民主的な行政運営にとっての試金石ともいえよう」[6]、「都市計画が市民の広範な賛意と協力がきわめて重要な意義を有している……」[7]、ただし、「『利害関係人』とは、……都市計画決定されることによって自己の権利義務に影響を及ぼすと認められる者であって、例えば不在地主等がこれにあたる」[8]、などと説明している。個人的な見解として書かれてはいるものの、書物の性格などを考慮すると、当時の建設省を含め、都市計画関係者においてほぼ共通に理解された内容であったとみてよい[9]。同一の空間に関わり、そのことが根拠となって参加論の意味が強調され、各種法制化され、実務上参加の手法が実践されているのは、個々の権利者のいわばバラバラの利益保護を超える要請があり、かつ、その必要が認識されているということに他ならない。

V　本法14条における同意の参加論的意義

　法的な意味づけとしては、この論点についての我が国最初の本格的研究書を著した小高剛教授[10]、近時の田村悦一教授の議論[11]を参考に住民参加の法的意義を、①関係者の権利保護、②（広い情報収集による）当該事業内容の実質

---

(4)　生田・前掲注(1)11頁。
(5)　三橋壮吉『特別法コンメンタール　都市計画法』（第一法規、1973年）6頁。
(6)　同上79頁。
(7)　同上92頁。
(8)　同上99頁。
(9)　近時の住民参加の実態としては、同じ空間で活動する者はひろく関係する者としてこの見解よりも利害関係人をひろく考える例が多い（各都道府県、市町村の各種まちづくり計画の策定における、非法定審議会、懇話会、ワークショップなどの採用の実績をみれば明らかである）。
(10)　小高剛『住民参加手続の法理』（有斐閣、1977年）186頁以下。
(11)　田村悦一『住民参加の法的課題』（有斐閣、2006年）5頁以下。

的合理性の確保、③決定に際しての民主主義的手続の保障、という三点にまとめておく[12]。

　再開発事業を行うに当たって法定化された本法第14条に定める同意要件を含む手続は、次にみるように上記三つの趣旨を法定化しているものとみてよい。

　1　本件では本法による事業が問題になった。本法は、1968年改正の都市計画法とほぼ同時に立案されたが、一年遅れて1969年に制定された。本法は、先行する市街地改造法（公共施設の整備に関連する市街地の改造に関する法律・昭和36年）を修正しようとしたものである。すなわち、古くからある土地区画整理事業の手法を基礎にして、宅地の立体化、土地利用の立体化を推進するために市街地改造法を制定したが、それをさらに改良する目的があった。この改良における宅地の立体化の手順は、①何らかの権利処理の計画を立てる、②関係権利者の意見を聞いてこの計画を確定する、③従前の建物を除却し、その跡地に新たな建築物を建築する、④建築工事が完了したならば最初の計画に従って新たな権利を分け与える、というふうに整理されている[13]。つまり事業計画を確定するために関係権利者の意見を聞くことは、本法制定当時の立案関係者においても当然の事理とされていた。

　また、建設省（当時）の都市再開発法制定の作業と並行して、財団法人都市計画協会に都市再開発法制研究員委員会（委員長、有泉亨）が設置され、1966年12月に建議書を提出している。これは現在の第一種市街地再開発事業（原則型）の原型が示されているとされているが、「今後の都市再開発事業の姿」として四点が示されたうちのひとつとして、「従前の住民は、原則として、同じ地域に生活を継続することができるものとなろう」、「土地利用は転換するが、あえて土地所有に激変を加えることは必要ではなかろう」ということが挙げられている[14]。ここでも本法14条の同意手続が、「関係者の意見を聞く」、「同

———————————————

(12)　協働や公開など新たな展開をも対象とした近時の議論の整理としては、角松生史「手続き過程の公開と参加」磯部力＝小早川光郎＝芝池義一編『行政法の新構想Ⅱ』（有斐閣、2008年）289頁以下参照。

(13)　国土交通省都市・地域整備局市街地整備課監修、都市再開発法制研究会編著『逐条解説　都市再開発法解説〔改訂7版〕』（大成出版、2010年）12頁。以下、再開発法解説と略称。

(14)　再開発法解説15頁。

第 2 部　都市法の現代的変容　125

じ地域生活を継続する」との要素にも表れているが、参加手続として認識され
ていたことが確認できる。

　2　本法 14 条 1 項は、組合設立の認可を申請しようとする者は、組合の設
立について、施行地区となるべき区域内の宅地について所有権を有するすべて
の者およびその区域内の宅地について借地権を有するすべての者のそれぞれの
3 分の 2 以上の同意を得なければならないことを定めている。そして、面積に
おいても同意した者が所有するその区域内の宅地の地積が合計の 3 分の 2 以上
でなければならないことを定めている。
　「『組合の設立』とは、定款及び事業計画又は定款及び事業基本方針の作成に
ついてということである。したがって、例えば参加組合員に関する事項は定款
において定められる（9 条 5 号）ので、参加組合員の参加又は不参加とか、参
加組合員となることが予定される者とかにつき、意見を述べ、同意又は不同意
の意思表示ができるのである。また、施設建築物の設計の概要については事業
計画において定められる（12 条 1 項において準用する 7 条の 11）ので、例えば、
出入り口の位置とか、エスカレーターやエレベーターの配置とかについて、意
見を述べ、同意又は不同意の意思表示をすることができることとなる。」[15] と
説明されている。
　ここで指摘されているように「意見を述べ、同意又は不同意の意思表示がで
きる」のであって、単に同意又は不同意の結論についてのみ二者択一的な意思
表示ができるという意味では決してない（傍点は見上による。以下同様）。また、
事業計画の内容に意見を表明できるとも理解されていたことも改めて確認して
おくべきである。

　3　同意を得ようとする者は、あらかじめ、施行地区となるべき区域の公告
を当該区域を管轄する市町村長に申請しなければならない（15 条 1 項）、設立
された組合は、事業計画を定めようとするときは、あらかじめ、事業計画の案
を作成し、説明会の開催その他組合員に当該事業計画の案を周知させるため必

---

(15)　同上 187 頁。

要な措置を講じなければならないこと（15条の2）、組合員は、同項の事業計画の案について意見がある場合においては、事業基本方針において定められた事項以外について組合に意見書を提出することができること（同条2項）を定めている。この15条の2をうけて、2005年の法改正に際して省令で、事業計画の案を周知させるために必要な措置をとるものとして、事業計画の策定が後回しになる前倒し組合の場合には事業計画の決定を目的とする総会の一月前までに説明会の開催を定めている[16]。

事業計画の縦覧及び意見書の提出とその処理について定めている（16条）。認可の基準が定められる（17条）が、この認可の性質は覇束行為である[17]。その1号は、申請手続が法令に違反していること、とし、2号は、「定款又は事業計画若しくは事業基本方針の決定手続又は内容が法令（事業計画の内容にあつては、前条第3項に規定する都道府県知事の命令を含む。）に違反していること」としている。この2号に反する具体例として14条の同意要件違反があげられている[18]。

なお、認可の基準に関連して、当時の事務次官通達は、「組合及びその参加組合員については、設立の認可の際にその資力及び信用について十分な審査を行う等組合の事業運営の適正化が確保されるよう指導監督すること」を要請している[19]。

4 これらの規程に定められている参加制度が、法的にどのような意義づけをされるかを検討しておく。

(1) まず権利保護という意義である。いうまでもなく、所有者および借地権者は事業の遂行から直接に影響を受ける蓋然性があること、すなわち利害関係が明白であることから、意見を述べるだけでなく同意を要件としたと考えられる。同意（または不同意）の意思表示の前には事業内容の説明と質疑、相互理解があることは当然の事理である。換言すれば、同意プロセスには事業内容

---

(16) 同上192頁。
(17) 同上197頁。
(18) 同上200頁。
(19) 同上201頁。

の説明と質疑がなされた上、相互理解に努めることが含まれる。そういった手続を経由した上であるから多数関係者の中で、恣意的な不同意があり得ても３分の２という大多数の賛成があることによって、事業遂行の合理性が認められることとしたと考えられる。この点、先述の宅地審議会答申は参加手続の導入の前提として、権利保護と同時に恣意の排除にも言及していた。いわゆるごね得的な対応を排除する趣旨であり、事業全体の公共性と個々人の権利利益とのバランスを考慮するためである。

(2) 二つ目の事業の合理性の確保については次のように考えられる。これは、事業対象地の様々な事情を知悉している所有権者または借地権者から、同意という手続を経由することによって、当該土地やそこに関わる地域の情報を収集することができ、このことを通じて事業の合理性を高めることが可能となる。ここでの情報収集には、歴史経過、当該空間の認知のされ方、まちの文化的価値等々当該空間における活動実績に基づいた当該空間をめぐる多面的な価値の再確認、あるいは事業により生じうる予想されていない弊害、さらにそれらを考慮に入れた爾後の方向についての可能性判断等々、多数関係者の参加によって、当該空間および土地の価値増殖が保障されることが多い。

(3) 三つ目の決定に際しての民主主義的手続の保障については以下のとおりである。民主主義的手続の保障においては当事者を公平に扱うことが主眼であるが、とくに本件については、所有者および借地権者との関係でとくに同意（または不同意）の意思表示の前には事業内容の説明と質疑がなされた上、相互理解に努めることが要請される。この点も、近時、行政過程の透明性と国民理解とか行政の公開と参加とかという表現で論じられている事柄であり[20]、実体的適法性と並んで、手続的適法性が要請される。この論点については、さらに以下の点を検討すべきであろう。

VI ３分の２条項の法意——同意権の性質

本法14条は、所有権者・賃借権者にその参加資格の根拠をおいているが、

---

(20) 角松・前掲注(12)参照。

所有権・賃借権という財産権は、本来、個別的に本人の意思に従うべきところ、ここでは３分の２の分母集団に属することから同意権が確認され、この権利行使の効果はその所属している集団の３分の２以上の多数に従うものとされる。とすると、権利者個々人の意思表示がそのままその本人に法効果として帰属するわけではなく、その点から14条による個々の権利者の意思表示は財産権の通常の行使そのものとは異なるものと考えなければならない。

　その根拠は所有権者・賃借権者が「事業地」、事業地の「空間」に共通に関わっているからということができよう。視角を変えれば、所有権者・賃借権者は、通常は事業に関わる者すなわち広い意味で事業者と位置づけられているともいえよう。ここで「事業地」とか事業地の「空間」は、それぞれ権利者個人の権利利益に大きな影響のある空間（自己の権利利益の所在空間を含む）として存在し、その影響を考慮して法的利益（権利利益性）を法定した、とみることができる。影響の発生は、土地および地域空間の特性（地域空間は土地を基礎とし、土地には連坦性、非生産性、準不可逆性などの性質がある）に根拠をもつ。

　一方、３分の２要件は、個々の所有権・賃借権そのものを個別にその意思通りに保護するわけではない。当該権利者の同意または不同意が、多数側または少数側に入るかは、換言すれば結果がどう決まるかは、権利者個々人の意思表示の段階ではわからないからである。あくまでも当該事業地の権利者集団全体、ここでは事業に関わる者全体にその帰趨の判断権を与えており、集団を構成する部分としての個人への同意をする利益の分与であり、意思表示は個別でも全体の一部であり、集団の構成者たる意思表示をする者の主体的な分割が結果に影響を与えることは認められないであろう。

　ではこの集団たる３分の２の分母を構成する権利者は、何に同意するのであろうか。地域空間についての権利者集団として所有権・賃借権者があげられているが、彼らは当該空間における建築物等のそれまでの利用の「通常の」代表者として想定される面と、先述したように「通常」事業に関わる者と想定される面がある。こういった者から意見聴取するのは、土地利用すなわち当該空間の改変についてであり、空間の継続的利用関係を基礎においているのである。これは、上述の第六次宅地審議会答申の認識でもあった。つまり空間に係る権利者は「住民」として、あるいは代表的「住民」とか事業参加者として客観的

に認識できる。ここでは同意権は、意見を表明する参加権であり、これの基礎を所有権・賃借権としたが、財産取引秩序における権利利益保護と異なり、土地および土地を基盤とする空間としての性質から当然に引き出されたものとみることができよう。これを財産権の側面からみると「使用、収益、処分」のうち使用、収益が権利の継続性を基礎とすることから説明することもできよう。

とすれば、この集団的な権利について、同意聴取手続の進行過程で、分母に当たる権利者数の、数だけを念頭に置いた意図的な増減が許容されるものでもなく、個々の権利利益保持者は、全体の利益総体との関係においてのみ、自己の意見を表明する権利を行使できる。この前提を破壊することや、意見を聴取しないといったことは、14条が定められた意味をなくし、同意権＝意見表明権＝参加権の侵害に当たる。

全員の同意ではなく、3分の2という同意者数の要件を定めた意味は、個々の分解的同意権行使自体に決定的な意味が認められないという点に加えて、先述したとおり、個々の同意権の行使に拒否権的な機能までは認めない趣旨ということであり、恣意の排除すなわちいわゆるごね得的な対応を排除する趣旨でもある。恣意の排除・手続の実施が公平になされることの要請は、事業主体、権利利益の保有者、行政体に等しく妥当する。同意者の数を、「事業への関わりが合理的に説明される権利者の参入もしくは退出はあり得ても」、一部同意権者の恣意によって増減することは許されないことはいうまでもない。

まとめると、その内容からみて本法14条に定める同意の主体たる所有者および借地権者は、いわゆる財産権者として自己の財産の使用、収益および処分の自由に基づき同意不同意の意思表示をすることができるという財産権の属性（これは財産権の当然の帰結であるが、ここでは決定的な意味を持たされているわけではない）を基礎としつつも、それを超えて、まちづくりにおいて参加する法的地位を有するものである。この参加の法的地位は、空間の改変に「継続して」関わってきた者に認められるものであるから、集団的なものであり、個別の意思表示は認められるものの、事業に関わる権利者数の恣意的な増減は認められない[21]。

---

(21)　この点は立法の沿革からも説明できる（Ⅵ2）。再開発法解説187頁参照。

Ⅶ　一定範囲の者に共通する集団的利益

　それでは、この個人的に主張することは可能ではあるが効果については個別にみることはできないという意味で不可分と考えられる権利・法的利益とはどのようなものであろうか。参加制度に法的意義が認められることがただちに関係当事者に具体的な法的な地位が認められることを意味しない。

　この論点に関して、行政過程において関係してくる個々の確立された権利よりもひろい様々な利益の法理論的認識・認定が、行政法学の大きな課題であり、抗告訴訟における原告適格論をはじめ、この間の行政法学の最重要課題であったといっても過言ではない。

　この点、小早川光郎[22]は「行政法は、あたかも、民事・刑事以外の政府活動に伴って私人に利益または不利益が生ずるすべてを——言いかえれば、民事・刑事以外での政府と私人の関係のすべてを——その対象とする」と指摘しており、行政行為による規制とその対象たる私人の権利の保護とシンプルな構造のみでは理解できない面が多くなったことを確認する。つまり対私人で構成されている許認可等の行政作用に関係する第三者的（直接の対象者ではないが何らかの利害関係がある者）立場の法的な利益をどのようにみるかということが大きな課題になっている。また、市村陽典裁判官は「公益としても確かに検討はしているのだけれども、ある一定の範囲の人たちについては、個々的な意味でも二重に保護しているというような実体法的に観察する領域」[23]の肯認が必要であるとする。

　とくに、いわゆるまちづくりの領域において、法構造は行政対事業者の許認可を軸としながら、その事業に関係する多数の利害保有者……財産権者、営業者、近隣住民等をどのように保護するのかという問題があり、実にさまざまに論じられている。「生活環境や景観をはじめとする私益」と観念され、公益と位置づけられず、公法的規制との関係で法的利益性を十分には認められてこな

（22）　小早川光郎「行政法の存在意義」磯部力＝小早川光郎＝芝池義一編『行政法の新構想Ⅰ』（有斐閣、2010 年）18 頁。

（23）　行政訴訟検討会第 26 回議事録（2003 年）。

第2部　都市法の現代的変容　131

かった者、すなわち広く空間利益の共有者とか当該空間の改変に関わりうるは
ず者の法的利益とか、現実にまちづくりに参加する者の法的利益などをどのよ
うに位置づけるか、きわめて大きな課題であった。

Ⅷ　集団的利益の法理論

　上記の点に関わって、公益にも私益に直ちには吸収されない公私の中間領域
における利益群の存在することの指摘がなされ、これを共同利益として行政活
動の制御の基礎とすると考える共同利益論[24]、土地を基礎として存在する空
間で活動する人々に土地の連坦性・非生産性・準不可逆性等の土地特性に由来
する共通の利益が認められると考える共通利益論[25]、共同利益の把握に法制
的な根拠を重視する地区集合利益論[26]等が論じられてきた[27]。この点、近時
の整理によると、一般的な議論として、「基本権論アプローチ」[28]「法関係アプ
ローチ」「凝集利益アプローチ」の三つがあげられるとされている[29]。とりわ
け、「法関係アプローチ」「凝集利益アプローチ」では、従来法的利益ととらえ
られてこなかった集団的利益を法的利益であるとする可能性を大きく開いてい
ると考えることができる[30]。

　ところで、本件の同意権に関して、集団的に意味を持つという特徴と、その
裏返しとしての効果の個々への分解可能性の否定がポイントになるように思わ
れる。

　「法関係アプローチ」[31]は、現実の関係を分析して法関係に位置づけること

---

(24)　亘理格「公私機能分担の変容と行政法理論」公法研究68号（2003年）189頁。共同利益論
　　は、公私の中間に存在する性質の利益を理論的に想定し、共同という語からは個別利益への分解
　　可能性を想定するようである。
(25)　見上・前掲注(1)10頁以下。
(26)　岩橋浩文『都市環境行政法論――地区集合利益と法システム』（法律文化社、2010年）10頁
　　以下。
(27)　注(3)参照。
(28)　基本権論アプローチは、集団的利益の関係においては本稿ではとりあげない。
(29)　本多滝夫「行政救済法における権利・利益」磯部力＝小早川光郎＝芝池義一編『行政法の新
　　構想Ⅲ』（有斐閣、2009年）221頁以下。
(30)　同上223頁参照。
(31)　山本隆司『行政上の主観法と法関係』（有斐閣、2000年）。

によって当事者に認められる法的利益を析出する考え方であり[32]、上記のポイントについては、個別分解可能であり、個人の利益として効果の帰属も含めて主張可能であるとみるようである。「凝集利益アプローチ」[33]は実定法上の定めの構造から法的利益を導く考え方であり、個別分解可能性のない総体としてはじめて議論する意味があるとする。利益主体の集団としての性格にその実体的な意味を見出し、集団としての利益のまとまりを見極める基礎として実定法の根拠を強調している。両説の基本的な相違点は、①個別に分解して個人にその効果が帰属するか、②実定法上の根拠を厳格に要するかの点、とくに①に表れる。

「凝集利益アプローチ」から共同利益論、共通利益論に対して、利益の存在が社会学的事実にすぎず、また、実定化してないとの批判がある。「凝集利益アプローチ」から「法関係アプローチ」に対しては、個別に分解でき主張できるとする点につき、旧来の解釈方法と異ならず、結局個人的権利利益に収斂させてしまうことになり、利益性の認定が狭いことや主張方法の限定などが批判される[34]。「凝集利益アプローチ」に対しては、その「法実証主義」的方法すなわち法律の根拠を厳格に要求する点に「狭さ」が指摘され[35]、とりわけ「社会学的事実」の読み込みの排除について、そもそも集団的利益を法理論上位置づけようとする出発点自体が、社会学的事実として問題化している事柄から由来しているので、対応可能なものまでも排除してしまう可能性があると批判的に指摘されている[36]。

こういった議論を受けて、近時、地域像維持請求権アプローチとでもいうべき議論も出されている。この説は基本的に「法関係アプローチ」を念頭に置き

---

(32) 「法関係アプローチ」の意図として誰に帰属するか予測できない段階で利益の主張を認めることである（本多・前掲・注(29)225頁）ので、本稿でいう集団的利益の存在を説明することが「法関係アプローチ」の基本的なモチーフのひとつである。山本前掲・注(31)とくに 262 頁以下。

(33) 仲野武志『公権力行使概念の研究』（有斐閣、2007 年）。

(34) 「法関係アプローチ」と「凝集利益アプローチ」はともに、本稿でいう集団的利益を説明しようとする目的ではほぼ同じであるが、行政訴訟における法的主張の構造の把握などの前提からの方法的な違いがあるように思われる。

(35) 本多・前掲注(29)226 頁。

(36) 角松生史「第二報告へのコメント」行政法理論研究会「行政法理論の方向性」自治研究 79 巻 4 号（2003 年）33 頁。これは、仲野武志・第二報告「新たな基調概念の模索」（内容は「凝集利益アプローチ」の骨格）へのコメントである。

つつ、「地域像」という具体的「場」を想定することによって、「法関係アプローチ」では広範な対象となる法関係を解釈的に明らかにしていく枠組みないしは基盤をゆるやかに定型的に捉えて明確にしていこうとする試みであるように思われる[37]。

このような議論状況からみると対象とする範囲の広狭とか取り上げる要素には微妙な相違があり、議論は多いが、集団的利益論の詳細についてはここでは論じない。ただ、個別の権利利益に収斂されない利益の存在、集団的利益の肯認の必要があるといってよい[38]。

IX　本件の同意権とは——同意者の法的地位

本件のように、財産権者としつつも、別個に同意権を認める意味は何か。すでに述べたように実定法構造上、参加権を財産権そのものとは別に法定したものである。とすればここでは①その保護はいかにあるべきか、という課題、②この参加権は誰に保障されたものなのか、③その権利侵害にはどのように対処されるべきか、といった問題が提起されている。

上記の理論からみてみよう。本件で問題になる参加権は、集団的性格をもつというだけではなく、実定法構造上、空間の継続性を基礎としたものであって、関係する利益を個々に切り取ることはできない。その利益の母体の不可分性が特徴であると考えるべきであろう。本件の事例は、法効果の帰属においては不可分であるが個々人からの主張は可能であり、実定法根拠を備えたもので、ここでは、類似の例もあげられている「凝集利益アプローチ」の説明をみておこう[39]。

---

(37)　角松生史「『互換的利害関係』概念の継受と変容」水野武夫先生古稀『行政と国民の権利』（法律文化社、2011 年）150 頁、角松・前掲注(2)477 頁以下。角松生史「『景観利益』概念の位相」新世代法政策学研究 20 号（2013 年）273 頁など。この地域像維持請求権アプローチでは、建築法上の客観的な法規範の存在を前提とし、それを主観化する機能を中心に地域像を想定し、利害の水平的な調整を任務とするとき主観化があるとして、本稿でいう集団的利益の存在と主張の個別性をみているようである。この点角松・前掲注(2)495 頁以下。
(38)　こういった議論の全体状況については、なお参照、安本・前掲注(1)5 頁以下。いずれにせよ一般論の帰趨はさておき、個別の利益の確認は具体的な「場」と離れて論じるわけにはいかないように思われる。

「凝集利益アプローチ」では、これまでわが国の公法・行政法理論において、「生活環境や景観をはじめとする、（多数者に関わる利益を……見上注）凝集させれば公益と関連する私益も、個々的分解が不可能となるがゆえに、法的考察の埒外へ放逐され」る傾向にあり[40]、まちづくりや景観に関わる参加権、換言すれば個人の関わりの法的な取り扱いが不徹底であった。「凝集利益アプローチ」は、所有権および借地権など確立した権利が、参加論、まちづくりの手続論の視点から、関係する個人にとってどのような意味を持つのか考えておく必要があるとの問題意識から考察する。行政法の過程に関しては、法治主義の要請が強く働くことから、とりわけ法律の根拠（法律の留保）を厳しくみようとするものである[41]。この議論は「権利に至らない利益」を対象として、典型的なものとしてひろく「直接利害関係を有する者」をとりあげ、こういった個々の関係人には還元されない内包と外延を備えた利益を「凝集利益」という。具体的例として、長沼ナイキ訴訟最高裁判所判決[42]において森林法（旧法）「法は、森林の存続によって不特定多数者の受ける生活利益のうち一定範囲のものを公益と並んで保護すべき個人の個別的利益としてとらえ、かかる利益の帰属者に対し保安林の指定につき『直接に利害関係を有する者』としてその利益主張をすることができる地位を法律上付与している」と述べて、原告適格を認めた事例から検討し、森林のありように関する近隣住民の具体的な法的地位を導いている。そしてこの判決で「個別的利益」と述べている点については、「一定範囲」に存する「不特定多数者」の利益であるとする[43]。ここでは、保安林の解除という地域空間に関する行政作用について、「一定範囲」に存する「不特定多数者」に法的な主張を行う法的地位が認められる[44]。凝集利益とは、法的利益には私権、特定者の「私権でない利益」、凝集利益の三分類があるとされるなかで、不特定多数者によって不可分的に享受される利益であって、個々の関係人には還元されないといった内包を有し、その外延を定めた客

---

(39) いずれの論でもっても本件の集団利益性を説明することは可能であろう。

(40) 仲野・前掲注(33)2頁。

(41) 仲野・前掲注(33)284頁以下。

(42) 最一判昭57・9・9民集36巻9号1679頁。

(43) 本多・前掲注(29)215頁も参照

(44) 仲野・前掲注(33)287頁。

観法に根拠を置くものであって、個人の自律的意思によらないものであるとされる[45]。前述のように、法律の留保を強く要請するため実定法上の明示的根拠をもとめ、凝集利益が認定される事例が乏しくなるとされるが、その反面、法的根拠がある場合には明確に説明しやすいであろう。

「凝集利益アプローチ」においては、我が国の実定法には、この凝集利益の制度化がなされており、明示的な根拠を持つとして、その実例が種々挙げられているが、計画における同意要件については、3分の2の同意要件を定める土地改良法（昭和24年法195）3条以下が同意要件者に凝集利益を認めている例として挙げられており、土地改良区の設立過程で事業計画を争う地位が認められる[46]。ただし立法時期からみて、土地改良法は、参加権ではなく、当時の理解からすると自己の土地の処分権に近い権利行使、多分に財産権行使として観念していたかもしれないという疑念もありうる。しかし、事業参加資格者が本法よりも広く、当該事業地内に関わるという事業参加資格の共通性から集団的利益を確認したものと考えられるし、本法に類似する規定の構造からみても3分の2の母集団に意味があると考えられ、土地改良法における同意権も参加資格の根拠となる権原そのものとは別個の性格を指摘できるであろう。そういった意味で「直接に利害関係を有する者」としてその利益主張をすることができる地位を法律上付与したものといえるのであろう。

X　同意権の限界・参加主体の継続性・参加の地位の確定時期など

本件において3分の2の同意要件を定める14条を独自に参加権を定めたものと解する点は上記Ⅵで述べたとおりである。なお、本件について指摘すべき点、さらに一般に問題になり得る点がいくつかある。

1　空間の改変に利害関係者の立場から関わることができる。すなわちこれまでの空間のあり方を共通にしてきた立場から、通常は爾後の展開についても、関わりうる。そしてこれに権利性があると考えることができるのは前述したと

---

(45)　本多・前掲注(29)225頁。
(46)　仲野・前掲注(33)290頁以下。

おりである。

　本件原告らは、まず具体的権利保持者としての所有者・借地権者として関わるという立場とともに、集団的利益を共有する者としても参加の地位の保障がある。同意権を所有者・借地権者に認めているのは、その権利が具体的に影響を受ける程度が強いからであり、個々の所有権・借地権は分解できるからといって空間の共有性が消えるわけではない。同意プロセスには事業内容の説明と質疑がなされた上、相互理解に努めることが含まれる。

　本件では初期は別として、相互の意思疎通がなされない状態が生じた以降、事業内容の説明と質疑、相互理解をはかった事実はない。2011 年度には若干の働きかけがみられたものの 2011 年 9 月 26 日には直接の説明を拒否している。その後、事業内容の説明と質疑、相互理解をはかったとみることはできない[47]。

　2　とりわけ 2012 年 12 月 14 日、準備組合が区長を経由して東京都知事に、法定要件を充足したとして組合設立の認可申請をしたが、その前後の期間におけるプロセスにおいても、原告らに対して事業内容の説明と質疑、相互理解をはかった事実はなく、申請代表者から原告らに申請した旨の報告文書が届いただけである。組合設立申請に近い日時についていえば一片の説明さえもなかった（早い時期での原告らと事業者や行政と間のやりとりは、組合設立の申請とは異なるものである）。そればかりでなく、申請においては、原告らについてそれまでのやりとりからその意思が推測されていたためか、同意不同意の確認さえされてないようである。14 条の単純な理解からみても手続を怠ったといえよう。

　3　14 条に定める同意要件を充足せず、借地権の申告に関する 15 条の手続も欠いた。本法 15 条が、「前条第一項に規定する同意を得ようとする者は、あらかじめ、施行地区となるべき区域の公告を当該区域を管轄する市町村長に申請しなければならない」と定める借地権の申告の要件も、参加資格者の周知の

---

(47)　この経過からは、同意権を単純に財産権の行使とみても、あるいは事業主体性があるとみても、原告らとの関係で協議や説明を欠いていて、同意の前提を欠く違法があると考えることができる。

ために置かれた規定であって、この手続の欠缺は、事後的な補正の規程があるとはいえ、参加手続の不充足である。

4　参加利益に関連して、空間に関わる利益の基礎の要素の一つとしては、一定の継続性が実体的な基礎としてあげられるであろう。急遽法人を設立し、権利を分割し、それぞれの法人が上記の集団的利益に関わる主体であるとすることは、一般的には、認めがたいことである。また、本件ではこれらの権利主体の分割は、進行過程からみて、すべて実体的に継続する一連の過程に含まれるとみなすことができよう。

「一般的には」と書いたが、計画の作成途中や協議・話し合いの途中で、土地分割や権利の分割が、実質的に、向後の事業展開のためになされ、参加する意義をともなった活動を予定し、事業に参入するという実態が仮にあるとすれば、このような場合には、参加の法的地位が認められる可能性があり、この点に関する主張内容の実質的判断で事業との関連性の有無を判断すべきである。それが認められれば、事業申請時と財産権分割（または新法人設立）時との間の一定の時間の接近も許容されるかもしれない。どのような希望を持っているか、事業にどのように関わるかその中身については、判断の対象とする明示規程はない。しかし、同意不同意を巡る実際のやりとりの中で、意見の内容の把握は事実上できているのであり、その内容から事業計画を考えるまたは修正するのであるから、上記の判断は可能である。ただしこのような場合への対応については法令化が必要であろう。

新法人設立・分筆は所有権者または借地権者のうち一人が、ごくわずかの資力と労力をかけさえすれば、実現することがほぼ常に可能である。新規の権利者に参加を一般的に認めるようなことは、本法14条のような規程が置かれていることが全く無意味になることであり、そういう事態を立法時に想定しているとは考えられない。14条が行政過程に対して合理的な規制を定めている実質的な意味を持つためには、それはこの地域空間なり事業に何らかの実体的な関わりを持つ者に同意権を認めているということになろう。

5 参加資格の時期的な限定

当事者における財産権の分割は本来自由である。そういったことがあり得ないわけでもなく、その必要があることもあり、分割後の権利者が事業に参加することも考えられないわけではない。そうとすると、同意要件の母数が変化することはあり得る。一般的にはこの点をどう考えるか。

行政手続の進行過程で私権の状態にかかわらず公的権利の内容を固定する法制は存在する。たとえば、土地収用法（昭和26年）では、事業認定時に権利を固定する制度を採用し、それ以降のいわば権利行使の制限を行う（土地等の価格固定71条、72条、土地の保全義務28条の3、損失補償の制限89条など）。私権の譲渡分割等は可能だが、事業遂行との関係では損失補償の算定にはその変更部分が影響しない制度である。都市再開発法で、このような参加資格の時間的な固定を制度化していない理由は、本件のような事例を想定していないことにつきるといえよう。基本的な考えとして、当該空間における現実的な実体的な活動者を基本とするという参加論の通常の理解が前提であり、参加する者が大幅に変化することは想定しておらず、例外的に流動的で実態が把握しにくい場合がある借地権者について、本法15条が定める正確な把握を行う措置を入れたと理解すべきである。準備組合が活動を始め、所有者・借地権者と話し合いを始めて以降は、参加資格を持つ者としては固定されると考えるべきである。権利の分割や譲渡によって従来と異なる当事者に参加利益を認めるための時間的限定は、参加的地位の実体が認められる状態にあるとき、と解釈すべきであろう。この点も法令での明示が望まれる。

6

なお、認可権限を有する都知事において、同意権者の数が認可申請直前に実体からかけ離れて増えたという状況を知り得たかという点については、内容は省略するが、事業者および都・区と原告らとのやりとりの状況からみて、突然同意者の数が増大したことについては、充分に認知し得たといわざるを得ない。先述の事務次官通達も、参加組合員についてその資力および信用について十分な審査をすべき旨述べているところ、この点は注意してみるべきものであり、形式的にはこれだけの数の増大と内容的には事業への関わりの実体について、問題の存在の認識は可能であったといわざるを得ない。

XI　おわりに——都市法の構造から

　最後に本稿で検討してきた参加権・参加利益と都市法論との関係につき簡単に指摘しておく。原田純孝を中心に体系化された現代都市法論およびその後の展開をうけて[48]、最近、角松生史はわが国の都市法の課題を次のように整理している[49]。抽象的「公益」による制限ととらえるわが国の都市法の構造的課題を分析して、①「所有権と『公益的規制』」の二項対立構造が基本であることにより、他のステークホルダーの位置づけが不分明であること[50]、②必要最小限規制原則[51]が支配的であることを指摘する。このような都市空間の古典的ガバナンス構造を①決定過程の分権化、②多様な主体間の交渉・調整を想定、③諸アクターによる決定過程・調整過程の種々の方法による制御、とみている。①については、所有権への分割、分権化は、結局所有権者に集権化する構造であること、分権化が最小限規制原則によって規定されることなどから、交渉による利益の配分はないことなどが挙げられる。②③については、所有者の決定権限に、政府の担う抽象的「公益」が対峙する構造となり、多様なステークホルダーの利害が「公益」に吸収されてしまっていること、交渉・調整は所有権者の自主性にゆだねられ制御の仕組みがないことなどが指摘されている[52]。こういった課題への対応として、本稿でみたような集団的利益の確認は最重要な事柄の一つであるといえるし、そのことを基礎とする新しい参加権の認定もきわめて重要である。

　都市法では、本件のような権利の性質・その行使の特質が、当該問題が生じ

---

(48)　注(1)参照。

(49)　角松生史「都市空間の法的ガバナンスと司法の役割」角松生史＝山本顯治＝小田中直樹編『現代国家と市民社会の構造転換と法』（日本評論社、2016 年）21 頁以下。

(50)　角松生史「都市空間管理をめぐる私益と公益の交錯の一側面」社会科学研究（東京大学）61巻 3・4 号（2010 年）139 頁など。

(51)　必要最小限規制原則については、藤田宙靖「『必要最小限度規制原則』とそのもたらしたもの」藤田他編『土地利用規制立法に見られる公共性』（土地総合研究所、2002 年）7 頁、および同書所収の諸論文、曽和俊文「まちづくりと行政の関与」芝池他編『まちづくり・環境行政の法的課題』（日本評論社、2007 年）32 頁以下など参照。

(52)　角松・前掲注(49)30 頁以下。なお、同「コモンズとしての景観の特質と景観法・景観利益」論究ジュリスト 15 号（2015 年）26 頁以下参照。

る「場」に応じて存在し顕在化するように思われる[53]。本件は、具体的な「場」で実施される事業との関係で、その領域的特質、都市法領域においては土地と土地を基盤にする空間における利益の共通性を核とする公共性を個別具体的に検討し、それぞれの個別のケースに応じて本稿でいう集団的利益＝共通利益の確認をする必要をも改めて浮き彫りにしたように思われる[54]。

（みかみ・たかひろ　立命館大学政策科学部教授）

---

(53)　見上・前掲注(1)参照。

(54)　本稿は、本件の控訴審東京高裁平27（行コ）第44号（注(3)参照）において東京高裁に提出した筆者の意見書（平成27年9月10日）を修正したものである。

風力発電設備の立地選定
国土整備計画と建設管理計画

髙橋寿一

Ⅰ　はじめに
Ⅱ　国土整備法と建設法典
Ⅲ　二つの手法とその具体的検討
Ⅳ　むすびに代えて

Ⅰ　はじめに

　再生可能エネルギー（以下、「再エネ」と称することもある）設備が普及しつつある今日、わが国では従来太陽光発電設備の増加が目立った。これは、固定価格買取制度における買取価格が太陽光発電設備の場合には相対的に高かったことと、設備の設置・建設が他の再エネ設備と比べると相対的に容易であることに基づく。しかし、太陽光発電は昼間に限られるため、他の再エネ設備で補うことが不可欠となる。わが国の場合、その有力な候補の一つとなるのが風力発電設備である。

　筆者は、別稿で、立地コントロールを行いながら、再生可能エネルギー設備を普及させることを目指し、そのために太陽光発電と風力発電の双方の施設の立地に関して必要とされる法的コントロールのあり方についてドイツと日本を比較しながら多少の考察を行った[1]。本稿では、とりわけドイツにおける風力発電設備の立地コントロールに関して、そこで十分に展開できなかった点、すなわち、国土利用計画および都市計画法制（具体的には、国土整備法および建設

---

(1)　髙橋寿一『再生可能エネルギーと国土利用──事業者・自治体・土地所有者間の法制度と運用』（勁草書房、2016 年）。

法典）上の位置づけを中心として検討してみたい。

　ドイツでは、国土整備法および建設法典において、風力発電設備の建設に際しては、明文で下記の扱いがなされることとなった。

　第一に、風力発電設備が建設されるのは、通常は市街地の外側、すなわちいわゆる外部地域である。一般的に、外部地域で建築物を建設しようとしても、建設法典上の規制が厳しいため、建設は実際には難しい（建設法典35条2項）。しかし、農業経営建物やライフ・ラインに関わる施設や市街地内部に建設することが不適切な設備については、特例建築計画として、都市計画上の規制を緩やかに適用することとした。そして、1996年の建設法典の改正によって、風力発電設備を特例建築計画に含めることによって、外部地域での建設を容易にした（同35条1項6号（現5号））。

　第二に、他方で、上記の処理では、全国の外部地域のどこでも風力発電設備を建てられることになってしまい、濫立ないしスプロール化の懸念が生じる。そこで、建設法典の上記の改正において、国土整備法に基づく広域地方計画（策定主体については各州の州計画法で定められる（後述））の中で風力発電設備に関する指定が「目標」（後述）としてなされるかまたは建設法典に基づき指定される土地利用計画（Fプラン）の中でなされれば、地区外での建設が原則としてできないこととした（同35条3項3文）。

　これらの改正を受けて、州や市町村はいかに行動したか。州や市町村の多くは、設備の濫立によって自然・環境・景観等が損なわれることを恐れ、上記の第二の手法を使うようになった。今日では、ドイツのほぼ全土でこれらの計画が策定されたため、上記の第一の点にも拘わらず、建設のための指定地区の外側では風力発電設備の建設ができない状態にある。

　ところで、上記の広域地方計画やFプランで立地のための地区指定をする場合には、具体的にはどのようにすればよいのであろうか。

　この点、Fプランでは、「集中地区」（Konzentrationsgebiet）として指定される場合が多い。そして、この場合には、同じく市町村が狭域を対象として策定し私人をも法的に拘束するBプラン（地区詳細計画）の策定手続と同じ手続が適用される。ここでは後述するように周到な公衆ないし他の行政機関の参加手続を踏まえた上で地区指定がなされる。Fプランは、市町村によって市町村全

域を対象として策定され、本来はBプランを策定した上で初めて建設が可能となるのであるが、上記の建設法典35条3項3文によって、Fプランのみで建築許可が得られる。

　他方、広域地方計画で地区指定がなされる場合はどうか。この場合には「優先地区」（Vorranggebiet）として指定される場合が多い。広域地方計画は州計画法の定める計画であるので、Fプランとは計画法上の位置づけは大きく異なる。とすれば、策定手続の点でも両者は大きく異なる可能性もあり、さらには、策定された計画に対する司法的救済の点でも両者はその扱いを異にするかもしれない。もし、策定手続や司法審査が両者の間で異なる場合には、風力発電設備の立地コントロールに関して設けられた二つのルート——優先地区と集中地区——は、風力発電設備の立地選定についてそれぞれいかなる制度上の意味を有し、またそれが実際上いかに機能しているのであろうか。後述するように現在のドイツでは各州ともこの二つの手法のいずれかに依拠しているが、再エネの促進と土地利用コントロールという二つの課題を達成する上ではいずれの手法が合理的であろうか。

　同じ建築物について、異なる計画法制（ここでは国土整備法と建設法典）からいずれも建設へと誘導する規定は、ドイツの土地利用計画法制では非常に珍しい[2]。本稿では風力発電設備の建設にとってこのことの有する意味ないし機能を考えてみたい。

II　国土整備法と建設法典

1　国土整備法の建設法典への近接

　ドイツの都市計画法制は、中世以降都市自治体のイニシアティブで徐々に整備・発展し、現在では、基礎自治体であるゲマインデ（日本でいう市町村）が、FプランとBプラン（両者併せて、以下、「建設管理計画」とか「BLプラン」と称する）を策定してまちづくりを行うために、総合的かつ詳細な規定が建設法典にまとめて設けられている。その手法は、従前から国際的にも高く評されて

---

(2)　建設法典35条3項3文では、風力発電設備の他にも、ライフ・ライン施設、環境に負荷を与える施設、その他の再生可能エネルギー設備などが挙げられている。

おり、わが国の地区計画制度などもドイツのBプランの考え方を部分的に取り入れようとしたものである。

ところで、ドイツでは、基礎自治体レヴェルで磨き上げられてきたこのまちづくりの手法を他の分野にも取り入れようとしてきた。その一つが、国土整備法制であり、今日では、海洋（領海および排他的経済水域）の計画的コントロールにも応用されている[3]。以下では、近年の国土整備法制の特徴を簡単に指摘しておこう。

国土整備法は、1965年に制定されて以降、1997年、2004年、2008年と改正されてきたが、改正の方向性は、およそ下記の通りである。

(1) 上位計画の計画としての法的拘束力の強化

従来計画法制としての位置づけが必ずしも明確ではなかった国土整備計画（州国土整備計画、州発展計画、広域地方計画など）に対して上位計画としての一定の法的拘束力を付与するとともに、部門計画を総合計画としての国土整備計画の中に位置づけた（4条および5条）。

(2) 計画策定手続への関係者の参加可能性の拡大

計画策定手続に際して関係者（とりわけ計画の拘束力が及ぶ者）の参加可能性を拡大した。すなわち、官庁のみならず市民にも早期に意見表明の機会を付与することが義務づけられた。これは、国土整備計画草案、理由書、環境報告書のすべてについて実施される（10条）。

なお、この第三者参加手続において提出された意見は各種の公益・私益間の比較衡量手続において考慮され（7条2項）、その結果決定された国土整備計画は理由書とともに、すべての者の閲覧に供される（11条）。

(3) 環境評価手続の国土整備計画への導入

州レヴェルおよびその下位の行政管区レヴェルなどでの計画（州（発展）計画、広域地方計画など）の策定・変更に際して、環境評価の実施と環境報告書の作成が義務づけられた（9条）。環境報告書は、国土整備計画に添付される理由書の独立した一部とされた（11条）。

(4) 計画保全規定の導入[4]

---

(3) 計画法的なコントロール手法が海域にも応用されるようになってきた点については、高橋・前掲注(1)第9章参照。

計画保全規定とは、策定された計画に手続上ないしは実体上の瑕疵があって
も、司法審査によって当該計画の効力が否定されることなく、その効力を保全
するための規定である。ドイツでは、策定された計画の効力が、後に裁判所に
よって否定される場合が多く、計画の安定性の観点からそれへの対応が求めら
れてきた。その対応策の一つが、この計画保全規定である。これによって、計
画に瑕疵があっても、その瑕疵を理由として後に訴訟を起こすことができない
場合が列挙されるようになった（12条）。

　注意すべきは、上に挙げた改正点は、そのほとんどについて、建設法典が半
世紀以上も前からその整備に意を注いできた規定であったことである。換言す
れば、国土整備法の法構造は、改正の度毎に建設法典のそれに接近してきてい
るということができる。

2　国土整備法と風力発電設備

　それでは、風力発電設備は、国土整備法上どのように位置づけられるかをみ
てみよう。

(1)　「目標」と「原則」

　州（発展）計画および広域地方計画においては、その他の行政機関によって
遵守されるべき「目標」（Ziel）とそこでの計画策定に際して衡量要素の一つと
なるに過ぎない「原則」（Grundsatz）とが定められる（3条）。

　「目標」は、国土整備計画の担い手によって最終的に（abschließend）衡量さ
れた、国土整備計画上の指定であって、文章または記号で表される。たとえば、
森林が計画図面上で具体的に目標と記される場合もあるし、「州の総面積の2
％が風力発電設備の建設のために指定されなければならない」などの文章で記
される場合もある。そして、「目標」として指定されれば、その後のBLプラ
ンなどの策定に際しても他の諸利害との比較衡量に優先する最終的な指定とし
ての意味を有する[5]。したがって、市町村はBLプラン策定に際して、かかる

---

(4)　計画保全規定については、以前詳細に検討した。高橋寿一『地域資源の管理と都市法制』
　（日本評論社、2010年）第7章参照。

(5)　H.-J.Koch/R.Hendler, Baurecht, Raumordnungs- und Landesplanungsrecht, 6. Aufl., 2015, S.
　56-57（Hendler）. 目標は、行政機関はもとより、一定の私人にも拘束力を有する（国土整備法4
　条）。

指定を遵守する義務を負う（建設法典1条4項）。この点、「原則」が、その後の計画の策定に際して行われる諸利害の比較衡量手続において、衡量要素の一つとされるに留まるのとは大きな相違がある。

　風力発電設備については、再生可能エネルギーによるエネルギー供給を著増させるという連邦政府（および州政府）の方針に基づいて、各州とも「目標」に位置づけることが多い。

　(2)　地区指定

　上記の「目標」か「原則」かの位置づけとは別に、風力発電設備用地に対しては、国土整備計画（州（発展）計画および広域地方計画）上は、通常は、前述したように「優先地区」という地区指定が使われる。国土整備計画上、ある土地を一定の用途に供する場合には地区指定がなされるが、国土整備法は、かかる地区の類型として、「優先地区」以外にも、「留保地区」（Vorbehaltsgebiet）、「適性地区」（Eignungsgebiet）という類型の地区指定を設けている（国土整備法8条7項1文）[6]。適性地区では、地区外での同種の利用が排除される。優先地区では、当該地区内での許容された用途に合致しない用途は排除されるが、地区外では同種の用途を排除することはできない。ただし、適性地区としての効果を同時に有するものとして優先地区を指定することもでき（同8条7項2文）、そのように指定されれば地区外でも同種の利用は排除される[7]。これらに対して、留保地区については、これが指定されても諸利益の衡量に際して留保地区内で指定された用途には特別の比重がおかれるにすぎず（同8条7項1文2号）、留保地区内外での想定せざる土地利用を排除することができない。それ故、地区外での建設を排除しうるのは、上記の中では優先地区（適性地区の効果を併有する優先地区。以下、単に「優先地区」と称する）と適性地区である。そして、これらの地区が目標として指定されれば、他の計画での遵守義務が生ずるとともに前述した建設法典35条3項3文に基づいて地区外での風力発電設備の建設を排除する効果は私人にも及ぶことになる。

---

　(6)　これらの地区指定は行政機関を拘束するにとどまる。本文下記の説明については、高橋・前掲注(1)193頁参照。

　(7)　風力発電設備については、優先地区は適性地区としての効果も有するものとして定められる場合が多い。

3 計画策定と国土整備法・建設法典

　1で述べたように、国土整備法は改正の度毎に、その構造が建設法典のそれに接近するようになってきた。そこで、以下では、現時点での両者における制度上の差異の有無、差異がある場合にはその具体的内容について、とりわけ計画の策定主体、策定過程および策定後の計画に対する司法審査、の三つの局面について検討していこう。

　(1) 策定主体

　策定主体については、その差異は明らかである。すなわち、BLプランについては市町村であるのに対して、国土整備計画の場合には連邦（連邦計画など）や州（州発展計画など）の他、広域地方計画については各州法が策定主体を定めている。以下では、広域地方計画について若干付言しておこう。

　風力発電設備の優先地区の指定は、広域地方計画でなされる。これは、各州の州計画法が定める地方組合（Regionalverband）などの組織毎に策定される。たとえば、ドイツ中部のヘッセン州では、三つの計画地方（Planungsregion）毎に組織された地方会議（Regionalversammlung）が策定権者となる（ヘッセン州計画法14条）。計画地方は既存の行政管区（州と郡・基礎自治体の関係を調整する州の組織）と重なっていて、各行政管区は、地方会議の事務局となり広域地方計画の草案を作成する[8]。地方会議の構成員は、郡、郡に属さない市、郡に属する市町村から選出されるが、規模によって員数が異なる。たとえば、北ヘッセン計画地方の地方会議の構成員の選出は、北ヘッセン地方会議職務規則（Geschäftsordnung der Regionalversammlung Nordhessen）で下記のように定められている（同規則1条）。

　(i) 郡および群に属しない市

　　(イ) 人口20万人以下の場合：5人

　　(ロ) 20万人以上の場合：7人

---

　(8) 広域地方計画の策定主体については、拙著（注(1)参照）ではヘッセン州を念頭に行政管区に則した書き方となっており、必ずしも正確な記述ではなかった。この点をお詫び申し上げると共に本稿でこの点を補充・訂正させて頂きたい。たとえば、バーデン・ビュルテンベルク州では基本的には地方組合（同州計画法31条）、バイエルン州では地方計画組合（regionaler Planungsverband）（同州計画法8条）、北部のシュレスヴィッヒ・ホルシュタイン州は州計画局（Landesplanungsbehörde）（同州計画法5条）、と各州で様々である。

(ii) カッセル広域目的組合（Zweckverband Raum Kassel）：2人

(iii) 郡に属する市で人口5万人以上の場合：1人。ただし、上記(i)(ロ)の人数に算入される。

したがって、すべての市町村が地方会議の構成員になれるわけではなく、地方会議の構成員とならない市町村（これが大多数である）は、広域地方計画の策定過程においては、下記(2)の手続の中で参加する以外に関与の方法はない。

(2) 計画策定と住民・市民参加

次に、国土整備法の市民参加制度はどのような内容を有するものであるか。国土整備法10条1項は、下記の規定を置いている。

(i) 公衆は、国土整備計画の草案および理由書について、縦覧し意見を提出する機会を付与されなければならない。

(ii) 国土整備計画の策定に際して環境評価手続を実施する場合にも、国土整備計画の草案および理由書、環境報告書ならびに国土整備計画所管官庁が必要と判断する資料が、最低1か月間は縦覧に供されなければならない。意見書についてはその期間内に提出することができる。

(iii) 縦覧の場所と期間は、少なくとも1週間前に公告されなければならない。

このように、国土整備計画の策定に際しては、上記のような公衆参加制度が設けられており、優先地区も国土整備計画の一つである広域地方計画において通常は定められるので、市民は上記の手続に則して地区の指定プロセスに参加することができる。

それでは、以上のような参加手続を、建設法典のBLプランにおける公衆参加手続と比較した場合、どのように評価することができるであろうか。建設法典の公衆参加の規定（3条）は、国土整備法のそれと比較した場合、以下の点が特徴的である。

(イ) 公衆は、できるだけ早期に、計画の目標や目的、代替案および予想される計画の影響について知らされなければならない。

(ロ) 公衆に対しては、それに対する意見表明（Stellungnahme）と討論（Erörterung）の機会が付与されなければならない。

(ハ) BLプランの草案は、理由書と環境に関する市町村当局の意見と共に1か月間縦覧に供されなければならない。

㈡　期間内に提出された意見は審査され、審査結果が当事者に通知されなけ
　　ればならない。

㈤　成立した BL プランには、斟酌されなかった意見が、市町村当局の見解
　　を付して添付されなければならない。

　㈥を除き、総じて、公衆参加について、より丁寧な配慮がなされているとい
うことができよう。たとえば、㈣のような、草案（Entwurf）になる前の素案
（Vorentwurf）段階での早期の情報提供は、国土整備法では存在しない。㈥に
ついても、意見表明に加えて討論の機会も付与されている。これによって、市
民からの一方的な意見表明に留まることなく、計画策定者との間で双方向の議
論が可能となる。また、㈡では、提出された意見への計画策定者の側からの応
答義務が定められ、㈤では、計画に反対する意見についても最終的に公示され
る。

　このように、1で述べたように国土整備法の構造が建設法典の構造に近似し
てきていることは確かではあるものの、公衆参加制度については建設法典のそ
れの方が市民参加に関してより手厚い配慮を行っているということができる。
この点は、実務にも大きな影響をもたらすものと思われる（後述）。

　(3)　計画に対する争訟可能性

　(a)　規範統制訴訟の整備

　公衆参加制度が〈計画策定前の市民参加〉であるとすれば、〈計画策定後の
市民参加〉も可能である。すなわち、すでに策定された当該計画を市民が訴訟
を提起することを通じてその違法性を争う途が制度上開かれている。

　ドイツにおいては、1960 年に行政裁判所法が制定され[9]、連邦全土に統一
的な取消訴訟制度が設けられたが（42 条）、1976 年改正[10]で、具体的行政処分
を待つことなく、「条例」や「州法以下の法規」自体を対象とした訴訟類型を
連邦全土に適用できるようにした（47 条 1 項 1 号および 2 号）。これを規範統制
訴訟（Normenkontrollverfahren）と称し、主として都市計画関係で（とりわけ建
設法典の B プランを対象として）用いられている[11]。

---

(9)　BGBl. I S. 17.
(10)　BGBl. I S. 2437.
(11)　以上の内容および運用実態の詳細については、高橋・前掲注(4)187 頁以降参照。

ところで、Ｆプランは、市民への法的拘束力を有するＢプランとは異なって、行政内部での拘束力しか有しないこともあって、条例として定められるものではない。また、「州法以下の法規」にもあたらないため、Ｆプランを規範統制訴訟で争うことは従来困難であった。国土整備計画（広域地方計画）についても事態は同様であって、規範統制訴訟を提起することは元来想定されていなかったといえる。しかし、近年はかような解釈にも変化が生じ始めている。Ｆプランでの集中地区や広域地方計画での優先地区等の指定があると、その効果は前述のように私人にも直接及ぶことになるため、これらの指定に対しても規範統制訴訟を提起することが裁判例で認められるようになった。たとえば、2007年4月26日の連邦行政裁判所判決[12]は、Ｆプラン上で風力発電設備についての集中地区（Konzentrationszone）が指定され、当該地区外での建設を希望する事業者がＦプランを策定した市町村を相手として規範統制訴訟を提起して当該Ｆプランの違法性を主張した事案において、「建設法典35条3項3文の適用領域においては、Ｆプランは、Ｂプランに比肩しうる機能を営んでいる」と述べて、規範統制訴訟の提起を有効であると認めた。

　また、国土整備計画上の指定を訴訟で争うことについても、従来はＦプラン上の指定と同様に消極的に解されてきたが、これについても学説・裁判例とも近年明確に風向きが変わってきた。すなわち、広域地方計画についても優先地区が国土整備計画上の「目標」（連邦国土整備法3条2項）として定められていれば、その指定は私人をも拘束するので規範統制訴訟の対象となりうる。

　(b)　衡量の瑕疵の立証

　規範統制訴訟は、このように実際上もかなり用いられるようになった。しかし、広域地方計画について規範統制訴訟を提起する場合には、Ｂプランを対象とする場合とはやはり差異がある、と解されている。この差異は、衡量原則に関わっている。前述したように、広域地方計画を策定する場合には1997年の国土整備法改正以降は、それまでとは異なり、様々な公益および私益を相互に比較衡量しなければならないこととされ（7条2項）、建設法典と類似の構造が取り入れられたが、諸利益の調査や衡量の密度は、広域地方計画の場合には、

---

　(12)　BVerwG, Urteil vom 26. 4. 2007, NVwZ 2007, S. 1081.

建設法典の BL プランの場合と比べた場合、より概括的で（pauschaler）かつより目が粗くて（großmaschiger）も足りる、と解されている[13]。風力発電設備の建設に対して規範統制訴訟を提起する場合には、自己の所有地が優先地区の内側ないしは外側にあることを理由として、その指定の無効を主張するのであるが、そのためには、優先地区の指定に際して、諸利害の比較衡量が適切になされていなかったことを理由とする場合も多い。しかし、計画策定者の計画裁量について、広域地方計画と BL プランとの間に上記のような差異があるとすれば、衡量の瑕疵に関する原告の主張・立証の容易さという点で両者の間にはなお開きがあると考えられ、このことは、裁判所による審査の密度という点での乖離として顕在化してくることになる[14]。

このように、国土整備法と建設法典とでは、前者の後者への近接傾向が見られる一方で、上で検討したように、計画策定への公衆参加やその司法審査の密度などの点でなお隔たりが見られる。端的にいえば国土整備計画の方が、公衆参加の程度が相対的に低く、かつ司法審査の密度が粗いために、計画策定主体にとっては、この限りでは計画策定に関して自らの意図をより反映しやすいということができる。換言すれば、F プラン（B プランについても同じ）については、計画策定過程とその後において計画（案）が変更ないし覆るリスクが大きいため、策定主体は自らの意図を計画に相対的に反映しにくいと考えられる。

III　二つの手法とその具体的検討

1　国土整備計画ルートと F プランルート

ドイツでは、とりわけ 2011 年 3 月に福島県で起こった原子力発電所の事故以降、以前にも増して、連邦政府、州政府共々再エネ設備の立地促進を積極的に進めた。その中で風力発電設備については、すべての州が積極的であった。ただし、その際の手法は大きく二つに分かれ、一つは、従来のように〈州発展

---

(13) Koch/Hendler, a.a.O.（Anm. 5）, S. 170-171（Kerkmann）.

(14) ちなみに、建設法典では、「建設管理計画の作成に際しては、衡量にとって意味のある諸利害（衡量素材）が、調査（ermitteln）され、評価（bewerten）されなければならない」（同法 2 条 3 項）という衡量に関する規定があるが、国土整備法には、これに相当する規定がない。建設法典のこの規定が有する意味につき、高橋・前掲注(4)208 頁以下参照。

計画→広域地方計画→優先地区の指定〉というルート（以下、「国土整備計画ル
ート」と称する）であって、いわば「上からの」立地促進手法である。これに
対して、エネルギー供給の地方分散を積極的に唱える州は、いわば「下から」
の立地促進手法を重視する。すなわち、広域地方計画における優先地区の指定
に地区外での建設を排除する効果を持たせずに、市町村の策定するFプラン
の中で集中地区を指定し、その指定に、(イ)地区内の異種用途の排除、および(ロ)
地区外の同種用途の排除、という法的効果を持たせることによって風力発電設
備用地の立地コントロールを行おうとする（以下、「Fプランルート」と称する）。
ドイツではこれまでは前者の手法で風力発電設備の立地選定を行う州が多かっ
たが、近年後者を推進する州が増え始めている（たとえば、バーデン・ビュルテ
ンベルク州、ラインラント・プファルツ州など）(15)。

　この二つの手法は、どのような手続で実施され、またどのように機能してい
るのであろうか。以下では、前者の例としてヘッセン州の事例を、また後者の
例としてバーデン・ビュルテンベルク州の事例を取り上げて、分析していく。

2　ヘッセン州の手法──広域地方計画での具体化

(1)　はじめに

　ヘッセン州では、2011年3月以降、州発展計画も含めて州計画のエネルギ
ー供給に関する部分を全体的に見直すべきである旨の意見が有力になった。そ
こで、同年11月に、ヘッセン・エネルギーサミット（Hessischer Energiegipfel）が
開催され、2050年までに再生可能エネルギーによってエネルギーを100％自給
することなどを目指す決議がなされた。そのための方策としては、風力発電設
備についていえば、(イ)風力発電設備の新設を進め、州総面積の2％（約
40,000ha）について優先地区に指定すること、(ロ)優先地区以外での風力発電設
備の建設を禁止すること、(ハ)風力発電設備への市民参加を促進すること（売電
収益の分配等）、(ニ)既存の風力発電設備のリパワリング（出力の大きなものへの
転換）を進めること、(ホ)上記の趣旨を実現するべく州発展計画を改定し、広域
地方計画をこれに迅速に適合させること、などが決定された(16)。

---

　(15)　この点については、高橋・前掲注(1)第8章4参照。

州発展計画の改定を受けて、州土の2%を優先地区とすることとされたため、ヘッセン州の三つの行政管区（カッセル、ギーセン、ダルムシュタット）は、早速各広域地方計画の改定作業に取り掛かった。以下では、北ヘッセン計画地方（カッセル行政管区）の広域地方計画（北ヘッセン広域地方計画）を中心としてその特徴を検討していこう。

(2) 北ヘッセン広域地方計画を中心として

(a) 概要

北ヘッセン計画地方では、広域地方計画の「エネルギー」の部分を独立させて「北ヘッセン広域地方部分計画エネルギー2013」（Teilregionalplan Energie Nordhessen 2013. 以下、「北ヘッセン広域地方計画」と称する）という名称の草案が策定された。以下、経緯を箇条書きで記す。

(イ) 風量、環境（自然、水、種、動植物、景観、森林など）、住宅地などとの関係について、設備建設が法律上または事実上不適切である地域（「堅いタブーゾーン」と称される）を除外した結果、46,000ha が抽出された（調査対象地域面積）。これは当管区総面積約 80 万 ha の 5.7% に相当する。

(ロ) 上記の調査対象地域面積から、当該市町村の将来の土地利用構想との抵触などの理由で風力発電設備の建設から除外すべき地域（「柔らかいタブーゾーン」と称される）を除外し、16,600ha（188 の優先地区候補）を抽出した。既存の設備用地と併せると計 18,600ha となり当管区総面積の 2.2% に達する。

(ハ) この草案（第1次草案）について 2013 年 3 月中旬から同年 5 月中旬まで第 1 回縦覧手続を実施した。この間に提出された意見は 15,000 通であった。

(ニ) 提出された意見を衡量した上で、2014 年末に第 2 次草案を作成した。その際、優先地区の指定候補地の部分的な縮小・撤回・新規設定などを行った結果、ほぼ同面積の候補地面積を維持している。

(ホ) 2015 年 3 月中旬から同年 5 月中旬にこの草案を第 2 回縦覧手続に付した。この間に提出された意見は 32,000 通に増加した。

(16) Hessischer Energiegipfel, Ausschlussbericht des hessischen Energiegipfels vom 10. November 2011, S. 9ff.

（ヘ）　提出された意見を衡量した上で、地方会議は、2016年10月を目途とし
　　　て最終草案を決定する予定である。最終草案が再々度公示縦覧手続にかけ
　　　られることはない。なお、新聞報道によれば、関係者の話として最終草案
　　　は微修正はあるものの第2次草案からの大きな変更はないとしている[17]。

　北ヘッセン広域地方計画の策定手続は概要以上の経過を辿った。第1回目の
縦覧手続で出された反対意見を踏まえて作られた第2次草案においても、優先
地区面積が、地域による増減を通じて結果的には維持され「2％目標」をクリ
アしていることは興味深い。本計画地方の優先地区指定に対する強い姿勢を読
み取ることができる。第2回目の縦覧手続での提出意見は第1回目のそれより
も倍増したが、このような行政管区の姿勢に対する批判が高まったのかもしれ
ない。それでは縦覧手続で提出された意見の内容はどのようなものであったか。

　（b）　提出された意見

　第2回縦覧手続で出された意見は、新聞記事などでその一端を知ることがで
きる。

　まず、市民からの反対意見で多いのが、騒音（低周波音も含む）が発生した
り、景観、自然・動植物、森林、観光的価値などが侵害されることへの不満だ
った。地元の新聞記事を見ても説明会で数多くの反対意見が出されたり、各地
で反対運動が起きている状況が紹介されており、本行政管区当局者の、「（優先
地区を指定したことに対して）行政裁判所への提訴が増えるであろう」というコ
メントが紹介されている[18]。

　次に、行政機関とりわけ市町村の反応であるが、優先地区の指定に反対する
意見が多いが、他方で優先地区の指定に積極的な意見も目立つ。後者について
は、「市町村内での風力発電設備の設置を推進したいのだが、優先地区が指定
されないので困っている」という内容の記事が複数見られた。設備設置を望む
市町村の中には、公有地を賃貸しその収入に期待するものや風力発電設備の設
置・維持に対して市民が経済的に関与することを通じて地域で価値創出を行い

（17）　"Windkraft", Hessische Niedersächsische Allgemeine（HNA）vom 8. 6. 2016. なお、本稿校
　　　正の段階で、最終草案が賛成多数（37票中34票）で可決された（2016年10月7日）。それによ
　　　れば、優先地区総面積は17,600ha、当管区総面積の2.05％である。

（18）　"32,000 Einsprüche gegen Windkraft in Nordhessen", HNA vom 16. 6. 2015.

たいというより積極的な動機づけのものもある[19]。これに対して、前者の市町村は、自己の市町村内にこれ以上風力発電設備が建設されることを批判する。たとえば、ヴィリンゲン（Willingen）町（人口約 6,000 人）は観光的価値が損なわれることを、ディーメルシュタット（Diemelstadt）町（人口約 5,000 人）は景観や生物多様性が侵害されることを主な理由とする。この二つの町ではすでに独自に F プランで風力発電設備のための集中地区指定をしており、これに加えて新たに優先地区が指定されることで市町村の自治権が侵害されると批判する[20]。

(c)　提出された意見への対応

それでは、これらの意見に対して、地方会議はいかに対応したであろうか。地方会議の委員会での検討経過がホームページ上で詳細に報告されている。

それによれば、まず、一般的対応として、提出された意見を論点ごとに分類して、各論点について検討がなされた。一例を挙げれば、低周波音については、施設から 250m 離れていれば健康上の被害はないこと、冷蔵庫などの家電製品でも同程度の低周波音は生じていることなどが指摘されている[21]。

次に、個別的対応として、個々の優先地区についての検討がなされた。検討結果は理由も含めて郡単位（計 6 郡）でまとめられ公表されている[22]。この中ではたとえば、前述したヴィリンゲン町の主張については、(イ)当町ではこれまでも風力発電設備を積極的に建設してきており、観光振興を理由として優先地区指定を拒否する理由は乏しいこと、(ロ)風力発電設備についての地区指定をした既存の F プランは、広域地方計画上で優先地区を指定する際には、衡量要素の一つに過ぎず（国土整備法 8 条 2 項 2 文参照）、優先地区の指定を法的に拘束するものではないことなどの反論がなされている。

上記の(ロ)の点に関して、北ヘッセン広域地方計画の最終草案は、下記の通り

---

(19)　"Morschen wartet auf Ja zur Windkraft", HNA vom 11. 11. 2015; "Gemeinde Alheim sorgt sich um Windpark bei Licherrode", HNA vom 2. 11. 2015.

(20)　ヴィリンゲン市につき、Stellungnahme der Gemeinde Willingen (Upland) zu dem in Aufstellung befindlichen Teilregionalplan Energie Nordhessen im Rahmen des 2. Anhörungs- und Offenlegungsverfahrens vom 16. 03. bis 15. 05. 2015. ディーメルシュタット市につき、Geltendmachung von Einwendungen der Stadt Diemelstadt vom 22. 5. 2015.

(21)　Drucksache für die Regionalversammlung Nordhessen vom 28. 03. 2014, 07/2014.

(22)　Drucksache für die Regionalversammlung Nordhessen vom 6. 11. 2014, 32/2014 ～ 37/2014.

述べている[23]。

　「広域地方計画の策定者は、風力エネルギー利用のための優先地区指定を市町村の同意に係らしめてはならない。市町村の意向を無審査で受け入れれば、その衡量には瑕疵があることになる。本広域地方計画のコンセプトによれば、風力発電設備は（優先地区に）集中することになるが、このような地域的偏在は不可避的であるし、また地方はこれを受忍しなければならない。」

　前述した通り、広域地方計画の中で優先地区を指定していく手法では、基礎自治体の多くは、地方会議の構成員にならない限り、その意向は、市民一般の意向と同様に、衡量過程における衡量要素の一つとして位置づけられるに過ぎない。すでに当該市町村によって指定されている F プランがある場合でも、それは衡量要素の一つに過ぎないのである。

3　バーデン・ビュルテンベルク州の手法──F プランでの具体化

(1)　州エネルギー政策の転換[24]

　以上のようにドイツでは、風力発電設備の建設について州レヴェルで（広域地方計画を媒介として）立地を促進しようとする州は多い。しかし、それとは反対に、州の関与を縮小して主として市町村レヴェルで（F プランを媒介として）立地をコントロールしていこうとする動向もある。たとえば、ドイツ南部でバイエルン州の西隣に位置するバーデン・ビュルテンベルク州（以下、「BW」と称することもある）では、2011 年に州議会選挙で Die Grünen（緑の党）などの左派連合が政権を担当することになって以降、その流れは強くなっていった。州政府は、風力発電は太陽光発電と並んで今後もより一層拡大する余地があるということで、2020 年までに電力生産の 10%以上を「地元産の風力」（heimische Windkraft）で賄うことを目標としている。これによると、そのためには風力発電設備が州内で今後さらに 1,200 基が必要となる[25]。

(2)　州計画法の改正

　州政府は、上記の目的を達成するために、州計画法（Landesplanungsgesetz）を

---

(23)　Regierungspräsidium Kassel, Teilregionalplan Energie Nordhessen Genehmigungsentwurf — Text und Begründung, 2016, S. 13.

(24)　以下の詳細については、高橋・前掲注(1)第 8 章 4 参照。

2012 年 5 月に改正した。本稿で関連する改正の内容は以下の通りである。

(i) 2013 年 1 月 1 日時点で存在する風力発電設備のための優先地区をすべて廃止する（州計画の改正に関する法律 3 条 2 項）[26]。これによって、1997 年以降特例建築計画とされている風力発電設備について、BW 内においては、国土整備法上の立地コントロールは基本的にはなくなった。

(ii) 地方組合（BW での広域地方計画策定主体）は、広域地方計画で風力発電設備のための優先地区を新たに指定することができるが、地区外での建設を排除する効果を有しないように指定することが・で・き・る（州計画の改正に関する法律 1 条 2 項（州計画法 11 条 7 項として規定））。具体的には適性地区（当州では「排除地区」と称する）の効果を伴わない優先地区を指定することができる。これによって、地方組合は、広域地方計画で優先地区を新たに指定する場合でも、地区外での建設を排除できないものとすることができるようになる。この結果、従来であれば建設を禁止された優先地区の外側に位置する市町村が、優先地区外において F プランを策定し集中地区を指定することによって、風力発電設備の建設を促すことができるようになる。

　非常に大胆な改革である。とりわけ(i)で一旦州土全域を風力発電設備について「建築自由」の状態にして設備が濫立されうる恐怖感を市町村に与えることで、各市町村に F プラン上での集中地区の策定を急がせて風力発電設備の建設を促進しようとする点が特徴的である。上記(ii)から推測されるように、BW においては、地方組合によってはもはや優先地区は地区外の建設を排除する効力を有せず形式的な指定の意味しか有しないことになるので、この場合には、市町村は F プランを通じてしか立地コントロールができない。すなわち、〈州

---

(25)　ヘッセン州の場合には今後 400 基を新設する予定であったが、その 3 倍の数字である。Windenergieerlass Baden-Württemberg, Gemeinsame Verwaltungsvorschrift des Ministeriums für Umwelt, Klima und Energiewirtschaft, des Ministeriums für Ländlichen Raum und Verbraucherschutz, des Ministeriums für Verkehr und Infrastruktur und des Ministeriums für Finanzen und Wirtschaft vom 9. 4. 2012, S. 5; Landtag von Baden-Württemberg, LT-Drs. (Landtagsdrucksache), 15/1368, S. 5. なお、BW の他にも、本文で述べたようにラインラント・プファルツ州（以下、「RP」と称することもある）やザールラント州（Saarland）も同様に F プランルートを中心とする方針を打ち出しているが、本章では BW のみを取り上げることとする。

(26)　GBl. 2012, S. 285.

発展計画（→広域地方計画（→優先地区の指定））→Fプランによる集中地区の指定〉という流れである（カッコ内は形式的意味での指定でしかないということを表す）。

このような改革によって、果たして風力発電設備の立地が進んでいるのであろうか。以下、改正法の運用状況の一端について検討してみよう。

(3) 州計画法改正法の運用状況

ところで、州のHPの記事によると、2015年上半期までで、州内の市町村の内23の市町村が風力発電設備のためのFプランを策定済み、251の市町村がFプランの策定決議をして現在策定手続が進行中で、これらの市町村の州内の全市町村に占める割合は66％である[27]。他方、上記(2)(ii)で示唆したように、従来のように広域地方計画の優先地区を使って立地コントロールをして行くこともできるので、それらの地方組合内の市町村数はおよそ30％強であろう。すなわち、Fプランに重点を置く地方組合内の市町村の方が多いことになる。BWでは、州計画法の改正後、風力発電設備の立地に関する計画策定には、二つのパターンがあることがわかった。以下では、まずそれらを整理しよう。

BWには四つの行政管区が存在するが、ヘッセン州のように行政管区が広域地方計画の区域になるのではなく、一つの行政管区内に複数の地方組合（Regionalverband）があり、そこを単位として広域地方計画が策定される。

第一の類型は、州計画法改正前と同様に、広域地方計画を中心とした立地コントロールを行おうとするものである。たとえば、シュトゥットゥガルト（Stuttgart）行政管区内の東ビュルテンベルク地方組合（Regionalverband Ost-Württemberg）である。この地方組合は、以前から風力発電設備の建設に積極的に取り組んできた。前述の州計画法改正後も、従来通りに広域地方計画による優先地区指定を通じて立地コントロールをしており、市町村によるFプランの策定を予定していない。当地方組合の議事録によれば、その理由は、(イ)市町村に計画策定の負荷をかけないこと、(ロ)事業者に投資や事業計画の予測可能性を確保することにある[28]。この類型は、ヘッセン州の上述した手法と同様

---

(27) Ministerium für Umwelt, Klima und Energiewirtschaft Baden-Württemberg, Interesse am Bau neuer Windkraftanlagen ungebrochen — Landratämter erteilen 31 Baugenehmigungen im ersten Halbjahr 2015.

であり、現在のドイツでも一般的な形態と思われる。

　第二は、州計画法改正法の趣旨を生かして、市町村によるＦプラン指定を通じての立地コントロールを中心とする類型である。たとえば、カールスルーエ行政管区のライン・ネッカー地方組合（Verband Region Rhein-Necker）内の市町村が典型であり、その他にも南西部の市町村にも多く見られる。この類型でも、広域地方計画は策定されるが、上記の類型とは異なって、市町村のＦプランで指定された集中地区を地方組合が形式的にまとめるだけで広域地方計画の優先地区としているようである。したがって、この類型は、いわば「下からの積み上げ型」とも称することができよう。第一の類型が、国土整備計画ルートの優先地区に基づく立地選定であるのと対称的である。

　さて、第一の類型がどのように機能しているかは、すでに北ヘッセン広域地方計画を例としてすでに考察したので、以下では、それとは対称的な位置にある第二の類型についてその運用状況の一端を検討していこう。

　(4)　ハイデルベルク市の場合

　(a)　概要

　素材とする市町村（正確には市町村連合）は、ハイデルベルク・マンハイム近隣自治体連合（Nachbarschaftsverband Heidelberg-Mannheim）である。この自治体連合は、上述したＢＷ北西部のライン・ネッカー地方組合のエリア内にあり、ハイデルベルク市（人口 15 万人）とマンハイム市（同 31 万人）の二つの大学都市を中心とする計 18 の市町村から構成される（域内総人口約 66 万人）。現在、風力発電設備のための集中地区を指定するべくＦプランを策定している。当初は 17 地区、計 890ha（当自治体連合総面積 488km²の 1.8%[29]）につき地区指定をして 70 ～ 80 基を建設する方向での素案が作られ、縦覧手続に付され、提出された意見を集計した。その際には市民集会が開催されたが、これらの手続を自治体連合 1 か所で行うには規模が大きくなりすぎるため、実際には自治体連合を構成する市町村毎に実施されている。以下では、その一つのハイデル

---

(28)　Regionalverband Ostwürttemberg, Stand der Umsetzung des Teilregionalplans Erneuerbare Energien (Bereich Windenergie), Planungsausschuss vom 15. Juni 2016, S. 6.

(29)　この「1.8%」という比率は、ヘッセン州の 2% に近い数値である。各州とも、概ね 2% 前後の数値を基準としているようである。

ベルク市を取り上げる。自治体連合の素案では、ハイデルベルク市内には、自治体連合内の予定地区計17か所のうちの7か所が集中地区として提案されている。その後の手続の進行を箇条書で記せば下記のようになる。

　(イ)　縦覧手続は2015年10月1日から11月15日まで、意見の提出（インターネットを通じても可）は11月22日まで行われた。

　(ロ)　提出された意見を集計の上、2015年12月14日に市民集会を開催し、結果の報告と今後の方針を説明した。その結果7地区が3地区に減少した（後述）。

　(ハ)　2016年2月以降、上記の候補となっている3地区について検討を進めた。

　(ニ)　2016年3月、候補地をさらに1つ減らした（計2地区）。現在は、Fプラン草案を策定する作業が進んでいる。

　(b)　提出された意見

　上記の縦覧期間に、約400のコメントが寄せられた。また、集中地区ごとに分析・整理した意向調査の結果は図の通りである。

　図の右半分は森林が多く、素案の集中地区の内5か所は森林であり、残りの2か所は、図の左側に広がる平地に位置している。そして、意見分布については、前者の5か所の内4か所につき反対意見が80％前後以上を占めており、賛成は6〜20％前後に過ぎなかった。また森林の中の1か所（ドライ・アイヒェン（Drei Eichen））は賛成と反対が50％ずつであった。平地の候補地区2か所については、1か所（グレンツホフ・オスト（Grenzhof Ost））につき反対意見が60％近くに達するが、他の1か所（キルヒハイマー・ミューレ（Kirchheimer Mühle））は70％近くが賛成している。

　反対意見の論拠は、北ヘッセン広域地方計画で出されたものと重なるものが多い（景観・健康・自然を侵害、アクセス道路が不十分、風車を建てても採算が合わないなど）。賛成意見については、エネルギー転換（Energiewende）への寄与の重要性、転用面積が少なくて済むこと（農地の場合はそのまま農業を継続できる）、地方分散型エネルギー供給の必要性、地代収入への期待などである[30]。

　参加手続の結果をまとめた報告書は、これらの意見を整理した上で、(イ)市民

---

　(30)　Michelle Ruesch, Ergebnisse der Beteiligung auf www.heidelberg-windenergie.de, S. 9-18.

第2部　都市法の現代的変容　161

図　ハイデルベルク市の計画素案における集中地区毎の意見分布

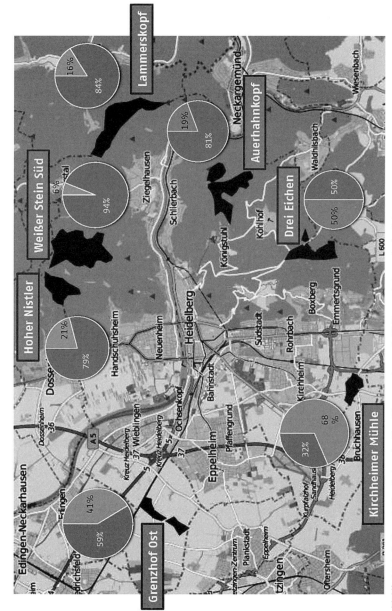

（資料）Michelle Ruesch, Ergebnisse der Beteiligung auf www.heidelberg-windenergie.de, S. 8.

の意見は両極端に分かれていること、㈹7つの候補地の6か所について賛成か反対かが明確にわかることという特徴を指摘した[31]。

(c) 提出された意見への対応

当市は、上記報告書が出た後、2015年12月14日に結果報告と今後の提案のために市民集会を開催した。地元の新聞（ライン・ネッカー新聞）は、会合では「批判のあられが降った」と集会の模様を伝えている。副市長（環境局長）は、反対意見が強かった4地区について集中地区の指定を断念し、反対意見が50％以下だった2地区と平地の1地区（Grenzhof Ost）につき、引き続き候補地として審理することとした[32]。

2016年になってから、市議会では、保守政党のCDU（キリスト教民主同盟）は当市内での集中地区指定をすべて拒否する提案をした。これに対して、SPD（社会民主党）やDie Grünen（緑の党）は、㈠集中地区を指定できなければ建設法典35条1項5号の特例建築計画として市内のどこでも風力発電設備が建てられることになってしまう、㈹当市で地区指定を拒否すれば他地域での地区指定の負担が増えることになる、という批判をした。市議会ではCDUの提案は多数を得られず、3つの候補地は引き続き検討対象とされることとなったものの[33]、その後、平地の1地区（Grenzhof Ost）が、候補から削除され[34]、結局、2地区になった。

(d) 小括

当市での現在までの経過は以上の通りである。下記の点が特徴的である。

第一に、図で示した通り、7つの候補地区の多くについて、住民・市民は批判的である。当初の7つの候補地区のうち5つが素案から外れたが、外れた地区はすべて反対派が過半数を占めている地区である。そして現在残っている2地区は、賛成派が上回るか（Kirchheimer Mühle、68％が賛成）、賛否が均衡（Drei Eichen、50％が賛成）している地区である。

第二に、ハイデルベルク市当局も、素案段階の参加手続において7地区の内

---

(31) Ruesch, a.a.O. (Anm.30), S. 19.

(32) "Heidelberg besser ganz ohne Windräder?" Rhein-Necker-Zeitung (RNZ) vom 14. 12. 2015.

(33) "Windkraft in Heidelberg: Drei Standorte werden weiter geprüft", RNZ vom 20. 2. 2016.

(34) 削除された主たる理由は、航空法上の疑義が生じたことにあるとされている。

４地区について非常に強い反対意見を、１地区（Drei Eichen）について強い反対意見をそれぞれ表明した。反対の理由は地区によって異なるが、景観保全と生態系（とくに鳥類）保護が主たる理由である。これらの反対意見は、当市町村連合との事前の調整段階では出されていなかったものであり、いわば後出し的に出されたものであるが、結局前者の４地区が、実際に素案から外された[35]。

第三に、現在残っている２地区は、図からわかるようにすでに断念された地区よりも概して面積が小さい。キルヒハイマー・ミューレ地区が15haであり、ドライ・アイヒェン地区が33haであるので、両者を併せても48haである。これは、当初の候補地区合計面積389haの12％に過ぎない。また、これは当市の総面積10,800haの僅かに0.44％を占めるに過ぎない。この数値は、当自治体連合の前述した1.8％の数値と比べると極端に少ない。

なお、この２地区はまだ辛うじて候補地に留まっているが、現在は、賛否が均衡しているドライ・アイヒェン地区についても住民、自然・環境保護団体や市当局から非常に強い批判が加えられている。今後様々な角度からの検証がなされる中で、この地区も指定案から外れて、候補地が１地区になってしまう可能性もある[36]。

景観が美しいことで知られるハイデルベルク市の例がBWの他市でも見られるとは必ずしも言えないが、程度の差こそあれ、当市のような経過を辿っている自治体は少なくないものと推測される。この推測が誤っていないとすれば、州政府の意図——地区の指定権限を基礎自治体に移すことによって風力発電設備のための地区指定を拡大しようとする意向——は、地域によってはむしろ逆の結果を生じさせてしまっていることになる。

---

(35)　Nachbarschaftsverband Heidelberg — Mannheim, Flächennutzungsplan Windenergie — Ergebnis der Beteiligung der Behörden nach §4(1) BauGB, Anlage 4, 2016, S. 1-11.

(36)　"Windkraft in Heidelberg: Sind zwei Standorte zu viel ?", RNZ vom 12. 7. 2016; "Windräder: Rohrbach und Emmertsgrund sind für Verwaltungsvorlage, Kirchheim und Boxberg dagegen", RNZ vom 25. 6. 2016; "Auch die Boxberger wollen keine Windräder", RNZ vom 24. 3. 2016. ハイデルベルク市当局は、当地区が動植物相生息区域（FFH-Gebiet）であることを理由に候補から外すべき旨主張している。なお、仮に、ドライ・アイヒェン地区も候補から外れた場合、当初の候補地合計面積および市総面積に占める当市内の集中地区の比率は、それぞれ3.9％および0.13％にまで低下する。

以上の傾向を、北ヘッセン広域地方計画と比較した場合、いかに考えられるであろうか。本稿のむすびとして検討したい。

IV　むすびに代えて

風力発電設備の立地選定のプロセスについて、ドイツの二つの手法を検討してきた。この両者の間にはどのような差異があるか。

第一に、基礎自治体の位置・機能についてである。国土整備計画ルートでは計画策定主体が基礎自治体ではないため、すべての市町村が計画策定に直接関与できるわけではない。より強く関与するためには地方会議の構成員となることであるが、前述のようにすべての市町村が構成員になれるわけではないので、メンバーになれない場合には、縦覧手続に際して意見を提出するしかない。すなわち、住民・市民と同様の手続においてしか関与できない。これに対して、Fプランルートでは、本件のような市町村連合の場合においても、もし市町村連合と当該自治体との意思が乖離することがあっても、当該自治体は市町村連合の構成メンバーなのであるから、その意思を市町村連合の作成するFプランの中に反映することは相対的に難しくない。

第二に、選定プロセスにおける市民の法的地位についてであるが、国土整備法で公衆参加の制度が整備されてきたとはいっても、II 3(2)で述べたように、建設法典に根拠を置くFプランの策定プロセスの方が市民に、より手厚い公衆参加手法を定めている。この点も、国土整備計画ルートとFプランルートを比較する場合の重要な論点である。ハイデルベルク市のFプランで、当初の7地区案が2地区案にまで後退した原因の一つには、7地区案はまだ草案になる前の素案段階であったため、市民（や市当局）の意見が素案に反映されやすかったことが考えられる。これに対して、国土整備計画ルートでは、市民や市町村の意見はFプランルートと比べて相対的に反映されにくい。北ヘッセンの場合は、制度上は公示縦覧手続が1回で足りるにも拘らず丁寧に2回の公示縦覧を行っているが、いずれも、素案段階を越えて計画策定者の意図がかなりの程度固まった草案段階で行われた。反対意見は手続の度に増加していったが、草案段階に至ると、細部での修正はありえても、根本的な修正は容易では

ない。実際に、前述したように、結局は当初の案と大差のない計画が最終草案として策定された[37]。

第三に、第二の点の結果として、策定されようとしている計画については、ハイデルベルクの場合には住民・市民は納得するであろうが、北ヘッセンの住民・市民はおそらく規範統制訴訟を使って裁判所でその有効性を争うであろう。北ヘッセンの場合、公示縦覧手続は前述のように慎重になされているので、訴訟では手続的瑕疵よりも衡量の瑕疵の存否が争点の一つになるであろう。しかし、Ⅱ3(3)で検討したように、国土整備計画の場合には、建設法典と比較して衡量素材となる諸利害に関する調査・衡量の密度が低い。この点は、衡量の瑕疵の存在を主張・立証する側（原告）には大きな負担となってくるであろう。

第四に、住民・市民の反応という点ではいずれも強い反対が見られる。ただ、北ヘッセンの場合には、住民・市民の反対は功を奏することなく、優先地区が指定されていくこととなったのに対して、ハイデルベルクの場合には、住民・市民の反対は大きな成功を収め、1ないし2の集中地区しか指定できない可能性が高い。しかし、今後風力発電設備の建設を進めていくためには、優先地区か集中地区か——国土整備法か建設法典か——という選択肢とは別に、住民・市民の受容可能性をいかに高めていくか、が重要であるということができよう。"NIMBY"(Not in my backyard) という言葉で語られているように、住民・市民は、再生可能エネルギーの促進には賛成しつつも自分の地域に設備が建設されることには強い抵抗を示す。この隘路を打開するためにドイツでは様々な試みがなされているが、現在の所、自治体や地域住民・市民が再生可能エネルギー設備の建設に主体的に関与することが最も有力な選択肢であるように思われる[38]。いずれのルートに依拠するにせよ、風力発電設備事業を行おうとする場合には、このような観点は不可欠な要素になるであろう。

（たかはし・じゅいち　横浜国立大学大学院国際社会科学研究院教授）

---

(37)　公衆参加が素案段階でなされる場合と草案段階でなされる場合との意味の違いについて本文と同旨の指摘をするものとして、たとえば、U. Battis/M.Krautzberger/R.-P. Löhr, Baugesetzbuch, 12. Aufl., Rdn. 8 zu §3 (Battis); Koch/R.Hendler, a.a.O. (Anm. 5), S. 321 (Appel).
(38)　この点については、高橋・前掲注(1)第11章参照。

米軍基地確保政策にみる日米安保体制の特異性

川瀬光義

はじめに
I　米軍用地確保政策の変遷
II　軍用地料の構造
おわりに

はじめに

　歴代政権が最重要の国策と位置づけてきた日米安全保障条約にもとづいて、日本政府はアメリカ合衆国に基地を提供する義務を負っている。実際、今日なお3000ha以上もの土地が米軍専用施設として提供されている[1]。そしてその約4分の3が沖縄に集中していることも、周知の事実である。沖縄の基地の特異性は、その所有形態に端的に表れている。すなわち、沖縄以外の米軍基地の場合多くが旧日本軍の基地を活用しているために国有地が大半を占めるのに対し、沖縄の場合は表1に示したように国有地34.6%、県有地3.6%、市町村有地29.4%、民有地32.5%と、非国有地が3分の2を占めている。こうした違いは、凄惨な地上戦がおこなわれた沖縄においては、生き残った沖縄の人々をキャンプに収容している間に、従前の使用状況がどうであったかに関係なく、米軍が欲するがままに基地を確保したことが沖縄の基地形成の原点となっていることによる。つまり、敗戦後70年以上、そして1972年に日本が沖縄の支配権を取り戻した「復帰」から40年以上が過ぎても軍事占領が継続しているのである。

---

(1)　これに加えて、一時使用施設が約7000haある。

表 1　沖縄県内基地の所有形態別面積

(2015 年 3 月末現在)

区　　分	米軍基地		自衛隊基地	
	面積（千㎡）	構成比（%）	面積（千㎡）	構成比（%）
国有地	79,528	34.6%	925	13.3%
県有地	8,180	3.6%	1	0.0%
市町村有地	67,555	29.4%	1,401	20.2%
民有地	74,658	32.5%	4,617	66.5%
計	229,921	100.0%	6,944	100.0%

出所）沖縄県知事公室基地対策課『沖縄の米軍及び自衛隊基地（統計資料集）』
(2016 年)、7 頁。

　ともあれ日本政府にとっては、沖縄に偏在している大量の非国有地の米軍基地を安定的に確保することが日米安全保障条約にもとづく義務を履行する上で死活的に重要な課題となっている。そのため、次の二つの施策が講じられてきた。第一は、契約に応じない地権者から使用権原を取得するための「日本国とアメリカ合衆国との間の相互協力及び安全保障条約第六条に基づく施設及び区域並びに日本国における合衆国軍隊の地位に関する協定の実施に伴う土地等の使用等に関する特別措置法」（以下、「駐留軍用地特措法」と略記）である。米軍基地用地の確保について特別措置法を定めなければならないのは、公共事業などに必要な土地の提供に地権者が応じない場合に適用される土地収用法において、「土地を収用し、又は使用することができる事業」を定めた第 3 条には、外国の軍隊に土地を提供する条文がないことによると思われる。とはいえ、駐留軍用地特措法における具体的な手続きの大半は土地収用法の規定が適用される（第 14 条）。しかしここで焦点となるのは、通常の公共事業などに必要な土地取得と異なり、すでに米軍が占有している土地の使用継続か否かという点である。そこで日米安全保障条約上の義務を果たすためには、万が一にも使用権原の「空白」が生じないようにすることが求められる。ここでは、そのためにどのような特異な仕組みとなっているかを明らかにしたい。

　第二は、軍用地料である。米軍基地の対象となる非国有地を使用する場合、日本政府が地権者と賃貸借契約を締結して米軍に提供することとなる。その際、地権者に支払われる賃貸料を「軍用地料」という。これは経済的にみると地代

第2部　都市法の現代的変容　169

であり、しかも租税などを財源とする財政政策としておこなわれる。したがってその水準の決定に際しては、土地の利用状況や全般的な地価動向などを反映した経済的合理性や公正さが求められる。しかしながら、実際の内容をみると、経済的合理性ではとうてい説明できず、公正さに欠ける事例が見られる。ここでは、財政政策に求められる要件をないがしろにして米軍の利用に「空白」が生じないようにするべく地権者の「同意」による「契約」を獲得することを優先する施策の特徴を明らかにしたい。

　本章では以上の2側面から、沖縄を主たる事例として非国有地を米軍基地として確保する施策の特異性を明らかにすることが課題となる。

I　米軍用地確保政策の変遷

1　「復帰」前の基地形成

　サンフランシスコ講和条約で日本が「独立」を回復して70年が過ぎた今日なお、沖縄のみならず全国各地に多くの米軍基地が存在するのは、日米安全保障条約第6条において「日本国の安全に寄与し、並びに極東における国際の平和及び安全の維持に寄与するため、アメリカ合衆国は、その陸軍、空軍及び海軍が日本国において施設及び区域を使用することを許される」と規定していることによる。しかし、その「独立」は沖縄などを切り離すことによって成し遂げられたものである。したがって、戦後も沖縄に基地が置かれたのは安保条約によってではなく、軍政下においてであった。そこでまず、日本の敗戦後における沖縄の基地形成過程を簡単に振り返っておこう。

　来間泰男の整理によると、沖縄のアメリカ軍基地は三次にわたる接収によって形成されたという[2]。まず日本軍との戦闘の最中に、住民をキャンプに収容しているうちに確保された。いわば戦時強制収用であり、法的には「ヘーグ陸戦法規」によるとされる。沖縄の人々には抵抗するすべはなく、現在の主な米

---

(2)　本稿の基地形成の歴史に関する叙述は、主として来間泰男『沖縄経済の幻想と現実』（日本経済評論社、1998年）、同『沖縄の米軍基地と軍用地料』（榕樹書林、2012年）、沖縄県知事公室基地対策課『沖縄の米軍基地』（2013年）などを参照した。また、基地に関するデータは、沖縄県知事公室基地対策課『沖縄の米軍及び自衛隊基地（統計資料集）』（2016年）による。

軍基地はこのとき形成された。このように軍事占領によって主な基地が形成されたことが、沖縄の基地の基本的性格を規定している（第一次接収）[3]。

　サンフランシスコ講和条約によって、沖縄などを切り離して日本は「独立」を回復した。その第3条によると沖縄などについては「合衆国を唯一の施政権者とする信託統治制度の下におくこととする国際連合に対する合衆国のいかなる提案にも同意する。このような提案が行われ且つ可決されるまで、合衆国は、領水を含むこれら諸島の領域及び住民に対して、行政、立法及び司法上の権力の全部及び一部を行使する権利を有するものとする」とされた。その後、アメリカが信託統治とする提案をしたことはないため、この第3条にもとづいてアメリカの軍事占領が継続されることとなった。

　他方、講和条約発効を受けて、アメリカ軍は、確保した土地について地権者との「契約」をすすめるべくヘーグ陸戦法規に代わる新たな法的根拠づくりに取り組むこととなった。

　まず1952年11月1日琉球列島米国民政府布令第91号「契約権」が公布され、賃貸借契約による既接収地の継続使用が図られたが、契約期間が20年と長いうえに軍用地料が低額であったため、契約に応じた地主はほとんどいなかったという。

　次いで1953年4月3日に琉球列島米国民政府布令第109号「土地収用令」が公布された。それによると、米国が土地の使用権原を取得する場合はまず協議によるが、それが不成功に終わったときは、米国はあらかじめ地主に対し収用の告知をするものとし、地主は30日以内に受諾するかどうか回答しなければならなかった。地主は拒否する場合、その旨を民政副長官に訴願することができたが、その場合にも米国は一方的に収用宣告書を発することによって土地の使用権原を取得することができた。

　そして既接収地の使用権原の法的根拠を明確にするため1953年12月5日に琉球列島米国民政府布告第26号「軍用地域内の不動産の使用に関する補償」

────────────

　(3)　2016年8月20日に放送されたNHKスペシャル『沖縄　空白の一年──"基地の島"はこうして生まれた』は、アメリカ軍の占領直後の映像や、米軍の機密資料、未公開の沖縄の指導者たちの日記等にもとづいて、沖縄がこの時期、アメリカでもなく日本でもない、"空白の状態"に置かれながら、次第に「基地の島」へと変貌させられていった過程が描かれている。

が公布された。その布告では「軍用地について、1950年7月1日または収用の翌日から米国においてはその使用についての黙契とその借地料支払の義務が生じ、当該期日現在で米国は賃借権を与えられた」と宣言することによって、既接収地の使用権原を合法化した。

これらは、アメリカが一方的に出す布告・布令ばかりであったが、こうして既接収地の使用権原及び新規接収を根拠づける法的整備を終えた1950年代前半に、真和志村安謝・銘苅、小禄村具志（いずれも現在は那覇市）、宜野湾村伊佐浜、伊江村真謝・西崎などで文字通り「銃剣とブルドーザー」による接収が強行された（第2次接収）。これらは面積としては第1次・第3次と比べて大きくはないが、人々の激しい抵抗を押し切って強行されたものである[4]。

さらに50年代後半には、北部訓練場やキャンプ・ハンセンなど大規模な基地拡張が行われた（第3次接収）。第1次・第2次が、主として平野部の民有地を対象としていたのに対し、第3次は国有地、県市町村有地が大きな割合をしめ、山林が中心であるため、第2次のような住民の激しい抵抗があったわけではない。しかし山林から生活の糧を得ている人々にとっては重大な問題であり、国頭村議会と東村議会は、米民政府など宛てに接収中止を求める陳情書を決議した[5]。また、大半が海兵隊基地の拡張であり、この第3次接収によって、沖縄のアメリカ軍基地の面積は1万6000haから2万7000haへと拡大し、海兵隊を中心とした基地に変わることとなったのである。

2 「復帰」後の基地確保政策

後の表3に示すように、現在の在沖米軍の中心をなす海兵隊は、かつてはキャンプ岐阜とキャンプ富士（山梨）に司令部がおかれ、神奈川県横須賀市、静岡県御殿場市、滋賀県大津市、奈良市、大阪府和泉市・堺市、神戸市などに部隊が駐留していた。しかし反基地運動の高まりに直面して撤収を余儀なくされ、

---

(4) 伊江村での接収については、阿波根昌鴻『米軍と農民』（岩波書店、1973年）に詳しい。

(5) 以上は、「北部訓練場の強制接収」『琉球新報』2016年12月3日付、による。また、このとき接収の対象となった辺野古の住民は、条件付きで「契約」に応じた。これは、第2次接収での米軍の対応を垣間見て、抵抗をしても結局は奪われるのであるなら、少しでもよい条件で応じた方がよいという判断による。その経緯については、NHK取材班『基地はなぜ沖縄に集中しているのか』（NHK出版、2011年）を参照

軍政下の沖縄に移駐したのである[6]。

　さらに 1972 年の復帰後も、キャンプ瑞慶覧の施設管理権が陸軍から海兵隊に移管（1975 年）、第 1 海兵隊航空団司令部が岩国基地からキャンプ瑞慶覧へ移駐（76 年）、辺野古弾薬庫、キャンプ桑江が陸軍から海兵隊に移管、伊江島補助飛行場が空軍から海兵隊に移管（79 年）するなど、海兵隊の沖縄への集中がいっそう進められたのである[7]。

　こうした過程で軍用地確保のためにどのような政策が行われてきたかを確認しておくこととしよう。軍事占領をそのまま継続してアメリカが事実上強制的に使用してきた沖縄の軍用地は、1972 年の復帰に際して日本の法体系に入ったことによって、正式な契約に切り替えなければならなくなった[8]。ところが、復帰時においても契約に応じない土地が大量に発生することが確実となったため、基地用地の確保のために「沖縄における公用地等の暫定使用に関する法律」（公用地法）が制定された。この法律では、軍用地を公用地とみなして、復帰後 5 年間は契約がなくても強制使用できることとした。復帰時の駐留軍用地 2 万 8660ha のうち民有地が 1 万 8670ha あったが、うち 1 万 4100ha は地権者の合意を得て使用権原を取得したものの、残り 4500ha についてはこの公用地法を適用して暫定使用されることとなった。

　復帰時には契約に応じなかった地権者の多くが復帰後は応じたものの、少数とはいえ契約に応じない地権者が存在した。いわゆる「反戦地主」である[9]。公用地法の期限が切れた復帰 5 年目の 1977 年 5 月 15 日、反戦地主たちは基地内の自らの土地に立ち入った。しかしその 4 日後に成立した「沖縄県の区域内における位置境界不明地域内の各筆の土地の位置境界の明確化等に関する特別措置法」の付則において、公用地法が 5 年間延長されることとなった。

　復帰 10 年目の 1982 年 5 月 15 日には、それも期限切れを迎えた。そこで政

---

(6)　その経過は、NHK 取材班・前掲注(5)を参照。

(7)　この点については、嘉手納町『嘉手納町と基地』（2010 年）、を参照。

(8)　国有地の場合、「日本国とアメリカ合衆国との間の相互協力及び安全保障条約第六条に基づく施設及び区域並びに日本国における合衆国軍隊の地位に関する協定の実施に伴う国有の財産の管理に関する法律」に基づいて無償で提供される。もし、これが無償ではなく有償で提供された場合の賃貸料の試算額は、2015 年度で 1658 億円である（『2016 年版　日本の防衛』より）。

(9)　新崎盛暉『沖縄・反戦地主』（高文研、1995 年）を参照。

府は、制定以来ほとんどの発動した実績がない冒頭に述べた駐留軍用地特措法を活用することにした。以来5年ごとにこの法にもとづく強制使用が繰り返されてきた。

重大な転機は、1997年5月に新たな使用権原を取得する必要がある軍用地について、当時の大田昌秀知事が代理署名を拒否したことであった。実は、それまで地権者に契約を拒否された土地については、駐留軍用地特措法にもとづいて当該地の市町村長に代理署名を求め、市町村長が拒否した場合は、知事が代理署名をしていた。大田知事がこれを拒否したため、政府は地方自治法に基づく勧告、さらには命令を出したが、いずれも拒否された。そこで政府は、沖縄県知事を被告とする職務執行命令訴訟を提起したのである。国がこのようなことができるのは、軍用地の確保が機関委任事務であったからである[10]。

機関委任事務とはいえ、こうした自治体の‘抵抗’に手を焼いた政府は、97年に駐留軍用地特措法を改正し、使用期限が切れた軍用地であっても、収用委員会の裁決による権原取得日の前日まで暫定的に使用できることとした。

さらに、2000年の地方分権一括法制定の一環として駐留軍用地特措法が改正された。一括法の最大の目玉は、機関委任事務の廃止であった。そこで機関委任事務であった駐留軍用地特措法に基づく土地の使用・収用手続きについて、使用・収用裁決等の事務は都道府県の法定受託事務とされたものの、代理署名など従来は市町村長や知事に委任されていた事務は国の直接執行事務とされたのである。つまり、それまでは地方自治体が拒否を貫いた場合、国は訴訟を起こさなければ事務を遂行できなかったのであるが、これによって国はそうした‘手間’をかけることなく基地を確保することができることとなった。

このように、「復帰」後も沖縄への米軍基地の偏在をどう解消するかという政策がないまま、米軍基地を確保することを最優先とする「特別措置」が繰り返された。それらは、地権者の意向をまったく顧みることなく基地を提供することを優先したものであり、アメリカの軍政下の布令・布告と何ら変わらない。さらに、1990年代半ば以降、「地方分権」つまり地方自治体の自己決定権をいかに拡大するかが内政上の最重要課題となっていたにもかかわらず、当該地を

---

(10) 代理署名拒否に関する沖縄県の考え方については、大田昌秀『沖縄は訴える』（かもがわ出版、1996年）、沖縄県『沖縄　苦難の現代史』（岩波書店、1996年）、などを参照。

表2　陸地面積に対する米軍及び自衛隊基地面積の割合

区分	陸地面積 A (km²)	米軍基地面積 B (千m²)	割合 B／A (%)	自衛隊基地面積 C (千m²)	割合 C／A (%)	基地面積合計 D≒B＋C (千m²)	割合 D／A (%)
沖縄県 (うち専用施設)	2,281	229,921 (226,233)	10.1 (9.9)	6,944	0.3	236,608	10.4
北部	825.46	161,405	19.6	617	0.1	162,022	19.6
中部	283.40	65,601	23.1	1,392	0.5	66,739	23.5
南部	353.39	2,000	0.6	4,516	1.3	6,516	1.8
宮古	226.17	—	—	137	0.1	137	0.1
八重山	592.62	915	0.2	281	0	1,196	0.2
(沖縄本島) ((うち専用施設))	(1,206.93)	(219,286) ((215,854))	(18.2) ((17.9))	(6,048)	(0.5)	(225,334)	(18.7)

注）計数は四捨五入によるため、符合しないことがある。また、米軍基地と自衛隊基地を合計した面
　　積が合計欄（D）と一致しないのは、米軍が自衛隊基地を一時使用（共同使用）している基地の
　　面積が両方に含まれているため。
出所）前掲『沖縄の米軍基地及び自衛隊基地』、5頁。

今後も基地として提供し続けるかどうかという自治体の将来に重大な影響を及
ぼす施策については、逆に集権化がすすんだことも強調しておきたい[11]。

3　沖縄の基地の特異性

　沖縄返還協定を審議した第67回臨時国会の沖縄返還協定特別委員会は、
1971年11月24日に「非核兵器ならびに沖縄米軍基地縮小に関する決議案」
を可決し、それには「政府は、沖縄米軍基地についてすみやかな将来の整理縮
小の措置をとるべき」と盛り込まれた。つまり国会の意思として在沖米軍基地
の縮小に取り組むことを決議した。にもかかわらず、40年以上が経過した今
日なお、国土面積の0.6％しかない沖縄に、在日米軍専用施設の4分の3が集
中している。近年の研究では、沖縄の基地が遅々として減らない最大の要因の
一つが、日本政府が海兵隊の維持を重視していることにあることが指摘されて
いる[12]。

---

(11)　沖縄に関する諸施策の集権性については、島袋純『「沖縄振興体制」を問う——壊された自
　　治とその再生に向けて』（法律文化社、2014年）を参照。

第2部　都市法の現代的変容　175

表3　地区別所有形態別米軍基地面積

(単位：千㎡)

区分	国有地	県有地	市町村有地	民有地	合計
北部地区	74,891 46.4%	7,959 4.9%	56,592 35.1%	21,964 13.6%	161,405 100.0%
中部地区	4,385 6.7%	176 0.3%	10,662 16.3%	50,380 76.8%	65,603 100.0%
南部地区	210 10.5%	46 2.3%	304 15.2%	1,439 72.0%	1,999 100.0%
八重山地区	41 4.5%	―	―	874 95.5%	915 100.0%
合計	79,528 34.6%	8,180 3.6%	67,555 29.4%	74,658 32.5%	229,921 100.0%

注）計数は四捨五入によるため、符合しないことがある。
出所）前掲『沖縄の米軍及び自衛隊基地』、11頁。

　前節で述べたような経緯で形成された沖縄の基地の特異性について、次節で述べる軍用地料に関連する点を中心に整理しておくこととしたい。

　まず表2は、陸地面積に対する米軍及び自衛隊基地面積の割合をみたものである。沖縄県陸地面積全体にしめる基地の割合は10.1％であるが、そのほとんどが本島北部地域と中部地域に集中しており、北部地域は2割ほどが、中部地域は4分の1ほどが基地によってしめられていることがわかる。この表で示した陸地に加えて、訓練のための水域を28水域、5万4940k㎡、空域を20空域、9万5416k㎡も提供させられていることも指摘しておかなければならない。

　冒頭に指摘した沖縄の米軍基地の所有形態別に見た特異性について、表3では地域別に示している。それによると、国有地7953haのうちの7489ha、市町村有地6756haのうちの5659haが北部地域にあり、北部地域では国有地と自治体所有地で9割近くをしめていること、他方、民有地7466haのうち5038haが中部地域にあり、中部地域の米軍基地の76.8％もが民有地で占められていることがわかる。北部の米軍基地は、既に述べたようにもっぱら第3次接収で形成されたもので、主として海兵隊の訓練場として使われる山林が多くをしめて

---

(12)　例えば、野添文彬『沖縄返還後の日米安保』（吉川弘文館、2016年）など。

表4　軍別施設数・面積・軍人数

区分	施設数	構成比	面積(千㎡)	構成比	軍人数(人)	構成比
海兵隊	11	34.4%	167,532	72.9%	15,365	57.2%
空軍	5	15.6%	871	0.4%	6,772	25.2%
海軍	4	12.5%	2,614	1.1%	3,199	11.9%
陸軍	2	6.3%	3,211	1.4%	1,547	5.8%
共用	9	28.1%	55,437	24.1%	－	－
その他	1	3.1%	254	0.1%	－	－
合計	32	100.0%	229,921	100.0%	26,883	100.0%

注）計数は四捨五入によるため、符合しないことがある。施設数・面積は2015年3月末
　　現在、軍人数は2011年6月末現在。
出所）前掲『沖縄の米軍及び自衛隊基地（統計資料集）』、10頁。

いる。国有地の大半は、国頭村と東村にまたがる北部訓練場にある。そのほか
の北部地域の米軍基地は、市町村有地が多くをしめるが、これは実は、いわゆ
る字有地であって、名義が市町村有地となっていることによる場合が多い。こ
れに対し、主に第1次接収で形成された中部地域の米軍基地は、ほとんどが平
地を占有している。極東最大の米空軍基地である嘉手納飛行場の場合、1985ha
のうち1794ha（90％）が、普天間飛行場の場合、481haのうち429ha（89
％）が民有地なのである。

　そして軍別施設数・面積・軍人をみた表4をみると、在沖米軍の主力が海兵
隊であることを改めて確認できる。すなわち、海兵隊のしめる比重をみると、
32施設のうち11施設（34.4％）、面積2万2991haのうち1万6753ha（72.9％）、
軍人数2万6883人のうち1万5365人（57.2％）となっている。

　さらに自衛隊基地にも言及しておくこととしたい。先の表1によると、沖縄
の自衛隊基地の面積は694haと米軍基地よりはるかに小さいが、うち国有地
は13.3％にすぎないのに対し、民有地が66.5％と3分の2をしめている。市町
村別分布をみると、那覇市が346haと全体の半分をしめている。これは、米
軍が強奪した民有地を、復帰後も地権者に返還することなく自衛隊が代わって
使用していることによると思われる[13]。

　本節の最後に強調しておかなければならないのは、このような異常というほ
かない沖縄への基地の過剰負担について、日本政府は解消する政策を有してい

ないことである。1995年の海兵隊員による少女への犯罪行為を契機として、復帰後も変わらない基地の過重負担に対する沖縄県民の批判が高まった。以来20年間、日米政府は「負担軽減」を名目とした施策をすすめているが、目に見えた成果はほとんどあがっていない。その最大の原因は、基地を返還するとしても沖縄県内の別のところに基地を新設することを条件としているからである。その象徴的事例が、普天間飛行場廃止の前提条件としての名護市辺野古への新基地建設政策である。これは見方を変えると、沖縄の基地を沖縄以外の日本で引き受けるつもりはないことを意味する。辺野古への新基地建設については、2010年1月の名護市長選挙以来16年7月の参議院選挙まで、この新基地建設の是非が争点となった選挙では反対を公約した候補者がすべて勝利しており、沖縄の民意は明確である。にもかかわらず日本政府は、1950年代前半の米軍政下での「銃剣とブルドーザ」による基地拡張と変わらない施策を強行しようとしているのである[14]。

　ともあれ、ここでは本島中部の平野部の基地は民有地の比重が、北部の基地は市町村有地の比重が高いことを確認し、次節ではこれら非国有地を米軍に提供することにともなって生じる軍用地料をめぐる諸問題を検証することとしよう。

II　軍用地料の構造

1　復帰前の軍用地料

前節で述べたように、サンフランシスコ講和条約発効後の「契約」によって、

---

(13)　復帰時に基地をどう扱うかについて、返還協定の了解覚書として1971年5月17日に公表されたリストでは、A表（復帰後も引き続き米軍に提供）、B表（A表のうち復帰後に日本に返還）、C表（復帰前または復帰の時点で返還）に区分されていた。このうちB表のほとんどが自衛隊に引き継がれた。この点については「「屋良朝苗日記」に見る復帰㉑」『琉球新報』2012年7月27日付、による。

(14)　新基地建設に関して対象となっている法律は法定受託事務となっている公有水面埋立法である。この点は、基地を確保するための法律である駐留軍用地特別措置法に関して争われた20年前の職務執行命令訴訟とは大いに異なる。これについては、神野健二・本多滝夫編『辺野古訴訟と法治主義——行政学からの検証』（日本評論社、2016年）、本多滝夫編『Q&A　辺野古から問う日本の地方自治』（自治体研究社、2016年）を参照。

わずかながらも軍用地料が支払われるようになった。しかし第2次接収をめぐる住民の抵抗が強まる中で、米国は毎年賃借料を支払う代わりに、土地代金に相当する額を一括して支払う方が得策であるという観点から一括払いの計画を発表した。これに対する住民の反対が強まる中、1954年4月30日に立法院は「軍用地の処理に関する請願」を全会一致で決議した。この決議で要請された次の4つの項目は「軍用地問題に関する4原則」と呼ばれ、以後の「島ぐるみの土地闘争」と言われる県民挙げての運動の基本原則となったものである。

①合衆国政府による土地の買上又は永久使用、地料の一括払いは絶対に行わないこと
②現在使用中の土地については、適正にして完全な補償がなされること。使用料の決定は、住民の合理的な算定に基づく要求額に基づいてなされ、かつ評価及び支払は、1年毎になされなければならない。
③合衆国軍隊が加えた一切の損害については、住民の要求する適正賠償額をすみやかに支払うこと。
④現在合衆国軍隊が占有する土地で不要の土地は、早急に解放し、かつ新たな土地の収用は絶対に避けること。

闘争の詳しい経過は省略するが、1959年1月に立法院が「土地借賃安定法」及び「アメリカ合衆国が賃借する土地の借賃の前払に関する立法」を制定し、さらに同年2月に高等弁務官布令第20号「賃借権の取得について」が公布され、アメリカ側が軍用地料の引き上げと、一括払いの中止という2点で妥協することによって、闘争は終結した。
ここで重要な点は、この時に軍用地料が大幅に引き上げられたことである。来間泰男の整理によると、当時の地主の要求は「土地が接収されて、そこでなされなくなった労働の対価としての労働所得をも含めて補償するよう求めている」のであり、農産物売上高に占める「本来の地代（経済的地代）が6%程度であるのに対して、軍用地料は、実に、38%として算出された」[15]というので

---

(15) 前掲注(2)、来間泰男『沖縄の米軍基地と軍用地料』40頁、44頁。

ある。これは、土地を奪われて生活の糧を失った地権者にとっては、生活補償も求めざるを得なかったことによるものであるが、すでに復帰前から軍用料は「地代」としては高額の水準になったことを確認しておきたい。

2 復帰後の軍用地料

復帰に際し日本政府は、非国有地の地権者との「契約」を獲得するべく、軍用地料を大幅に引き上げた。その主たる方法は、嘉手納以南の軍用地をすべて「宅地」または「宅地見込み」として農地や山林原野も宅地並みの評価とすることであった。具体的にみると、復帰前年の軍用地料は、アメリカの会計年度である71年7月1日から72年5月14日までの321日間で31億円であったが、復帰した72年5月15日から73年3月31日までの321日間のそれは126億円と、4倍以上に引き上げられた。これに見舞金や協力金などが上乗せされたため、実質的には6倍を超えたのである。

以後も毎年着実に引き上げられ、1994年度には初めて農林水産純生産額を上回った。2013年度の軍用地料総額は958億円（米軍基地832億円、自衛隊基地126億円）で、同年の沖縄における観光収入4479億円の4分の1、農林水産純生産額465億円の2倍以上となっている。沖縄県内の米軍基地面積は、復帰以降今日まで、まことに不十分ではあるが、18％ほど減少した。また、バブル経済崩壊以降、日本全体の地価は減少または停滞傾向が続いており、沖縄も例外ではない。にもかかわらず軍用地料は一貫して上昇を続けているのである。2009年2月25日放送のNHKクローズアップ現代『売買される基地の土地』によると、軍用地料を算定する際、どこか1箇所でも上昇していると、それを他にも連動させることで全体の引き上げ幅が決まるようになっているという(16)。

軍用地料がいかに高額であるかを示す証左をいくつかあげておきたい。宜野湾市のキャンプ瑞慶覧西普天間住宅地区約51万㎡が2015年3月31日に返還された。返還に先立って「沖縄県における駐留軍用地跡地の有効且つ適切な利用の推進に関する特別措置法」（以下、跡地利用推進特措法）に基づいて、2014

---

(16) 2017年度予算でも、軍用地料の単価が1.1％引き上げられている。

表5　2011年度沖縄県内軍用地料の支払額別所有者数（自衛隊分も含む）

金額	割合	所有者数
100万円未満	54.2%	23,339
100万円以上～200万円未満	20.8%	8,969
200万円以上～300万円未満	9.1%	3,928
300万円以上～400万円未満	4.8%	2,069
400万円以上～500万円未満	3.1%	1,342
500万円以上	7.9%	3,378
合計	100.0%	43,025

出所）沖縄県知事公室基地対策課『沖縄の米軍基地』（2013年）、137頁

年6月から公共用地の先行取得事業が始まった。宜野湾市によると、14年度中に買取希望面積12万㎡のうち9万2847㎡を購入したという。購入地のほとんどが、跡地利用が困難な傾斜地（斜面緑地）であるが、返還前までなら軍用地料を参考にした価格、つまり宅地または宅地見込地としての価格で市が購入するので、当該地の地権者の購入希望が殺到したというのである[17]

　軍用地料は、民間の地権者にとっては毎年確実に増加する地代所得となる。表5は、沖縄防衛局の資料による2011年度における軍用地料の支払額別所有者数の内訳をみたものである。総4万3025人のうち2万3339人が100万円未満であるが、500万円を超える地権者も3千人以上に達する。ちなみに、沖縄県の1人当たり県民所得は、1992年以降おおむね200万円を少し超える水準で推移している。この表によると、軍用地料だけで200万円をこえる収入を得ている地権者が1万人も存在するのである。なお軍用地は、地料に「倍率」といわれる係数をかけた価額で売買されており、沖縄の新聞では毎日のように地料もしくは価額を示した広告が掲載されている。したがって誰でも購入できるので、この表の所有者は必ずしも県内在住者ばかりではないことも断っておきたい。

(17)　2015年9月25日、宜野湾市まち未来課での聞き取り調査による。なお、この買取のための財源は、沖縄振興特別措置法（2012年度から21年度までの時限立法）にもとづく沖縄振興特別推進交付金である。その特徴については、川瀬光義『基地維持政策と財政』（日本経済評論社、2013年）を参照。

表6　地主1人当たりの軍用地料

基地名	面積 （千㎡）	うち県市町 村有地 （千㎡）	うち民有地 （千㎡）	地主数	年間賃借料 （百万円）	1人当り 軍用地料 （万円）
嘉手納飛行場	19,855	376	17,938	11,540	28,197	239.3
キャンプ瑞慶覧	5,450	54	4,978	5,029	8,893	175.0
普天間飛行場	4,806	153	4,293	3,898	7,274	180.2
牧港補給地区	2,727	19	2,413	2,679	5,028	186.2
航空自衛隊那覇基地	2,116	3	1,704	2,639	6,880	260.2

注）賃借料は2014年度の実績
出所）前掲『沖縄の米軍及び自衛隊基地（統計資料集）』、14-15頁より作成。

　表6は、本島中南部に位置するいくつかの基地について、地主1人当りの軍用地料を試算したものである。普天間飛行場の場合をみると、その1972年度の賃料は9億1900万円であったが、2014年度のそれは72億7400万円と、8倍近くに増加している。普天間飛行場は、面積480万6000㎡で、うち国有地が35万9000㎡、県有地6万3000㎡、市有地9万㎡、民有地429万3000㎡である。軍用地料のうち民間地主の収入になる分を面積で按分すると、70億2200万円となる。それを15年3月末現在の地権者数3898人で割ると、1人当りの平均地代収入は約180万円となる。この表によると、1人当り水準が最も高額となっているのが、那覇空港を共同使用している航空自衛隊那覇基地であり、同様の方法で試算すると約260万円にも達するのである。

3　自治体と行政区における軍用地料

　自治体所有地が基地に提供されている場合、当該自治体の歳入に財産運用収入として計上される。表7は、沖縄県内自治体の基地関係財産運用収入とそれが歳入にしめる割合をみたものである。20億円前後と多額を計上している名護市、恩納村、宜野座村、金武町は沖縄本島北部の自治体である。とくに、恩納村、宜野座村、金武町といった財政規模が相対的に小さな自治体はその歳入にしめる割合が非常に高いことを示している。しかもこれは使途が自由な一般財源であることを強調しておきたい。

　基地と並ぶ迷惑施設である原子力発電所を受け入れた自治体にも固定資産税

表7 基地関係財産運用収入と歳入総額にしめる割合 (2014年度)

(単位：千円)

	財産運用収入	歳入総額	歳入総額比
那覇市	104,620	139,074,465	0.1%
宜野湾市	127,785	41,443,575	0.3%
名護市	2,053,360	38,867,783	5.3%
沖縄市	1,137,127	60,623,239	1.9%
うるま市	332,690	55,411,641	0.6%
国頭村	44,457	6,063,769	0.7%
本部町	1,241	8,520,574	0.0%
恩納村	1,728,570	8,978,257	19.3%
宜野座村	1,925,706	7,737,389	24.9%
金武町	1,965,610	10,923,805	18.0%
読谷村	591,494	15,249,737	3.9%
嘉手納町	464,935	8,330,184	5.6%
北谷町	245,496	14,797,621	1.7%
北中城村	22,642	7,212,311	0.3%
渡名喜村	14,236	1,515,953	0.9%
久米島町	19,023	8,448,191	0.2%
八重瀬町	2,943	13,666,157	0.0%
与那国町	15,012	4,212,045	0.4%

出所）前掲『沖縄の米軍及び自衛隊基地（統計資料集）』、42-43頁より作成。

の償却資産分によって多額の一般財源がもたらされる。しかし、これは減価償却により着実に減少していく。また税収であるので、増収分の75％は地方交付税のうちの普通交付税が減収となる。とくに原発稼働後の数年間は財政力指数が1を超えて不交付団体となるのが普通である。他方、財産運用収入に計上される軍用地料については、すでに述べたようにこれまで減額となったことがない。また、税収ではないのでどんなに増えても財政力向上にはつながらないので、普通交付税が減額されることはない。

　ところで先の表3に関連して、北部地域の米軍基地は市町村有地が多くをしめるが、その実態は字有地であることを指摘した。このため、名護市をはじめとする北部地域における財産運用収入の比重が高い自治体では、軍用地料収入

第 2 部　都市法の現代的変容　183

表 8　2015 年度市有林野貸地料分収計算書

管理区	貸地面積(㎡) ①	貸地料(円) ②	地主会費(円) (6.4/1000) ③	分収対象金(円) ④((②-③)	管理区分収金 (4/10) ⑤(④×4/10)
喜瀬(373人)	1,784,496	102,414,889	558,600	101,856,289	40,742,516
幸喜(297人)	639,098	4,865,407	18,870	4,846,537	1,938,615
許田(550人)	2,355,252	314,712,238	1,956,390	312,755,848	125,102,339
数久田(941人)	2,147,070	283,625,751	1,760,760	281,864,991	112,745,996
世冨慶(611人)	537,713	70,392,127	429,730	69,962,397	27,984,959
久志(597人)	4,338,555	579,345,939	3,607,360	575,738,579	230,295,432
豊原(412人)	871,826	110,101,295	681,640	109,419,655	43,767,862
辺野古(1870人)	3,921,543	556,988,825	3,429,000	553,559,825	221,423,930
二見(97人)	172,725	7,617,913	24,410	7,593,503	3,037,401
勝山(142人)	29,082	3,018,087	16,190	3,001,897	1,200,759
計	16,797,360	2,033,082,471	12,482,950	2,020,599,521	808,239,808

注）人口は 2016 年 3 月 31 日現在
出所）名護市総務部財産管理課作成資料。

　の一定割合を「行政区」と呼ばれる字に再配分している。これを「分収制度」
と言う[18]。配分の方法は自治体によって異なるが、名護市では「名護市林野
条例」（1974 年 4 月 16 日、条例第 22 号）にもとづいて次のように定めている。
対象となるのは、市が所有する山林及び原野である「市有林野」とする。各行
政区を「管理区」とし、対象地の「貸地料」つまり軍用地料は、市が 10 分の
6、管理区が 10 分の 4 の割合で分収することとしている。
　表 8 は、名護市における分収の対象となる 10 行政区の 2015 年度貸地面積と
分収金をみたものである。各行政区の貸地に対する軍用地料から地主会費を差
引いた金額が分収対象金であり、その 4 割である約 8 億円が、14 年度の分収
金である。その行政区別内訳をみると、人口 597 人の久志に 2 億 3029 万円、
1870 人の辺野古に 2 億 2142 万円、550 人の許田に 1 億 2510 万円、941 人の数
久田に 1 億 1274 万円と、この 4 行政区だけで 6 億 8 千万円と全体の 85％を占

(18)　分収制度については、沖縄タイムス社編『127 万人の実験』（沖縄タイムス社、1997 年）、宜
　　　野座村『村政五〇周年記念誌』（1996 年）を参照した。また歴史的経緯については、来間泰男、
　　　前掲『沖縄の米軍基地と軍用地料』に詳しい。

めていることがわかる。

　行政区というのは、いわば町内会のような任意団体である。このような団体に、数千万円から数億円という巨額の収入が毎年もたらされ、しかも減らないのである。こうしてみると、軍用地料は、本島中部地域では個人に、北部地域では自治体及び行政区に過大な収入をもたらしていることがわかる。

　こうした軍用地料の過大さを逆手にとって防衛省が、基地への政治的姿勢による恣意的な運用をしていると思われる事例を2つ紹介したい。名護市と同市に隣接する宜野座村の軍用地料の推移を調査した毎日新聞によると、名護市の軍用地料が市長の政治的姿勢によって差がつけられているというのである[19]。両自治体は、キャンプ・シュワブやキャンプハンセン内などに、1500㎡前後とほぼ同面積の土地を所有している。1972年度の軍用地料は、名護市1億1800万円、宜野座村は1億43003万円と、宜野座村が2500万円多かった。その後、村長が一貫して保守系であった宜野座村に対し、86年まで革新系の市長であった名護市の伸び率は低く抑えられ、83年度には宜野座村8億300万円、名護市4億9900万円とその差は3億円以上となった。名護市長が保守系となった86年から、その差は縮小していった。そして名護市が普天間飛行場返還の前提としての辺野古への新基地建設を条件付きで容認した99年度には、宜野座村15億3600万円に対し、名護市15億3900万円と逆転し、その後は名護市が宜野座村を1億円超上回った状態で安定したという。

　もう一つの恣意的な運営の事例は、名護市のキャンプハンセンの一部返還をめぐる経緯にみることができる。当該地は、面積162haで、喜瀬・幸喜・許田の3行政区にまたがり、13年度の分収金はそれぞれ、3482万円、2095万円、22万円である。その返還は復帰間もない1976年の日米安全保障協議会で合意されていた。しかしそこは傾斜地で利用が困難な「細切れ返還」になることを理由に、行政区も市も継続使用を求め、国も返還の延期を3度受け入れてきた。しかし2013年9月5日に防衛省は、幸喜区分55haを2014年6月30日までに、喜瀬区・許田区・民有については17年6月30日までに返還することを決定し、名護市に通知したのである。返還期限の延長を求める名護市の要請に今

（19）　以下は「軍用地料　政治姿勢で差」『毎日新聞』2015年7月2日付、による。

回は応えることなく、さしあたり幸喜区分のみが予定通り返還された。ただし、国による有害物質や不発弾の処理など支障除去措置の作業が続く間は、従前の軍用地料にもとづく補償金が支払われる（跡地利用推進特措法第11条）。しかしその作業が終了し、2016年8月31に引き渡され補償金の支払いも終了した[20]。以後所有者等が当該土地を使用せず、かつ収益していない場合は、所有者等の申請に基づき、年間1千万円を上限とする給付金の支給が可能であるが、それは3年を超えない期間とされている（跡地利用推進特措法第10条）[21]。ちなみに、表8では2015年度の幸喜区内の貸地面積は約64haであるが、その貸地料と分収金は、返還されていない9haに対するものである。分収金は193万円ほどとなっているが、これは幸喜区以外の団体への貸地分も含まれており、名護市総務部財産管理課によると、幸喜区への分収金は120万円ほどとのことである[22]。

　問題は、幸喜区分のみを先行返還した理由が明確でないことである。実は、2011年に3区が返還延期の要請をした際、喜瀬・許田区は、普天間飛行場返還の前提条件としての辺野古での新基地建設について辺野古区が容認した場合には支持するという旨を要請文に盛り込んだのに対し、幸喜区は盛り込まなかったのである。以上の経緯は、これまで3度の返還延期には応じてきたのに、新基地建設に反対する市長の要請には応じなかったことと合わせて考えると、多額の軍用地料が行政区にもたらされていることを逆手にとった防衛省による公正さを欠いた恣意的な運用を示しているといえよう。

おわりに

　日米安全保障条約にもとづく日本側の義務である基地提供の継続性が絶えず焦点となってきたのは、在日米軍専用施設の4分の3が集中し、また非国有地が3分の2をしめる沖縄においてであった。

---

(20)　「ハンセン一部市に引き渡し」『琉球新報』2016年9月1日付。
(21)　この3年以内に土地区画整理事業に係る事業認可などがなされた場合は、土地の使用または収益が可能となると見込まれる時期までさらに特定給付金が支給される。しかし幸喜区の該当地は傾斜地であるため、そうした事業は見込めないのである。
(22)　2016年8月23日の聞き取り調査による。

1972年の復帰時に契約に応じない土地が大量に発生することが確実となったため、日本政府は「公用地法」を制定して、契約が成立しなくても強制使用ができることとした。1982年からは、サンフランシスコ講和条約発効後まもなく制定された駐留軍用地特措法を適用した強制使用が繰り返された。

1997年に新たな使用権原を取得する必要がある軍用地について、当時の大田昌秀知事が代理署名を拒否するという'抵抗'に手を焼いた日本政府は、97年の駐留軍用地特措法の改正によって使用期限が切れても収用委員会の裁決による権原取得日の前日まで暫定的に使用できるようにした。さらに2000年の地方分権一括法制定の一環としての改正では、機関委任事務であった代理署名などを国の直接執行事務とした。

つまり、アメリカの軍事占領によって形成された沖縄の米軍基地は、復帰後も「空白」が生じないようにする特別な施策、いわば'ムチ'の連続によって維持されてきた。そして今日本政府は、主要な選挙で示された明確な民意を顧みることなく、名護市辺野古への新基地建設を強行しようとしている。しかし、復帰時の公用地法をはじめとする一連の特別措置は、事実上沖縄のみを対象とする法令によるにもかかわらず、憲法第95条を適用するなどして、沖縄の人々の意志を一度も問うことがなかったのである。

もっとも日本政府としても、こうした'ムチ'を発動する前に地権者との「契約」によって円満に基地用地が確保されることが望ましいはずである。そこで、'アメ'として用意されたのが過大な軍用地料である。復帰時には前年と比べて見舞金等を含めて6倍に引き上げられた。以後、今日に至るまで毎年引き上げられ、個人の地権者には地代所得として、自治体には財産運用収入として、そして行政区には分収金として過大な収入をもたらしているのである。

この国では、日米安全保障条約にもとづく基地提供義務を沖縄など一部地域に過度に担わせることによって、本来なら全国民的な検討に付されるべき課題を、立地の対象とされた自治体や個人が受け入れるかどうかという問題に矮小化することを常としてきた。その際、対象となった自治体や個人が経済的・財政的に厳しい状況にあるという'弱み'につけ込んで、軍用地料のような過大な財政資金を用意して受入を迫るのが日本政府の常套手段であった。とはいえ、いうまでもなく軍用地料の財源は租税であり、したがってその額の決定におい

ては経済的にみて合理的な水準であることが求められ、かつ公正に運営されなければならない。

　ところが軍用地料は、バブル経済崩壊後の最近20年間においても上昇し続けている。これは「契約」の獲得を最優先にして「空白」が生じないようにする政治的意志によると思われる。このように、経済的合理性ではとうてい説明できないこの軍用地料水準は、明らかに政治的性格を有し、端的にいうと 'å賄賂' というべきであろう。さらに、名護市のキャンプハンセンの一部返還に関連して、従来は認めてきた継続使用を認めず、辺野古新基地建設に批判的な行政区のみを先行返還した事例が示すように、その運営は公正さに欠けると言わざるを得ない。

　'アメ' と 'ムチ' を組み合わせた、このような特異な施策を繰り返すことによって沖縄の米軍基地は確保されてきた。しかし、それは民主主義社会に相応しく言葉で説得して同意を獲得する努力を放棄しているに等しく、米軍基地に依存した安全保障政策の公共性を著しく損なうこととなっているのではないだろうか。

（追記）

　脱稿後の2016年12月22日、北部訓練場の過半4010haが返還された。返還は、東村高江の集落を囲む六つのヘリコプター着陸帯の建設が条件であった。同着陸帯では同年12月13日に墜落事故を起こした米海兵隊の垂直離着陸輸送機MV22オスプレイが主要機種として運用される。これでは、決して「負担軽減」とならない。とくに高江住民にとっては顕著な負担増となる。

　政府は返還式典を開催したが、オスプレイの配備撤回を求めてきた翁長知事は欠席し、同日に名護市でおこなわれたオスプレイ墜落に抗議する緊急集会に参加した。

　なお、沖縄に集中する在日米軍専用施設面積の割合はこの返還後も70.6％（返還前は74.4％）であり、過重な米軍基地集中の構図は変わらない。

本稿はJSPS科研費JP15K03518の助成をうけたものである。

参考文献

阿波根昌鴻『米軍と農民』（岩波書店、1973年）

新崎盛暉『沖縄・反戦地主』（高文研、1995年）

新崎盛暉『沖縄現代史〔新版〕』（岩波書店、2005年）

新崎盛暉『日本にとって沖縄とは何か』（岩波書店、2016年）

NHK取材班『基地はなぜ沖縄に集中しているのか』（NHK出版、2011年）

大田昌秀『沖縄は訴える』（かもがわ出版、1996年）

沖縄県『沖縄　苦難の現代史』（岩波書店、1996年）

沖縄タイムス社編『127万人の実験』（沖縄タイムス社、1997年）

神野健二・本多滝夫編『辺野古訴訟と法治主義──行政法学からの検証』（日本評論社、2016年）

川瀬光義『基地維持政策と財政』（日本経済評論社、2013年）

来間泰男『沖縄経済の幻想と現実』（日本経済評論社、1998年）

来間泰男『沖縄の米軍基地と軍用地料』（榕樹書林、2012年）

櫻澤誠『沖縄現代史』（中央公論新社、2015年）

佐藤昌一郎『地方自治体と軍事基地』（新日本出版社、1981年）

島袋純『「沖縄振興体制」を問う──壊された自治とその再生に向けて』（法律文化社、2014年）

野添文彬『沖縄返還後の日米安保』（吉川弘文館、2016年）

林博史『米軍基地の歴史』（吉川弘文館、2012年）

本多滝夫編『Q&A　辺野古から問う日本の地方自治』（自治体研究社、2016年）

宮本憲一・川瀬光義編『沖縄論──平和・環境・自治の島へ』（岩波書店、2010年）

琉球新報社編『ひずみの構造　基地と沖縄経済』（琉球新報社、2012年）

渡辺豪『「アメとムチ」の構図』（沖縄タイムス社、2008年）

沖縄県知事公室基地対策課『沖縄の米軍基地』（2013年）

沖縄県知事公室基地対策課『沖縄の米軍及び自衛隊基地（統計資料集）』（各年）

嘉手納町『嘉手納町と基地』（2010年）

防衛省編『日本の防衛──防衛白書』（各年）

（かわせ・みつよし　京都府立大学公共政策学部教授）

大阪都心部における土地所有の現代的展開
商社所有地の分析

名武なつ紀

はじめに
I　大阪都心部の近現代
II　商社所有地の追跡
おわりに

はじめに

　本稿の課題は、高度成長期から現在に至る大阪都心商業地における土地所有史を明らかにすることを通じて、都市・大阪の現段階について理解を深めることである。

　本書において、本稿は、経済史研究である点に一つの特徴があるが、都市経済史研究の分野では、近現代の都市部土地所有について大きな関心が寄せられてきた。しかし、その多くは都市化の進展期における農地の市街地化プロセスを対象としており、近世より市街化していた旧市街の分析は少ない。たとえば、高嶋修一は、市街化に伴う地域社会の変容を分析する中で、農家における土地観の転換過程を観察している。また、沼尻晃伸は、高嶋とは対照的に、村落時代との連続性を強調しつつ、市街化後の土地利用について考察を行っているが、高嶋と同様に都市の郊外部を分析対象としている[1]。近世より都市的な土地利用が行われていた旧市街に関する分析は、むしろ、建築史など工学的な視点か

---

(1)　高嶋修一『都市近郊の耕地整理と地域社会——東京・世田谷の郊外開発——』（日本経済評論社、2013年）、沼尻晃伸『村落からみた市街地形成——人と土地・水の関係史　尼崎1925-73年』（日本経済評論社、2015年）。

らの成果が先行している。

　本稿では、近世から続く大阪の都心商業地を事例として、現在に至る土地所有の展開を明らかにする。市街地として長期間利用されてきた都心部の観察を通じて、都市部土地所有の現代的な特徴を把握し、都市の現段階をめぐる議論を深めたい。

　事例としての大阪都心部の特徴は、東京と比較した場合、明治維新の前後で土地所有に連続性が認められる点であろう。東京（江戸）の市街地は、近世に武家地が多く、その払い下げにより土地所有者や利用形態に大きな変化がみられたが、大阪（大坂）の市街地では町地が多かったことから、近代以降もその所有が認められた。さらに、東京では商業の中心地が近世以来の日本橋から三菱の丸の内へと移動したが、大阪では近世より一貫して船場と呼ばれる地区が中心であった。

　本稿では、現代における大阪都心商業地の変化を読み解く手がかりとして、この船場に多数立地した商社が所有していた土地の変遷を追跡することを試みる。高度成長期後半以降、これらの商社は東京に拠点を移していったが、その本社ビルや底地はその後、いかなる所有・利用の下におかれたのであろうか。こうした分析手法をとる意義は、2点ある。第1に、次節で確認するように、明治期以降、大阪都心商業地で生じた主要な変化として、大企業が本社や支店の用地確保を目的に、土地集中を進めていったことが挙げられるが、戦後における商社各社の本社ビル建設はその一つの到達点と位置づけられることである。第2に、都市・大阪の現代における重大な変化は、東京一極集中の進行に伴う大阪の相対的な地位低下であるが、商社の東京流出はその象徴的な出来事であったことである。

　構成は次の通りである。まず第1節で分析の前提として近現代の大阪都心商業地について概観する。第2節では個別の商社について、大阪本社の敷地とビルの変遷を追跡する。最後に、本稿で見出された変化の歴史的な意味について述べる。なお、本稿で利用するデータは、原稿執筆時点である2016年9月までを対象とした。

第 2 部　都市法の現代的変容　191

I　大阪都心部の近現代

1　大阪都心部における土地所有・利用史

(1)　近世の大坂市街地

次節での分析の前史にあたる、近世から終戦後までの大阪都心部における土地所有・利用史を概観しておきたい[2]。

大阪発祥の商社は、船場とよばれる地区を創業の地としている場合が多い。「船場」は行政上の区画を表す呼称ではなく、近世からの慣用的な呼び名である。船場は、東西南北をそれぞれ、東横堀・西横堀・長堀・土佐堀川に囲まれた一区画であり、秀吉により形成されたことに起源をもつ。現在は大阪市中央区に属しており、地下鉄の御堂筋線と堺筋線が通っている[3]。

近世の船場は、全国経済の中心的な役割を担った商業地であり、鴻池家をはじめとした豪商が店を構えた。一方で、表通りから離れた場所では中小規模の商人や職人も多数存在した。近世の市街地には武家地・町地・社寺地の三つの地種があったが、船場は一部の社寺地を除きほぼ全域が町地であった。町人には町地の土地所持が認められ、土地売買が可能で貸家経営も盛んに行われた。

(2)　明治維新から戦後改革まで

明治初年には、農地と並び市街地も制度改革の対象となったが、先述の通り、町地に関しては、元の所持者にその権利がおおむね認められることとなった。そのため、土地所有・利用両面で近世からの連続性が保たれた。戦前期の船場では、本店や支店の用地として大阪や東京の企業による土地集中が進み、これらの大企業が大土地所有者の一類型を成した。一方で、近世以来の土地所有者も存続しており、土地は、多様な事業者の所有下にあった。

戦後改革は、船場の土地所有に大きな影響をもたらした。1946 年の財産税法により、近世以来、船場の大土地所有者の一角を成してきた個人資産家層が、納税のために土地を大量に処分するに至ったのである。その一方で、船場にお

---

(2)　以下、近世から戦後改革までの船場における土地所有史については、拙著『都市の展開と土地所有——明治維新から高度成長期までの大阪都心』（日本経済評論社、2007 年）による。

(3)　大阪市は 1989 年 2 月 13 日に東区と南区を中央区とする合区を行った。

ける法人の所有地に関しては、結果的には大きな処分はなされなかった。戦時統制による条件悪化をしのぎつつ土地を所有し続けた諸企業は、戦後復興の機を得て土地集中を再開していった。個人資産家層の没落もあり、戦後の船場においては大企業が船場における代表的な大土地所有者となった。

以上の変化と並行して、土地利用も変化していった。近世の船場では職住一体の店舗兼住宅で主家一家や奉公人が暮らし、商家の倉庫も多数立地していた。しかし、明治以降、大規模な事業者は住居や倉庫の郊外移転を積極的に進め、中枢管理機能のみを有するオフィスを建設して、都心の機能純化において先駆的な役割を果たした。また、建物に関しても、木造2階建ての街並みであった船場において、戦前よりビル建設を開始し、都心の不燃化・高層化をリードした。

2 戦後の大阪都心部

(1) 東京一極集中の進行

戦後、長期にわたる東京一極集中の進行とともに、大阪が日本経済に占める地位は低下していった。そのことは、大阪都心商業地においては、戦前より大阪を本拠地としていた各社が、本社を東京に移転するという形で表れた。

ここでは、戦後の大阪経済を議論する際に、しばしば、東京に対する相対的地位の低下を象徴する出来事とされる、商社の東京移転史を確認したい。商社史研究においては、1960年代終わりに「10大商社体制」が確立したとされるが、その10社、すなわち、三菱商事・三井物産・丸紅飯田・伊藤忠・日商岩井・住友商事・トーメン・日綿実業・兼松江商・安宅産業のうち、東京系の三菱商事・三井物産と神戸発祥の兼松江商（兼松）を除く7社が、高度成長期前半には大阪に本社を置いていた。その後、商社の東京への転出は、いくつかの段階を経て行われた。

第1段階は、大阪本社（本店）─東京支社（支店）という体制から、大阪本社─東京本社という「2本社体制」への変更である。この背景には売上高や従業員数といった実質的な指標で東京支社の比率が急上昇していたという事情もある。2本社体制の先駆けとなったのは1966年の丸紅飯田であり、1971年までに7社すべてが東京本社への名称変更を終えている。第2に、この2本社体

制を採用している期間においても、本社機能が徐々に東京に移されたり、在阪役員の人数やクラスが東京よりも下位におかれ、取締役会が東京で開催されたりするなどの実質的な「関西離れ」「東京シフト」が進んだ。また、定款変更により株主総会を東京で開催することを可能にして、実際に東京での開催に変更するケースが増えた。登記上の本店が大阪であっても、実質的には東京本社がほとんどの本社機能を果たしていた場合も少なくない。最終的には、第3段階として、大阪本社を支社に格下げし、名実ともに東京本社の体制が完成する。伊藤忠商事は現在も大阪本社の名称を維持しているが、丸紅は2007年、住友商事は2014年に、旧大阪本社を大阪支社・関西支社と改称している[4]。

(2) 地価の動向

　戦後の日本における地価高騰のうち、本稿が分析対象としている商業地が牽引役となったのは、1985〜1990年頃の「バブル」の時期である[5]。この地価高騰は東京の事務所需要の増大に端を発したが、東京都下の商業地は1987年3月末に前年同期比129.3％の上昇を記録し1年間で2倍以上の価格となった。これに対し、大阪府下の商業地が前年同期比で最高を記録したのは1990年3月末で、60.0％の上昇にとどまった。1991年を境として、商業地価格は全国的に長期の下落に転じるが、東京と比較した場合の大阪商業地価格の動向における一つの特徴は、上昇・下落ともにその変動が東京に数年遅れて生じていることである。

　このように、規模や時期の面で東京との相違はあったものの、バブル期には、大阪の商業地においても著しい地価高騰が生じた。船場は、大阪を代表するオフィス街であるため、元来、地価は他のエリアと比較して高い水準にあった。加えて、戦後改革以降は、御堂筋沿いなどの好立地ではすでに土地集中が完了し大規模なビルが建設されていたため、大規模な売り物件が不足していたことも価格高騰の要因となった。

---

　(4)　残る4社のうち、安宅産業は1977年に伊藤忠商事と、トーメンは2006年に豊田通商（名古屋市）と合併し、日商岩井とニチメン（日綿実業）は2003年に経営統合して現在は双日（東京都）となっている。

　(5)　以下、地価については日本不動産研究所『市街地価格指数　全国木造建築費指数（平成26年9月末現在）』（2014）に基づく。

(3) 大阪内部構造の変化

大阪に本社を有した多くの企業が立地した船場をとりまく、近年の変化を2点挙げておきたい。その第1は、都市としての大阪の内部構造に注目したとき、オフィス街としては新興の梅田地区に対して地位が低下してきていることである。船場は繊維問屋の集積地であったが、国内繊維産業の衰退を背景に、商談や物流の中心地としての機能が急速に低下していった。また、商社・銀行などの大規模なビルに加え、中小企業や個人が所有する中小ビルの林立する区域であることから、用地確保が容易ではなく、大規模な再開発に不都合な面もある。

第2に、このように、全国規模また大阪内部構造の二重の意味で商業地として地位が低下していることを背景に、オフィスビルの跡地などでマンション建設が進み、戦前以来減少してきた都心人口が、回復傾向をみせていることである。船場を擁する大阪市中央区の人口は、国勢調査によれば、1995年には52,874人であったが、2000年には55,324人、2005年には66,818人となり、直近の2015年調査では93,069人となっている[6]。

次節では、船場を中心に、大阪系の商社所有地の変遷を追う。

Ⅱ　商社所有地の追跡

1　丸紅株式会社[7]

戦後の丸紅株式会社（以下、丸紅）は、1949年12月に大建産業株式会社より分離独立して設立された[8]。終戦後、戦前の丸紅本社や支店のビルが接収されたが、戦後の再出発に際しては、大阪市東区本町の旧丸紅商店が新本店として建設していた建物を改修して本社とした[9]。この船場の本社は、1956年6月には、2階建てから5階建てへ、1962年12月には、8階建てへと増築され

---

(6)　総務省統計局「平成27年国勢調査結果」ほか。
(7)　以下、丸紅株式会社有価証券報告書、丸紅株式会社社史編纂委員会編『丸紅通史』（2008年）、新聞各紙、不動産登記情報に基づく。
(8)　戦前については、1921年に丸紅商店が設立され、1941年に伊藤忠商事等と合併し三興、1944年に大同貿易等と合併し大建産業となった。なお、丸紅株式会社は、1955年9月に高島屋飯田と合併し、社名が丸紅飯田となり、1972年1月に社名を丸紅株式会社に戻したが、本稿では便宜上、丸紅で統一する。

た。さらに、事業の拡大に合わせ、1984年3月に新しい大阪本社ビル（「大阪
丸紅ビル」）が旧大阪本社ビルの北側の敷地に完成した。このビルは、地下3
階・地上17階・塔屋2階で、延べ面積は41,681㎡であった。旧本社跡地は引
き続き工事を行い、庭園、地下ガレージ等として、新しい本社ビルと一体化さ
せることとなった。新本社ビルは、光ファイバーの敷設に備えてスペースを確
保するなど、新たなオフィスの形態に配慮したもので、ビルの運営・管理は丸
紅不動産が担当した。登記簿によれば、情報をさかのぼることのできる1984
年8月時点で、この本社ビル敷地の所有者は丸紅株式会社であった。

　こうして、業容の拡大とともに整備されていった大阪本社ビルであるが、一
転して、2002年9月にリストラの財務体質強化策の一環として土地・建物と
もに売却されるに至る。売却先は森トラスト系の不動産投資信託運用会社、日
本総合ファンド（東京都）が運用する日本総合トラスト投資法人（東京都、
2003年11月1日商号変更により森トラスト総合リート投資法人）で、譲渡価格は
125億円であった。

　この大阪本社ビル売却に関しては、丸紅専務のインタビュー記事がある[10]。
そこでは、創業の地である船場の不動産を売却することについて、「創業の地
の自社ビルを保有しているかということよりも、収益性や財務体質の健全性な
どのほうが重要だ」と述べられている。別の記事では、森トラスト社長がイン
タビューの中でこの物件について触れており、「当社が中心になって運用して
いるファンドが購入した。オフィスでなく、都心居住の大型マンションなど住
居中心のビルに建て替えようと思っている」と述べている[11]。

　こうして2002年に売却された大阪丸紅ビルについては、賃貸契約が結ばれ、
2015年7月に丸紅が大阪支社を中央区本町から、梅田エリアにある北区堂島
浜の「新ダイビル」に移転するまで、継続使用された。住宅地図によれば、

（9）　その後、本社の東京移転は次のように進んだ。まず1966年4月、大阪にあった管理部門各
　　部の本部が東京に移され、東京との2本社体制となった。さらに、2003年6月には登記上の本
　　店を東京とし、2006年より株主総会が東京開催となった。2007年4月には大阪本社が大阪支社
　　と改称されている。ただし、この間、1984年3月には人事異動で大阪本社強化の方針も打ち出
　　している。

（10）　「丸紅、大阪本社ビル売却　西田専務に聞く」日本経済新聞地方経済面、2002年6月26日。

（11）　「関西再生　街は朽ちていくのか①　輝き失う摩天楼　森トラスト社長　森章氏に聞く」日
　　本経済新聞地方経済面、2003年2月4日。

2016 年現在も名称は「大阪丸紅ビル」であり、多数のテナントが入居するオフィスビルである。一方、同ビルの敷地については、登記簿によれば、2015年 8 月 7 日に期間が 2035 年までの信託契約が結ばれた。委託者は森トラスト総合リート投資法人、受託者は三菱 UFJ 信託銀行㈱であり、受益者は、森トラスト総合リート投資法人から同日、メットライフ生命保険㈱へ変更されている。この事情については、同年 3 月に森トラスト・アセットマネジメントが同じ中央区本町地区の「NM プラザ御堂筋ビル」を取得した代わりとの記事がある⁽¹²⁾。

2 伊藤忠商事株式会社⁽¹³⁾

戦後の伊藤忠商事株式会社（以下、伊藤忠商事）は、丸紅と同じく 1949 年 12 月に設立され、再出発した⁽¹⁴⁾。本店は大阪市東区本町であった⁽¹⁵⁾。本町の本社については、1957 年 3 月に増改築が行われ、1960 年 3 月には本社東館が完工した。社史では、この東館について、「再発足 10 周年にあたって、当社の発祥ゆかりの場所に、新館が落成したことは、まことに感慨ふかいものがあった」と記されている⁽¹⁶⁾。1961 年 5 月に本社社屋が手狭となったため「本町ビルディング」の一部を借り受けたが、1969 年 5 月に、東区本町から東区北久太郎町の大阪本社新社屋へと移転する。新本社ビルは、創業 100 年記念事業として 1969 年 4 月に完工したもので、地下 4 階・地上 13 階・塔屋 3 階で延べ面積 87,630㎡であった。

本町の旧本社と北久太郎町の新本社は、ともに船場にあり、距離にして 500メートル程度である。しかし、「創業の地」での事業継続に意義を認める伝統

---

(12) 「点検近畿地価�中オフィス需要動き鈍く。」日本経済新聞地方経済面、2015 年 9 月 18 日。

(13) 以下、伊藤忠商事株式会社社史編集室編『伊藤忠商事 100 年』（1969 年）、伊藤忠商事ホームページ、伊藤忠商事有価証券報告書、安宅産業株式会社社史編集室『安宅産業六十年史』（1968 年）、安宅産業株式会社有価証券報告書、新聞各紙、不動産登記情報に基づく。

(14) 戦前は、1914 年に個人経営の組織を改め伊藤忠合名会社が設立され、1918 年に伊藤忠商事株式会社、1941 年丸紅等と合併し三興株式会社となり、1944 年大同貿易等と合併し大建産業株式会社が設立されている。

(15) 伊藤忠商事は、1967 年 10 月には、東京本社との 2 本社制となり、2016 年現在に至っている。

(16) 伊藤忠商事株式会社社史編集室編・前掲注(13)233 頁。なお、同書は片仮名と漢字とで構成される独自の表記形式が採用されているが、引用に際しては片仮名部分を平仮名に改めた。

的な価値観が根強い地域と時代にあって、この移転は決断を要する出来事でもあった。創業100周年の記念式典において、相談役伊藤忠兵衛は、この移転について、次のように述べている[17]。「（前略）わたくしは、越後社長から本社を新築してうつることを相談されたときにはショックをうけました。父（初代伊藤忠兵衛——引用者注）が本町に居をすすめてから100年になるが、その間丸紅および伊藤忠として本町2丁目、3丁目と安土町をまとめてあれだけのものにするのにどんなに苦労したことか。その歴史ある土地をはなれ、あたらしい土地にうつるというのです。しかし、わたくしはこの決断こそ事業の精神だとおもう。社長以下全社員が、それをやりとげた勇気をたかく評価したい（後略）」。

ところで、この新ビルの敷地は自社所有地ではなかった。この場所は御堂筋の真宗大谷派難波別院（南御堂）北側に位置しているが、登記簿によれば、新ビル部分の土地も真宗大谷派難波別院が所有しており、1958年1月に存続期間満60年の地上権が設定され、伊藤忠商事と株式会社竹中工務店が2分の1ずつ権利を有していた。地目は、1966年12月に寺院境内地から宅地へと変更されている。

ここで、安宅産業の所有地について触れておきたい。伊藤忠商事は、1977年10月に安宅産業株式会社（以下、安宅産業）を合併した。安宅産業の本店は大阪市東区今橋であり、丸紅や伊藤忠商事の本店と同じく船場にあった。安宅産業は、大阪市内での本店移転を経て、安宅商会時代の1909年よりこの地を本店とし、発展に伴い順次土地を買い増して1960年4月に地下2階・地上7階、延べ面積7,125㎡の本社ビルを建設していた。しかし、伊藤忠商事との合併を経て、1978年1月にこの本社ビルの土地・建物は株式会社レナウンに売却された。この土地は、その後、1996年9月には銀泉㈱（大阪市）の所有となった。

さて、伊藤忠商事は、同社の大阪本社を2011年8月に北区梅田の大阪駅北側「ノースゲートビルディング」へと移転した。これは、大阪市内ではあっても、多くの商社が創業の地とする船場から、歴史的には新興の地である梅田エ

---

(17)　伊藤忠商事株式会社社史編集室編・前掲注(13) 256 頁。

リアへの移転であり、1969年の船場内部での移転とは異なる意味を持つ。移転に先立ち、同社は元社員など約750名が参加する「さよならセレモニー」を開催した。その席で同社社長は、本社の移転について、「脱皮を意味するもので前向きに捉えている」と述べている[18]。梅田は、阪急電鉄や阪神電鉄のターミナル駅であり、また、JR大阪駅があることから全国へのアクセスもよく、出張の多い商社にとって利便性が高まることが理由の一つであった。この新たな大阪本社の建物は、大阪ターミナルビル株式会社からの賃借である。船場の旧本社については、これに先立つ1998年2月に、伊藤忠商事の地上権持分が、東西土地建物株式会社（東京都）へ全て移転され、「伊藤忠ビル」は2016年現在「大阪御堂筋ビル」となり、オフィスビルとして利用されている。

3　住友商事株式会社[19]

　住友商事株式会社（以下、住友商事）の前身は、住友土地工務株式会社である。財閥解体の対象となった住友本社は、新事業の開拓を決定し、1945年11月、不動産業および建設業を営む住友土地工務株式会社の社名を日本建設産業株式会社と改称し、商事会社として新発足させた。さらに、1952年6月には、住友商事株式会社と改称した[20]。

　1945年11月の発足時、本店が置かれたのは船場の東区安土町「祭原ビル」であったが、翌1946年2月には東区北浜に移転した。移転前の安土町の土地は、1947年11月に売買により住友生命保険相互会社に渡り、以後、長期にわたり同社の所有地となった。

　新たな本店所在地となった北浜は、安土町と同じ船場にあり、戦前より住友関係各社が拠点としてきた「住友ビルディング」（1930年竣工、以下住友ビル）の所在地である。そもそも住友土地工務は住友財閥の不動産業のうち、大

---

(18)　「さよなら本町ビル　伊藤忠がセレモニー」日本経済新聞地方経済面、2011年8月13日。

(19)　以下、住友商事株式会社社史編纂室編『住友商事株式会社史』（1972年）、住友商事株式会社有価証券報告書、新聞各紙、不動産登記簿情報に基づく。

(20)　住友商事は、1970年11月に東京との2本社体制となった。また、2001年4月には大阪本社および東京本社の名称を廃止し、組織のあり方を再編して、コーポレート部門やブロック制などを導入し、同年6月には本店を大阪市中央区北浜から東京都中央区晴海に移転した。2014年4月には国内ブロック制を廃止し、この際、2001年まで大阪本社であった北浜の事業所は関西支社となった。

阪北港エリアの事業を担う大阪北港株式会社（1919年設立）と、ビル事業を担う株式会社住友ビルデイング（1923年設立）が1944年11月に合併してできた経緯があるため、日本建設産業の本店移転は、本来の拠点への回帰という側面が大きい。

　日本建設産業が移転当初本店としたのは、この住友ビルの南館である。住友ビル南館の敷地は、1962年10月に売買により株式会社住友銀行に移り、2016年現在に至っている。住友ビル本館は、終戦後の1945年9月に、5・6階および1階の一部等が接収されていたが、1952年5月に解除された。その際、同社の一部も住友ビル本館の5階に移転した。

　戦後、新しい住友ビルの建設計画があったが、大規模なビルで長期的な計画が必要なことから、1957年6月、住友ビル南館の西側空地に住友ビル別館（後の住友ビル第2号館）が竣工し、住友商事の本店も同年7月にこのビルにさしあたり移転した。この住友ビル別館と住友ビル南館はのちに一体となる。最終的には、1962年7月には住友ビル南館の隣接地に「新住友ビル」が竣工し、住友商事の本店は同月、別館等から移転した。新住友ビルは、地下4階・地上12階・塔屋3階で、延べ面積90,270㎡であった。

　この新住友ビルの用地買収については、社史に記述がある。新住友ビルの構想は戦前よりあり、用地買収は1936年に始まり、終戦後の一時的な中断を経て1949年に再開し、1954年までに一部の未買収地を除く8,638㎡を買収した。元の所有者は、個人や企業、寺院や大阪市など様々で、住友商事（日本建設産業）や住友家の所有地との交換、代替ビルの建設提供なども行い、最終的には約20年をかけて買収を終えた。その後、完工20周年の1982年7月よりこの「新住友ビル」は「住友ビル」と改称されたが、2016年現在に至るまで、土地は住友商事の所有地となっている。

　関連して、住友商事は現在、他社と共同で船場において、「淀屋橋WEST」と名付けたビジネスエリアの再生プロジェクトを進めている[21]。住友ビル所在地は、船場の北西部で、地下鉄淀屋橋駅の西側であるが、その一帯を、「仕

---

(21)　「オフィス街は先端商業地——大阪・淀屋橋、1階はカフェに変身」日経MJ（流通新聞）、2004年10月1日、住友商事ビル事業部オフィスビル情報 http://www.office-sc.com/（2016年9月10日アクセス）。

事をするためだけのオフィス街」から「一日中活動できる多様性のある街」へ
と変化させ、ビジネスエリアとしての価値を高めることを目指している。具体
的な内容は、周辺のビルオーナーと連携して、飲食・物販店舗やホテル・住宅
などを誘致することであるが、その背景には、本社機能の東京移転などでビル
空室率が高まっているという事情や、この地区に老舗料亭や歴史ある建築物が
比較的多く存続しているという点もある。

4　日商岩井株式会社、ニチメン株式会社、株式会社トーメン[22]

　日商岩井株式会社（以下、日商岩井）・ニチメン株式会社（以下、ニチメン）・
株式会社トーメン（以下、トーメン）の3社については、紙幅の関係もあり、
要点のみを一括して述べるにとどめたい。先述の通り、日商岩井とニチメンは
2003年に経営統合し現在は双日株式会社となり、トーメンは2006年に合併し
豊田通商株式会社となっている。

　まず、戦後の大阪本社ビル建設であるが、日商岩井は1975年に、ニチメン
は1953年と1984年に、トーメンは1966年に完成している。日商岩井の本社
ビルは大阪市東区今橋で、船場にあった。また、2度にわたるニチメンの本社
ビル建設は、いずれも同じ敷地におけるもので、創業2年目の1893年に日本
綿花が購入した大阪市北区中之島にある実質的な創業地の隣地であった。この
中之島は、船場に土佐堀川を隔てて向かい合う位置にある。2度目の1984年
の新社屋建設は、創立90周年記念事業であったが、この「ニチメンビル」は
地下3階・地上15階・塔屋2階、延べ面積34,745㎡であった。この際、新社
屋の管理・賃貸対応のためニチメンビルディング株式会社が設立されている。
トーメンは三井物産棉花部時代より、大阪市東区高麗橋に本拠地があったが、
1966年の新本社ビルは、同じ船場の東区瓦町に建設され、地下3階・地上8
階であった。土地は、1962年4月に公立学校用地から宅地へ地目変更され、

---

(22)　以下、ニチメン株式会社社史編集委員会・社史編集部編『ニチメン100年』(1994年)、双
　　　日株式会社ホームページ、東棉四十年史編纂委員会編『東棉四十年史』(1960年)、各社有価証
　　　券報告書、新聞各紙、不動産登記情報、関係各社ホームページに基づく。日商岩井は、1968年
　　　10月に日商と岩井産業が合併して発足した。ニチメンは、1892年の設立時は日本綿花、1943年
　　　に日綿実業に改称し、1982年にニチメンに社名変更した。トーメンは、1920年に三井物産の棉
　　　花部が分離され、東洋棉花となり、1970年に社名変更をしてトーメンとなった。

交換によりトーメンの所有地となったものである。

　先述の通り、丸紅が本社ビルを売却したのは2002年であるが、この3社も同時期に本社ビルの売却を行った。登記簿により土地所有権の移動を確認すると、日商岩井の本社ビル敷地は日商岩井不動産株式会社が所有していたが、1999年3月に不動産管理会社の未生ビル（東京都）に売却された。新聞記事によれば、ビルの売却価格は250億円である[23]。また、ニチメンの本社ビルは、2000年3月に当時の三和銀行グループと関係が深かった大広不動産（大阪市）などが出資する特定目的会社の株式会社プラックス（大阪市）へ売却された。売却価格は、土地建物計120億円で、売却益は販売用不動産の評価損などとの相殺であった[24]。トーメンについては、2000年2月策定の経営再建計画で大阪の本社ビルが老朽化もあり売却対象とされ、2001年3月にビルと約3,300㎡の土地が34億円で住友不動産（大阪タワー特定目的会社、東京都）に売却された[25]。

　売却後のビルや用地はいかに取り扱われたのだろうか。日商岩井は、本社ビル売却後もリースバック方式で引き続き本社として使用した。登記簿によれば、ビル敷地は、2005年6月と2014年3月の2度、信託契約が結ばれ、2016年現在の受益者はNTT都市開発系のプレミア投資法人（東京都）となっており、土地のみが同社の運用不動産となっている。一方、1975年に建てられた旧本社ビルは、2016年現在、NTT都市開発が管理・運営する「トレードピア淀屋橋ビル」との名称で、オフィスビルとして使用されている。

　ニチメンも、2000年3月のビル売却後、土地建物を賃借して引き続き使用した。登記簿によれば、土地は、2002年3月に信託契約が結ばれ、その受託者はユーエフジェイ信託銀行株式会社、受益者は2度の変更を経て、東急系のアクティビア・プロパティーズ投資法人（東京都）となっている。2016年現在、旧「ニチメンビル」は「大阪中之島ビル」と改称され、同社の不動産投資信託（REIT）の運用不動産となり、多数のテナントが入居するオフィスビルとして

---

(23)　「図表　主な本社ビルの売却事例と計画（ビジネスTODAY）」日経産業新聞、1999年9月22日。

(24)　「ニチメン、大阪本社ビル、120億円で売却」日本経済新聞、2000年3月15日。

(25)　「トーメン、大阪本社売却」日経産業新聞、2000年11月1日。

引き続き利用されている。

　トーメンの旧本社跡地は、異なる途をたどった。売却に先立つ2001年1月に、トーメン本店は北区中之島の賃貸ビルへ移転し、約700名が勤務していたビルは取り壊されることとなった。跡地は都心居住型のマンション用地として利用されることとなり、住友不動産が50階建ての超高層分譲マンション「シティタワー大阪」を建設した[26]。登記簿によれば、土地は、2003年1月より持分の売買で多数の個人の所有となり、2016年現在に至っている。

おわりに

　本稿では、都市・大阪の現段階を議論する一環として、大阪における商社所有地の分析を行うことが課題であった。分析結果を、まず商社の側から、その後、都市の側から長期的な視点において位置づけたい。

　戦後、大阪都心商業地における商社の不動産所有・利用のあり方は、ある時期までは戦前期と同一の方向性をもつものであった。船場は近世より続く商業地であり、その土地所有はおおむね連続的であるところに特徴があった。そうした基盤の上に、明治期より企業による土地集中が進み、中小規模の個人やオーナー経営者による土地所有と、大企業による土地所有とが併存する構図となっていた。戦後改革の時期には一時的に土地が細分化されたが、戦後復興とともに大企業による土地集中が再び活発化し、その終点として、高度成長期を中心とした商社の自社ビル建設がある。

　本社ビルの建設は、創業何周年かの記念事業として行われる場合も多いため時期には開きがあるが、高度成長期を中心に、寺院所有地に建設した1社を例外として、各社は自社所有地上に本社ビルを新築していった。近世において、木造2階建ての商家が立ち並んでいた船場では、土地の区画は平均数十坪程度であり、大規模なビル建設は、土地集中を伴うものであった。一方で、こうした自社ビルの建設は、自己所有地や創業の地での事業発展に価値を認める、近世以来の伝統的な価値観の、現代的な様式による表現でもあった。

---

(26)　「利便性求め「都心回帰」——マンション建設、古都につち音」日本経済新聞、2001年8月6日。

転換点となったのは、バブル崩壊から約 10 年後の 1999 〜 2001 年の時期である。住友商事・伊藤忠商事を除く各社は、財務体質健全化策の一環として大阪本社ビルの土地・建物の売却を相次いで行った。こうした売却に至った原因は、直接的には平成不況期における商社各社の業績不振である。加えて、東京一極集中が進む中で、各社における大阪事業所の位置づけが変化していったことや、梅田が台頭する中で船場に拠点を維持する必要性が低下したこと、また企業の意思決定主体における不動産に対する価値観の変化も関係しているだろう。

2016 年現在、住友商事は高度成長期に建設された自社ビルになお拠点を置いているが、伊藤忠商事は 2011 年に梅田へと進出する過程で船場の不動産を処分し、梅田においても自社ビルを持たなかった。また、2000 年前後にビルを売却した各社は賃貸ビルに入居した。大阪で創業した商社各社は、大阪において、自社ビル所有から賃貸ビルの利用へと大きくシフトした。

それでは、上述の変化は、都市の視点からとらえたときに、大阪都心商業地の長期的な展開においていかなる意味をもつのだろうか。本稿では、大阪都心商業地の分析にあたり、商社所有地を分析対象に据えるという方法を用いた。商社所有地の多くは、船場にある大規模区画であった。この点を踏まえ、次の 2 点を記しておきたい。

第 1 に、商社による所有地売却についてである。もとより、船場は商業地であるため、事業不振による不動産の売却は、近世より普遍的に認められる。売却された不動産は、事業拡大を志す新たな所有者のもとで経営の基盤となり、そうした新陳代謝が船場の地位を支えてきた。しかし、本稿で確認してきた事例からうかがわれるのは、2000 年前後の売却は、船場を代表する優良の大規模不動産であったにもかかわらず、これ以前とは異なり、その受け皿から船場の明確な将来像が見通せないことではないだろうか。

第 2 に、不動産の証券化との関わりについてである。複数の元商社所有不動産は証券化の対象となっていた。近年の日本における不動産市場の一大変化として、不動産証券化の手法を活用したビジネスの発展が挙げられるが、実態としては、証券化の対象物件は東京が大部分を占め、大阪での展開は限定的である。日本における不動産証券化によるビジネスは年数が浅く、都市に与える影

響については今後検証されるべき課題であるが、大阪都心部が従来とは次元の異なる利害関係を有し始めたことは注目に値する。

さて、今後、大阪都心部はどのような展開をたどるのであろうか。

売却されたビルの多くは、現在もオフィスビルとして引き続き利用されている。それらの建て替え時期が集中的に訪れた時、これらの大規模区画がいかに取り扱われるのかが、都市の将来像と大きく関わってくると考えられる。都心部の性格に注目すれば、近世において多くの都市的機能を担っていた船場は、明治以降、企業の中枢管理機能の所在地として純化していく傾向を長く示していた。その後、2000年頃を境にして、都心人口が回復をみせ、多様性ある街を目指すオフィス街再生事業が行われるなど、多機能化への兆しが見えている。本稿で事例とした商社所有地の中にもこの動向に関係するものが含まれていたが、そこで示されていたように、これらの動向は企業流出の代替としての側面が強いのも事実である。

森記念財団都市戦略研究所の世界都市ランキングデータによれば、2015年時点で、大阪は対象40都市のうち総合順位が24位であるが、分野別にみれば、経済分野23位に対して、研究・開発分野が12位、居住分野16位と評価されている[27]。こうしたランキングは指標の設定方法により順位が大きく変動するため参考データではあるが、都市の大きな構想を描く際には前提となるだろう。

（なたけ・なつき　関東学院大学経済学部教授）

---

(27)　一般財団法人森記念財団都市戦略研究所『Global Power City Index YEARBOOK　2015』(2015)。なお、東京は総合4位、経済分野1位、研究・開発分野2位、居住分野15位である。

変動するフランス物的担保法制の現状
2006 年民法典改正前後の点描

今村与一

I　2006 年改正前の物的担保法制
II　2006 年改正後の物的担保法制
III　変動する物的担保法制の諸要因とその赴く先

2016 年は、フランス民法典の歴史に即して言えば、債権債務法改正[1]に明け暮れた年として銘記されることであろう。実際、このたびの民法典改正は、「現代化し、簡素化し、共通＝一般契約法 (droit commun des contrats)、債権債務法制度 (régime des obligations) および証拠法 (droit de la preuve) の読みやすさを改善し、それへの近づきやすさを強化すること」を目的としており、このために一新される規定は、内容上の変更がないとされるものを含め、民法典第 3 編第 3 章（債権債務の発生原因）から第 4 章の 2（債権債務の証拠）までのほぼ全域、400 箇条以上に上る。周知のとおり、1804 年に制定された当初のフランス民法典は、「ナポレオン法典」とも呼ばれ、二度の帝政期にはその異名を正式名称としたこともあるが、註釈学派の全盛時代であった「安定期」(1804〜1884 年)、特別法の発展と判例による解釈の時代であった「小変動期」(1884〜1964 年) を経て、第二次世界大戦後、特に 1960 年代以降、度重なる法改正を経験し、「大変動期」(1964 年〜) に突入したと言われる[2]。

けれども、前世紀末までの民法典改正と今世紀に入ってからのそれでは、

---

(1)　Ordonnance n°2016-131 du 10 février 2016, portant réforme du droit des contrats, du régime général et de la preuve des obligations. このオルドナンスによって改正された新法は、すでに 2016 年 10 月 1 日から施行されている。ただし、同日より前に締結された諸契約は、改正前の旧法に従う（以上、第 9 条）。

(2)　Ph. MALAURIE et L. AYNÈS, *Cours de droit civil, Introduction à l'étude du droit*, par Ph. MALAURIE, éd. Cujas, 1991, p.145 et s.

「変動」の質量ともに、大きな違いが生じているように見受けられる。20世紀後半の民法典改正は、何といっても、フランス社会の変貌ぶりを映し出すかのように、夫婦・親子関係ほかの家族法、贈与・遺贈を組み入れた相続法[3]を中心舞台としていた。すでに半世紀が経過した「大変動期」そのものの時代区分は、今回の債権債務法をはじめとして、今後に予定された民事責任法、最後まで残った物権法など、21世紀初頭以来の立法事業が一段落した時点でなければ無理な相談だが、少なくとも「鉛のマント」[4]にたとえられた正統派学説の抵抗を押しきり、そのマントを脱ぎ捨てる直接の契機となったのは、2006年の債権担保法改革[5]ではなかったかと考える。

その理由の第一は、2006年の民法典改正により、同法典の編別構成に一大変化が生じたことである。それまでは、第1編「人について（des personnes）」、第2編「財産と所有権の種々の変更について（des biens et différentes modifications de la propriété）」、そして第3編「所有権を取得する種々の仕方について（des différentes manières dont on acquiert la propriété）」の全3編であったのが（2002年に新設された第4編は、海外領土マイヨットへの適用規定のみ）、同年改正後は第4編「債権担保について（des sûretés）」が加わった（従前の第4編は第5編に繰り下げ）。そもそも、相続や贈与・遺贈、売買といった法定・約定の所有権移転原因が連なる第3編の中で、いかにもとってつけたように、質権、先取特権および抵当権に関する諸規定を第17章以下に設けたのは、私たちの目から見れば不自然というほかなかった。しかし、「ナポレオン法典」が誕生した当時、抵当制度の社会経済的効用などその起草者の眼中になかったことからすれば[6]、不当に冷遇されたかに見えるそのような位置づけにも相応

---

(3) その足跡については、稲本洋之助『フランスの家族法』（東京大学出版会、1985年）、原田純孝「相続・贈与および夫婦財産制——家族財産法」、北村一郎編『フランス民法典の200年』（有斐閣、2006年）所収232頁以下の、いずれも貴重な労作がある。

(4) Ch. ATIAS, *L'influence des doctrines dans l'élaboration du Code civil*, in *Les penseurs du Code civil*, La Documentation française, 2009, p.111.

(5) Ordonnance n°2006-346 du 23 mars 2006 relative aux sûretés, ratifiée par la loi n°2007-212 du 20 février 2007.

(6) J.-E.-M. PORTALIS, *Discours préliminaire prononcé lors de la présentation du projet de la commission du gouvernement*, Fenet, t. Ⅰ, pp.514-516 ou *Naissance du Code civil, la raison du législateur*, Flammalion, 1989, pp.82-84. ポリタリス＝野田良之訳『民法典序論』（日本評論社、1947年）81-85頁。

の含意があった。驚くべきことに、その後、19世紀中の産業革命期に進められたパリ大改造、20世紀では、第二次大戦後の戦後復興を実現する牽引車となった不動産金融の顕著な発展にもかかわらず、民法典自体は、物的担保法制に関する限り、手つかずのまま原型をとどめてきたのである。

しかも、第二の理由として、2006年の民法典改正により、日本法でいう約定担保物権に属する質および抵当制度の被った変動が尋常ではない。古くは、フランス法に固有の抵当権概念が生成したと見られる13世紀にまで遡り、不動産執行手続やら公証人慣行やら物的担保法制全体と有機的に結びついた諸制度の歩みを多角的に追究してきた筆者にしてみれば[7]、誇張でなくフランス法に対する従来のイメージを改めざるをえないほどの激変である。比喩的な表現が許されるならば、そうした一種の起爆剤を体内に宿した以上は、一層激しい変化も許容限度内となるように思われるのである。

では、2006年の民法典改正前のフランス物的担保法制は、どのような特徴を有していたか（Ⅰ）。2006年の民法典改正後、それがどう様変わりしたか（Ⅱ）。何がその変動を突き動かし、この先、どのような変動が待ち受けているのか（Ⅲ）。同年の債権担保法改革については、日本でも関心が寄せられたが[8]、本稿は、ちょうどそれから10年が経過した現時点において、なおも変動してやまない物的担保法制の現局面をできるだけ広い視野に立って認識し、その将来を見すえようとするささやかな試みにすぎない。

Ⅰ　2006年改正前の物的担保法制

日本の現行民法は、債権担保法領域でもフランス法起源の諸制度・諸規定を数多く継受しながら、土地と建物を別個の不動産とする独特の財産法制[9]、不

---

(7)　今村与一「フランス抵当制度の起源(1)——抵当権と不動産公示の邂逅」社会科学研究47巻4号37頁以下、同「フランス不動産公示制度の起源——抵当権の不動産公示の邂逅（その2）」岡山大学法学会雑誌49巻3＝4号277頁以下。

(8)　ピエール・クロック＝野澤正充訳「フランスにおける担保法改正の評価——成功か失敗か？」ジュリスト1365号94頁以下、平野裕之「改正経緯および不動産担保以外の主要改正事項」日仏法学25号9頁以下、片山直也「不動産担保に関する改正およびその意義」日仏法学25号46頁以下。

動産登記制度創設後の民法編纂の方針転換（「民法典論争」）、「任意競売」を分断させた不動産執行手続、公証人ほか司法の担い手の不在ないし未成熟、制定後のドイツ法的解釈といった諸要因により、物的担保法制の全般にわたって独自色を強めている。それだけに、日本法の一方的な視点から見た観察や、歴史的所与の前提を抜きにした日本法との単純な比較は許されず、母法の位置を占めるフランス物的担保法制が、2006年の民法典改正までどのような姿であったのか、特徴的ないくつかの柱に沿って概観しておく必要がある。

そもそも、日本法では、民法本体に債権者平等の原則を正面から扱う規定は見られないが、フランス法では、同原則が、物的担保に関する民法典第3編第18章の冒頭を飾っていた（1）。また、物権の客体を有体物に限定する日本法（民法85条、「有体物主義」）とは異なり、無体財産を排除しないフランス法の場合は、各種物的担保の分類だけでも容易でない（2）。さらに、法技術の粋を集めた抵当権に関する諸規定は充実しているようだが、よく見れば、抵当権の効力を強化するよりも制限する方に力点があり（3）、これとは対照的に、民法典制定当時の質権に関する原初規定など実に簡素であった（4）。おまけに、2006年の改正前、総じてこれらの「伝統的」とされる物的担保が衰退傾向にあったというのだから、日本法の事情とは大いに異なる（5）。

1 物的担保の定義

フランス法には、物的担保の一般的定義の前に債権者平等の原則を掲げる規定があり、そのあとに同原則の例外をなす先取特権および抵当権に関する諸規定が続く。

(1) 債権者平等の原則

まず、フランス民法典第4編冒頭の2箇条を掲げよう。

現2284条（2006年改正前旧2092条）「対人的に債務を負う者は誰でも、動産であるか、不動産であるかを問わず、現在および将来にわたる自己の全財産にもとづいて責任を果たさなければならない。」

---

(9) この日本法固有の「不動産」概念の由来については、今村与一「不動産法序説」『民主主義法学と研究者の使命——広渡清吾先生古稀記念論文集』（日本評論社、2015年）所収、特に385頁以下の参照を乞う。

現 2285 条（旧 2093 条）「債務者の財産は、債権者共通の担保（le gage commun de ses créanciers）である。その換価代金は、優先権となる正当な原因（les causes légitimes de préférence）がない限り、債権者間において按分配当される。」

これに対し、日本民法は、債権者平等の原則を明文で規定せず、詐害行為取消しの効果（425 条）や、相続の限定承認、相続財産の分離、相続人の存在が明らかでないときの相続債権者等への弁済（929 条、947 条 2 項、950 条 2 項、957 条 2 項）の場面で間接的にその片鱗を窺うことができるのみである。ところが、ボワソナード草案はもとより、旧民法にも、上掲・母法 2 箇条と同趣旨の明文規定があった[10]。

今日では、債権者平等原則の意味合いからして曖昧であり、債務者の任意弁済の段階では、同原則の出番すらなく、個別執行、ひいては破産手続（包括執行）の段階でも、優先権をもった有担保債権者、別除権者の存在を考えるならば、そうした有力債権者が自己の債権を回収したあとの「残りカスの平等」[11]にすぎないという見方が現実的であり、ことさらに平等原則を強調することが憚られるのは確かである。けれども、「担保が多すぎれば、担保が担保でなくなる」[12]と言われるように、優先権を主張して互いに一歩も譲ろうとしない債権者間の競合状態が収拾困難となったとき、いったんは債権者同士を横一線の振り出しに戻すため、いわば最後のリセットボタンとして債権者平等原則が控えていると考えるなら、それも理解できなくはない（ひとつの手がかりとして、

---

(10)　Livre IV, Des sûretés ou garanties des créances, Dipositions préliminaires, art.1001, au *Projet de Code civil pour l'Empire du Japon, accompagné d'un commentaire par G. Boissonade*, nouvelle éd., t.IV, Tokio, 1891. 旧民法債権担保編総則第 1 条は、草案 1001 条 1 項・2 項を一字一句そのまま翻訳したものとなっている。

(11)　鈴木禄弥「『債権者平等原則』論序説」法曹時報 30 巻 8 号 12 頁。この先駆的研究の問題提起を受け、「債権者平等」の意味内容を債権の併存可能性（非排他性）、債権発生の前後で優劣のない非優先性、債権額に応じた比例弁済の 3 つに区別し、相互の関係を的確に整理するのは、中田裕康「債権者平等の原則の意義——債権者の平等と債権の平等性」法曹時報 54 巻 5 号 1 頁以下。M. CABRILLAC, *Les ambiguïtés de l'égalité entre les créanciers, Ét. Breton-Derrida*, Dalloz, 1991, p.31 et s. は、鈴木論文と同様に平等原則に対して懐疑的だが、道徳的秩序または経済的秩序から要請される「大原則」ではなく、序列化しがたい債権者間の衝突を回避するための「便法」として、控えめな法技術的位置づけを与える。

(12)　Ph. MALAURIE et L. AYNÈS, *Droit des sûretés*, par L. AYNÈS et P. CROCQ, 10ᵉéd., LGDJ, 2016, n°17, p.24.

日本の民法 332 条を参照)。たとえば、日本法では、かつて抵当権の物上代位と
その目的債権の譲渡等が競合し、両者の優劣をめぐる議論が大いに沸騰したが、
仮に平等原則の存在を想起させる明文があったならば、一定の冷却作用を期待
できたかもしれない。債務者が信用破綻したあとの負債処理が、必ずしも破産
手続に帰着するとは限らず、実際には、個別執行、任意整理で片付けられる場
合が少なくないだけに、商人破産主義か一般破産主義かを問わず、民法本体に
明文化されてしかるべき法原則のように思われる。

(2)　優先権の「正当な原因」——先取特権と抵当権

　フランス民法典現 2323 条 (2006 年改正前の旧 2094 条) は、「優先権の正当な
原因とは、先取特権および抵当権である」と定めている。いずれも、債権者が
優先権を行使する物的担保の代表格だが、そこには、留置権はもちろん、質権
も見られないことを見落としてはならない。同条が、なぜ、優先的効力を認め
られた質権を無視しているのか、すぐにその事情を明らかにすることはできな
いが[13]、2006 年の改正後は見られなくなった民法典制定時の原初規定 2071 条
によれば、質概念は、動産質と不動産質の区別なく、「債務者が、その債務の
担保として自己の債権者に目的物を引き渡す契約」と定義されていたことに留
意すべきであろう。この規定から、2006 年改正までの民法典は、①約定によ
る担保であり、②ひとつの債務に付従し、③常に債務者 (設定者) の占有喪失
を伴うという 3 つの特徴を質ならではの本質的要素と考えていたことがわか
る[14]。やはり、平等原則の例外をなす優先権行使の主役は、先取特権者、何
より抵当権者をおいてほかにいないとする立場がその底流にあったのではない
か。質権に対する冷淡な見方に関しては、あとで検討を加える。

2　分類の基準

　少なくとも制定当初のフランス民法典は、先取特権・抵当権と質権を意識的
に区別していた。したがって、民法典に規定された物的担保の分類でも、設定

---

(13)　原初規定 2093 条および 2094 条の民法典制定当時の見方として、M. TROPLONG, *Le droit civil expliqué suivant l'ordre des articles du Code, Des privilèges et hypothèques, ou commentaire du titreXVIII du livre III du Code civil*, 2^{e}éd., t.1er, Paris, 1835, n^{os}6 et 7 が参考になる。

(14)　H., L. et J. MAZEAUD et Fr. CHABAS, *Leçon de droit civil*, t.III, 1er vol., *Sûretés, Publicité foncière*, 7^{e}éd., par Y. PICOD, Montchrestien, 1999, n°59.

者から債権者への目的物の占有移転があるかどうか、言い換えれば、設定者の占有喪失の有無による区分が最も重要視され、次いで、動産か不動産かという目的財産別の区分、法定か約定かの成立原因による区分が併用された。

(1) 占有移転の有無

この2大区分により、同じ約定担保のうち、設定者の占有喪失を伴う担保は「質権（nantissement）」と総称され、占有喪失を伴わないものは「抵当権（hypothèque）」と呼ばれた。占有移転の有無は、両者の設定方法の違いを決定的にした。そして、引渡しによって設定される質権の要物契約性に対し、引渡しに代わる公証人証書の作成を有効要件とする抵当権の要式契約性が対置された。質権では、債権者への占有移転の延長上で留置権限が強調され、留置的効力をもたない抵当権では、正当な優先権としての存在が際立つことになったと考えられる。もっぱら不動産を目的とする抵当権の場合は、動産抵当権が禁止されており、動産を目的とする約定担保は質権に頼らざるをえなかった。それでも、債権者が目的物の占有を取得しない非占有型担保の優位性は変わらず、1804年の民法典における二項対立的な分類が厳格に守られた。

ところが、19世紀後半以降、設定者が目的物の占有を喪失する占有移転型担保の中でも占有移転の後退現象が生じる。第一の要因として、無体財産の飛躍的発展と伴にその担保化の要請が強まり、立法的介入により、続々と無体財産質が認められるようになったことが挙げられる。たとえば、「営業権（fonds de commerce）」（1898年）や、映画フィルム（1944年）、ソフトウェアの利用権（1994年）といった無体財産については、占有移転による質入れを観念しがたく、債権質に関する民法典の規定（2006年改正前の旧2075条）は何の助けにもならなかった。後退現象のもうひとつの要因としては、占有移転型担保の宿命的とも言える不都合（占有移転後は設定者が利用できなくなり、目的物から得られる信用が一度で底をつくことになりかねず、時として目的物の管理が債権者の負担となり、債権者による横領の危険があるなど）が指摘されている。そこで、そうした不都合を回避すべく、占有引渡しの擬制（農業用動産等の指図証券質warrants、自動車質）、ひいては引渡しそのものの不要化により、占有移転とその延長上の留置権限の関係が最終的に分離されるに至った[15]。

(2) 目的財産別の区分

　フランス民法典は、「すべての財産は動産または不動産である」とする原初
規定516条をもって「財産（biens）」概念の最上位の分類（summa divisio）と
している。ただし、同法典は、物権の客体を有体物に限定しないので、無体財
産も、不動産、動産のいずれかに分類しなければならず、この分類から、有
体・無体不動産、有体・無体動産という都合4種類の財産カテゴリーが導かれ
る。たとえば、用益権、地役権、不動産返還請求訴権といった不動産上の権利
は、「目的による不動産（immeubles par l'objet）」と呼ばれる無体不動産に当たり
（民法典526条）、一定額の金銭または動産物件を目的とする債権および訴権、
会社株式、終身定期金など、「法定された動産（meubles par la détermination de
la loi）」と呼ばれるものは無体動産に当たる（民法典529条）。もうひとつ注意
を要するのは、閉ざされた不動産概念に該当しないものすべてが、その受け皿
となる動産に分類されることである[16]。このため、前述した新種の無体財産
は、ことごとく動産として扱われることになった。

　物的担保の中でも特に動産と不動産の区別が意味をもつのは、約定によって
動産にも不動産にも設定可能な質権であろう。広義の質（nantissement）は、
動産を目的とする動産質（gage）と不動産を目的とする不動産質（antichrèse）
に分けられる（2006年改正前の民法典旧2072条）。両者の間には、名称のみなら
ず、種々の相違点があるのはのちに見るとおりである。法定の原因によって成
立する先取特権も、動産上の先取特権と不動産上の先取特権に区分される（民
法典旧2099条、現2328条）。また、先取特権の場合は、特定動産上の特別先取
特権と動産総体の上に成立する一般先取特権の区別があり（民法典旧2100条、
現2330条）、不動産先取特権にも同様の区別がある（民法典旧2103条、現2374
条、旧2104条、現2375条）[17]。

　抵当権の場合は、フランス古法から継承した周知の法命題、「動産は、抵当
権によって追及を受けない」とする民法典旧2119条（現2398条）の意義をめ

---

　(15)　以上、債権者の占有・非占有による二大区分、占有移転型担保における占有移転の後退現象
　　　については、C. JUILLET, *Les sûretés réelles traditionnelles entre passé et avenir, Ét. Christien
　　　Larroumet*, Economica, 2010, n°3 et s.

　(16)　Ch. ATIAS, *Droit civil, les biens*, 10°éd., Litec, 2009, n°46.

ぐって議論はあるものの[18]、抵当権の追及効が認められなければ抵当権それ自体が否定されたのも同然であるとして、同条は、動産上に抵当権を設定することができない趣旨と解されてきた。しかし、民法典の外では、現に船舶（1874年）、航空機（1926年）といった動産抵当権が認められており（民法典旧2120条、現2399条を参照）、今日、非占有型動産担保をどう呼ぶかは用語法の問題にすぎなくなっている。

（3）成立原因による区分

日本民法では、法定担保物権に属する先取特権と約定担保物権に属する抵当権は、同じ非占有型担保として競合する可能性はあっても（335条、339条等を参照）、互いに相容れない非融和的な存在である。ところが、フランス民法典では、抵当権は、約定によるものばかりでなく、法定の原因によって成立するものもあり、先取特権との区別はあるようでない。沿革的にも、ひとつの債権の優先順位を意味していたローマ法上の先取特権が徐々に物権化を遂げ、後述する法定抵当権の出現とともにますます両者の関係が接近するようになった。そうした見方が、民法典の編別構成、両者の扱い方にも現れている。

3　抵当権の諸特徴

日本法においては、約定担保物権を代表するのが抵当権である。これに対し、フランス民法典には、①約定抵当権（hypothèque conventionnelle）に加え、ローマ法に由来する②法定抵当権（hypothèque légale）、16世紀の王令が導入して以来[19]現行制度として生き続ける③裁判上の抵当権（hypothèque judiciaire）を併せて3種類の抵当権がある。判決執行の担保となる③裁判上の

---

(17)　1804年の民法典では、あらゆる一般先取特権の効力は動産の総体にも不動産の総体にも及ぶとされていた（原初規定2104条、2107条）。しかし、不動産に関する限り、第二次大戦後の復興、住宅建設のために活発な不動産金融を促進する必要から、公示されない隠れた一般先取特権の存在は許されなくなった。不動産公示の改革に関する1955年1月4日のデクレにより、不動産を目的とする一般先取特権は、抵当権と同列におかれ、登記を経なければ第三者に対抗できず、登記の日付によって順位づけられることになった（2006年改正前の民法典旧2146条、旧2134条）。ただし、①裁判費用の先取特権（民法典旧2104条1号、現2375条1号）、②賃金等の先取特権（同条2号）、③著作権使用料等の先取特権（知的財産法典L131-8条）は、不動産上でも公示なしに優先する例外扱いとされた（民法典旧2107条、現2377条）。

(18)　E. Putman, *Sur l'origine de la règle :《meubles n'ont pas de suite par hypothèque》, RTD civ.* 1994, p.543 et s.

抵当権（民法典旧 2117 条 2 項、現 2396 条 2 項）は、個別の裁判ごとに付与されるわけではなく、一定の要件を満たせば当然に生じるものだから（旧 2123 条、現 2412 条）、厳密に考えれば、②の法定抵当権に分類されるべきだが[20]、沿革も異なるためか、上記の三分類法が通用している。ここでは、①に焦点を当ててその特徴づけを試みよう。

(1) 抵当権設定契約の厳粛性

約定抵当権は、厳格な要式契約によってのみ設定することができる。具体的には、公証人証書（acte notarié）の作成が効力発生要件となる（旧 2127 条、現 2416 条）。これは、債権契約と同様、意思主義の原則のもとで無方式の諾成契約とする日本法との著しい差異である。

フランス民法典が抵当権の設定を意思主義の例外とする理由は明快である。すなわち、最も危険な物権の設定者に対し、所有権喪失の危険を自覚させ、熟慮を促すという意味での設定者保護に尽きる。抵当権設定契約における公証人の必然的な関与は、事前の調査を前提とした助言義務の履行を予定し、これらすべてが抵当権設定の有効要件に包含されている。そして、その証書作成に当たった公証人は、あとでも述べるように、抵当権の公示まで完遂すべき重大な責任を負うのである[21]。

ただ、ここに要約した厳粛性の理由づけは、1804 年の民法典制定以前から抵当権設定のために公証人証書が必要とされていた実務慣行を合理的に説明したものである点にも注意を払うべきだろう。「厳粛性（solennité）」は「公署性（authenticité）」を意味し、かつては、「公署性」が「権威（autorité）」を意味していた時代もあった。不動産差押えの禁止原則が支配していた封建法下の時代には、これを打破する便法は「権威」なしにはありえなかった。公証人は、そうした「権威」の一翼を担っていたのであり、フランス法独自の抵当権の起源

---

(19) まず最初に、1539 年のヴィレール＝コトレの王令（Ordonnance sur le fait de la justice, Villers-Cotterets, août 1539, Isambert, t.XII, p.600 et s.）92 条の末尾に現れ、1566 年のムーランの王令（Ordonnance sur la réforme de la justice, Moulins, février 1566, Isambert, t.XIV, p.189 et s.）53 条によって制度化された。

(20) G. MARTY, P. RAYNAUD et Ph. JESTAZ, *Droit cvil, Les sûretés, La publicité foncière*, 2ᵉéd., Sirey, 1987, n°232.

(21) M. LATINA et J.-Fr. SAGAUT, *La responsabilité du notaire en matière de sûretés*, Defrénois n°10, mai 2011, p.976 et s.

第 2 部 都市法の現代的変容 215

に関する定説は相応の歴史的根拠があるように思われる[22]。

(2) 特定および公示の原則

抵当権の特定原則には、二重の意味がある。ひとつは目的不動産の特定であり（旧 2129 条、現 2418 条）、もうひとつは被担保債権の特定である（旧 2132 条、現 2421 条）。

約定抵当権は、債務者（設定者）に属する現在および将来の全不動産上に設定することができない。そのような一般抵当権は、法定抵当権を除いて禁じられており、将来財産上の抵当権も、被担保債権に見合う担保が不足し、あるいは抵当不動産の減価が生じた場合の例外を除き、やはり原則として禁止されている（旧 2130 条および 2131 条、現 2419 条および 2420 条）。このような意味での目的不動産の特定性は、物権の客体であれば多かれ少なかれ求められそうだが、抵当権の場合は、債務者（設定者）の所有不動産から得られる信用を一度で枯渇させないという立法上の意図がそこに込められている。被担保債権の特定性に関しても、債務者が負うべき現在および将来の全債務を担保する抵当権を認めたならば、債務者の信用力を一度で使い果たしてしまうおそれがあるという立法上の配慮にほかならない。

ところで、目的不動産および被担保債権の特定性が遵守された抵当権設定証書は、これを作成した公証人の申請によって公示される。フランスの不動産公示手続は、公示の申請を当事者に委ねていない。公示の対象となる証書の作成者が、法定された公示義務を負うのである（不動産公示改革に関する 1955 年 1 月 4 日のデクレ第 32 条 1 項）。この意味では、抵当権の登記は、あくまでも「任意的公示」とされるが、証書作成を受託した公証人は、黙示の合意による公示義務を負うものと解されている。しかも、抵当権の登記が遅れれば、「対抗不能（inoppsabilité）」準則の適用を受ける数少ない機会となる（民法典旧 2134 条、現 2425 条）。

なお、公示の段階に至れば、現行法上、一般抵当権として例外的に認められた法定抵当権も、目的不動産および被担保債権の特定原則に従わなければなら

---

(22) 「王の権威」に依拠した約定抵当権、裁判上の抵当権の正当化については、J.-Ph. LÉVY, *Coup d'œil historique d'ensemble sur les sûretés réelles*, in *Diachroniques, Essais sur les institutions juridiques dans la perspective de leur histoire*, Éd. Loysel, 1995, p.182.

ない（民法典旧 2146 条、現 2426 条）。

　二重の意味での抵当権の特定は、公示原則が確立しなければ無意味だが、特定原則なしの公示原則は、いまだ完全なものとは言いがたい。このことは、フランス革命期の立法[23]から大きく後退し、不動産所有権の有償移転の公示さえも脱落させてしまった 1804 年の民法典制定から 50 年後、所有権移転の公示とともに曲がりなりにも抵当権の公示・特定原則を確立した 1855 年 3 月 23 日の法律[24]の制定過程で認識されるようになった。それは、およそ半世紀に及ぶ議論の末、所有権にとっての最大の脅威と見られていた抵当信用が、産業革命を推進するうえでなくてはならないものであり、そのための法制度の整備を急務とする立法政策、何より抵当制度観の転換でもあった。そして、産業資本を体現する株式会社の貸借対照表になぞらえ、不動産経営者にとっての「資産」を表す所有権の公示と「負債」を表す抵当権の公示が、「不動産の貸借対照表（bilan immobilier）」のスローガンのもとに論拠づけられたのであった。けれども、第二次世界大戦後、諸学説がこぞって公示・特定原則の論拠としていた抵当制度観は次第に風化し、2006 年の民法典改正以前からすでに両原則に対する懐疑的な見方が強まっていたように思われる[25]。

（3）　流担保条項の制限

　質権にせよ抵当権にせよ、約定担保であれば、必ず設定契約の当事者が存在するから、当事者双方を念頭におき、両者間の法律関係を問題にするときは、単なる略記ではなく、文理上も「質」・「抵当」の語を用いることがある（日本の民法第 2 編第 9 章第 2 節・第 3 節・第 4 節、同編第 10 章第 4 節の表題を見よ）。実のところ、不動産物権に関する諸規定とはいえ、法制度の健全な発展のため

---

(23)　1795 年に制定され、ほとんど施行されずに終わったいわゆる共和暦 3 年メシドール法（Décret du 9 messidor an III contenant le Code hypothécaire, Duvergier, t.VIII, p.151 et s.）は、公示原則のために隠れた非公示の法定抵当権を廃止しようとしたが（17 条）、一般抵当権を許容したために特定原則は不徹底のままであった（26 条）。同法に代わって 1798 年に制定され、現に施行された共和暦 7 年ブリュメール法（Loi du 11 brumaire an VII sur le régime hypothécaire, Duvergier, t.XI, p.12 et s.）は、復活させた法定抵当権を公示するように仕向け（2 条）、約定の一般抵当権を廃止し（4 条 1 項）、特定原則を前進させた。

(24)　Loi du 23 mars 1855 sur la transcription en matière hypothécaire, Duvergier, t.LV, p.55 et s.

(25)　P. Crocq, *Le principe de spécialité des sûretés réelles : chronique d'un déclin annoncé*, Droit et patrimoine n°92, avril 2001, p.58 et s.

には、当事者間の利益上の均衡を保つことが肝要となるはずである。ところが、日本法をめぐる議論と言えば、もっぱら信用取引の与信者側に立った債権者（抵当権者）一辺倒ともとれる状況が少なからず見受けられたのではないだろうか[26]。この点でも、債務者（設定者）への種々の配慮を怠らないフランス法独自の視点は小さな発見と言ってよい。こうした信用取引の受信者側の視点を入れた制度設計は、約定抵当権の設定段階にとどまらず、実行段階においても徹底していた。

　具体的には、債権者による任意売却条項（la clause de voie parée）と債権者への所有権帰属条項（pacte commissoire）は、質権については、いずれも明文で禁止され（旧2078条、旧2088条）、抵当権についても同様に解されていた[27]。したがって、従来は、裁判所による不動産執行の手続に乗せない限り、抵当不動産を換価処分する方法はほとんどないに等しかった。しかも、不動産差押え（saisie immobilière）と順位配当手続（procédure d'ordre）はおそろしく複雑であり、その複雑さがまた、特別に不動産所有権を保護しようとする立法者意思の現れであったと言われる。しかし、さすがに不動産執行手続を旧来のまま放置することはできず、債権担保法改革と同年の2006年、不動産執行法の大改正が実現した[28]。これにより、裁判所の許可を得て債務者が主導する任意売却への道が一挙に切り開かれる。

4　質権の諸特徴

　ローマ法では、占有質から非占有質という意味での抵当権への進化は、対物訴権（actio Serviana）の承認によって一応の画期を迎えた。しかし、「質権と抵当権の間には、名前の違いがあるのみ」[29]と見られていたように、両者の間

---

(26)　今村与一「抵当権と所有権の関係——その理論的分析の試み」清水誠先生追悼論集『日本社会と市民法学』（日本評論社、2013年）所収439頁以下は、そうした疑問を2003年の担保・執行法改正前後の議論に即して検証しようとしたものである。

(27)　旧2088条の射程は抵当権には及ばないと解するのが判例の立場と言われるが、学説上は慎重論ないし反対論が有力であった。V. Marty, Raynaud et Jestaz, op.cit., n°293 ; Mazeaud et Chabas, op.cit., n°439 ; M. Dagot, Les sûretés, PUF, 1981, p.453.

(28)　この大改正については、今村・前掲「抵当権と所有権の関係」451頁以下および458頁以下で概要を紹介した。

(29)　《Inter pignus autem et hypothecam tantum nominis sonus differt.》（Marcianus, D. 20, 1, 5, 1）

の溝は意外に浅く、相互の関係は流動的であったと考えられる。これに対し、1804年のフランス民法典では、債務者（設定者）から債権者への占有移転を本質的要素とした質権は、設定者に占有を残したまま他の債権者に先んじて弁済を受ける優先権（droit de préférence）と、その権利行使を第三取得者に対しても可能にする追及権（droit de suite）を本質的効力とした抵当権の対極に位置づけられ、両者の線引きは決定的であった。さらに、動産質と不動産質の間にも、無視しがたい相違点があり、意図的に差別化が図られたように思われる。

(1) 動産質

　質権設定契約一般が要物契約とされる以上、有体動産であれば、目的物の現実の引渡しが有効要件となり（旧2071条）、債権者または第三者（への占有委託entierecement）による質物の占有継続が質権の存続要件になる（旧2076条）。しかも、質物から優先弁済を受けるためには、支払うべき金額や質物の種類・性質等の申述を含む公署証書または私署証書を作成する必要がある（私署証書は、適式に登録 enregistrement され、確定日付を付与されたものに限る）。しかし、だからと言って質権設定契約が要式行為とされたわけではなく、その要件を欠けば、質権者は、書証優位の証拠法準則（旧1341条）により、一定額以上の自己の権利を証明することができず、第三者に対抗することもできない（旧2074条）。公署証書または私署証書の作成は、無体動産に属する債権の質入れにも必要とされ、その証書が質入債権の債務者に送達される（旧2075条）。

　債務者は、被担保債権（元本、利息および費用）の全部を弁済したあとでなければ質物の返還を請求することができないから（質権の不可分性、旧2082条）、否が応でも弁済を促される。質権者は、質権設定者が質物を第三者に譲渡した場合でも、第三者への質物の引渡しを拒絶することができるのであり、質権者の留置権限は、どこまでも質権の本質的効力であった。この点、質物に対する追及権限の行使は、動産の即時取得によって阻まれることがあった（旧2279条以下）。また、質権者は、質物の保管義務を課せられ、不動産質権とは異なり、使用権限すら認められず、自らの懈怠による質物の滅失・毀損について民事責任を負った（旧2080条）。なぜなら、債務者（設定者）は、質権の実行があるまで「質物の所有者であり続けるのであり、質物は、債権者の手中にあっても、債権者の優先権を確保するために寄託されているにすぎない」（旧2079

条）からである。

とはいえ、弁済期に債務の弁済がなければ、質権を有する債権者は、質物の強制売却によってその代価から優先弁済を受けられるはずである。ところが、この段階に至っても、民法典旧2078条1項の規定の仕方は後向きに響いてくる。すなわち、「債権者は、弁済がないときでも質物を処分することはできない。ただし、鑑定人による評価または競売りによる売却に従うならば、自己の債権額まで満足を得られるよう、裁判所に命じさせることができる。」しかも、同条2項は、「債権者が質物を自己のものとし、または前項の手続を経ないで質物を処分することを認める条項はすべて無効になる」と規定していた⁽³⁰⁾。この流質・任意売却条項の禁止規定は、不動産質にもあった（旧2088条）。

（2）不動産質

1804年のフランス民法典が残した不動産質は、《ἀντίχρησις》と呼ばれていたギリシャ起源の収益質に由来する。元来、収益質は、債務者の利息支払いを担保するため、不動産本体ではなくその収益を質入れしたものであり、中世においては、「死質（mort-gage）」の名があるように、まさに高利の常套手段であった。同法典の起草者は、《antichrèse》を元本償却に役立つ「生質（vif-gage）」に転換させようとしたが、その不明朗な原初規定が起草作業の拙速さを物語っていると言われる。

現に、2006年の民法典改正前の旧2085条2項は、債権者に対し、不動産の収益権限を取得させ、まずは年ごとにその収益を利息に充当し、次いで元本へ充当するように定めていたが、この弁済充当は公序に属さず、不動産の果実と利息を相殺する約定が認められていた（旧2089条）。収益質の古い観念が災いしたのか、不動産質権者の売却権限も明確さを欠いていた（旧2088条）。

それでも、不動産質権は、収益や不動産の価額いかんにかかわらず、書面によらなければその存在を証明することができず（旧2085条1項）、そのうえ、民法典制定後に不動産物権として公示の対象となり（1855年3月23日の法律第2条1号）、現在では、公証人証書を作成しない限り、公示手続に進めない仕

（30）　流質・任意売却条項を無効とする規定は、公序に属するとされながら、日本法と同様、質権設定契約全部の効力を否定するわけではなく、質権設定後の流質等に関する合意は、債務者（設定者）の急迫に乗じるおそれがないから有効なものと解されている。

組み（1955年1月4日のデクレ第28条1号）となった。不動産質権にとっての書面は、当初、唯一の証拠であると同時に第三者への対抗要件でもあったが、やがて公示を対抗要件とするようになってからは、公証人証書まで必要とされているのである。動産質と同じく要式行為ではないにせよ、不動産質権の設定は、2006年改正以前から形式主義的規律のもとにあった。

動産質と決定的に異なるのは、不動産質権者が収益権限を有することであろう[31]。目的不動産の債権者への引渡しは、不動産質も要物契約である以上（旧2071条）当然のことだが、収益権限を行使するための不可欠の前提である点に注意を要する。その反面、不動産質権者は、自ら引渡しを受けた不動産に課せられる租税等を負担しなければならず（旧2086条1項）、当該不動産の保守・管理義務を負うものとされる（同条2項）。

債務者は、自己の債務を完済しなければ、質入不動産の収益、むしろ現物の返還を請求することはできない（不動産質権の不可分性、旧2087条1項）。不動産質権者は、目的不動産の第三取得者に対しても全部の弁済があるまで引渡しを拒絶することができる。この意味での留置権限は、滌除のおそれがある抵当権よりも債権者にとって強力であり、2006年の民法典改正前、集団的債務整理手続において不動産質権を見直す契機ともなった[32]。

さて、不動産質権に関して最も疑問となるのが売却権限の有無である。民法典旧2088条は、「債権者は、約定期限に弁済がないというだけで質入された不動産の所有者になるわけではない。あらゆる反対条項は無効であり、この場合、債権者は、法定された方法により、債務者の強制履行（expropriation）を追行することができる」としか述べない。少なくとも、例外的に裁判所が動産質権者への所有権帰属を命じる方法は認められず、流質・任意売却条項の効力が認められないのはもちろんである。したがって、不動産質権者は、一般債権者と同列におかれ、不動産差押えの手続に依拠するほかはないということになる。民法典起草者は、不動産質権者の優先権も認めないつもりであったようだ

---

(31) 質権設定後の不動産の収益は、利息、元本に充当され、その分だけ債務が減少するのだから、現実には、債務者が取得することになるとして、「質権者が収益権限を有する」というのは不正確であるとも指摘される（MAZEAUD et CHABAS, *op.cit.*, n°101）。この指摘から、「生質」の「死質」の区別を曖昧にしてはならないことを教えられる。

(32) Ph.THÉRY, *Sûretés et publicité foncière*, 2ᵉéd., PUF, 1998, n°317.

が[33]、判例によって肯定され、今日では、学説上も大方の支持を得ていた[34]。

以上から判明するのは、不動産質制度の廃止を選択したドイツ法ほどではないにせよ、フランス法においても不動産質が徹底的に警戒されたことである。これが19世紀以降の物的担保法制の趨勢であったとすれば、明治民法の不動産質に対する無警戒ぶりは特筆に値しよう[35]。

5　伝統的担保の衰退現象

民法典が用意した物的担保の中でも、特に抵当担保による信用の衰退、長きにわたって「担保の女王」の名をほしいままにしてきた抵当権の無力化が進行したのは、どのような事情によるのだろうか。また、金融実務では、それに代わってどのような債権担保が活用されるようになったかを見ておこう。

(1)　集団的債務整理手続 (procédures collectives) の肥大化

事の起こりは、第二次世界大戦後、商人の破産および裁判上の債務整理手続が整備された1955年[36]に始まる。それ以後、経営難の企業の救済を目的とした債務者の更生・清算手続が、物的担保を有する債権者を直撃し、物的担保の効用を奪ってゆくのである。広い意味での企業倒産手続は、これまでに度重なる法改正を経ているが、たとえば、裁判上の更生手続に関する1985年1月25日の法律[37]では、更生企業への融資を受諾した債権者が、有担保の債権者にも優先する優遇措置を受けた（法40条）。更生手続が開始すれば、抵当権を有する債権者も、債権の届出を要し、担保権の実行による個別執行の中断・禁止を強いられたうえ、更生手続開始後に現れた新参の債権者に先を越される心配があった。このようにして物的担保が集団的債務整理手続に飲み込まれる一方、

---

(33)　M. Berlier, *Présentation au Corps législatif et exposé des motifs*, Fenet, t.XV, pp.209-210.

(34)　MARTY, RAYNAUD et JESTAZ, *op.cit.*, n°119 ; MAZEAUD et CHABAS, *op.cit.*, n°104 ; THÉRY, *op.cit.*, n°323.

(35)　ボワソナード草案1131条1項、そして旧民法債権担保編126条1項でも、不動産質が「生質」として規定されていたにもかかわらず、明治民法が不動産質を「死質」に改めたのはきわめて重大な修正であり、その経緯を究明する必要がある（有力な手がかりとして、Boissonade, *op.cit.*, t. IV , n°249, p.245）。

(36)　Décret n°55-533 du 20 mai 1955 relatif aux faillites et règlements judiciaires et à la réhabilitation, *JO* 21 mai 1955, p.5086.

(37)　Loi n°85-98 du 25 janvier 1985 relative au redressement et à la liquidation judiciaires des entreprises, *JO* 26 janvier 1985, p.1097.

他方では、賃金債権の一般先取特権は例外扱いとされ、国庫（租税債権）の一般先取特権も最優先順位を確保されているから、債務者の積極財産は、これらの先取特権により、ほとんど何も残らないのが実情であった。それでいて企業救済の成功率はきわめて低く、増え続ける一方の集団的手続は、結局、裁判上の清算、廃業に終わる事例が大多数を占めたから、殊に銀行には不人気であったと言われる。このため、1994 年 6 月 10 日の法律[38]以後は、改めて有担保債権者との均衡回復が図られることになる。

　この間、破産に代わる集団的債務整理手続は、商事会社以外の私法人（1967 年）、職人（1985 年）、個人農業者（1988 年）へと順次に拡大された。そして、ついには、1989 年 12 月 31 日の法律[39]により、過重負債を抱えた消費者にも債務整理手続が導入されるに至った。有担保債権者が、そうした債務整理手続の拡張のたびに犠牲を求められたと指摘されるのは、あながち誇張とは言いきれない。現行消費生活法典でも、物的担保を有する債権者は、その被担保債権の届出義務を課せられており（裁判上の清算を伴う個人再生手続に関する同法典 L742-10 条および L742-11 条）、これに反すれば、当該債権の消滅とともに担保喪失の不利益を被るものとされている。

(2)　人的担保、所有権留保・譲渡型担保の隆盛

　物的担保の衰退と対照的なのは、人的担保に属する保証の隆盛である。1804 年の民法典は、友人間、近親者間の情宜による「些細な契約」[40]として保証契約を位置づけたが、現在では、状況が一変している。商工業者から消費者まで取引相手とする銀行信用の発展により、保証人による担保が急成長を遂げているからである。たとえば、事業者向けの金融取引では、会社経営者、多数株主、あるいは親会社の保証が、銀行との取引関係を持続させるうえで必須となっている。銀行にとっては、債務者となる会社の経営者を保証人にすれば、健全経営を担保するものとなり、会社本体の有限責任の障壁を乗り越えることもできる。反対に、国際取引では、銀行自身が、その顧客のために保証料の対価を得

---

(38)　Loi n°94-475 du 10 juin 1994 relative à la prévention et au traitement des difficultés des entreprises, *JO* 11 juin 1994, p.8440.

(39)　Loi n°89-1010 du 31 décembre 1989 relative à la prévention et au règlement des difficultés liées au surendettement des particuliers et des familles, *JO* 2 janvier 1990, p.18.

(40)　Aynès et Crocq, *op.cit.*, n°7, p.19.

て保証人となる形態が日常化していると言われる。先ほど述べた物的担保の衰退、その直接の原因となった集団的債務整理手続の拡大は、銀行信用における人的担保への傾斜を一層加速させたと考えられる。

　債務者の信用危機の場面で最も威力を発揮すべき物的担保が、逆に無力化してゆく現象は、物的担保の、いうなれば先祖返り、「古臭い手法（archaïsme）への回帰」[41]と裏腹の関係にある。その先駆けと見られるのが、賃貸借類似の金融取引としてアメリカ合衆国から輸入された「ファイナンス・リース（crédit-bail）」であった[42]。この場合、リース会社（銀行等の金融機関）は、事業用の設備機器・機材または不動産を購入し、これらの物件をリースの相手方企業（使用者）に貸与してリース料を収受するかたわら、当該企業の万が一の事態に備えて目的物件の所有権を留保する。こう述べれば、ファイナンス・リースは、所有権留保付き売買と見分けがつかないけれども、使用者が目的物件を買い取るか否かの選択を残している点で、売買契約に付随した所有権留保の条項と区別される。後者の、代金完済まで売買目的物の所有権移転の効力を生じさせない特約条項は、不動産売買にも動産売買にも見られるが、買主の債務不履行があれば、所有権を留保した売主の目的物返還請求により、他の債権者との競合を回避し、現実的に担保目的を果たすのは、もっぱら動産売買の場合と言えようか[43]。民法典の関係諸規定（2016年改正前の旧1138条、1583条）がいずれも強行法規でないことからすれば、所有権留保条項の有効性は疑いないにせよ、買主の債務整理手続における売主の返還請求権の行使は、ドイツ法を手本にした1980年法[44]によって認められたのが最初であった。

　近年では、同じ債権担保を目的としつつ、所有権留保とは反対に所有権譲渡の形態をとった金融取引が、フランス法においても目ざましい発展を遂げている。いわゆるダイイ法[45]により、手形割引、手形貸付といった有価証券取引

---

(41)　MAZEAUD et CHABAS, *op.cit.*, par PICOD, n°6-2.

(42)　Loi n°66-455 du 2 juillet 1966 relative aux entreprises pratiquant le crédit-bail, *JO* 3 juillet 1966, p5652, dont les articles sont devenus aujourd'hui art.L.313-7 et s. du Code monétaire et financier.

(43)　AYNÈS et CROCQ, *op.cit.*, n°800.

(44)　Loi n°80-335 du 12 mai 1980 relative aux effets des clauses de réserve de propriété dans les contrats de vente, *JO* 13 mai 1980, p.1202.

の煩雑な操作に依存せず、不特定多数の債権を容易に譲渡することが可能となった。すでに述べたように、「有体物主義」を採用しないフランス法では、財産化した債権の帰属を「所有権」として観念することへの抵抗はなく、取引実務上、担保目的の債権譲渡から無体財産譲渡担保への進展には何らの障害もなかった。こうして、日本法でいう種々の非典型担保が、典型担保、伝統的な物的担保を凌駕する状況が現出するのである。

　「先取特権付きの債権、とりわけ租税債権増大の作用により、はたまた、広い意味での担保の増殖と所有権的構成の担保出現の反作用により、破産法は、担保同士のぬきさしならないコンフリクトの法となった。……／この相互作用は、担保取引実務の内部では、最も危険性の少ない抵当権のような担保からの離反（担保離れ）を招来し、担保目的で留保・譲渡される所有権のように粗削りではあっても強力な担保にとって有利に働いている。」[46]

II　2006年改正後の物的担保法制

　債権担保法改革の企ては、フランス民法典200周年を祝う記念行事の前後から始まっていた。司法大臣の2003年9月24日付書状により、アンリ・カピタン協会のグリマルディ会長（当時）を座長とする作業グループ、いわゆるグリマルディ委員会が、「債権担保法の一団の指導原理が法典内で重きをなすために必要とされる民法典の適合化の提案」と「債権担保法が今日的な需要に応えていないと見られる場合の革新的な解決策の検討」[47]を託されたのである。大学教授6名、司法官1名、公証人1名、弁護士1名、銀行界代表2名の計11名の委員で構成されたグリマルディ委員会は、2005年3月31日、司法大臣に対し、その作業の成果である改正草案[48]を提出した。フランス政府は、債権

---

(45)　Loi n°81-1 du 2 janvier 1981 facilitant le crédit aux entreprises, dite《loi Dailly》, *JO* 3 janvier 1981, p.150 (art.L.313-23 et s. du Code monétaire et financier).

(46)　C. MOULY, *Procédures collectives : assainir le régime des sûretés in Ét. R. Roblot*, LGDJ, 1984, n°15.

(47)　Ph. SIMLER, *Commentaire de l'ordonnance du 23 mars 2006 relative aux sûretés, Avant-propos, JCP* G 2006, supplément au n°20, p.3.

(48)　*Rapport《Grimaldi》: Pour une réforme globale des sûretés, Droit et patrimoine* 2005, n°140, p.49 et s.

担保法改革のための立法形式として法律に代わる委任立法（オルドナンス ordonnance）によることを決定し、国民議会からその授権[49]を得て 2006 年 3 月 23 日のオルドナンスを制定し、これが、2007 年 2 月 20 日の法律によって追認（ratification）され、法律と同等の効力を有することになった。

　約定による物的担保、質権・抵当権の設定は、長い間、「重大な行為」[50]とみなされてきた。しかし、現在では、むしろ「些細な契約」と見られていた保証が「重大な行為」として扱われるようになり[51]、両者の見方は逆転した。仮に特別法（現行の消費生活法典）におかれた個人保証の諸規定がなくなれば、保証人保護の後退は必至であり、そのような意味での民法典改正は受け入れがたいとの理由から、国民議会は、保証契約に限って政府への授権を拒んだのだと言われる[52]。このため、人的担保と物的担保を束ねる民法典第 4 編の創設により、債権担保法全体の見通しはよくなったが、保証契約に関する諸規定は従前のままとなっている。

　編別構成上の人的担保と物的担保の統合により、債権担保法改革の基本方針のひとつとされた「読みやすさ」と「近づきやすさ」は、確かに向上したと言えるだろう。しかし、「信用促進」のための債権担保法の「現代化」[53]というもうひとつの基本方針は、どこでどう実現されているのだろうか。以下では、主要な改正点を急ぎ足で概観しながら、それぞれの意味合いを考えてみることにしよう。

（49）　Loi n°2005-842 pour la confiance et la modernisation de l'économie, art.24. この授権法律（loi d'habilitation）により、物的担保法制の全般にわたる民法典改正、通常であれば、法律事項に属する措置を行政命令で定める権限が政府に付与された（第 5 共和制憲法 38 条 1 項）。憲法上、「所有権、物権および民商事の債権債務関係」は限定列挙された法律事項に該当するが（34 条）、このところ、オルドナンスという行政立法による民法典改正が相次いでいる。実は、そうした立法形式の当否にも問題がないわけではない。

（50）　Aynès et Crocq, op.cit., n°7, p.19.

（51）　フランス法における保証契約は、1980 年代の破毀院民事部の判例により、形式主義的傾向を強めたが、大いに物議を醸したあと判例変更があり、いったんは後退したものの、今度は立法措置によって再び個人保証の要式契約化を実現させており、まさに「シーソーゲーム」（ibid., n°207）が続いている。その最新状況は、別稿において捕捉したい。

（52）　D. Legeas, La réforme du droit des garanties ou l'art de mal légiférer, Ét. Ph.Simler, Litec=Dalloz, 2006, n°16.

（53）　M. Grimardi, Projet de réforme du droit des sûretés, RDC juillet 2005, pp.782-783.

1 分類基準の見直し

債権担保に関する民法典第4編の創設自体が、ひとつの「革新」であること
は疑いないが、これに匹敵する物的担保法の「革新」が分類基準の全面的見直
しであることも異論のないところである。

(1) 目的財産別の区分

従来の占有移転の有無による区分が大きく後退し、目的財産別の区分が前面
に出ることとなった。この見直しは、端的に第4編第2章以下の条文の配列に
も現れており、改正前は、質権、先取特権の種別ごとに動産担保と不動産担保
がまとまって規定されていたのに対し、改正後は、第2章の物的担保が動産担
保と不動産担保に分かれ、動産担保として、①動産先取特権、②有体動産質権、
③無体動産質権が続き、不動産担保として、①不動産先取特権、②不動産質権、
そして③抵当権がいわば同居する体裁となっている。

(2) 占有移転の後退

無体財産については、占有移転そのものを観念しがたく、有体財産について
も、質入れのための引渡しが耐えがたいものとなり、引渡しの擬制・不要化が
次第に進行したことはすでに述べたが（Ⅰ2(1)）、それゆえ占有移転の有無に
よる区分が陳腐化するのは必定であった。2006年の債権担保法改革が、そう
した法の現実を正面から受けとめ、新たな分類基準を打ち出した事情は十分に
汲み取ることができる。しかしながら、分類基準の見直しにとどまらず、質権
設定契約の要物性を否定し、擬制的であれ、質権設定のための引渡しを不要と
したことが発端となり、どのような概念上の混乱が生じているかは後述すると
おりである。

2 流用可能抵当権（hypothèque rechargeable）の導入

2006年改正後の民法典2422条により、抵当権の設定者と債権者の間で合意
した「流用条項」が公示されれば、その設定者は、設定証書に定められた金額
を限度として、当初の被担保債権以外の債権を担保するため、当該抵当権を流
用することができる。この意味での流用可能抵当権は、当時、呼びもののひと
つであったが、「一定の範囲に属する不特定の債権を極度額の限度において担
保する」根抵当権（日本民法398条の2第1項）と対比すれば、将来債権を担保

するため（現 2421 条）、当初の被担保債権の債権者とは別の債権者が有する債権であっても、既存の抵当権の流用を認める点でだいぶ控え目である。それでも、当初の被担保債権から流用可能抵当権を切り離し、抵当権の被担保債権への付従性を著しく緩和させている点で「法的革新」に値するのである。弁済等による当初の被担保債権の消滅は、抵当権流用の要件とはされていないから[54]、日本法でいう「抵当権流用」の用語法とは異なるが、原抵当権者以外の債権者のため、新たな抵当権の設定もその公示も省略できるという意味では「流用」の翻訳が許されるであろう。

　この約定抵当権の変形（ヴァリアント）は、消費信用の領域でも抵当担保を活用しようとする米国流の着想から導入された。当時のサルコジ財務大臣の発案と言う。ところが、「『フランス版サブプライム』は、…消費者の過重負債に関して重大な影響を及ぼす可能性がある」として、国民議会での批判を浴び[55]、流用可能抵当制度は、いったん廃止される憂き目にあった（2014 年 3 月 17 日の法律）。けれども、同制度は、同年 12 月 24 日の法律[56]により、「職業活動の目的で設定された抵当権」であり、かつ「職業活動上の債権の担保」となる場合（現行 2422 条 1 項）に限って再登場することになった。「わずか 8 年の寿命であった法制度が廃止された 9 か月後の立法上の変化」は、「廃止の廃止」に近いやり方であり、「立法者の錯乱状態を暗に告白するもの」という酷評[57]は、どうにも免れがたい。

　流用可能抵当制度に対する評判の悪さは、たとえば、当初の被担保債権額以上の流用可能限度額を定めることができるか、設定者による抵当権流用権能の放棄が認められるか、抵当不動産が譲渡されれば、その流用権能が第三取得者に移転するかといった種々の疑問点が未解明であることにも起因している[58]。台所の改修やバカンスの費用を賄うための借入資金の返済が滞り、不動産差押

---

(54) M. DAGOT, *L'hypothèque rechargeable*, Litec, 2006, n°195.

(55) Rapport fait au nom de la Commission des affaires économiques sur le projet de loi relatif à la consommation, enregistré à la présidence de l'Assemblée nationale le 13 juin 2013, p.28.

(56) Loi n° 2014-1545 du 20 décembre 2014 relative à la simplification de la vie des entreprises et portant diverses dispositions de simplification et de clarification du droit et des procédures administratives, art.48.

(57) L. ANDREU, *L'hypothèque rechargeable ressuscitée, JCP* G 2015, n°4, p.135.

(58) Ch. GISBERS, *Requiem pour l'hypothèque rechargeable, RLDC* 2014, n°113, p31.

えの件数が急増するのではないかとの懸念も示された[59]。抵当権設定費用の軽減を目的とするならば、直接的に不動産公示の減税を実施する方がよほど簡単であった。少なくとも、消費信用への同制度の適用が否定された背景には、同時代のフランス人にとってみれば、不動産は、何より必須の生活条件をなす「住居（logement）」を意味しており、これを際限のない消費欲の道具と化すことへの強い抵抗があると考えられる。「ダモクレスの剣」（危険と紙一重の幸福の象徴）に譬えられた抵当権が、不動産所有権を直撃し、「住居」を直撃するおそれのある活用法は、フランス人の「心性（mentalité）」に馴染まないという指摘[60]に耳を傾けるほかはなかろう。いずれにせよ、既存債権以外の将来債権を担保するための流用可能抵当権の導入は、被担保債権の特定性を緩和した点で特定原則を揺さぶる要因となることに留意したい。

3　質権制度の再編成

　抵当権の特定原則の動揺もさることながら、2006年の債権担保法改革は、それをはるかに上回る劇的変化をもたらした。質権設定契約が、書面の作成を効力発生要件とする要式契約へと転換したのである。

　すなわち、有体動産質の場合で言えば、「質権設定は、担保される債務、目的財産の量およびその種類または性質の指示を含んだ書面の作成によって完全なものとなる」（民法典現2336条）。第三者に優先権を主張するための対抗要件であった証書が、証拠法の次元から効力要件にまで格上げされたのである。ただし、質物の債権者への占有移転（または第三者への占有委託）が全く無用化したわけではなく、質権設定の当事者は、「占有移転を伴う質権（gage avec dépossession）」または「占有移転を伴わない質権（gage sans dépossession）」のいずれかを選択すればよく、前者の質権を選択したときの占有移転は、後者の占有移転を伴わない質権設定の公示（特別の公簿上に登記する方法、現2338条）に匹敵する第三者対抗要件として維持された（2337条1項・2項）。占有移転を伴わない複数の質権が相次いで設定されたときは、債権者間の優先順位は、登記の順序によるものとされ（現2340条1項）、占有移転を伴わない質権と占

---

(59)　Ph. THÉRY, *L'hypothèque rechargeable, Droit et Patrimoine* 2007, n°159, p.42.

(60)　DAGOT, *L'hypothèque rechargeable*, n°21 ; GISBERS, *loc.cit.*

有移転を伴う質権が競合する場合を想定した規定も設けられた（同条2項）。

ところで、2006年の民法典改正前、質一般を総称する概念であった《nantissement》は、同年改正後は、もっぱら無体財産質を意味するものとなった。これに対し、有体動産質は、占有移転の有無を問わず、《gage》と呼ばれるようになった[61]。無体財産質に属する債権質の場合も、書面による質入れでなければ無効とされ（現2356条1項）、2006年改正前には、要物性を満たすために必要とされていた目的債権の債務者（第三債務者）への証書の送達（signification）は不要となった。同年改正後は、証書の送達に代わる通知（notification）が、第三債務者との関係で対抗要件として位置づけられ（現2362条1項）、その他の第三者との関係では、有効要件となった証書の日付が優劣の決め手とされるようになった（現2361条）。

不動産質権設定の場合は、約定抵当権に関する民法典現2416条がそのまま準用されるから（現2388条）、公証人証書によらなければその効力を生じない厳粛契約となり、約定抵当権と全く同じ扱いとなった。そして、不動産の質入れを受けた「債権者は、その占有を失うことなく、第三者または債務者自身に質入不動産を賃貸することができる」と明文で規定された（現2390条）。判例上すでに認められていた《antichrèse-bail》の取引実務が、改めて公認されたことになる。しかし、そうなると、ますます不動産質権と抵当権の見分けはつかない。両者の相違点は、有体動産質とは異なり、2006年の民法典改正後も、不動産質の属性として占有移転が維持される以上（現2387条）、不動産質権者は、質入不動産を設定者に賃貸したのちもなお間接占有者であり続け、その意味で留置権限を有していると解されるところにある[62]。

ここで2006年の民法典改正の中でもあまり目立たない改正点に目を向けよう。留置権に関する一般規定、現2286条の新設である。同条によれば、質入

---

(61) 現在では、不動産質もまた、古色蒼然とした《antichrèse》の名を改め、《gage immobilier》と呼ばれるようになっている（2009年5月12日の法律第10条）。これらの用語法を一覧にすれば次のとおり。

$$\left\{ \begin{array}{l} \text{有体動産質（gage）} \left\{ \begin{array}{l} \text{占有移転を伴う動産質（gage avec dépossession）} \\ \text{占有移転を伴わない動産質（gage sans dépossession）} \end{array} \right. \\ \text{無体動産質（nantissement）} \\ \text{不動産質（antichrèse → gage immobilier）} \end{array} \right.$$

不動産を設定者に賃貸した不動産質権者も、自己の債権の弁済があるまで目的
物の引渡しを拒むことができるという意味で「留置権」を有している（同条1
項1号）。ただ、この場合は、不動産公示を対抗要件とする限り、留置権の行
使があっても、他の競合する債権者の予期に反する事態とはならない。問題は、
2008年8月4日の法律[63]により、「留置権」の行使が認められる者として、新
たに「占有移転を伴わない有体動産質権を有する者」（現2286条1項4号）が
付加されたことである。「留置権は、任意の占有喪失によって消滅する」（同条
2項）という規定が、すぐそのあとに続いていることからすれば、概念上の混
乱も甚だしいものがある。質権者による「留置権」の行使は、あくまで質物返
還の適法な拒絶にすぎないが、占有移転なしの質権者にまで拡張された「擬制
的留置権」が、裁判上の更生・清算手続等における物的担保法秩序を破壊し、
留置権をめぐる紛争を増大させる危険ありとする警告[64]は、とても杞憂とは
思われない。

　2005年の改正草案作りに陪席した論者からは、質権設定のための占有移転
の要件が廃止されたことにより、動産担保の目的財産の範囲が著しく拡大し、
将来の取得が見込まれる一個の動産または動産の総体（「集合物」）の担保化も
可能となり、将来債権を被担保債権とすることも認められた結果、目的財産お
よび被担保債権の両面で特定原則が大いに緩和されたこと（有体動産質に関す
る現2333条、無体動産質に関する現2355条4項も同条を準用）が強調される[65]。
けれども、果たしてそれがどこまで望ましい事柄なのかは即断しかねる。

---

(62)　Juillet, *op.cit.*, n°15. 不動産質の厳粛契約化は、以前から不動産公示のために公証人の関与
　　が不可欠であったことを考えれば、それほど大きな変身ではないにしても、設定者の占有喪失が、
　　不動産質入れの成立要件ではなく、ひとつの効力のように考えられている点など、不動産質の不
　　可解な変質を問題にするのは、G. Piette, *La nature de l'antichrèse, après l'Ordonnance n°2006-
　　346 du 23 mars 2006*, D., 2006, n°24, p.1688 et s.

(63)　Loi n°2008-776 du 4 août 2008 de modernisation de l'économie, art.79.

(64)　S. Piédelièvre, *Le nouvel article 2286, 4°, du Code civil*, D., 2008, n°42, p.2950.

(65)　Ph. Dupichot, *L'efficience économique du droit des sûretés réelles*, LPA 2010, n°76, p.9.「グ
　　リマルディ委員会」の事務局を担当していた著者は、ほぼ同時期に次の学位論文を公表している。
　　Dupichot, *Le pouvoir des volontés individuelles en droit des sûretés*, préface M. Grimaldi, éd.,
　　Panthéon-Assas, 2005. 人的担保の「制度化」（法的コントロールの強化）とともに物的担保の
　　「契約化」（自由化）を推進しようとする著者の発想は、2005年改正草案を理論的に裏打ちする
　　もののように見えるが、その影響力のほどは推測の域を出ない。本稿では、残念ながら、その大
　　部の著作物を紹介する余裕がない。

4　実行方法の簡易化

　質権の設定段階における要物性の否定（ただし、不動産質を除く）が、2006年債権担保法改革の二大革新のひとつであったとすれば、質権の実行段階におけるもうひとつの革新が、「担保された債務の履行がないとき、債権者が質物の所有者となる」旨の流担保条項（pacte commissoire）の解禁（現2348条1項）にあったことは衆目の一致するところであろう。実際、改正草案作りの過程でも意見の対立があったと言う。

　　「この革新は、全員一致ではなく、特に設定者が不正に搾取されることを
　　心配する弁護士から反対を受けた。しかし、改正法は、常に客観的評価また
　　は鑑定による評価を課している。しかも、強制換価の手続ならば、設定者の
　　利益が、より厚く保護されるかどうかは定かでない。」[66]

　なるほど、質権の「目的財産の価値は、…整備された市場での公定相場がないときは、協議または裁判所によって選任された鑑定人が、所有権移転期日で確定する」（現2348条2項）ものとされ、「この価値が被担保債務の総額を超える場合は、その差額分に相当する金額が、債務者に払い込まれ、または他の質権者が存在するときは供託される」（同条3項）ことになる。ここまで用心を重ねれば、流担保条項が設定者を害するおそれはないということであろう。

　しかも、流担保条項は、上記の諸規定がおかれた動産質にとどまらず、抵当権でも解禁された（現2459条）。ただし、こうして一般化された同条項は、「債務者の主たる住居をなす不動産については効力を有しない」（同条ただし書き）とされ、債務者の居住不動産が除外されている点は見逃せない。

　現在では、不動産差押えをもって開始する強制換価、不動産執行手続においても、執行裁判官の判断により、極力、債務者（不動産所有者）主導の任意売却（vente amiable）が促され、その見込みがないときにはじめて強制売却（競売vente par adjudication）の出番となる。肝心なのは、任意売却については公証人、強制売却については弁護士のそれぞれの関与が必要不可欠とされることである[67]。こうして見れば、少なくとも物的担保の実行段階における革新は、裁判手続の内と外で共通する明確な方向性を打ち出していると言えよう。

---

　(66)　L. AYNÈS, *Présentation générale de la réforme, D.*, 2006, n°19, p.1290.

　(67)　今村・前掲注(26)451頁以下および458-459頁。

5 所有権留保・譲渡型担保の明文化

　1980年代には、伝統的な物的担保に代わって躍進しつつある所有権留保・譲渡型担保にいち早く注目する論者が現れた。彼は、斬新にも「債権担保としての所有権 (propriété-sûreté)」を正面から取り込んだ債権担保法の将来的展望を示そうとしたが、「条文なければ特権なし」、「条文なければ債権担保なし」の鉄則を切り崩すことはできず、その当時、「革命期の決まり文句…不可侵でかつ絶対的な所有権の威光」を前に、所有権の「ひとつの債権に仕える付従的権利への格下げ」[68]が容認されるはずもなかった。

　それから20年あまりが経過したのち、所有権留保・譲渡型担保が軒並み明文化されたことになる[69]。まず、2006年の民法典改正により、動産に関し、「担保として留保される所有権 (propriété retenue à titre garantie)」（現2367条以下）が公認された。次いで、2007年2月19日の法律[70]により、民法典第3編の第14章として債権担保の目的に限定されない「信託譲渡 (fiducie)」（現2011条以下）が新設され、これを足がかりとする2009年1月30日のオルドナンス[71]により、「担保として譲渡される所有権 (propriété cédée à titre garantie)」が本格的に導入された（動産に関しては現2372-1条以下、不動産に関しては現2488-1条以下）。

　以上、主要な改正点を見てきたが、これまでに取り上げることのできた事項のほかにも、債務者の請求により、債権者の同意を得て抵当権の登記抹消を申請する公証人実務、「協議による滌除 (purge amiable)」の公認（民法典2441条3項）、商法典、消費生活法典に及ぶ改正諸点など、なお紹介すべき事柄は多い。けれども、2006年の債権担保法改革の原点に立ち返って考えるならば、

---

(68)　MOULY, *op.cit.*, n°s31 et 32.

(69)　人的担保に分類された「独立担保 (garantie autonome)」（現2321条）および「信用保証状 (lettre d'intention)」（現2322条）も、2006年の民法典改正によって明文化された。いずれも、諸外国の金融実務から編み出された弁済約束であり、債務者のどの債務を弁済するかは定まらず、その意味で被担保債権への付従性は見られない。これらのほか、同時履行の抗弁権や相殺など弁済確保の機能を担う法的手段は、広く「担保 (garantie)」と呼ばれていたが、現在では、「債権担保 (sûreté)」に関する民法典第4編に二種類の「担保」が新設されたことにより、両者の区別は不分明さを増している。

(70)　Loi n°2007-211 du 19 février 2007 instituant la fiducie, art.1.

(71)　Ordonnance n°2009-112 du 30 janvier 2009 portant diverses mesures relative à la fiducie, art.5 et 7.

結局のところ、民法典の体系を改めながら、依然として関係諸規定の分散状態は十分に解消されず、伝統的な物的担保を骨抜きにした肝心要の集団的債務整理手続との連絡・調整は、その後の立法課題として残されてしまった。いくつもの革新を謳いながら、あまりにも多様化した債権担保の選択肢、概念上の混乱を想起するだけでも、単純明快な目標設定として「読みやすさ」、「近づきやすさ」の達成のほども疑わしい。現に、2006年民法典改正の直後から、多岐にわたる疑問や問題提起、手厳しい批判が相次いでいるのは事実である[72]。

　特に問題と思われるのは、2007年の立法者が、「観測気球」[73]を上げるように、実際上は微々たる役割しか演じていない「信託譲渡」の法制度を創設したことである。民法典第2編の、周知の544条ほか所有権に関する諸規定は手つかずのままだが、同一の法典上に明文化された「債権担保としての所有権」と無理なく共存することは、果たして可能なのだろうか。債権担保法が金融実務先行の法領域であるのは承知のうえで、どうしても根本的な疑念を抑えることができない。

Ⅲ　変動する物的担保法制の諸要因とその赴く先

　「現実主義のため、頑丈な法律の中に刻印されたものとばかり信じていた構築物ないし諸原理を犠牲にするもの」[74]、「異論だらけの態度決定」[75]といった腹蔵のない評価はあるものの、民法典中に収まった改正諸規定が全くの空想の産物ではないとすれば、これほどの劇的変化をもたらす要因はどこにあるのだろうか。その赴く先はいずこか。

1　立法変動の諸要因
　「経済的諸力が私たちを支配し、それは、私たちの経済的諸力に対する支

---

(72)　Y. PICOD et P. CROCQ（dr.）, *Le droit des sûretés à l'épreuve des réformes*, éd. Juridiques et techniques, 2006.

(73)　PIEDELIÈVRE, *op.cit.*, p.2950.

(74)　Y. PICOD, *Rapport introductif* in *Le droit des sûretés à l'épreuve des réformes*, p.11.

(75)　D. LEGEAIS, *Le droit français, modèle ou anti-modèle ?* in *L'attractivité du droit français des sûretés réelles, 10 ans après la réforme*, LGDJ, 2016, p.32.

配を凌駕している。経済的諸力は、世界市場を飛躍的に発展させたが、世界市場は、その動向を決定づける中心がなく、ささやかな抵抗さえ空しい。」[76]

　ここに暗示されているように、金融取引の「グローバル化」に伴う債権担保法制の平準化を求めるきわめて強い社会的要請が働いていることは確かであろう。しかし、国連商事委員会（CNUDCI）の取り組みをはじめ、本稿では、その内実を明らかにする準備が不足している。

　もうひとつの本質的要因は、フランス法固有の社会政策的配慮とその動揺、別の見方をすれば、第二次世界大戦後の「国家主導経済（dirigisme）」のひずみを表出させた法現象のようでもある。ただし、最近のいわゆるマクロン法に代表される規制緩和政策の一環として、2006年の民法典改正を切り捨ててしまう裁断の仕方は禁物だろう。

　さらに要因を加えるとすれば、フランス法特有の財産観、殊に不動産を特別扱いする法意識（心性）を挙げることができようか。正直なところ、この最後の要因は、筆者にとっても盲点であった。近代以降（19世紀初頭の民法典制定から20世紀前半まで）に限っても、動産、不動産を問わない流通市場化が進行し、産業資本としての不動産の位置づけは確立したものと考えていたが、同時代（20世紀後半から現在まで）においては、「福祉国家」の理念のもとに住宅政策を含めた社会政策が浸透し、個人の生存条件としての不動産に対する新たな法意識が根を下ろしていると見るべきだ[77]。ただし、不動産担保の衰退現象を単なるフランスの特殊事情として片付けてよいかどうかは別の問題である。

2　フランス物的担保法制の赴く先

　ひとつの見方として、2006年の民法典改正により、目的財産別の物的担保が競合する中で、漸次、非占有担保が占有担保を圧倒し、目的財産相互の統合も進み、質権と抵当権が接近したとはいえ、やがては「最も洗練された法技術」、「抵当権の単一モデルへの統合」に向かうという観測がある[78]。

---

(76)　L. AYNÈS, *Rapport de synthèse*, in *Le droit des sûretés à l'épreuve des réformes*, p.129.

(77)　この点は、2013年9月19日、現地での聞取り調査に快く協力していただいたロラン・エネス教授の発言から得た見方であることを付記しておく。

なるほど、大局的に見れば、複雑化しすぎた現行法制は、やはり金融取引の実務慣行に先導され、再び統合を志向するようになるのだろう。ただ、そこに至る過程でどのような問題が顕在化するかは予断を許さない。少なくとも、今すぐに脳裏に浮かぶのは、物的担保の物権性を問い直す議論[79]である。これまでは、民法典543条が明示しなくとも、たとえば、抵当権が不動産上の物権であることは自明とされてきたが、物的担保を当然に物権とみなす等式が疑われ、公序に属するとされていた物権法から物的担保が解き放たれたあとには、一体、何が待ち受けているのだろうか。

この間の変動するフランス物的担保法制を必死で追いかけながら、実にさまざまな議論を通じて感じられたのは、既成の概念や枠組みを根底から洗い直そうとする発想である。それは、建設的というより破壊的という形容に近い。だからこそ、自分自身は、歴史の断絶面だけでなくその連続面にも心を配りたいと思う。現行法制に対するフランス法学説の旺盛な批判精神に希望を託したいと思う。

〔付記〕本稿は、科学研究費助成事業による研究助成を受けた「変動する物的担保法制の現状分析と将来的展望」の成果の一部である。

(いまむら・よいち　横浜国立大学大学院国際社会科学研究院教授)

---

(78)　JUILLET, *Les sûretés réelles traditionnelles entre passé et avenir*, *op.cit.*, n°28 et s.

(79)　Ch. GISBERS, *Sûretés réelles et droit de biens*, préface M. Grimaldi, Economica, 2016.

第3部　都市法と住宅・居住

住宅資産所有の不平等について

平山洋介

I　住まいと社会契約
II　福祉国家と住宅資産
III　「トップ1割」の占有率
IV　ライフコースと住宅資産形成
V　ネガティブ・エクイティ
VI　住宅資産の世襲
VII　家賃を得る／支払う
VIII　ストック更新と"慎ましい資産所有"
IX　新しい約束に向けて

I　住まいと社会契約

　社会のあり方の検討における重要な主題の一つは、経済上の不平等である。不平等の拡大と放置は、人びとの連帯を壊し、社会安定をむしばむ。不平等をどのように減らせるのかは、挑戦する価値のある難問として、社会に立ちはだかってきた。小稿では、住宅資産所有に着目し、その実態と特性をみる。ここでの住宅資産とは、住宅建築だけではなく、それに宅地を合わせた居住用不動産全体の資産を指す。不平等を構成するのは、所得と資産の不均等分布である。資産には、おもに金融資産と住宅資産がある。不平等の形成において、住宅資産は、重要な位置を占め、独特の役割をはたす。不平等に立ち向かおうとするのであれば、そのメカニズムの解明がまず必要になる。この仕事に住宅資産の分析からアプローチすることが、ここでの関心事である。

　持ち家に住むことは、戦前では、一部の階層の特権であったのに対し、戦後を特徴づけたのは、その大衆化であった（平山、2009）。経済のめざましい成長のもとで、住宅購入の可能な中間層が増え、"持ち家社会"を形成した。そこ

では、住宅所有の達成は、物的住宅の改善、家賃支払いからの解放、そして不動産資産の蓄積を可能にし、さらに、メインストリーム社会のメンバーシップをもたらした。"マイホーム"は、人生のセキュリティを"約束"し、戦後日本における"社会契約"の核としての位置を占めた。持ち家セクターの拡大にともない、中間層のライフスタイルはより多くのグループに浸透し、より平等な社会が生成すると考えられた。

しかし、持ち家社会の安定は、前世紀の末には、壊れはじめた（平山、2009）。経済条件の変化は、1990年代初頭のバブル破綻を契機とした。ポストバブルの経済は停滞したままで推移し、高い成長率が再現するとは考えられていない。リーマンショックは2008年に発生し、そこから拡大した世界同時不況によって、日本経済の環境はさらに悪化した。雇用と所得の不安定さが増し、住宅ローンの長期返済に耐えられる世帯は減った。住宅の資産価値は低下し、その安全は損なわれた。結婚と世帯形成のあり方は変容し、未婚・単身者などの増大は、家を買おうとする家族の減少を意味した。住宅所有の普及に根ざす社会安定が衰えるにつれて、住まいの不平等は拡大し、より明確に可視化した。

持ち家が少なく、多くの人たちが無産階級に属していた時代では、経済上の不平等を形成するおもな因子は、労働市場での地位とそれに相関する所得の差であった。しかし、私有不動産が蓄積した持ち家社会では、所得のフローだけではなく、住宅資産というストックの分配のあり方が不平等のメカニズムを構成する。トマ・ピケティの不平等論は、住宅領域を含む幅広い分野から関心を集めた（Piketty, 2014）。その要点の一つは、労働所得と資本所有の比較にあった。ピケティによれば、住宅を含む資本の所有に関する不平等が労働所得のそれより大きく、その傾向は、成長率が下がれば、さらに顕著になる。日本は、私有不動産が積み上がった社会を形成し、経済の長い停滞を経験してきた。そこでの不平等形成における住宅資産所有の役割をみることが、小稿の主眼である。

II　福祉国家と住宅資産

住宅資産の分析は、福祉国家の変容という文脈に関連づける必要がある（平

山、2011)。すなわち、多くの福祉国家は、社会保障を整備するだけではなく、人びとに資産形成を促し、それに依拠して社会安定を維持しようとする傾向を強めてきた。人口変化に対応し、高齢化する社会の安定を保つことは、先進諸国が共通して直面する課題である。高齢者の増大は、社会保障のための国家負担を増やす。私有資産と市場にもとづく経済システムの優越性を主張する新自由主義のイデオロギーは、1980年代から台頭し、多数の国の政策形成に影響した。人口・財政・イデオロギーのこうした状況から、私的な資産蓄積が社会を安定させ、社会保障の国家負担を軽減するという考え方が現れている（Regan and Paxton, 2001; Sherraden, 2003)。

この"資産保有型福祉国家"にとって、とくに重要なのは、住宅所有による資産蓄積である。高齢者の多くは持ち家に住み、住宅資産をもつ。高齢世帯が保有する資産全体のなかで、住宅資産は大きな比重を示す。資産保有を重視する福祉国家の根拠となるのは、持ち家が社会保障を代替し、高齢者のセキュリティを支えるという見方である（Groves et al, 2007; Malpass, 2008; Van Gent, 2010)。

福祉国家に関する分析の多くは、その社会的領域での役割を対象とする。住宅と国家の関係についての考察は、政府セクターが供給する公的住宅、家賃補助などに焦点を合わせてきた。しかし、資産所有を促進する福祉国家の出現が意味するのは、私的領域での資産形成が福祉国家とどのような関係をつくるのかという問いの重要さである。公的住宅などに注意を集中する分析では、住まいと福祉国家の関係の一面しか把握できない。持ち家取得による資産形成を促す政策の展開をふまえ、私的領域の住宅を福祉国家に関連づける考察が必要になる。

戦後日本は、持ち家促進の住宅政策を展開し、社会的再分配をめざすのではなく、住宅所有にもとづくセキュリティ形成を重視した（平山、2014)。低所得者向け公営住宅をはじめとする公的住宅の制度がある。しかし、その供給は少なく、残余的な手段とされた。住宅金融公庫は、1951年に創設され、持ち家を得ようとする中間層に低利の住宅ローンを大量に供給した。これに加え、日本住宅公団（現・都市再生機構)、地方住宅供給公社などは、分譲住宅を建設・販売した。新自由主義のイデオロギーが影響力を増すなかで、政府は、1990年代半ばから、住宅政策の規模を大胆に縮小し、住まいの生産・消費を市場に

ゆだねる方向をとった。住宅金融公庫は2007年に廃止され、公団・公社の分譲住宅供給はほとんど消失した。市場での持ち家供給の拡大が期待され、それを支えるために、住宅ローンの規制緩和、住宅ローン減税などが実施された。

　高齢化する社会のなかで、人びとのセキュリティを確保するために、持ち家は、どのような役割をはたすのか（Hirayama、2010a）。その一つは、住居費負担の軽さに関係する。高齢者の大半は、収入の大幅減を経験する。しかし、多くの高齢世帯は、アウトライト持ち家に住む。アウトライトとは、住宅ローンの返済を終え、あるいは住宅ローンを利用せずに持ち家を取得し、債務をともなわない状態をさす。アウトライト住宅の所有者は、管理・修繕費と不動産関連税を負担するにせよ、ローンを完済していることから、大規模な住居費負担から逃れる。

　住居費負担の少ない持ち家は、年金とのトレードオフを形成し、社会保障を代替するとみられている（Castles, 1998; Doling and Ronald, 2010; Kemeny, 1981）。高齢者が高い住居費を負担するとすれば、年金給付の水準を上げる必要がある。しかし、高齢者の多くはアウトライト持ち家に住み、それは、「隠れた所得」として機能し、年金給付を低い水準にとどめる政策を可能にする。この意味で、住宅ローン返済の終わった持ち家は、「自己年金」に相当する（平山、2015）。

　セキュリティとしての住宅所有のもう一つの役割は、資産形成である。金融資産と異なり、不動産資産は「凍結」し、その流動性は低い（荒川、2003）。しかし、持ち家の売却・換金は、高齢者向け住宅・施設への移転などを可能にする。さらに、住宅資産を処分せず、保有したままで「液状化」し、収入に転換する多様な手法がある（Izuhara, 2007; Toussaint and Elsinga, 2009）。その代表例であるリバース・モーゲージのプログラムでは、高齢者が持ち家を担保として生活資金調達などのために融資を受け、借入者の死亡時に相続人が不動産処分によって借入累計を一括返済する。このシステムを使う高齢者は、自宅を売却することなく、そこに住み続けながら、収入を得る。これに加え、「付加住宅」を貸し出すレントアウトは、家賃収入を得る手段になる。「付加住宅」とは、自己居住のための住まいとは別に保有する住宅を指す。住宅ストックが増えた社会では、複数の住宅を所有する世帯が増大する（平山、2011）。

　持ち家セクターに依存する福祉国家の安定が持続するかどうかを左右するの

は、住宅資産所有の平等の程度である。日本は、高齢者の対人口比が2007年に21%を超え、超高齢の段階に入った。この値は、2015年には、26.7%に達した。超高齢社会の維持は、高齢世帯の高い持ち家率という条件のもとで可能になっている。高齢者の大半は、アウトライト住宅に住み、その資産価値を所有する。しかし、住まいを所有するのは、全員ではない。借家人と住宅所有者の経済状態には、顕著な違いがある。持ち家に住む高齢者もまた、均質ではなく、保有する不動産資産の規模に関し、大きな違いをみせる。これらの点は、住宅資産所有の不平等についての検討が超高齢社会の持続可能性の評価のために重要であることを示唆する（平山、2015）。

Ⅲ　「トップ1割」の占有率

　では、住宅資産は、どのように分布し、どのような不平等を構成するのか。これまでの不平等研究の多くは所得を対象とし、資産に関する研究では、住宅資産分析は乏しいままであった。その一因は、実証に必要な統計がほとんど得られない点にある。しかし、政府統計のミクロデータの公開が少しずつ進み、その利用が可能になった。以下では、全消調査（全国消費実態調査）のミクロデータを独自に集計した結果をもとに、住宅資産所有の状況を考察する[1]。

　全消調査は5年ごとに実施される。住宅資産の分析に関し、利用可能なミクロデータは、1989年から2004年までの4回分の調査の結果で、最新で10年以上も前のものである。より新しいデータの早期公開が望まれる[2]。しかし、1989〜2004年のデータは、バブルの絶頂と破綻を経て経済衰退が続いた時期の世帯の資産状況を表し、その分析は、日本社会の歴史的な変化をとらえる意味をもつ。

---

(1)　一橋大学経済研究所附属社会科学統計情報センターが調査対象者を特定できないように秘匿処理を施し、約8割の抽出を行った全国消費実態調査のミクロデータを2008年に借り受け、集計した。

(2)　ここで利用しているミクロデータでは（注(1)参照）、住宅資産に関する項目が掲載されていた。しかし、ミクロデータの最近の公開では、古いデータについても、住宅資産分析に必要な項目が削られている。それは、住宅資産研究の深刻な妨げになる。住宅資産に関係する項目の再公開が望まれる。

住宅資産とは、住宅の市場価値から住宅ローンの残債を引いた「エクイティ」である。しかし、不動産に関する市場評価額の把握は難しい。このため、全消調査では、住宅資産の建築部分については、都道府県・構造別建築単価と構造・建築時期別残価率を用いた評価額[3]、宅地部分については、国土交通省地価公示または都道府県地価調査にもとづく宅地単価を使った評価額が独自に算出される。ここでは、全消調査での住宅資産の評価額から住宅関連残債の額を引いて住宅資産額（エクイティ）とした。また、ここでの金融資産等とは、預貯金・有価証券等の貯蓄に若干の不動産以外の実物資産を加えた資産から、不動産関連以外の負債を引いたものを指す。金融資産等の9割強は、貯蓄である。

　住宅資産所有の特徴を知るには、それを、収入と資産、そして、住宅資産と金融資産等の比較のなかで把握することが、有力な方法になる（表1）。全消調査の2004年の結果から、世帯年収、資産総額について、1世帯当たり平均値をみると、それぞれ591万円、3489万円であった。資産総額は世帯年収の6倍近くになる。資産の内訳を観察すると、住宅資産は2048万円、金融資産等は1441万円であった。住宅資産は、金融資産等より多く、資産全体の6割近くを占める。

　収入と資産の不平等の程度をみるために、金額の低い方から高い方に世帯を並べ、下半分と上半分に二分したうえで、上半分については、トップ1割を分節し、すなわち、下位5割（下から0～50％）、中位4割（下から51～90％）、上位1割（下から91～100％）という階級区分を設け、どの階級がどの程度の収入・資産を占有しているのかを測った。この区分設定は、ピケティの統計作業を参考にしたもので、収入・資産分布の特性の描写に適している。

　統計分析の結果から2004年のデータをみると、収入より資産、金融資産等より住宅資産の偏在が著しい（表1）。下位5割階級の占有率は、世帯年収では25.9％を示すのに対し、資産総額では10.1％と低く、住宅資産については2.9

---

(3)　全国消費実態調査では、住宅建築の資産額は、総資産額（粗資産額）と純資産額の2種類の指標によって示される。総資産額は、住宅の延床面積に都道府県別・住宅の構造別1㎡当たり建築単価を乗じた数値、純資産額は、総資産額に住宅の構造別・建築時期別残価率を乗じた数値である。ここでは残価率を考慮に入れた純資産額を使用した。同調査公表集計の資産総額などの算出においても純資産額が使われている。

第3部　都市法と住宅・居住　245

表1　所得と資産の不均等分布

	全世帯 平均値 （万円）	下位5割 占有率 （%）	中位4割 占有率 （%）	上位1割 占有率 （%）
〈世帯年収〉				
1989	592	31.3	45.3	23.4
1994	692	26.9	48.4	24.7
1999	653	25.8	49.2	25.0
2004	591	25.9	48.7	25.4
〈資産総額〉				
1989	5,952	10.2	39.2	50.6
1994	5,010	10.0	42.9	47.1
1999	3,841	10.1	47.9	42.0
2004	3,489	10.1	47.6	42.3
〈住宅資産額〉				
1989	3,470	1.9	35.4	62.6
1994	3,649	4.4	39.8	55.8
1999	2,445	3.2	46.0	50.8
2004	2,048	2.9	44.5	52.6
〈金融資産等額〉				
1989	2,482	15.3	41.4	43.3
1994	1,361	13.5	46.5	40.0
1999	1,397	11.7	47.5	40.8
2004	1,441	14.3	44.8	40.9

注）1）下位5割、中位4割、上位1割は、金額が低い方から高い方へ世帯を並べた場合
　　　の、それぞれ下から50%以下、51〜90%以下、91〜100%の世帯のグループ。
　　2）住宅資産額は宅地資産額を含む。
　　3）金融資産等は、預貯金・有価証券などの貯蓄に、若干の住宅・宅地以外の実物資
　　　産を加えた資産（貯蓄が金融資産等の9割強）。
　　4）不明を除く。
資料）全国消費実態調査のミクロデータより作成。

%しかない。これに対し、上位1割階級の占有率は、世帯年収（25.4%）より
資産総額（42.3%）で大幅に高く、なかでも住宅資産では52.6%とさらに高い。
住宅資産全体のほぼ半分をトップ1割のグループが占有している実態が注目さ
れてよい。住宅資産の不均等所有は、経済不平等を拡大する「ドライバー」と
して、とくに重要な役割をはたしている。

　住宅資産所有のトップグループを構成するのは、高地価の特権的な場所に住
む世帯である。住宅資産の中身をみると、建物より宅地の価値の比重が大きい。
この傾向は、より大量の住宅資産を所有する世帯でより顕著になる。全消調査

のミクロデータから、住宅資産の評価額について、建築部分に対する宅地部分の比を計算すると[4]、全世帯では 3.8 倍と高い値を示し、住宅資産所有のトップ 1 割のグループでは 6.2 倍とより高い。また、住宅資産全体の 5 割強を占有するトップ 1 割階級について、住宅延べ床面積の占有率を計算すると、24.9％とそれほど高くない。これは、大規模な建築ではなく、高地価の土地がトップグループの住宅資産の中心を構成することを示している。

　バブルピークの 1989 年からポストバブルの 2004 年にかけて、収入と資産はどのように変化したのか（表1）。バブル経済の破綻によって、経済の基調はデフレーションに転じ、それは、収入・資産の双方を減少させた。バブル経済は、"資産バブル"にもとづいていた。この点を反映し、資産の減少幅は、収入のそれに比べ、きわだって大きい。世帯年収の平均値は、1994 年と 2004 年の間に、14.5％の減少となった。同じ期間に、住宅資産額の平均値の減少率は 43.9％におよんだ。

　バブルが破綻してから、収入の不平等は拡大した。世帯年収に関する 1989 年と 2004 年の間の変化をみると（表1）、下位 5 割階級の占有率は減少し（31.3％から 25.9％）、上位 1 割階級の占有率は増加した（23.4％から 25.4％）。住宅資産所有の不平等は縮小した（太田、2003）。住宅資産の上位 1 割階級の占有率は、1989 年では 62.6％であったのに対し、2004 年では、前述のように、5 割強まで下がった。資産バブルの破綻は、上位階級が保有する不動産の価値をとくに大きく削減した。しかし、バブルが崩壊してもなお、収入に比べ、住宅資産の分布が大幅により不均等であることは、すでにみたとおりである。さらに、1999 年と 2004 年を比べると、住宅資産に関するトップ 1 割の占有率は、少し増えている（50.8％から 52.6％）。バブル破綻に続く不動産資産の急激なデフレーションが一段落し、その所有の偏りが再び拡大したとみられる。バブルの発生・破綻は、文字どおり"異常"であった。この"異常"は、住宅資産の規模と不平等に関する異様な振幅を生んだ。そして、バブルという"異常"が

（4）　全国消費実態調査では、住宅資産の評価額については、建築部分と宅地部分の値が個別に示されているが、負債については、建築・宅地部分それぞれに関する値を把握できるとは限らないことから、建築・宅地をひとまとめにしたものについての値しか掲載されていない。このため、評価額に関して建築・宅地部分の比を検討した。

第3部　都市法と住宅・居住　247

消失した"平常"時において、依然として、住宅資産所有の不均等が経済不平等の中心要素であり続けている点を、注視する必要がある。

IV　ライフコースと住宅資産形成

住宅資産所有の不平等は、階層差ではなく、年齢差にもとづくという見方がありえる。この認識が正しいのかどうかを検討するために、住宅資産形成の実態をライフコースのあり方に関連づけて観察する。住まいに関するライフコースは、年齢の上昇につれて持ち家率が上昇し、不動産資産が増えるというパターンをもつ（平山、2011）。若い世帯の多くは、借家に住み、住宅資産をもっていない。年齢が上がるにしたがい、住宅購入が増える。若年・中年期の持ち家の多くは、住宅ローンの債務をともなう。その返済負担は重い。しかし、ローン返済が進むにしたがい、エクイティが増える。すでに述べたように、高齢者の多くは、アウトライト住宅に住む。その特徴は、エクイティが多く、住居費負担が軽い点にある。

持ち家世帯の割合は、世帯主34歳以下では22.9％と低いのに対し、65歳以上では85.1％に達する（図1）。高齢層の持ち家の大半はアウトライトである。住宅資産（一世帯当たり平均）は、世帯主34歳以下では510万円と少なく、65歳以上では3181万円に増大する。

したがって、不動産資産所有の不均等が年齢差にもとづくという見方は正しい。しかし同時に、住宅資産の階層差を見おとしてはならない。年齢帯ごとにトップ1割階級による住宅資産の占有率を計算すると、世帯主34歳以下では、77.0％ときわめて高い（図1）。若いグループでは、大半の世帯が借家に住んでいるため、少数の持ち家世帯に住宅資産が集中する。トップ1割階級の占有率は、年齢の高いグループで相対的に低く、世帯主45～54歳では54.4％、65歳以上では46.8％となる。しかし、高齢期になってなお、トップ1割のグループに住宅資産の半分近くが集まっている実態をみる必要がある。高齢者の大半は持ち家に住んでいる。しかし、その資産価値は大きな違いをみせ、平等からほど遠い。不動産資産の不均等は、年齢差を原因とし、同時に、年齢帯ごとの階層差を反映する。

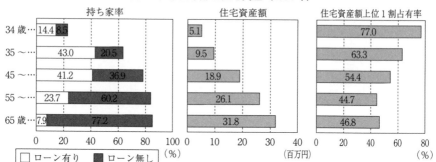

図1 世帯主年齢と住宅資産（2004年）

注） 1）住宅資産額上位1割は、住宅資産額が低い方から高い方へ世帯を並べた場合の、下から91〜100％の世帯のグループ。
　　2）住宅資産額は宅地資産額を含む。　3）不明を除く。
資料）平成16年全国消費実態調査のミクロデータより作成。

　住宅所有は、超高齢段階に入った日本社会の安定に役立ち、同時に、その階層化を促進する。持ち家社会では、高齢者を支える社会保障の制度は、「自己年金」をもつアウトライト住宅の所有者を"暗黙のモデル"とする（平山、2011）。言いかえれば、高齢期までに住宅所有に到達しなかった人たちは、不利な状況に置かれ、セキュリティの危機に見舞われる。民営借家の高齢者は、物的に低水準の住宅に住み、その高い住居費は年金給付の効果を削減する。住宅所有者のグループでは、住宅資産の所有規模がセキュリティの程度に関係する。大規模な不動産資産を保有する高齢者は、それを「液状化」して所得に転換し、あるいは「付加住宅」のレントアウトから家賃収入を得るという選択肢をもつ。少量の不動産資産しか所有していない高齢世帯では、その経済上の使途は限られている。

V　ネガティブ・エクイティ

　ポストバブルの持ち家資産はデフレーションに見舞われた（Hirayama, 2010b）。先述のように、住宅資産所有のトップグループでは、資産の減少幅が大きい。これに比べ、ボトムグループに起こった変化の特徴は、「負の資産」（ネガティブ・エクイティ）をかかえる世帯の増加である。「負の資産」の持ち

第3部　都市法と住宅・居住　249

表2　ネガティブ・エクイティ保有世帯率

	34 歳以下 （％）	35 ～ 44 歳 （％）	45 ～ 54 歳 （％）	55 ～ 64 歳 （％）	65 歳以上 （％）	合計 （％）
1989	5.9	2.7	2.4	1.7	1.5	2.4
1994	8.0	4.4	1.4	0.6	0.2	2.0
1999	13.6	14.3	5.3	1.3	0.4	4.9
2004	23.6	24.0	10.9	2.8	0.6	7.9

注）1）持ち家世帯のうち住宅資産額（宅地資産額を含む）がマイナスの世帯の割合を表示。
　　2）不明を除く。
資料）全国消費実態調査のミクロデータより作成。

家とは、住宅ローン残債の額が市場評価額を上回り、資産価値がマイナスとなった住宅である。経済の長い停滞は、住宅ローン破綻を増大させた。返済不能となった世帯のおもな選択肢は、所有物件の売却である。しかし、ネガティブ・エクイティの住宅に住む世帯は、所有物件を処分しても負債が残るという状況に置かれる。この意味で、「負の資産」のリスクは高い。

　ポストバブルの持ち家取得では、購入価格に対する住宅ローン借入額の割合であるLTV（Loan To Value）が上昇した。経済停滞のなかで、多くの世帯の収入は下がった。所得の低い世帯は、住宅を買おうとするとき、ローンの頭金を少ししか準備できず、LTVを上げざるをえない。そして、ポストバブルの住宅の資産価値は下がり続けた。高いLTVと資産デフレーションの組み合わせは、「負の資産」の必然の増大をもたらした。

　とくに若い世代では、収入が減少し、高いLTVの住宅購入が増えたことから、買った住宅が「負の資産」となるケースが増加した。全消調査（2004年）のミクロデータを使った独自集計によると、持ち家世帯のなかでネガティブ・エクイティをもつ世帯の割合は、世帯主34歳以下では23.6％、35 ～ 44歳では24.0％まで上がった（表2）。家を買った世帯は、ネガティブ・エクイティをかかえていても、住宅ローンを返済し続け、エクイティを増やそうとする。しかし、返済に並行して、住んでいる住宅の市場評価額は下がる。その資産価値がいつになったらプラスに転じるのかは、不透明である。

　前世紀の後半、持ち家の"約束"とは、有利な条件での資産形成を意味した。インフレ経済は、住宅ローン債務の実質負担を減らし、所得を伸ばした。住宅

資産価値の上昇速度は、所得・物価のそれをはるかに上回った。これに比べ、ポストバブルのデフレ経済は、所得を減少させ、住宅ローン債務の実質負担を増大させた。持ち家を買った人たちは住宅融資返済の重い負担をかかえたにもかかわらず、取得した住宅の資産価値は減った。「負の資産」となった持ち家は、反故になった"社会契約"の残骸を象徴するかのようである。

　経済変化だけではなく、持ち家促進の住宅政策が「負の資産」を増やした点に注意を向ける必要がある。政府は、1970年代前半のオイルショックを契機とし、持ち家促進を景気対策の手段として位置づけた（平山、2009）。それ以来、景気悪化のたびに、住宅金融公庫の住宅ローン供給を拡大する政策がとられた。ポストバブルの持ち家取得の経済条件は、より不利になった。にもかかわらず、政府は、景気刺激のために、住宅ローンの借り入れを促進し続け、それがネガティブ・エクイティを増大させた。住宅金融公庫の融資供給は、1990年代前半に大幅に拡大した。続いて、1990年代後半には、公庫融資のLTVの最大値が100％に引き上げられ、頭金を準備しない住宅購入が可能になった。

　政府が1990年代半ばに住宅政策を転換し、市場重視の方向に向かったことは、先述のとおりである。住宅金融公庫の融資供給は減少し、民間の住宅ローン市場が拡大した。民間住宅融資の金利規制は1994年に廃止され、それは、住宅ローンの販売競争を激化する効果を生んだ。経済の長い停滞のために、金利は低いままで推移した。この結果、LTVの高い住宅ローンなどの多様な商品が開発され、景況が停滞するにもかかわらず、多くの世帯が大型の住宅ローンを組んだ。住宅金融公庫の廃止によって、持ち家促進の政策では、税制が重要な手段になった。住宅ローン減税は、景気対策のために1990年代に大型化し、2000年代に少しずつ縮小した後に、2008年のリーマンショックに続く不況に対処するために、再び大規模化した。住宅資産のデフレーションが続くなかで、人びとに「負の資産」をもたせてでも景気を刺激しようとする施策が繰り返された。

VI　住宅資産の世襲

　不動産ストックが増えるにしたがい、住宅資産の世代間移転のあり方が検討

課題になる。若い世代では、住宅所有に到達しない人たちが増えている。所得と収入の不安定な世帯が増大し、それが若年層の持ち家率を低下させた。若いグループでは、未婚率が上がった。日本では、持ち家取得は家族形成と密接に関連し、大半の人たちは結婚まで家を買わない。このため、未婚の増加は、持ち家率の低下に直結した。世帯主30～34歳での持ち家世帯の割合は、1983年では45.7％であったのに比べ、2013年では28.8％まで下がった。世帯主35～39歳の持ち家率は、同じ時期に、60.1％から46.3％に減った。一方、住宅ストックは増え続け、その資産の多くは高齢層に集中している実態がある。ここから生じるのは、持ち家ストックの世代間継承によって、若年層の住宅・資産事情を改善しようとする考え方である。

　住宅ストックの世代間移転を支える経路は、「市場」と「家族」である。このうち、「市場」経路の発達は遅い。高齢世帯は、持ち家を市場で換金し、より便利な立地の小さな住宅に転居したり、よりローコストの家に移って現金を残したり、あるいは、持ち家を貸し出し、自分たちは別の場所の住宅に移る、といった住み替えを選ぶことがありえる。そこでは、高齢者の住宅ストックが若い世帯に売却・賃借され、その住宅改善に役立つ場合がある。しかし、日本では、ストック市場が小さく、中古住宅の取り引きが少ない。この状況は、高齢世帯の不動産資産利用を抑制する要因になる。

　高齢世代の住宅資産を若い世代に移転するおもな経路は、「家族」である。住宅ストックは、遺産相続によって、次世代に受け継がれる。親世代の大半が持ち家に住む一方、出生率が低下し、兄弟姉妹は減った。このため、子世代では、住宅を相続する人たちが増える可能性が高い。しかし、家族経路での住宅資産の移転は、若い世代の住宅改善に寄与するとは限らない。親世代の住宅の立地条件などは、子世代にとって望ましいとはいえないことがある。相続した住宅には住まないという世帯が多くみられる。寿命が延びたことから、相続によって親世代の住宅資産を継承するのは、多くの場合、「若年の子世代」ではなく、「高年の子世代」である。したがって、相続は、住宅資産を子世代に移すとはいえ、高齢層の範囲内で循環させる結果しか生まない（荒川、2003）。

　さらに、住宅ストックの世襲は、資産所有の不平等を維持または拡大する。親世代が持ち家をもっているかどうか、所有しているとすれば、その住宅を相

続できるかどうかが、子世代の資産水準を左右する因子として、より重要になった。相続が生じるのは、子世代が高年になってからである。しかし、持ち家継承が次世代の資産を増やす点に変わりはない。遺産相続は、一方では、大量の不動産資産を保持する家族を増やす。他方では、親子の双方が借家セクターにとどまり、持ち家セクターと無縁の家族が存在する。

　不動産を相続するグループでは、その資産価値に大きな差がある。都市の高地価の場所に立地する住宅ストックの相続は、良質の資産形成に結びつく。都市に住む世帯が、地方の住宅を受け継ぐケースでは、彼らがそこに住む可能性は少なく、そのストックを売却・賃貸しようとしても、市場が見あたらない場合がある。小都市、農山村では、相続後に空き家のままとなっている住宅が増えている。

　遺産相続に加え、生前贈与は、「家族」を経路とし、親世代が蓄積した富を子世代に移転する。政府は、経済対策の一環として、子世帯の持ち家取得を援助する生前贈与に関し、税制上の優遇措置を拡大してきた。住宅政策による「社会的」再分配は少ないままである。これに対し、生前贈与の優遇は、経済刺激の観点から「家族内」再分配を進める政府方針を表す。そして、不動産相続の場合と同様に、生前贈与は、資産蓄積に関する親世代の不平等を子世代に反映する。金融資産を豊富にもつ親は、子世帯の持ち家購入を支援することによって、税制優遇を受け、低所得の親は、子どもの住宅改善を助ける力をもっていない。政府は、生前贈与の促進が不平等を維持・拡大することを認識し、それでもなお、経済刺激を重視し、優先させてきた。

VII　家賃を得る／支払う

　住宅ストックが増大した社会では、自己居住用の住宅とは別に「付加住宅」を所有する世帯が増える。付加住宅の取得のおもな経路は、投資と遺産相続である。付加住宅を保有する世帯は、そのレントアウトによって家賃収入を得るケースがある。付加住宅の用途をみると、41.0％が賃貸用で、それ以外では、43.1％が親族居住用、15.9％がその他であった（2004年全消調査）。複数住宅の所有者の増加にともない、自己居住用の「消費財としての持ち家」だけではな

第 3 部　都市法と住宅・居住　253

表 3　付加住宅の所有実態と家賃収入（2004 年）

	下位 5 割 （％）	中位 4 割 （％）	上位 1 割 （％）	合計 （％）
付加住宅有り（家賃収入有り）	0.7	4.3	27.3	4.8
〈年間家賃収入階級〉				
〈100 万円未満〉	〈56.6〉	〈58.4〉	〈26.5〉	〈40.2〉
〈100 万〜 200 万円未満〉	〈26.0〉	〈21.3〉	〈18.8〉	〈20.2〉
〈200 万〜 300 万円未満〉	〈 8.1〉	〈 7.6〉	〈14.1〉	〈11.3〉
〈300 万〜 400 万円未満〉	〈 2.8〉	〈 5.7〉	〈 8.4〉	〈 7.0〉
〈400 万円以上〉	〈 6.5〉	〈 7.0〉	〈32.3〉	〈21.3〉
付加住宅有り（家賃収入無し）	3.9	14.6	26.6	10.5
付加住宅無し	95.4	81.1	46.1	84.7

注）1）下位 5 割、中位 4 割、上位 1 割は、住宅資産額が低い方から高い方へ世帯を並べた場合の、
　　　それぞれ下から 50％以下、51 〜 90％以下、91 〜 100％の世帯のグループ。
　　2）〈　〉内は、付加住宅有り（家賃収入有り）世帯総数を 100 とする構成比。
　　3）住宅資産額は宅地資産額を含む。　4）付加住宅は付加宅地を含む。
　　5）家賃収入は地代収入を含む。　6）不明を除く。
資料）平成 16 年全国消費実態調査のミクロデータより作成。

く、「収入源としての持ち家」の役割に注目する必要が高まる。

　福祉国家の多くは、住宅資産の私的所有を促す方針をとりはじめた。そこで
は、付加住宅のレントアウトは、セキュリティ形成の有力な手段とみられてい
る。年金制度の将来の安定についての懐疑が増大するにつれて、付加住宅に投
資し、家賃収入という「自己年金」を得ようとする人たちが増える。しかし、
付加住宅の貸し出しが可能なのは、住宅資産を豊富にもつ人たち、あるいは付
加住宅を新たに取得できる高所得者に限られ、レントアウトは、経済不平等を
反映・拡大する。

　全消調査（2004 年）のミクロデータ独自集計によれば、付加住宅を所有する
世帯は 15.3％、家賃収入を得ている世帯は 4.8％であった（表 3）。これらの値
は、不動産資産をより多くもつグループでは、より高くなる。住宅資産所有の
トップ 1 割階級では、付加住宅の所有率が 53.9％に及び、家賃収入のある世帯
が 27.3％を示す。住宅資産をより多く保有する世帯では、家賃収入がより多い。
家賃を得ている世帯のうち、家賃年収が 300 万円以上の世帯の割合をみると、
住宅資産所有の下位 5 割のグループでは 9.3％と少ないのに対し、上位 1 割の
グループでは 40.7％に達する。

付加住宅の賃貸住宅としての運用には、住宅資産に関する不平等の特徴が表れている。若い人たちは、持ち家をなかなか取得せず、賃貸住宅により長く住む"賃貸世代"を形成しはじめた（平山、2016）。先述のように、若年層の持ち家率は下がった。増大したのは、民営借家に住む世帯である。その比率は、世帯主30～34歳のグループでは、1983年では33.5％であったのに対し、2013年では61.2％に大幅に上がった。一方、住宅資産を蓄積し、付加住宅を賃貸市場に出す世帯は、そこから家賃収入を得る。金融資産などの不平等は、その所有量の差から形成される。しかし、住宅資産の不平等を構成するのは、資産規模の違いに加え、非所有者である借家人が家主としての所有者に家賃を支払うという関係である（Forrest and Hirayama, 2015）。付加住宅の取得に投資し、その賃貸から収入を得る裕福な人たちが存在し、さらに、遺産相続によって住宅資産を世襲し、それを賃貸住宅として運用する家族がいる。他方、"賃貸世代"を構成する無産階級の人たちは、家賃を支払い、有産階級である家主の収入増に貢献しない限り、住む場所を確保できない。

Ⅷ　ストック更新と"慎ましい資産所有"

住宅政策の課題として、重要さを増しているのは、ストック更新の促進である。終戦から1970年代にかけて、「住宅不足の時代」が続いた。住宅政策に求められたのは、住宅建設の推進であった。それは、住宅を増やすだけではなく、経済を刺激する手段となった。しかし、前世紀の末には、「住宅余剰の時代」がはじまった。膨大な住宅ストックが蓄積し、空き家率が上がった。新規建設の拡大は、もはや困難になった。一方、多数の既存住宅が老朽化し、建て替えの必要なストックが増大した。ストック更新を拡大する政策は、ディベロッパーの新しいビジネスを促進し、経済対策の有力な手段になりえる。

不動産関連の資本は、開発のフロンティアを必要とする（平山、2011）。前世紀の都市では、フロンティアが外側に向かって広がり続け、その不断の開発から多数の郊外住宅地、住宅団地、ニュータウンなどがつくられた。住宅ストックを十分に蓄えた都市は、旧来のフロンティアをもはやもっていない。そこでは、すでに市街化している都市の内側が新たなフロンティアとみなされ、それ

を再び開発しようとする力が増大する。

　住宅ストックの建て替えを進めるために、新たな制度整備が進んだ。しかし、ストック更新の施策と手法は、住宅資産所有の階層差に関係し、不動産を少ししかもたない人たちから、それをとりあげる側面をもつ。再開発を進めようとするディベロッパーにとって、小規模な不動産所有の私権は、“抵抗力”を構成することがある。高齢・低所得者は、所有している土地・家屋を売却せず、住み続けることを希望するケースが多い。この状況を突破し、小規模な不動産を取得・整理するために、新たな手法が必要とされた。再開発などの事業では、「公共の福祉」のために私権が「邪魔」になるという言説がしばしばつくられる。しかし、「邪魔」とされる私権をもつのはどのような人たちなのかに注意する必要がある。不動産に関する富裕層の権利が「公共の福祉」に抵触し、「邪魔」と言われることは、ほとんどない。

　マンション建て替えを進めるための制度環境が整えられてきた。区分所有法（建物の区分所有等に関する法律）の 1983 年および 2002 年の改正によって、建て替え要件は緩和され、区分所有者等の 5 分の 4 以上の賛成での建替え決議が成立するとされた。続いて、マンション建替え法（マンションの建替えの円滑化等に関する法律）の 2014 年の改正では、区分所有者等の 5 分の 4 以上の賛成にもとづく敷地および建物の売却決議が可能になった。これらの建替え・売却に反対する区分所有者には、所有権の時価での売り渡しが請求される。反対者には、より高齢、より低所得の世帯が多くなると推測される。マンション建て替えでは、容積率制限の緩和措置が適用される場合がある。建替え促進のための新しい手法は、ディベロッパーに新たなビジネスの機会を用意し、高齢・低所得者の“慎ましい資産所有”を脅かす可能性をもつ。

　空き家対策特措法（空家等対策の推進に関する特別措置法）は、2014 年に成立した。老朽化し、管理放棄となった空き家が増え、これに対処する必要が高まった。新たな法律は、自治体による空き家への立入調査、固定資産税情報利用にもとづく空き家所有者の把握を可能とした。そして、保安上危険・衛生上有害などの状態になるおそれのある空き家は「特定空家等」と定義され、その所有者に対し、自治体は、除却・修繕などの措置をとるよう助言・指導、勧告、命令し、さらに、行政代執行を実施できるとされた。腐朽・破損した空き家の

残存要因の一つに、住宅用地に関する固定資産・都市計画税の特例がある。これは、200㎡以下の小規模な住宅用地の固定資産税を6分の1、都市計画税を3分の1（200㎡超部分については、それぞれ3分の1、3分の2）に軽減する措置で、空き家が残る敷地をも対象とすることから、その除却を抑制する要因になる。これに対し、「特定空き家等」と位置づけられ、勧告以上の強い措置がとられた不動産については、固定資産・都市計画税の特例から外す方針が示された。

　新しい法律が制定されたからといって、老朽化した空き家がただちに「特定空き家等」に指定されることはない。行政は、老朽空き家の所有者に対し、まず助言・指導を試みる。腐朽・破損した空き家に対する固定資産税がいきなり6倍に増えたり、行政代執行が急増したり、といった事態は起こらない。しかし、老朽化した空き家の所有者は、その所有を脅かされると感じ、不安をおぼえる。このため、空き家とその土地を得ようとするディベロッパーなどは、所有者との交渉をより有利に進めることができる。空き家を適切とはいえないレベルでしか管理できない所有者には、高齢、低収入の人たちが多い。空き家対策のための新しい法律は、高齢・低所得者の不動産を市場に出させる機能をもつ。

IX　新しい約束に向けて

　戦後の住宅政策は、住宅所有を促進し、持ち家社会の形成を支えた。多くの人たちが家を建て、あるいは購入し、自身の住まいを所有することで、家賃支払いから解放され、不動産資産を形成し、そして、自身がメインストリーム社会のメンバーであることを表現した。さらに、人口が高齢化し、新自由主義のイデオロギーが普及するにともない、多くの福祉国家は、社会保障のあり方を検討するだけではなく、住宅資産の私的蓄積を重視する傾向を強めた。高齢者の大半は、住居費負担の軽いアウトライト住宅に住み、その資産価値をもつ。住宅資産の私的蓄積は、高齢化する社会の落ち着きを保ち、社会保障関連の国家負担を抑制すると考えられた。

　持ち家は、人びとのセキュリティを形成し、社会安定を支える点において、

戦後“社会契約”の中心要素となった。しかし、小稿では、住宅資産所有の著しい不平等さを示した。所得に比べて、資産はより不平等で、資産のなかでは、金融資産より住宅資産の不平等の程度がより大きい。言いかえれば、住宅資産の不均等分布は、経済不平等を拡大する主要な“ドライバー”である。

　持ち家を中心とする社会の安定を維持し、不動産資産に根ざす福祉国家を構築しようとするのであれば、その条件として、住宅資産所有の平等の程度を高める必要がある。にもかかわらず、不動産資産の不平等がきわだつという実態がある。政府は中間層の持ち家促進を重視し続け、公的賃貸住宅の供給などの手段は残余化したままであった。社会的再分配の機能をほとんどもたない住宅政策は、住宅不平等を必然的に拡大する。持ち家社会は、矛盾にとらえられている——社会安定を保つには、住宅資産所有の平等が必要とされ、しかし、持ち家促進に傾く政策は、不平等を拡大する。

　持ち家社会は持続するのか、という問いの重要さが増している（Hirayama、2011）。住宅所有によるセキュリティを得られない人たちは、さらに増えると予想される。若年層の持ち家率は下がった。収入の安定の程度が減るにつれて、住宅ローンの調達と返済は、より難しくなる。不安定就労者のグループでは、年齢の上昇にしたがい、雇用がいっそう不安定化し、住宅確保さえままならない人たちが増える。高齢層の高い持ち家率が持続するとは限らない。若い世代の住宅購入の困難さは、将来の高齢層での持ち家率の低下がありえることを示唆する。一方、住宅相続の増加などによって、高齢層の持ち家率が高いままで推移する可能性もある。しかし、持ち家割合がどのように変化するにせよ、賃貸住宅に住む高齢者の絶対数は、少なくとも21世紀半ばまでは、大幅に増える。それは、セキュリティの弱い人たちの急増を意味する。

　問われているのは、新たな住宅政策をどの方向に向けて構想すべきか、という論点である。戦後に大衆化した住宅所有は、社会統合を進める役割をはたした。多数の家族が“マイホーム”の取得と資産形成をめざし、メインストリーム社会に参加しようとした。しかし、持ち家の普及にもとづく社会は著しい不平等をはらみ、その安定はすでに壊れはじめている。これからの社会が、住まいに関し、人びとに何を“約束”するのかは、不明確なままである。持ち家促進ばかりを優先させ、社会的再分配の役割を担わない住宅政策は、社会統合を

不安定にし、傷つける危険をはらむ。それが持続可能な政策ではないことだけ
は、確かである。

＊本稿は、『世界』869号（2015年）に書いた拙稿を大幅に加筆し、発展させたもの
　である。

引用文献

荒川匡史（2003）「高齢者保有資産の現状と相続——高齢者内で循環する使われない
　資産」『Life Design Report』150, 16-23.

Castles, F. G. (1998) The really big trade-off, *Acta Politica*, 33 (1), 5-19.

Doling, J. and Ronald, R. (2010) Home ownership and asset-based welfare, *Journal
　of Housing and the Built Environment*, 25 (2), 165-173.

Forrest, R. and Hirayama, Y. (2015) The financialisation of the social project:
　Embedded liberalism, neoliberalism and home ownership, *Urban Studies*, 52 (2),
　233-44.

Groves, R., Murie, A. and Watson, C. (eds.) (2007) *Housing and the New Welfare
　State: Perspectives from East Asia and Europe*, Aldershot: Ashgate.

平山洋介（2009）『住宅政策のどこが問題か——〈持家社会〉の次を展望する』光文
　社.

平山洋介（2011）『都市の条件——住まい、人生、社会持続』NTT出版.

平山洋介（2014）「持ち家社会と住宅政策」『社会政策』6 (1), 11-23.

平山洋介（2015）「超高齢社会の住宅条件とその階層化」『都市計画』64 (6), 40-45.

平山洋介（2016）「"賃貸世代"の住宅事情について」『都市問題』107 (9), 91-99.

Hirayama, Y. (2010a) The role of home ownership in Japan's aged society, *Journal
　of Housing and the Built Environment*, 25 (2), 175-191.

Hirayama, Y. (2010b) Housing pathway divergence in Japan's insecure economy,
　Housing Studies, 25 (6), 777-797.

Hirayama, Y. (2011) Towards a post-homeowner society? Homeownership and
　economic insecurity in Japan, in R. Forrest and N-M. Yip (eds.) *Housing
　Markets and the Global Financial Crisis: The Uneven Impact on Households*,
　Cheltenham Glos: Edward Elgar, 196-213.

Izuhara, M. (2007) Turning stock into cash flow: Strategies using housing assets in
　an aging society, in Hirayama, Y. and Ronald, R. (eds.) *Housing and Social*

Transition in Japan, London: Routledge, 94-113.

Kemeny, J. (1981) *The Myth of Home Ownership: Public Versus Private Choices in Housing Tenure*, London: Routledge and Kegan Paul.

Malpass, P. (2008) Housing and the new welfare state: Wobbly pillar or cornerstone? *Housing Studies*, 23 (1), 1-19.

太田清 (2003)「日本における資産格差」樋口美雄・財務省財務総合政策研究所 (編)『日本の所得格差と社会階層』日本評論社, 21-43.

Piketty, T. (2014) *Capital in the Twenty-First Century*, Cambridge: Harvard University Press (仏語原著 2013 年・未見、邦訳 2014 年).

Regan, S. and Paxton, W. (eds.) (2001) *Asset-Based Welfare: International Comparisons*, London: IPPR.

Sherraden, M. (2003) Assets and the social investment state, in Paxton, W. (ed.) *Equal Shares: Building a Progressive and Coherent Asset Based Welfare Policy*, London: IPPR, 28-41.

Toussaint, J. and Elsinga, M. (2009) Exploring 'housing asset-based welfare': Can the UK be held up as an example for Europe? *Housing Studies*, 24 (5), 669-692.

Van Gent, W. P. C. (2010) Housing policy as a lever for change? The politics of welfare, assets and tenure, *Housing Studies*, 25 (5), 735-753.

（ひらやま・ようすけ　神戸大学大学院人間発達環境学研究科教授）

住居賃借人保護と民法典
ドイツ住居賃貸借法の近時の展開

佐藤岩夫

   Ⅰ   はじめに
   Ⅱ   2000 年までのドイツ賃貸借法の展開——特別法から BGB へ
   Ⅲ   2001 年賃貸借法改正——住居賃貸借特別法の BGB への完全統合
   Ⅳ   2010 年代の住居賃貸借法の展開——エネルギー近代化措置と賃料抑制
   Ⅴ   住居賃貸借法と住宅政策
   Ⅵ   むすび

Ⅰ　はじめに

　筆者はかつて、日本・ドイツ・イギリス三か国の住居賃貸借法の特質を各国の住宅政策の展開と関連させて分析する研究を行った（佐藤 1999）。その際、多くの先行研究を参照したが、その中のもっとも重要な一つが原田の住宅法研究（原田 1985）であった。原田は、戦後日本の住宅政策と住居賃貸借法の展開を幅広い視野から実証的に解明し、その展開のなかに日本の住宅政策と法の課題を探った。その成果に刺激を受けつつ、三か国の住宅政策と住居賃貸借法の関連を比較歴史法社会学的研究の視座から分析したのが筆者の研究であった。

　さて、この間、日本の住居賃貸借法をめぐってはいくつかの新しい課題が現れた。第一は、住宅不足の解消という今日的状況のもとでの賃借人保護の再定位である。存続保障制度の存在意義は、従来、住宅が不足する状況の下で弱い立場におかれる賃借人の保護（弱者保護）と説明されてきた（渡辺 1962；内田 1997）。しかし、周知のように、日本の総住宅数と総世帯数は 1968 年に逆転して総住宅数が総世帯数を上回るようになり、2013 年には、総住宅数（6,063 万戸）が総世帯数（5,245 万世帯）を 778 万戸上回る状態となっている[(1)]。近年で

は、むしろ大量の空き家（820万戸、全住宅戸数の13.5％）が重要な社会問題となっている。もちろん、住宅は単に戸数の問題ではなく、その質・水準や適正な住居費負担の観点からも考える必要があり、日本において住宅問題が解消しているとは到底言えない（平山 2016a；2016b）。しかし、絶対的住宅不足の状況が解消する中で、賃借人を一律に弱者としてとらえることが適切か、翻って存続保障を弱者保護の制度として説明することが説得的であるかが問われる状況に至ったことは間違いない（山野目 2012、26-27頁）。この点について筆者は、かねて、存続保障規定を、住居を中心として賃借人およびその家族が営むさまざまな社会的活動や社会的関係の継続・発展を保障する制度として位置づける視角を提示した（佐藤 1998; 佐藤 2012、306頁）。この保護の必要性は、住宅市場が逼迫しているかどうかと独立に、賃借人の生活者としての利益を一般的・普遍的に保障する意義を持つ[2]。

　第二は、不動産賃貸借をめぐる問題の消費者問題化（瀬川 2012、10頁；山野目 2012、29頁）である[3]。近年、不動産賃貸借をめぐって注目を集めるのは、敷金の通常損耗修補特約、敷引特約ないし保証金償却特約、更新料などの問題である[4]。もちろん、敷金にしても更新料にしても以前からある問題であるが、これらの問題が、とくに2000年代以降、大きくクローズアップされるようになった。その背景には、これらの問題を消費者紛争として受けとめる制度が整えられたことがある（瀬川 2012、11頁）。具体的には、1996年民事訴訟法改正による少額訴訟制度の導入（施行は1998年）および2003年の同法改正による上限額の引き上げ、そして何より2000年の消費者契約法の制定と2006年の同法改正による消費者団体訴訟制度の導入である[5]。とくに消費者契約法10条

---

(1)　『平成25年住宅・土地統計調査』（総務省統計局）。
(2)　この点に関連し、秋山は、契約自由に介入する根拠として生活空間を主体的に形成する自由を根拠にする「生活空間アプローチ」に立脚した上で、存続保障の意義を「賃借人の居住移転の自由や社会関係・人格の形成の継続発展——自分の生活空間を主体的に形成する自由——を保障するところにある」との理解を示す（秋山 2012、59-60頁）。
(3)　以下、本稿においてはもっぱら住居賃貸借に焦点を合わせる。不動産賃貸借全般の現代的諸課題については、松尾・山野目編（2012）の諸論攷を参照。
(4)　主要な裁判例として、敷金の通常損耗修補特約に関する最判平17・12・16判時1921号61頁、敷引特約ないし保証金償却特約に関する最判平23・3・24民集65巻2号903頁、最判平23・7・12判時2128号43頁、更新料に関する最判平23・7・15民集65巻5号2269頁など。
(5)　この点に関連して消費者団体訴訟制度が営む法形成促進機能については佐藤（2006）参照。

の不当条項規制は、敷金・更新料などの金銭的支払いを訴訟で争う実体法的根拠を整えた。こうして、不動産賃貸借は、消費者法と不動産賃貸借法が交錯する場面となった。

　消費者法と不動産賃貸借法（借地借家法）の関係をどう整理するかをめぐっては、不動産賃貸借法は居住の安定の観点が強く、賃貸借の終了原因のコントロールに関心が置かれるのに対して、消費者契約法は契約成立過程の諸問題に注目するという、賃貸借の時間的経過（時間軸）に注目する整理も示されている。しかし、住居賃貸借に焦点を合わせるならば、やはり、対象が賃借人の生活者としての側面ないし利益であるか、それとも消費者としての側面ないし利益であるかの違いが本質的に重要であろう（山野目 2012、32 頁）。住居賃借人がある場合には生活者として立ち現れ、ある場合には消費者として立ち現れることを前提に、それぞれの局面での適切な法的規制のあり方と相互の連絡調整を図ることが重要である。

　このことにも関連し、住居賃貸借法と民法典の賃貸借規定の関係をどう考えるかという問題もある（窪田 2012）。住居賃貸借に関する規定を民法典の中にどう位置づけるかは、単に法典の形式的編成だけでなく、住居賃貸借法の実質的・社会的機能の位置づけにも関わる問題である。今回の債権法改正の議論では借地借家法の規定を民法典に編入ないし統合するという論点は顕在化しなかったが、諸外国では、住居賃貸借に関する特別法の規定を民法典に統合し、民法典の賃貸借規定の体系と機能を大きく変更した例もある。ドイツでは、2001年に、住居賃貸借に関する私法特別法を民法典（Bürgerliches Gesetzbuch. 以下「BGB」という）に完全に統合するとともに、住居賃貸借を中心に据える形でBGB の賃貸借規定の体系の抜本的変更が行われた。そしてドイツではさらに、2010 年代に入って、住居賃貸借規定の重要な改正が相次いで行われている。本稿は、前著のフォローアップもかねて、2000 年代以降のドイツの住居賃貸借法の新たな展開を跡づけることを目的とする[6]。

---

　(6)　ドイツの賃貸法に関する最近の概説書として、藤井（2015）、田中（2013）等も参照。なお、前著のフォローアップという点では、イギリスについても最近の動向を跡づける必要があるが、これについては後日の課題としたい。さしあたり小玉（2017、第 5 章）参照。

II　2000年までのドイツ賃貸借法の展開——特別法からBGBへ

　以下の叙述の前提として2000年までのドイツ賃貸借法の展開を確認する必要があるが、これについては前著で詳しく論じたので（佐藤 1999）、ここでは概要を示すにとどめる。

　1896年に制定されたBGBの賃貸借規定（第2編第7章第3節）は、賃貸借契約についても契約自由の原則に立脚していたが、それは、19世紀後半のドイツの産業化・工業化の進行とともに深刻化する住宅問題のなかで賃借人の地位を不安定にする結果をもたらした。この問題はしばらくは放置されたが、第1次世界大戦中に住宅建設の停滞と住宅不足の一層の深刻化が進む状況のもとで賃借人を保護する特別法が制定され、それが、ワイマール期の本格的な整備（この時期の重要な立法として1922年ライヒ賃料法および1923年賃借人保護法）を経て、第2次世界大戦後まで維持された。賃料統制と存続保障を両輪とする住居賃貸借の規制は、第2次世界大戦直後の未曾有の住宅不足問題の中で賃借人およびその家族の居住の安定に重要な役割をはたした。しかしその後、ドイツの経済的復興が進むとともに、1950年代以降、住居賃貸借に関する規制を段階的に撤廃する動きが強まり、1960年代末には一旦はほぼ全面的に規制が廃止されるに至った。

　しかし1970年代になり、当時社会問題化した賃貸住宅の不足および賃料の上昇等の問題（「新しい住宅問題 neue Wohnungsnot」）に対処するため、存続保障および賃料規制が復活した。存続保障の領域では、まず3年間の時限立法として、1971年に（第1次）解約保護法[7]が制定され、その後1974年の第2次解約保護法[8]によって存続保障規定が恒久法化され、規定の位置も、特別法からBGBに移された（最も中心的な規定として、賃貸人が賃貸借契約を解約するためには、自己使用の必要性その他の正当な利益〔ein berechtigtes Interesse〕が必要

---

(7)　Gesetzes über den Kündigungsschutz für Mietverhältnisse über Wohnraum vom 25.11. 1971（BGBl.I S.1839）.

(8)　Zweites Gesetz über den Kündigungsschutz für Mietverhältnisse über Wohnraum（2. Wohnraumkündigungsschutzgesetz）vom 18.12.1974（BGBl. I S.3603）.

である旨を定めた BGB564b 条〔後述の 2001 年改正後は 573 条〕）。

　賃料規制については、第 2 次解約保護法により賃料額規制法[9]が制定され、賃貸人の賃料増額請求は「地域の通常の比較賃料（ortsübliche Vergleichsmiete）」を上限とするとの規定が設けられた。賃料額規制法 2 条によれば、賃貸人は、①賃料が 1 年以上改定されておらず、かつ、②請求される賃料が、同一市町村あるいは比較可能な市町村において比較可能な種類・規模・設備・状況・状態の住居につき通常支払われている対価（これを「地域の通常の比較賃料」あるいは単に「比較賃料」とよぶ）を超過しない場合に限り、賃料の増額への同意を請求することができるとされた。あわせて、この「地域の通常の比較賃料」を証明する手段として、①自治体および賃貸人・賃借人の利益代表が共同で作成する地域の標準的な賃料の一覧表（標準賃料表 Mietspiegel）、②専門家の鑑定書、③他の賃貸人が所有する比較可能な住宅 3 戸の賃料の提示の 3 つの手段が例示的に規定された（賃料額規制法 2 条 2 項）。この中で最も簡便かつ適切な方法として普及したのが①の標準賃料表である（佐藤 1999、248 頁）。

　その後、存続保障の例外として定期賃貸借（Zeitmiete）制度を導入する（1982 年）等の動きはあったが、基本的には、1974 年法によって骨格が定められた、存続保障および賃料規制を中核とする社会的賃貸借法（soziales Mietrecht）が現在に至るまでのドイツの住居賃貸借法の基盤を形成することになる。

　ここで重要であるのは、第 2 次解約保護法が存続保障規定を BGB に統合し恒久法化した論理である。第 2 次解約保護法の立法理由書は次のように述べている。

　「住宅が人間の生活の中心として卓越した重要な意義を持っていることに鑑み、基本法 20 条の社会国家（Sozialstaat）原理は、恣意的な解約およびそれに伴う住宅の喪失から賃借人を保護することを命じている。（中略）このような解約保護の必要性は、住宅市場の〔需給〕状態が均衡していると考えられるかどうかとは無関係である。およそ住宅の変動は常に少なからぬ費用

---

(9)　Gesetz zur Regelung der Miethöhe vom 18.12.1974（BGBl. I S.3604）.

とその他の重大な不利益を賃借人にもたらす。社会的法治国家において住宅が有する意義を考えるとき、そのような費用および不利益を契約に誠実な賃借人の負担とすることが正当視されるのは、賃貸人が解約につき正当な利益を有する場合だけである。」（BT-Drs. 7/2011, S. 7. 傍点は筆者）

1971年の第1次解約保護法が存続保障を復活した際には、あくまで、当面の住宅不足問題が解消されるまでの一時的措置（3年間の時限立法）とされていた。しかし、1974年法では、「住宅が人間の生活にとってもっている本質的な意義」にかんがみ、住宅市場の需給の状況とは無関係に賃貸借関係を保護するものとされた。この論理は、その後、1979年の連邦政府の報告書の中で、さらに次のようにも展開されることになる。

「住宅は、生活利益の中心に位置し、居住者の社会的生活関係の基盤である。住宅の喪失とともに、近隣との交際関係や社会・文化・スポーツなどの一体性も危機にさらされ、また、教会・政治その他の社会的つながりも損なわれてしまう。さらに、あらゆる住宅の変動につきものの経済的負担がこれに付け加わる。それゆえ、賃借人は、賃貸人の優越する利益によって正当化されないような解約に対して保護されなければならない。」（BT-Drs. 8/2610, S.5）

ここには、存続保障を、住宅市場の状況に起因する賃借人の弱い立場の救済（弱者保護）から切り離し、賃借人およびその家族の生活利益（住宅を起点として形成する社会的生活関係）の保障という一般的・普遍的意義によって基礎づける論理の転換が見られる[10]。そしてここに見られる論理の転換こそが、ドイツにおいて、賃借人の居住を保障する規定を広くBGBに統合し、社会的賃貸借法を一般的・恒久的制度として基礎づけていく突破口となるものであった。

---

(10) なお、ここでいう「家族」のとらえ方については、その後、本文ですぐ後に述べる2001年賃貸借法改正により、賃借人死亡時の賃貸借の継続が、従来は婚姻関係にあった家族に限定されていたのに対して、婚姻以外の生活共同関係や同性間の婚姻類似の関係にも拡大されたこと（現行BGB563条2項）に示される家族像の転換（拡大）が重要である。

第3部 都市法と住宅・居住 267

Ⅲ　2001 年賃貸借法改正──住居賃貸借特別法の BGB への完全統合

1　2001 年賃貸借法改正の経緯

2001 年 9 月 1 日に施行された「賃貸借法の新編成、簡素化および改正を目的とする法律」[11]（以下、「2001 年賃貸借法改正法」）により、BGB の賃貸借法規定は抜本的といって良い大きな変革を被った。同法は、賃貸借法を、「明晰性、わかりやすさ、透明性（Klarheit, Verständlichkeit und Transparenz）」の観点から刷新するとともに、内容的・実質的にも賃貸借法の大幅な変革を図るものであった（BT-Drs.14/4553, S.34）。本稿の関心からとくに重要であるのは、同法によって、住居賃貸借に関する私法特別法の規定（特に賃料額規制法）が全面的に BGB に統合されるとともに、そのようにして統合された住居賃貸借規定に、BGB の新たな体系において中心的な位置が付与されたことである。

実は、この 2001 年賃貸借法改正に至るまでは、長期にわたる錯綜した経緯があった。賃貸借法改正の必要は、既に 1974 年の第 2 次解約保護法の審議過程においても、「連邦政府は、現在妥当している、多くの規定に分散している住居の社会的保障に関する法を整理し、それらの諸規定を、単一で、当事者にとってわかりやすく、概観可能なようにまとめる法案を提案することが期待される」と指摘されていた（BT-Drs.7/2629, S.2）。しかし、この要請は直ちには実現されず、検討が本格化したのは、ようやく 1995 年になって、連邦政府が、連邦および州の司法相および住宅政策を所管する大臣を構成員とする「連邦―州作業グループ（Bund-Länder-Arbeitsgruppe）」を設置してからであった。同作業グループは、審議の結果を、1996 年末に報告書にとりまとめて発表したが（Bund-Länder-Arbeitsgruppe 1997）、そこでは、私法的な住居賃貸借特別法の BGB への統合、および、BGB 賃貸借規定の新たな体系的整序という、後に2001 年賃貸借改正法につながる重要な提案が行われている。しかし、この作業グループ報告書は、当時の連立与党であるキリスト教民主同盟・社会同盟（以下、「CDU/CSU」）と自由民主党（以下、「FDP」）との間で意見が一致せず[12]、

---

(11) Gesetz zur Neugliederung, Vereinfachung und Reform des Mietrechts (Mietrechtsreformgesetz) vom 19. 6. 2001 (BGBl. I S.1149).

直ちに法案化には結びつかなかった。これに対して、1997年に、連邦参議院において、社会民主党（以下、「SPD」）が政権を担当するいくつかの州が共同で作業グループ報告書の立法化を発議したが、これも実際の立法には至らなかった。

立法化が具体的に動き出したのは、1998年の連邦政府の政権交代によってであった。1998年10月20日のSPDおよび緑の党（Bündnis 90/Die Grünen）の政策合意の中で「賃貸借法を、連邦—州作業グループ報告書の成果を基礎に改革する」ことが確認され（Haas 2001, S.80）、この政策合意に基づき、連邦司法省が2000年の初めに法律の素案を発表し、これを基礎に、同年11月、最終の法律案が連邦議会に提出された（BT-Drs.14/4553）。連邦議会における審議の後、同法案は、2001年3月に、連立与党（SPDおよび緑の党）の賛成多数（野党のCDU/CSUおよびFDPは反対）で可決・成立し、同年6月に公布された。

2 2001年賃貸借法改正の内容

(1) 賃料増額規制法のBGBへの統合

このようにして成立した2001年賃貸借法改正法によって、BGBの住居賃貸借規定に関して、2つの重要な改正が行われた[13]。

第一は、賃料額規制法のBGBへの統合である。この改正によって、1974年法以来の、存続保障はBGBの中におかれ、賃料規制は特別法という二元的な構造は解消され、住居賃借人保護の二本柱である存続保障と賃料規制がともにBGBに統合されることとなった。なお、2001年法は、この機会に賃料増額規制にも内容的な変更を加えており、重要な改正点としては、①「適格標準賃料表（qualifizierter Mietspiegel）」制度の導入（558d条）[14]、②賃料データバンク（Mietdatenbank）制度の導入（558e条、558a条2項2号）、③賃料増額限度

---

(12) FDPは、住居賃貸借法の規制緩和（自由化 Liberalisierung）を強く求め、CDU/CSUとの間で協議がまとまらなかった（Haas 2001, S.80）。

(13) その他の重要な改正としては、賃借人死亡時に従来は婚姻関係にあった家族に限定されていた賃貸借の継続を、婚姻以外の生活共同関係や同性間の婚姻類似の関係にも拡大したことがある（563条2項）。

(14) 以下に引用する条文は、とくに断りのない限り、2001年賃貸借法改正法によるBGB賃貸借規定の改革〔後述〕後のBGBの新条文を指す。

（Kappungsgrenze）の引き下げ（3年間で許容される増額の幅を30%から20%へ削減。558条3項）などが行われた。このうち①は、標準賃料表について、従来の一般的な標準賃料表に加えて、専門的に厳密な基準・方法に基づいて作成される「適格標準賃料表」という新しいカテゴリーを創設したものである（558d条1項。これにともない、従来からある一般的な標準賃料表は「簡素な標準賃料表（einfacher Mietspiegel）」と呼ばれるようになった）。「適格標準賃料表」は専門的な基準・方法で作成されるがゆえに時間や手間のコストがかかるが、その代わりに、そこに示される額は「地域の通常の比較賃料を再現するものと推定する」効力が付与されることとなった（558d条3項）。②の賃料データバンクは将来に向けて賃料水準に関する情報基盤の強化をめざし、③の賃料増額限度の引き下げは急激な賃料引き上げを抑制する意義がある。

(2) BGB賃貸借法の体系の変更と住居賃貸借の中心化

　2001年賃貸借法改正法の重要な内容の第二は、BGBの賃貸借法の体系を変更し、その中心に住居賃貸借に関する規定を置いたことである。1896年のBGB制定以来の賃貸借規定（第2編第7章「第3節　使用賃貸借・用益賃貸借（Dritte Titel Miete, Pacht)｣）は、「第1款　使用賃貸借」「第2款　用益賃貸借」「第3款　土地用益賃貸借」の三部構成であった[15]。これに対して、2001年法によって導入された新編成では、「第1款　賃貸借関係の通則」「第2款　住居の賃貸借関係」「第3款　その他の物の賃貸借関係」「第4款　用益賃貸借契約」「第5款　土地用益賃貸借契約」となった（図1参照）。

　このBGB賃貸借規定の体系変更は、住居賃貸借との関係では次の2点で重要な特徴がある。第一に、賃貸借の通則規定の後に、住居賃貸借に関する規定が独立に置かれたことであり、第二に、この住居賃貸借に関する規定が条文数のボリュームとしても非常に大きいことである。第1款の通則規定が全19条であるのに対して、住居賃貸借に関する第2款の規定は全65条にのぼり、「その他の物の賃貸借関係」に関する規定は僅か5条にとどまることと比較しても、住居賃貸借規定の存在感は圧倒的に大きい。2001年改正によって、「住居賃貸借法は、賃貸借法全体の中で中心的な位置を獲得した」（Haas 2001, S.82)、「現

---

(15)　本稿では、BGBの構成を示すに際して、便宜、Buchに「編」、Abschniteに「章」、Titelに「節」、Untertitelに「款」、Kapitelに「目」、Unterkapitelには単に「第○」の訳を当てた。

図1 2001年賃貸借法改正法によるBGB賃貸借規定の再編成

```
〔2001年改正以前〕
（第2編第7章）
第3節　使用賃貸借・用益賃貸借
　第1款　使用賃貸借
　第2款　用益賃貸借
　第3款　土地用益賃貸借
```

```
〔2001年改正以後〕（注1）
第3節（注2）　使用賃貸借契約・用益賃貸借契約
　第1款　賃貸借関係の通則　§§535-548（全19条）
　第2款　住居の賃貸借関係　§§549-577a（全65条）
　第3款　その他の物の賃貸借関係　§§578-580a（全5条）
　第4款　用益賃貸借契約　§§581-584b（全8条）
　第5款　土地用益賃貸借契約　§§585-597（全31条）
（注1）条文数は2001年改正法当時。
（注2）債務法現代化後の条文では第8章第5節となる。
```

```
第2款　住居の賃貸借関係
　第1目　通則　§§549-555
　（第1a目　修繕および近代化措置　§§555a-555f〔2013年法改正［後述］で追加〕）
　第2目　賃料
　　第1　賃料に関する約定　§§556-556c
　　（第1a　住宅市場が逼迫している地域における賃貸当初の賃料額の約定
　　　§§556d-556g〔2015年法改正［後述］で追加〕）
　　第2　賃料額に関する規制　§§557-561
　第3目　賃貸人の担保権　§§562-562d
　第4目　契約当事者の交代　§§563-567b
　第5目　賃貸借関係の終了
　　第1　通則　§568-§572
　　第2　期間の定めのない賃貸借関係　§§573-574c
　　第3　期間の定めのある賃貸借関係　§§575-575a
　　第4　社員住宅　§§576-576b
　第6目　賃貸住居に区分所有が設定された場合の特則　§§577-577a
```

行賃貸借法の体系は、広範な国民層の基本的な生活要求の保障としての住居賃貸借の優越的意義を考慮している」（MüKoBGB 2016, S.3〔Häublein〕; Häublein 2011）と評される所以である[16]。

　なお、2001年賃貸借法改正の直後の2002年にBGB債権法規定の大改正が行われたが（債務法現代化Schuldrechtsmodernisierung）[17]、2001年賃貸借法改正法によって刷新された賃貸借法がこの債権法現代化の議論において再び検討の俎上にあげられ、さらなる修正が行われることはなかった（ただし、債務法規定全体の整理にともない賃貸借の位置は「第2編第8章第5節」となった）。その理由としては、もちろん、2001年賃貸借法改正法と2002年の債務法改正の検討作業が時期的に近接していることもあるが、同時に、連邦政府は、売買契約・請負契約法と賃貸借法の本質的差異、すなわち、賃貸借の持つ継続的契約関係性および賃借人保護の点も強調している（BT-Drs. 14/6857, S. 42, 66; BT-Drs. 14/7052, S.206）。こうして成立した2001年賃貸借法改正および2002年債務法現代化後の状況について、ある論者は次のように指摘している。「賃貸借法は、今や、3つの層からなる。すなわち、①（2001年賃貸借法改正法により現代化された）賃貸借法、②2001年賃貸借法改正法以前からの判例でBGBの新規定には取り入れられなかったもの、そして、③現代化された（一般的な）債務法である」（Schaub 2011, S, 128）。

IV　2010年代の住居賃貸借法の展開——エネルギー近代化措置と賃料抑制

　こうして、2001年賃貸借法改正法によって、存続保障と賃料増額規制の双方をBGBに統合する形で刷新されたBGBの住居賃貸借法であるが、2010年代に入ると、数次にわたり重要な改正が行われ（2013年、2015年）、さらに現在も新たな改正が構想されつつある。

---

(16)　なお、2001年住居賃貸借法改正のインパクトの大きさは、2011年に、改正10年を記念して大部な記念論集（Artz et al. 2011）が刊行されたことからもうかがうことができる。

(17)　Gesetz zur Modernisierung des Schuldrechts vom 26. 11. 2001（BGBl. I S. 3138）. ドイツの債務法改正については多くの文献があるが、さしあたりシュトレヒトリーム（2002）、ツィンマーマン（2011）参照。

1 2013年賃貸借法改正──〈エネルギー転換〉と悪質賃借人問題

(1) 〈エネルギー転換〉と賃貸住宅のエネルギー近代化の推進

2013年に「賃貸住居のエネルギー近代化および明渡し権原の簡易な実現に関する法律」[18]（以下、「2013年賃貸借法改正法」）が制定されたが、同法は、その名称にも現れているとおり、①省エネルギー化を促進する目的での建物・設備の近代化措置（後述「エネルギー近代化」）に関する規定の整備、および、②不誠実な賃借人対策としての簡易な明渡し手続の導入を目的とするものであった（Flatow 2013）。まず前者の背景から見てみよう。

ドイツは、近年、原子力と化石燃料からの脱却、二酸化炭素排出の削減、自然エネルギー経済への移行（「エネルギー転換（Energiewende）」）の目標を掲げ、その実現に向けた政策を分野横断的に積極的に推進している。その中で、建物、とりわけ住宅は、省エネルギーおよび気候変動防止にとって重要な役割をはたす領域である。というのも、ドイツにおける最終エネルギー消費の40％、二酸化炭素排出の約20％は、工場等ではなく、住宅・事務所等の一般の建物で行われるからである（BT-Drs. 17/10485, S.13）。このため、連邦政府が2010年に発表したエネルギー政策の綱領文書（BT-Drs. 17/3049）は、10項目の緊急プログラムの1つとして、建物の暖房需要を持続的に削減することを提言し、2050年までに電力消費量に占める再生可能エネルギー比率を80％にまで高めるとの野心的な目標を掲げた。このようなエネルギーの転換政策は、政府が2011年に発表した政策綱領文書『未来のエネルギーへの道』（Bundesregierung 2011）でも確認・発展させられている。2013年賃貸借法改正は、このようなエネルギー転換政策を住居賃貸借の領域で実現しようとするものである。

具体的には、BGB第5節第2款「住居の賃貸借関係」のなかに「第1a目修繕および近代化措置」（555a条〜555f条）が新設されるとともに、既存の条項にも所要の改正が行われた。①新設された555b条は、（建物）近代化措置（Modernisierungsmaßnahmen）として、「賃貸物件に関する最終エネルギーまたは再生不能な一次エネルギーを持続的に節約する建築的変更（エネルギー近代

---

(18) Gesetz über die energetische Modernisierung von vermietetem Wohnraum und über die vereinfachte Durchsetzung von Räumungstiteln (Mietrechtsänderungsgesetz) vom 11. 3. 2013 (BGBl. I S.434).

化〔energetische Modernisierung〕)」(1号) など6項目を列挙し、これらの近代
化措置について、②賃貸人は工事の遅くとも3月前までに所定の通知をしなけ
ればならない一方 (555c条)、賃借人は、原則として、これらの近代化措置を
忍容しなければならないとされた (555d条1項)。賃料については、③エネル
ギー近代化工事に伴い賃借人に不便が生じても、3か月間は賃料減額を求める
ことができないとする規定が設けられると同時に (536条1a項)、④賃貸人に
対して、当該工事のために投じた費用の11%までの賃料増額を認める可能性
が開かれた (559条1項)。賃借人の工事忍容義務および賃貸人の賃料増額請求
について、当該近代化措置が賃借人、その家族、その他の世帯の構成員にとっ
て、賃貸人の正当な利益および省エネルギーならびに気候変動防止の必要を考
慮したとしてもなお正当化されない苛酷な結果をもたらす場合には忍容義務お
よび賃料増額は認めないとの条項 (555d条2項1文、559条4項1文) が置かれ
たとはいえ、全体としてみれば、エネルギーを持続的に節約する設備近代化を
「エネルギー近代化」として明文で規定するとともに、賃借人の工事忍容義務、
工事期間中 (3か月間) の賃料減額請求の排除、工事終了後の一定の賃料増額
の可能性等、省エネルギーおよび気候変動防止という目的に向けた住宅改築の
インセンティブを賃貸人に与える明確な意図をもった改正が行われた。

(2) 悪質賃借人問題と明渡し簡易化

2013年賃貸借法改正のもう一つのねらいは悪質賃借人対策である。2000年
代になり、一部で、そもそも最初から賃料を支払う意図をもたずに住居を賃借
し、賃料不払いが嵩んでも理由を構えて住居に居座り、あるいは滞納賃料を精
算することなしに勝手に他に移るといった悪質な賃借人の存在がクローズアッ
プされるようになった[19]。遊牧民・非定住民をさすノマドの語を転用して
「放浪賃借人 (Mietnomad)」と呼ばれるようになったそれらの悪質賃借人は、
賃貸人の側からすると、賃料収入の喪失、明渡訴訟や執行のコストの発生、さ
らに多くの場合乱雑な部屋の使用や室内外のごみの放置などの回復・修繕費用
が深刻な負担となる状況が見られた[20]。

---

(19) "Der Feind im Haus," Zeit Online, 22. 1. 2004; "Wohnen ohne zu zahlen," Spiegel Online, 21.
3. 2009.
(20) 詳しい実態は、Artz, Jacoby et al. (2011)、Leroy (2013) 参照。

BGB は、賃借人が 2 か月分の賃料を遅滞した場合は、賃貸人に解約期間のない解約を行う権利を認めている（543 条 2 項 3a 号・3b 号）。しかし、裁判所の事件負担の多さ故に明渡訴訟には時間を要し、また、明渡判決が出た場合でも賃借人が任意に退去しない場合の執行には種々の困難もあった。そこで、2013 年賃貸借法改正法により、民事訴訟法（Zivilprozessordnung [ZPO]）の改正が行われ、明渡しの手続を効率的で費用のかからないものとする一連の改正が行われた[21]。

(3) 2013 年賃貸借法改正法に対する批判

このような 2013 年法の制定に際して、政府は、社会的賃貸借法の根幹は維持すること、および、エネルギー近代化により賃借人の賃料負担が急激に増大する事態は避けるべきことが当然の前提であることを強調していた（BT-Drs. 17/10485, S.13）。しかし、結果として、工事期間中（3 か月間）の賃料減額の排除、工事終了後の賃料増額の可能性、さらに賃貸人による明渡し請求の簡易迅速化など、いずれも賃貸人に一方的に有利な改正であるとして、立法過程では野党からの批判が強かった（BT-Drs. 17/12486）。さらに、ドイツでは、次に述べるように、2010 年代に入り都市部を中心に賃料が高騰するという状況も顕著になっていた。このような状況を前提に、賃借人団体（Deutsche Mieterbund [DMB]）や野党 SPD からは、悪質な「放浪賃借人」のような例を一面的に強調するのではなく、むしろ契約に誠実な多くの賃借人を賃料の急騰から保護する立法措置こそが必要であるとの要求が強く主張された（BT-Drs. 17/12486）。そして、2013 年末に、CDU/CSU と SPD の 2 大政党の大連立政権が誕生し、その政策合意の中で「良質で支払い可能な居住（gutes und bezahlbares Wohnen）」の実現が重点項目の一つとして確認された（Koalitionsvertrag 2013, 4.2）のをきっかけに、急激な賃料上昇の抑制を主眼とする新たな賃貸借法改正が行われることになった。

---

(21) 具体的には、①裁判所は明渡訴訟を優先して処理する（ZPO272 条 4 項）、②裁判所は賃借人に対して賃料相当額の保証金を供託することを義務づけることができ（ZPO283a 条）、賃借人がそれに従わない場合は、賃貸人は建物明渡しの仮処分を行うことができる、③実態を伴わない転借関係を口実に明渡しを妨げる事態を防ぐため、賃貸人は、賃貸人が了知しない自称転借人に対しても明渡しを求めることできる（ZPO940a 条 2 項）、④居室に残っている物の整理や保管をする必要のない執行の可能性を認める（ZPO 885a 条）などの改正が行われた。

第3部 都市法と住宅・居住 275

2 2015年賃貸借法改正——賃料上昇抑制の強化

(1) 住居賃貸借市場の動向

2012年10月に連邦政府が連邦議会に提出した、ドイツの住宅市場・不動産市場に関する報告書（『ドイツにおける住宅経済および不動産経済に関する報告書』〔BT-Drs.17/11200〕。以下、「2012年報告書」という）によれば、近年ドイツでは、賃料が上昇する傾向が顕著となっている。この傾向は、2008年ないし2009年頃からとくに大都市部で目につくものとなり、2011年頃になるとドイツの都市部全体に波及した。図2は、直前の半年間と比較して賃料が「上昇」「安定」「低下」している自治体（Kreise）の数の推移を示したものであるが、見られるように、2009年後期以降、直前の半年間と比較して賃料が上昇した自治体の数が急増している。特に大都市部では賃料上昇が顕著であり、2011年に、前年比の賃料の増加率がベルリンでは7.4％、ブレーメンでは8.8％、ハンブルクでは7.5％など、大都市で大幅な賃料の上昇が見られた（BT-Drs.17/11200, S.18）[22]。さらに、ドイツでは「第2の賃料 zweite Miete」ともよばれる暖房光熱費等の費用も上昇し、その負担も重くなっている（BT-Drs.17/11200, S.20）。

このような賃料高騰は、直接的には賃借人の生計を圧迫するだけでなく、賃料上昇にたえかねて住み慣れた住宅や地域を離れて賃料が低廉な住宅・地域に転居せざるを得ない状況を生みだした（BR-Drs.447/14, S.6）。前述のように、2013年法について、賃借人団体や野党SPDからは、悪質な「放浪賃借人」のような例を想定するのではなく、むしろ契約に誠実な多くの賃借人を賃料の急騰から保護する立法措置こそが必要であるとの要求が強く、それが、契約締結時の賃料規制を導入する2015年法改正につながった。

(2) 既存住宅の再賃貸家賃の規制

2015年4月に成立した「逼迫した住宅市場の賃料上昇の緩和および住宅仲介における依頼主原則の強化を目的とする法律」[23]（以下、「2015年賃貸借法改正法」）は、賃料の上昇が賃借人の生活に及ぼす悪影響を緩和するため、BGB第

---

(22) その他の種々の報告でも、賃料の顕著な上昇が報告されている。たとえば、ドイツ経済研究所（Deutsches Institut für Wirtschafsforschung）によれば、ベルリンの賃料は過去5年間に約28％上昇し、ハンブルクでは23.3％、ミュンヘンでは15.9％の上昇であった（DIW 2012）。

図2　住宅賃料水準の動向：直前の半年間と比較した賃料の変化（2004年-2011年）

（出所）連邦政府『ドイツにおける住宅経済および不動産経済に関する報告書（2012年）』（BT-Drs.17/11200, S.18）。
（注）直前の半年間と比較して賃料が「上昇」「安定」「低下」している自治体（Kreise）の数の推移を示す。

5節第2款（住居賃貸借関係）の「第2目　賃料」の中に「第1a　住宅市場が逼迫している地域における賃貸当初の賃料額の約定」の項目（556d条～556g条）を新設し、新たな賃料規制制度を導入した。中心となる556d条1項によれば、各州政府が「住宅市場が逼迫している地域」と指定した地域において既存の住居を再賃貸（Wiedervermietung）する場合、賃貸当初の賃料は「地域の通常の比較賃料」（558条2項）を最高でも10％以上超えてはならないと規定された。賃料規制が適用される州政府の地域指定は最長5年間とされており（556d条2項）、また、住宅新築への投資を促すため、新築住宅、すなわち2014年10月1日以降に初めて利用に供される住宅はこの賃料規制の適用範囲から除外されてはいるが（556f条）、賃貸住宅ストックの大部分をしめる既存

---

(23)　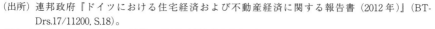Gesetz zur Dämpfung des Mietanstiegs auf angespannten Wohnungsmärkten und zur Stärkung des Bestellerprinzips bei der Wohnungsvermittlung (Mietrechtsnovellierungsgesetz) vom 21.4.2015.

住宅について、再賃貸時の新規賃料を規制することで、賃料水準の上昇にブレーキをかけるとともに、賃貸借契約の相手方を変更する方法で賃料の大幅な値上げを実現する（そのために既存の賃借人を不当に追い立てる）といった事態の阻止がめざされたのである。従来の規定では、「地域の通常の比較賃料」を基準とする賃料規制は、賃貸借契約存続中の賃料増額についての規制であったのに対して、2015年法は、地域と期間を限定してとはいえ、（再）賃貸当初の賃料の上限を規制する制度を導入した点で、BGB住居賃貸借法の構造と機能に重要な変更をもたらす改正となった[24]。

(3) さらなる立法への動き――2016年賃貸借法改正法案

そして現在、賃借人を保護するためのさらなる立法が企図されている。2016年4月12日、連邦司法省は、2015年法に続いて賃貸借法の改正をめざす草案（「賃貸借規定のさらなる修正を目的とする法律案（第2次賃貸借法改正法案）」。以下、「2016年賃貸借法改正法案」）を発表した（Referententw. eines 2. MietNovG）。同法案は、2015年賃貸借法改正法が当面の差し迫った賃料上昇への対応を図ったのを受けて、住居賃貸借法がかかえるさらなる課題の解決をめざしたものである。そこで示されている課題とは、次のようなものである（Referententw. eines 2. MietNovG, S.12ff.）。第一に、大都市においては、旺盛な賃貸住宅需要の結果、賃料の上昇は依然として続いている。第二に、建物をエネルギー効率の高い状態に近代化する必要は益々大きくなっているが、他方で、近代化後の賃料は賃借人にとって高くなりすぎる場合がある。第三に、標準賃料表に示される賃料額が適切であるかが、当事者、特に賃貸人によりしばしば争われ、標準賃料表への信頼が揺らいでいる。第四に、賃借人の賃料不払いを理由とする賃貸人の解約について、現行規定では、重大な理由による即時解約（außerordentliche fristlose Kündigung aus wichtigem Grund）の場合には、一定

---

(24) なお、2015年賃貸借法改正法では、本文で述べた賃料規制のほか、住宅仲介規制法（Gesetz zur Regelung der Wohnungsvermittlung）の改正も行われた。賃貸住宅市場の逼迫により新たな住居を探す賃借人の立場が弱くなっていることに乗じて、賃貸人が、賃貸住宅仲介の手数料を賃借人に転嫁する状況が問題となったため、仲介手数料は依頼者が負担するとの「依頼者原則（Bestellerprinzip）を徹底し、仲介業者と賃借人との間で書面による仲介契約を締結されているのでなければ、賃借人に対して手数料を請求することはできないとの規定が置かれた（同法2条1a項）。

の期間内に賃借人が滞納賃料を完全に精算すれば解約の効果は生じないが（569条3項2号・3号）、これに対して、通常の解約（ordentliche Kündigung）の場合にはそのような規定はなく、賃借人が滞納賃料を完全に精算した場合でも、解約告知の効力は維持されてしまう[25]。

これらの課題を解決するため、2016年賃貸借法改正法案では、次の一連の提案を行っている。

① 標準賃料表の作成に際しては、従来は直近の4年間の賃料が参照されていたのに対して、過去8年間の賃料を考慮する（558条2項改正）。これにより、標準賃料表のデータ基盤を強化するとともに、長期的な賃料の動向を考慮することで短期的な賃料高騰の影響を緩和することが期待される。また、適格標準賃料表については賃貸人および賃借人の利益を代表する者の合意を必要とすることで正統性・安定性を高めるとともに（558d条1項改正）、それが——従来のような単なる「推定」ではなく——裁判所の鑑定書としての効果をもつことを明文化する（558d条3項改正）。

② 近代化を理由とする賃料増額について従来は近代化に要した費用の11％までを認めていたものを8％を上限とする（559条1項改正）。加えて、賃料増額が賃借人にとって苛酷となる場合は賃料増額を認めないとの条項（前述）に、賃借人の賃料および暖房光熱費を合わせた負担（暖房費込みの賃料 Warmmiete）が世帯収入の40％を超える場合は賃借人にとって苛酷となる（賃料増額の効果は否定される）旨の規定を追加する（559条4項改正）。

③ 賃料額算定の適正化に資する目的で、経営費の計算に際しては契約書の面積ではなく実際の面積を基準とする（554条改正）。

④ 重大な理由による即時解約の規定を通常の解約の場合にも準用する規定を設け（573条改正〔新3項の追加〕）、賃料不払いを理由とする解約がなされた後一定期間内に賃借人が延滞賃料を全額支払った場合は、解約は効力を生じないものとする。

⑤ 他方、賃貸人の近代化措置を促す措置として、近代化措置の費用の計算

---

(25) このことを確認する判例として、BGH, Urteil vom 16.2.2005（Az VIII ZR 6/04）.

に簡易な手続を設けるとともに（559c 条新設）、障がい者や高齢者に適した住宅への改造も近代化の一類型として明文化する（555b 条改正〔新 8 号の追加〕）。

政府は、これらの改正により、賃貸人と賃借人との利害を適切に衡量するとともに、気候変動やエネルギー効率化等の社会的利益にも適切に対応できるとしている。しかしこれに対して利害関係団体の評価は大きく分かれており、賃貸人団体（Der Eigentümerverband Haus & Grund）は、賃貸人、特に個人家主にとって甚だしく不利であるとして強く反対し[26]、他方、賃借人団体（DMB）は、全体としては法案を歓迎しつつも、⑤には反対し、また、②について、近代化による賃料増額は「地域の通常の比較賃料」の範囲内でのみ認められるものとする修正などを求めている[27]。同法律案の帰趨は、2017 年秋の連邦議会選挙後の審議に委ねられることとなった。

V　住居賃貸借法と住宅政策

1　住居賃貸借法のジレンマ

以上、本稿では、2000 年代以降のドイツの住居賃貸借法の展開を跡づけてきた。2001 年住居賃貸借法改正法は、住居賃貸借に関する私法特別法の規定（とくに賃料額規制法）を BGB に統合するとともに、そのようにして統合された住居賃貸借規定に、BGB の新たな賃貸借規定の体系のなかで中心的な位置づけを付与した。1974 年法による存続保障の BGB への統合にはじまり 2001 年法で完結した住居賃貸借に関する私法特別法の BGB への統合によって、今日、賃借人の居住の安定を図るための賃料規制と存続保障の規定（社会的賃貸借法）は、最早暫定的な措置ではなく、BGB 賃貸借規定の中核を構成するに至っている。それは、民法典の賃貸借規定が、賃借人およびその家族の生活利益（住宅を起点として形成する社会的生活関係）の保障という一般的・普遍的意義をもつ価値選択に与したことを示している。

他方、近年の立法の動きは、ドイツの住居賃貸借法が、賃貸人および賃借人

---

(26)　http://www.hausundgrund.de/zweites-mietrechtsnovellierungsgesetz.html.

(27)　https://www.mieterbund.de/presse/pressemeldung-detailansicht/article/34637.

双方の利益の適切な調整のバランスに苦慮する姿を伝えている。住居賃貸借法は、賃借人およびその家族の住生活の安定を図る一方で、賃貸人の賃貸経営上の利益をも適切に配慮しなければならない。賃貸人に対する適切な経済的インセンティブ（賃料増額の可能性）の付与は、賃貸住宅の建設（供給）の観点のほか、近年ではとくに、エネルギー節約的な都市基盤・建築構造の整備と気候変動への対応の観点からも重要と考えられている。しかし、賃貸人に対する経済的インセンティブの付与は、賃借人の住居費負担を増大させるというジレンマが生じる。2013 年賃貸借法改正から 2015 年賃貸借法改正、そして現在検討されているさらなる法改正の動きは、このような、賃貸人の経済的利益と賃借人の居住利益の相克という住居賃貸借法の古典的なジレンマの現代的バージョンの繰り返しにほかならない。

そして、多くの先行研究が示し（たとえば渡辺洋三 1960・1962；原田 1985）、また、筆者も前著で詳しく検討したように（佐藤 1999）、このジレンマは、住居賃貸借法単独では解決できず、公的資金による良質・低廉な賃貸住宅供給や賃借人の賃料負担を軽減する住宅手当等の積極的な住宅政策との連絡・調整が不可欠である。近年のドイツの住宅政策の動向については別の機会に本格的に検討したいが、ここでは、本稿の叙述を補うのに必要な限りで、近年のドイツにおける公的賃貸住宅供給と住宅手当の動向を簡潔に確認しておこう。

2 近時のドイツの住宅政策の動向

(1) 社会的住宅建設の現状と課題

まずあらためて確認しておくべきことは、ドイツは、住宅供給において賃貸住宅のはたす役割が大きな国であることである。先に引用した連邦政府の 2012 年報告書によれば、ドイツの住宅（居住している住宅）3,610 万戸[28]のうち、持家が 46％、賃貸住宅が 54％である（BT-Drs.17/11200, S.16）。近年は、持ち家率が増加傾向にあるとはいえ、ドイツは依然として賃貸住宅優位の国であることに変化はない[29]。

さて、積極的住宅政策のうち公的賃貸住宅供給の役割をドイツで担っている

---

(28) このほか、空き家である住宅ストックが 350 万戸ある。住宅全体（4,050 万戸）に対する空き家住宅の比率は 8.4％である。

のは「社会的住宅建設（sozialer Wohnungsbau）」である。社会的住宅建設は、住宅建設（中心は賃貸住宅）に対して公的な資金助成を行って良質の住宅建設を促進する一方、助成を受けて建設された住宅については、一定期間賃料規制（賃料拘束 Mietbindung）および入居者選定の規制（入居拘束 Belegungsbindung）をかけることにより、国民の幅広い住宅需要に応える制度である[30]。

　社会的住宅建設は、戦後ドイツの住宅不足の解消と良質の住宅ストックの発展にとって重要な役割を果たしてきたが（佐藤 1999）、財政的理由、および、後述の住宅手当のほうが政策的により効率的であるとの理由などから、徐々にその規模が縮小し、また重点の変化もみられる。近年の社会的住宅建設戸数は、図3の通りである。2012年・2013年頃には4万戸前後にまで減少した後、2016年には6万戸の水準まで回復したが、それでも、その10年前の1996年が12万戸であったこと（佐藤 1999、174頁）と比較すると半減している。賃貸住宅と持ち家の比率で見ると、2007年から2016年まで助成を受けた合計55万4,958戸のうち、賃貸住宅は64.6％（35万8,534戸）、持家が35.4％（19万6,424戸）となっており、伝統的に賃貸住宅優位の政策であることには変わりはないが、他方、新築と既存住宅の取得・改善で見ると、2011年から2016年まで助成を受けた住宅の合計29万5,514戸のうち、新築は36.9％（10万8,963戸）、既存住宅の取得や改修・近代化が70.3％（18万6,551戸）となっており、既存住宅への助成の比率が高くなってきている。賃貸住宅についていえば、社会的賃貸住宅の新築数は、2016年の数字で2万4,550戸にとどまっている（以上、BT-Drs.18/13120, S.76）。新築住宅助成から既存住宅の改修・近代化への重点移動の背景には、ドイツでも空き家が一定程度増える状況（注（28）参照）や、先に述べた住宅のエネルギー効率化を図る近代化（エネルギー近代化）工事の助成強化の政策動向がある。しかし、賃借人団体（DMB）などは、

（29）　日本を含む各国の持家優位・賃貸住宅優位の特徴については、佐藤（1999、18頁）、佐藤（2009）も参照。

（30）　社会的住宅建設制度の内容については、さしあたり佐藤（1999、170-172頁）、大庭（2005）参照。なお、2001年に、社会的住宅建設制度の根拠法が、従来の第2次住宅建設法（1956年制定）から、社会的住宅促進法（Gesetz über die soziale Wohnraumförderung [Wohnraumförderungsgesetz] vom 13. 9. 2001 [BGBl. I S. 2376]）に変更されている。法改正の背景と意義につき、さしあたり大庭（2005）参照。

図3 社会的住宅建設の近年の動向

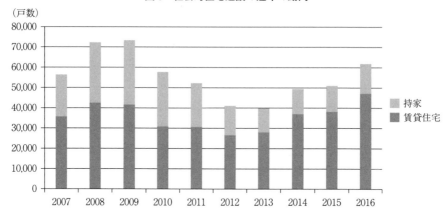

　年間2万4,550戸の社会的賃貸住宅建設では少なすぎると批判しており[31]、現在の状況が、良質で低廉な賃貸住宅ストックが十分に充足したことを前提とする新築住宅助成から既存住宅の改修・近代化への重点移動であるのか、それとも、財源不足による新築住宅助成からの撤退（社会的賃貸住宅建設政策の後退）であるのかは大きく評価が分かれるところである[32]。

　この点に関連し、ドイツにおける今後の社会的住宅建設の行方を考える上で見逃せない問題は、2000年代に行われた連邦制改革の一環として[33]、従来は連邦と州の共管分野とされていた社会的住宅建設が、2007年以降、完全に州の管轄に委譲されたことである。その結果、社会的住宅建設の具体的な施策は、各州の置かれた状況や州政府の政策により、大きな差が生じることになった。北部工業州のノルトライン＝ヴェストファーレン州のように伝統的に社会的住宅建設に熱心であった州では、困難な財政的条件の下でも社会的住宅建設を維持する動きが見られるが、それ以外の州では社会的住宅建設を縮小したり、前

---

(31)　https://www.mieterbund.de/startseite/news/article/39770（「ドイツ全体で2万4.550戸の社会的（賃貸）住宅は少なすぎる。」）

(32)　社会的住宅建設（新築）の減少に警鐘を鳴らす報道として、たとえば、"Zahl der Sozialwohnungen sinkt dramatisch," Spiegel Online, 2.8.2012; "Immer weniger Sozialwohnungen in Deutschland," Spiegel Online, 27.07.2015 など。また、社会的住宅建設（新築）のペースを上回って既存の社会住宅ストックが失われている問題について、"Immer weniger Sozialwohnungen," Zeit Online, 22.2.2017.

(33)　連邦制改革については、山田（2008）、平島（2017、7章）参照。

第3部 都市法と住宅・居住 283

述のように新築から既存住宅の改修に重点を移す傾向が見られる（BT-Drs.17/11200）。社会的住宅建設の管轄を州に委譲したことに伴う経過措置として、連邦政府は、2007年から2019年までの期間、毎年5億1,820万ユーロの補償財源（Kompensationsmittel）を州に提供することとされている。しかし、この補償財源は2019年で終了が予定されており、また、この財源の用途は、2013年末までは住宅助成に限定されていたが、2014年1月以降はこの用途限定がなくなり、各州政府の政策に依存することとなった。このため、社会的住宅建設をめぐる状況は、今後は一層州ごとのばらつきが大きくなるものと予想される。

(2) 住宅手当制度の現状と課題

他方、ドイツの積極的住宅政策のもう一つの柱である住宅手当は、所得の低い世帯に住居費を補助することで、適切で家族のニーズに適った住宅（angemessene und familiengerechte Wohnraum）の確保を保障する制度である。各世帯の所得や家族の状況、地域の賃料の状況に応じて必要な額を補助するものであり、住宅の公的助成の制度としては目的適合的で市場適合的（treffsicher und marktkonforim）な手段とされる。近年では、賃借人の住宅保障の機能のほか、地域の階層的多様性を保持し、一部地域への低所得者の集中といった事態を回避する機能も強調されている（たとえば、BT-Drs.18/13120, S.75）。

2015年の数字で、住宅手当の受給世帯数は約46万世帯、住宅手当に投じられた予算の総額は7億ユーロである。2015年の立法[34]によって、2016年1月から、この間の所得の上昇や賃料の上昇を考慮して住宅手当支給基準・額の改訂が行われた結果、2016年には、住宅手当の受給世帯数は66万世帯に、予算の総額は11億ユーロに増加するものと見込まれている（BT-Drs.18/13120, S.75）[35]。しかし問題は、住宅手当支給基準・額の改訂が必ずしも適時に行われていないことである。前回の改訂は2009年であり、今回の改訂はそれから7年も経過して行われた。その間、名目的な所得の上昇により、住宅手当の受

---

(34) Gesetz zur Reform des Wohngeldrechtsund zur Änderung des Wohnraumförderungsgesetzes（WoGRefG）vom 2. Oktober 2015, BGBl. I S.1610.

(35) なお、住宅手当の財源については、以前からの連邦政府と州政府が半分ずつ拠出する方式が維持されている。

給対象から外れる世帯が増加する一方、支給額が賃料の上昇に追いつかないという事態が生じていた。2015年賃貸借法改正法が賃料規制の強化に乗り出した一因は、住宅手当の支給基準・額の改訂が遅れがちであり、賃借人の賃料負担の軽減を賃貸借法が引き受けざるを得なかった側面も考えられる。

VI　むすび

　元々規模の小さな公営住宅セクターがさらに縮小される一方であり、一般的な住宅手当制度が未だに存在しない日本と比較すれば、ドイツの住宅政策は今なお充実しているというべきであろう。しかし、それでもなお、ドイツの住宅市場・住宅政策には種々の困難や課題も指摘される[36]。本来国民の住宅保障に中心的な役割を果たすべき住宅政策の困難ないし縮小のしわ寄せが住居賃貸借法に及ぶという古典的な構図は今なお変わっていない。2000年代以降のドイツの住居賃貸借法の展開からは、一方で、民法典の賃貸借規定が、賃借人およびその家族が住宅を起点として形成する社会的生活関係の保障という一般的・普遍的意義をもつ価値選択を行ったことの意義が注目されると同時に、他方で、住居賃貸借法が、住宅問題と住宅政策の動向によって大きな影響を受けることもあらためて示されている。そして、そのような《住宅問題—住宅政策—住居賃貸借法》の構造を総体的・動態的に把握する視角は、今後も住居賃貸借法研究の欠くべからざる重要な研究視角であることもまた示唆される。

《文献》

秋山靖弘（2012）「存続保障の今日的意義」松尾弘・山野目章夫編（2012）、53-70頁。

内田勝一（1997）『現代借地借家法学の課題』成文堂。

大場茂明（2005）「ドイツにおける社会的住宅制度と賃料規制——アフォーダブル住宅の行方」『海外社会保障研究』152号、72-80頁。

窪田充見（2012）「賃貸借に関する民法の規律と不動産賃貸借」松尾弘・山野目章夫編（2012）、37-52頁。

小玉徹（2017）『居住の貧困と「賃貸世代」——国際比較でみる住宅政策』明石書店。

---

(36)　近年の問題状況につき、さらに Schönig et al. (2017) も参照。

佐藤岩夫（1998）「社会的関係形成と借家法」『法律時報』70巻2号、27-32頁。

──（1999）『現代国家と一般条項──借家法の比較歴史社会学的研究』創文社。

──（2006）「消費者団体訴訟の法形成機能について」林信夫・佐藤岩夫編『法の生成と民法の体系』創文社、675-706頁。

──（2009）「『脱商品化』の視角からみた日本の住宅保障システム」『社会科学研究』60巻5=6号、117-141頁。

──（2012）「住宅政策と不動産の賃貸借」松尾弘・山野目章夫編（2012）、299-309頁。

シュトレヒトリーム、ペーター（2002）「ドイツ債務法の発展とヨーロッパの法近似化」岡孝編『契約法における現代化の課題』法政大学出版局、27-54頁。

瀬川信久（2012）「不動産の賃貸借──その現代的課題(1)」松尾弘・山野目章夫編（2012）、1-18頁。

田中英司（2013）『住居をめぐる所有権と利用権──ドイツ裁判例研究からの模索』日本評論社。

ツィンマーマン、ラインハルト（2011）「契約法の改正──ドイツの経験」（鹿野菜穂子訳）川角由和他編『ヨーロッパ私法の現在と日本法の課題』日本評論社、81-103頁。

原田純孝（1985）「戦後住宅法制の成立過程」東京大学社会科学研究所編『福祉国家6──日本の社会と福祉』東京大学出版会、317-396頁。

平島健司（2017）『ドイツの政治』東京大学出版会。

平山洋介（2012）「公営住宅と地方分権」『都市問題』103巻12号、49-57頁。

──（2016a）「個人／家族化する社会の住宅政策」日本住宅会議編『深化する居住の危機──住宅白書2014-2016』ドメス出版、29-37頁。

──（2016b）「若年・未婚・低所得層の住宅事情」日本住宅会議編『深化する居住の危機──住宅白書2014-2016』ドメス出版、77-80頁。

藤井俊二（2015）『ドイツ借家法概説』信山社。

松尾弘・山野目章夫編（2012）『不動産賃貸借の課題と展望』商事法務。

山田徹（2008）「ドイツにおける連邦制改革の現状」若松隆・山田徹編（2008）『ヨーロッパ分権改革の新潮流』中央大学出版部、29-61頁．

山野目章夫（2012）「不動産賃貸借──その現代的課題(2)」松尾弘・山野目章夫編（2012）、19-36頁。

渡辺洋三（1960・1962）『土地建物の法律制度(上)(中)』東京大学出版会。

Artz, Markus, Florian Jacoby et al.（2011）Sondergutachten: Mieterschutz und Investitionsbereitschaft im Wohnungsbau-Mietausfälle durch sog. Mietnomaden,

Endbericht.

Artz, Markus, et al. (Hrsg.) (2011) 10 Jahre Mietrechtsreformgesetz: Eine Bilanz, München: C. H. Beck.

Blank, Hubert, und Ulf Börstinghaus, Miete: Kommentar, 5. Aufl., München: C. H. Beck.

Bund-Länder-Arbeitsgruppe (1997), Mietrechtsvereinfachung: Bericht zur Neugliederung und Vereinfachung des Mietrechts mit Textvorschlägen, Köln: Bundesanzeiger „.

Bundesregierung (2011) Der Weg zur Energie der Zukunft: sicher, bezahlbar und umweltfreundlich, Eckpunktepapier der Bundesregierung zur Energiewende, vom 6.6.2011.

DIW [Deutsches Institut für Wirtschafsforschung] (2012) Wochenbericht Nr. 45: Wohnungspreise und Mieten.

Flatow, Beate (2013) "Mietrechtsänderungsgesetz 2013," NJW 2013, 1185.

Haas, Lothar (2001) Das neue Mietrecht: Mietrechtsreformgesetz, Köln: Bundesanzeiger.

Häublein, Martin (2011) "Mieterschutz in der Bundesrepublik Deutschland," in: Oberhammer et al. (2011), S.33-77.

Koalitionsvertrag (2013) Deutschland Zukunft gestalten: Koalitionsvertrag zwischen CDU, CSU und SPD, 18. Legislaturperiode, vom 16. 12. 2013.

Leroy, Janis (2013) Mietnomaden. Möglichkeiten der Prävention und Reaktion, Baden-Baden: Nomos Verlag.

MüKoBGB (2016) Münchener Kommentar zum Bürgerlichen Gesetzbuch, 7. Aufl.,Band 4, München: C.H.Beck.

Oberhammer, Paul et al. (Hrsg.) (2011), Soziales Mietrecht in Europa, Vienna: Springer-Verlag.

Schaub, Renate (2011) "Mietrechtsreform und Schuldrechtsmodernisierung: am Beispiel des Schadensersatzes nach §536a BGB," in Artz et al. (Hrsg.) (2011), S.168-179.

Schönig, Barbara, Justin Kadi, Sebastian Schipper (Hrsg.) (2017), Wohnraum für alle?!: Perspektiven auf Planung, Politik und Architektur, Bielefeld: transcript Verlag.

《立法関係資料》 ※冒頭の略号で引用する。

BR-Drs.447/14 Entwurf eines Gesetzes zur Dämpfung des Mietanstiegs auf

第 3 部　都市法と住宅・居住　287

angespannten Wohnungsmärkten und zur Stärkung des Bestellerprinzips bei der Wohnungsvermittlung (Mietrechtsnovellierungsgesetz - MietNovG) vom 6.10.2014.

BT-Drs. 7/2011　Entwurf eines Zweiten Gesetzes über den Kündigungsschutz für Mietverhältnisse über Wohnraum vom 18.12. 1974.

BT-Drs.7/2629　Antrag des Rechtsausschusses zu dem von der Bundesregierung eingebrachten Entwurf eines Zweiten Gesetzes über den Kündigungsschutz für Mietverhältnisse über Wohnraum vom 10.10.1974.

BT-Drs. 8/2610　Bericht der Bundesregierung über die Auswirkung des Zweiten Wohnraumkündigungsschutzgesetze vom 2.3.1979.

BT-Drs.14/4553　Entwurf eines Gesetzes zur Neugliederung, Vereinfachung und Reform des Mietrechts (Mietrechtsreformgesetz) vom 9.11.2000.

BT-Drs. 14/6857　Entwurf eines Gesetzes zur Modernisierung des Schuldrechts vom 31.8.2001.

BT-Drs. 14/7052　Beschlussempfehlung und Bericht des Rechtsausschusses (Entwurf eines Gesetzes zur Modernisierung des Schuldrechts), vom 9. 10. 2001.

BT-Drs. 17/3049　Energiekonzept für eine umweltschonende, zuverlässige und bezahlbare Energieversorgung vom 28.9.2010.

BT-Drs. 17/10485　Entwurf eines Gesetzes über die energetische Modernisierung von vermietetem Wohnraum und über die vereinfachte Durchsetzung von Räumungstiteln (Mietrechtsänderungsgesetz-MietRÄndG) vom 15. 8. 2012.

BT-Drs.17/11200　Bericht der Bundesregierung über die Wohnungs- und Immobilienwirtschaft in Deutschland vom 22. 10. 2012.

BT-Drs. 17/12486　Antrag der Fraktion der SPD, Bezahlbare Mieten in Deutschland, vom 26.2.2013.

BT-Drs.18/13120　Dritter Bericht der Bundesregierung über die Wohnungs- und Immobilienwirtschaft in Deutschland und Wohngeld- und Mietenbericht 2016 vom 7.7.2017.

Referententw. eines 2. MietNovG　Referententwurf eines Gesetzes zur weiteren Novellierung mietrechtlicher Vorschriften (Zweites Mietrechtsnovellierungs-gesetz-2. MietNovG) vom 11.4.2015.

（さとう・いわお　東京大学社会科学研究所教授）

不良マンション[(1)]対策と「住宅への権利」
フランスの経験

寺尾　仁

はじめに
I　2014 年の民間住宅劣化対策
II　住宅への権利と荒廃マンション対策
III　まとめ

はじめに

マンションの不良化とそれからの再生が日本のみならず幾つかの先進国で話題になっている。フランスもその 1 国である。フランスで、住宅ストックの荒廃が顕在化するのは石油危機後の 1970 年代後半であるが、当初、政策の対象として取り上げられたのは社会住宅と若干の民間借家だった。マンションの荒廃が政策上注目を集めるようになったのは 1990 年代である。1994 年に「建物区分所有の地位を定める 1965 年 7 月 10 日の法律（Loi n° 65-557 du 10 juillet 1965 fixant le statut de la copropriété des immeubles bâtis）（以下『65 年法』と略）」が改正されて、「荒廃区分所有（copropriété en difficulté）」という術語が法文に挿入された。その後、この制度を用いた実務の積み重ねとそれを反映した幾度かの法改正を経て、「住宅へのアクセスおよび都市計画の改革に関する 2014 年 3 月 24 日の法律第 2014-366 号（Loi n° 2014-366 du 24 mars 2014 pour l'accès au logement et un urbanisme rénové）：通称 ALUR 法（以下通称で表記）」

---

(1)　本稿では、マンションという術語を「二以上の区分所有者が存する建物で人の居住の用に供する専有部分のあるもの並びにその敷地及び附属施設」（マンションの管理の適正化の推進に関する法律第 2 条第 1 号イ）の意味で用いる。

による改正によって現時点での荒廃マンション対策の体系を構築した[2]。

　本稿は、このうち ALUR 法による区分所有法制の改正に焦点を当てて、1）ALUR 法改正による荒廃マンション対策制度の概要、同法によって成立した荒廃マンション対策の体系、および同法の狙いを紹介・検討し、2）フランスの住宅政策が目指す理念である「住宅への権利」と荒廃マンション対策制度の関係を論ずる。

　フランスでは主たる住宅数に占めるマンション戸数の割合が 25.1％と多い。この国における荒廃マンション対策の内容とその実施の経験を参照することは、次の二つの観点において有用である。すなわち、第一には、不良マンションの定義・予防・治癒・処分という課題を、広く現代の住宅問題の中に位置づけて考える観点である。第二には、日本のようにマンションの多くが老朽化に直面しているある国にとってこの課題に取組むフランスの経験を参照する価値が実務の観点からもある。

I　2014 年の民間住宅劣化対策

1　概要

（1）　はじめに

　ALUR 法第 2 編「住居に値しない住居および荒廃区分所有対策」は、第 1 章「区分所有の負債および荒廃の発見および予防」、第 2 章「荒廃区分所有の効果的修復」で荒廃マンション対策について既存の制度の改正および新制度の創設を行ない、第 3 章は「住居に値しない住居対策の強化」として、区分所有建物に限らず劣悪な民間住宅への対策の強化に充てている。

（2）　マンション劣化対策

　ALUR 法第 2 編第 1 章および第 2 章は、区分所有の基本法制である 65 年法と合わせて公法の「建設・住居法典（Code de la Construction et de l'Habitation）」を改正した。この二つの法改正の内容を、有力な区分所有法研究者であるダニエル・トマザン（Daniel TOMASIN）にしたがって紹介する[3]。

　（2）　荒廃区分所有対策の展開については、寺尾「フランスにおける荒廃区分所有建物の現況と最近の政策の動向(上)・(中)・(下)」『土地総合研究』vol.20. n.3, n.4, vol.21. n.2, 2012-13。

第3部　都市法と住宅・居住　**291**

(a)　区分所有法改正

ALUR 法による 65 年法の改正は 2 点に分かれる。第一点は、正常な管理が行なわれている時期における管理に携わる機関の権限の改正である。

まず管理者（syndic）に対して区分所有建物管理の透明性を確保する新たな義務が広範に課された。その最もわかり易い例が、管理者が管理組合（syndicat des copropriétaires）から預かっている管理費を管理者の銀行口座に一括して管理してはならず、管理組合ごとの個別口座を開設する義務である。管理者がこの義務を懈怠すると管理組合との間の委任契約は無効とされる（ALUR 法 55 条 I 3° f）、65 年法 18 条 II）。その他にも、民事行為あるいは区分所有規約（règlement de copropriété）や建物分割状況書（état descriptif de division）の変更の公告を裁判所に申し出るにあたって管理者が管理組合を代理する（同前 b、同前 I）とされる。

次に、区分所有者の集会（assemblée générale）の議決のための多数決要件を引き下げた。その目的は、区分所有の荒廃を防ぎ、建物の保全のための工事および省エネルギー基準へ適合させる工事の実施を容易にすることにある。65 年法では、区分所有者の集会における議決の多数決要件は、①出席者および委任状による代理出席者の議決権の過半数、②全区分所有者の議決権の過半数、③全区分所有者の議決権の 2／3 以上、④全区分所有者の 4 段階に定められている。ALUR 法は、まずこのうち出席者および代理出席者の議決権の過半数で決定できる議題を増やした。この点をトマザンは「区分所有者の集会の出席者および代理出席者の多数は、従来は保全工事の管理を決める多数と考えられていたが、本法案[4]の規定によりこの多数は（保全工事だけでなく――寺尾注）管理の措置の中心に据えられた」[5]と評価している。例えば、ALUR 法により出席者および代理出席者の議決権の過半数によって実施できるようになった工事には「建物の保存に必要な工事、居住者の健康・身体の安全の確保に必要な工事、建物・壁・屋根・配管・配線に関する工事、衛生・安全・設備に関

---

(3)　TOMASIN, Daniel.-La Copropriété dans le projet de loi ALUR, Actualité juridique Droit immobilier, n° 9 septembre 2013, p. 578 et s.

(4)　ここで「本法案」と言っているのは、ALUR 法の法案提出後、法制定前に書かれた論文であるため。

(5)　op. cit., 2, p. 579

する基準に住宅を適合させる工事」の対象というきわめて広範な工事、および「法令あるいは安全もしくは公衆衛生に関する行政命令により義務づけられた工事の実施様式」というALUR法以前は全区分所有者の議決権の過半数を必要としていた工事が含まれているからである（ALUR法59条I 4°、65年法24条II）。さらにALUR法は、それ以前は全区分所有者の議決権の2／3以上の多数を必要としていた「改造、付加、改良を含む工事」を全区分所有者の議決権の過半数で足りるとしているので、全体として工事実施の議決に要する多数決要件を緩和して、工事実施を促している。

ALUR法による65年法改正の第二点は、劣化したマンションの立直しに関する制度の改正である。

この点では、まず荒廃マンションの警告手続きが改正された。すなわち、特別受任者（mandataire ad hoc）の任命条件が緩和された。特別受任者とは、区分所有者が管理組合に支払う管理費の不払いが累積する場合に管理組合の財務を再生させるために裁判官が任命する者である（ALUR法63条、65年法29-1A条）。

次に荒廃マンションの立直し手続きが改正された。これは臨時支配人（administrateur provisoire）の制度を改正した。臨時支配人とは、管理組合の財務の悪化がより深刻になる場合あるいは管理組合が建物を保全することができなくなった場合、すなわちマンションの劣化がより進んだ段階でマンションに介入するために裁判官が任命する。まず裁判官による任命の条件を緩和し、報酬制度を改めた。さらに裁判官の命令によって、臨時支配人任命前の債権の請求権は12ヵ月間停止される。同じ債権者が、債務者である管理組合に金銭の支払いを求めたり、あるいは金銭の支払い不能を理由とする解約を求める訴訟も、停止あるいは禁止される。臨時支配人は公告を発して、債権者が有する債権額を調べるために必要な事項を提出するよう債権者に求める。臨時支配人は、管理組合の債務弁済プラン（plan d'apurement des dettes）を作成して裁判官の承認を得る。管理組合が債務の弁済に充当できるような譲渡可能な財産、とりわけ更地を有している場合、臨時支配人は裁判官に対して65年法の規定の適用を除外してこの土地の譲渡を許可するよう求めることができる。この措置が取れない場合、臨時支配人は、支払不能な金額に相当する管理組合の債務の一部あるいは全部を取り消すよう求めることができる。また県における国務代理

官に対して、区分所有建物の工事や区分所有権の移転・剥奪、居住者対策を施す保護プラン（plan sauvegarde）の着手を提案することもできる。（ALUR法64条Ⅰ、65年法29-1条・29-3条〜29-7条・29-10条）

　(b)　建設・住居法典改正

　ALUR法は、建設・住居法典の中に「第7巻　区分所有の地位による建物」を新設した。この巻は「第1編　区分所有建物の識別」「第2編　取得者への情報」「第3編　区分所有建物の維持、保全および改良」「第4編　破綻した区分所有の荒廃の処理」の4編から成っている。トマザンはこの改正を2点に分ける[6]。

　第一点は、マンション管理組合登録制度（immatriculation des syndicats de copropriétaires）の規則および将来の区分所有者の情報の規則の創設である。

　まずALUR法は、区分所有の状況について公権力の認識を容易にすることと、機能不全の発生の予防を目的とする施策を実施するために管理組合登録制度を定めた（ALUR法52条、建設・住居法典法711-1条以下）。

　次いで管理者が区分所有を購入する者へ提供する区分所有情報を改善した。すなわち、管理者は、建物の権利関係、区分所有規約、建物分割状況書、過去3年分の区分所有者の集会の議事録、区分所有建物総合帳（fiche synthétique de la copropriété）、区分所有および区分所有者の財務状況に関する書類、床面積証明書、維持管理簿（carnet d'entretien）、見積予算上の現行管理費および見積予算外で売主が支払った管理費の金額、管理組合に対する譲渡区分所有者の負債金額、管理費不払いの全体などを区分所有購入者へ提供しなければならない。（ALUR法53条Ⅲ、建設・住居法典法721-1条・721-2条）。

　第二点は、荒廃マンションの処理制度の修正あるいは新設である。

　この点ではまずALUR法は建設・住居法典の中に「第7巻第4編　破綻した区分所有の荒廃の処理」を新設した（ALUR法65条Ⅰ、建設・住居法典法741-1条以下）。ここでは「破綻区分所有再生事業（Opérations de requalification des copropriétés dégradées）」を創設した。この制度は、住居に値しないほどまで荒廃したマンション対策を目的としており、既存のさまざまな手段をまとめ

---

　(6)　idem., p. 581

た制度である。区分所有建物の区画の伝達（portage）、居住者の転居・福祉施策、住居に値しない住居の矯正制度、住居改善プログラム事業、保護プランから成り立っている[7]。トマザンによれば、この新制度の核は、伝達の対象を所有権移転あるいは使用権移転というように複数の戦略とすることにある[8]。伝達とは、区分保有の住戸を、公的住宅事業者、第3セクターの事業者あるいは公権力に支えられた事業者が取得するが、社会住宅とはせずに一定期間保有した後に、他の主体に譲渡する事業である[9]。保有している間に、一方では住戸に改善工事を施し、他方では管理組合の運営の改善を図ることが多い。

　次にALUR法は、修復用賃貸借（bail à réhabilitation）と用益権契約（convention d'usufruit）に関する条文を改正した。修復用賃貸借とは、賃借人が賃貸人所有の建物に改良工事を施し、維持管理を良好な状態で保ち、住宅として転貸する契約である。従来は建物ごとにしか設定できなかったこの契約を、ALUR法はマンションの住戸ごとにも適用しうるように改正し、それにより区分所有者の議決権を修復用賃借人が行使できるように定めた。同様に住宅の所有権を虚所有権（nu-propriété）と用益権（usufruit）にわける用益権契約についても同様とした（ALUR法68条、建設・住居法典法252-1条以下・法253-1条以下）。

　さらに保護プランを定める条文も改正し、適用条件と実施形態を修正した（ALUR法69条、建設・住居法典法615-1条以下）。

　その上ALUR法は、所有者欠如（carence）手続きおよび収用（expropriation）に関する条文も改正した。所有者欠如とは、管理不全で破綻した集合住宅を行政が処理する制度である。すなわち、集合住宅が財務面あるいは運営面で深刻に荒廃し、かつ実施しなければならない工事の規模が大きいため、所有者あるいは管理組合等が建物の保全あるいは居住者の安全と健康を確保できない場合、市町村長、県における国務代理官、管理者、議決権の15％を超える区分所有

---

(7)　Projet de Loi pour Accès au Logement et l'Urbanisme rénové, Assemblée Nationale, n° 1179, Quatrozième Législature, 2013, p. 50

　　現時点では詳細は明らかになっていないが、いずれもパリ近郊のクリシィ＝スゥ＝ボワ（Clichy-Sous-Bois）市バ＝クリシィ（Bas-Clichy）地区とグリニィ（Grigny）市グリニィ第2（Grigny 2）地区で施行されている（2017年2月）。

(8)　op. cit., 3, p. 583

(9)　BRAYE, Dominique.- Prévenir et guérir les difficultés des copropriété Une priorité des politiques de l'habitat, Agence nationale de l'habitat, 2012, p. 97

者等の申立てによって、大審裁判所長が所有者欠如を認定する。この認定をされた集合住宅は、市町村等が収用する。ALUR法は、大審裁判所長が任命する鑑定人が作成する報告書の内容を拡充し、また手続きの迅速化のために市町村長等が申立てをする場合は、認定後の建物の公的取得について、共用部分の収用、修復、建物の全部または一部の取壊しのいずれかの事業計画書の概略を裁判所に提出するとした。この事業計画書の中には工事費および居住者の転居計画も含まれる。また居住者区分所有者は、区分所有権収用の補償金を受取ることによって、住宅手当を申請する権利を得られるようになった（ALUR法72条Ⅰ、建設・住居法典法615-6条〜615-9条）。

　収用については、区分所有法の原則に適用除外を設けて、区分所有建物の共用部分のみを収用できるようにした（ALUR法72条Ⅰ4°、建設・住居法典法615-10条）。

(3)　住居に値しない住居対策

　ALUR法第2編第3章「住居に値しない住居対策の強化」は、マンションに限らず民間住宅全般の劣化対策の改革を定めている。フランスでは、危険建物（bâtiments menaçant ruine）、不衛生住居（habitat insalubre）の矯正および除去は19世紀半ばに始まる住宅政策の起源であり、さまざまな展開を遂げている。これらの施策は高度成長と住宅政策の展開により20世紀にいったんはおおむね達成される。ところが21世紀に入った頃から新しい形で政策上の課題となる[10]。

　ALUR法第2編第3章「住居に値しない住居対策」は、建設・住居法典を3点改正した。

　第一は、「住居に値しない住居対策」の市町村長あるいは県における国務代理官にある権限を、住宅政策の権限を有する市町村間協力公施設法人（établissement publics de coopération intercommunale）理事長に移譲することができる。これにより、危険建物と不衛生住居とで建設・住居法典と公衆衛生法典に分かれていた「住居に値しない住居対策」の権限をまとめることができる（ALUR法75条、地方公共団体一般法典（Code général des collectivités territoriales）

---

(10)　ミッシェル・ポルジュ（Michel POLGE）収容・住宅へのアクセス省際機関不適切住宅対策課長（Directeur du Pôle Lutte contre l'habitat indigne, Délégation interministérielle à l'hébergement et à l'accès au logement）からの聞取り。2015年9月14日。

法 5211-9-2 条ほか）。

　第二は、「眠りの商人（marchand de sommeil）」対策である。すなわち不動産取引にあたって、法人あるいは会社の支配管理者あるいは社員が買主である場合、自己占有以外の目的を理由として不動産の取得禁止処分を受けていないことを、公証人が確認するとする（ALUR 法 77 条Ⅳ、建設・住居法典法 551-1 条）。「眠りの商人」は、マンションの住戸を取得したにも関わらず、管理費をいっさい支払わず、区分所有者の集会も欠席し、専有部分の維持管理すら充分に行なわない。そして、宿泊を希望する者に対しては誰でも受入れるものの、料金は投資額に比べても提供する部屋の質から見てもきわめて高額である。したがって、宿泊者の中には犯罪者、不法滞在者なども少なくない[11]。「眠りの商人」が住戸を取得すると、管理組合の財務運営、共用部分の維持管理、居住者間の安全などあらゆる側面からマンションの劣化が進むことになる。

　第三は、より一般的に「住居に値しない住居対策」を進める手段である。健康上あるいは安全上の工事命令を受けたにも関わらず工事を実施しない住宅等の所有者に対して、罰金による間接強制を定め、また所有者に代わって市町村が工事を代執行した後、工事費だけでなく工事監理費や居住者対応費も合わせて所有者へ請求するようにした。また適切な住宅（logement décent）ではなくとも住宅手当（Allocation logement）支給の対象とするものの住宅が基準に適合するまでは支払を停止して賃貸人に工事実施を促すようにした（ALUR 法 79 条Ⅲ・Ⅳ・84 条・85 条、公衆衛生法典法 1331-29 条、建設・住居法典法 123-3 条・543-1 条以下、社会保障法典（Code de la sécurité sociale）法 542-2 条）。

2　ALUR 法によって成立した荒廃マンション対策体系

　政府は、ALUR 法第 2 編第 1 章・第 2 章で制定した制度によって成立させた荒廃マンション対策の体系を次のように図式化している。

　これによれば、現在の荒廃マンション対策は、区分所有の状態を「健全」から「治癒不能」の 6 段階に分けて対策を立てている。「はじめに」で述べたとおり、フランスでは「荒廃区分所有」という術語を 1994 年に区分所有法の中

---

(11)　2015 年 11 月 13 日に発生した、パリ同時多発銃撃事件の犯人の一部は事件直前に「眠りの商人」が所有するマンションに滞在していた。

表1　区分所有の健全さの状態に応じて適用可能な ALUR 法案の手段および措置の累進性

	健全	不安定	荒廃	破綻	深刻な破綻	修復不能
区分所有の健全な状態を保障し、あるいは区分所有を立直すための手段	登録					
		譲受人への情報提供改善				
		ガバナンス改善(区分所有者集会の透明性・議決形式・代理様式)				
		管理者の責任明確化と役割評価手法				
		3連の診断／長期修繕計画／修繕積立金				
		管理組合の銀行口座の個別化				
		「眠りの商人」対策と彼らからの住戸回収手続き				
			改正特別受任者			
			区分所有向け不動産修復事業			
			区分所有対応住居改善プログラム事業(＊)	改正保護プラン		
			共用設備および／あるいは住宅への警察権行使			
				破綻区分所有再生事業		
				改正臨時支配人		
				債務弁済プラン策定		
					裁判所による区分所有権分割	
					事業者―支配人の介入	
						所有者欠如
管理責任	区分所有者集会と管理者			管財人	管財人―支配人	公権力の認可

（＊）　ALUR 法前に制定され、ALUR 法で改正されなかった手段

出典：Ministère de l'Egalité des territoires et du logement.- Projet de loi ALUR: Pour l'accès au logement et un urbanisme rénové, Mesures relatives aux copropriété et à la lutte contre l'habitat indigne, p.3

に挿入したもののその定義はない。住宅政策を所管する省などはその兆候を次の5点にまとめている。すなわち「①建物の状態、外部空間、設備の劣化、②区分所有建物の管理運営の困難、③財務上および法律上の困難、④占有の貧困化と特殊化、⑤住宅市場における価値の低下」[12]である。

(12)　Ministère de l'Ecologie, de l'Energie, du Développement durable et de la Mer, Agence nationale de l'habitat et Agence nationale pour la rénovation urbaine.- Les copropriété en difficulté: état des lieux et pistes de reflexion, 2010, p. 12

この体系によれば、まずマンションの劣化の有無や程度を問わずすべてのマンションに対して、マンション管理組合登録制度が適用される。これによって公権力がマンション管理の現況を把握する。マンション管理が健全、不安定、荒廃の３段階にある間は、主に予防措置が対処する。すなわち、マンションの譲受人に対してはマンション管理の状態を示す情報が提供され、区分所有者に対して管理者の業務の透明性を向上させ、将来の工事の必要性とその時期を示す長期修繕計画を立案し、計画で予定された工事を実施できる修繕積立金を蓄え、区分所有者の集会において工事の実施を決める議決に必要な多数を切下げて工事を実施し易い環境を整えた。加えて、眠りの商人の活動の阻止策が設けられた。管理が不安定段階に入ると、管理組合の財務・運営を調査して対策を作成する特別受任者が裁判所によって任命され、また共用部分の修復工事に対する補助金が支給される事業制度が適用されるようになる。劣化の深刻化に伴って、臨時支配人が任命されて管理組合の財務および運営の再生が図られる。適用される事業制度は、補助率が高く、区分所有者であれ賃借人であれ住居費の負担能力に欠ける居住者の転居、住戸の収用、共用部分の処分を可能とするものになる。それでも再生できないマンションについては、最終的には全体を収用することによって、取壊しあるいは区分所有の解消に至る[13]。

3　2014年の荒廃マンション対策改革の狙い

　ALUR法案提出者のセシール・デュフロ（Cécile DUFLOT）国土均衡・住宅大臣（ministre de l'égalité des territoires et du logement）は、第２編「住居に値しない住居および荒廃区分所有対策」の三つの章の関係を、次のように説明している。「住宅は必需の財産であり、住居に値する住居への権利は憲法によって保障される対象である。……（中略）……第２編は、既存ストックの改良に充てられ、これはフランスで100万人近くの人たちが健康あるいは安全に対するリスクのある条件の下で暮らしているだけに、重要な課題である。……（中

---

(13)　トマザンは荒廃マンション対策を、営利会社の更正に着想を得ていると指摘している。
　　 TOMASIN, Daniel.- Plan de sauvegarde des copropriété en difficulté, Rapport présenté le 30 avril 2002 au Groupement de recherche sur les institutions, le droit de l'aménagement de l'urbanisme et de l'habitat
　　 https://static.mediapart.fr/files/Ouafia%20Kheniche/3f054fce139ab.pdf

略）……賃貸人が命じられた工事を実施するようにより強く強制し、眠りの商人の活動に打撃を与えることを目的として、政府はこれらの措置の有効性を改善することを求めている。……（中略）……債務と劣化が相俟って落ちてゆく影響を受ける区分所有の増加を前にして、これらの集合的財産の運営とガバナンスの規則を見直し、悪い徴候を払拭するために公権力が用いることのできる制度を豊富にすることが必要である。本法案はこの目的のために、2重の目標を追求している。すなわち、予防と治癒である。……（中略）……本法案の狙いは、区分所有財産を容易に認識と同定できるようにすることで、区分所有が荒廃する場合は早期に警告を発し、その運営の近代化を可能にすることにある。……（中略）……予防が失敗した場合、公権力は修復という手段によって区分所有への伴走と後見という役割を果たさなければならない。」[14]すなわち、住宅に値する住宅へアクセスする権利は憲法が保障する権利の一つである。健康や安全へのリスクのある住宅の居住者が100万人近くいるために住宅ストックの改善が重要な課題である。住宅ストック改善のための制度改革の重点は、賃貸住宅の賃貸人に命じられた工事を実施させること、眠りの商人の活動を中止させること、マンションについて荒廃の予防と治癒である、としている。

　この法案を国民議会本会議に先立って審議した同経済委員会（Commission des affaires économiques）のゴルドゥベルグ（Goldberg）＝リンケネルドゥ（Linkenheld）報告は、次のように論じている。「眠りの商人からの取戻し手続きの開始を容易にすること、および眠りの商人による決定手続きの阻止を入れることの必要性はすでに明らかにされていた。じっさい、狡猾な眠りの商人が現れることによる影響は徐々に出てくる。住戸を取得した時から、この狡猾な区分所有者は管理費を払わない。管理費不払いによって管理組合の運営は紛糾し、維持管理は滞り始める。眠りの商人が多くの住戸を持つ場合には、区分所有者の集会への欠席が増えて、管理者が取り組もうとする全ての手続きが阻まれることが生じうる。建物の劣化の進行が加速し、居住所有者は住戸を低額で眠りの商人へ譲渡してその建物から出て行く。（眠りの商人からの―寺尾注）取戻し手続きを容易に開始するために、65年法19-2条を修正」[15]するとする。

---

(14)　op. cit., 7, pp. 4-5

このように、2014 年の区分所有法改正の最大の動機は、政府においても与党においても「眠りの商人」阻止であったことがわかる。もっとも同報告は住居に値しない住居対策については「眠りの商人問題だけではない。連鎖全体へ、それも可能な限り原因に遡って対策を立てることが、住宅の劣化、品位のある状態から品位のない状態、つまり非衛生および治癒不能な危険への移行を防ぐためには欠かせない」[16]とも論じている。

Ⅱ　住宅への権利と荒廃マンション対策

1　はじめに

フランスでは、「Ⅰ 3」で述べたとおり、住宅への権利が法律上、宣言されており、ALUR 法による荒廃マンション対策や住居に値しない住居対策はこの実現の一環であるとされている。そこで、フランスにおける住宅への権利のこれまでの展開と、ALUR 法による新たな前進を検討する。

2　住宅への権利の展開

フランス法が国民の住宅への権利（droit au logement ／ à l'habitat）を法文上初めて宣言したのは、1981 年である。この年、社会党のフランソワ・ミッテランが大統領に当選し、それに続く下院議員選挙でも多数を獲得した社会党・共産党・急進左派運動の内閣が制定した借家法「賃借人および賃貸人の権利および義務に関する 1982 年 6 月 22 日の法律第 82-526 号（Loi n° 82-526 du 22 juin 1982 relative aux droits et obligations des locataires et des bailleurs）：通称キイヨ法（以下通称で表記)」の 1 条は「住居（habitat）への権利は基本権の一つである」と宣言した。ただし、ここでの権利の内容は、借家契約解約規制、賃貸人と賃借人の間の団体交渉、家賃規制である。1986 年に成立した右派政権は借家法を改正して権利宣言を廃止したが、その後政権へ復帰した社会党は

---

(15)　Raport fait au nom de la commission des Affaires Economiques sur le Projet de Loi pour l'Accès au Logement et un Urbanisme rénové (n° 1179), Assemblée Nationale, n° 1329, Quatrozième Législature, 2013, pp. 28-29

(16)　ibid., p. 36

「賃貸借関係の改善を目指し、1986 年 12 月 23 日の法律第 86-1290 号の改正に関する 1989 年 7 月 6 日の法律第 89-462 号（Loi n° 89-462 du 6 juillet 1989 tendant à améliorer les rapports locatifs et portant modification de la loi n° 86-1290 du 23 décembre 1986）：通称マランデン＝メルマズ法（以下通称で表記）」を制定して借家法を再改正した。マランデン＝メルマズ法 1 条は「住宅（logement）への権利は基本権の一つである」と改めて宣言した。1980 年代の「住宅（居）への権利」の内容は、それまでは民法の賃貸借の規定が適用されていた住居用建物賃貸借契約に借家法の枠組みを導入して賃借人の保護を図るというものだった。

「住宅への権利」を新しい局面へ展開したのは、「住宅への権利の実施を目指す 1990 年 5 月 31 日の法律第 90-449 号（Loi n° 90-449 du 31 mai 1990 visant à la mise en oeuvre du droit au logement）：通称ベッソン法（以下通称で表記）」である。ベッソン法 1 条は「住宅への権利を保障することは、国民全体にとって連帯の義務の一つである。固有の困難、とりわけその所得あるいは生活条件と適合しないことによる困難を被っているすべての個人あるいは家族は（中略）しかるべき独立した住宅に入居する、あるいはそのような住宅に居住し続けるために公共団体の援助を要求する権利を有する」と定めている。ベッソン法によってフランスにおける「住宅への権利」は、借家契約における賃借人保護から住宅困窮者が公共団体へ住宅を請求できる権利へと発展した。ベッソン法はそのために、おおきく次の三つの施策を定めた。すなわち、困窮者向け住宅のための県活動プラン（plan départemental d'action pour le logement des personnes défavorisées）、恵まれない人々のための住宅供給を増加させる手段、家賃補助給付条件である。このうち、最も重要でかつ与野党間の対立の焦点となった制度が、県における国務代理官による社会住宅の予約権限の活性化である。すなわち、県における国務代理官にはベッソン法の前から社会住宅への入居者を指名する権限があったが、ベッソン法制定の前は事実上活用されていなかった。そこで、ベッソン法はこの権限を行使するにあたっての基準と条件を作成し、国務代理官、地方公共団体、社会住宅組織間で実施の協定を結ぶこととした。この協定が守られない場合あるいは協定が締結できない場合は、国務代理官は社会住宅組織に対して、その住宅戸数の 30％までは優先的に入居者を指名できるとした。

ベッソン法の狙いにつき、ミッシェル・デルバール（Michel DELBARRE）公共設備・住宅・交通・海洋相（ministre de l'équipement, du logement, des transports et de la mer）は、次のように述べている。「参入最低所得手当（revenu minimum d'insertion）に関する措置を実施したことによりこの数カ月で[17]、住宅が社会へ参入の条件であり、かつ最初の具体的成果であることが確認された。また住宅が無い人々および劣悪な住宅に住む人々が多数いるままであることも明らかになり、したがってこの受入れ難い現実に対してわれわれは断固として立ち向かうべきである。（中略）三つの原則にまとめられる。第1　国、地方公共団体、関係するその他の法人が協力して活動する条件をつくる。住居の分野においては、権限の補完性および官民の寄与の多様性が、パートナーおよびプレイヤーの効率的な協働の組織に必要とされる。（中略）しかしながら、地方の複雑な状況によって、協定という取組みが不可能なこともある。そのような場合は、法律は必要な連帯施策の具体的で効率的な実施を保障する手段を国に対して与える」[18]とする。すなわち、社会扶助により住居費の支払能力を得たにも関わらず住宅に困窮している人々に対して、社会住宅組織の中にはそのうちの一部の階層の入居を歓迎しない組織があり、そのような組織に対して、国が入居させる権限を行使する条件を明確にするということである。もっとも立法者は低所得者向け住宅の戸数自体が不足していることも認めており、前述のとおりベッソン法には低所得者向け住宅の供給を増やす方法も規定されている。

　住宅（居）への権利は、この後、社会住宅の立地の少ない市町村に社会住宅受入れ義務を課す「都市への権利」（都市の方向づけの法律（1991年7月13日第91-662号）Loi d'orientation pour la ville（n° 91-662 du 13 juillet 1991））、社会住宅への入居申請が受入れられない人が県における国務代理官に対して裁判上で入居を求めることを可能とする「請求可能な住宅への権利」（請求可能な住宅への権利を創設し、社会の一体性を促す多様な手段に関する2007年3月5日の法律第2007-290号（Loi n° 2007-290 du 5 mars 2007 instituant le droit au logement opposable et portant diverses mesures en faveur de la cohésion sociale）：通称DALO法（以下通

---

(17)　参入最低所得手当制度は、1988年12月1日に施行された。

(18)　Projet de Loi visant à la mise en oeuvre du droit au logement, Assemblée Nationale, n° 982, Neuvième Législature, 1989, pp. 1-2

称で表記)）へと展開するが、本稿ではここで留める。

3 ALUR法における「住宅への権利」

　ALUR法における荒廃マンション対策および住居に値しない住居対策は、「I 3」で述べたとおり、「基本権の一つである住宅への権利」の一環とされる。同法が実現しようとする「住宅への権利」の内容はどのようなものであろうか。

　ALUR法による荒廃マンション対策は、「I 1(2)」で述べたとおり、予防と治癒の二つの柱から成っている。

　第一は、マンションの荒廃予防である。マンションの登録制度創設に始まり、マンション取得者への情報提供の改善、管理者の業務の透明性の拡充、診断制度・長期修繕計画制度・修繕積立金制度の創設、区分所有者の集会における工事実施に必要な多数の切下げ等にわたる。マンション取得者への情報提供、管理者の業務の透明性の拡充は、消費者保護の観点から指摘されていた課題である。例えば、全国消費審議会（Conseil National de la Consommation）は、1997年に『区分所有管理者（Syndics de copropriété)』という報告書と意見書を発表し、管理組合と管理者の間の契約に定めることができ、両当事者が検討しなければならない項目、とりわけ管理者の業務の請求書作成および執行の様式の一覧表、区分所有者および理事会への定期的情報、費用発生の過程の透明性の3点の必要性を指摘している[19]。さらに2007年にも『区分所有管理者のサーヴィス提供料金の透明性の改善（L'Amélioration de la transparence des prestations des syndics de copropriété)』[20]という報告書を発表した。ALUR法による区分所有改正はこの課題に応えており、区分所有者にとってもマンション取得者にとっても消費者保護をおおいに進めたと認められる[21]。

　第二は、マンションの荒廃の治癒である。ここでは、一方では、私法である65年法の改正によって、特別受任者および臨時支配人といった管理組合の財

---

(19)　http://www.economie.gouv.fr/cnc/Syndics-de-copropriete-avis-et-rapport-du-18-fevri

(20)　http://www.economie.gouv.fr/files/files/directions_services/cnc/avis/2007/rapport_syndic270907.pdf

(21)　住宅困窮者支援活動団体のもこの点は前進と評価している。例えば「住宅への権利協会（Association Droit au logement）：通称DAL（以下、通称で表記)」の2013年6月25日の公式発表。http://www.droitaulogement.org/?s=Copropri%C3%A9t%C3%A9s&submit=Go

務・運営の立直しのための制度が強化された。他方では公法である建設・住居法典の改正によって、共用部分の工事費を補助し、居住者の転居を促す事業制度が改正・創設、改正された。劣化がより進んだ段階に対処する制度は、収用を行使できる。

　国民の「住宅への権利」と荒廃マンション対策の接点が問われるのはこの点である。すなわち、マンションを物理的にも社会経済的にも良好な状態で維持すること、あるいは劣化が始まったマンションを良好な状態へ回復させることと、居住者の居住安定をどのように結びつけているのかが論点となる。ALUR法によって成立した表1の体系は、マンションという居住組織および建物の荒廃に対する体系であって、居住者の居住の安定の観点からまとめられていない。

　マンションへの居住安定には、二重の課題がある。一つには居住者がマンションに居住する住居費を負担できることである。住宅ローンの返済を続けること、賃料の支払を続けることだけでなく、マンションに特有の費用として、区分所有者も賃借人も管理費を支払い続けることである。荒廃マンションの所有居住者の中には、必ずしも望んで区分所有者になったわけではなく、所得階層では社会賃貸住宅居住者と大差がない世帯が多いと指摘されるため[22]、現在住んでいるマンションの住居費を負担するか、あるいは転居して住居費を軽減するか、どちらが居住の安定に資するかという選択も課題である。マンションにおける居住安定のための二つめの課題は、管理が適切に行なわれていることである。区分所有者であれ、賃借人であれ居住している自らの専有部分の状態が良くても、共用部分が劣悪な状態に陥ってしまえば居住は安定しない。そして不動産を管理しているのが社会賃貸住宅のように単一の組織ではなく、区分所有者全員が構成する管理組合で管理を行なわなければならないことがマンションにおける居住の安定を複雑にしている。

　この二つの課題に取組むにあたって、ALUR法によって構築された荒廃マンション対策がどのように作用するのかを検討する。

　居住安定の第一の課題である住居費について、区分所有者である居住者に対しては、必要な工事を実施するための費用および工事実施後に値上がりが予想

---

(22)　ピエール・ルセル（Pierre ROUSSEL）コップロコップ・イル゠ドゥ゠フランス社開発課長（Directeur du développement, Coprocoop Ile-de-France）からの聞取り。2015年9月18日

される管理費の支払能力が問題となる。充分な支払能力があれば何の問題もないが、荒廃が進んだマンションに住み続けている区分所有者にはそのような資力がない世帯が多い[23]。事業制度によっては区分所有者へ工事費に対する補助金が給付する制度があるものの、工事費の自己負担分が払えない、あるいは竣工後に値上がりした管理費を支払うことができない世帯が多い。居住者が賃借人の場合は、工事後に値上げされる家賃および管理費の支払能力が問題になる。

　居住安定の第二の課題であるマンション管理については事情はより複雑である。マンション管理への最大の脅威は、ALUR法の荒廃マンション対策の目的で繰り返し述べられている「眠りの商人」である。「眠りの商人」を区分所有者から排除することは、当該マンションの他の居住者にとって望ましいだけでなく、「眠りの商人」所有の住戸の宿泊者も不当に高額な対価を支払っているので通常の社会賃貸住宅へ転居できれば、住居費負担あるいは物的な住宅確保という点だけからすれば望ましい。もっとも「眠りの商人」の住宅の宿泊者に限らないが、荒廃マンションの居住者の中には近隣の住民や商店などのコミュニティの中で生活が成り立っている者も少なくなく、居住の安定は住居費負担や物的な住宅の確保だけでは実現できないこともある。

　ALUR法が作った荒廃マンション対策の体系が、居住者の居住安定に資するものか否かの第一の鍵は、「Ⅰ1(2)(b)」で述べた破綻区分所有再生事業、とりわけその中の「伝達」である。この仕組みは、1990年代から荒廃マンション対策の実務の中で発生したものであり[24]、「市街地の連帯と再生に関する2000年12月13日の法律第2000-1208号（Loi 2000-1208 du 13 décembre 2000 relative à la solidarité et au renouvellement urbains）：通称SRU法（以下、通称で表記）」が法律上の根拠を与えた。SRU法は、建設・住居法典を改正して「（区分所有建物が──寺尾注）保護プランの対象である場合は、適正家賃住宅組織は、再売却を目的としてその住戸を取得し、あらゆる工事を実施し、臨時にそ

---

(23)　idem.

(24)　CLEMENT, Nicoas.-Le Portage, outil d'intervention au service d'une politique, p. 4, in 《Atelier portage provisoire de lots de copropriété》, Forum des politiques de l'habitat privé, 2013

れを賃貸することができる」（SRU法82条Ⅰ・Ⅱ、建設・住居法典法421-1条・422-2条・422-3条）とした。さらに2007年のDALO法は、「伝達」の適用範囲をより劣化の軽い段階でマンションに介入する区分所有対応住居改善プログラム事業の対象地域へ拡大した（DALO法15条、建設・住居法典法421-3条・422-2条・422-3条）。伝達に取組む適正家賃住宅組織はこの制度を次のように用いている。まず住戸の取得手段は3種類ある。すなわち、第一は任意売買、つまり伝達事業者が、困窮しているマンション所有者に対してマンション買取りを提案し、彼らが承諾すると購入して、さらに売主が譲渡したマンションに暫くの間住み続けられるよう売主との間で借家契約を結ぶ。伝達事業者が適正家賃住宅組織である場合は購入額の上限は法令で定められているが、荒廃マンションの現実の売買金額その上限額に達することはなく、できれば売主がもつ債務額より少しだけ多い金額となり管理組合の債務が残らないことが望ましい。第二は、マンション所有者が売却を拒否すると、彼らに債務がある場合には管理組合あるいは管理者が彼らに対して清算手続きを申立てるので、伝達事業者は裁判所へ出かけて競売価格を引き上げて競落し「眠りの商人」による取得を抑止する。第三の選択肢は、市町村が市街地先買権を行使して取得する。市街地先買権を行使できない私法人の伝達事業者は市町村が取得したマンションを譲り受ける[25]。劣化が進行するマンションを敢えて購入するのは「眠りの商人」が多いことを考えれば、このような作業によって、当該住戸の居住マンション所有者も他の住戸の所有者あるいは賃借人の居住は安定し易くなる。もっとも「伝達」は、社会住宅組織が取得した住宅を再売却して完了する事業であり、社会住宅として所有し続けることを目的としていない。とすると、社会住宅組織へ専有部分を売却した元マンション所有者の居住は最終的には継続せず、「伝達」は立退きの時期を遅らせ、転居先を確保して立退きを円滑にする仕組みと評価することもできる。

　ALUR法がマンション居住者の居住安定に役立つか否かの鍵を握る次の制度が「所有者欠如」である。「眠りの商人」が管理を怠っていた住戸に適用できるが、これも市町村等が収用して修復あるいは取壊しをするので居住者の居

---

(25)　op. cit., 23. 同社の伝達事業の80〜85％は任意売買によるとする。

第3部　都市法と住宅・居住　307

住継続には結びつかず、転居先や転居の条件が居住の安定を左右する。

　さらにALUR法は、「住居に値しない住居対策」の拡充によって「眠りの商人」については抑止策を強化しつつ、一般の不適切民間住宅ついては、所有者が命令された工事を速やかに実施せざるを得ないように強制するとともに、賃借人への住宅手当の支給を約束して工事後の賃貸人の家賃徴収を確実にすることで、賃借人の居住の安定を目指している。この点についても評価のためには今後の調査が必要である[26]。

Ⅲ　まとめ

　フランスの荒廃マンション対策法制は、1994年に私法の65年法の改正に始まり、2000年には公法の建設・住居法典が改正されて加わった。2014年のALUR法はこの動向をさらに進めて、「伝達」「所有者欠如」「住居に値しない住居対策」など一定程度の体系化を図った。そして、その原理として据えた国民の基本権としての「住宅への権利」のうち、マンション消費者の権利は確かに拡充された。しかし、「住宅への権利」として1990年のベッソン法が定めた、低所得者が住宅を確保できる権利を大きく拡充させたとは言い難い。ただし、マンションという、社会住宅よりも複雑な社会関係の中における居住安定については、まだわかっていないことも多い。今後の研究課題としたい。

追記　本稿は、学術研究助成基金助成金基盤研究(C)2013～15年度「フランスの区分所有建物の荒廃から正常化へ向かう管理のあり方の研究」（寺尾仁、25512001）、同基盤研究(C)2012～14年度「マンションの老朽化・被災等に関する比較法的考察を基礎とした立法論研究」（鎌野邦樹・早稲田大学教授、24530103）、同基盤研究(B)2014～17年度「分譲マンションの『解消』に関する総合的研究」（小林秀樹・千葉大学大学院教授、26289211）の成果の一部である。

（てらお・ひとし　新潟大学工学部准教授）

----

(26)　住宅困窮者支援活動団体のDALは、ALUR法の規定では不充分で「不適切な住宅が無駄に残るとともに、賃借人は権利が強化されたことを実感できない」と批判した。op. cit., 21

第4部　都市法と農地・農業

農業的土地利用と都市的土地利用の整序問題
その回顧と展望

楜澤能生

はじめに
Ⅰ　農地法制と都市法制の誕生
Ⅱ　都市計画法と農業振興地域の整備に関する法律
Ⅲ　国土利用計画法と地価対策、農地転用政策
Ⅳ　農村計画制度と農振法の改正
Ⅴ　集落地域整備法
Ⅵ　新政策、食料・農業・農村基本法制における都市と農村
Ⅶ　都市計画法からまちづくり法へ
Ⅷ　「土地利用調整条例」構想
Ⅸ　「コンパクト化」と「ネットワーク化」
Ⅹ　「永久農地指定」と「農地法廃止」
ⅩⅠ　展望

はじめに

　表題の課題については従来、経済成長と国土開発政策のもとで、農業上の土
地利用が圧迫される現実に対して、開発規制によりこれをいかに抑制するか、
逆に規制緩和を通じて開発をいかに促進するかの攻防の中で、その制度上の調
整が図られてきた。

　原田純孝名誉教授は、農地法制と都市法制の両法制に通じる数少ない研究者
として、比較法的研究手法も駆使しつつあるべき制度論をリードされてきた。
今日経済のゼロ（低）成長、人口減少、都市の縮減、土地の過小利用といった
新たな状況の中で、農業的土地利用と都市的土地利用の調整問題は新局面を迎
えている。従来の理論蓄積を振り返り、これを踏まえながら、異なる時代状況
の中であるべき制度を展望することは、後進研究者の責務であろう。

　本稿はこのような義侠心にかられて執筆されたものの、筆者はこの領域に初

めて従事することから、その内容は今後の研究のためのノートの域を出ないものであることをお断りしておかなければならない。

I　農地法制と都市法制の誕生

　日本で農地法制の必要が意識されたのは、小作争議への対応を契機として、1920年に農商務省内に「小作制度調査委員会」が大臣の私的諮問機関として設置されたのを嚆矢とする。以来地主・小作関係の改善や、むらによる農地管理、自作農創設を内容とする法制が、不十分ながら展開された。この戦前からの農地政策を継承し発展させようとする日本政府のイニシアティヴにより、戦後改革の一環として農地改革が遂行され、自作農が広範に創設された。その成果を固定すべく、1952年に農地法が制定され、耕作者に労働の果実を帰属させ、耕作者を農地所有主体とする自作農主義が確立された。また国民へ食糧を安定的に供給すべく農地の全量確保を目的とする農地転用規制を敷いた。農地に対する所有権の内容は、農地改革・農地法によって他者労働の成果の領有を許す自由で絶対的な抽象的権利から、自己資本と自家労働を投下して農業を営む具体的な権利へと転換された。

　他方、第一次世界大戦を契機とする日本資本主義の発展により、都市住宅問題が発生するにおよんで、市街地の膨張をコントロールし都市改造を進めるための法制が求められるようになり、1919年に都市計画法と市街地建築物法が制定され、都市計画区域や用途地域制が導入された。その特徴は、都市計画・事業の中央集権的、国家的色彩がきわめて強かったこと、都市計画区域外の土地については、個別土地所有者の自由に委ねられたこと、都市計画がマスタープランとしての要素をもっていなかったこと、都市計画と建築規制の有機的関係が欠落していたこと等が挙げられている[1]。

　このように都市法制と農地法制は、第一次世界大戦を契機とする日本資本主義の発展と都市の成長、重化学工業労働者家族の都市定住、農産物需要・市場の拡大に伴う小作経営の前進と地主制＝高率小作料との矛盾の激化、を背景と

---

(1)　原田純孝「日本型土地法の形成」原田純孝編『日本の都市法 I』（東京大学出版会、2001年）27頁以下。

してほぼ同時期に、しかし別個に誕生、展開することとなった。

II　都市計画法と農業振興地域の整備に関する法律

「都市計画は国の権限に属する」という考え方は、戦後改革の中で克服されることなく継続され、国家は経済成長のための産業基盤整備や地域開発・都市開発政策を上から強行的に推進していった。

開発政策の推進は、市街地の一方向的、拡大的発展傾向を生むことになる。1968年の都市計画法がこのスプロールを防止すべく制定され、都市計画区域の指定ならびにその内部での市街化区域と市街化調整区域の線引きによる、完全市街地形成と開発抑制が目指された。しかし市街化区域が過大に設定されて多くの農地がその中に入ることとなり、市街化区域内での農地散在、都市農地の都市計画上の位置付けの問題を生んだ。また市街化調整区域では、開発許可制、建築許可制のもとで大規模開発計画以外について原則的に許可が与えられないはずだったにも関わらず、建築物の設置を伴わない土地利用への転換（例えば産廃置き場等）は開発の概念から外され、また例外的に認められる建築行為・開発行為（既存宅地、次三男住宅、公共事業）が多く存在することにより、調整区域におけるスプロールが進展した[2]。

他方都市サイドの動きに対応して農林省は翌年、農業振興地域の整備に関する法律（以下農振法と略記）を成立させる。この法律制定は、都市計画法に対抗して農業領土宣言の意味を持たせることを直接のきっかけとしたが、もともとは複眼的な思考を下敷きにしていたことは留意されてよい。農業地域制度に関する法律を検討した構造政策推進会議は、三つの視点から問題へ接近しようとしたのである[3]。

第一は、都市的土地利用と農業的土地利用の調整の中で農業のための土地利

---

(2)　原田純孝「戦後復興から高度成長期の都市法制の展開――「日本型」都市法の確立」原田編・前掲書、71頁以下、小泉秀樹「都市計画法からまちづくり法へ」原田編・前掲書、211頁、等。

(3)　構造政策推進会議事務局「農業地域制度に関する法律の考え方について（案）」農地制度史編纂委員会『戦後農地制度資料第10巻　農地転用規制と土地利用計画(下)』（財団法人　農政調査会、1987年）735頁以下。

用を確保する施策であり、第二は、農村の社会生活環境の整備促進を図るため、農村の生活基盤の整備開発を含む総合的施策、第三は、構造政策を重点的に展開する場を定め、効率的な農業施策を遂行する課題、である。このうち第一の問題は、全国的土地利用規制を前提とせざるを得ない性格のものであり、また第二の論点は、農村地域の総合計画の策定に関わり、いずれも準備検討に相当の期間を要する課題なので、検討の対象をさしあたり第三の課題に限定し、各市町村をして農業について展開しようとする施策の方向を具体的な場に則して宣言させ、これを実現させるための優遇ならびに規制措置の組み合わせを盛り込ませる、という方向で検討することとした。実際農振法は、土地利用区分を含む各地域の総合的な農業振興計画を、市町村が自治事務として樹立し実現を図る仕組みを導入したのである。

　第一の課題は、その後、国土総合開発法案、国土利用計画法に連なって議論されていくことになり（Ⅲ）、また第二の課題については、農振法改正（Ⅳ）、集落地域整備法制定（Ⅴ）という形で制度的対応がはかられることになった。

Ⅲ　国土利用計画法と地価対策、農地転用政策

　経済成長のための企業用地、交通用地、住宅用地等の土地需要が高まるにつれ、農地転用行政は、農地の全量確保から優良農地の確保へとかじを切り、転用許可基準を緩和させて、この土地需要に応えていった。その結果少なからぬ農地が非農地へと転換された（1960年約600万ヘクタールが、現在約450万ヘクタールにまで減少）が、減少しつつも尚農地が維持されてきたのは、農地法の転用統制や取引規制あってのことであり、ヨーロッパ諸国におけるような建築法制を欠いた日本では、これなかりせば更に多くの農地が消失していたことであろう。

　開発が無計画に進められ、土地利用の混乱も生じ、地価も高騰して国土の総合的な開発が強く要請される状況下で、田中角栄は周知のように『日本列島改造論』を出版した。この中で田中は、総合的な土地利用計画の下に、農地を住宅用地、工場用地等へ転換する面積を定め、残った農地を「永久農地」とし、これに集中的に公共投資をするとともに農地法を廃止して農地取引を自由化し、

永久農地には転用規制のための新しい立法措置を講ずると提案した[4]。地価の高騰も土地の供給不足によるものという認識だった。

　政府は、1973 年国土総合開発法案を国会に提出したが、野党や農業団体等は、同法を日本列島改造論の実施法だとして反対した。結局与野党の議員が議員立法により、この法案にかわって特に土地の投機的取引を規制する法律として国土利用計画法を提案し、これが翌年採択されることになる[5]。

　同法は土地利用の計画的調整と、土地の取引価格の安定化を図る法規制を二つの柱とするものだった。前者は、知事が都道府県の区域について土地利用計画を定め、その中で①都市地域、②農業地域、③森林地域、④自然公園地域、⑤自然保全地域を区分する、とした。農林省は、経済企画庁との間で覚書を交わし、知事が定める農業地域は、農振法上の農業振興地域であること、農業地域のすべてについて農振法や農地法により規制することに努めること、を確認しあっている[6]。

　しかし農振法は、当初独自の土地利用規制措置、開発行為規制をもっておらず、農地保全を農地法の転用規制に依拠していた。そこで農振法の中に開発行為の規制を導入することが課題とされ、1975 年の改正で、農用地区域内の土地の開発行為につき知事の許可制を導入して、制限を設けた。その際、農用地区域外の農振地域（いわゆる農振白地）についても開発規制を講ずるべきだという意見も出された（野党各党、全国農業会議所、農業団体等）が、これに対して政府は、農用地区域に含まれなかった地域には農村集落、公共施設等があり、もっぱら農業上の土地利用の確保を図るという考え方は取りにくく、何を目的として開発を規制するか、という規制の基準を明らかにしえない、という理由でこれを退け、直接農業上の利用に供すべき土地は極力農用地区域に編入して行く方針がとられたのである[7]。こうした考え方には、土地の農業的利用とい

(4)　田中角栄『日本列島改造論』（日刊工業新聞社、1972 年）12 頁。

(5)　共同通信は、国土利用計画法案審議の最中に田中角栄が NHK で「同法案は国土総合開発法案の名前が変わっただけ」と発言したが、同法成立後この発言に対して自ら遺憾の意を表明した、と報じた（1974 年 5 月 27 日）。政府サイドの意識を窺うことができるエピソードである。農地制度資料編さん委員会『新農地制度資料　第 4 巻　国土利用計画法・農地転用規制(上)』（農政調査会、1993 年）3 頁。

(6)　農地制度資料編さん委員会『新農地制度資料　第 4 巻　国土利用計画法・農地転用規制(下)』（農政調査会、1993 年）4 頁以下。

う観点はあっても、「農村」という観点からの土地利用の総合的視点が欠落する。これは農村における生活世界のありようから出発して法制を考えるのではなく、生活とは乖離した、行政・官僚システム上の管轄権を基軸として制度を設計することに由来するものといえよう。

国土計画法上の地価対策と農地との関係を見ておこう。国土計画法上の地価規制は、投機的取引の恐れがある地域を指定し、指定された区域での土地取引を許可制とすることにより地価コントロールをするという方法をとった。しかし農地法3条の許可を要する、農地を農地として売買する契約については、その適用外とされた。そこで農地売買の許可申請に際しては、申請書への対価記載の励行と、価額が耕作養畜目的での農地の相当価額を越えると認められる場合、審査にあたって耕作目的の取引か否かを注意深く見ることが農業委員会に要請された[8]。しかしこれによって農地価格の高騰を押えることはできなかった。

農地を転用で売却した農家は、代替農地を購入しようとした。代替地取得に際しては、耕作目的での一般的農地売買価格よりも高い価格が支払われた。1960年代後半から1970年代前半にかけて、年に1%前後の農地が広域的に転用され、その代替地需要が農家間の農地売買を誘発し、それとともに転用高地価の影響が広く農村に広がった。転用価格が、一般の農地の価格を引き上げる影響を与えたのである[9]。

IV 農村計画制度と農振法の改正

農振法制定時に課題と意識されながらも法に反映されなかった、農村の生活基盤の整備開発を含む総合的施策については、その後も検討が重ねられた。1982年の農政審議会報告『「80年代の農政の基本方向」の推進について』[10]は、

---

(7) 同『新農地制度資料 第1巻 農地制度・農新制度の改善整備(下)』(農政調査会、1990年) 733頁以下。

(8) 農地制度資料編さん委員会・前掲注(6)30頁以下（国土利用計画法の土地の取引の規制と農地法第3条、第5条、第78条の許可との調整等について）。

(9) 石井啓雄・河相一成『国土利用と農地問題——地価形成と農地流動化のメカニズム』(農山漁村文化協会、1991年) 94頁以下。

その第6章「活力ある農村社会の形成」において、農村の混住化の進展の中で、中核農家と2種兼業農家との連携や非農業者との協調に基づく活動を組織化するために、従来農村集落が持っていたコミュニティ機能の継承と発展を図ること、安定した所得と就業機会の確保、居住環境の総合的整備を提起した。

これを受けて農水省は省内に「農村計画制度研究会」を設置して検討を継続し、1983年「農村計画制度研究会中間報告」をまとめた[11]。高度経済成長とともに、兼業依存度の高まりや、混住化の進行、過疎化や高齢化の進行といった農村の変貌が生じ、これが土地、水等の地域資源の共同利用・管理意識の低下、農地管理の粗放化をもたらしたこと、また混住化の進行により土地や水利用の競合が生じて、農林業との計画的な調整を行わない無秩序な宅地化の進行により、道・水路の未整備な新規住宅の増加、家畜の飼養に伴う悪臭に対する苦情、農業用排水路への生活雑排水の流入等の問題が発生しているとの認識に立ち、農村計画制度の必要を説く。その際、①生産・生活・自然環境を含めた農村の総合的整備、②農林業の振興を通じた資源の利用・管理、③農家・非農家を含む地域社会による資源の利用・管理、という3点を基礎とすべきことが主張されている。手法としては、集落居住地とその周辺の区域における土地利用計画制度の創設、および居住環境の保全、公共用施設の良好な維持管理を図るための集落を基礎とした住民協定制度の創設を提案している。また農村に豊富に存在する農林産廃物、小水力、風力、太陽熱等のローカルエネルギーの利用技術の開発・利用を積極的に進めていくべきこと、緑資源としての森林、里山、入会林野と農業、農家生活との密接な関係の維持の必要等が主張されており、興味深い。

こうした検討を経て、翌1984年農振法改正法案が閣議決定され、国会に提出された。主な内容は、①既存の農業振興地域整備基本方針（都道府県知事）と農業振興地域整備計画（市町村）の内容に、農用地等の効率的かつ総合的な利用の促進、農業従事者の安定的な就業の促進、農業構造の改善を目的とする生活環境の整備に関する事項を新たに追加し、必要な地域において農業の

---

(10) 農地制度資料編さん委員会『農地制度資料　第1巻　農地転用・農振制度等の改正㊦』（農政調査会、1997年）19頁以下。

(11) 同上、23頁以下。

振興と林業の振興との関連について定めること、②林地等の農用地開発適地の開発、および良好な生活環境を確保するための施設等の用地の生み出しのための交換分合制度の新設、③農業用施設の適切な配置を内容として締結する協定制度と、農業用用排水路、集会施設等の維持運営を内容として締結する協定制度の新設、である。

　しかし実際に法を施行するにあたっては、他省庁の権限との関係から制約が課せられた。例えば国土庁や建設省との関係では「農業従事者の安定的な就業の促進」は、企業の工場または事業所を設置すべき場所の決定、それらの造成を含むものではないことが、また運輸省や厚生省との関係では、「良好な生活環境を確保するための施設」には、運輸省所管の事業に係る施設や、厚生省所管の事業に係る社会福祉事業施設、保険衛生施設、医療施設の整備をふくむものではないこと等が、覚書として取り交わされている。さらに適正な配置を内容として締結する協定の対象となる施設は、農産廃棄物処理施設、堆肥舎及び畜舎であることが厚生省との間で確認されてもいる[12]。生産と生活と自然の統合的管理、その管理主体としての農家と非農家の統合、といった理念が既に打ち出されていたものの、その制度化は、縦割り行政の壁に分断され実現困難であった。

V　集落地域整備法

　1980年代半ば、建設省は都市開発が経済社会活動の中心であるとして、これを民間活力の最大活用を通じて活性化する規制緩和を重要課題と位置付け、建設部会規制緩和検討小委員会を省内に設置し、市街化区域、市街化調整区域双方における規制緩和を検討の対象とさせた[13]。委員会は、現行の市街化調整区域における厳しい開発規制は、スプロール圧力が高くない地方中小都市には適合せず規制緩和が必要であり、宅地開発事業者に対する過大な負担を軽減すべく、開発許可手続きの迅速化、合理化を推進し、宅地開発等指導要綱によ

---

(12)　同上、172頁以下。

(13)　農地制度資料編さん委員会『農地制度資料　第4巻　都市圏における土地対策の展開[上]』（農政調査会、2000年）14頁以下。

第4部　都市法と農地・農業　319

る指導の行きすぎ是正の徹底が求められている、という認識を示した。そして線引き見直し推進による市街化区域の拡大、開発許可制度の見直し（市街化区域の設定編入要件の緩和、既存集落の開発整備（既存集落内居住者の自己用住宅、分家住宅、小規模工場）等）を提言した。

　この提言に対し農水省は、提案された線引き制度と開発許可制度の見直しについては、都市計画法第7条の「線引き制度の趣旨」を逸脱し、同条を空文化するものと批判した。他方集落の整備については、その必要性を否定しないが、内容、手法について両省の調整を要するというスタンスを明らかにした。農振地域内の農用地区域以外の地域（農振白地地域）が積極的な意味づけを与えられておらず、地域によっては白地地域内において宅地開発が進み、営農面と居住環境面で支障（農家と新住民の対立等）が生じていること、他方農家の軒先まで農用地区域を設定して農振白地を過少としたため、集落内の農外の土地需要に対応できず、このことが集落発展の阻害要因ともなっていることを農水省も認識し、集落内部の整備について対案を出していく方針がとられた[14]。

　混住化が進む集落において農業経営の継続を希望する者、離農する者、近い将来離農予定の者という意向別に農地をまとめ、白地であっても土地改良投資を入れて基盤整備をする農地と、宅地化する農地を区別して、前者を集落周辺に配置し、後者を集落に隣接する場所にまとめるといった作業を圃場整備や換地の手法を通じて実施する必要が認識された。その場合、集落内の非農家の増大に伴う都市整備について農水省は手が出せず、農家と非農家の双方、住民全体が受益する事業は、農水省だけではできない。そこで建設省との協働が必要と意識されたのである。

　こうして農水、建設両省共管法として集落地域整備法が制定されることになった。同法により市町村は、都市計画区域と農業振興地域内に存在し、営農条件と居住環境の確保に問題があり、かつ住戸規模が相当数以上あり拠点性をもつ地域について、集落地区計画と集落地区整備計画（道路、公園、その他施設の配置と規模、建蔽率、高さ制限等）を都市計画として定める一方、集落農業振興地域整備計画を定め、土地の農業上効率的な利用、生産基盤の整備開発ならび

（14）　構造改善局「農業集落の整備について（案）」「農業集落整備に関する今後の取り進め方について」同上、19頁以下。

に農業近代化施設および生活環境施設の整備に関する事項を書き込む。区域内の地権者は、全員合意により、農用地の保全および利用に関する協定を締結して市町村長の認定を受けることができる。協定区域内の一団の農用地の所有者は、その区域を農用地区域とすることを市町村に要請することができる。

同法適用の対象地域としては、約100ha、150戸規模の、5,000ないし6,000集落が想定され、全農地面積の10%をカバーするという計算だった。集落地区計画、地区整備計画は建設省所管で、集落農業振興地域整備計画は農水省所管である。両省は、両計画を一体として定めること、一方のみを定めることがないようにすることを覚書で締結している[15]。

このように本立法は建設省サイドによる市街化調整区域の開発規制の緩和という動機から出発したものの、農業生産条件の改善を目的とする土地改良事業と生活環境の改善を図る土地区画整理事業の合体という建付けに帰結した。問題は両者をどう結合させるか、であった。これについて北村貞太郎は「一般に農村では住民の居住部分である集落を中心に土地が分散している。その分散状況と土地所有者の位置関係はいずれの土地所有者も集落中心から同心円に従って外部に適当に分散して所有するようには必ずしもなっていない。ある土地所有者の土地が集落周辺に、またある人の場合には集落外縁部のみに土地が分散する場合がある。……このような農村集落における土地所有状況の実態を無視して、もし集落地域整備法でみられる手順で集落地区計画領域の土地整備と集落農振計画の土地整備を別々に実施し、前者では土地区画整理事業、後者は土地改良事業を別々に実施するとすれば、集落近傍土地所有者の土地と集落外縁部の土地所有者との土地変換の自由度はやや制限を受けることとなる。したがって、……事業に当たっての土地整備に関しては何らかの型で一つの事業で実施し、土地整備に伴う換地処分を集落近傍農地と集落外縁農地の変換に自由度をもたせて、一体的に実施する方式をとらない限り成功しないであろう。」と予想した[16]。

県レベルの集落地域整備基本計画の下に両計画を一体化すると言っても、あ

---

(15)　同上、116頁以下。

(16)　北村貞太郎「都市・農村計画法へのアプローチ」農村計画学会誌6巻2号（1987年）4頁以下。

くまで両者は別個の事業計画として概念化されたことに変わりはなく、両事業計画が別々に立てられ実施されることが前提である限り、地域にとっては甚だ使い難い制度となった。一個の事業計画の下に集落整備を実施するという制度が実現されなかった背景には、縦割り行政の下で、一方における規制緩和による開発促進と、他方における農村生活環境の整備ならびに農地保全という相異なる利害への相互警戒感が根底にあったからではないかと思われる。

VI　新政策、食料・農業・農村基本法制における都市と農村

1　その後都市と農村の関係については、農水省の政策文書「新しい食料・農業・農村政策の方向」(1992年、以下新政策と略記) において、「農林業をはじめとする産業活動の振興を図ることを基本とし、生活環境や景観を整備し、伝統・文化を育み、医療、福祉を充実させることにより、農村地域の活性化を図り、国土・環境保全、保健休養などの多面的な機能を発揮させていくことが重要である。そして、このような農村と都市が相互に補完し合い、共生していくことが国土の均衡ある発展につながる。」という展望が示され、「地域農業の中心となる経営体と土地持ち非農家、小規模な兼業農家、生きがい農業を行う高齢農家などが相互に連携し、役割分担」する農業生産構造を支えるために、「生産基盤と生活環境の一体的整備などを契機として、土地利用区分を明確化し、土地の面的管理を適正に行う仕組みを整備」するとした。

2　他方「ウルグアイ・ラウンド農業合意関連対策大綱」(1994年) が、農業基本法に代わる新たな基本法の制定に着手する方針を打ち出したのを受けて政府は、翌年「農業基本法に関する研究会」を設置した。その報告書[17]は、農業基本法による農政を総括したうえで、国民の価値観の多様化が農政の期待にも反映して意見の対立が見られるとしつつ、生産コストの低減を伴う生産性の高い農業生産を可能とするような農業構造の実現を今後の課題として掲げ、

---

(17)　農地制度資料編さん委員会『農地制度資料 (平成16年度)　第4巻　新基本法農政の推進と農業経営の法人化(上)都市圏における土地対策の展開(上)』(農政調査会、2005年) 54頁以下、但し抄録。

株式会社を含めた新規の担い手育成に関する議論の必要を提起した。この観点から農業者と集落の関係について、「集落機能を活用した従来の政策実施は、個々の農業者の意向が常に集団内における協調原理との調整を経た上でしか反映し得ないこととなり、農業者の自主性と創意工夫の発揮を制約する面を有していた」、「集落内部では農家自体が均質的なものから分化し、それに伴って個々の農業者の利害・関心と価値観の多様化が進んでいる。このような状況の中で、集団としての協調よりも個の利益を優先させようとする動きも見られる等、個と集団との関係には様々な問題が生じてきている」との認識を示し、自由な経営展開を推進するため市場原理の一層の導入を図る必要があるとした。また新政策における「農業の多面的機能」の重視についても、その実現にかかるコストの側面から、これを相対化する視点も打ち出している。農村地域振興に関しては、従来のような農林業振興や都市との格差是正に重点を置いた生活環境の整備のみならず、都市住民等にも開かれた特色ある快適な農村空間を創出していく観点から、地域全体の活性化や農村の整備を進める必要があるが、それは農林業施策のみによっては実現できないとして、「中小都市と周辺の農村を地域として一体的にとらえ、その人口や産業・社会活動を積極的に維持し、地域全体としての振興を図るという地域構造政策の視点を、農林業施策と各種施策の総合的な推進」にいかに具体化するか、という問題を提起した。

　この報告書は、新しい基本法制定に向けて、旧基本法が前提していたものとは異なる農村社会像、また新政策における「専業農家、兼業農家、土地持ち非農家、生きがい農業高齢農家が役割分担し、相互連携するような農業生産構造」とも違う集落像の可能性を提起している点、また農業の多面的機能発揮と生産性の向上は必ずしも両立しないことを指摘する点、株式会社を農業の担い手として検討すべきことを提起した点で注目される。

3　1998年、総理大臣の諮問機関として設置された「食料・農業・農村基本問題調査会」はその最終答申で、「「計画なければ開発なし」との理念を踏まえ、農業的な土地利用と非農業的な土地利用との整序を図るとともに、土地利用と各種の施設整備が計画的に行われるよう、農村地域の土地利用に関する制度の見直しを行う」こと、「農村整備を計画的に進めていくためには、土地利

用に関する計画手法だけでなく、これに経済的な活力の向上と快適な生活環境の確保を目的とした生産・生活の両面での基盤整備を一体的に実施する事業手法を組み合わせ、総合的な整備を行うこと」が必要だとした。この課題提起は、集落地域整備法が目指していたこととほぼ重なるのであり、同法による政策展開がいまだ実現されていないことを表現してもいる。しかしこれに代わる新たな法的対応なり事業手法が具体的に示されることはなかった。

　答申を踏まえて政府が取りまとめた「農政改革大綱」（1998年）は、農業振興地域制度に関し、農用地区域の設定基準等を法定化すること、市町村農業振興地域整備計画を拡充して定期的に見直すこと、を内容とする農振法の改正を行うとし、1999年に同法が改正された。しかしこの改正は、食料・農業・農村基本問題調査会が提起した「計画なければ開発なし」の理念を踏まえた、農業的土地利用と非農業的土地利用の整序を制度化するものではなかった。

　4　農政改革大綱が、総合的農村整備について「①農村総合整備事業等における農村の活性化や都市・農村の交流の促進に資する整備と生産基盤整備の一体的な推進、②21世紀を見据えた総合的な農業・農村の発展基盤の整備を図るため、現行の構造改善事業に代わる新たな事業を創設」するとしたのを受けて、その検討を行う「新たな経営構造対策研究会」が設置された。

　ここでの検討内容は、「効率的・安定的な経営体が地域農業の相当部分を占める農業構造を確立するため、地域全体の取り組みとして新規就農の促進、認定農業者の育成、法人経営への発展等担い手の確保・育成を行うことを目的とした経営構造対策を創設する」ことだった。農業者を中心に、市町村、農協、農業委員会、普及組織、消費者団体、食品・外食産業、地域住民等により構成される、地域マネジメント組織を立ち上げ、地域の合意形成を通じて①認定農業者の育成、②担い手への農地集積、③遊休農地の解消、に係る目標を設定し実現する、また地域農業に複合アグリビジネスの導入を図るため、総合メニュー方式により、生産・流通・加工・情報・都市農村交流等を一体として構築することができるよう複数施設の組合せによる事業展開を促進する、といったソフトとハードの両事業内容が考案された。ソフト事業の実際は、認定農業者を育成するための機械導入や施設設置のハード事業の中身についての合意形成で

あった[18]。この事業は、2000年から2004年まで農業経営対策事業として展開された。「専業農家、兼業農家、土地持ち非農家、生きがい農業高齢農家が役割分担し、相互連携する」という「新政策」が打ち出した農業構造の具体化の中身は、このようなものであったことが分かる。

Ⅶ　都市計画法からまちづくり法へ

　都市計画法の市街化調整区域における厳しい開発規制により開発抑制がめざされたものの、ゾーニングの緩さや、非線引き都市計画区域の存在、モータリゼーションなどが相まって、郊外での大規模商業施設の乱立、想定されていなかった商業地のスプロールが発生し、農地転用を加速させたのみならず、中心市街地の衰退を招くことにもなった。この事態に対処するため、1998年と2000年に都市計画法が改正され、未線引き規制白地や都市計画区域外に開発規制、建築用途規制が導入され、地区計画制度が改善される。

　また日本社会は「人口と産業が都市へ集中する『都市化社会』の段階から、都市化が落ち着いて産業、文化等の活動が都市を共有の場として展開する成熟した『都市型社会』への移行」[19]期に入り、「都道府県や市町村が、地域住民と一体となって、地域特性に応じた個性豊かな都市の整備と次世代に残すべき貴重な環境の保全に、本格的に取り組む環境が整ってきている」[20]との認識の下、「都市計画は国家高権に属する」という従来の原則が相対視され、市町村権限が強化されて、「まちづくり3法」（大規模小売店舗立地法、中心市街地における市街地の整備改善及び商業等の活性化の一体的推進に関する法律、改正都市計画法）が立法され「都市計画法からまちづくり法へ」[21]という方向が目指されるようになる。

　市町村が条例で定めることにより、地権者等で構成される「まちづくり協議

---

(18)　平成16年10月総務省行政評価局「農業経営構造対策に関する行政評価・監視結果報告書」。

(19)　都市計画審議会基本政策部会中間取りまとめ「今後の都市政策のあり方について」（1997年）。

(20)　都市計画審議会基本政策部会第二次答申「今後の都市政策は、いかにあるべきか」（2000年）。

(21)　小泉・前掲注(2)209頁以下。

会」等が地区計画案を作成し、それを市町村へ申し出る制度が導入された。これは従来もっぱら行政が主体として作成してきた計画案に、住民が個別に意見を表明するという住民参加制度とは異質のものである。「まちづくり協議会」はまちづくりに関して必要なことを意思決定し、これをもとに市長と協定を結ぶことができ、またその内容は地区計画に反映される。住民組織たる協議会が形成する地区の一般意思＝事実上の公共性は、条例という制度的媒介により制度上の公共性＝国家意思に高められ、国家の強制力に裏打ちされる。換言すれば協議会に組織された住民達は、国家とならぶ公共性の担い手となり、隣人の私的利益を権力的に制約することができる[22]。農業サイドでは、利用権等設定促進事業、農用地利用改善事業が類似の制度として存在する。「まちづくり協議会」にせよ、農用地利用改善団体にせよ、それらは国家（＝市町村）でもなく市場でもない、その両者の間に位置する社会的中間団体であり、当該地区や集落の公共的意思を形成してその意思を対外的に表示し、国家的意思へとつなぐ主体として位置付けられる。

Ⅷ 「土地利用調整条例」構想

2002年5月、農林水産省は「『食』と『農』の再生プラン」を公表する。BSE問題、食品虚偽表示問題等に直面して、食の安全に対する国民の信頼を回復するという課題を意識して構造改革に取り組むプランだった。その中に「都市と農山漁村の共生・対流」関係が位置付けられ、その文脈で「農山村地域の新たな土地利用の枠組みの構築」という提案がなされた。「住民参加による地域づくりと里地・里山の適切な保全を進める中で、農業や農地への多様な関わり方が可能となるよう、法律による諸規制から、市町村の土地利用調整条例を基本とした新たな枠組みに移行することを検討する」というものである。

このプランに先立って、2001年に農水省農村振興局長の私的研究会「農山村振興研究会」が立ちあげられた。この研究会は、都市と農山村の共生・対流を通じて農山村の魅力の保全と活用を図るための施策を研究するものだっ

---

(22)　名和田是彦『コミュニティの法理論』（創文社、1998年）。

た[23]。都市民が農山村に来るためには、生活環境、都市的サービス機能を提供するための整備をする必要があるが、これは農山村の自然環境や美しい景観の維持保全、農山村のライフスタイルと対立する可能性をはらんでいる。これを両立させるための自立的な新たなコミュニティーを形成し、広域的な役割分担と連携に基づく効率的な共通社会基盤の整備、住民参加により秩序ある土地利用の実現を図る課題をテーマとしている。新たなコミュニティーとしては、旧村ないし小学校区の単位が考えられ、その圏域の中で中心集落を位置付け、そこに行政サービスを一か所で受けることが可能な拠点施設を整備して、周辺集落からのアクセスを確保する。また効率性の観点から、旧村単位のコミュニティーにあらゆる機能を整備するのは現実的でないので、公共施設の共同設置・共同利用など周辺地域との広域的な役割分担と連携により、施設整備の重点化・効率化を図っていく必要がある、としている。後のコンパクト化、ネットワーク化の考え方が既にここで提起されている。

　また土地利用のあり方も検討しており、ミクロなレベルで総合的な土地利用の方向付けを行うことが重要だとし、農地法や農振法といった「個別法の規制にもっぱら依存するのではなく、例えば、市町村と土地所有者、あるいは市町村と地域住民との間で合意を経たうえで農林地の保全に関する契約・協定を締結することを通じ、土地所有者が自発的かつ積極的に農林地の保全に取り組めるような安定的・継続的な枠組みを導入することを検討する必要がある。」とした。国家法による規制から、条例ならびにその中で位置付けられる契約的手法による農林地の保全への移行の検討が提案されている。土地利用を、マクロレベルの国家法による規制から解放し、ミクロレベルの条例や地権者の協約に委ねようという発想が明瞭に読み取れる。

　同年さらに農水省振興局の下に「農山村地域の新たな土地利用の枠組み構築に係る有識者懇談会」が設置された。懇談会において振興局は、個別法に基づく土地利用計画は総合的な土地利用調整を図るものとなっておらず、農山村固有の土地利用上の課題に対応するには限界がある、という認識を示し以下の検討課題を提起した。

---

(23)　農地制度資料編さん委員会『農地制度資料（平成17年度）　第5巻　新基本法農政関連立法と土地利用システムの検討(下)』（農政調査会、2006年）73頁以下。

(1)市町村条例に基づき住民合意の下で地区の土地利用計画を策定し、ア）効率的な農業利用を行うエリア、イ）多様な主体が、多様な形態で、農地としての利用を行うエリア、ウ）田園住宅を建てるエリア、エ）森林として管理するエリアを区分する。

(2)地区内の農地等所有者が、地区内の農地について、ウ）以外は農地として保全・利用すること、ウ）については転用することを内容とした地区協定を締結する。

(3)市町村が、農地等保全に資すると認め、地区協定を認可した場合には、協定内の農地について、農地法の権利移動、転用規制、農振法の開発行為制限等を適用除外する。認可を受けた地区協定には、承継効を付与する。条例で法律の規制を外すことはできないという前提から、土地所有者による農地保全に関する協定を締結させることにより、協定内の農地をフリーハンドにするという提案である。

ここで議論の焦点となったのは、「協定内の農地について、農地法の権利移動、転用規制、農振法の開発行為制限等を適用除外する」ということの是非だった。

このような制度を設けることは、市町村の判断によって任意に農地取得の自由化ができる特区を設定することができることと同じことであって、条例と協定で国家法による土地規制の変更や修正ができる根拠づけが可能か、という強い疑念が委員から出された。また農地法や農振法の適用から除外された農地につき、自発的、主体的な契約や協定で自ら縛るのだから規制の自主的強化となるという主張に対しては、その協定の違反に対する抑止効果は、せいぜい民事法上のそれに止まるのであり、判断が甘い、という批判が展開された[24]。

地方分権推進が声高く唱えられた時期、法律から条例への移行が肯定的に語られた背景の下で、条例＋協定による法律の適用除外という大胆な提案が農水省振興局からなされたが、結局法案化されることはなかった。分権化が直ちに規制緩和を意味する提案内容については受け入れられなかったのである。しかし都市法制と農地法制の縦割りをコミュニティー＋市町村のレベルで統合しよ

___

(24)　前掲、406頁以下。こうした方向で議論をリードしたのは、原田純孝委員だった。

うという考え方は注目される。この発想は、例えば神戸市等で実践されていた実際例に着想を得たものだった点が興味深い。都市法の領域で展開された都市計画法からまちづくり法への転換として観察される変化も、地域社会の取り組みを前提とするものだった。

Ⅸ　「コンパクト化」と「ネットワーク化」

　従来の都市法が、人口増加、経済成長を前提としていたのに対して、2000年代に入ると、人口減少・高齢化、低成長下での縮小都市を想定する都市法への転換が議論されるようになる。例えば社会資本整備審議会では「広域的都市機能をはじめとする各種都市機能が、無秩序に、薄く拡散していくと、提供する機能ごとに都市の「中心」が散在する状態となり、かつてあった都市の「中心」が空洞化していく」という状況認識が示され、これに対して「都市圏内の一定の地域を、都市機能の集積を促進する拠点（集約拠点）として位置付け、集約拠点と都市圏内のその他の地域を公共交通ネットワークで有機的に連携させる「集約型都市構造」を実現する」ことが提案され、集約拠点を「選択」し、都市機能の整備をそこへ「集中」する方向が示された[25]。

　この方向での施策として導入されたのが、定住自立圏構想や連携中枢都市圏構想である。これらは、市町村合併や広域行政の展開と異なり、圏域や機能の設定を、国や都道府県に委ねるのではなく、一定の要件のなかで中心市と近隣市町村が協議して、一対一の関係において圏域と機能の設定を自主的に決めるというものである。連携中枢都市圏構想は、2014年の「まち・ひと・しごと創生法」（以下「地方創生法」）に基づく「まち・ひと・しごと創生総合戦略」で新たに登場した。「コンパクト化とネットワーク化を効果的に進めることができる連携中枢都市に、近隣市町村を含めた都市圏域全体の経済牽引や高度・専門サービスの提供を義務づけると同時に、それにふさわしい重点投資（包括的財政措置）をしようというのが連携中枢都市圏構想の骨子」[26]である。以前の定住自立圏構想にあっては、多くの自治体が中心市となることができ、

---

(25)　社会資本整備審議会『新しい時代に対応した都市計画はいかにあるべきか　第一次答申』（2006年）。

個々の自治体のインセンティブ向上に一定の効果はあったものの、限定的な財政措置が広範囲に講じられることになり、中心市に期待された政策効果が減退し、定住自立圏構想に取り組まなかった指定都市や中核市が少なくなってしまった。これに対して、連携中枢都市圏構想にあっては、大都市要件を満たす中枢都市へ集中的に包括的助成措置が講じられるのであり、この点に期待がかけられている[27]。

　他方「圏域では、連携中枢都市へのひと、もの、しごとの集積が促進され、連携市町村の役割が生活関連機能に限定される結果、連携市町村の区域の空洞化が進行するおそれ」[28]が懸念されてもいる。また「自然災害が続発するなかで、仮に人口20万人以上の中心都市に行政投資や人口を集めた場合、国土面積の9割を占めている小規模自治体に対する行政投資が減少し、災害リスクを高めることは明白」であり、このような「「選択と集中」による地方制度改革を通して、「住み続けることができない地域」が広がっている」という指摘もなされている[29]。増田レポートに端を発する地方からの撤退、撤退した人々が大都市圏へ一極集中するのを避けるための防波堤として中枢都市が位置付けられたという見方もできよう。仮に地方制度がこの方向に則して設計、推進されていくことになれば、「都市と農村」をめぐる議論は、農村に定住者がいることを前提とした従来の立論とは全く違った展開となるであろう。

X　「永久農地指定」と「農地法廃止」

　土地の農業的利用と非農業的利用を如何に整序するかの問題に対して、現行農地制度の存在を前提とした議論とは区別される、農地制度の改廃を包摂したアプローチが存在する。古くは田中角栄『日本列島改造論』が提起した「永久農地」論がある。総合的な土地利用計画の下に、農地を住宅用地、工場用地等

---

(26)　辻琢也「連携中枢都市圏構想の機制と課題――超高齢・人口減少社会のまちづくりを誘導する新しい地方行財政制度」日本不動産学会誌29巻2号（2015年）49頁以下。

(27)　辻・前掲注(26)。

(28)　本多滝夫「連携中枢都市圏構想からみえてくる自治体間連携のあり方」住民と自治2016年4月号11頁。

(29)　岡田知宏「「地方創生」をめぐる矛盾と対抗」農業法研究52（2017年）16頁。

へ転換する面積を定め、残った農地を「永久農地」とし、これに集中的に公共投資をするとともに農地法を廃止して農地取引を自由化するという提言である。

基本的にこの提言に近い考え方が、例えば先述の（Ⅷ）「農山村地域の新たな土地利用の枠組み構築に係る有識者懇談会」と併行して開催された「経営の法人化で拓く構造改革に係る有識者懇談会」における議論にも伺える[30]。農地として利用すべき土地とそうでない土地をゾーニングによって区別し、転用規制を強化する。入口規制はなくし、適正に農地が耕作されているかを事後的にチェックするシステムを導入する。適正な耕作の要件を「良好な耕作の原則」としてコード化する、という主張である。

また2008年に公表された、「民主党農林水産政策大綱農山漁村6次産業化ビジョン〜農林漁業・農山漁村の再生に向けて〜」も明確に農地政策をこの方向に位置付けた。①意欲ある者が幅広く農業に参入できるようにし、農業の一層の活性化を図るため、土地の所有権等の権原については、「公共の福祉」が優先することを前提とし、農地の所有権をはじめ権原により利用する者に対して農業経営の観点から、「耕作等農地の有効利用を行う義務」を賦課するとともに、農地以外の用途に転用することを厳格に規制し（出口規制）、できる限り参入規制（入口規制）を緩和する。②この制度改革が可能となれば、現在の「耕作者主義」を前提に農地の利用等を規制する「農地法」とそれを前提に農地の利用集積等のために農地の規制を緩和するための「農業経営基盤強化促進法」等の二本立ての制度を維持する必要はない。③農地について、一筆毎に規制する方式に代えて、農業経営の観点から有効利用を図るため、ゾーニング規制の方式を基本とする制度に転換する。④現行の都市計画法や農業振興地域整備法という縦割りの土地利用計画と農地転用規制の運用の甘さが無秩序な農地転用や転用期待を増幅させた面があることにかんがみ、地域住民参加型による農業的土地利用（農業振興地域整備法）と非農業的土地利用（都市計画法）とを一体化した総合的な「都市・農村地域土地利用計画制度」（仮称）を創設する。「都市・農村地域土地利用計画」の策定・変更に当たっては、地域住民が参加

---

(30) 農地制度資料編さん委員会『農地制度資料（平成18年度） 第6巻 構造改革特区・農業経営基盤強化促進法の改正(上)』（農政調査会、2007年）45頁以下。ニュアンスに若干の差はあるが、生源寺眞一、神門善久、本間正義、岸康彦各委員に共通する考え方。

第 4 部　都市法と農地・農業　331

し、議論を積み重ね、合意形成が図られた上で行うこととする。この制度は、
先に見た農水省農村振興局の「土地利用調整条例」の発想に近似するものと思
われる。

XI　展望

　以上に概観した農業的土地利用と都市的土地利用の統合の課題への取組の経
緯を踏まえて、今後を展望するに当たり、考察すべき論点を整理しておきたい。

　1　両土地利用の衝突をいかに制御するかの課題が発生した 1960 年代以降
世紀末までの経済社会的状況が今日大きく変化したことをまず前提としなけれ
ばならない。少子高齢化、人口減少、経済低成長の時代にあって、市町村消滅、
農村消滅という、いわゆる増田レポートの予測が、市町村に衝撃を与え、農村
を「たたむ」選択を暗に強い、選択と集中の地方政策の中で、ますます農村の
空洞化が進行する恐れがある。実際農山村の空洞化は進行しつつある。それを
小田切徳美は、「人・土地・むらの三つの空洞化」として分析している[31]。土
地の空洞化とは、人の空洞化に伴う耕作放棄地の発生をさす。今日、それはさ
らに所有者不明の農林地の増大の問題に拡大しつつある。
　他方で、今日人びとの「田園回帰」と呼べる農山村への新たな関心も存在す
る。農水省内に設置された「農山村振興研究会」（VIII）が、農山村の魅力の保
全と活用を図るための都市と農山村の共生・対流を通じた施策の研究を組織し
たのも、都市民のこの新たな関心に注目したからにほかならない。都市民の関
心を通じて農村の活性化を図るという発想は、以前にもあった。バブル経済を
背景とした外部資本主体のリゾート開発による「地域活性化」である。周知の
ようにバブル経済が崩壊すると地域の活性化どころか、国土の荒廃が爪痕のよ
うに残った。その反省の上に地域の内発性を原則とする、地域の実情を踏まえ
多様性に富んだ総合的「地域づくり」への転換、人口減少を前提として「地域
運営の仕組みを地域自らが再編し、新しいシステムを創造する「革新性」」を

（31）　小田切徳美『農山村再生』（岩波書店、2009 年）。

備えた「地域の新しい仕組みづくり」としての「地域づくり」への転換が見られるようになる[32]。ここでは農山村と都市との対流も、地域が主体となって編成されるであろう。

このように農業的土地利用と都市的土地利用の整序問題は、都市的土地利用の圧力に抗して農業的土地利用を防御するという局面から大きく変化していることが前提として認識されねばならない。農山村の空洞化が進行する中で、むしろ外の力を取り入れながら「地域づくり」を行う一環として、総合的な土地利用整序の課題を位置付け直すということである。

2 課題をこのような文脈の中に位置付けると、農業的土地利用と都市的土地利用の整序のあり方を考えるにあたって、両土地利用を規制する農地法制と都市法制の制度上の統合を法律レベルで考えるよりも、現に社会で試行錯誤されている「地域づくり」の実践的活動から学ぶことがまずもって重要だということになる。農水省地域振興局の「土地利用調整条例」構想（Ⅷ）もいくつかの実践活動から着想を得ていたように見受けられる。そこでも取り上げられていた、神戸市の「人と自然との共生ゾーンの指定等に関する条例」が注目される。これは集落を中心として構成される「里づくり協議会」が「里づくり協定」を締結して土地利用のあり方等を決めると、市長はこれを尊重して支援する、という仕組みである。「土地利用調整条例」構想を検討する有識者懇談会のメンバーであった原田純孝委員は、この仕組みを「要するに、個別法の規制を所与のものとして受け止めたうえで、それの運用と適用の方針を住民参加と住民の合意形成の手続を基礎として市町村のリーダーシップのもとで積み上げ決定していく。そうすることで、市町村レベルで、縦割りの個別法の規制を総合的に運用する基盤を整える。そのための条例を用意していく」ものと評価した。すなわち、縦割りになっている法の運用・適用を運用主体である市町村のレベルで、地域の意思に基づき統合するシステムが形成されている、と分析したのである[33]。

都市における「まちづくり協議会」に類似の「里づくり協議会」等が首長に

---

(32) 小田切徳美『農山村は消滅しない』（岩波書店、2015 年）。

(33) 前掲注(23)403 頁。

よって認定され、農業的土地利用と都市的土地利用の調整がそこでの協議内容の一環として位置付けられ、その内容が協定として締結されると、首長は協定内容の実現に向けた活動に協力し、これを支援する。しかしここで注意しなければならないのは、「里づくり協議会」等が締結する協定と、その根拠を与える条例が、国家法を代替することを意味するのではなく、国家法を前提としつつその運用・適用のあり方がここで工夫されているということである。農業的土地利用と都市的土地利用を地域における法の運用段階で統合するという発想は、両法制の統合というテーマを考える上で、大きな手掛かりを与えるものということができる。

　神戸市で「里づくり協議会」という名称を与えられた組織の実体は、農業集落である。協定を締結して土地利用秩序を定める主体としては、集落内の土地の権利者が中心となるからと思われる。しかし前述のように「地域づくり」を実践するうえで、外からの力の導入を考えるべき状況にあって、そのメンバーをどのレベルで受け入れるかは考慮を要する問題である。小田切徳美は「地域づくり」は都市住民や、NPO等も受け入れられる仕組みをもつような「革新性」が求められているとし、その受け入れ主体を、旧村レベルで作られる広域コミュニティー（手作り自治区）としている[34]。これを「地域づくり」の「攻め」と位置付けるとすると、集落レベルの「里づくり協議会」は「守り」を担当する組織ということになろう。

　さらに里山、森林、水等の自然資源に関わる、水利組合、入会団体、生産森林組合、財産区等の既存組織を、統合の視点から、農地を管理する組織と如何に再編するのか、の課題もある。外部に開かれた「攻め」の組織と、地権者・定住者を主体とする「守り」の組織をどのように連携させて、農地にのみならず、里山、森林、水等の自然資源を有機的、総合的に利活用する中で保全するか、検討すべき論点である。

3　地域での取り組みを出発点として考えると同時に、法制を如何に展望するかの課題にも当然取り組まなければならない。その際の思考の出発点になる

---

(34)　小田切・前掲注(32)77頁以下。

のは、土地所有権をどのように理解するかという根本の問題ではなかろうか。

　日本においては農地以外の土地に対する所有権は一般に自由で絶対的な権利として構成されてきた。土地の上で建築する事については本来的に土地所有権者の自由であって、場所によっては、その自由な土地所有権に対して法律上の規制が外部から課せられるものの、あらかじめ法律によって内容上の規定があたえられているとは観念されない。

　これに対してドイツにおける土地所有権についてみると、地区詳細計画が妥当する範域（連邦建設法典第30条）にある土地と、連坦建築地区内（同法第34条）の土地の上でのみ、建築物の建設、改築、利用変更、広範囲にわたる盛土、掘り崩し、鉱床を含む掘削、廃棄が可能であり、それ以外の建設抑制地域Außenbereich（同法第35条）における建物の建設等は許可なくなしえない。換言するとドイツにおける土地所有権の内容は、この連邦建設法典という法律によって建築の自由が排除されたものとして構成されているのである。

　日本国憲法も29条で財産権（所有権）を一般的制度的に保障し、同時にその内容については立法者の決定＝法律に委ねた。戦後の農地改革とその成果を固定する農地法は、他者労働の成果の領有を保障した地主的所有権を、自作農創設を通じて廃棄し、生産者がその労働生産物を自ら手にすることを可能とする農村経済秩序と、それを支える新しい農地所有権を作り出した。1952年農地法、ならびに70年改正法は、古い農地所有権の内容を廃棄し、経営と労働の一体的主体が農地を利用する新しい権利（耕作者主義）を創出した。こうして日本でも農地所有権については、その内容が法律（農地法）によって直接与えられている。自作農主義と特徴付けられる1952年農地法上の農地所有権も、1970年改正により耕作者主義と呼ばれるようになった農地賃借権も、取得農地全部に対する耕作や養畜（経営）と農作業常時従事（労働）を同時にこなす者のみをその主体として想定している。これに立法者が込めた意図は、左うちわで他人をあごで使う羽織百姓の出現を許さないということだった。経営と労働の分離を回避し、両者が一体化した個人や法人（農業生産法人）だけが農地に対する権利（所有権、賃借権等）の主体たり得るということである。このことの含意を敷衍するならば、次のようになろう。

　農地法3条の農地にかかる移動統制は、土地が農業的に利用され続けるか否

かに着眼して移動の可否を判断するものではなく、権利取得者である人に着目するものだということである。農地法4条、5条で転用規制がなされているから、それを強化すれば農地を農地として維持できるので、3条の入口規制は不要であるという議論があることは既に見てきたが、3条は農地としての態様ではなく、権利取得者と農地の関係のあり方を具体的に規律するものである。つまり本来絶対的で自由な所有権が農地にも存在していて、これを農地法が外から規制している、のではなく、農地という具体的所有客体の主体が具体的に規定され、主体と客体の関係もまた具体的内容として与えられているということである。農地所有権の内容をこのように理解すると、この所有権は次のような社会関係を形成する基礎となる。

(1) 経営と労働の一体性は、他者の指令に基づく他律的労働とは異なり、経営に関する自己決定の下でリスクを負いつつも、自己確証、自己実現としての自律的労働を可能とする。地域に伝承された農法の修得と経験と才覚を総動員した即座の判断が、気候の変化にアドリブ的に即応する農作業と結合する。ECマンスホルトプランへの対案を作成したプリーベ教授が、農業に最も適した経営形態は、経営と労働が一体化した家族経営か、その延長上にある協同経営体であるとする所以である[35]。

(2) 経営と労働の一体性が求められているということは、農地の取得者は、農地の近傍に居所を構え、そこに生活の拠点を持たなければならないということを同時に意味する。農地は生産の場であると同時に生活を形成する場でもあり、ここに生産と生活の一体性が求められ、定住が確保される。これは日本の農地法だけではなく、例えばスイスやオーストリアにおける農地取引法にも同様の規制を見いだすことができる。

(3) 農地取得者が農地の近傍で定住しながら生産に従事するということは、同時に地域社会の一員、担い手として地域の自然資源（農地のみならず、水、里山、森林等）の維持管理、文化・祭りの継承、死者との交流等を担う主体となることを意味する。農地の権利者と農地との関係性は、それを取り巻く共同的関係全体の中に埋め込まれているのであり、こうした総体的関係の中で行わ

---

(35) Hermann Priebe, Die subventionierte Unvernunft, 1985, Siedler Verlag

れる生産は、生産性、効率性といった経済的指標だけで評価されるものではない。近年自然保護の意味内容が問い直され、人の手の入らない原生の自然を守ることよりも、自然に対する人間の介入を前提として、両者の関係のあり方を問うことが自然保護を考えることだとする関係的自然保護論が提起されている[36]。これによれば、かつての人間と自然の総体的関係が、経済的関係（生産）と文化的関係（生活）に分断されたことが環境問題の原因であり、高度に発展した経済システムの中で両者の再統合をいかに実現するかを考えること、それが自然を保護することの意味内容だとされる。農地所有権が媒介する農業者と農地の関係性は、新しい自然保護論に大きな手がかりを与えるものということができる。

(4) 地域に定住する農地の権利者は、次代へ農地を引き渡すため、自ずと農地との関係を地力非収奪的に形成するようになり、持続可能な農業生産を誘導することになる。しかし実際には経営体の世代的継承が困難になり、耕作放棄が増大している。その原因は、農産物価格の低位性と所得補償の不十分性から、農業を継ぐ魅力が欠如しているからにほかならない。耕作放棄地に対する法的対応策の整備は、農業生産活動によって利潤が生まれる状態を前提とする規制であって、生産しても赤字になる状況では機能しないのは当然であり、それが農地法制の不備に起因するという議論は見当外れである。主因は農地政策ではなく農業政策のうちにある。

(5) 農地法制定当時の耕作者主義に関する立法者の意図は、耕作の成果を耕作者に帰属させることにあったが、その後食料・農業・農村基本法が制定され、農業の持続的な多面的機能発揮が、農政課題として掲げられるに至り、この新基本法制の下で農地法の耕作者主義は新たな意味を付加されたと考えるべきである。新法は、農業生産活動が自然界における生物を介在する物質の循環に依存し、かつこれを促進する機能を、自然循環機能とし、その維持増進により、農業の持続的な発展が図られなければならないとした。同時にこの自然循環機能の維持増進による農業の持続的発展の基盤となっているのは、生活の場で生産が営まれている農村であるという認識に立つ。生活と生産の一体性を求める

---

(36) 鬼頭秀一『自然保護を問いなおす——環境倫理とネットワーク』（ちくま新書、1996年）。

農地法3条、耕作者主義は、新基本法制が求める自然循環機能の維持増進による農業の持続的発展を担保する要件として、新たな位置づけを与えられたと考えるべきである。

　国家法としての農地法が充塡する農地所有権の具体的内容がもつ社会構築的意味は以上に見たとおりである。他方生産を担う主体の「生活」の局面での土地利用について農地法は何も定めてはいない。生産と生活が一体である以上、生産手段としての農地とその主体との関係を補完する内容が、生活手段としての土地所有権に与えられる必要がある。その内容を与える主体は、集落の定住者や地権者を中心とする地縁集団がさしあたり想定されるであろう。先に見た神戸市の「人と自然との共生ゾーンの指定等に関する条例」「里づくり協議会」「里づくり協定」の仕組み、すなわち協議会、協定、条例の組み合わせにより、土地利用の具体的内容が地域レベルで与えられるような仕組みが構築されるべきであろう。

　しかしその前提となるのは農地法制によって与えられた農地所有権の規範的内容構成である、というのが本稿の立場である。「農地と非農地のゾーン制による厳格な線引き」と、「農地ゾーンにおける耕作義務の導入により、入口規制（農地法による人的規制）とその規制緩和法である基盤強化法（傍点筆者）の二本立てを撤廃する」という、（Ｘ）で見た議論が存在する。これは農地の権利主体を抽象的法人格一般に解消し、農地に対する抽象的人格の関係のあり方について外から規制する（耕作義務を課す）という発想である。しかしこれは行政に対する過大な期待無くして成り立たない議論である。ここでも集落を主体とする中間団体の社会的自主管理の力が不可欠であろう。基盤強化法が農地法の規制緩和法だというのは表層的な理解である。後者が農業者と農地の持続的関係性を担保する規制法であるのに対し、前者は農地の集団的自主管理事業の展開を通じて集落の農地を面的に維持する事業法である。両者相まって地域の農地の維持管理が実現される仕組みであることが理解されなければならない[37]。

---

(37)　楜澤能生『農地を守るとはどういうことか』（農文協、2016年）121頁以下。

農業的土地利用と都市的土地利用の整序は、国家による農地所有権の内容規定を前提とし、その下で農村空間の設計に地域（ムラ）と都市民が協同で取り組む仕組み作りとして展望されるというのが、さしあたりの結論である。

＊本稿は、科学研究費基盤（B）「持続可能社会における所有権概念——農地所有権を中心として」（代表者・楜澤能生、平成 26 — 29 年度）の研究成果の一部である。

（くるみさわ・よしき　早稲田大学法学部教授）

農地制度運用における
農業委員会の地域的秩序形成機能
農業委員会法 2015 年改正を手がかりとして

緒方賢一

Ⅰ　はじめに
Ⅱ　農地法、農委法の変遷過程
Ⅲ　近年の農地制度の改変と 2015 年農委法改正
Ⅳ　農地の管理・利用における地域的公序形成に向けて
Ⅴ　結びにかえて

Ⅰ　はじめに

　財産権は公共の福祉に適合するように定めるとの憲法 29 条 2 項の規定を受けて、民法 206 条は、農地を含む土地等の所有権について、使用・収益・処分の自由を認めるが、同時にその権利行使の範囲は法令により制限されるとしている[1]。所有権を制限する法律としては、例えば都市部の宅地等であれば建築基準法や都市計画法、土地収用法等が挙げられ、本稿の検討課題である農地については、農地法、農業経営基盤強化促進法、農業振興地域の整備に関する法律（以下「農振法」と略記する）、土地改良法等があり、農地の権利の設定や移転、転用等に関して規制して、所有権を制限している。

　農地に関する法規制は、国や都道府県によってなされる場合もあるが、市町村段階に置かれる農業委員会での審議を経て許可等の決定がなされる場合が多くある。例えば農地法 3 条は、農地の所有権等の権利の移動について農業委員会の許可を受けなければならないと規定するが、具体的には農業委員会が開催

---

(1)　野村好弘「Ⅰ概説」川島武宜編『注釈民法(7)物権(2)』（有斐閣、1968 年）231 頁。

する総会において農業委員が個別具体的な許可申請等について審議し、その適否を決定する。農業経営基盤強化促進法15条は、農地の利用権設定等を受けたい旨の申出があった場合に、農業委員会が申出の内容を勘案して認定農業者等に利用権設定が行われるよう利用関係の調整を行うと規定する。農振法8条は、都道府県知事の指定した農業振興地域の区域内において市町村が農業振興地域整備計画を定めると規定するが、同法施行規則3条の2は、市町村が農業振興地域整備計画を定めようとするときに市町村長が農業委員会の意見を聴くものと規定する。土地改良法97条は、農業委員会が農地の交換分合計画を定めると規定する。

　こうした規制は、いずれも法令上の一定の基準に基づいて審議、調整、意見聴取、計画策定が行われる。従って、それぞれの農業委員会が法令と無関係な基準を設けているということはなく、同様の案件に対する決定が農業委員会によって異なるということではない。しかし、各農業委員会において農業委員が実際に審議等の一連の過程を進めていく中で、個別の案件の具体的状況の判断等、結論に影響する一定部分について、裁量の範囲内で各農業委員会独自の判断、決定プロセスが当然に生まれ、それらの判断、決定の一つ一つが積み重なって、一定の秩序が形成されている。農業委員会において、農業委員という地域内から選ばれた代表による審議等を経て結論を出すという形式を取ることによって、私的な事象が公と接し、公的な事象が私ないし個人あるいは地域社会と接して、それぞれがそれぞれから影響を受ける。農業委員会における審議、決定等によって、その地域の一定の法的秩序が形成されているとみることができるのである。

　農業委員会による区域内の農地に関する権限等は、1950年代から半世紀以上にわたる農地制度および農業委員会制度の変遷の中で、今日まで徐々に拡大、強化されてきた。しかし農業委員会は、2015年に設置の根拠法である農業委員会等に関する法律（以下「農委法」と略記する）が改正され、その組織が大きく変わった。2015年の農委法改正[2]は、2014年の規制改革会議実施計画[3]に基づいてなされた面があり、改正の趣旨を単純に説明することはできないが、

---

　(2)　法改正に至る経緯の詳細については、拙稿「農業委員会改革は農地法制をどこへ導くか」『農業と経済』2015年10月号（昭和堂、2015年）54頁を参照されたい。

組織の根幹を変更する大改正であったことに違いなく、農地制度の運用機関の実態が大きく変化したことになり、その影響について検討しておく必要がある。

一方、農業委員会が審議の対象とする農地については、特に平成期に入って、関係法令の度重なる改正や新法の制定がなされ、制度が大きく変化した[4]。中でも2009年の農地法改正は、目的規定を変更する等、特に大きな改正であった。2009年改正農地法1条は、農地を「現在及び将来における国民のための限られた資源」であるとする一方で、「地域における貴重な資源」であるとした。また、同法2条の2は、農地の所有権等の権利を有する者の責務について規定し、その公共的性格を強調しており、私的所有権の対象でありながら、相当程度公共性を帯びたものとされる傾向が強まってきている。

平成期以降の一連の農地制度の改変については、大きく二つの方向性があると筆者はみている。一つは1960年代から始まり今日まで続く構造政策の路線に沿った農地の利用集積の促進であり、もう一つは農業、農村の持つ多面的機能を評価し、機能を発揮させるためにする農地の維持・管理である。前者に関連する法律としては農業経営基盤強化促進法や農地中間管理事業の推進に関する法律等が挙げられ、後者としては食料・農業・農村基本法、農振法等が挙げられる。そして農地法の改正には、概ね常に両者の方向性からの要請が入っている。

本稿では、農地法、農委法の制定と累次の改正を中心に関連法もあわせて検討し、農業委員会が農地の利用関係の調整等を通じて行ってきた地域の農地利用秩序形成機能を明らかにする。2015年になされた農委法改正を一連の農地制度改正の一応の帰結点とみて、運用機関も含めた農地制度の改変が農地の所有・利用秩序に与える影響について筆者の見解を示し、あわせて現在の農地制度と新組織となった農業委員会に残る課題を指摘できればと考えている。

---

(3) 「規制改革実施計画」（平成26年6月24日閣議決定）。なお、規制改革会議の議論を経て農委法改正に至る経緯については、拙稿「農業委員会制度改革の方向性」『農業法研究』50号（農文協、2015年）86頁以下に概略を記したので参照されたい。

(4) 農用地利用増進法（1980年）から農業経営基盤強化促進法へ改正（1993年）、農業基本法（1961年）の廃止と食料・農業・農村基本法制定（1999年）、農地中間管理事業の推進に関する法律制定（2013年）とそれらに合わせた農地法等の改正のほか、農地法は2009年に大きく改正されている。

II　農地法、農委法の変遷過程

1　法制定時の農業委員会の役割

農業委員会は、1938年に公布、施行された農地調整法に基づいて設置され、第2次世界大戦後の農地改革の執行機関となった農地委員会と、食糧供出制度における農民代表機関であった食糧調整委員会を1948年に改称した農業調整委員会、および同年に公布、施行された農業改良助長法に基づいて設立された農業改良委員会を、農地改革完了時に整理、統合して成立した[5]。1951年に公布、施行された農業委員会法における市町村農業委員会の所掌事務は、自作農創設特別措置法、農地調整法、土地改良法に関する事項を法令業務（6条1項）とし、任意業務として農地等の利用関係、交換分合についてのあっ旋および争議の防止（6条2項）、および市町村長に対する建議と市町村長の諮問に対する答申（6条3項）が規定されていた。農業委員はすべて選挙によって選ばれた（4条、7条）。

その後農業委員会法を改正する形で現在の農委法が1954年に公布・施行され、この時に農業委員会およびその系統組織が、全国農業会議所、都道府県農業会議、市町村農業委員会の3段階に整備された[6]。法令業務の所掌事務は、農地法および土地改良法に関する事項に改められた（6条1項）が、任意業務、建議等についての変更はなかった。一方、農業委員については選挙委員のほか、5人の限度で学識経験者として農業協同組合又は農業共済組合、議会の推薦によって選任される選任委員が加えられた（4条、12条）。委員会の会議は公開され（26条）、議事録が作製され縦覧に供される（27条）とされた。

農委法は、市町村の広域化の進行等に伴ってさらなる農業団体の再編成が求められて1957年に改正されたほか、1980年、2004年にも改正されたが、組織の外枠や農業委員の選出方法、会議の運営方法等、その根幹部分については、

---

(5)　農民教育協会編『農業委員会等制度史——20年の歩み』（全国農業会議所、1976年）39頁。

(6)　農民教育協会・前掲注(5)110頁。以後の農業委員会制度の展開の概略については、拙稿「農業・農村の再構築に向けた農業委員会組織のあり方」『農政調査時報』572号（全国農業会議所、2014年）2頁を参照されたい。

第4部　都市法と農地・農業　343

2015 年まで大きく変更されることはなかった。

　一方農地法は、農委法の公布・施行の翌 1952 年に公布・施行された。農地法は、地主−小作関係を解消し、小作農を自作農化した農地改革の成果を維持し、地主制の復活を阻止するため、第 2 次世界大戦前から戦中、戦後にかけて制定された農地立法を体系化し、「耕作者の立場を保護強化するという理念に基づく全面的かつ強力な統制」として戦後の農地法制の基本的な仕組みとなった[7]。

　農地法制定当初の農地の権利移動、転用等に関する農業委員会の権限は限定的で、国や都道府県の権限が強かった。例えば農地法 3 条は「農地又は採草放牧地について、所有権を移転し、又は地上権、永小作権、質権、使用貸借による権利、賃借権若しくはその他の使用及び収益を目的とする権利を設定し、若しくは移転する場合には、省令で定めるところにより、当事者が都道府県知事の許可（使用貸借による権利若しくは賃借権については、農業委員会の許可）を受けなければならない」と規定していた。もっとも、農地法所定の農業委員会所掌事務がなかったということではなく、小作地所有制限に関わる買収の公示（8 条）、小作料の最高額の決定（21 条）、国からの農地等の売渡に関する関係書類の進達（38 条）、未墾地買収の申出（45 条）等が規定されていた。農地法制定時は法による国家統制が非常に強く、農業委員会は、一部独自の裁量で決定できる部分はあるものの、総じて法による国家的統制の実施補助的な機関という性格が強かったといえる。

2　その後の変遷

　農地改革の成果を引き継ぎ、続けようとした農委法、農地法の予定した自作農主義は、農村の民主化、生産性の向上等には大きく寄与したが、1950 年代に始まった日本経済の高度成長による工業化、商業化の急速な進展には相対的に遅れた。農業基本法は、「農業と他産業との間において生産性及び従事者の生活水準の格差が拡大」したのに対して「農業の自然的経済的社会的制約による不利を補正し、農業従事者の自由な意志と創意工夫を尊重しつつ、農業の近

(7)　関谷俊作『日本の農地制度〔新版〕』（農政調査会、2002 年）2 頁。

代化と合理化を図」ることを目的とした。農業基本法は 1961 年に公布、施行
されているが、上記目的のために、農業生産力の向上、農業経営規模の拡大を
主目的としたいわゆる構造政策が展開されていくこととなり、1962 年の農地
法改正では農業生産法人制度の導入が図られ、1970 年改正では賃貸借要件の
大幅緩和等がなされた。

　1970 年農地法改正においては、1 条の目的規定に「効率的な利用を図る」が
入り、農地の利用という面が強調された。所有より耕作というレベルでの農地
の権利流動化が進められ、具体的には賃貸借による農業経営規模の拡大が目指
された。農業委員会との関係では、3 条の権利移動について、従来通り原則は
都道府県知事許可としながらも、「都道府県知事の許可（個人がその住所のあ
る市町村の区域内にある農地又は採草放牧地についてこれらの権利を取得する場合
（政令で定める場合を除く。）には、農業委員会の許可）を受けなければならな
い」として、農業委員会への権限委譲を一部行った。

　高度経済成長期には国全体の土地利用計画制度も整えられた。都市部の土地
利用計画については都市計画法が 1968 年に公布、翌 69 年に施行され、農村部
については農振法が 1969 年に公布、施行され、両制度による地域区分が全国
的に一応完了した 1974 年に国土利用計画法が公布、施行されている。農振法
について関谷氏は、急速に進む都市化の流れを受けた都市計画法に対して、
「農政の領土宣言」を行うという政策意図から立法が検討されたことは明らか
であるとしつつ、同時に農振法を「農政における地域主義的手法の制度化であ
り、農地制度、農業構造改善施策、農業振興施策のいずれの観点からみても、
市町村が農業振興のための総合的な地域計画を樹立する制度として画期的」と
評価した[8]。農振法において都道府県知事が策定した農業振興地域整備基本方針
（4 条）に基づき指定された農業振興地域において、市町村が農業振興地域整備
計画を定める（8 条）となっており、市町村が主体的に地域計画を策定し、そ
の実現を図ることとなった。農振法は 1975 年改正で農用地利用増進事業を導
入し、これが 1980 年の農用地利用増進法へとつながっていった。農用地利用
増進事業は、地域内の農家が農地の貸借を行う場合に、市町村が事業主体とな

---

　(8)　関谷・前掲注(7)13 頁。

って農用地利用増進計画を定めて利用権設定を行うものであった。同事業を行う場合には農地法上の規制の適用を除外し、設定期間満了時に法定更新をしないこととし、農地を一度貸したら返ってこないという貸主側の不安を払拭することを目的とするものであった。

　また、農振法制定と関連して、例えば土地改良法の1972年改正では、市町村が農業振興地域整備計画に基づいて国営土地改良事業申請を行うことを可能にする等、市町村主体の事業展開が行われるようになった[9]。

　1980年には、いわゆる農地三法、すなわち農用地利用増進法の制定、農地法改正および農委法改正が、農地の流動化の促進と地域農政の推進を目的としてなされた。1980年の農地法改正では、3条での都道府県と農業委員会の位置づけを1970年改正時とは逆転させ、「農業委員会の許可（これらの権利を取得する者（政令で定める場合を除く。）がその住所のある市町村の区域の外になる農地又は採草放牧地について権利を取得する場合その他政令で定める場合には、都道府県知事の許可）を受けなければならない」として、農地の権利移動については農業委員会の許可が原則であるとした。農用地利用増進法が市町村を基本とした事業を展開するためのものであることに合わせ、権利移動許可も原則、市町村単位で行うことになった。農振法も農用地利用増進法も、市町村が主体となって計画策定、事業実施をする仕組みになった。農業委員会は市町村からは半ば独立する形になっているが、いわば周辺から計画や事業に関わり、市町村との協力関係の中でこうした制度に関わっていくこととなっていった。

　平成期に入ってもそれまでの基本的方向性は変わらず、1993年には農用地利用増進法が改正されて農業経営基盤強化促進法となる等、利用権による農地の利用集積が主流という流れがますます強まり、同時に借地による経営規模の拡大が進んでいった。

　しかし、日本農業は全体として、農業基本法の目指した格差縮小という目的を達成することはできなかった。それはこの間に食糧自給率の低下、担い手の

---

(9)　関谷・前掲注(7)13頁。土地改良法は農業委員会制度発足前の1949年公布、施行であるが、制定当初から農地改革実施と平行して農地の改良、とりわけ交換分合による農地の集団化は意識されており、当時の農地委員会が交換分合実施担当者となった。農地改革記録委員会編『農地改革顛末概要』（御茶の水書房、1977年復刻版）1063頁参照。

高齢化、農村の過疎化の一層の進行があったことからも明らかである。この流れに対して、農業を食料生産の場として、あるいは農地を食料生産の基盤としてのみ捉えるのではなく、様々な多面的機能を発揮させる場として捉え直すという動きが、1999年の食料・農業・農村基本法に表れたとみることができる。

Ⅲ　近年の農地制度の改変と2015年農委法改正

1　農地制度の改変

2000年代に入り、農地法とその関連法令は度々改正され、大きく変わった。近年の法改正を以下に抄述する。

(1)　2009年農地法改正

2008年に公表された農林水産省の「農地改革プラン」[10]を受けて、2009年に農地法が改正された。第1条の目的規定を改め、農地制度について利用中心ということが明確化された。改正の主な内容は、目的規定における耕作者主義の後退、権利移動統制の緩和、転用統制の強化、遊休農地対策の経営基盤強化法から農地法へ移行等である。

この改正では貸借による権利移動が事実上自由化された（3条3項）。個人については農作業常時従事要件、法人については法人形態の制限等を排して、農業委員会の許可によって農地の賃借権等を取得できるものとして、「誰でも、どこでも、自由に農業参入ができる」ようになり[11]、それまでの地域的な縛りがなくなった。農業委員会は、管轄区域外からの参入希望者に対しても「地域の農業における他の農業者との適切な役割分担の下に継続的かつ安定的に農業経営を行なうと見込まれ」れば、権利設定を認めなければならなくなった（3条3項2号）。支障が生じれば許可を取消すことで、見込み違いがあった場合に事後的に修正できることにはなっているが（3条の2、2項）、いったん許可したものを取り消すのは容易なことではない。2009年改正後、一般法人の農業参入は徐々に進み、2016年12月末現在で2,676法人が参入し、借入地面

---

(10)　2008年12月3日農林水産省公表。

(11)　原田純孝「新しい農地制度と「農地貸借の自由化」の意味」『ジュリスト』1388号（有斐閣、2009年）13頁。

積は 7,428 ヘクタールとなっている[12]。

　さらに、遊休農地対策の一連の規定が農業経営基盤強化促進法から農地法に移行した（30条以下）。農業経営基盤強化促進法は市町村が経営基盤強化基本構想の枠内で遊休農地対策を行うと規定していたが、農地法では一連の過程について、農業委員会が主体的に責任をもって進めて行くことになった。農業委員会は、区域内の全ての農地について、年に1回以上、これを調査し、把握した遊休農地について必要な指導を行い、遊休農地の把握については周辺の農業者からの通報も受け付け、遊休農地には適正利用を促す勧告を行い、なお利用がなされない場合には、知事裁定による特定利用権の設定がなされることとなった。雑草等が周囲の営農に支障をきたす場合には、原因を排除する措置命令を市町村長が出すこととされた。また、遊休農地の所有者等が確知できない場合でも、公告をした上で同様の経過をたどる道が開かれた。

　このほか標準小作料制度が廃止され、代わって農業委員会が農地の借賃情報の収集、整理、分析を行い、情報提供することとなった（52条）。

(2)　2013年農地中間管理事業の推進に関する法律制定

　農地中間管理事業の推進に関する法律が2013年末に公布、2014年4月に施行され、農地中間管理事業がスタートした。法の目的（1条）は、農業経営の規模の拡大、耕作の事業に供される農用地の集団化、農業への新たに農業経営を営もうとする者の参入の促進等による農用地の利用の効率化及び高度化の促進である。農地の出し手から農地中間管理権を設定する形で農地中間管理機構が借り受け、農地の借り受けを希望する者を募集して（17条）、農地利用配分計画に基づいて賃借権または使用貸借による権利を設定することが事業の中心であり、農地中間管理機構が出し手と受け手の間に立って、効率性を重視した農地の再配分を行うものである。従来の農業経営基盤強化促進事業が市町村を範囲として市町村が行っていたのに対し、農地中間管理機構は都道府県を単位として置かれ、策定する農用地利用配分計画は都道府県知事の認可を受けることとなり、事業実施領域が拡大した。

　農地中間管理事業において農業委員会は、農地中間管理機構が農地利用配分

---

(12)　農林水産省「企業等の農業参入について」http://www.maff.go.jp/j/keiei/koukai/sannyu/attach/pdf/kigyou_sannyu-8.pdf　2017年6月1日更新（2017年9月8日アクセス）。

計画を定める際に市町村に情報提供等の協力を求めるが、その際市町村から必要があれば農業委員会の意見を聞かれるという形で関わることとなった（19条）。

　農地中間管理機構の取り扱い実績（累積転貸面積）は、2014年度は2.4万ヘクタール、2015年度は10万ヘクタール、2016年度は14.2万ヘクタールとなっている[13]。事業開始から3年が経過し、一定程度成果が上がったということもできるが、2016年度の担い手への集積面積は241.3万ヘクタールとなっており[14]、担い手への利用集積の主軸を担っているということはできず、事業の拡大が課題として残る。

（3）2013年農地法改正

　農地中間管理事業にあわせ、2013年に農地法が改正された。主要改正点は遊休農地対策の強化と農地台帳の法定化であった。遊休農地については、その予備軍も対象として利用意向調査を行うこととし（32条、33条）、新しく発足する農地中間管理機構への利用権設定手続の簡素化を図り（35条から40条）、所有者不明等の際の公告手続の改善が図られた（32条、33条、43条）。農地台帳は、農地利用の効率化及び高度化等を円滑かつ効果的に進めるために、農業委員会において作成することとし（52条の2）、また、農地に関する地図を作成し、農地台帳とあわせてインターネット等で公表することとした（52条の3）。

2　2015年農委法改正

　2015年4月に「農業協同組合法等の一部を改正する等の法律案」が国会提出されたが、その中に農委法改正案も含まれていた[15]。改正法案は2014年の規制改革実施計画[16]に沿った形となっていた。主要な改正内容を以下にまと

---

(13)　農林水産省「平成28年度担い手への農地集積の状況」http://www.maff.go.jp/j/keiei/koukai/kikou/attach/pdf/index-78.pdf （2017年7月30日アクセス）。

(14)　農林水産省・前掲注(13)。

(15)　平成27年4月3日第189回国会（常会）提出。

(16)　「Ⅱ分野別措置事項」の「4農業分野」の個別措置事項で、農地中間管理機構の創設、農業生産法人の見直し、農業協同組合の見直しと合わせて農業委員会等の見直しについても言及されている。

め、抄述する。

(1) 所掌事務の変更等

2015 年改正では、目的規定（1 条）の変更がまず挙げられる。それまでの「農民の地位の向上に寄与する」が削除され、「農業の健全な発展に寄与する」ことが目的とされた。農業をする「人」のための法律ではなく、農業そのものためであるということであり、農業委員会制度の目的そのものが大きく変わったことになる。

改正前の農業委員会の所掌事務は 6 条に規定され、1 項の法令業務は農地法、農業経営基盤促進法、土地改良法等により権限に属させた事項等の処理であり、2 項の任意業務は農地の利用確保、効率的な利用の促進、法人化等の農業経営の合理化、農業生産、農業経営及び農民生活に関する調査及び研究、農業及び農民に関する情報提供等であり、3 項は意見の公表、行政庁への建議と諮問に対する答申等となっていた。

改正法 6 条は、1 項で従前と同様、法律に基づく処理を法令業務として規定し、2 項では新たに農地利用の最適化の推進を法令業務として行うこととし、3 項では法人化その他農業経営の合理化に関する事項および農業一般に関する調査及び情報の提供を行うことを任意業務として規定した。従来、任意業務について、各農業委員会で工夫を凝らした様々な活動が行われ、地域の状況に寄り添う農業委員会活動が展開されてきた[17]が、法改正により、利用最適化に活動の重点を置くこととなったため、任意業務の範囲は縮小した。意見公表および建議については削除され、かわって 38 条で農業委員会は関係行政機関に対して農地等利用最適化推進施策の改善についての具体的な意見を提出することとなった。

(2) 農業委員の公選制の廃止と任命制への一元化

法改正前の農業委員の公選制は、農業委員会の区域内に住み、法に規定される基準を満たす農業者等に農業委員の選挙権、被選挙権を与え、公職選挙法に準ずる形で選挙を実施することによって、公正な選挙を実現し、選出された委

---

(17)　中村正俊・緒方賢一「改正農地法の運用と農業委員会の現実的課題」原田純孝編著『地域農業の再生と農地制度』（農文協、2011 年）252 頁。山形県と高知県における農業委員会活動の実態を紹介した。

員が農地に関して下す決定に正当性を付与してきた。いわば農内の問題について、農内での正当性、透明性、公正さを確保してきたといえ、各種団体等から推薦され選出される選任委員はそれを補強する形になっていた。

改正法は、公選制を廃止して市町村長による任命制に一元化した。委員は農業団体等からの推薦や公募によって候補を募り、議会の同意を得て市町村長が任命する。委員会の公正さを確保するために、認定農業者等が委員の過半数になるよう、年齢や性別に偏りが生じないよう、また農業委員会の所掌事務に利害関係のない者を必ず選任することになった。委員数は政令の基準に従って条例で定めることとなっているが、旧法の半分程度となった委員会が多い。

(3) 農地利用最適化推進委員の新設

法改正により、新たに農地利用最適化推進委員（以下「推進委員」と略記する）を委員会に置くことができるとした。推進委員は、農地等の利用の最適化の推進に熱意と識見を持つ者から、農業者等の推薦を受けて農業委員会が委嘱する。推進委員は農業委員と同じく非常勤で、農業委員と兼任することはできない。定数は市町村が条例で定めるが、農地利用の効率化、高度化が既になされている場合には推進委員を置かないことも可能である。推進委員の数は施行令8条において区域内の農地面積のヘクタール数を100で除して得た数以下とされた。推進委員は、これまでの多くの農業委員がそうであったように担当区域を持ち、農地中間管理機構と連携して担当区域内の農地等の利用の最適化を推進することとされた。

農地利用の「最適化」とは、6条2項で「農地等として利用すべき土地の農業上の利用の確保並びに農業経営の規模の拡大、耕作の事業に供される農地等の集団化、農業への新たに農業経営を営もうとする者の参入の促進等による農地等の利用の効率化及び高度化」と定義されている[18]。農地の利用集積による経営規模の拡大や集団化が主眼ではあるが、新規参入の促進等も含んでおり、農業全体の高度化、効率化を目指すものとなっている。

(4) 系統組織の解体と農業委員会ネットワーク機構

---

(18) この最適化の定義は、農地中間管理事業の推進に関する法律1条と同義。両法に同一の文言がある旨については、原田純孝「戦後農政転換の背景と論点」『農業法研究』51号（農文協、2016年）16頁を参照。

農業委員会の系統組織のうち、全国段階の全国農業会議所、都道府県段階の都道府県農業会議をそれぞれ一般社団法人化し、それぞれの段階に新たに設けられた「ネットワーク機構」として国・都道府県が指定する形になった（42条）。それまでは法定の特別認可法人であったものを指定法人に移行し、農業委員会のサポート業務のほか、新規参入支援や担い手の組織化・運営の支援等を業務として位置づけた。一般社団法人化した全国農業会議所および都道府県農業会議のネットワーク機構としての指定は、2016年春に国および各都道府県が行った。

(5) その他・2015年農地法改正

2015年農委法、農業協同組合法改正と合わせて、農地法も改正された。農業生産法人を改めて農地所有適格法人とし、6次産業化等による経営の発展を目指して要件を緩和した。従来は役員要件のうち過半が農作業従事者であることを求めていたが、改正法では1人以上となった。

3 2015年農委法改正の趣旨と課題

2015年農委法改正の主要な内容については前述の通りであるが、法改正の趣旨と課題を以下に抄述する。

(1) 所掌事務の変更等

目的規定の変更と所掌事務の変更をつなぎ合わせてみれば、農地利用の「最適化」が最大の目標であることが明らかであり、このことは近年の農地制度改変の方向性としては当然の帰結だが、農業委員会で最適化をどう捉え、実現していくかが問われるし、他の業務とのバランスも考えなければならない。最適化に向けた取り組みは、例えば農地の出し手の掘り起こしといった、地域に密着した日常の活動の中で行われることが多くあって、農地法に基づく許可といった従来の法令業務とは異なり、任意業務に近い内容である。任意業務については、農業委員会の裁量で業務の種類や内容、重点化の度合いが決められたが、法令業務となると、一定程度形式化して、定期的、定量的に業務を行うべきものである。地域の実情に応じ、臨機応変に、形式にとらわれずに、農業委員や推進委員の裁量に基づいて活動できたほうがかえって成果が上がるとも考えられ、最適化の推進を法令業務として規定したことには疑問が残る。

建議等が削除され、最適化に関する施策について市町村に意見提出すること
とされたが、行政委員会として市町村行政とは離れた見地から、自由に建設的
な意見を申し出ることができる制度的裏付けがあるのは、農業委員会が行政か
ら独立して独自の活動をするということを再確認する上でも必要であった。今
回の改正でも、意見を述べるという部分は確保されているが、意見の内容が限
定的になっているという部分で、従来からは後退した内容となっている。最適
化の解釈方法によるが、最適化にとどまらない公共的、中立的視点から意見を
述べることができるのかが課題となる。

(2) 公選制の廃止

農地法制を実際に動かしていく上で最も重要なことは、公正さの確保である。
農地の利用確保や流動化の促進の前に、まず農業委員会において農業委員が下
す判断が公正で、かつ透明性のあるものでなければならない。農業委員は非常
勤ではあるが公務員であり、個別の利害にとらわれず公共の福祉の観点から職
務に当たることが求められる。

農業委員会による地域的公序の形成が可能であるのは、その前提として農業
委員に対する信頼があるからである。実際に投票が行われればもちろんである
が、投票に至らなくても選挙というプロセスを通ることによって信任を得られ
るということが公選制の意義として大きかったが、市長村長による任命制にな
って信頼の根拠が変わるということになった。議会の同意、あるいは地域から
の推薦ということで、実態としては従来と変わらず地域の代表として選ばれる、
という農業委員が多いようであるが、今後、任期が来るごとに任命が繰り返さ
れて時間が経過するにつれて、地域からの農業委員への信頼度あるいは農業委
員自身の意識が変化する可能性がある。

また、農業委員に中立の立場の人が入るなどして農業委員会が農業者同士の
団体という性格から変化し、農地の利用の維持や促進を通じて地域社会全般に
対する活動もしなければならなくなり、その意味で地域における公的機関とし
ての面が強調されてきた中で、農業委員が制度の趣旨に即した公共的視点から
判断ができるよう自己認識を新たにしていくことも課題となる。

(3) 農地利用最適化推進委員の新設

地域密着型の推進委員が創設されたことは、従来の農業委員の地域における

活動を明確化する上では評価することができる。一方で、推進委員の活動が最適化に限定されていることで、活動範囲が制限される可能性がある。また、農業委員との職務分担ということがあり、総会での議決に加わらないといった違いがある。従来は、農業委員が事実上担当地域を持って、推進委員が行っているような業務も総会での審議も行っていて、現場を知る者が審議、決定をするということで地域からの信頼が生まれていたが、それが損なわれる可能性がある。推進委員は総会で意見を述べることができるとされているので、従来と変わらぬ地域に密着した的確な判断をすることが可能になってはいるが、それを確保できるかどうかは、総会の運営方法を決める農業委員会ないし総会に参加する農業委員、推進委員の意識にかかっているということになる。

(4) 系統組織の解体と農業委員会ネットワーク機構

　系統組織の解体と農業委員会ネットワーク機構への指定について、実際に指定されたのは従来からある全国農業会議所および都道府県農業会議がそれぞれ一般社団法人化した法人であり、現場に大きな混乱はなかった模様である。とはいえ、法人の種類の変更や指定を受けることによってどのような変化が生じたのか、今後検証されるべきである。例えば、法律上当然の存在ではなくなり、ネットワーク機構として選ばれなければならない、というハードルが設けられたことにより、まずは選ばれるようにしなければならないという意識が働くのではないかといったことが考えられる。プラスの面としてはこれまで以上に業務に勤しみ、使命を全うするという意識が強くなるということが挙げられるが、無難な業務や批判の出ない業務といったことが強く意識され、自由な発想に基づく革新的な活動が抑制されてしまうといったことも懸念される。

Ⅳ　農地の管理・利用における地域的公序形成に向けて

1　農地に関する地域的公序の確保

　先述のように、平成期に入って農地制度は度々改正され、農地は、農業者の生産基盤であることに加え、国民のための資源、地域の資源として明確に位置づけられ、私的所有の対象であると同時に、公共性を帯びた存在であるということが明確になっていった。そして、利用の最適化が常に求められることとな

り、それを支える仕組みも最適化重視へと整えられていった。

こうして、国民のための限られた資源である農地は、最適化という名の下に農地中間管理事業をはじめとした各種事業、施策によって利用促進が図られているが、政府が目指す担い手への農地の利用集積率8割[19]という数字は、実現可能か。実現したとして、それで公共性が十分実現しているといえるか。2017年現在、農地の5割強が担い手へ集積されている[20]が、一方、1割弱が耕作放棄地となっている[21]。耕作放棄地は平成期に入って以降、徐々に増えてきており、利用集積が進む一方で利用されない農地の問題が顕著になっている。食料生産の基盤として利用されることによって農地が国民のための資源であると言い得るのであるなら、耕作放棄という事態はその前提を崩すものである。効率的利用の推進も必要だが、利用そのものの確保はその前提条件としてより重要である。

先述したように、耕作放棄地等の遊休農地対策については農業委員会が中心となって実施することになっているが、利用再開につながる利用権設定等には主として農地中間管理機構が想定されている。ところが、農地中間管理機構が定める農地中間管理事業規定では、再生不能とされている遊休農地等、利用することが著しく困難な農用地等については中間管理権を取得しないことになっており[22]、耕作放棄地については一部の例外[23]を除いて事実上事業の対象外となっている。中間管理事業政策の基本的方向性として、1割の耕作放棄地解消よりは4割の担い手に利用集積されていない農地を事業へ載せることを目指しているものと思われるが、農地全体としての維持という面からは、耕作放棄

---

(19) 『日本再興戦略』平成25年6月14日閣議決定。農業を成長産業にすべく、成果目標として、10年間で全農地面積の8割が「担い手」によって利用され、産業界の努力も反映して担い手のコメの生産コストを現状全国平均比で4割削減し、法人経営体数を5万法人とする、とした。

(20) 農林水産省・前掲注(13)。

(21) 農林水産省「2015年農林業センサス」によると、2015年の耕作放棄地（以前耕作していた土地で、過去1年以上作物を作付けせず、その数年の間に再び作付けする意思のない土地）は全国で42.3万ヘクタールとなっている。

(22) 各農地中間管理機構の農地中間管理事業規程にその旨規定されている。

(23) 静岡県公報第2887号（平成29年2月28日）。2017年2月28日、全国で初めて、静岡県知事は東伊豆町内の耕作放棄地について農地中間管理権設定の裁定を行った。農地面積は889平方メートル、地目は畑、利用権は農地中間管理機構に設定され、権利の始期は平成29年4月1日、期間は5年間となっている。

地を対象外にしてはならないはずであり、農地中間管理機構の姿勢の変更が求められる。

　一方、地域のための資源であるという位置づけについては、農地法３条３項で外部から解除条件付きで農業参入する場合に周辺との調和が要件となっている等、地域の意向が反映される形となっている。さらに、例えば農地中間管理事業の農地利用配分計画策定に関して農業委員会が意見を述べることや、すべての情報の起点である農地台帳の作成を農業委員会が行うことが規定されており、農地法、農業経営基盤強化促進法、農地中間管理事業の推進に関する法律等、農地の所有と利用関係を規制し、調整する法規定の予定する様々な局面で、農業委員会が関与することとなっている。

　結局のところ、農地に関する地域的公序は、全国一律の法律という枠組みの中ではあるが、地域ごとに計画され、実施され、調整されながら形成されていくものであり、その中心ないし中心に近いところに、今日的には農業委員会が位置づけられていると筆者はみる。農業委員会で開かれる定例総会において、農業委員が個別の案件に関してする決定の一つ一つが積み重なり、それが地域全体の農地の利用秩序を形成する。農業委員会という公的機関における決定が公共性を実現しているのであり、その公共性は、地域的公共性といえるものである。農業委員会による審議に対する法律の縛りによって、国全体の秩序とつながっていくが、基軸はあくまで地域にある。

2　農業委員会が持つ地域的公序形成機能の維持と発展

　2015年に農委法が改められ、農業委員会組織が大きく変化したが、農業委員会が持つ農地に関する地域的公序形成機能の重要性に変わりはなく、農業、農村の衰退傾向の中で組織の維持、拡充が図られた[24]農業委員会に対する期待はこれまで以上に大きい。農地の地域的公序形成機能を維持し、今後の地域社会の変化にも対応して行くために、農業委員会には、以下のような諸点に配

（24）　全国農業新聞2017年4月7日記事によると、2017年2月末現在で新体制に移行した農業委員会は271で、農業委員が3,758人、推進委員が3,477人、合計7,235人となっている。旧体制では選挙委員と選任員合計で5,845人だったので、1,390人、23.8％委員が増加したことになる。また、農業委員に占める認定農業者は1,958人で、旧体制下よりも377人、23.8％増加し、女性農業委員は433人、推進委員は56人で、旧体制下よりも78人、19％増加した。

慮した活動が求められるし、そのような活動を支える政策的な支援も必要となる。

これまで農業委員会は市町村を活動区域とし、農業委員はその全域または一部区域に根ざした活動をしてきた。改正法により、農業委員は数が減ったこともあって担当地区がない場合もあるが、推進委員は担当地区を持つことが法文上も明記され、農業委員会組織としては、これまで通り、あるいはこれまで以上に地域に根ざした活動を継続していくことが、まず求められる。

次に、行政委員会としての信頼性の確保が求められる。委員の公選制を廃止し、任命制にしたことで、農業者の「自分たちの代表」という意識は従来よりも薄らぎ、農業委員会に対する農業、農村からの信頼を引き続き得られるのかという課題が浮かび上がってくる。地域からの推薦によって選ばれるということで一定程度得られるかもしれないし、また、中立の委員を新たに任命することとした点については、中立性の内実に若干の懸念が残るが、一般市民社会の理解を進める意味では一定程度効果があるかもしれない。が、市町村長の任命に公選ほどの信頼度があるとはいえず、農業委員、推進委員とも、今後の活動を通して信頼を得ていくしかない部分がある。

また、農業委員の活動実態を社会一般に認知させることも必要である。全国に1,700あまりの農業委員会があり、35,000人あまりの農業委員が委員会業務に従事している[25]。基本的にどの市町村にもあり、会議を公開し、議事録の閲覧も可能となっているが、その活動の実態を知る一般の人々は少ない[26]。会議室の外で、例えば遊休農地や違反転用を発見するための利用状況調査をしたり、産業祭等のイベントに農業相談コーナーを設けて参加したりといった活動もしているが、認知度はまだまだといった感がある。農業委員会組織も農業委員の構成も変わり、農地の法的性格も変わりつつある現在、より開かれた農

---

(25) 農林水産省「農林水産基本データ集」。2015年7月現在で1,707委員会、35,488人（うち女性委員は2,650人）。http://www.maff.go.jp/j/tokei/sihyo/index.html（2017年2月28日アクセス）。

(26) 筆者は2004年から高知県農業委員会活動評価検討会の委員を務め、県内外の農業委員会を訪問し、時には定例の総会（月1回程度開催するのが普通）を傍聴することがあるが、会場で農業委員と事務局職員以外の人を見かけることはほとんどない。2015年の法改正後は農業委員のほかに推進委員も置かれているため、推進委員が会議に参加していることはあるが、委員でもなく、農業関係者でもない一般の人はやはり見ない。

業委員会にしていき、農業委員会の社会的認知度を上げていくことが必要である。

　農業委員の数、年齢構成や事務局体制といった農業委員会の実像はそれぞれ異なっており、2015年改正で新たに推進委員が加わったりしたためさらに多様化している。多様性は、地域の実情に適合的な形で活かされるという面では評価することができるが、一方で農業委員会間の格差の拡大という面も指摘できる。農業委員会の中には、制度改正の恩恵を受け、力をつけてきちんと業務ができ、地域的公序形成機能を十分に果たすことができているところもあるが、規模が縮小し、予算も削減され、活動が停滞する農業委員会もある。活動が停滞している農業委員会についての支援が今後の課題となるが、支援をする側も厳しい状況に置かれている場合もあり、難しい。2017年6月、高知県土佐郡大川村の村長が村議会を廃止して村総会を設置することを検討すると表明して話題となった[27]が、規模の小さい農業委員会の状況は、大川村議会よりも厳しいところが多くなっている。農委法では、区域内に農地のない市町村には農業委員会を置かず、一定面積以下の市町村には置かなくてもよいとされており[28]、大川村も高知県内で唯一、農業委員会を置いていない。農業委員会が置かれていない市町村については、農業委員会の権限に属せられた事務は市町村長が行うこととなっており（農地法60条1項等）、地域代表による公序形成ということにはならない。こうした市町村における地域的公序形成機能はもちろんのこと、委員会活動が停滞し、機能が発揮できていない農業委員会がある地域の農地維持、利用関係のあり方について協議する場を構築していくことについて、その必要性の是非とともに考えていかなければならない。

---

(27)　2017年5月7日の高知新聞社説は、大川村が議会に代わる機関となる「町村総会」の研究を開始したことを明らかにした。記事によると、大川村の人口は2017年4月末時点で405人で、離島を除けば全国で最も少ない。60代から80代までの現職議員の一部に引退の意向があり、後継候補が出てくるという動きも見られないという。2年後に予定される村議会議員選挙において候補者が定数6人に満たない可能性があり、更に、当選者が5人を下回ると公職選挙法上再選挙しなければならないことになっている。このため村政が停滞しかねず、村議会の維持が基本方針ではあるが、万一に備えるために町村総会について検討するという。村長の正式表明は同年6月12日の定例村議会において行われた（高知新聞6月12日夕刊）。

(28)　農委法施行令3条。北海道にあっては800ヘクタール、都府県にあっては200ヘクタールを超えない市町村。

V 結びにかえて

　近年の農地関連法制の改変が目指してきたのは、結局のところ農地利用の「最適化」である。しかし、効率的利用や高度利用が進めば進むほど、そうならない部分との格差は拡大することになる。仮に政府目標である担い手への農地集積が8割ということを実現した場合、農村の風景はどうなるだろうか。2015年の耕地面積は450万 ha、農家戸数216万戸で平均耕地面積は2.1ヘクタールとなっているが、農家人口は488万人で総人口に占める割合は3.8%、2016年に農業就業人口は200万人を割り込み、総人口に占める割合は1.5%にまで減少している[29]。基本的に担い手への集積が進めば進むほど少人数で農地を引き受けることになり、農業就業人口は減ることになる。地域に余剰人口が出てくることになるが、それを受け止める他産業等への就業機会がなければ人口流出を招くことになり、地域全体としての人口が減少し、労働力が減少し、経済活動も縮小することになる。担い手への集積を進めるのであれば、それと同時に農外も含めた地域の雇用確保のための産業育成等の施策を行わなければ、地域の衰退傾向を止めることはできない。農地の利用集積は数字として成果が分かり易く、また必要でもあるが、農業就業人口の維持がより重要な課題として認識されるべきである。農業の担い手の高齢化が進み、リタイアが増え続けている現在、新規参入者を多数増やすことは極めて困難であるが、過疎化と高齢化が顕著な農業、農村にとっても、人口集中が進んで過密状態になっている大都市にとっても、地方での就業機会を増やして行くことは必要不可欠である。

　2005年から日本は人口減少社会に入っている。一方、都市部への人口集中も顕著である。国土の適正利用にはバランスのとれた人口配置が望ましいが、そのための様々な政策が奏功しているとは言い難い状況である。農地利用についても政策の基本的方向性は現状追認、あるいは減少と集中に棹さすものである。一方で、そうではない施策の芽も盛り込まれており、この芽を大事に、これから育てて行くことが求められている。

---

(29)　農林水産省「農林水産基本データ集」によると、2016年の農業就業人口は192.2万人で、前年の209.7万人から17.5万人減少した。2017年の概数値は181.6万人となっている。

第4部　都市法と農地・農業　359

　本稿では、農地に関する地域的公序の形成について、農業委員会の役割を中心に記述したが、もちろん、農業委員会だけが秩序形成をしているわけではない。当然のことながら農地の所有者、利用者をはじめ市町村や農協、土地改良区等の関連団体など、農地を取り巻く関係者の行動や意向が重なり合って、全体として地域的公序を形成しているのであり、そうした動きや意向も直接的に、また間接的に農業委員会による地域的公序形成機能に影響を与えている。その意味で、本稿は実像の一面だけを切り取って検討しており、不十分なものと言わざるを得ない。2015年農委法改正で農業者ばかりではなく中立的な立場の人も農業委員になっており、委員会そのものの性格も変化していることもあり、農業的立場からの検討ばかりではなく、一般市民の視点も取り入れ、地域的公序形成機能の全体を総合的にみることが必要である。今後の課題としたい。

　また、農地に関する規制についても、一律に農業委員会に権限等が移ってきているということではない。例えば農地法では、農地転用については現在でも原則として都道府県知事の許可を受けることとなっている。法律ごと、個別の事項ごとに規制の権限等が異なり、全体像を明らかにするには更に詳細な検討が必要不可欠である。本稿ではその検討がほとんどできておらず、不完全なものと言わざるを得ない。この点についても、今後の課題としたい。

　　　　　　　（おがた・けんいち　高知大学教育研究部人文社会科学系教授）

都市農家の行動原理と都市農地の行方

安藤光義

I　はじめに
II　都市農家の現状
III　相続に伴う都市農地減少の実情
IV　相続税納税猶予制度の限界
V　都市農家の現状と市街化区域内農地の行方
VI　おわりに

I　はじめに

　2015年4月に制定された都市農業振興基本法は、市街化区域内において「農地は不可欠な土地利用形態」という視点を打ち出し、都市農地の位置づけの根本的な見直しを提起した。それを受けて2016年5月に都市農業振興基本計画が策定されたが、具体的な施策の検討は今後の課題として残されている。特に、相続税納税猶予制度適用農地の賃貸借の認可と生産緑地制度の要件緩和の2点が大きな課題である。前者は相続税納税猶予制度適用農地の市民農園等への貸付けができないという問題への対応であり、後者は所定の年数を経過した生産緑地の再指定を進めて生産緑地面積を維持することが目的である。

　だが、そうした制度改正が都市農地の存続にどの程度寄与するかは未知数である。以下に市街化区域内農地に関わる制度を簡単に整理するが、「都市に農地は要らない」という視点から税制的な追い立てを強化してきたというのが実情だからである。

　1971年の税制改正で市街化区域内農地の宅地並み課税が実施される一方、1974年に生産緑地制度が創設され、生産緑地の固定資産税は農地並み課税とされたが、その実績は芳しくはなかった。都市農地の保全に効果があったのは

相続税納税猶予制度（1980 年）と長期営農継続農地制度（1982 年）であった。前者は 20 年間の営農継続を条件に農地の相続税評価額を低く抑えることができる制度であり、後者は一定期間の営農を条件に固定資産税の宅地並み課税を免除する制度である。前者に制限を課し、後者を廃止したのが 1992 年の生産緑地法改正であった。三大都市圏特定市の市街化区域内農地に相続税納税猶予制度を適用する場合、500㎡以上かつ 30 年間の営農を条件とする生産緑地の指定を受け、かつ相続後の終身営農が条件とされた。その結果、生産緑地の指定を受けない農地（以下、宅地化農地）が 7 割近くを占め、この宅地化農地を中心に市街化区域内農地の減少が現在まで続いているのである。

　この生産緑地法の改正から 25 年近くが経過し、人口減少社会に転換したことで都市の「縮退」が始まり[1]、農地の存続が重要な課題となりつつある。そうした状況下で都市農業振興基本法は制定された。しかし、これまでの趨勢を今から反転させることは果たして実現可能かどうか。後述する調査結果が示すように、政策の軌道修正は遅きに失した感がある。

　都市農地に対する評価は急速に高まっており、2014 年 8 月の都市計画運用指針では「市街化区域内の緑地や農地等は、都市の景観形成や防災性の向上、多様なリクリエーションや自然とのふれあいの場としての機能等により市街地の一部として良好な都市環境の形成に資するものであり、将来にわたって存在することが許容されている」とされ、「消費地に近い食料生産地、避難地、レクリエーションの場等としての多様な役割を果たすことが期待される市街化区域内の農地等は保全を図るべきことも検討すべき」とされたが[2]、都市農地の農家の私有財産である以上、「将来にわたって存在する」かどうかは彼らの判断次第である。最終的に都市農地を買い取るだけの財政的な裏づけが都市計画側になければ、「保全を図るべき」と政策文書でいくら謳おうが、都市農地の減少を押し留めることはできない。

---

(1)　都市の縮退に関しては、横張真「縮退する都市と「農」」『農村と都市をむすぶ』第 732 号、2012 年 10 月、pp. 23-30（2012）を参照されたい。

(2)　都市農地の位置づけをめぐる議論の動向については、柴田祐「地方都市における都市農地の現状と課題」『土地総合研究』2014 年秋号（2014）の整理がコンパクトで参考になる。ここでの記述もそれに従った。この柴田論文は研究の少ない地方都市の実情を明らかにした貴重な成果でもある。

第4部　都市法と農地・農業　363

　そこで本稿では、最初に都市農家の置かれている現状を、その行動原理を意識しながら把握し、次に彼らが農地を手放す最大の原因である相続税問題の実際をみたうえで、神奈川県秦野市の調査結果に基づいて都市農家と都市農地の行方を検討することにしたい。

II　都市農家の現状

1　畑中心の首都圏と水田中心の中京圏・近畿圏

　都市農家といっても首都圏と中京圏、近畿圏とで状況は大きく異なる。表1をみていただきたい[3]。中京圏と近畿圏は水田が中心なのに対し、首都圏は畑が中心という違いを確認することができる。また、水田は市街化区域の外側にある割合が高く、中京圏と首都圏では3分の2の水田が市街化区域の外側となっている。首都圏は畑の面積が大きく、市街化区域内が51.2aと市街化区域外の20.4aを大きく上回っている。

表1　都市農家の経営面積と地目構成

単位：a

	水田				畑				経営面積合計
	市街化区域外	市街化区域内		計	市街化区域外	市街化区域内		計	
		生産緑地以外	生産緑地			生産緑地以外	生産緑地		
平均	15.0	3.3	8.3	26.6	13.1	5.9	25.0	44.1	70.7
首都圏	12.5	1.8	3.1	17.4	20.4	8.8	42.4	71.6	89.0
中京圏	23.2	5.4	9.4	38.1	6.8	5.6	6.0	18.5	56.6
近畿圏	15.1	4.5	16.0	48.6	4.6	1.6	6.7	13.0	48.6

資料：農林水産省・都市農村交流課「都市農業・都市農地に関するアンケート結果」(2013)

　生産緑地の指定率は、水田は首都圏と中京圏が63％、近畿圏が78％、畑は首都圏が83％、中京圏が52％、近畿圏が81％で中京圏が低い。これは1992

---

(3)　このアンケート調査は三大都市圏特定市の93市区の協力の下、市街化区域内に農地を所有する6,277人の農業者を対象に行ったもので、回答者数は3,133人（回答率47％）である。回答者数の内訳は首都圏1,617人、中京圏479人、近畿圏1,037人となっている。

年の生産緑地法の改正当時、中京圏はまだ都市農家の開発意欲が高く、宅地化農地を選択する農家が多かったことを反映した結果だと考えられる。

　以上は農業生産基盤の違いとなってあらわれてくる。順に検討しよう。

　稲作の単位面積あたりの収益性は低く、かつ、中京圏、近畿圏の調査対象となった都市農家の平均水田面積は 38.1a、48.6a と非常に零細である。稲作 10a あたりの売上げは 10 万円程度なので所得率を 5 割と見積もっても中京圏では売上げ 40 万円弱、所得は 20 万円弱、近畿圏でも売上げは 50 万円弱、所得は 25 万円弱にしかならない。

　一方、畑は単位面積あたりの収益性は高く、10a あたりの売上げと所得は、大根 31 万 5 千円、14 万円、にんじん 35 万 6 千円、15 万 4 千円、キャベツ 39 万 2 千円、18 万 2 千円、ほうれんそう 34 万 2 千円、18 万 2 千円、きゅうり（露地）117 万 3 千円、118 万 5 千円、ピーマン（露地）142 万 7 千円、89 万 5 千円となっており[4]、10a あたり 20 万円程度の所得は実現していると考えられる。それを前提に畑からの所得を計算すると首都圏 143 万円、中京圏 37 万円、近畿圏 26 万円となる。これに稲作所得を加えても中京圏と近畿圏は 50 万円程度にしかならず、首都圏と比べると農業生産基盤はかなり脆弱である。

　実際、表 2 にみるように農産物販売金額 100 万円未満の農家と農産物販売なしの農家を合わせた割合は中京圏で 78.7％、近畿圏で 71.5％と非常に高い。だが、首都圏は農産物販売金額 300 万円以上の農家の割合は 42.7％と 4 割を超え、さらに農産物販売金額 700 万円以上の割合も 17.3％と 2 割弱に達している。

表 2　農産物販売金額別農家割合

単位：%

	販売なし	100 万円未満	100 ～300 万円	300 ～700 万円	700 万円以上
平均	15.9	35.6	20.1	15.9	12.5
首都圏	5.9	24.7	26.7	25.4	17.3
中京圏	23.9	54.8	12.4	3.6	5.3
近畿圏	27.7	43.8	13.3	6.9	8.3

資料：表 1 に同じ

(4)　2007 年度「品目別経営統計」による。この統計調査は 2007 年度で廃止された。

第4部　都市法と農地・農業　365

　以上は、都市農家の存続可能性にも大きく影響してくると考えられる。畑地面積の大きい首都圏では生産緑地から一定の農業所得を得ることができ、不動産賃貸業に支えられながら農業専業的な都市農家が残り、農地が守られていく可能性がある。これに対し、水田主体の中京圏と近畿圏の都市農家の農業所得は僅かなため都市農地の保全は厳しい状況にある。このように同じ都市農家といっても地域によって違いが大きく、都市農業政策もそれに応じたものにしていく必要がある。

2　地域によって異なる開発圧力

　都市農地が将来にわたって存続するかは、その位置によって大きく異なる。人口減少社会に突入したものの、中京圏や近畿圏と比べ首都圏では開発圧力が比較的強く、また、都心回帰によって都心から離れた郊外ほど開発圧力が弱いという違いが存在する。そのため同じ都市農家、都市農地といっても状況は全く異なる点に注意しなくてはならない。

　最近5年間の農地転用の理由を示した表3をみていただきたい。この表は先に引用したアンケート調査結果を人口密度別に市町村を分類して再集計したものである（複数回答）。都市農地の減少の最大の要因は相続税支払いのための売却・転用である。農地転用の5割以上がこれに該当し、人口密度が5,000人以上／k㎡の市町村では6割強にのぼる。都市の緑が貴重な地域ほど相続税の負担が大きく、農地を守り切れないのである。

　これに対し、人口密度が5,000人未満／k㎡の市町村では相続税支払いのためではなく、都市農家自らの資産運用や開発事業者のはたらきかけによって農地が転用される割合の方が大きくなっている。相続税対策のため借入金によるアパート・マンション建設だと想定される。

　ここでの問題は「開発事業者に勧められて」農地の転用が進んでいる点である。人口減少社会に突入し、コンパクトシティの実現が政策課題となっている現在、人口密度の低い都市周辺部での開発は抑制されるべきなのにかかわらず、将来的なまちづくりの構想とは無関係に、短期的な利益を目的とした建設工事を増やすためだけに農地が転用されているのは大きな問題である。この回答割合が5割を超える、人口密度が2,000人未満／k㎡の具体的な市は、木更津市、

表3 過去5年間の農地転用の理由

単位：%

	相続税の納付準備のための売却	農業者自身の発案	開発事業者に勧められて	相続税の納付以外の理由による売却	公共事業用地として買収	その他	不明
人口密度5,000人以上／k㎡	62.5	40.5	31.4	22.9	12.4	7.3	12.3
人口密度2,000人以上5,000人未満／k㎡	46.5	49.0	48.6	23.0	9.8	8.4	16.5
人口密度2,000人未満／k㎡	39.7	47.0	53.0	24.3	12.0	7.6	16.7
全体	53.9	44.3	40.3	23.2	11.4	7.7	14.4

資料：表1に同じ

市原市、青梅市、秦野市、岡崎市、瀬戸市、豊田市、西尾市、京都市、京田辺市、泉佐野市、河内長野市、泉南市、阪南市だが、今後、人口の増加が見込めない地域[5]で貴重な農地がこのようなかたちで転用されている事態に規制をかける必要があるのではないか。

　この点はともかく、最初に指摘したように都市農地の減少の最大の要因は相続税支払いのための売却・転用なのである。

Ⅲ　相続に伴う都市農地減少の実情

1　都市農家の行動原理

　ここでは都市農家が相続税支払いのために農地を売却することで都市農地が減少している実情をみることにしたい。最初に都市農家の土地利用における行動原理を確認しておこう[6]。多くの都市農家は家屋敷地を維持し、農業所得の不足を補えるだけの賃貸用不動産を確保できれば、それ以外の農地については

---

(5)　増田寛也編著『地方消滅』中公新書（2014）の巻末の資料によれば、ここに掲げた市のうち、若年女性人口比率変化率がプラスのところは一つもない。それどころか首都圏は全てマイナス40％以上、中京圏と近畿圏はマイナス20％以上である。また、近畿圏のなかでは河内長野市（マイナス59.8％）と阪南市（マイナス49.7％）の値は特に高い。

(6)　都市農家の行動原理については、拙稿「都市農業の実態と都市農家の行動原理」『構造政策の理念と現実』農林統計協会（2003）を参照されたい。

第4部 都市法と農地・農業 367

いざという時――相続発生時――に売却できるよう、可能な限り開発せずに残すというものだと考えられる。また、残すべき農地については、特に三大都市圏特定市では相続税納税猶予制度の適用を受けるため生産緑地の指定を受けることになる。これは都市農家にとっては固定資産税の節税にもなる。

都市農家の土地利用は、短期的な所得の最大化を目指すものではなく、長期的な視点から相続税支払いのための売却換金用更地の確保が第一とされ、それが市街化区域内の農地転用の阻害要因として作用してきたのだが、今となっては逆に都市農地を残す結果につながったのである[7]。だが、農地については相続税納税猶予を受けたとしても農家の家屋敷地は広く、賃貸用不動産も所有しているため相続税の節税には限界があり、農地を処分せざるを得ないのが実情である。次にこの点に関して東京都の調査結果[8]をみてみよう。

2 東京都の農家の場合

図1は相続の前と後とで農地面積にどれだけの変化があったのかを示したものである。全ての事例で相続発生の前後で農地面積が減少している。生産緑地の指定を受けていれば相続税納税猶予制度の適用を受ける可能性も高まり、相続後に残る農地面積も大きくなるのではないかと考え、相続前に所有していた農地に対する生産緑地の指定率が80％以上と80％未満とに分けて表示したが、両者には明確な差はないようだ。

例えば、農地所有面積が10,000㎡程度から15,000㎡の範囲にある、生産緑地指定率80％以上の農家の一団は、相続後には6,000〜8,000㎡まで農地面積を減らしている。また、5,000㎡未満の農家になると生産緑地の指定率が80％以

---

(7) 長期的には農地として残さないと判断された宅地化農地の面積は大きく減ったのに対し、生産緑地の面積は微減にとどまっているのはそのためである。三大都市圏の生産緑地以外の市街化区域内農地は1993年には30,628haあったが、2012年には13,052haと6割近くも減少しているが、生産緑地は15,109haから13,801haと1割弱の減少にとどまっている（国土交通省調べ）。1992年の生産緑地法改正により、三大都市圏特定市では生産緑地の指定を受けていることと終生営農が農地の相続税納税猶予制度の適用を受けるための要件となったが、それ以前は20年間の自作義務だけであった。

(8) 以下は、東京都産業労働局農林水産部『都市農業経営における相続実態調査結果報告書』（2009）による。東京都の区部から1区、西多摩から1市、南多摩から1市、北多摩から5市の計8区市から選定した149件の調査結果である。相続の発生は2003年度から2007年度にかけてである。

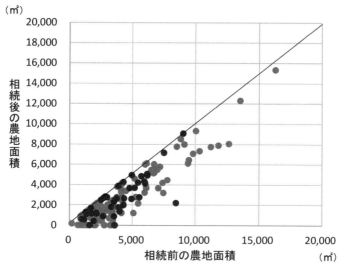

図1 相続前後における農地面積の変化

● 相続前の生産緑地指定率80%以上　● 相続前の生産緑地指定率80%未満

資料：東京都産業労働局農林水産部「都市農業経営における相続実態調査結果報告書」(2009) より筆者作成

上であったとしても相続後の農地面積が0になっているケースも少なくない。

　ただし、相続前の農地面積と相続に伴う農地面積の減少率との関係を示すと農地面積の大きな農家の方が農地面積の減少の度合いは小さい。図2がそれである。相続前の農地面積が1万㎡を超えていた農家はいずれも生産緑地指定率は80％以上であり、農地面積の減少率は40％以下である。これは都内の地域差を反映している可能性があるが、全体として農地面積の大きな農家ほど生産緑地指定率は高く、相続に伴う農地面積の減少率も小さいとみることができる。例えば畑の場合、10aあたり20万円程度の農業所得を見込めるので1ha（10,000㎡）あれば200万円になるし、ハウスなど施設園芸ならばさらに高い農業所得を実現することができるはずである。

　逆に、それ以下の面積になるとケースバイケースの様相が強まり、都市農家が存続し、都市農地が残されていく可能性は低くなってしまう。

　当然のことだが、農業生産基盤が整っている農家ほど農地が残る傾向にある。しかし、こうした農家は減少している。代替わりの度に相続税支払いのために

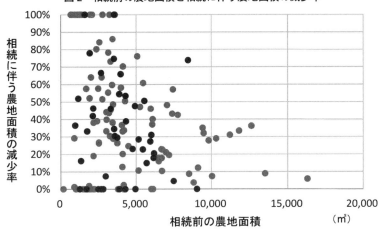

図2 相続前の農地面積と相続に伴う農地面積の減少率

● 相続前の生産緑地指定率80%以上　　● 相続前の生産緑地指定率80%未満

資料：東京都産業労働局農林水産部「都市農業経営における相続実態調査結果報告書」（2009）より筆者作成

農地が売られる事態に変わりはなく、今回の調査では相続前に1haの農地を所有していた農家も次回の相続時の農地面積は間違いなくそれより減っているからである。そのため次の世代は農業に見切りをつけ、かなりの面積の農地が処分されてしまう危険性は高くなっていると考えられる。

3　具体的な相続の事例

同じく東京都の調査報告書には詳細な都市農家の相続の事例が収録されている。そのなかの一つを紹介することにしたい。なお、ここでの相続税の算出方法は平成26年12月31日までに発生した相続に適用されるものである。現在は基礎控除が縮小され、税率も上がっているので相続税はこれより高い金額になる点、注意されたい。

事例は多摩地域の私鉄沿線の農家であり、農地は全て市街化区域内にある農家である。農産物は直売で販売され、不動産賃貸（アパート・貸家）業も営んでいる。相続人は母、経営主本人、姉（婚出）、妹（自宅敷地内に建てた分家住宅に居住）、経営主本人の妻（養子縁組）の5人である。相続財産は表4に示す

表4　相続財産の内訳と課税価額

		面積（㎡）	課税価額（円）
土地	自用地（居住用）	600	104,000,000
	分家住宅建付地	1,400	186,000,000
	貸家建付地	1,000	136,000,000
	農地	4,200	425,000,000
	雑種地	2,000	36,000,000
家屋	自宅家屋	200	2,500,000
	アパート・貸家	600	12,000,000
現金・預貯金・有価証券			27,000,000
その他			15,500,000
債務および葬式費用			△17,000,000
課税価額			927,000,000

資料：東京都産業労働局農林水産部「都市農業経営における相続実態調査結果報告書」(2009)、8頁。

通りで、農地 4,200 ㎡のうち生産緑地は 3,500 ㎡、宅地化農地が 700 ㎡である。

相続財産 9 億 2,700 万円のうち農地が 4 億 2,500 万円と全体の半分近くを占める。この相続財産から基礎控除 1 億円（＝5,000 万円 + 1,000 万円 × 5）を差し引いた課税遺産総額 8 億 2,700 万円を法定相続分に基づいて相続税を算出すると 2 億 5,000 万円となる。

実際に納付した相続税は、生産緑地 3,500 ㎡のうち 1,700 ㎡について相続税納税猶予制度の適用を受けて 1 億 2,000 万円を節税し、さらに配偶者の税額軽減額 1,300 万円を差し引いた 1 億 1,700 万円であった。相続税納税猶予制度の効果は大きく、2 億 5,000 万円の相続税から 1 億 2,000 万円を減じ、当初の半分以下に実際の納付額を抑えることに成功している。

相続税は宅地化農地 450 ㎡を約 1 億 3,000 万円で売却して捻出した。残った宅地化農地 250 ㎡は転用され、店舗として賃貸されることになった。相続後の農地は最終的には生産緑地 3,500 ㎡（相続税納税猶予制度の適用は 1,700 ㎡）だけとなり、宅地化農地は全て失われた。農地面積の減少率は 16.7％である。

このように相続税納税猶予制度を活用したとしても都市農家の農地面積は、

相続に伴う売却によって縮小しているのである。

Ⅳ　相続税納税猶予制度の限界

1　農地以外に土地資産を保有する都市農家

　相続税納税猶予制度は都市農地を守るための重要な制度だが、適用対象は農地だけで、農業用施設用地や平地林は対象外とされている。そのため節税効果には限界があり、農地を守ることはできても都市にとって貴重な緑地である平地林の喪失が進んでいる。ここでは相続税納税猶予制度の節税効果に限界があることを確認した後に、この問題が典型的に発生している埼玉県の状況をみることにしたい。

　農家は農地だけでなく、機械・施設を保管し、選別や調製などの作業を行うための屋敷地、施設園芸や畜産を行っている場合はガラス温室や畜舎などの農業用施設用地を保有している。また、山林を所有している場合もある。都市農家の場合は不動産賃貸業のための土地がこれに加わる。このように農家は農地以外にさまざまな土地資産を保有しているのである。そうした都市農家にとって相続税納税猶予制度は救いの切り札ではないのである。

　図3はJAいるま野が収集した2003年から2008年に発生した21件の相続の事例から、相続財産に占める農地の割合と、相続税納税猶予制度の適用を受けたことで当初の支払い予定の相続税をどれだけ削減することができたのかその割合との関係を示したものである。これをみると分かるように、相続財産に占める農地の割合が高いほど相続税の削減幅が大きい。遺産が農地しかなく、その農地全てについて相続税納税猶予を受けて相続税を支払わずに済んだ珍しい事例もある。ただし、農地がかなりあっても納税猶予を受けずに相続税を支払っている事例もあり、相続はケースバイケースということである。いずれにせよ、この図は相続財産に占める農地の割合が大きいと相続税納税猶予制度が節税効果を発揮しやすい＝相続財産のうち農地以外の土地がかなりの割合を占めていると相続税納税猶予制度による節税には限界があることを意味している。

　相続土地資産額の大きさと実際に支払った相続税額との関係をみるとこの点はより明らかになる。図4をみると分かるように、相続土地資産総額が大きい

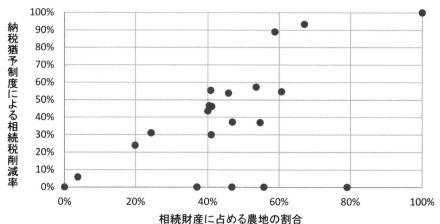

図3 相続財産に占める農地の割合と納税猶予制度による相続税削減率

資料：JAいるま野内部資料より筆者作成
注1：相続財産に占める割合は評価額に基づく。
注2：相続税削減率＝（相続税納税猶予額／相続税本税額）×100

ほど支払っている相続税は大きいが、相続財産に占める農地の割合が50％未満の場合の方が土地資産総額は大きく、支払い相続税額も多額になっている。一方、相続財産に占める農地の割合が50％以上の場合の方が、相続土地資産総額は同程度でも支払い相続税額は比較的小さくなっている。相続財産に占める農地の割合が50％以上の場合、18億円程度の土地資産に対して実際に支払っている相続税額は3億円なのに対し、相続財産に占める農地の割合が50％未満の場合、8億円の土地資産でも支払っている相続税は3億円近くにのぼっているのは、そのことを典型的に示している。

　以上のように相続税納税猶予制度はあるとはいえ、農地以外の土地資産が大きくなるとその節税効果には限界が生じて農地等を処分せざるを得ず、都市農家としての存続が危うくなってしまうのである。こうした事態が不動産賃貸業の拡大によるのならば仕方がないが、首都圏では平地林を保有しているために困難な状況を迎えている。その典型がJAいるま野管内である。相続税負担の具体的な状況を次にみることにしよう。

第4部　都市法と農地・農業　373

図4　相続土地資産総額と支払い相続税額

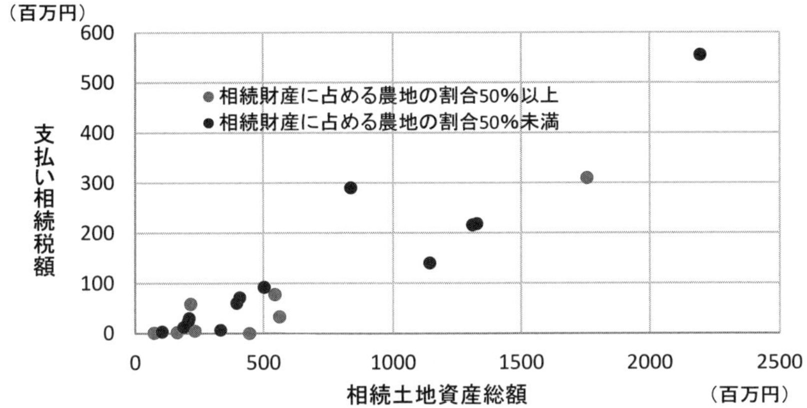

（百万円）

資料：JA いるま野内部資料より筆者作成
注1：相続土地総額は土地の評価額の合計。
注2：支払い相続税額は相続税納税猶予を受けて実際に支払った相続税額。

2　相続で進む平地林の売却

　表5は平地林を売却して相続税を納税した事例を示したものである。いずれも平地林の相続税評価額が大きく、上から順に4億9,625万円、13億202万円、5億997万円、4億7,251万円、1億1,993万円、4億9,724万円となっており、最も少なくて1億円、最大で13億円と信じられないような金額である。農地もかなりの評価額となっており、3億1,107万円、5億2,353万円、5億4,182万円、4億1,664万円、15億5,314万円、3億7,817万円と最低でも3億円、最大で15億円である。その結果、当初の支払い予定相続税額は最も少ない場合でも3億2,213万円、最大で8億432万円となっている。相続税納税猶予を受けることで実際に支払う相続税はかなり抑えられるが、それでも最も少ない農家で1億1,468万円、最も多い農家だと5億5,549万円である。

　最終的には資産構成の差が支払い相続税額の差をもたらしている。表5の上から2番目の1992年に相続が発生したケースと下から2番目の1996年に相続が発生したケースはともに相続税評価額は22億円前後だが、支払い相続税額には大きな差が生じている。前者は平地林を330a所有しているため相続税評価額は13億円を超えるが、後者のそれは25aにすぎず、1億2千万円程度に

表5　平地林を売却して相続税を納税した事例

相続発生年	相続人数	相続農地等		相続税評価額		相続税額		土地処分
1991年	6人	宅地 平地林 農地 (25,688㎡)	2,217㎡ 19,401㎡ 25,695㎡	宅地 平地林 農地 合計	194,260千円 496,258千円 311,070千円 1,006,643千円	相続税本税額　　　 415,105千円 相続税納税猶予額 147,168千円 支払い相続税額　 267,937千円		平地林売却 3,000㎡
1992年	9人	宅地 平地林 農地 (28,931㎡)	2,468㎡ 33,027㎡ 28,931㎡	宅地 平地林 農地 合計	306,498千円 1,302,023千円 523,535千円 2,196,011千円	相続税本税額　　　 804,327千円 相続税納税猶予額 249,778千円 支払い相続税額　 554,549千円		平地林売却 8,000㎡
1992年	7人	宅地 平地林 農地 (25,696㎡)	2,265㎡ 12,934㎡ 29,941㎡	宅地 平地林 農地 合計	265,298千円 509,977千円 541,812千円 1,317,087千円	相続税本税額　　　 400,813千円 相続税納税猶予額 185,507千円 支払い相続税額　 215,306千円		平地林売却 3,066㎡
1996年	5人	宅地 平地林 農地 (20,397㎡)	1,965㎡ 15,326㎡ 20,778㎡	宅地 平地林 農地 合計	229,905千円 472,515千円 416,640千円 1,244,421千円	相続税本税額　　　 322,135千円 相続税納税猶予額 207,447千円 支払い相続税額　 114,689千円		平地林売却 5,302㎡
1996年	6人	宅地 平地林 農地 (10,236㎡)	2,709㎡ 2,499㎡ 14,099㎡	宅地 平地林 農地 合計	528,255千円 119,932千円 1,553,145千円 2,220,332千円	相続税本税額　　　 784,345千円 相続税納税猶予額 593,207千円 支払い相続税額　 191,138千円		平地林売却 2,499㎡
1996年	6人	宅地 平地林 農地 (20,905㎡)	2,234㎡ 18,917㎡ 20,905㎡	宅地 平地林 農地 合計	240,199千円 497,214千円 378,171千円 1,256,628千円	相続税本税額　　　 366,729千円 相続税納税猶予額 144,667千円 支払い相続税額　 222,062千円		平地林売却 1,939㎡

資料：JAいるま野内部資料より筆者作成
注1：支払い相続税額＝相続税本税額－相続税納税猶予額
注2：相続農地等の（　　　）内の数字は相続税納税猶予を受けた面積

とどまる。農地については前者が289a、5億2千万円、後者は140a、15億5千万円である。その結果、前者は農地全てについて相続税納税猶予制度の適用を受けているにもかかわらず5億5千万以上の相続税を支払っているのに対し、後者は1億9千万円であり、3億6千万円以上の差が生じている。

　いずれの農家も相続税を捻出するために平地林を処分しており、その面積は最小で2ha弱、最大で8haに及ぶ。こうして武蔵野の貴重な平地林は失われているのである。

第4部　都市法と農地・農業　375

V　都市農家の現状と市街化区域内農地の行方

1　神奈川県秦野市の概要

　冒頭のところで述べたように都市農業振興基本法を受けて制度改正が検討されている。しかし、都市農家の現状を踏まえなければ制度改正は意味のあるものとはならない。そこで、大都市ではなくその周辺地域における都市農家の土地利用動向を把握し、今後も農地が残るかどうかを検討することにしたい。周辺地域では農地転用が減少しており、都市農地が残る可能性は高いと考えられるからである。その際、相続税納税猶予適用農地の賃貸借、生産緑地制度の要件緩和についての農家の意向を把握し、制度改正が現実的な有効性を持ち得るかの検討も行う。具体的な調査対象地としては神奈川県秦野市を選定した。

　秦野市は神奈川県西部に位置し、新宿まで急行で1時間10分の距離にある通勤限界地である。2000年以降、人口は微増傾向にあったが、2008年の170,145人をピークに減少に転じ、2013年10月1日現在、169,490人である。総農家数1,475戸で、第Ⅱ種兼業農家が8割近くを占めている。だが、都市近郊という地の利を活かした園芸が盛んで、カーネーションや小菊の産地である。JA秦野市は農業振興に積極的で農産物直売所「じばさんず」を開設しており、生産者にとって貴重な出荷先となっている。

　市も農業振興に熱心で、都市農業振興基本法に先駆けて「秦野市都市農業振興計画」(2008)を策定、「秦野市都市農業振興計画推進会議」(2010)を設置し、計画の改定を行っている。また、市民を対象とした農業講座を開くとともに市民農園の開設も進めている。ただし、この市民農園が開設されているのは市街化区域内ではなく市街化調整区域の遊休農地である。その結果、農地転用面積は減少傾向にあり、農地転用のほとんどは農業委員会への届出によるもので市街化区域内に集中している。実際、農用地区域の面積は1990年代後半以降、750haからほとんど減少していない。

　秦野市農業委員会の業務概要によると2014年現在、市街化区域内農地面積221ha、うち生産緑地103ha（685箇所）で市街化区域内農地に占める割合は46.7％と全国平均の3割を大きく上回る。市は生産緑地への指定を積極的に進

め、都市農地の保全に努めてきた。また、相続税納税猶予制度の適用を受けた農家は466戸、面積は222ha（2,731筆）で市街化区域79ha（1,122筆）・市街化調整区域143ha（1,609筆）となっている。市街化区域内農地の3分の1近くで相続税納税猶予制度が活用されている。その結果、生産緑地はほとんど減らずに100ha以上をキープしている一方、宅地化農地は349haから117haへと3分の1に急速に減少してしまった。

2　生産緑地所有者へのアンケート調査結果

(1)　調査農家の平均的な姿

そこでJA秦野市とJC総研の協力の下、2015年8月に生産緑地を所有している資産管理部会員400戸を対象にアンケート調査を実施し、生産緑地所有者の現状と今後の意向、制度改正に対する意見を把握した。JA職員が調査票を各戸に配布し、2週間留置き後に回収した。139戸から有効回答を得たが、回答中「不明」のものは集計から除外したため合計は必ずしも139にならない。

最初に139戸の平均的な姿を示しておく。市街化区域内農地の平均所有面積は25.4a、うち生産緑地は18.8aで生産緑地指定率は53.8％と市全体の数字よりも高い。市街化区域内農地を積極的に生産緑地に指定し、農業に取り組んできた農家が多いと考えられる。だが、家の主たる農作業従事者の年齢は、65〜69歳27.1％、70〜74歳9.8％、75歳以上33.8％と65歳以上が7割を占め、直近3年間の農産物販売金額も、50万円未満29.9％、販売なし30.7％で両者を合わせると6割になる。農業後継者についても、「いる」は9.4％と1割弱で、「予定者はいる」（17.4％）を足しても4分の1にすぎない。「いない」が47.8％と半分近くを占め、「未定」（25.4％）と合わせて4分の3になる。このように秦野市では小規模で自給生産的な高齢農家が大半で、農業後継者の確保率も低いというのが実情である。

(2)　生産緑地制度の改正について

秦野市で農地転用と農地の減少が続いているのは宅地化農地であり、生産緑地の再指定とともにその帰趨は市街化区域以内農地存続の鍵を握っている。そこで、宅地並みの固定資産税を支払いながら宅地化農地を農地のまま維持している理由、生産緑地追加申請の可能性、生産緑地制度の要件がどのように緩和

第4部　都市法と農地・農業　377

されれば生産緑地に指定されることになるのかを、アンケート調査結果に従っ
て示すことにしたい。

　最初は宅地化農地を農地のまま維持している理由（複数回答）である。実回
答者数は46と少ないが、最も多いのは「自家用農産物の収穫」の56.5％で、
「利用の自由を維持して納税資金を確保するため」の47.8％が続く。他の回答
の割合は小さく、「農業収入を得るため」は10.9％にすぎない。宅地化農地は
土地利用の転換を積極的に志向したのではなく、相続などいざという時に自由
に処分できる土地の確保のため[9]なのである。それだけに相続に伴う宅地化農
地の減少は必至である。こうした事態を避けるには宅地化農地を生産緑地に追
加申請するしかない。これには90の回答があるが、「ぜひ指定したい」は8.9
％にすぎず、「指定を検討したい」の7.8％と合わせても16.7％と2割に満たない
（表6）。これに対し「指定を望まない」が35.6％と最も多く、「わからない」が
33.3％でそれに続く。現行の生産緑地制度では追加指定を受けようという農家
は少ない。

表6　宅地化農地を生産緑地に追加指定する可能性

	回答者数	ぜひ指定を受けたい	指定を検討したい	指定を受けられない	指定は望まない	わからない	その他
合計	90	8	7	9	32	30	4
比率	100%	8.9%	7.8%	10.0%	35.6%	33.3%	4.4%

資料：アンケート調査結果より作成

　そのため500㎡という面積要件を引き下げた場合、追加指定を受けるかどう
か尋ねたところ得られた回答は34だったが、「ぜひ指定を受けたい」は僅か
8.8％で、「指定を検討したい」の11.8％と合わせても2割という結果となった。
「わからない」が41.2％で最も多いが、「制限が厳しいので指定を望まない」が
23.5％、「転用・売却の予定があり望まない」が14.7％で、両者で4割弱を占
める。面積要件を引き下げたとしても生産緑地の維持にそれほど寄与しないか
もしれない。

(9)　大西敏夫・小林宏至・藤田武弘・内藤重之・内本大樹・橋本卓爾・澤田進一「市街化区域に
　　おける農地の利用転換と「宅地化」農地をめぐる諸問題」『農政経済研究』第17集、pp. 53-79
　　（1993）も大阪府での調査結果の分析から同様の指摘を行っている。

表7　土地利用制限が 10 年程度に緩和された場合の意向

後継者の有無別	回答者数	ぜひ指定を 受けたい	指定を 検討したい	指定は 望まない	わからない	その他
合計	96	13	32	18	32	1
比率	—	13.6%	33.3%	18.8%	33.3%	1.0%
いる	9	44.4%	44.4%	11.1%	0.0%	0.0%
予定者がいる	15	13.3%	46.7%	20.0%	20.0%	0.0%
未定	25	8.0%	36.0%	16.0%	40.0%	0.0%
いない	47	10.6%	25.5%	21.3%	40.4%	2.1%

資料：アンケート調査結果より作成

　次に 30 年間の利用制限を 10 年程度に短縮した場合、追加指定を受けるかど
うか尋ねたところ 96 の回答を得た。「わからない」と「指定を検討したい」が
33.3％で並び、「ぜひ指定を受けたい」が 13.6％と 1 割を超える一方、「指定は
望まない」は 18.8％まで下がっている（表7）。利用期間の短縮は生産緑地の維
持に寄与する可能性がある[10]。だが、その効果は農業後継者の有無によって
大きく異なる。農業後継者がいる場合、「ぜひ指定を受けたい」と「指定を検
討したい」がともに 44.4％で最も多く、農業を継ぐ予定者がいる農家も「指定
を検討したい」が 46.7％で最も多く、「ぜひ指定を受けたい」の 13.3％と合わ
せると 6 割になる。これに対し、農業後継者がいないと「わからない」が 40
％と最大となる。「指定を検討したい」とする割合も、農業後継者未定は 36.0
％だが、いない場合は 25.5％と低い。農業後継者が確保されて農家が存続する
かどうかが決定的に重要で、それがないと折角の制度改正も効果はあがらない
のである。

(3)　相続税納税猶予制度の改正について

　相続税納税猶予制度適用農地について賃貸借を認める制度改正が検討されて

---

　(10)　前掲注(9)大西敏夫ほか（1993）による「生産緑地の指定要件が「30 年営農」のごとき現在
　　　の生産の担い手である昭和 1 桁世代の意志では責任を負いかねるような設定期間ではなく、担い
　　　手の状況等から勘案して一定の見通しがもてる期間であれば、生産緑地指定を希望した農家はか
　　　なり増加したように思われるのである」（69頁）という指摘を裏づける結果となった。だが、既
　　　に農業後継者のいない農家が多数を占めている現在、25 年近く前の指摘に従って制度改正をし
　　　たとしても遅きに失したと言わざるを得ない。

いる。全体としては制度改正を望む割合は64.0％だが、農業後継者の確保状況によって違いがみられる（表8）。農業後継者がいる場合は88.9％と9割近くが制度改正を希望しているが、農業を継ぐ予定者がいる場合は66.7％、未定は71.4％と一段階下がり、農業後継者がいないと55.9％まで下がる。一方、「わからない」は、農業後継者が「いる」「予定者がいる」「未定」「いない」の順で11.1％、22.2％、25.0％、39.0％と高くなる。農業後継者の有無は制度改正が効果をあげられるかどうかと密接に関連している。

表8　納税猶予適用農地の貸借についての意向

後継者の有無別	回答者数	制度改正を望む	制度改正の必要ない	わからない	その他
合計	114	73	6	35	0
比率	—	64.0%	5.3%	30.7%	0.0%
いる	9	88.9%	0.0%	11.1%	0.0%
予定者がいる	18	66.7%	11.1%	22.2%	0.0%
未定	28	71.4%	3.6%	25.0%	0.0%
いない	59	55.9%	5.1%	39.0%	0.0%

資料：アンケート調査結果より作成

　最後に都市農地の存続にとって最大の障害である相続が与える影響をみたのが表9である。選択肢は、①相続税はかからないので農地は維持できる、②農地を売らずに相続税を支払うことができる、そうした努力にもかかわらず、③農地の一部を売却して相続税を支払う、④農地を全て売却する、⑤まだ決めていない、の5つである。全体としては①7.5％、②9.7％で農地が減らないのは2割に満たない。③の農地の切り売りが4分の1（26.9％）、④の農地を全て処分が2割（19.4％）となった。最も多いのは⑤の未定で36.6％である。

　これを農業後継者の確保状況によってみると、農業後継者がいる場合は、①と②で5割を占め、全ての農地を売却するという回答はなかった。農業を継ぐ予定者がいる場合も①と②の合計は3割以上となるが、農地の切り売りが36.4％、全ての農地を売却が9.1％となり、農地の存続割合は下がる。「未定」の場合は、③が26.5％、④は14.7％となり、「いない」場合は、③が22.7％、④は28.8％と相続を契機に農地が全て処分されてしまう割合が高い。特に「いない」場合、それが3割弱にのぼる。また、⑤の割合は、農業後継者が「い

表9 相続税の支払いと相続後の市街化区域農地についての意向

後継者の有無別	回答者数	①相続税はかからず農地は維持できる	②農地を売らずに相続税を支払える	③農地の一部を売却して相続税を支払う	④農地を全て売却する	⑤まだ決めていない
合計	134	10	13	36	26	49
比率	—	7.5%	9.7%	26.9%	19.4%	36.6%
いる	12	25.0%	25.0%	33.3%	0.0%	16.7%
予定者がいる	22	22.7%	9.1%	36.4%	9.1%	22.7%
未定	34	2.9%	8.8%	26.5%	14.7%	47.1%
いない	66	1.5%	7.6%	22.7%	28.8%	39.4%

資料：アンケート調査結果より作成

る」「予定者がいる」「いない」「未定」の順で16.7％、22.7％、39.4％、47.1％
と高くなっている。相続が発生した場合、農業後継者の有無で農地の残り方に
大きな差が生じており、農業後継者がいる場合、3分の1は農地を切り売りす
るものの比較的農地は残るが、農業後継者がいないと、相続で半分は農地が減
少し、3割では農地が全てなくなってしまう。農業後継者のいる農家は少ない
ので市街化区域内農地の減少は必至であり、制度改正も政策対象の縮小によっ
て思うような効果は得られないかもしれないのである。

3　生産緑地所有者への面談調査結果

　アンケート対象農家のうち生産緑地が貴重な緑空間となっている秦野駅徒歩
20分圏の13戸から2015年8～9月に面談調査を実施した。調査はJAの支所
に農家の方に来て頂く形で実施した。調査内容はアンケート調査からはわから
ない不動産賃貸経営の状況やそうした土地利用の現状を踏まえて今後の市街化
区域内農地の利用意向の把握に努めた。

　表10は調査結果の一覧である。最初に13戸の全体的な状況を確認する。ア
ンケート調査農家の平均市街化区域内農地所有面積は25.4a、平均生産緑地所
有面積18.8a、平均生産緑地指定率53.8％に対し、面談調査農家のそれは順に
50.9a、36.6a、71.9％といずれも上回り、アンケート調査農家と比べてしっか
りとした営農基盤を有し、市街化区域内農地の保全に積極的な農家にみえる。

第4部　都市法と農地・農業　381

表10　面談調査結果の一覧

単位：a、万円、歳、日

市街化	生産緑地	農地面積計	農産物販売額	不動産賃貸業 1戸建貸家	アパート	その他	固定資産税等	世帯主 年齢	就農日数	後継者 年齢	就農日数	農地の行方 選択肢	具体的な内容	将来の市街化区域内農地
①30	27	120	0	20戸	5棟(20世帯)		300	74	150	49	20	②		30(100%)
②97	55	111	0	4戸		貸店舗5 駐車場28a	360	87	300	58	65	③	23aを生産緑地に追加指定し19aを売却	78(80%)
③81	77	106	650	4戸	5棟(36世帯)		400	79	350	56	350	④		0(0%)
④46	40	80	400	5戸		貸店舗2 駐車場4a	—	84	300	59	300	⑤	宅地化農地6aを売却	40(87%)
⑤80	36	80	50	4戸		駐車場(面積不明)	—	91	100	63	200	⑤		36(45%)
⑥50	50	80	325	—	4棟(24世帯)		—	68	300	—		⑤	後継者は長女で農業はしない	0(0%)
⑦63	39	63	50	1戸	2棟(14世帯)		300	84	150	67	50	⑤	家の前の30aの生産緑地は残す	33(52%)
⑧51	34	64	500	10戸		貸160坪 駐車場3a	200	84	250	58	200	③	家付きの生産緑地の畑34aは転用しない	34(67%)
⑨49	38	49	0	30戸	5棟(30世帯)		—	86	200	57	0	⑤	宅地化農地11aを売却	38(78%)
⑩31	16	41	50	3戸	3棟(24世帯)	貸店舗1	250	82	150	55	0	⑤	家付きの生産緑地16aは残る	15(48%)
⑪40	30	40	75	1戸	4棟(20世帯)		200	78	300	49	30	④	—	0(0%)
⑫40	30	40	100	11戸	4棟(24世帯)		200	83	150	57	100	③	宅地化農地10aを売却	30(75%)
⑬4	4	23	0	2戸	6棟(64世帯)	駐車場10a	130	69	180	41	0	①	生産緑地4aは今後も維持	4(100%)

資料：面談調査結果より作成
注1：生産緑地は市街化（市街化区域内農地）の内数で、農地面積計と市街化との差は市街化調整区域内農地面積
注2：「—」は不明を、空欄は該当しないことを示す
注3：農地の行方の選択肢の①～⑤は表9と同じ
注4：将来の市街化区域内農地の（　）内の数字は現在の面積で将来の面積を除した残存率である

だが、農産物販売金額100万円以下の農家が8戸（このうち農産物販売金額のない農家は4戸）もいる。家屋敷地も含めた固定資産税は数百万円にのぼり、農産物販売金額よりも大きい農家が大半で、農業だけでは生計は成り立たない。

　調査農家の生計は不動産賃貸業で支えられている。秦野市では1戸建貸家が多いのが特徴である。この1戸建ての貸家は昭和30～40年代の建築であり、早くから「1戸建貸家の不動産賃貸業＋自営農業」という生計スタイルが確立していたようだ。そのため農地転用はここで一旦止まり、生産緑地の指定率も

高くなった。生計が成り立てばそれ以上の農地転用は求めない農家が農地を所有していたので都市に農地は残されてきたのである。アパート建築の多くは1992年の生産緑地制度改正以降で、宅地化農地の固定資産税等の支払うための建設が多いが、最近は相続税対策に借入金を起こしてアパートを建てる事例もある。

　農地は高齢の世帯主が農業を継続することで守られている。比較的営農基盤が大きいこともあり、3分の2が就農している後継者を確保しているが、年間就農日数50日以下の者が3人いる。これに全く就農していない者を加えると7人となって過半を超える。

　この後継者の就農状況と市街化区域内農地についての今後の意向を照らし合わせてみたが、年間就農日数の多い農家であっても相続を経過すると農地は必ずしも残らず、両者の間に密接な関係は確認できなかった。例えば、③番農家の後継者の年間就農日数は350日だが、相続時に「④農地を全て売却する」を選択している。後継者の年間就農日数が200日の⑤番農家と⑧番農家は「③農地の一部を売却して相続税を支払う」としており、同300日の後継者のいる④番農家も「⑤まだ決めていない」という結果となった。次の相続では家屋敷地の周囲の生産緑地は残るが、それ以外の市街化区域内農地、特に宅地化農地は売却されてなくなるというのが面談調査の結果である。

　以上から、面談調査農家が所有している市街化区域内農地662a（うち生産緑地476a）は将来的に生産緑地338aだけに半減する見込みである。生産緑地に限定すれば3割減なので生産緑地への指定は農地を残す方向に作用しているが、それは先祖代々の家屋敷地（10〜20a）を死守し、それに隣接する農地を生産緑地に指定して残し、売却・転用は自宅から離れている農地からという都市農家の行動形式を反映した結果とみるべきである。もし、農家がそれと異なる行動を取るようになると事態は一変して市街化区域内農地の減少が一段と加速する可能性がある。例えば、⑥番農家は相続税対策として700坪あった家屋敷地を150坪に縮小し、残った土地にJAから借入金を起こしてアパートを3棟建設していた。このような農家が増えていくと市街化区域内農地は急速に失われていくだろう。⑥番農家の相続後の意向は「⑤まだ決めていない」だが、面談調査の感触では生産緑地の指定を解除し、全ての農地を転用してしまう可能性

が高いように感じた。

Ⅵ おわりに

　これまでの都市農業政策の基本的な前提は、①農地保有者である都市農家の保護が②都市農業の振興に寄与し、それが③都市に残された農地の保全につながるというものであった[11]。そこで大きな役割を果たしているのが相続税納税猶予制度である。ただし、同制度の対象は農地だけで家屋敷地、農業用施設用地、平地林などは対象とならないため、全ての農地を生産緑地に指定して同制度の適用を受けたとしても相続税の節税には限界があり、農地を処分せざるを得ないという課題を抱えている。課税の公平性という点で困難かもしれないが、相続税納税猶予制度の対象を拡大することができれば、相続に伴う農地の切り売りは減り、都市農地の確保につながると考えられる。

　しかし、それは必要十分条件ではない。一定程度の不動産賃貸業によって家屋敷地等を維持し、不足する農業収入を補いながら、それ以上の農地転用を行わず、農業専業的な経営を行うような都市農家が存続していかなければ長期的に都市に農地は残らない[12]。

　秦野市の調査結果はそれを裏づけている。現在検討中の生産緑地制度の改正では面積要件の緩和よりも利用制限年数の短縮（30年を10年に短縮）の方が効果をあげる可能性が大きい。だが、相続税納税猶予制度適用農地の賃貸借の許可などの制度改正を行ったとしても農業後継者がいなければ折角の制度の活用

---

(11)　都市農家・都市農地をめぐる問題の構図については、拙稿「都市農業の実態と後継者問題」『都市問題』第86巻第12号（1995）を参照されたい。

(12)　同様の指摘が、八木洋憲「都市農地の保全と農業経営」都市農地活用支援センター『都市農地とまちづくり』第69号（2014）によって行われている。「農家が相続のたびに農地を処分するようでは、計画的な農地保全は担保されえない。……①不動産収益を十分に確保した上で耕作するか、②貸付用不動産と屋敷地を最低限の面積として、農業所得の家計を柱とするかの二択でなければ、農家が農地を長期的に維持していくことは難しい。前者については、農業を継続したくない農地所有者や後継者が、（節税対策として——引用者——）仕方なく農業を継続するようでは、誰にとっても不幸な事態である。……農地の流動化と相続税納税猶予制度の継続をセットで進め（相続税納税猶予制度の適用を受けた農地の貸し借りを可能にして——引用者——）、②のような農業を主体とする経営が少しでも成立可能なように進めることが、社会的利益につながるのではなかろうか」（7頁）。

は難しいという結果となった。相続を経過することで農地はなくなっていくが、調査結果から家屋敷地周辺の農地はまとまって残る傾向にあることが明らかになった。これは先祖代々の家屋敷地とその周りは何としてもそのまま維持したいという農家の行動原理の反映である。しかし、税金対策で家屋敷地を縮小する農家が現れており、こうした動きが広がると農地は急速に減少してしまうことになる。

　以上は農家の負担で私有財産として農地を維持するのは限界に来ていることを意味するように思う。

　翻って③の実現を最優先するという視点に立てば違う政策がみえてくる。生産緑地法の改正によって、「農地利用の公共化をキイポイントにしつつ、模索されてきた"生存権的都市農業論"を超える新たな自治体農政の論理」が「農家を対象とする都市農業振興施策から農地を対象とする農地保全政策への展開」[13]したのであれば、都市農家を介せずに都市農地を直接保全していく政策・施策が必要となるはずであり、都市農地の公有地化が課題となるのではないだろうか。都市にどうしても農地を残す必要があれば、最終的には自治体による農地の買い取りは避けて通れない。自治体にはそれだけの財政的余裕はないが、例えば、物納要件を緩和して農地の物納による相続税の納付を促進し、この物納農地を売却・換金せず、国から自治体に農業投資価格で提供してもらってはどうか。もちろん、当該農地が転用された場合は、物納時の評価額と自治体が国から譲り受けた時の価格の差額とそれに対する利子税を自治体が納付することが条件となる。国と自治体との間で相続税納税猶予制度と似た仕組みを物納農地について考えられないかという提案である。

　繰り返しになるが、三大都市圏特定市では生産緑地制度と相続税納税猶予制度が課す厳しい条件を都市農家が受容してくれることで、公の負担ではなく私の負担で農地が維持されてきたが、それは制度面からも都市農家の現状からも限界にきている。都市農業・都市農地の意味を再検討したうえで、新たな政策・施策を構築しなくてはならないのである。

---

　(13)　發地喜久治『日本の農業195　生産緑地制度と地域グリーンシステム』農政調査委員会
　　　(1995)、8頁からの引用。

＊本稿は、拙稿「都市農家の現状と都市農地の行方」『都市問題』第 106 号（2015）
　および「市街化区域内農地所有者の動向分析」『農業市場研究』第 100 号（2017）
　をリライトしたものである。

（あんどう・みつよし　東京大学大学院農学生命科学研究科教授）

阿蘇における農村と都市をむすぶ営みとその周辺

島村　健

> Ⅰ　阿蘇千年の草原
> Ⅱ　農村と都市をむすぶ
> Ⅲ　結びに代えて

Ⅰ　阿蘇千年の草原

1　阿蘇草原の利用

　熊本県阿蘇地方においては、わが国で最大の規模を誇る草原がなお維持されている。阿蘇山のカルデラ、外輪山、そして阿蘇五岳と外輪山との間に広がる広大な草原景観は、わが国有数の優れた自然の風景地として 1935 年に国立公園に指定されている[1]。また、最近では、2013 年に、阿蘇の草原維持の取組みと持続的農業が世界農業遺産に登録されている[2]。

　阿蘇の草原景観は、自然に出来上がったものではない。阿蘇地方の気候条件では、自然の成り行きに委ねれば、生態系は最後には森林に遷移する[3]。この地方にみられる、ネザサ・ススキ・トダシバなどが繁茂する広大な草原景観は、長期間人の手が加えられることによって成立し、維持されてきた人工の景観、二次的自然である[4]。阿蘇の草原は、なお 2 万 2000ha の規模を誇り、百年前と比べて半減したとされるが、なおわが国随一の規模を誇っている。そこには、

---

(1)　1935 年に阿蘇が国立公園に指定された経緯と草原景観の評価につき、岡山俊直＝岡野隆宏「阿蘇くじゅう国立公園指定時における区域指定の経緯と草原景観の評価」ランドスケープ研究（オンライン論文集）9 号（2016 年）74 頁以下参照。

(2)　登録の経緯について、武内和彦『世界農業遺産』（祥伝社新書、2013 年）12 頁以下・125 頁以下参照。

(3)　今江正知編『自然と生き物の讃歌』（一の宮町、2001 年）14 頁以下（仮屋崎忠）参照。

草原利用の共同体であって草原利用に関する入会権を有する牧野組合[5]が2014年の時点でなお150ほど残存しているという[6]。自然の遷移に対抗し草原を維持するための人々の営みは、長い間、畜産と結びついて行われてきた。古くは馬、近代には牛の畜産が行われ、放牧地あるいは採草地として阿蘇の草原が使われた。放牧地・採草地としての草原を健全な状態に維持するために行われてきたのが、毎年春に行われる「野焼き」であった[7]。

　草原景観が創出され、維持されてきたのは、茅場としての利用、採草、放牧等を中心とする人々の営みがあったからである。そのような営みは、優れた人工景観を造り出し、この地方に観光という新たな産業を生み出すこととなった。また、全国的な草原利用の衰退、里山・里地の減少等により、二次的な自然環境に生息する植物や昆虫類などが絶滅の危機に瀕するなかで、阿蘇においては、上記のような草原利用が長年なされてきたことによって、わが国においては既に希少となった植物や蝶などの棲みかが提供され、これらの生物の貴重な逃避地となった。象徴的な例としてしばしば挙げられるのは、阿蘇にしか生育していないハナシノブ、絶滅危惧種であるヒゴタイ、現在、長野県と阿蘇地方でしか生息が確認されていない蝶・オオルリシジミなどである[8]。この蝶の食草であるクララは、牛が食べないために、放牧地に残ることになる。クララは、日

---

(4)　「千年の草原」と言われるが、最近のある研究によると、1万年以上前から火入れが行われ、草原環境が維持されてきたという（宮縁育夫＝杉山真二「阿蘇カルデラ東方域のテフラ累層における最近約3万年間の植物珪酸体分析」第四紀研究45巻1号（2006年）15頁（23以下））。古代から続く牧野利用の歴史につき、大滝典雄『草原と人々の営み』（一宮町・1997年）第2章〜第4章、湯本貴和「文理融合的アプローチによる半自然草原維持プロセスの解明」日本草地学会誌56巻3号（2010年）220頁以下、阿蘇市ほか「「阿蘇の文化的景観」保存調査報告書Ⅱ」（2016年）159頁以下（高橋佳孝）参照。

(5)　松木洋一は、牧野組合を「旧来の地元集落農家の総有としての採草放牧入会権が戦前・戦後を通じて近代化される過程で形成され、主として山林・原野・造成草地を農民グループで採草放牧利用する集団的土地経営体」と定義する（同「「中山間」地域の多産業化と入会共有地の市民的構造改革」農業法研究35号（2000年）10頁以下）。

(6)　阿蘇市ほか・前掲注(4)217頁（山内康二）。

(7)　大滝・前掲注(4)第1章を参照。阿蘇における野焼きの特徴につき、参照、高橋佳孝＝西脇亜也「阿蘇草原の野焼き（burning）の特殊性について」横川洋＝高橋佳孝編『阿蘇地域における農耕景観と生態系サービス』（農林統計出版、2017年）327頁以下。草原生態系を維持するためには、採草（草刈り）という営農行為を始めとする野焼き以外の伝統的な草原利用の形態も必要であることについて、瀬井純雄「阿蘇・山東部における草原の利用形態と草原再生の取り組み」横川＝高橋編・前掲45頁（56頁以下）参照。

の当たる斜面を好むと言われているが、牛が、他の、丈が長く成長する野草を食むために、生息にとって最適な環境が残るわけである[9]。牛の採餌圧や、毎年の野焼きがなければ、丈の長い草本が優勢になって駆逐されてしまう様々な草本がこの阿蘇地方には残されており、生物多様性という観点からも貴重な草原性生態系が維持されている[10]。

2　草原利用の低下

戦後、上記のような草原利用が低下する。トラクターが普及して役牛用の飼料が不要となったこと、化学肥料の普及による緑肥利用の停止、茅葺屋根の民家がなくなったこと、牛肉の輸入自由化によって安価な外国産の牛肉が流入したことなどによる畜産の衰退等が主な要因であるとされる[11]。阿蘇における畜産の中心は、牧草地・採草地として広大な草原を有していることを活かした、牛——特に褐牛（あかうし）——の繁殖であった。しかし、褐牛は、黒牛と比

---

(8)　村田浩平「阿蘇の草原におけるオオルリシジミ生育場所の保全」日本自然保護協会編『生態学からみた里やまの自然と保護』（講談社サイエンティフィック、2005 年）48 頁以下参照。

(9)　村田浩平＝松浦朝奈「オオルリシジミの生息地におけるチョウの種多様性に及ぼす放牧の影響」蝶と蛾 62 巻 1 号（2011 年）41 頁以下は、阿蘇地域のオオルリシジミの生息地における放牧圧の違いが、チョウ類の種構成に大きな影響を及ぼしており、様々な放牧圧の草原が存在することが、同地域のチョウ相を保全する上で重要であると指摘する。小路敦ほか「牛の放牧を利用した阿蘇地域における放棄牧野の植生修復」日本草地学会誌 50 号（2004 年）24 頁以下は、放棄牧野への適正な期間・頭数による放牧により、草原性植物の出現種数の増大に効果的であることを示す。交告尚史「スウェーデンにおける総合的環境法制の形成」畠山武道＝柿澤宏昭編『生物多様性保全と環境政策』（北海道大学出版会、2006 年）159 頁（197 頁以下）は、行政と農業者の契約に基づき、草原地に牛を放って採餌圧をかけ、草原生態系の保全を図っているスウェーデン中部・ノルエー丘自然保護地域の例を紹介している。

(10)　半自然草原を維持することの環境保全上の価値及び文化的価値について、高橋佳孝「阿蘇千年の草原の維持・保全と自然再生について」横川洋＝高橋佳孝編『生態調和的農業形成と環境直接支払い』（青山社、2011 年）137 頁以下、同「都市住民との協働による阿蘇草原再生の取り組み」新保輝幸＝松本充郎編『変容するコモンズ』（ナカニシヤ出版、2012 年）103 頁以下、阿蘇市ほか・前掲注(4)165 頁以下（高橋佳孝）参照。

(11)　阿蘇の草原利用が変化した様々な要因につき、高橋佳孝「阿蘇草原における生態系サービスの現状と今後の課題」横川＝高橋・前掲注(7)183 頁（213 頁以下）、福田晋「多様な地域資源利用による放牧の展開　課題へのアプローチ」日本の農業 227 集（2013 年）1 頁（43 頁以下）、大滝・前掲注(4)34 頁以下、熊本日日新聞社『草原が危ない』（2013 年）28 頁以下、環境省自然環境局九州地区自然保護事務所『阿蘇の草原ハンドブック』（2005 年）40 頁、藤村美穂「阿蘇の草原をめぐる人びととむら——環境問題の視点から」村落社会研究 38 集（2002 年）73 頁（85 頁以下）等を参照。

べてサシが入りにくい体質をもつことから、卸売価格が低迷した。農業・畜産業の収益性の悪化に伴い、畜産農家の数は減少の一途をたどった[12]。

　草原利用の低下は、草原を維持・管理するインセンティヴが低下することを意味する。草原の健全性を維持するために必要な毎春の野焼きは、大きな危険を伴う作業であり、また多くの人手を必要とする。有畜農家の数が減少し、ついにその数が零となった牧野においては、草原を維持する動機もなく、また、牧野組合の組合員の高齢化も進む中で、野焼きの実施が困難になっている[13]。また、現地での聞き取りによれば、野焼きの実施がかつてよりも困難になっている事情として、次の点があるという。かつては、阿蘇の外輪山およびカルデラ側斜面の土地利用としては、ほぼ草原としての利用に尽きていたので、野焼きの際に、延焼を懸念することはあまりなく、麓から火をつけて燃え尽きるのを待つという比較的危険の少ない形態で行われていた。しかし、その後手入れがされなくなって森林に遷移した箇所や、戦後の拡大造林の時期に植林された箇所などがあり、また、住宅などの構造物の建築も進んだため、それらへの延焼に配慮したきめ細かい準備作業が必要となった。最も労力を要するのが輪地切りと呼ばれる作業である。これは、野焼きを行う際に、延焼を防ぐための防火帯をつくる作業をいい、具体的には、秋、草原がまだ青い時期に、防火帯とすべき場所を一定の幅で草刈りし、倒れた草が枯れた頃に火を放ち、草のない帯状の土地を確保する作業を言う。この作業は、放牧牛を利用するなど様々な工夫がされてはいるものの[14]、気温が高い季節に行われる重労働であり、また、斜面で行われることも多く、作業従事者を確保することが、年々困難になっているという。

　草原利用の低下、草原を維持するインセンティヴの低下に伴い、阿蘇の草原面積は、過去50年の間に4万9000haから2万2000haへと半減した[15]。

---

(12)　参照、山内康二「阿蘇千年の草原再生を巡る近況」国立公園638号（2005年）12頁以下（両時点で比較可能な牧野における有畜農家は、平成7年の2250戸から平成15年に1200戸へと減少している）。

(13)　高橋・前掲注(10)「都市住民との協働による阿蘇草原再生の取り組み」110頁以下参照。

(14)　参照、高橋佳孝ほか「放牧牛を用いた火入れ草地の防火帯作り」日本草地学会誌49巻4号（2003年）406頁以下。

(15)　熊本日日新聞社・前掲注(11)30頁以下。

3 草原利用の低下がもたらす弊害

草原利用の低下に伴い、一部の草原の維持管理が十分になされなくなると、続いて次のような弊害が生ずる。

野焼きの火は、牧野の境界を越えて燃え広がるため、隣接する牧野は、示し合わせて同じ日に一斉に火入れを行う。ある牧野で野焼きが行われなくなると、その牧野の入会地は、多年生草本が成長し、あるいは、低木が入り込み、次第に森林へと遷移してゆくことになる。そこに隣接牧野の野焼きの火が入ると、山火事のような危険な状態になる。これを避けるためには、隣接する牧野で野焼きを行うに先立ち、前述の輪地切りという作業を行うことが必要となる。このように、1か所の牧野で野焼きが行われなくなると、他の牧野に多大な負担がかかることになり、輪地切りの負担を嫌って、野焼きを行わない牧野がさらに広がるといった事態を招きかねない[16]。数年間野焼きを行わなかった牧野においては、森林への遷移が始まる。そのような牧野で野焼きを再開したり、その地を草原に戻したりすることは、事実上不可能である。

草原の野焼きが行われなくなると、草原景観は次第に失われる。阿蘇地方においては、前述したように、第一次産業に加えて、観光業も主要な産業に発展したが、国立公園の代表的な景観である草原景観が失われることは、観光業にとっても、大きな痛手となる。

また、わが国最大規模の草原を有する阿蘇地域は、低草草原を好む植物や昆虫等にとって極めて貴重な地域であり、草原利用の後退、草原の喪失は、生物多様性の保全という観点からしても危機的な事態というべきである[17]。

4 生業・景観・生態系の持続可能性の危機

阿蘇の草原は、従来、茅場、採草地、放牧地としての利用を図るために維持・管理されてきた。その広大な草原景観は観光資源となり、わが国において

---

(16) 後出の下荻の草牧野などでは、集落では草地の利用を行っていないものの、野焼きをする隣接牧野に迷惑がかからないよう、野焼きを続けているという。熊本日日新聞社・前掲注(11)40頁、図司直也「入会牧野とむら」坪井伸広ほか編『現代のむら』（農山漁村文化協会、2009年）121頁（127頁）参照。

(17) 高橋佳孝「「草のSatoyama」の生態系サービスとその再構築」農業及び園芸89巻3号（2014年）328頁以下参照。

もはや稀少となった大規模な草原性生態系を形成している。このようにして、生業（畜産業、農業、観光業）、景観、生態系の持続可能性は、分かちがたく結びついている。阿蘇における草原の維持・管理は、とりわけ畜産という生業と結びついて行われてきた[18]。

(1) 阿蘇における畜産の現状——畜産農協阿蘇支所管内の例

阿蘇の畜産は、従来から肥育ではなく繁殖が中心であったが、畜産農協阿蘇支所管内の例をみると、1996年から2012年の間に、繁殖農家戸数は955戸から356戸へと激減している。同じ時期の繁殖頭数の変化は、5014頭（ほとんどが褐牛）から約4800頭（1581頭が褐牛、3260頭が黒牛）と微減にとどまっている。しかし、内訳を見ると、褐牛の頭数は、3分の1に減っている[19]。

農家戸数が減った要因として挙げられるのは、貿易自由化などに伴う畜産物価格の低下や、畜産農家の高齢化といった事情である。ただし、この地域では、規模拡大（多頭化）が同時に行われている。なお、阿蘇の農業は、従来、水田農業が中心であり、水田農業は畑作と比べて相対的に手がかからないので、畜産と両立させてきたという経緯があるが、最近では、専業のハウス栽培農家が増えてきているという。

阿蘇支所管内の1農家あたりの飼育頭数をみると、最大で100頭規模くらいのものがあり、そこでは全て黒牛を飼育しているという。90頭以上の規模の農家が3軒（ほとんどが黒牛）、70頭規模が20軒〜30軒あるという。大規模繁殖農家は、1軒の例外（褐牛のみ50頭保有する農家があるという）を除いて、褐牛を扱っていない。

(2) 褐牛と草原の関係

褐牛と黒牛とでは、草原との関係が相当異なるという。阿蘇の繁殖農家は、親牛については、黒牛も褐牛も全頭放牧を行うので、草原との関わりについて異なるところはあまりない。しかし、子牛についてはそうではない。黒牛の場合には、元牛の価格が高く、阿蘇の冬場の寒さにも弱いため子牛には服を着さ

---

(18) 以下の記述は、2013年2月に城山英明教授（東京大学）と共同で行った、熊本県畜産農協阿蘇支所長・岩本実士氏、畜産農家・井手孝義氏、下荻の草牧野組合長・丸野雄司氏からの聞き取りの記録をもとにしている。

(19) なお、全国的に見ても、黒牛が圧倒的に多く、褐牛は、2012年の時点で、繁殖牛として全国で約1万頭が飼育されていたにすぎないという。

せたりする手間もかかる。病気からの快復も遅いという。これに対し、褐牛は、
体も強く、病気からの快復も早い。また、褐牛は、黒牛と比べて、草を食べる
量が多く、草地でもよく太り、親牛が牧野において子育てもするため、肥育コ
ストも安い。特にこのような性質をもつ褐牛の繁殖について、広大な草原を有
する阿蘇地域は、他の地域に比べて優位性を持っていた[20]。しかし、その後、
牛肉の輸入自由化への対策として、脂身のサシが入りやすく高値で売れる黒牛
の飼育頭数の割合が増え、草地の利用も減っていった[21]。この時期、褐牛の
飼育頭数は減少の一途をたどることになる。特に若手の意欲的な畜産農家は、
1頭当たりの売上額が高い黒牛を好んで飼育する傾向が強いという。褐牛離れ
は、草原の利用、さらには、草原を維持・管理することのインセンティヴが低
下することを意味する。

II　農村と都市をむすぶ

1　危機への対応

　阿蘇に限らず、草原を含む日本各地の里地・里山など二次的な自然環境の維
持・管理は、従来、農・林・畜産といった生業、あるいは、薪炭材の採取など
日常生活上の必要性と結びついて行われてきた。阿蘇においても、畜産・農業
による草地の維持・管理・利用が失われると、放牧・採草・野焼きなど、人間
による攪乱を受けることによって維持されていた草原性の生態系が多様性を失
ってしまう（生態系の持続可能性の危機[22]）。草原が部分的に失われると、周辺
の草地においても野焼き等の管理行為が困難になり、連鎖的に、管理放棄、さ
らには草原利用を伴う畜産業からの撤退を招くおそれがある（生業の持続可能
性の危機）。草原景観の喪失は、九州有数の観光資源を失うことにつながる（草

---

(20)　黒牛は、褐牛と比べて草原との関わりが弱いと言われる。しかし、黒牛も阿蘇地域において
は放牧されており、黒牛の飼育が草原の利用と結びついていないというわけではない。

(21)　牛肉の輸入自由化の行われた平成3年度には、18ヶ月以上の子取り用めす牛の飼育頭数に
占める黒毛和種の割合（熊本県内）は14％にすぎなかったが、平成13年度に褐毛和種の頭数を
抜き、平成27年度には80％を占めるに至っている。これに対し、阿蘇地域では、同年度におけ
る黒毛和種の割合は、52％にとどまっている（熊本県畜産統計による）。

(22)　「生物多様性国家戦略2012-2020」（2012年9月）は、自然に対する働きかけの縮小による危
機を、生物多様性の第2の危機と呼んでいる。

原景観と観光業の持続可能性の危機)。

　伝統的な自然環境の利用が衰退してゆくという現象は、全国各地でみられるものである。そのような場所では、伝統的な利用者の維持管理行為を補いあるいは代替する新たな維持管理の担い手が求められる。以下では、阿蘇及びその他の地域における二次的自然の維持管理のための新しい仕組みづくりに向けた動きについてみることとしたい。

　他方、持続的な管理の動機づけ、受益と負担ないしリスクの引き受けを帰一させるという観点などからすると、もし可能であるならば、従来のような管理のあり方を存続させるほうが望ましい。阿蘇におけるそのような試みについて、Ⅲにおいて検討する。

2　阿蘇グリーンストック──農村と都市を結ぶ

　阿蘇の草原を維持することが困難になっているという認識は、次のような運動の契機となった。元来、阿蘇という地域については、その草原が畜産や観光業にとって不可欠な資源であるということのほかに、阿蘇に降り草原から浸透して地下に蓄えられた水が、九州の主要な河川の水源になっている（「阿蘇は九州の水がめ」[23]）ということが知られており、阿蘇の草原を維持することの重要性は、熊本市など都市の住民にも理解される下地があった。このような背景のもと、熊本大学法学部教授であった佐藤誠らとグリーンコープくまもとの山内康二事務局長らは、1995年に、阿蘇の草原の維持などを活動の目的とするNPO団体・阿蘇グリーンストック（現在の公益財団法人阿蘇グリーンストック）を設立した[24]。阿蘇グリーンストックは、野焼きに従事する人が減少し、阿蘇の草原が危機に瀕していることに危機感を募らせ、1999年春に初めて野焼き支援ボランティアの初心者研修会を行った。その後も、都市住民等のボランティア作業希望者に対し、危険を伴う野焼き作業に従事する前に研修を行う

---

(23)　筑後川、大野川、五ヶ瀬川、緑川、菊池川、白川といった河川は、阿蘇を源流としている。

(24)　佐藤誠編『阿蘇グリーンストック』（石風社、1993年）155頁以下（佐藤誠）、同「いのちを継ぐ大地へのアクセス権」農業と経済68巻11号（2002年）21頁以下、図司直也「阿蘇グリーンストックにみる資源保全の主体形成と役割分担」農村と都市をむすぶ672号（2007年）36頁以下、山内康二＝高橋佳孝「阿蘇千年の草原の現状と市民参加による保全へのとりくみ」日本草地学会誌48巻3号（2002年）290頁以下参照。

などの活動を続け、多くの牧野の野焼き作業に人手を供給するようになっていった。野焼き支援ボランティアの活動は拡がり、現在は、野焼き実施牧野の3分の1（50牧野）に年間のべ2000人以上の参加があるという[25]。

　阿蘇の草原は、外部利益を生み出してきた、二次的自然環境の伝統的な利用者による利用・管理が減退する、という事態に直面している。上記のような取組みは、二次的な自然環境の新たな管理者として、外部利益の享受者でもある都市の住民を組織化して動員する、同題の雑誌[26]に準えて言うならば「農村と都市をむすぶ」試みと把えることができる[27]。阿蘇グリーンストックの野焼きボランティア事業は、草原生態系を保全するための優れた取組みとして高く評価されている。実際に、阿蘇グリーンストックの野焼きボランティア事業の支援なしには野焼きを行うことが実際上難しくなっている牧野も多い。なお、この取組みを念頭に、自然公園法上の制度として「風景地保護協定」が導入された。この制度については、以下4において取り上げる。

3　阿蘇草原再生協議会

　都市住民らの野焼きボランティア活動等の蓄積によって育まれた地元と都市住民の信頼関係が、2005年12月に発足した自然再生推進法に基づく「阿蘇草原再生協議会」の基盤となった[28]。自然再生推進法は、過去に損なわれた自然環境を取り戻すため、国の関係行政機関、関係地方公共団体、地域住民、NPO、専門家等の地域の多様な主体が参加する協議会における協議の結果などを踏まえて、自然環境の保全、再生、創出等を行うことなどを定めるものである。阿蘇草原再生協議会は、多様な属性をもつ180の団体・法人及び73名の個人からなる[29]。発足以来、阿蘇草原再生協議会は、阿蘇における草原再

---

(25)　阿蘇市ほか・前掲注(4)189頁以下（高橋佳孝）。高橋佳孝「協働の先駆者から──阿蘇野焼きボランティアの10年」農業と経済2010.8臨時増刊号56頁以下も参照。

(26)　農林労働組合により刊行されている「農村と都市をむすぶ」誌。

(27)　高橋・前掲注(10)新保＝松本編『変容するコモンズ』103頁以下参照。

(28)　高橋・前掲注(10)新保＝松本編『変容するコモンズ』116頁、国立公園協会・自然公園財団編『国立公園論』（南方新社、2017年）55頁以下（番匠克二）参照。

(29)　2017年3月末時点。団体・法人の内訳としては、牧野組合・地区団体・生産者団体が過半を占め（118団体）、NPO法人等（29団体）、行政機関（21団体）、株式会社等（9団体）、教育機関（3団体）と続く（協議会のウェブサイトより筆者集計）。

生のための様々な取組みが、共通の目的・認識に基づいて長期にわたって連携して続けられてゆくための協議の場として重要な役割を担っている[30]。

　阿蘇草原再生協議会は、2007年3月、「阿蘇草原再生全体構想」を策定した[31]。協議会の下には、牧野管理、生物多様性、草原環境学習、野草資源、草原観光利用をそれぞれ担当する5つの小委員会が組織され、それぞれの分野毎に専門的な観点から、草原の保全・利用のあり方を協議・検討している。また、協議会の参加者などを中心に、草原の保全・利用活動が様々なかたちで進められている。協議会を構成する牧野組合により守られている草原面積は15,252haであり、阿蘇郡市内の牧野総面積の69.4％に達している。構成牧野による野焼き面積は11,376haで、阿蘇郡市内全体の野焼き面積の69.6％にあたる[32]。

4　都市と農村を結ぶ協定

(1)　風景地保護協定

　前出の「風景地保護協定」制度は、先のようないわば農村と都市を結ぶ取組みに法的な位置づけを与えることを目的とするものである。

　この制度は、自然公園法の2002年改正によって設けられた。前述のように、第一次産業等の営みにより保たれてきた草原や里地里山などの二次的な自然の風景地は、全国的にみても、過疎などの社会経済状況の変化によりその維持・管理が難しくなっている。このような状況に対し、従来の形態・主体による管理が不十分なものとなり、風景の保護が図られないおそれのある国立・国定公園内の自然の風景地について、環境大臣、地方公共団体や公園管理団体（国立公園又は国定公園内の自然の風景地の保護とその適正な利用を図ることを目的とする一般社団法人・一般財団法人・特定非営利活動法人であって、環境大臣もしくは都道府県知事によって指定されたもの）が、土地所有者等との間で自然の風景地の保護のための協定（風景地保護協定）を締結し、土地所有者等に代わり自然

---

(30)　法定協議会を利用することのメリットにつき、勢一智子「協働型政策決定の法構造」西南学院大学法学論集41巻3＝4号（2009年）197頁（224頁以下）参照。

(31)　2014年3月に改訂され、第2期の全体構想が策定されている。

(32)　阿蘇草原再生協議会「阿蘇草原再生レポート活動報告書2015」。

の風景地の管理を行うことができることとした(33)。公園管理団体としての指定に際しては、業務を適正かつ確実に行うことができるか否かについて、組織、資金等の面から判断がなされる。地域の自然環境に対する科学的知見を十分に有する者が含まれていること、地域の自然環境の管理手法等について十分な技術を有していること、おおむね過去3年程度の相当な活動実績があることなどについて審査される(34)。

　協定を締結することのメリットとしては、土地所有者については、特別土地保有税の非課税化、相続税の評価額の低減などの措置が用意された。新たに管理を引き受ける者にとっては、協定に基づく管理活動を行う際に、国立・国定公園内の特別地域内等で適用される許可制の適用除外の措置を受けられるというメリットがある。

　今日に至るまでに、前述の阿蘇グリーンストック（阿蘇くじゅう国立公園・阿蘇地域）(35)のほか、自然公園財団および知床財団（知床国立公園・知床地域）、特定非営利活動法人浅間山麓国際自然学校（上信越高原国立公園・浅間地域）、特定非営利活動法人たきうどん（西表石垣国立公園・竹富島地域）、特定非営利活動法人須川の自然を考える会（栗駒国定公園・岩手県側地域）、自然公園財団（大沼国定公園・大沼地域）が公園管理団体に指定されている。風景地保護協定は、これまでにわずか2例しか締結されていない。最初の締結例が、阿蘇グリーンストックと、美しい草原傾斜地が続く下荻の草の牧野組合との間で2004年3月に締結された「下荻の草風景地保護協定」である。そこでは、阿蘇グリーンストックの業務として、阿蘇の草原保全のため、輪地切り、輪地焼きおよび野焼きを行うこと等が挙げられている。他方、土地所有者である阿蘇市、借地権者である下荻の草牧野組合は、公園管理団体の承諾なしに、当該土地に使用又は収益を目的とする権利を設定すること、農畜産業以外の工作物等を設置すること、土地の形質の変更を行うこと、畑作をすること、植林をすること、物件の堆積を行うことを禁じられている。協定の有効期間は、5年とされ、そ

(33)　多くの都道府県の条例が、都道府県立公園について同様の制度を置いている。
(34)　自然公園法49条1項、同法施行規則15条の3、自然環境局長通知「公園管理団体取扱指針」（平成15年4月1日　環自国　第132号）。
(35)　阿蘇グリーンストックの指定の経緯につき、番匠克二「阿蘇における公園管理団体制度等の活用について」国立公園620号（2004年）16頁以下参照。

の後、更新されている。

(2)　制度の伝播

①初の風景地保護協定

　阿蘇が風景地保護協定の最初の導入例となったことの背景には、次のような事情があったという。阿蘇自然環境事務所（当時）に勤務し、阿蘇の草原再生に携わっていた環境省の職員が、本省への帰任後に、阿蘇グリーンストックの活動を念頭において風景地保護協定の制度を考案し、自然公園法の 2002 年改正に同制度を盛り込んだ。法改正後、この職員と親交のあった下荻の草牧野組合と阿蘇グリーンストックとの間で協定が締結されたとのことである[36]。

②先例としての管理協定制度

　風景地保護協定制度は、全く目新しい法制度ではない。この制度の導入時に参考にされたのが、2001 年の都市緑地法改正によって導入された「管理協定」制度である。

　この制度は、特別緑地保全地区等の中にある土地の所有者と地方公共団体ないし緑地管理機構が協定を結ぶことにより、土地所有者に代わって緑地の管理を行うというものである[37]。管理協定の内容としては、協定の目的となる土地の区域、区域内の緑地の管理に関する事項、緑地管理に関連する施設整備に関する事項などが含まれる。土地所有者側のメリットとしては、特別緑地保全地区等の管理の負担の軽減、相続税の評価減が挙げられる。

　この管理協定の締結事例は全国で松戸市の例しかない。江戸川を渡ると、松戸市の側に帯状の傾斜面の緑地が現れる。この緑地においては、江戸初期以来 400 年の間、燃料などにするための落ち葉や枝の採取、利用がされていたところ、その必要がなくなってからは管理されずに放置されるようになった。他方、この地は斜面林下部まで市街化区域となっており、住宅建設が進むにつれ、越境枝の剪定の要望、落ち葉・日照阻害に関する苦情が増え、本件緑地の所有者の管理負担が増えた。しかし、土地所有者は高齢化などにより、管理作業を行うことが困難になっていた。このような状況下において、松戸市は、特別緑地保全地区の指定（栗山特別緑地保全地区、矢切特別緑地保全地区。合計で約

(36)　阿蘇自然環境事務所（当時）での聞き取りによる。

(37)　公園緑地行政研究会編『概説新しい都市緑地法・都市公園法』（ぎょうせい・2005 年）11 頁。

第 4 部　都市法と農地・農業　399

1.6ha）により相続税負担の軽減を図るとともに、管理協定の締結により市が
同地を維持管理するという提案をし、2009 年から 2011 年の間に、土地所有者
17 名との間で、期間を 20 年間とする管理協定を締結した[38]。

③風景地保護協定の他の締結例——湯の丸高原

　管理協定制度を手本とし、阿蘇の草原管理を念頭に設けられた風景地保護協
定制度であるが、その適用例は、阿蘇を含め 2 例しかない。2 例目は、上信越
高原国立公園の浅間地域において、公園管理団体である浅間山麓国際自然学校
と、土地所有者（1 名）との間で 2011 年 11 月に締結された「湯の丸高原風景
地保護協定」である。

　協定締結の背景となった事情は、以下のとおりである。当該地域にも、阿蘇
と同様、牧畜業により形成された二次草原が広がっている。そこには、国指定
天然記念物であるレンゲツツジの大群生があるほか、牧畜業による人為的攪乱
により特異な植生が形成されており、希少な高山蝶や鳥類、ほ乳類も生息して
いる。この地域では、複数の保護団体により、ズミ、カラマツなどレンゲツツ
ジの生育上支障となる樹木の伐採や整枝などレンゲツツジを保全対象とする活
動が行われてきた。しかし、各団体間の連携が不十分なことにより、保全活動
区域の偏りや団体間による樹木の伐採・整枝方法の不統一がみられ、各団体の
連携による適正かつ生物多様性に配慮した保全活動の推進が求められていた。
本件協定の締結により、浅間山麓国際自然学校の統括、指導のもと、協定の有
効期間 20 年間にわたり、安定的かつ効果的な保全活動が行われることが期待
されている[39]。

④風景地保護協定の新しい可能性？

　報道[40]によれば、尾瀬国立公園においても、風景地保護協定の締結が検討
されていたという。尾瀬国立公園の土地の約 4 割は、東京電力の所有地である。
同社は、1995 年の尾瀬保護財団の設立に関わり、同社社長が財団副理事長を
務めるなど、尾瀬の自然保護に重要な役割を果たしてきた。たとえば、木道の

（38）　島村宏之「管理協定制度を活用し、まち顔となる貴重な緑を保全」新都市 65 巻 9 号（2001
　　年）32 頁以下、上村昇「法令解説・都市緑地保全法の一部を改正する法律」時の法令 1648 号
　　（2001 年）27 頁以下参照。
（39）　協定締結時の環境省の報道発表資料による。
（40）　読売新聞・2011 年 10 月 13 日、上毛新聞・同年 10 月 14 日。

敷設や架け替え、湿原回復のための種まきなどの活動等に要する費用等のために毎年2億円を拠出してきた。しかし、福島第一原発事故以後、事故処理費用や賠償費用等の巨額の費用負担が発生したことを踏まえ、経費削減策の一環として、環境省との間で風景地保護協定を締結することを検討していると報道された。もっとも、地元の片品村が管理者が変わることにより従来の保護・管理レベルが後退するのではないかという懸念をもっていることから、東京電力や環境省も、協定の締結には地元自治体や関係者の理解が必要であるとして慎重な姿勢で臨んでいるという。

　風景地保護協定に関する従来の考え方の下では、公園管理者（環境省または都道府県知事）が風景地保護協定の締結当事者となることは想定されていなかったと思われる。日本の自然公園制度は、アメリカなどの営造物公園（公園管理者が、公園内の土地の所有権等を保有するもの）とは異なり、地域制公園（公園管理者が、公園内の土地の所有権等を必ずしも保有していないもの）であって、行為規制や公園事業等を行うにあたって、土地所有者等の権利への配慮が必要であるために、積極的な規制や事業を実施できないという問題点があると指摘されてきた。環境省が協定の締結者となれば、このような限界を（協定締結期間に限ってではあるが）乗り越えることができるかもしれない。その意味で、尾瀬においてこれまでの2例とは性質の異なる風景地保護協定が締結されていたとしたら、風景地保護協定の新たな可能性を切り拓くものとなっていたであろう。

(3)　協定方式の普及の限界

　風景地保護協定のモデルである管理協定制度は1件の適用例しかなく、風景地保護協定制度もこれまで2件の適用例しかない[41]。

---

(41)　都道府県条例に基づく都道府県立公園にかかる風景地保護協定の締結例は、これまでのところないようである。これとは別に、近年、里山保全活動を行う団体が土地所有者との間で当該活動の実施に関する協定を締結し、都道府県がこれを認定するという仕組みが、千葉県の里山活動協定制度を皮切りに（都道府県レベルでは全国初の里山保全を直接の目的とした「千葉県里山の保全、整備及び活用の促進に関する条例」（2003年）に基づく。関東弁護士会連合会編『里山保全の法制度・政策』（創森社、2005年）265頁以下（平野浩視＝外井浩志）参照）、各地の都道府県において導入されている。千葉県の例では、2015年11月時点で125件の協定が締結されているようであるが、認定の直接の効果は、活動費用に関する補助金の交付がなされることにとどまる。

阿蘇においても、下荻の草以外の牧野への広がりは見られない。制度導入に主導的な役割を果たした環境省職員や下荻の草牧野組合長によると、阿蘇地域において協定制度が普及しない理由としては、①風景地保護協定のメリットとしての税優遇が弱いこと、②協定を締結しない牧野にも、阿蘇グリーンストックがボランティアをコーディネートし派遣してくれるため協定締結の意味を見いだせないこと[42]、③野焼きを行う牧野が、国立公園の特別地域外なので、風景地保護協定を締結し、許可制の適用除外を受けるという規制緩和の動機づけがないということが挙げられるという。公園管理者としては、管理主体の明確化や、事故時の責任の明確化など、管理行為を行う者の権限を明確化するほうが望ましいと考えているようであるが、制度のユーザーとしてはこの点が協定締結の動機づけにはなっていないようである。様々な主体の参画のもと、多種多様な草原保全活動を行うプラットフォームとして認知されている草原再生協議会と比較して、風景地保護協定制度は、現地においてもあまり知られていないようである。

5 二次的自然環境の管理の担い手

(1) 新たな担い手の位置づけ

松戸市、阿蘇、湯の丸高原における問題の共通点は、第一次産業や日常生活のための自然の利用・管理によって二次的な自然環境が維持されてきたが、そのような利用形態が停止ないし衰退したことによってそれが維持困難になっているという点にある。従来の利用者＝管理者に代わる新たな管理者として、阿蘇及び湯の丸高原では NPO がその役割を担い、松戸市では、第一次的には公共がその役割を担うことになった[43]。

阿蘇においては、畜産業の衰退や、農業形態の変化により、従来型の草原利用が衰退し、過疎化・高齢化と相まって、草原に十分な管理が施されなくなっ

---

(42) 同様の指摘として、大久保規子＝小林光「環境のための協働と「環境教育等による環境保全取組促進法」に基づく協定制度の活用の可能性」環境研究168号（2012年）39頁（43頁）。

(43) 阿蘇においても、2000年より、中山間地域での生産条件の不利の解消・耕作放棄地の発生防止・農業の多面的機能の確保を目的とする中山間地域等直接支払交付金制度の適用を受けている。交付金は、急傾斜地域の牧野組合が受け手となり、施設整備や野焼き・輪地切りの出役助成などの費用に充てられている（福田・前掲注(11)53頁以下参照）。

てきた。阿蘇グリーンストックの野焼きボランティア事業は、都市住民を新た
な草原管理の担い手として動員する仕組みとして成功を収めてきた。これまで
に見た、阿蘇草原再生協議会や風景地保護協定も、草原の維持管理の新たな担
い手となりつつある都市住民等を地域の自然環境管理の仕組みの中に位置づけ
ようとするものと理解することができる。さらに一歩進んで、阿蘇の草原を利
用する権利（入会権）を、新たな維持管理の主体となりつつある都市住民に開
放するという「拡大入会権」[44]ないし「パートナーシップ入会権」[45]という考
え方が提唱されている[46]。このような考え方について、次に検討する。

(2) 都市住民に入会権を開く

　阿蘇における草原利用の権利は、入会権に基づくものである。旧阿蘇郡の牧
野の所有形態としては、牧野数で数えて最も多いのが公有（全体の約6割）で
あり、次に多いのは、部落共有（3割）である[47]。牧野に対する入会権の形態
としては、市町村によって違いがあるが、地区集落が入会権を有する場合、集
落全体で構成される牧野組合が権利を有している場合、有畜農家で構成される
牧野組合が権利を有する場合等があるという[48]。

　入会権の処分は全員一致が原則であるとされ、入会地の分断や、開発業者へ
の売却を免れてきた[49]。野焼きなどの草原維持のための活動への出役は、入
会権者の義務であると捉えられ、多くの牧野では、草原を直接的に利用する有
畜農家以外の地区住民も活動に参加してきた。そのような従来型の入会地の管

(44)　佐藤・前掲注(24)農業と経済 68 巻 11 号 21 頁以下。
(45)　松木・前掲注(5)農業法研究 35 号 10 頁以下、同・「最近の牧野組合の入会的利用の動向と経
　　営再建（1）～（3・完）」畜産の研究 65 巻 10 号 975 頁以下、11 号 1076 頁以下、12 号 1166 頁以
　　下（2011 年）。
(46)　阿蘇を対象としたものではないが、同様の議論として、鈴木龍也「日本の入会権の構造」室
　　田武編『グローバル時代のローカルコモンズ』（ミネルヴァ書房、2009 年）52 頁（69 頁以下）、
　　関東弁護士会連合会編・前掲注(41)490 頁以下（篠崎和則）、484 頁以下（高橋聖明ほか）参照。
(47)　やや古い資料であるが、熊本県「平成 7 年度　阿蘇におけるあか牛活性化調査報告書」
　　（1996 年 3 月）14 頁以下。
(48)　阿蘇市ほか・前掲注(4)217 頁以下（山内康二）参照。
(49)　山下詠子『入会林野の変容と現代的意義』（東京大学出版会、2011 年）8 頁・18 頁は、入会
　　権の現代的機能の一つとして、環境保全を挙げる。さらに、牧野は、用途によって場所を区切ら
　　れ、それぞれの内部においても草の配分が平等になるように厳密な取り決めがなされているとい
　　う（藤村・前掲注(11)・村落社会研究 38 集 84 頁以下）。このようなルールが、草原の持続的な
　　利用を可能にしてきたと考えられる。

理が、先にみたような事情により困難になってきているのであれば、都市住民等を巻き込み、新たな草原の維持管理の担い手としてそれらの者にも草原へのアクセス権と責務を認めてゆくべきであるという考え方が、「拡大入会権」ないし「パートナーシップ入会権」の主張である。広大な入会地の利用に都市の消費者等の参加を求め、自然環境を守りつつ、また、地域の農畜産業の振興を図ることがねらいであるとされる。実際に、野焼きボランティアのリーダーを准組合員として牧野組合の定款において位置づけることを検討する牧野もあるという[50]。

他方で、地元農家には、たとえば、地区で野焼きができなくなったときに、余所から通う環境保全団体や都市住民のボランティアに全ての代わりが担えるのかという懸念や、農業体験やボランティアのブームがいつ去るかわからないという心配もあるという。ボランティアが参加する輪地切りや野焼きは草原の維持管理作業のうちの一部に過ぎず、日常的な管理作業は他に数多くあり、地域外の者に主体的な役割を委ねることはできないと考えることにも理由があろう[51]。また、そもそも、入会権者らは、拡大入会権という形での土地利用の開放に違和感をもっており、旧慣に則った牧野利用と管理作業に参加しない者の考え方を用意に受け入れないであろうとも指摘されている[52]。

(3) 阿蘇——生業の持続可能性

従来、野焼き等の維持管理活動が行われてきたのは、草原に依存する生業をもつ地域の人々が、その生業の維持のために草原の維持管理に死活的な利害関係を持っていたからであった。草原利用の権利をもち、草原から直接的な利益を享受するとともに、その反面、危険な重労働を引き受けるという関係性があった。聞き取りによれば、これまでも、火入れなどリスクと責任の大きい作業

---

(50) 松木・前掲注(45)・畜産の研究 65 巻 12 号 1167 頁。

(51) 藤村美穂「資源景観——阿蘇山の草原」鳥越皓之ほか『景観形成と地域コミュニティ』(農山漁村文化協会、2009 年) 121 頁 (147 頁以下) 参照。図司直也「牧野「再編」の実態と課題」2004 年度日本農業経済学会論文集 (2004 年) 122 頁 (126 頁) では、次のような新宮牧野組合長の発言が紹介されている：「年 1 回しか行わず、その作業体系も当日の風向き次第で異なる形をとり、牧野の地形を勘案しながら地域独自の野焼きの流れを『体で覚える後継者』をどのように養成していくのか。ボランティアは、何かあった時に放り出して逃げてしまう」。

(52) 図司・前掲注(16)122 頁。佐藤編・前掲注(24)『阿蘇グリーンストック』37 頁以下 (入会権者である山口力男氏の発言) をも参照。

は、ボランティアに任せることなく、地元の牧野組合員が行うこととしてきたという[53]。現地では、有畜農家が失われた牧野も既に多く、有畜農家以外の組合員も高齢化する中で、今後は、ボランティアが主導して野焼きを行う牧野も増えてくるかもしれないとの声もきくが、持続可能性という点からしても（前述(2)）、草原の維持管理の中核的な部分は、地域の人々が担うことが望ましいであろう[54]。

　二次的な自然環境は、全国各地で危機に瀕している。その大部分の例では、伝統的な農業・畜産業のための利用、日常生活のための利用が、既に失われてしまっている。これに対し、阿蘇においては、放牧・採草を中心とした従来型の草原利用が衰退しながらも存続しており、生業の持続可能性と、草原生態系の持続可能性、さらには観光業の持続可能性が一体として問題となっている点に、他の多くの地域とは異なる特徴がある。この地域においては、生業の存続がことのほか重要であり、生業への梃入れによる解決への道筋が見えることが、他の多くの地域との違いである。

(4)　生業の維持に向けた取組み——過少利用の解消

　草原の維持管理と結びついた生業として重要なのは、言うまでもなく畜産とりわけ放牧である。利用の減少が管理の減少に結びついているということからすると、過少利用の牧野あるいは利用されていない牧野における利用の拡大が処方箋となる。

　やや古い資料であるが、1995年の牧野調査[55]によれば、牧野面積と放牧頭数のバランスについて、面積が不足している牧野組合が14.6％、放牧地が余っている牧野組合が45.2％とされている。これは、広域的利用により牧野の過少利用が一定程度解決しうる可能性があることを示している。熊本県では、阿蘇地域における入会牧野の過小利用対策のため、入会権者以外の平地の有畜農家

(53)　もっとも、ボランティアが行う火消しの作業も大きな危険が伴う作業であることには変わりがない。2012年4月には、経験を積んだボランティアリーダーが、野焼き作業中に不幸にして亡くなる事故があった。

(54)　井上真「自然資源「協治」の設計指針」室田武編・前掲注(46)3頁（9頁以下）は、企業やNGOなどの外部者は失敗による撤退が可能であるのに対して、通常その選択肢がない地元住民を地域環境の管理の中心に据えなければならない、とする。

(55)　阿蘇におけるあか牛活性化調査報告書・前掲注(47)24頁。

の牛について預託放牧を行う取組みが1996年から進められている[56]。預託放牧の仕組みは、利用農家の側には、糞尿処理の問題の解消、飼料費・労働費の削減、規模拡大、放牧の効果として牛の足腰が強くなり繁殖成績が向上すること等のメリットがあり、牧野の側には、放牧圧による優良草地の維持、景観の維持が可能になるというメリットがあるとされる[57]。2001年度には、熊本県阿蘇地域振興局に牧野活性化センターが設置され、入会権には手を触れずに、牧野利用を希望する畜産農家が低利用牧野を借地利用できるよう牧野流動化を促進する取組みが行われている[58]。一部の牧野においては、入会権を持たない組合員外の酪農家（採草利用）、非畜産農家（畑作農家、椎茸農家）に牧野の利用を認める例があると報告されている[59]。

　一般的には、阿蘇においても、低利用下にある牧野を組合員外の農家に活用してもらうという意識は低いといわれる[60]。他方で、草原から直接的な便益を受ける有畜農家と、入会権者として等しく出役の義務を負う一方でそのような便益を受けない無畜農家・非農家の入会権者は、潜在的に利害が対立する関係にあり、入会牧野の縮小・潰廃の一つの要因として、無畜農家の牧野管理からの離脱があるとも指摘されている[61]。草原の利用者が増え、草原からの利益の配当が管理出役する（有畜農家でない）入会権者に支払われれば、そのような対立の緩和にもつながると考えられる[62]。

---

(56)　大久保研治「阿蘇地域における肉用牛の広域預託放牧による草資源利用」農村研究92号（2001年）114頁以下参照。預託放牧を含む「熊本型放牧」の全体像について、福田・前掲注(11)14頁以下参照。

(57)　福田・前掲注(11)20頁以下。

(58)　福田・前掲注(11)43頁。

(59)　図司直也「入会牧野の縮小・潰廃過程と再編の可能性」歴史と経済182号（2004年）21頁（23頁）、同「入会牧野における利用と管理の慣行とその変化」『畜産経営における飼料生産基盤の存立状況に関する調査』（農政調査委員会・2000年）53頁（62頁以下）。

(60)　福田・前掲注(11)28頁。さらに、入会地における権利利用に関する全員一致原則は、牧野流動化の取組みを進めるにあたって取引コストを高めているかもしれない。このような問題状況を扱う「アンチ・コモンズの悲劇」論につき、高村学人「過小利用時代からの入会権論再読」土地総合研究2017年春号40頁（48頁以下）参照。

(61)　図司直也「牧野の縮小過程と潰廃の現局面」2002年度日本農業経済学会論文集（2002年）105頁（106頁）、同・前掲注(59)歴史と経済182号24頁以下。入会地の持続的管理には、牧野組合と地縁組織の連携が重要である（福田・前掲注(11)27頁以下）。

(62)　図司・前掲注(59)「入会牧野における利用と管理の慣行とその変化」65頁以下参照。

(5)　生業の維持に向けた取組み——褐牛の振興

　前述したように、草原の放牧といっても、草原との結びつきが強いのは黒牛よりも褐牛であり、以下のような褐牛の振興の取組み[63]は、草原の維持、利用の拡大に直結するものである。

　褐牛については、サシが入りにくい肉質であることから、その子牛の価格は低迷してきたが、赤身中心で脂身の少ないその肉質は、健康志向の高まりとともに消費者に受け入れられる可能性をもつものであった。褐牛の評価の高まりの転機となったのは、大手金融会社の経営者が阿蘇から褐牛を導入して、北海道に褐牛の肥育牧場を開き、そこで生産された褐牛の牛肉を首都圏等で高級牛肉として販売したことであったという。これを契機に、阿蘇の褐牛は、認知度を高めてゆくことになる。阿蘇地方における褐牛の販売価格も上昇している。配合飼料も近時高騰しており、草原資源がなお健在で褐牛の生産にコスト面で優位性をもつ阿蘇地域において、褐牛の再導入の機運が高まった[64]。褐牛の導入を促進するために、（褐牛の子牛の価格が、黒牛に比べてなおも相当程度安かったため）次のような褐牛の導入支援措置が設けられた。

　①国及び県による導入支援

　繁殖牛を導入する際には、1頭あたり9万7000円（2013年2月当時。以下同じ）の補助金が交付される。しかし、これは黒牛を導入する場合でも、褐牛を導入する場合でも変わらない。後述する県の姿勢と比べて、国（九州農政局）は、褐牛の繁殖を促進するという施策を行うことに慎重であるという。県下あるいは九州農政局管内には、黒牛専門の農家も多数存在するため、褐牛と黒牛の間で異なる額の補助金を交付することは難しいのであろう、と地元でも受け止められている。

　これに対し、熊本県の補助事業は、褐牛についてのみ11万3000円の導入補助金を交付している。国の上記事業と県の補助事業は選択的なものであるが、褐牛については、結局、より多くの補助金が支払われることになる。県としても、県内の褐牛農家と黒牛農家とを公平に扱うことが求められているというこ

---

　(63)　以下の記述は、基本的に2013年2月に行った現地での聞き取り調査（注(18)）を基にしている。

　(64)　吉田光宏「草原や地域農業を守る熊本あか牛(上)」農林経済9943号（2008年）2頁以下参照。

とには変わりがないはずであるが、蒲島郁夫知事の草原再生へのコミットメントもあり、県の特産品としての阿蘇の褐牛の生産・販売を促進することに重きを置いているとみられる[65]。

②阿蘇草原再生基金による支援

前述の阿蘇草原再生協議会が募った寄付により造成された「阿蘇草原再生基金」から、繁殖用褐牛の導入について、県の補助金に加えて1頭当たり6万円の補助金が交付されている。2011年9月から2015年3月までの間に、この補助を得て、合計287頭の褐牛が導入されている[66]。

③阿蘇グリーンストックによる支援

阿蘇グリーンストックは、褐牛の肉を1キログラム食べると75平方メートルの草原が守られるということをキャッチフレーズとして、かねてより褐牛の導入等の支援活動を行ってきた。たとえば、2004年に開始された「あか牛オーナー制度」は、「都市市民がオーナーとなって放牧用の繁殖母牛を増やすと共に、あか牛肉の消費拡大にも繋げていくことを目的」とするものであり、「都市市民と阿蘇の畜産農家が連携して取り組む、新しい形の阿蘇の草原保全運動」と位置づけられる[67]。「あか牛オーナー」は、一口30万円を支払うことで、年間総額6万円相当の褐牛肉及び阿蘇の農産品を5年の間受け取ることができる。阿蘇グリーンストックは、この褐牛肉予約金を基に、飼育契約農家に繁殖用褐牛導入資金25万円を無利子で貸与する。飼育農家は、5年を目途に導入資金を子牛売却代金収入の中から阿蘇グリーンストックに分割返済することを約束する[68]。

④環境行政による間接的支援

阿蘇自然環境事務所（現・阿蘇くじゅう国立公園事務所）の自然保護官やアクティブレンジャーは、阿蘇の草原生態系の維持・管理に資する様々な活動に従

---

(65) このほか、阿蘇市においては、後述の「あか牛オーナー制度」にかかる補助金（1頭あたり3万円）を受けることができる。

(66) 阿蘇草原再生協議会のウェブサイトによる。阿蘇草原再生基金からは、ほかに、野焼き放棄地の草原再生活動、野焼き支援ボランティアの活動費、褐牛牛肉の普及啓発費用、草原文化のPR、環境教育等への助成が行われている。

(67) 阿蘇グリーンストックのウェブサイトによる。

(68) 吉田光宏「草原や地域農業を守る熊本あか牛[下]」9945号（2008年）8頁以下を参照。

事している。筆者が訪問した際には、小学生を対象とした草原環境学習の中で、褐牛と草原との関係に関する学習の機会を提供するという活動を行っていた。アクティブレンジャーは、インターネットブログなどで褐牛料理に関する情報発信なども行っている。阿蘇を象徴する草原の景観と生態系は、褐牛などの放牧や採草活動等、人の手が加わることによってはじめて維持しうるものである。褐牛振興につながる様々な取組みは、阿蘇においては環境行政そのものといってよいであろう[69]。

Ⅲ　結びに代えて

　二次的自然環境及びそこにおける生物多様性は、二次的な自然環境を利用・管理してきた人々の営みの衰退とともに危機に瀕する。従来型の自然環境の利用・管理が衰退したときには、新たな管理の仕組みを構築することが必要となる。阿蘇の取組みは、二次的自然環境の伝統的な利用者＝管理者以外の外部の主体の関心やコミットメントをつなぎとめる様々な仕組みを工夫しながら、従来からの生業の維持を取組みの中心に据えて二次的自然環境の利用・管理の仕組みを維持・再興しようとする試みと捉えることができる。

　外部の主体——草原利用の権利を有しその維持管理を義務付けられる入会権者以外の主体——の関心とコミットメントを草原の維持・管理に結び付け、つなぎとめるための仕掛けとして、本稿では、阿蘇グリーンストックの野焼きボランティア事業、自然公園法に基づく風景地保護協定、都市の消費者と褐牛繁殖農家を結ぶ「あか牛オーナー制度」、地域外農家を牧野利用に呼び込む熊本型放牧（広域預託放牧）等を取り上げた。ほかにも、たとえば、野菜農家に野草堆肥の利用を促しその農産品に「草原再生シール」を貼付する取組みが2004年から続けられている。また、草花の咲きほこる阿蘇の採草地（花野）を復活させるため、NPO法人・阿蘇花野協会が、利用が放棄された牧野を買上

---

(69) 畜産振興と環境保全という目的が一致しない場面もある。たとえば、人工草地による集約的飼料生産は生物多様性を減少させるため望ましくなく（山内＝高橋・前掲注(24)日本草地学会誌48巻3号291頁）、前述の阿蘇草原再生全体構想は、「野草地」の保全・再生・維持管理を目指している。

げ、野焼き・採草を行う「草原トラスト運動」も、都市住民らのボランティア
と草原を結ぶ取組みの一つである。採取された草は県内の茶栽培農家が堆肥や
マルチ（茶草）として利用しているという。前述した草原再生協議会は、草原
の維持・管理に関わるこれらの多様な主体の取組みが、長期にわたり相互に連
携してゆくための協議の場として、重要な役割を担い続けている[70]。

　里山、里地など、二次的な自然環境の維持・管理の危機は、本稿で取り上げ
た地域に限定されない全国的な現象である。阿蘇のような好条件——たとえば
伝統的な草地利用の一部がなお存続していること——に恵まれている地域は多
くないであろう。阿蘇のモデルは普遍的な解を与えるものではなく、それぞれ
の地域の自然的、社会的条件に適合した解決策を模索する努力が求められてい
る。

（しまむら・たけし　神戸大学大学院法学研究科教授）

---

(70)　以上につき、高橋佳孝「多様な担い手による阿蘇草原の維持・再生の取り組み」景観生態学
　　14号（2009年）5頁以下を参照。

中山間地域等直接支払制度の現状と課題

福島県西会津町の山間集落の取組みから

岩崎由美子

Ⅰ　はじめに——課題の設定
Ⅱ　中山間地域等直接支払の制度的枠組みとその変化
Ⅲ　事例分析——福島県西会津町における中山間直払の取組みの経緯と課題
Ⅳ　むすびにかえて

Ⅰ　はじめに——課題の設定

　本稿の目的は、日本農政史上初めて登場した直接支払制度である中山間地域等直接支払（以下では適宜、中山間直払とする）の事例分析をもとに、その成果と今後の課題について考察することである。

　2000 年度に発足した本制度は、一定の要件を満たす中山間地域等の条件不利地域において、農用地の維持・管理等について取り決めた集落協定（あるいは個別協定）に基づき農業生産活動を 5 年以上継続する農業者等に対し、協定対象農地の面積に応じた交付金を支払うというものであり、数度の制度変更を伴いながら、現在第 4 期対策（2015 ～ 2019 年度）が行われている。この制度は、農業生産の維持そのものが多面的機能の発揮につながるという観点から、農業生産条件の不利性を交付金により補正し、適切な農業生産活動の継続を図り、多面的機能を確保することをねらいとしている。集落機能の維持を柱として農業の継続や農地管理を図る点が、いわゆる「日本型直接支払」といわれる本制度の最も大きな特徴であり、欧州の条件不利地域直接支払と異なる。

　また本制度には従来の補助事業のような交付金の使途制約がなく、集落等の課題に応じて交付金を利用することができるため、現場からは高い評価を得て

いた。他方、一期5年ごとの予算措置で実施されてきた本制度の第2期対策
（2005～2009年度）開始にあたっては、財政制度等審議会において制度廃止を
含めた抜本的見直しが求められたことがあり、現場からは、本制度を安定的に
実施できるよう法制化を求める声も高まっていた。

　こうした現場からの願いは、「農業の有する多面的機能の発揮の促進に関す
る法律」（2014年）により実現することになる。この法律では、「日本型直接支
払制度」における多面的機能発揮促進事業の一つとして「多面的機能支払」
「環境保全型農業直接支援」とともに「中山間地域等直接支払」が位置づけら
れている。

　しかし、待望の法制化がようやく実現したとはいえ、2015年度からの第4
期対策では、本制度を利用した交付金の交付面積、及び協定数は大幅に減少し
ている[1]。協定自体の廃止、あるいは協定面積の減少の背景には、本制度発足
から15年を経過する中で中山間地域の高齢化が進行し、5年間の農作業継続
に不安を抱く農業者が増加していることが挙げられる。

　筆者は、本制度を活用して大きな成果を挙げてきた福島県西会津町のある集落
（以下ではI集落という。）を対象に2000年の制度発足以来現地調査を続け、こ
の間の集落構造の変化を定点的に観察してきた。このI集落は、「集落の農地
は集落で守る」を旗印として、中山間直払の交付金を活用した集落営農組合の
組織化、獣害防止の取組み、景観づくり活動、ミネラル栽培野菜等の特産品づ
くり、また他出した後継者との交流会や地元の大学生との交流等に積極的に取
り組んできており、むらづくりに関わる多数の表彰も受けている。

　しかし、内発的な地域活性化の実績を積み重ねてきたI集落においても、参
加農家の高齢化はとどまることがなく、役員の若返りや世代交代は難しい状況
にある。2015年からの第4期対策では、参加人数、協定面積を大きく減らし
たかたちで集落協定に参加することになり、集落のある役員は「中山間直払の
取組みも風前の灯かもしれない」と継続への不安をもらしている。

（1）　第4期対策に切り替わった2015年度の交付面積（見込み）は、前年度比33,000ha減の65
万4000haと制度発足以来最大の落ち込みとなった。これに対しては、「中山間支払い取り組み
面積大幅減　15年度支援強化策に着手」（日本農業新聞2016年3月10日付）等の新聞報道もな
された。

このように、2014年の新法成立により中山間直払制度の法的安定性は確保されたとはいえ、実際に活動に取り組む農家からは営農活動を維持できるかどうかの不安が高まっている。本稿では、まず中山間直払制度の特徴とその枠組みの変化の経緯について概観したうえで、事例分析として西会津町Ⅰ集落における中山間直払の取組みを取り上げ、これからの中山間地域政策の方向性について若干の考察を加えることにしたい。

Ⅱ　中山間地域等直接支払の制度的枠組みとその変化

1　中山間地域農業への政策的支援の背景

まず、中山間直払を検討する前提として、この制度のバックボーンともいえる中山間地域政策の登場とその背景[2]にふれておこう。

いわゆる「中山間地域問題」が農政分野で具体的に取り上げられるようになったのは1980年代後半のことである。「前川レポート」（1986年）や牛肉・オレンジの自由化決定（1988年）等、日本経済の国際化をにらんだ経済構造調整政策が進められる中で、農業に関しては、農産物輸入の一層の拡大・自由化と、内外価格差縮小のための農産物価格の抑制・引き下げが図られることとなった。国内農業の生産性向上のための構造政策の推進・加速化があらためて強調される一方、国際競争が激化する中で生き残りが困難な条件不利地域に対しては新たな政策が求められることとなり、EU諸国で導入されていた山岳地域への直接支払制度を参考にした条件不利地域対策の導入が日本でも検討されていく。

しかし、1992年に農水省が発表した「新しい食料・農業・農村政策の方向（新政策）」で登場した農村地域政策は、「立地条件を生かした労働集約型、高付加価値型、複合型の農業や有機農業、林業、農林産物を素材とした加工業、観光など」の支援により、「『条件不利』という『地域の特性』を生かして絶対優位性を追求」[3]することが目標とされており、翌1993年に成立した特定農山村法（特定農山村地域における農林業等の活性化のための基盤整備の促進に関する

---

(2)　原田純孝「新しい農業・農村・農地政策の方向と農地制度の課題（上）（中）——『新政策』関連二法の制定とその評価をめぐって」法律時報66巻4号、66巻6号（1994年）を参照。

(3)　田代洋一『農政「改革」の構図』（筑波書房、2003年）175頁

法律）においても、農業生産の条件不利性を直接的に補正するような施策は登場しなかった。

その後中山間直払実施の契機となるのは、新農業基本法の制定を含む農政全般の改革について検討するために設置された「食料・農業・農村基本問題調査会」の答申（1998年9月）である。この答申では、「河川上流に位置する中山間地域等の多面的機能によって、下流域の国民の生命・財産が守られていることを認識すべきであり、公益的な諸価値を守る観点から、公的支援策を講じることが必要」とされ、中山間地域等への直接支払については、「真に政策支援が必要な主体に焦点を当て、施策の透明性が確保されるならば、新たな公的支援策として有効な手法の一つである」と明記された。

この答申を受けて1999年1月、中山間地域等への直接支払の具体的検討を行う機関として、「中山間地域等直接支払制度検討会」が設置され、この検討会報告を踏まえて、2000年度に日本の農政史上初の試みとなる中山間地域等直接支払制度が実施されることとなった。

2　本制度の仕組みと特徴

この中山間地域等直接支払制度の対象となる地域は、地域振興立法8法地域[4]であって、対象農用地は、急傾斜、緩傾斜、小区画・不整形等により生産条件が不利で耕作放棄地発生の懸念が大きい農振農用地区域内の1ha以上の一団の農用地とされた。なお対象地域及び対象農地は、都道府県知事の特認により独自に指定することが認められている。

この制度の対象となる行為は、「耕作放棄の防止等を内容とする集落協定または第三セクターや認定農業者等が耕作放棄のおそれがある農地を引き受ける場合の個別協定に基づいて、5年以上継続される農業生産活動」であり、対象者は、「協定に基づき5年間農業生産活動等を継続する農業者等」とされている。交付単価は、平場の生産コストの8割を補填するかたちで設定され、傾斜度や小区画など条件不利の度合いに応じて、段階的な単価が地目別に定められ

---

(4)　「特定農山村地域における農林業等の活性化のための基盤整備の促進に関する法律」「山村振興法」「過疎地域自立促進特別措置法」「半島振興法」「離島振興法」「沖縄振興特別措置法」「奄美群島振興開発特別措置法」「小笠原諸島振興開発特別措置法」に基づき指定された地域。

ている。5年間の協定期間中、協定農地の一部でも耕作放棄・転用した場合は協定農用地の全てについての交付金を協定認定年度に遡って返還する義務[5]が課せられる。

先に述べたように、本制度最大の特徴は、集落の存在を前提にして、その集落構成員による合意形成を重視している点である。交付金は対象農用地を管理する農業者の組織（集落協定による）に交付され、その交付金は、共同取組活動分と農業者各人への個人配分分とに分けられる。集落を重視しているのは、「十分な認定農業者等の担い手が育成されていない中山間地域等で農業生産活動を継続していくには、集落の補完性、継続性を生かした共同取組活動等にとりくんでいくことが重要」（農林水産省「中山間地域等直接支払制度 Q&A」）としたためであり、参加者各自の生産規模や年齢などに制限は設けられていない。こうした「集落重点主義」「農家非選別主義」[6]という制度設計は、欧州諸国の条件不利地域対策と一線を画するものといえる。

3 政策体系の変化と課題

中山間直払制度は、2005年度から第2期対策へ移行した（第1期、2000 ～ 2004年度）が、この第2期対策からは経営規模拡大や法人化要件等の構造政策的な要素が組み込まれ、制度の枠組みが大きく変わった。また、その後の第3期対策（2010 ～ 2014年度）では第2期と逆行する緩和措置が出され、再び制度方針が大幅に変更される。以下では、第2期以降の主な変更点について見ていく。

(1) 第2期対策（2005 ～ 2009年）

中山間直払制度第2期対策では、「集落マスタープラン」の策定が義務づけられるとともに、農業生産活動の持続的な体制整備（ステップアップ型）という要件を新設し、二段階の単価（基礎単価及び体制整備単価）が設定された。第1期と同様の活動に対しての交付金額は2割減となり、満額交付を受けるには

---

(5) 2016年度から返還義務規定が緩和され、一定の要件を満たした集落協定においては、全ての農地から当該農地のみの遡及返還規定へと変更された。

(6) 小田切徳美「日本農政と中山間地域等直接支払制度——その意義と教訓」生活協同組合研究 411号（2010年）43頁

新たに体制整備の取組み（「A要件」もしくは「B要件」）が求められることになった。「A要件」とは、「機械・農作業の共同化」、「認定農業者の育成」、「保健休養機能を生かした都市住民等との連携」等10項目の中から2項目以上を選択するものであり、「B要件」とは、「集落を基礎とした営農組織の育成」及び「利用権の設定」という2項目のうちから1項目以上を選択するもので、「A要件」よりも「B要件」の条件は厳しい。

　さらに、①担い手への農地利用集積を新たに一定割合以上行う場合、②一定規模以上の耕作放棄地復旧を行う場合、③法人を設立する場合には、加算措置が導入された。こうした制度変更は、財務省からの抜本的制度見直し要求を受けてなされた[7]ものとされるが、これにより中山間地域の農業に対して構造政策的な選別主義が導入されることになり、農業生産の条件不利性の補正による多面的機能の維持という本制度の当初の目的は大きく変容することになる。

(2)　第3期対策（2010～2014年）

　第2期での選別主義的な制度変更に対しては、中山間地域の実態にそぐわないという現場からの批判が数多く寄せられ、第3期では、2段階制を維持しつつもいくつかの要件緩和がなされた。まず、体制整備単価として新たに「C要件」（集団的サポート型）が追加され、耕作継続が困難となった農地が生じた場合、誰がどのように農地を管理するかを集落協定に予め明示することで、体制整備単価の交付金が受けられることとなった。また、以前から緩和要求が強かった1ha以上の「一団の農用地」要件[8]や、交付金返還免除に関する規定も緩和され、第2期で導入された構造政策型の加算措置とは異なる方向の「高齢者安心型」へ制度変更がなされた。

　また、第3期からの新たな加算措置として、「小規模・高齢化集落支援加算」及び「集落連携促進加算」が登場した。これは、近隣集落が小規模・高齢化集落の農用地を協定農用地として取り込んだ場合、当該集落の農用地面積に応じて加算されるものである。

---

(7)　橋口卓也「中山間地域等直接支払制度の検証――集落構造と集落協定」小田切徳美他『中山間地域の共生農業システム』（農林統計協会、2006年）101～105頁。

(8)　第3期で要件が緩和され、共同取組活動を一体的に実施していれば、1haに満たない団地でも協定面積に参入可能とされた。

第 4 部　都市法と農地・農業　417

　体制整備単価の協定数は第 3 期には大幅に増加した[9]が、このうち約 9 割の集落協定は要件の緩い C 要件を選択し、A、B 要件を選択した協定数は激減した。他方、第 3 期に新設された小規模加算措置の実績は低い水準にとどまっている。

（3）　第 4 期対策（2015 ～ 2019 年）

　2015 年度から始まった第 4 期対策では、体制整備単価の C 要件はそのまま維持しつつ、旧来の B 要件を A 要件として再編し、①機械・農作業の共同化、②高付加価値型農業の実践、③農業生産条件の強化、④担い手への農地集積、⑤担い手への農作業の委託、の 5 項目から 2 項目以上を選択して実施することとされた。また、「女性、若者、NPO 法人等の参画を得た取り組み」が新たに B 要件として新設された。B 要件では、集落協定に 1 名以上の新規参加者（女性、若者、NPO 法人等）を得たうえで、①新規就農者等の確保、②地場産農産物等の加工・販売、③消費・出資の呼び込み（棚田オーナー制度、市民農園、観光農園、学校等と連携した体験農園等）という 3 項目のうちから 1 項目以上選択して、新規参加者がその活動の主体となることが求められている。加算措置としては、「集落連携・機能維持加算」のほか「超急傾斜農地保全管理加算」が新設され、また、交付金返還免除規定も拡充された。

（4）　共同取組活動の配分割合の変更

　この中山間地域等直接支払制度では、基本的に交付金配分割合は集落等地域の自主的な判断に任されているが、第 2 期までは交付金の配分割合に関して「交付額の概ね 1 ／ 2 以上を集落の共同取組活動に充てる」ことが推奨されてきた。しかし、第 3 期対策の 2 年目となる 2011 年度にはこの配分割合に関する大きな方針変更があった。即ち、当時の民主党政権下で創設された戸別所得補償制度の本格実施に合わせて、これまでとは逆に「条件不利地域における農業者等への適切な格差是正のため、交付金の交付額の概ね 1 ／ 2 以上を個人配分に充てることが原則」とするという方針が打ち出され、また、共同取組活動の実施に当たっては、農地・水保全管理支払交付金[10]を活用することとされた。この変更は現在の第 4 期対策でも引き継がれており、共同取組活動は農

───────────────

（9）　第 2 期最終年である 2009 年度は、体制整備単価は 13,227 協定（全体の 46.7％）であったのが、第 3 期では、17,651 協定（全体の 66.6％）へと増加している。

地・水保全管理支払交付金を組み替えて発足した多面的機能支払交付金に委ねることとされている。

「中山間地域等直接交付金実施要領の運用」（農水省）はこの方針変更について、「交付金の使途は協定参加者の合意により決定されることから、これまでと同様に地域の状況に応じた交付金の活用が可能である」[11]と明記しており、交付金の配分割合や使途は各集落が主体的に設定することに変わりはない。しかし実際にはこの方針変更の影響はけっして小さくなく、第4期に入ってからは、共同取組活動配分割合の低下傾向が指摘されており、構成員の高齢化とも相まって共同取組活動の停滞が懸念されている[12]。

Ⅲ　事例分析
──福島県西会津町における中山間直払の取組みの経緯と課題

1　西会津町の概要

本節で取り上げる福島県西会津町は、県西北部の新潟県境に位置し、飯豊連峰等1,000m級の山岳に囲まれ、山林が86％を占める山間地域である。町中央部を阿賀川が東西に流れ、国道49号線とJR磐越西線が川沿いに走っている。1997年には磐越自動車道が開通し西会津インターチェンジが設置されたことにより、会津地方の中心地である会津若松市との往来は40分程度、東北自動車道の郡山インターチェンジまでは約1時間に短縮された。

町の人口は6,816人、世帯数2,732戸（2016年9月1日現在）、高齢化率は43.2％で、県内でも5本の指に入る高齢化自治体である。高齢化の進展は町内の地区間で異なり、町中心部の野沢地区の高齢化率は36.7％であるが、中心部から最も遠い奥川地区の高齢化率は57.5％にのぼる（2010年国勢調査）。

---

(10)　2007年度から「農地・水・環境保全向上対策」が実施され、2012年度には内容を一部見直し「農地・水保全管理支払交付金」と名称を変更して取組みが行われてきたが、2014年の新法成立により多面的機能支払交付金として再編された。

(11)　「中山間地域等直接支払交付金実施要領の運用」（平成28年4月1日付け農林水産省農村振興局長通知）13頁。

(12)　配分割合変更の問題点については、中山間地域フォーラム運営委員会「中山間地域等直接支払制度の見直しを批判する──中山間地域フォーラム緊急声明」（2010年）、及び、橋口卓也『中山間直接支払制度と農山村再生』（筑波書房、2016年）21頁を参照。

町の産業別就業人口（2014年10月1日現在）は、第一次産業が19.4％、第二次産業が36.2％、第三次産業が43.9％であり、県平均（第一次産業7.6％、第二次産業29.2％、第三次産業60.0％）と比較すると第一次産業への依存度が高い。主たる農産物は水稲であるが、急峻な山間部に位置しているため経営規模は一般に零細であり、一戸当たり経営耕地面積は0.97haと福島県平均（1.25ha）を下回っている。

　町では、複合経営による農家の所得向上を目指し、1997年より「ミネラル野菜」の振興に取り組み、土壌診断料の補助、ミネラル農産物の直売活動の支援、レンタルハウスによる冬作支援等を行っている。2000年には、農家女性や高齢者を中心に「健康ミネラル野菜普及会」が組織化され、町内の農産物直売所「よりっせ」でミネラル野菜の直売を開始し好評を得ている。

　西会津町は2003年、喜多方市との合併協議会に参加したが、後に離脱し自立の道を選択した。近年は、グリーン・ツーリズム振興や移住定住対策に重点を置いた町政が展開されている。町内の廃校舎を活用した国際芸術村内に移住相談窓口が置かれ、20名ほどが新たに町内に移住している。また、2011年度からは集落支援員が配置され、特に高齢化率が高く集落機能の維持が困難な集落への訪問活動や相談業務等を担当している。さらに2014年度からは町単独事業として「西会津町活力ある地域づくり支援事業」[13]が開始され、地域の活性化に取り組む町民への支援も始まった。後述するⅠ集落でもこの支援事業を導入しており、集落支援員のサポートを得ながら伝統文化の継承に取り組んでいる。

2　西会津町の中山間地域等直接支払の取組み

　表1は、西会津町における中山間直払の実施状況の推移を示したものである。西会津町の協定農用地はすべて田である。第1期の集落協定締結数41、協定面積430haから、第3期では集落協定数48、協定面積が586haと大幅に増加したが、第4期対策では、やや減少して集落協定数44、面積547haとなっている。第4期対策で協定を取りやめた4つの集落は、いずれも条件の厳しい山

---

(13)　地場産業振興、都市との交流促進、伝統行事や郷土芸能の継承保存活動等に対し、1団体1事業あたり50万円以内、総事業費の75％以内の金額を補助する。

表1 西会津町における中山間地域等直接支払の推移（第1期～第4期）

		第1期対策 (2004年度)	第2期対策 (2009年度)	第3期対策 (2014年度)	第4期対策 (2015年度)
集落協定	協定締結数	41	40	48	44
	協定面積 （ha）	430	426	586	547
	交付金額 （千円）	62,256	58,169	74,574	68,457
個別協定	協定締結数	9	12	14	16
	協定面積 （ha）	43	64	79	82
	交付金額 （千円）	4,303	5,544	6,450	6,243
全体	協定締結数	50	52	62	60
	協定面積 （ha）	473	490	665	629
	交付金額 （千円）	66,559	63,713	81,023	74,700

（注）福島県資料および西会津町資料により作成。

間部にある超高齢集落で、今後5年間の営農継続は困難と考えて離脱したという。一方、個別協定は、第1期対策では9、協定面積43haだったのが、第4期対策では16、協定面積82haとほぼ倍増している。全国的傾向と比較して個別協定の取組みが多いのが西会津町の特徴の一つである。

　町によれば、対象農地があるにもかかわらず中山間直払を導入していない集落は3～4集落ほどある。その要因としては、5年間の営農継続への不安のほか、世帯により急傾斜地と緩傾斜農地の所有割合が異なることから単価に差が生じ、交付金額に不公平感が生じてしまうこと等が挙げられている。町としては、集落協定の締結を基本としつつも、集落での話し合いがまとまらないときは、集落内の認定農業者との個別協定を締結するよう誘導しているという。

　次に、基礎単価と体制整備単価、及び加算措置の取組み状況をみると（表2参照）、集落協定については、第2期対策最終年の2004年度は基礎単価協定が25、体制整備単価協定が15であったのが、第3期対策最終年の2009年度は、基礎単価協定が14に対し、体制整備単価が34と、体制整備単価の協定が大幅に増加した。この34の協定はすべてC要件によるものであり、即ち第2期対策でA要件やB要件を選択した協定もC要件に移行しているのである。町の担当者は、「A要件、B要件は達成する条件が難しく躊躇する集落が多かったが、第3期からC要件が入ったことで取り組みやすくなった」と述べている

第 4 部　都市法と農地・農業　421

表 2　西会津町の中山間直払集落協定における基礎単価・体制整備単価および加算措置の取組みの推移（第 2 期〜第 4 期）

			第 2 期対策 （2004 年度）	第 3 期対策 （2009 年度）	第 4 期対策 （2015 年度）
集落協定	基礎単価	協定締結数	25	14	12
		協定面積	205,497 ㎡	205,497 ㎡	955,811 ㎡
		交付金額	25,749,792 円	13,526,419 円	12,215,542 円
	体制整備単価	協定締結数	15	34	32
			A 要件　14 B 要件　1	C 要件　34	C 要件　32
		協定面積	1,993,596 ㎡	4,678,852 ㎡	4,513,068 ㎡
		交付金額	32,419,260 円	61,047,152 円	56,241,830 円
	加算措置（協定数、面積、交付金額）		耕作放棄地復旧加算 1 協定 3,622 ㎡ 5,433 円	小規模高齢化加算 1 協定 11,692 ㎡ 52,614 円	なし

（注）町資料をもとに作成。

が、これまで A 要件、B 要件を選択して高いハードルにチャレンジしていた集落もすべて C 要件を選択しているという点からみると、制度開始から 10 年が経過して高齢化が進み、交付金を活用する力が徐々に低下しているのではないかと懸念される。

　加算措置に関しては、第 3 期対策で「小規模高齢化加算」が措置された協定が一つあったが、対象とされた小規模集落の農地条件が悪いため継続困難になり、第 4 期からは取り組んでいない。新たに第 4 期で措置された「集落連携・機能維持加算」については、積極的に取り組みたいという意向を町はもっているが、加算措置の要件として「人材の確保」（地域の活動において中心的な役割を担うことが見込まれる者を集落協定組織、集落協定内の農業生産組織、加工・販売などの 6 次産業化に取り組む組織の構成員とすること）が求められており、「高齢者ばかりの集落でこうした人材を確保することはかなりハードルが高い」と町の担当者はいう。

　なお、全国的には、広域の協力体制を集落間の協定の統合によって構築する事例が増加しており、とくに関西や中国地方等では協定が広域・大型化し、広域化でプールされた交付金を元手に加工所や直売所を建設して地域活性化に取

り組む事例も見られるが、西会津町では、2つ以上の集落で協定を結んだ事例はない。農地が立地する地形条件の違いが集落を越えた営農体制を取りにくくさせていたり、農業機械等の購入計画が各集落で既に策定されている場合など、複数集落での協力関係が作りにくいとのことである。

3 事例集落における制度活用の経緯と課題

(1) 集落の概要

　以下で取り上げるI集落は、西会津町の最西端、新潟県の県境に近い旧O村に位置する。江戸時代からの藩政村で、1889年の市制町村制施行によりO村が設立され、I村はO村に合併された。I集落には町重要文化財の虚空蔵尊菩薩が納められており、ここを舞台に毎年秋に行われる祭礼は500年以上続く伝統行事である。かつては盛大な縁日が開かれて多くの参拝者が訪れ、村人たちは参拝者に豆腐汁を振る舞う習慣があったが、高齢化のため大きな縁日の開催はしばらく休止していた（2014年より再開）。

　2015年12月現在、集落の総戸数は25戸（うち空き家6件）、総人口31人（男性20人、女性11人）、平均年齢74.3歳の高齢集落である。農地面積は、水田20ha、畑250aであり、近年野猿による農産物の被害が深刻化し、畑の耕作放棄が拡大している。水田の団地は沢筋に沿って6カ所に分かれており、全て急傾斜地である。

　かつては稲作のほかに炭、薪、山菜、ナメコ、桐の栽培等、山の資源を活かした生業が営まれていた。1955年頃までは、男性は茅葺き屋根の職人として福島県や茨城県等に出稼ぎに出ていたが、茅葺き屋根が消える1960年代中頃になると、工場労働者として神奈川や愛知、大阪まで出稼ぎに行くようになった。現在の農業の中心的担い手である70歳代の男性たちは皆、若い頃に工場労働者として出稼ぎに出た経験を持つ。

　聞き取りをしていると、「この集落はまとまりがある」と言う住民が多いことに気付く。「まとまりのよさ」を示す象徴的出来事としてしばしば挙げられるのが、昭和40年代に行われた林道開設と、昭和50年代の圃場整備事業と農道整備事業、そして、2000年からの中山間直払の取組みである。昭和40年代は、基幹町路ですら砂利道で、しかも粘土質が強い土質のため雨の日は大変な

悪路になり、集落中心部から 2km ほど離れた世帯までは車の通れる道路すら
なく、あぜ道のような道路を歩くしかなかった。「同じ住民でありながらこの
不公平を何とかしなければならない」と林道開設に集落全体で取り組むことに
なったが、当時林道開設には受益者負担金が工事費の 10% 必要だったため、
区会で何度も財源をどうするか協議し、結局共有林の杉を売って工事費に充て
た。また林道の恩恵を住民皆で公平に受けられるように、入会林野整備事業を
活用して共有林を 1 戸当たり 30a ずつの個人名義にして配分した。

　こうした経験を通して、「集落全員で決定したことは困難があってもやり遂
げること、集落の助けあい、支え合いが集落の団結になる」ことを学んだとい
う。集落での徹底した話し合いを重ねて事業を行うという経験の積み重ねは、
中山間直払の導入の際に生かされている。

　(2)　中山間地域等直接支払の取組みの経緯——第 1 期から第 3 期まで
　表 3 は、I 集落における中山間直払の取組みの推移を示したものである。

　集落協定のとりまとめの中心となったのは、当時の町議であった S 氏（2010
年に逝去）である。2000 年当時、集落では、1 戸当たり月 1500 円の区費を徴
収していたが、財源不足のため区費値上げ案が出されたり、経費節減が検討さ
れたり、「暗いギクシャクした議論」が続いていた。S 氏は、「集落協定の制度
を活用することで何とか『村おこし』をできないか、部落と農地を守るために、
時には酒を酌み交わしながら集落で議論した」という。氏は、全水路、全農道
の維持管理作業を非農家も含めた全戸参加の共同作業として行っていることに
着目し、全戸が参加する集落協定管理組合を設立して、水路・農道の管理責任
を集落から I 集落協定管理組合に移し、管理組合から集落へ賃金を支払うこと
とした。これにより、作業賃金日当（6000 円）延べ 100 人役分に当たる 60 万
円が毎年集落に支払われることとなり、区費の値上げ問題は解消され、逆に月
額 500 円の値下げをすることになった。これを契機に「集落の空気は一変し、
集会所の屋根の塗装や破れた太鼓の皮の張り替えなど、むらづくりの取組みに
力が入るようになった」。集落婦人会では、花栽培管理グループが作られ、種
まきから景観管理までをグループに委託することで、集落内のあちこちで花の
植栽による景観づくりが始まった。住民から要望のあった精米機やトラクター
を購入し、機械利用組合を結成して機械作業の受委託の基盤が作られた。集落

表3 Ｉ集落における中山間地域等直接支払取り組みの推移（第1期～第4期）

	第1期対策 2000 ～ 2004 年	第2期対策 2005 ～ 2009 年	第3期対策 2010 ～ 2014 年	第4期対策 2015 ～ 2019 年
基礎単価／体制整備単価の別		体制整備単価	体制整備単価	基礎単価
協定参加者数	21 人 （うち非農家 4）	26 人 （うち非農家 4）	22 人 （うち非農家 5）	15 人 （うち非農家 0）
協定面積	210,873 ㎡	210,873 ㎡	205,497 ㎡	166,946 ㎡
交付金の配分割合 （個人分：共同取組分）	48%：52%	48%：52%	48%：52%	59.7%：41.3%
主な共同作業	・水路農道維持管理 ・景観づくり（水仙） ・集落営農対策（帰省者との交流会） ・野猿対策 ・共同機械購入（精米所） ・耕作放棄地解消（雑木伐採・草刈賃金） ・集落活性化対策（除雪対策）	・水路農道維持管理 ・景観づくり ・集落営農対策（担い手対策、共同栽培補助、米コンテスト） ・野猿対策 ・ミネラル野菜のニラ集団作付 ・集落活性化対策（除雪組合補助） ・共同機械組合補助 ・地元大学生との交流、集落生活史の発刊	・水路農道維持管理 ・景観づくり ・集落営農対策（帰省者との交流会、共同畑（落花生・ジャガイモ）16 名参加） ・野猿対策 ・集落活性化対策（除雪対策） ・共同機械組合補助 ・共同農機購入費（トラクター） ・災害復旧工事	・水路農道の維持管理、鳥獣害防除柵設置 ・米の食味向上、栽培技術勉強会 ・景観作物、機械のメンテナンス等
共同購入した機械等	・共同精米所（H13 建設） ・中古トラクター（H15 年購入） →廃棄	・トラクター 33ps（H18 年購入） ・コンバイン（H18 購入、2 条刈） ・乗用田植機（5 条、H21 購入）	・トラクター 27ps ・除雪機ラッセル	

（注）集落資料、およびヒヤリング調査をもとに作成。

　協定管理組合は、高齢化により耕作が困難な世帯に水田貸借の斡旋を行い、貸借契約締結を支援した結果、水田の耕作放棄地問題は解消されていった。

　Ｉ集落で特に力を入れたのは、深刻な課題となっていた猿害対策である。山

第4部　都市法と農地・農業　425

際の耕作放棄地の雑草を刈り払い猿の侵入を防ぐ防護柵を設置するとともに、婦人会メンバーを中心に猿監視グループが発足し、かつてバス待合所として使っていたプレハブ建物を見張り小屋にして当番制で追払いを行うこととした。その他にも、独居高齢者宅の除雪を助けるために除雪組合を新たに設立して、集落協定管理組合から除雪費の助成を行ったり、あるいは集落の後継者づくりとして、お盆帰省者との交流会を開き、その場で他出後継者に将来の帰村意向を尋ねるアンケート調査を行ったりもした。S氏は、「この先何年、集落や農地を維持できるのか、口にするのも恐ろしい、みんなそんな思いで暮らしていたなかで、（この制度は）カラカラにのどが渇いていたところに水がきたようなものだった」という。

　このI集落では、2005年度の第2期対策から、体制整備単価で事業を進めるために「B要件」に取り組んだ。「B要件」は、集落営農組織化（基幹的農作業の3作業以上の共同化）が求められることから、組合では、トラクター、乗用田植機、コンバインの購入を計画し、集落全戸に対して農業機械の所有状況のアンケート調査を実施したうえで、現在所有の機械が老朽化した場合今後は個人で更新せず、農業機械は共同利用することを申し合わせた。また、新たに結成された「I集落営農組合」で機械オペレーターを養成することにし、兼業世帯の後継者層を対象に機械作業の講習会を実施した。

　営農体制整備以外の取組みとしては、花の植栽による景観づくり活動、用水路や頭首工の改良事業、猿害対策事業、除雪対策事業を引き続き実施したほか、猿の嫌うニラのミネラル栽培に共同で取り組んだ。また、2006年からは地元大学生との交流が始まり、高齢住民の聞き書きや他出世帯員からの寄稿文を元にした集落生活史を発刊した。それを契機に、他出者による「I集落応援団」の組織化や、米や山菜の商品化の試み等が続き、2009年には定年を迎えた他出後継者が夫婦で東京からUターンするという動きもあった。

　第2期の最終年（2009年）に中山間直払への評価を構成員にたずねたところ、集落の活性化に貢献したと評価する声がきわめて多く、また、個人に配分される交付金水準については、経営面積が最も大きい農家の場合でも年間30万円程度であるとはいえ、「年金暮らしの高齢者にはとても助かる」と肯定的な評価が多かった。

2010 年度の第 3 期対策からは、町役場のアドバイスもあって C 要件を選択し体制整備単価協定を締結した。全戸参加で引き続き水路農道管理作業、集落営農事業、景観づくり、野猿対策等を実施したほか、第 3 期からは、獣害防止のために農家の畑を集約して防護ネットをめぐらした「共同畑」を設置し、落花生やジャガイモの作付に取り組んでいる。

(3) 第 4 期対策——課題と今後の展望

2000 年以来中山間直払制度を活用して積極的なむらづくりを展開してきた I 集落であるが、この 10 年間の集落の年齢構成・世帯構成の変化をみると（表4）、2006 年には 60 代と 70 代合わせて 7 割を占めていたが、2015 年には、70 代と 80 代で 7 割を超え、世帯構成を見ても独居高齢者世帯が倍増している。

表 5 は、農地の受け手農家 9 戸の農地利用状況の変化についてまとめたものである。2006 年調査では、受け手の年代は、50 歳代後半から 60 歳代が中心であった。彼らは、土建会社の臨時雇いや大工等の自営業、森林組合の臨時の仕事等の兼業に従事しながら、中山間直払の役員と機械オペレーターをこなし、地域活性化の取組みにも積極的に参加していた。それが、10 年後の 2015 年には、農地の受け手は 4 戸に減った。残りの 5 戸は、世帯主の死亡や病気、高齢を理由に借地を返還し、なかには全面貸付に移行した農家もいる。返還された借地は 4 戸の受け手が引き継いでいるが、引き継いだ側もほとんどが 70 歳代後半の高齢者である。

こうした状況をふまえ、2015 年からの第 4 期対策は、I 集落における直払の歴史の中で大きな転機となった。第 2 期以来取り組んできた体制整備単価を基礎単価に切り替えて 2 割減額の交付金を受ける道を選び、また、非農家を含めた全戸参加をとりやめ、農家のみの参加とした。全体で協定面積は 5ha ほど減少したが、これは、5 年間の営農継続が難しく受け手の確保が困難な農地は、第 4 期の協定に含めないことにしたのが影響している。この変更に関し集落協定管理組合長は、「担い手の中でも身体の調子が悪い人が出てきているし、その人がやめるとその土地を組合で維持しないといけないがもう限界」とし、全戸参加をとりやめたのも、「年をとると管理作業に出てくるのが億劫になる。強制はできない」ためという。

個人配分と共同取組み分の割合に関しては、第 3 期までは個人 48%、共同

第4部　都市法と農地・農業　**427**

表4 I集落の年齢構成・世帯構成の変化

		2006 年		2015 年	
		実数	割合(%)	実数	割合(%)
年齢構成（人）	20 代以下	4	8.7	0	-
	30 代	0	-	0	-
	40 代	4	8.7	0	-
	50 代	2	4.3	3	9.7
	60 代	16	34.8	4	12.9
	70 代	16	34.8	15	48.4
	80 代以上	4	8.7	9	29.0
	計	46	100.0	31	100.0
世帯構成（戸）	親子同居世帯	9	36.0	4	16.0
	夫婦世帯	8	32.0	6	24.0
	独居世帯	4	16.0	9	36.0
	その他	4	16.0	6	24.0
	計	25	100.0	25	100.0

（注）2006 年 9 月、2015 年 12 月の聞き取り調査結果より作成。

取組み 52％であったのが、第 4 期では、個人配分 59.7％、共同取組み 41.3％
になっている。この変化の背景には先述した農水省の方針変更があるが、組合
長によれば、「構成員が年をとってしまった以上、共同取組みの活動も以前ほ
ど活発にはできない」とのことであった。そして「人がいないから先のことが
語れない。将来、定年退職して『この村のためにやるべ』という人がＵター
ンでも来てくれればいいけれどもこのままでは消滅集落だ」と語る組合長の危
機感は強い。

　とはいえ、確かに中山間直払の取組みは後退傾向にあるものの、集落の状況
をつぶさに観察すれば今後の集落再生の手がかりがないわけではないように思
われる。

　まず取り上げたいのは、2014 年に、虚空蔵尊の参道を修理して看板を設置
し、縁日を復活させたことである。「西会津町活力ある地域づくり支援事業」
（Ⅲ 1 を参照）を導入して補助金を充て、祭礼に向けた準備や広報活動には町の
集落支援員があたっている。

　また、先述の猿害防止活動は、集落の女性たちによってその後も息長く継続
されており、猿害防止の先進事例として県外からの視察も多い。老人クラブ活
動も活発で、西会津町社会福祉協議会と連携してサロン活動にも取り組み、独

表5　受け手農家層の世帯構成と農地利用の変化（2006年と2015年の比較）

農家番号	調査年	男性世帯員の年代					女性世帯員の年代					経営耕地面積（水田）(a)	農地借入の状況（地権者数）	備考
		40代	50代	60代	70代	80代以上	40代	50代	60代	70代	80代以上			
①	2006			1					1			186	借地56a（2人）	
	2015				1					1		同上	同上	
②	2006			1					1		1	218	借地118a（3人）	条件の悪い一部の農地は作り手が見つからず耕作放棄。
	2015				1					1		100	借地なし	
③	2006		1									170	借地80a（2人）	
	2015			1								同上	同上	
④	2006			1					1			140	借地20a（1人）	近隣市の長男が直払の構成員となり農作業の手伝いに通う。
	2015				1					1		198	借地78a（3人）	
⑤	2006	1		1			1		1			130	借地30a（1人）	借地を返還し、自作地は会社員の長男が耕作。
	2015		1		1					1		100	借地なし	
⑥	2006			1					1			107	借地30a（1人）	近隣市の二男が直払の構成員となり、農作業の手伝いに通う。農繁期は首都圏の長男も有休をとって手伝い。
	2015				1					1		290	借地213a（5人）	
⑦	2006			1					1			115	借地25a（1人）	経営主高齢のため借地返還。
	2015					1						90	借地なし	
⑧	2006			1					1			100	借地40a（1人）	経営主の死去により農地は全て貸付。
	2015											0	全面貸付	
⑨	2006	1			1					1		95	借地25a（1人）	経営主高齢のため借地返還。会社員の長男が自作地を耕作。
	2015		1		1						1	70	借地なし	

（注）2006年9月、2015年12月の聞き取り調査結果より作成。

居高齢者の見守り体制を集落全体で構築しようとしている。

　農業面に関しては、2014 年度の米・食味分析鑑定コンクール国際大会で、集落協定組合長が金賞を受賞した。約 4400 の出展点数の中から選ばれた最高賞 17 名のうちの一人となった彼は、「世界一美味しい米がとれる集落だとお墨付きをもらえた」と、75 歳になった今でも借入農地を拡大して中山間直払の取組みを支えている。

　この組合長の営農継続を支援しているのが、他出子弟である。隣接する市に住む会社員の二男（40 歳代）は土日を中心に農作業の手伝いに訪れており、彼は第 4 期から中山間直払の構成員になった。また稲刈り等の農繁期には、千葉県に住む会社員の長男（50 歳代）も 1 週間の有給休暇を取得して手伝いに来る。組合長によれば、「70 歳をすぎると足も弱っているから、傾斜をのぼって草刈りなどできなくなった。せがれたちに応援して貰わないととてもできない。肥料を振ったり鰍ってくれたり助かっている。せがれたちも家族に美味しいお米をもって帰れるので喜んで来てくれる」という。同じく経営面積を拡大している 70 歳代の農家の場合も、近隣市に住む会社員の長男（40 代）がたびたび農作業の手伝いに来ており、彼もまた直払の構成員になっている。また、ある農家では、先代の世帯主が 2011 年に亡くなりしばらく空き家になっていたが、町内中心部に居住する長男（60 歳代）が大工仕事の合間に通って農作業に従事しており、彼も直払の構成員になっている。

　このように I 集落では同居あとつぎがいない場合でも、近隣市町に他出した後継者が高速道路等の交通条件を生かし、集落に通って農地保全を行う動きが生まれている。表 6 は、聞き取り調査により他出世帯員の居住地を整理したものであるが、首都圏への他出者が約 4 割を占める一方で、集落から車で 30 分圏内に居住する人も 3 割近く存在し、こうした近隣の他出子によるサポートが中山間地域の高齢者の営農と暮らしを支えている。他出子弟による農作業支援の動きは、現状では自家の農作業にとどまっているのが普通だが、将来的に在村の 50 歳代が定年帰農した際、他出子弟を含めた農作業受託組織の形成によって農地管理を次代につなぐ方向も考えられよう。

表6 他出子の居住地

居住地		男	女	計
福島県内	会津若松市	4	3	7
	西会津町	1	2	3
	会津坂下町	1	1	2
	喜多方市	1	–	1
	会津美里町	1	–	1
	その他	1	1	2
	計	9	7	16
福島県外	東京都	4	2	6
	埼玉県	3	1	4
	神奈川県	2	2	4
	千葉県	3	–	3
	新潟県	–	3	3
	栃木県	–	2	2
	その他	1	5	6
	計	13	15	28
合計		22	22	44

（注）2006 年 9 月の聞き取り調査結果より作成。

Ⅳ　むすびにかえて

　中山間地域の厳しい実態をふまえ 2000 年度から発足した中山間地域等直接支払制度は、地域での話し合いと合意形成に基づく主体的な活動を支えるものとして現場から高い評価を受け、実際に耕作放棄地の防止や農村の活性化に大きな成果を挙げてきた。

　しかし、制度発足から 15 年を経過した現在、活動の継続に対する不安が広がっている。本稿で取り上げた事例からも見て取れるように、これまで共同取組活動を熱心に行ってきた集落においても、役員の高齢化により地域の集団として交付金を活用する力が弱まりつつあるのが現状である。中山間地域の農業と農業経営の維持・活性化のための支援施策として本制度は確かに一定の効果を発揮してきたが、進行する高齢化は、制度の根幹を揺るがしかねない事態を引き起こしている。

　中山間地域が置かれたこのような現状のなかで、これからの対応策の一つとして、周りの集落との連携を図り、NPO や都市住民の参加を得て個別集落の

第4部　都市法と農地・農業　431

取組みを支えていく方向性が打ち出されている。実際、こうした取組みに対して中山間直払でも加算措置を設けており、集落への支援体制を強化している。確かに協定を広域化すれば事務作業の負担を軽減させることができ、まとまった額の交付金が入ることで活動の幅が広がる。しかしながら、こうした広域連携の取組みは集落の立地条件に左右されやすく、また、かつて広域協定の優良事例とされた地区でも、高齢化によって協定から離脱する集落が近年は増えていることが指摘されている[14]。特に東北をはじめとする東日本では、西日本と比較すると集落を単位とした自治機能が根強く存在し、「集落の農地は集落で守る」という自己完結的な意識が強いことが広域化の妨げにもなっている。先の事例で取り上げたI集落でも、近隣集落とかつて水争いで対立した歴史があり、集落の取組みを広域化して他集落を含めた支援にまで広げることはそう容易ではなさそうである。

　本制度を活発化させるもう一つのオプションとしては、高齢者が取り組みやすいように要件緩和をさらに広げる方向が提起されている。例えば、協定期間を5年間に固定せず、地域の実情に応じた協定期間を選択できるようにする、あるいは交付金遡及返還リスクを軽減するため免責事由を拡大する、体制整備単価と基礎単価との2段階制を廃止する等、「高齢者安心型」の側面をさらに拡充する方向である。しかし、本稿で取り上げた事例にみられるように、近時の中山間地域が直面している最大の課題は、集落に定住し、営農を行い、集落の共同活動を支える若い住民が不足していることである。集落の存続という点では、次世代の確保、将来の継承をいかに展望するかがまず重要であり、従って中高年層や若者が地域に定住し、生活と営農を維持していくための支援が何よりも喫緊の課題であろう。

　こうした点を考慮するならば、現行の交付金水準は、年金暮らしの高齢者にとっては一定の所得補填効果をもつとはいえ、若者の定住と営農従事を十分に支えるものにはなっていない。交付金単価にしても、平場との生産性格差の8割補填を設定根拠としてきたにもかかわらず、実際の交付金は、格差を是正するための個人配分と、地域資源管理や多面的機能増進のための共同取組活動分

(14)　橋口・前掲注(12)31頁

とに分けて配分され、仮に共同取組分を多面的機能支払で賄い、中山間直払を格差の補正に特化させたとしても、平場と比較して相対的にコストのかかる中山間地域においては現行の単価水準では十分とはいえない[15]。中山間地域の抱えている喫緊の課題に対応するには、個人に対する直接所得支払の部分と「集落機能維持活性化助成金」[16]の部分を分離させ、それぞれの機能に見合った適正な単価水準を設定することが必要なのではないか。

　これからの中山間地域支援施策の充実のためには、まず第一に、中山間地域をなぜ今守る必要があるのか、その政策理念や確固たる意義づけが必要であろう。本稿で取り上げた中山間直払制度は、財務省からの圧力や政権交代等により制度の根幹にかかわるような方針変更が繰り返され、そのたびに、現場は新たな対応を余儀なくされてきた。そうした制度運営の原因は、条件不利地域の農業支援施策としての政策理念も中山間地域農業の意義や位置づけも曖昧かつ不十分だったからに他ならない。多面的機能に対する直接支払の対象が中山間地域のみならず農村全体に広がった現在、中山間地域が独自に有する「多面的機能」の意義を明確に定義づける必要があろう。

　一方、安倍政権の農政改革プランとして公表された「農林水産業・地域の活力創造プラン」（2013年12月）において、「地域政策」は「産業政策」とともに「車の両輪」とされたが、「地域政策」の目玉として登場した多面的機能支払は、「高齢化が進む農村を、構造改革を後押ししつつ将来世代に継承するため」に「農村の多面的機能の維持・発揮を図る取組を進める」ものとされている。特に、「農地維持支払」は、「担い手に集中する水路・農道等の管理を地域で支え、農地集積を後押し」するものと位置づけられることになり、「地域政策は産業政策の『補助輪』となってしまっている」[17]とも指摘され、大規模な担い手が存立する基盤のない中山間地域は、農村政策の中でも傍流に押しやら

---

(15)　例えば、山浦陽一「中山間地域水田農業の実態と支援方策——直接所得補償で中山間地域は守れるか」農業問題研究45巻1号（2013年）を参照。

(16)　田代洋一氏は、中山間直接払の本質的機能を「集落機能維持活性化交付金あるいは地域資源管理費助成金」であるとし、「日本の中山間地域直接支払いは、①中山間地域が果たす多面的機能への支払い、②生産条件不利をカバーする『マイナスの差額地代』支払い、③あわよくば生産条件不利の改善資金化（圃場整備、鳥獣害防除など）、そして④地域資源管理費補てんを軸とする集落機能維持活性化助成金などの多様な機能を担わされている。」と指摘する（田代『前掲書』181頁）。

れ、これまで以上に周辺化されていくことが危惧されている。こうしたなかで、最新の「中山間地域等直接支払交付金実施要領」（農水省、2016 年 4 月 1 日付け）では、「交付金の基本的考え方」として、「都道府県及び市町村は、生産条件が不利な地域において、農業生産活動等の中心となる担い手の育成・確保、農業生産を基本とした付加価値の向上等が図られ、将来的には交付金に頼らずとも農業生産活動等の自律的かつ継続的な実施が可能となるよう、集落等に対し、必要な指導を行うものとする」（傍点筆者）という、過去の対策実施要領にはなかった文言（傍点部分）が新たに付け加えられている。

　中山間地域農業を維持するには、定住条件の確保に加えて、競争力向上だけでないオルタナティブな理念の提示が求められる。本稿で取り上げた事例からもみてとれるように、中山間地域の高齢住民一人一人の暮らしと営農を支えるために、他出子が大きな役割を担っている集落もある。そこには、毎週のように通って来て農作業や集落の共同作業を担う後継者たちがおり、首都圏から妻とともに祖父の家に移り住み、半農半 X の暮らしを営むいわゆる「孫ターン」の若夫婦もいる。彼らは、「強い農業」「勝てる農業」のためではなく、むしろ家族や地域を基盤としたつながりの安定感や安心感を求めて集落や農地と関わろうとしているのである。

　I 集落のリーダーであった故 S 氏は、「『中山間地域等直接支払制度』の趣旨が、『農業政策』でも『地域政策』でも太く貫かれたものであってほしいと私たちは切に願っています」と述べていた。彼は、強い者、大きい者がより強く大きくなるような選別主義に基づく農業振興ではなく、小規模農家も含む集落に住む全ての人が、地域での信頼関係に基づき支え合いながら地域を維持していくことを目指していた。「そうでなければ中山間地域農業は持続できない」と。中山間地域の農業と農地を今後本当に維持していこうとするのであれば、もう時間はあまり残されていない。中山間直払制度を含む総合的な中山間地域政策の策定と、それを確固として支え、広く国民の共感と理解を得ることができる政策理念の形成・確立が今求められている。

（いわさき・ゆみこ　福島大学行政政策学類教授）

---

(17)　小田切徳美「『活力創造プラン農政』と地域政策」田代洋一他『ポスト TPP 農政──地域の潜在力を生かすために』（農文協、2014 年）67 頁

フランス農業にみる家族経営の変容と継承

石井圭一

I　はじめに
II　農業所得の趨勢
III　農業構造の変容
IV　家族農業重視の農政
V　結びにかえて

I　はじめに

　2014年2月、パリで開催された第51回農業見本市において、ルフォル農相は招待した24か国の農相に対し、「家族農業のための農相宣言」を提案、採択された。「多様性とレジリアンスを特徴とする家族農業は食料、社会、環境それぞれの課題に応えることができる」と位置づけ、家族農業を認知し支援することは、貧困と戦い、持続的な発展を進めるうえで不可欠との考え方を示した[1]。2014年、国連の家族農業年に合わせた政治表明である。このとき、家族農業重視を唱えた政策広報では、フランスにおいて家族農業の振興に寄与する農業政策として、①家族農業経営の近代化と大規模経営の抑止を進めた構造政策、②農業職能団体の政策決定・実施過程への参加（コーポラティズム）、③農業部門の組織化の推進（職能間団体の促進、生産者組織による団体契約）、④家族農業の競争力向上を図る品質政策、原産地政策、を挙げた[2]。ここでは家族農業モデルを「家族と生産単位、生産資本と家族資産が強く結合し、主として家族構成員の労働が担う」農業と定義している。以下、本論では、農業所得の

---

(1)　Ministère de l'Agriculture, de l'Agroalimentaire et de la Forêt, Stéphane LE FOLL se félicite de l'adoption d'une déclaration ministérielle de soutien à l'agriculture familiale (Communiqué de presse, 04/03/2014).

趨勢と他産業との所得比較、農業構造の変貌に続き、①について触れていきたい。

　法律の中で家族農業が言及されるのは、1960年農業基本法第2条においてである。「生産の近代的技術による生産手法を利用し、経営内の資本と労働を完全利用する家族型の経営構造を促進し優遇すること」が農政の目的の一つに掲げられた。1981年農業基本法第1条には「個人責任の家族農業は……フランス農業の基礎をなす」と書かれる。1999年農業基本法第1条第1文には、フランス農政の目的として「フランスのすべての地域における、農業経営の永続性、農業経営の継承、家族的性格の保全、農業における雇用の発展、なかでも、若者による農業経営の開始」が記された。2014年「農業、食料及び森林の将来のための法律」第1条には「農業者と農業労働者の所得を支援し、雇用を促し、生活を改善すること、並びに農業の家族的性格、経営者の自律性と個人責任を保護すること」との表現で、農政の目的の一つに謳われた。法令において、家族的性格、もしくは家族経営に関する明確な定義はないとされるが[3]、時々の農業基本法が定める農政の目的には必ず言及されてきた。

　以下では、農業経営が存続し継承されていくには十分な所得の確保の必要があることから、まず、中長期的な農業所得の傾向を確認したい。次に、農業構造の変貌、とりわけ、法人経営の増加とその性格について触れた後、農業経営の家族的性格を保全する政策手段、すなわち、農地利用調整と経営継承、すなわち若手農業者の経営取得に対する支援策について述べたい。

II　農業所得の趨勢

　農業所得の長期的な変化を見たのが就業者1人当たり農業部門要素所得の推移を示す第1図である。1980年を100とした実質所得である。ここで、「農業部門（La branche agricole）」には、農業経営のほか、農作業請負や機械利用組

---

(2)　Ministère de l'agriculture, de l'agroalimentaire et de la forêt, Promouvoir l'agriculture familiale pour résoudre les grands défis contemporains. 2013.（農業食料林業省「今日の大問題を解決するために家族農業を推進」2013年）。本論においても、家族農業経営を主として自己資本、自家労働で成り立つ農業経営としておきたい。

(3)　Hubert Bosse-Platière, L'avenir familial de l'exploitation. Économie rurale. N., 289-290. 2005.

第 4 部　都市法と農地・農業

第 1 図　就業者 1 人当たり農業部門要素所得（実質）の推移

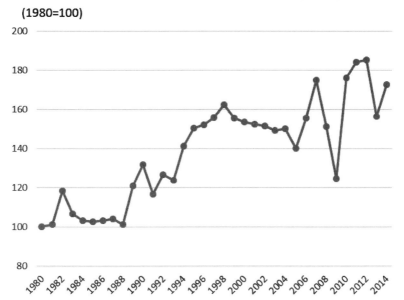

資料：Insee, Compte provisoire de l'agriculture arrêté fin mai 2015, base 2010. より作成
※要素所得は付加価値に経営補助金を加え、租税、減価償却費を引いて得られる生産要素、すなわち労働（自家、雇用）、資本、土地への報酬

合、狩猟業、ワイン醸造・オリーブ搾油生産組合が含まれる。要素所得は付加価値額に経営補助金を加え、租税、減価償却費を引いて得られる生産要素への報酬、すなわち、投入労働（自家、雇用）、資本、土地への報酬となる。

　これを見ると、1980 年代は停滞、1980 年代末より上昇期に入り、1990 年代末より低落、2000 年代中盤より乱高下を伴いながら上昇基調にあることがわかる。

　第 2 図は 1990 年を 100 とする農業生産指数と実質生産物価格指数である。農業生産の傾向は 1980 年以降、2002 年までの間、1.1％／年で拡大したが、2000 年代半ばより停滞、2010 年代は -0.3％／年である。実質生産物価格は 1975 年から下落を続けた。1975 〜 1990 年の間、1990 〜 2000 年の間ともに、実質生産物価格は -2.7％／年であった。2005 年に底を打ち、その後、回復している。2005 年、2009 年の実質生産物価格指数は 71 である。EU 設立以来、EU による価格政策、すなわち、価格の安定・農業所得の確保が講じられるが、

第 2 図　農業生産指数と実質生産物価格指数（1990 年を 100 とする指数）

資料：Ministère de l'agriculture, de l'agroalimentaire et de la forêt, Graph Agri 2015. 2015.

　1970 年代の高インフレ率の下、名目価格の上昇はそれを超えるものではなかった。80 年代に農産物過剰問題が深刻化する中で導入された生産者共同責任制には、支持価格を引き下げ、過剰処理にかかる財政負担の一部を生産者に転嫁しようとの考え方があった。生産量が一定数量を超える場合、翌年の支持価格の引き下げや、引き上げの抑制が図られた[4]。価格支持体制下の農産物の実質価格の低落は以上を反映したものであった。

　さて、就業者 1 人当たりの農業所得は（生産物価格×生産数量）−経営費を就業者数で除すことにより得られる。経営費について大きな変化がないとすれば、生産物の実質価格の低下を補うには、生産数量の増大と就業者数の減少が

---

(4) フェネル「EU 農業政策の歴史と展望——ヨーロッパ統合の礎石」食料・農業政策研究センター国際部会、1999 年刊、205-215 頁。

第3図　農業所得と勤労世帯所得の推移

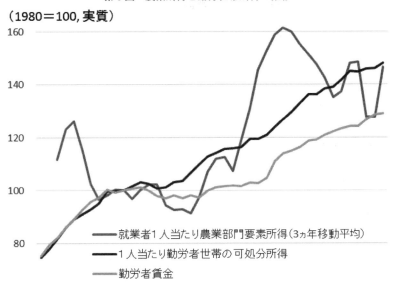

資料：Ministère de l'agriculture, de l'agroalimentaire et de la forêt, Graph Agri 2012. 2012.

必要である。技術向上による収量増に加えて、就業者の減少と規模拡大の進展という農業構造の適応が実質価格の低下のもと、就業者1人当たりの農業所得の維持につながったものといえる。

　勤労者所得との比較では、どうだろうか。年々の農業経済の動向を取りまとめた Graph Agri 2012 年版は、農業所得と勤労者所得の水準について比較することは困難が伴うとしつつ、それぞれの長期的な変化を示した。就業者1人当たりの農業所得（農業部門の要素所得のうち支払賃金を含まない）と1人当たり勤労者世帯の可処分所得の変化の比較である。後者には給与所得のほか、財産所得や移転所得が含まれる。これによれば、1980年までは農業者所得の伸びは勤労者世帯より鈍いが、1990年代になると顕著に伸び、1990年代後半以降、年々の変動を拡大させながら低下する傾向にある。

　勤労者世帯の可処分所得は1980年代以降、1.2％／年、ないし、1.4％／年で

第1表　農業所得と勤労者世帯所得の推移（年増減率）

(%)

	1980-90	1990-2000	2000-10	2010-11
１人当たり勤労者世帯の可処分所得	1.2	1.4	1.2	1.2
勤労者賃金	-0.9	2.0	1.1	0.3
就業者当たり農業所得	0.7	4.1	-2.2	14.7

資料：Graph Agri 2012

推移したが、農業所得は1990年代に4.1％／年と顕著に伸びたことがわかる。他方、2000年代に入ると農業所得は2.2％／年で下落するが、2008年以降の穀物価格の上昇は農業所得の増加に貢献したと見られる。

　Guillemin, Legris（2007）は、1997年と2003年の農業者世帯[5]と勤労者世帯の可処分所得を比較した[6]。納税申告書の抽出調査である課税所得調査を用いている。農業所得の納税申告では実利益による申告とみなし所得による申告がある。みなし納税申告を選択できる農業者は売り上げが1997年では76,200ユーロ、2003年では76,300ユーロ未満でなければならない。2003年の納税申告では農業者の37％がみなし納税申告を行った。みなし所得申告では農業所得を把握できない。このため、農業会計ネットワーク（FADN）と課税所得調査の個票を連結させ、申告所得をFADNの税引き前経営収支に置き換えて農業者の世帯所得や可処分所得を得ている。したがって、農業者世帯が自営する農業経営はFADNが対象とする中経営と大経営である[7]。

　2003年、農業者世帯の可処分所得の平均は29,890ユーロ、全世帯のそれが28,410ユーロであり、農業者世帯の方が5％高い。1997年はそれぞれ32,310ユーロ、25,570ユーロであり、農業者世帯では全世帯より26％高い水準にあった。ここで、可処分所得とは世帯所得に社会保障給付を加え、直接税（所得税、住居税、社会保障にかかる付加税拠出金）を差し引いた所得である。世帯所得は世帯員の給与・事業所得、移転所得（年金、失業手当等）、財産所得の合計

---

(5)　農業者世帯とは雇用調査において、自営で農業活動を行う世帯構成員が１人以上いる世帯である。

(6)　Guillemin O., Legris B., De 1997 à 2003, repli du revenu disponible et du niveau de vie des agriculteurs malgré la pluriactivité.《L'agriculture, nouveaux défis Edition 2007》2007.

第2表　農業世帯、全世帯の可処分所得の比較

(ユーロ、2003 年実質)

	平均所得		変化率	中央値		変化率
	1997	2003	%	1997	2003	%
農業者世帯						
農業所得	22,880	16,240	-5.5	17,560	14,400	-3.3
世帯所得	34,180	30,360	-1.8	28,040	27,650	-0.2
可処分所得（A）	32,310	29,890	-1.3	27,750	27,940	0.1
全世帯						
可処分所得（B）	25,570	28,410	1.8	21,890	24,230	1.7
A/B	126.4	105.2		126.8	115.3	

資料：Guillemin O., Legris B., De 1997 à 2003, repli du revenu desponible et du niveau de vie des agriculteurs malgré la pluriactivité. 《L'agriculture, nouveaux défis-édition 2007》2007.

である。

　これら統計からみる限り就業者1人当たりの農業所得は他産業従事者と比べて、ある程度確保されているとみていい。ただし、地域間の農業所得格差、経営組織間の農業所得格差、年々の農業所得の不安定の問題がフランス農政の重要課題であるがここでは触れない。

---

(7)　対象となる統計上の大経営、中経営は農業経営の規模を比較する概念、標準生産高（Standard Output（英）/Production Brut Standard（仏））により得られる。標準は海外県を除く 22 の州の平均を指し、生産高は収量に販売価格を乗じた額で、補助金を含まない。経営体の規模を貨幣単位ユーロで表すことができる。小麦、露地生鮮野菜、永年草地など、作物 75 分類、搾乳牛、1 歳未満オス牛、羊、産卵鶏など、家畜 26 分類それぞれについて、州別の面積当たり、もしくは 1 頭当たりの標準生産高が定義される。各経営の標準生産高はこれら単位当たり標準生産高に実際の作付面積や飼養頭数を乗じて得られる。ここで、標準生産高 25,000 ユーロ未満の経営が小経営、25,000 〜 100,000 ユーロの経営が中経営、100,000 ユーロ以上の経営が大経営である。たとえば、穀作地帯のサントル州の小麦の標準生産高は 1,184 ユーロ／ha であるから、小麦のみの作付けの場合、21ha 以下が小経営、84ha 以上が大経営となる。

　2010 年農業センサスによれば、農業経営数は 49.0 万経営（海外県を除く）、農業経営者数は 60.4 万人（共同経営者を含む）である。このうち、大中経営 63.7％に対して、小経営は全体の 36.2％にのぼるが、経営面積は農地面積全体の 7％、農業生産額の 3％をしめるに過ぎない。小経営の 4 割は 60 歳以上の農業者による経営で、2 割は年金受給者である。小経営のうち、40 歳未満の農業者が経営するのは 1 割ほどである。大中経営をもって、「担い手層」と位置づけてよいだろう。

III　農業構造の変容

1　構造変化の特徴

　ほぼ10年おきに実施されてきた農業センサスから、農業構造の変化を見ておこう。

　一つは規模の拡大である。1960年代、フランス農業基本法（1960年）のもとで家族労働力2人の20〜50haの家族経営がモデルとして推進された。しかし、1980年代には農地面積は50〜100ha層へ、1990年代には100ha以上層へ集積がすすむ。2010年農業センサスでは、全農地の58％が100ha以上層に集積している。

　2010年農業センサスによれば、フランスの農業経営体は1988年農業センサスの102万経営体に対して、49万経営体、ほぼ半減した（海外県を除く）。経営面積の平均は1988年28haから56haとなった。

　二つは小経営の脱落、大経営への集中である。大経営（10万ユーロ以上）、中経営（2.5〜10万ユーロ）、小経営（2.5万ユーロ未満）に区分した時[8]、1988〜2010年間に小経営は47.7万経営体から17.8万経営体に、中経営は39.3万経営体から15.1万経営体にそれぞれ減少したが、大経営は14.7万経営体から16.2万経営体に増加した。1988年に大経営が占める農地面積の割合は34.3％であったが、2010年には63.5％に増加した。大経営の平均経営面積は108haである。

　三つは雇用労働の比重の増大である。1955年のフランスでは、農業就業人口616万人に対して、家族就業者の割合は89.8％であった。この割合は、1970年、1979年の農業センサスで91.3％に、1988年農業センサスには92.1％と微増の後、2000年には88.1％、2010年に82.8％と低下している。農業労働のうち、家族労働力が支配的でありながらも、農業経営における家族外の雇用労働が増え始めている。1988〜2010年間に、農業経営者（共同経営者を含む）は109万人から60.4万人に、家族補助者は78.8万人から20.7万人に減少したの

---

　(8)　注(7)参照。

第3表　経営面積規模別の農地の集積割合

(%)

	<20ha	20-50ha	50-100ha	100ha<
1970	26.6	37.9	20.9	14.6
1979	18.5	37.2	26.0	18.3
1988	13.1	32.7	30.5	23.7
1990	11.4	30.2	31.8	26.7
1995	7.7	21.0	31.7	39.5
2000	6.6	16.9	31.1	45.4
2005	5.2	13.5	29.4	51.9
2010	4.6	11.1	26.1	58.2

資料：Enquête structure, Recensement agricole. より作成。

第4表　フランスの法人経営の推移

(1,000 経営)

	1988	2000	2010	%
個人経営	946.1	537.6	339.9	69.4
法人経営	65.5	123.6	146.6	29.9
共同農業経営集団（GAEC）	1.6	55.9	78.6	16.0
有限責任農業経営（EARL）	37.7	41.5	37.2	7.6
農業経営民事会社（SCEA）	9.9	17.3	23.7	4.8
株式会社、有限会社	2.1	5.0	6.1	1.2
任意団体	14.2	3.9	1.0	0.2
その他	5.2	2.6	3.5	0.7
計	1016.8	663.8	490.0	100.0

資料：Ministere de l'agriculture, de l'agroalimentaire et de la foret, Graph Agri 2013, 2014.

に対して、家族外の常勤者は14.3万人から15.5万人に増加した。常時従事者に占める家族外の常勤者の割合は7.0％から16％に増加している。

　四つは法人経営の増加である。1970年センサスにおける農業経営体156.7万のうち、法人経営体は1.3％であったが、2000年には19.0％、2010年には30.6％となった。農業経営体は全体として減少しているが、法人経営体はその

中で増加している。

このほか、2010 年農業センサスから、農業経営の専門化の傾向、すなわち複合経営の減少が引き続き見られること[9]、農業経営者の専業化や女性経営者[10]の増加が農業経営の構造変化として指摘されている。

2 法人経営と家族農業

さて、フランスの農業構造の変化として、雇用労働の比重の増大、法人経営の増加を挙げた。このことは家族農業的な性格が失われつつあることを示すのだろうか。

年間労働単位、すなわち、フルタイム相当の就業者数から、経営形態別の家族労働の構成をみよう。法人経営は経営体の 30％であるが、農業生産の 64％、農地面積の 57％、労働投入の 54％を占める。雇用労働で見ると 77％が法人経営体が占めている。とくに雇用労働の 43％が経営体全体の 6％に過ぎないその他法人経営体に属する[11]。

農業共同経営集団（GAEC）は、1962 年農業基本法補完法により制定された 2〜10 人の構成員の出資（資本、もしくは役務や知識）から成る法人で、構成員は農業経営者に限られる。共同の利益を図ることを目的とする組合型の法人であり、構成員の経営をすべて統合した「完全」GAEC と、構成員の営農活動の一部を統合した「部分」GAEC がある。「完全」GAEC ではすべての構成員が専業的にフルタイムで就業し、平等に農作業や経営に参加しなければならない。このため、GAEC は経営規模や経営、労働組織の点で家族的な側面が強い。

有限責任農業経営（EARL）は 1985 年に制定された 10 人以下の構成員による法人で、経営に従事しない構成員の持ち分が過半を越えてはならない。今日、法人形態の中では最も支配的で、その過半が従事者 1 人の 1 人法人経営である

---

(9) Ministère de l'Agriculture, de l'Agroalimentaire et de la Forêt, Structure des exploitations agricoles. Recensement agricole 2010. Agreste Primeurs, n. 272, 2011.

(10) Ministère de l'Agriculture, de l'Agroalimentaire et de la Forêt, Main d'œuvre et travail agricoles. Recensement agricole 2010. Agreste Primeurs, n. 276, 2012.

(11) Ministère de l'Agriculture, de l'Agroalimentaire et de la Forêt, Le statut juridique des exploitations agricoles : évolutions 1970-2010. Agreste les dossiers, n. 20, 2014.

第4部　都市法と農地・農業　445

第5表　農業経営における労働力の構成

(%)

	経営者*	配偶者	家族補助者	常用雇用	季節雇用	作業請負	
個人経営	65.8	14.0	5.0	6.9	7.0	1.3	100.0
共同農業経営集団 (GAEC)	78.6	3.6	2.3	8.6	6.1	0.9	100.0
有限責任農業経営 (EARL)	58.4	4.0	3.2	18.7	14.0	1.6	100.0
うち　1人従事法人	47.3	6.6	4.6	22.6	16.8	2.1	100.0
複数従事員法人	68.1	1.7	2.1	15.4	11.6	1.2	100.0
その他法人経営体	28.2	2.0	1.8	46.7	18.3	2.9	100.0
全体	59.3	8.0	3.6	17.0	10.5	1.6	100.0

＊共同経営者（coexploitants）を含む

資料：Ministère de l'agriculture, de l'agroalimentaire et de la forêt, Le statut juridique des exploitations agricoles: évolutions 1970-2010. Agreste les dossiers, n. 20, 2014.

のが特徴である。

　その他法人経営体には、農業経営民事会社（SCEA）や、株式会社、有限会社が含まれる。これら法人はブドウ・ワイン、蔬菜・園芸、施設型畜産の部門に多い。

　SCEA は構成員や代表者は農業者以外の自然人や法人が就くことができ、また、構成員の従事要件はない。無限責任である。なお、SCEA は GAEC、EARL と異なり、給付対象面積、補償限度頭数、生産割当、経営許可面積など、農業政策上の種々の給付制限について経営者資格をもつ従事者の人数が考慮されない。

　以上の三つの法人形態、すなわち、GAEC、EARL、SCEA は、商法が定める株式会社や有限会社とは異なり、民法上の民事会社である。このため、これら法人は農事法典が定める農業活動の範囲、および農業活動の延長に位置づけられる加工・販売などの範囲を越える商業的活動を行えない[12]。民事会社では構成員課税が原則であり、農事法典が定める範囲を越える商業的活動が行われるとき、法律上、税制上、社会経済上、多くの権利や特例を失うことがある。

(12)　農事法典第 L311-1 条は農業活動の範囲を定義する。とりわけ、農作業請負はサービス提供とみなされ、農事法典が定める農業活動に含まれない。

第6表 構成員からみた GAEC および EARL の分類

2010 年		経営体数	%
GAEC	夫婦型	473	1.3
	父子型	8,862	23.8
	その他家族型	7,515	20.2
	兄弟型	14,588	39.2
	非血縁型	3,103	8.3
	混合型	2,664	7.2
	計	37,205	100.0
EARL	夫婦型	23,005	29.3
	父子型	5,938	7.6
	その他家族型	2,842	3.6
	兄弟型	3,007	3.8
	非血縁型	781	1.0
	混合型	279	0.4
	1 人従事型	42,758	54.4
	計	78,610	100.0

資料：Ministère de l'agriculture, de l'agroalimentaire et de la forêt, Le statut juridique des exploitations agricoles: évolutions 1970–2010. Agreste les dossiers, n. 20, 2014.

例えば、農事賃貸借の解除、GAEC の透明性[13]や GAEC、EARL における有限責任性の喪失、税制上の優遇の停止、社会保障負担金や種々の給付金の計算の変更等である[14]。

　以上のようなフランスにおける農業法人の大半は、法律が定める農業活動の範囲でしか収益を上げることはできないが、種々の農業政策において自然人たる農業者と同等の恩恵を享受することができる。裏を返せば、種々の政策的優遇のもとに成立する土地利用型の畑作や畜産においては民法上の法人のもとで

---

(13) GAEC の透明性（tranceparence）とは、直接支払いの対象限度面積や上限額について、構成員数を乗じることで、個人経営の経営者であった場合と同等の給付額を得ることができる。これは他の法人形態に適用されない GAEC のみの優遇措置である。また、構造規制による経営規模の承認や牛乳の割当数量についても、構成員数が配慮される。

(14) Assemblée Nationale, Question écrite N° 32969 de M. Jean-Michel Clément, publiée au JO le : 23/07/2013. Réponse publiée au JO le : 24/09/2013.

のみ成立可能といってよかろう。

　他方で、農業経営体全体では家族労働、すなわち、経営者とその配偶者および家族補助者の労働の割合は71%、個人経営では85%である。法人形態としては最も支配的なEARLで66%、GAECでは84%が家族労働で占められ、個人経営と変わらない。その他法人経営体で32%と、家族労働の割合が低くなる。土地への依存度の小さい部門で、雇用労働の導入が進んでいるものの、土地利用型の農業の分野では法人経営といっても、個人経営と変わらず、農業経営者の労働力を中心とした家族労働で組織されていることがわかる。

　とくにGAECでは、血縁関係がない者だけで構成される法人は全体の8.3%に過ぎず、多くが親子間、兄弟間、夫婦間で構成された法人であり、EARLでは血縁関係がない者を従事者とする法人は2%に満たない。

　フランスにおける多くの法人経営は、生産手段の共有による経営の合理化や分業、個人資産と経営資産の分離、円滑な経営継承を目的とした家族農業法人が主流をなすと言っていい。

Ⅳ　家族農業重視の農政

1　経営資源配分への介入

　以上のようにフランス農業は、とりわけ、1990年代以降、就業者1人当たりの所得を確保する反面、その構造は大きく変貌した。他方で、フランス農政は家族農業を重視し、経営資源の過度な集中を抑止するとともに、若者の経営取得を推進してきた。

　第一は、経営資源の配分への介入である。その重要な政策手段の一つが、いわば、農地の利用調整への政策介入である。構造規制は農業者の経営者としての円滑な就農、継承による存続が可能な経営の散逸防止、各県で定められる基準に満たない経営の拡大促進を目的とし（農事法典L-331-1条）、耕作目的の農地移動の際に行政庁の事前許可を必要とする制度である[15]。この許可がなけ

---

(15)　構造規制（contrôle des structures）について、原田純孝「フランスの新『農業の方向付け法』と農業構造政策の再編」『農業総合研究』46巻3号、農業総合研究所、1992年、ほか、1980年法による制度確立以降、原田が詳しく論じている。

れば、農業政策の恩恵の制限を大きく受けることになる。許可を必要とするのは、十分な職業能力（農業技術者免状、もしくは職業高校終了証相当以上の資格、もしくは5年以上の農業経験）を満たさない、退職年齢に達している、一定以上の農外所得がある、などの場合である。また、農地の取得後に一定の規模を超える場合、継承可能な一定の規模の経営が廃止となる場合、取得する農地が経営地から一定の距離以上離れている場合も、同様に事前許可を要する。こうして、大経営の展開を抑止し、農業従事を伴わない者の経営参加を制約する一方、存続可能な経営の継承を促し、適切な経営を行える農業者の農地利用を促す仕組みが農地の利用調整に備わる。この承認が得られなければ、農事賃貸借は無効となり、種々の助成制度の受給や農業社会共済制度への加入ができない。今日のEUの農業経営の多くは直接支払いをはじめ、政策の恩恵なしに存続することは困難である。とりわけ、土地利用型の畑作や畜産がそうである。構造規制のもとで許可が得られなければ、必要な政策に乗ることができない。

　農地の所有権移転に対する強い介入もフランス農地制度の特色であろう。SAFERを通じた農地市場への介入である[16]。SAFERは1960年農業基本法に基づき設置された公益法人で、1）農林業の活性化と農業経営者としての就農の促進、2）環境、自然資源、景観の保全、3）地域経済振興への貢献、を役割とし、所有者が売却しようとする農地や農業経営、不耕作地を購入し、必要な整備を施し転売する（農事法典第L-141-1条）。これら目的を達成するうえでSAFERに付与されたのが先買権である[17]。

　第二は、種々の生産調整から生まれる「生産する権利（droit à produire）」の配分である[18]。1984年に導入され、2015年に廃止された牛乳の生産割当制度のもとで、フランスでは上の農地利用調整と同様、中小家族経営を優遇し

---

(16)　土地整備農村建設会社（Société d'Aménagement Foncier et d'Etablissement Rural）は日本の農地保有合理化法人に似た機能を持つが、先買権を有するなど農地売買に強い介入権限をもつ。

(17)　すべての農事資産の売買について、公証人はSAFERに対して農事資産の種類、地番、売り手と買い手の氏名、売却価格について通告しなければならない。SAFERは2ヶ月内に先買権の行使の有無を回答する。2012年、売買通告件数20.6万件、面積50.1万ha、SAFERによる取得面積は8.9万haであった。なお、先買権による取得は1,360件、売買通告件数の0.7％である（Rapport d'Activité 2012 des SAFER, 2013）。

(18)　石井圭一「EUの農業政策と生産権取引——牛乳生産割当制度を例に」堀口健治編著『再生可能資源と役立つ市場取引』2014年3月、御茶ノ水書房、を参照されたい。

た[19]。すなわち、割当量が移動する範囲を限定し、酪農の立地変動にブレーキを掛けることで、結果として、生産の集中と経営の専門化や大規模化を抑止する仕組みで運用してきた。割当量は農地に付随することを大原則とし、公的な配分枠を設定することで、中小規模の酪農経営や若手農業者による酪農経営へ優先的に割当量を配分してきた。ほかにも、ブドウの作付権や更新権、繁殖メス牛や羊・ヤギに関する補償限度頭数が、地域ごとに定める優先順位に基づき若手農業経営者や中小の経営者に優先的に配分されてきた。

　第三は、EUの共通農業政策のもと、直接支払制度における差別的給付の仕組みが中小経営を利する。フランスを含め大半の農業経営は、直接支払いの給付を受けなければ経営は成り立たない現状では、時として大経営の展開をはばむ。その一つは、給付制限である。15万ユーロを超えて給付される直接支払いが5％減額される。フランスの畑作経営の平均給付単価が300ユーロ／haであるから[20]、500haを超えるような大経営になるとその対象になる。

　二つは、直接支払いの給付限度面積の設定である。条件不利地域支払いはフランスにおいて1973年より実施されてきたが、給付限度面積を50haとする一方、25haまでの給付単価が割り増しされる。また、環境支払いの一環として実施されてきた採草放牧地に対する支払いの給付限度面積は100haであった[21]。すなわち、限度面積を超える経営では実質的に面積当たり給付単価が逓減する仕組みである。こういった直接支払いにおける限度面積の設定は、2014年以降実施される新しいEUの共通農業政策で「再分配支払い」として導入され、加盟国の裁量でその導入いかんや限度面積を設定することができる。フランスでは2015年より52haを限度とする支払いを導入した。この支払いに該当する面積は、農業利用面積全体の約50％である。

（19）　繁殖メス牛に対する補償金や羊生産にかかる補償金も限度数量が設定されるとともに、補償金の権利は経営の規模等に応じて配分される仕組みがあった。

（20）　Ministère de l'agriculture, de l'agroalimentaire et de la forêt, PAC 2014/2020 : Comment assurer une redistribution en faveur de l'élevage et de l'emploi ? juillet 2013.

（21）　2015年以降、条件不利地域支払いと草地への支払いが統合され、経営当たりの給付限度面積は75haとなる。

2 家族経営の継承と若手農業経営者の育成

フランス農政において、就農政策や農業者の世代交代は1999年農業基本法第1条で謳われるように、優先度の高い目的の一つである[22]。

そこで講じられるのは第一に資金対策である。フランスにおける就農助成は、1973年に山間地域を対象として青年農業者助成金（DJA）制度が導入されて始まった。1976年には対象が全国に拡大され、今日に至る。DJAは一定の要件を満たす青年農業者に対して営農開始時に給付される助成金である。

1981年に受給の要件として、就農面積の下限を導入したが、1988年にこれを廃止、一定水準の所得目標を要件とした。望ましい水準の所得が見込まれる経営を就農政策の対象としたわけである。このとき、経営者の配偶者も経営者として就農する場合には助成の対象に組み入れられるとともに、条件不利地域においては主業経営だけでなく、一定の所得要件を満たす副業経営を対象に加えた。条件が悪い地域ほど給付額が大きく、副業経営であっても一定の条件のもと、主業経営の半額に相当する給付額が設定された。全国に適用される上下限の範囲内で、地域ごとに作物、飼養家畜や経営の立地、経営計画で必要とされる投資額等に応じて、給付額が決められる。加えて、DJA対象者は、特別低利融資を受けることができる。

1992年共通農業政策の改革の後、就農政策の充実が図られたのが1995年である。「全国就農憲章」の名のもと、後継者難、農政改革、若年層の高失業率を背景として、「就農政策を充実させて、農村にて多くの人口を維持すること」を農業政策の重要課題として位置づけた。以降、土地取得税、固定資産税、社会保障負担等の軽減措置、担保不足の補完や災害補償の優遇による就農開始初期のリスク対応、生産割当数量や補助金受給権の優先配分など、経営開始初期の負担軽減措置や経営資源を補完する措置が講じられた。また、農産加工やアグリツーリズムなどを就農計画に組み込むことを認めるなど、多様な就農の

---

(22) 原田は「次代を担う農業者（自然人）の自立助成政策は、1980年「農業の方向づけの法律」（第2番目の「基本法」）以来、フランス農政の最重要な柱の一つをなし、その農政理念・農政哲学のあり方を特徴づけるもの」（原田純孝「フランスの農業・農地政策の新たな展開──「農業、食料及び森林の将来のための法律」の概要」『土地の農業』45号、2015年）と指摘する。ここで、「自立（installation）」とは、個人経営や法人経営において経営者資格のもとで営農することを指し、統計上もこれを把握する。本稿では「就農」の訳語を当てた。

あり方を政策対象に組み込んでいった。

第二は農地取得の支援である。上述の構造規制のもと、その運用を行う各県の農業構造基本委員会（CDOA）は若者の就農に際する農地取得を最優先する。すなわち、許可申請の対象となる賃貸借物件が公示され、取得を希望する複数の農業者が競合する場合に各県が定める優先順位の高い農業者に対して、当該物件の営農許可が下りる仕組みである。

上述のSAFERによる2012年の転売農地面積の34％、3.0万haが新たに経営者となった青年農業者、もしくは経営者となって間もない青年農業者に転売された。転売件数は1,230件、このうち35％が家族外の就農者である[23]。

牛乳の生産割当数量に見るような「生産する権利」も、公的な留保部分について、各県が定める優先順位に基づき、経営取得間もない若手の農業者が優遇される。

第三は営農技術の習得である。フランスにおいて、一連の就農政策の対象となるには、DJAを取得していることが不可欠である。DJAの取得要件には年齢のほか、1）経営開始後5年間で十分な所得を得られる経営計画の作成、2）経営開始後の5年以上農業者であること、3）経営簿記の記帳、4）給付金を満額受給した場合には主業的農業者であること、5）経営開始後の3年以内に環境保全に関する規則が求める施設基準、衛生基準および動部福祉に関する基準を達成すること、がある。しかし、最も大きなハードルとなるのが、一定の職業能力を有すること、すなわち、職業バカロレア農業経営管理専攻（高卒程度）の修了証、農業技術者免状（短大卒程度）と同等以上の資格の取得である。これらは初期教育で得られるほか、農業教育機関が提供するデュアルシステム教育や継続教育において、一定の職業経験が加味されたカリキュラムを通じて取得できる[24]。

今日、EUの農業政策のもとで、フランスをはじめEU諸国の農業経営の存続には多額の財政投入が不可欠である。そのような財政負担の政策的根拠を広

---

(23)　Rapport d'Activité 2012 des SAFER, 2013.

(24)　石井圭一「フランスにおける就農支援と農業人材育成システム」南石晃明、飯國芳明、土田志郎編著『農業革新と人材育成システム——国際比較と次世代日本農業への含意』2014年3月、農林統計出版、を参照されたい。

く公に示すうえで、社会が求める環境保全、食品の品質や安全性の確保が農業政策の中で重みを増してきた。これに合わせて、農業者が備えるべき知識を得て、技術の変化に適応し、さらには新たな規範やコミュニケーションの能力まで身に着けるには、やはり、初期教育や継続教育の役割が重要になる。農業部門への財政投入、とりわけ、直接支払いのように農業経営の所得を直接補てんする政策の正当性を高めるうえで、農業者の能力向上は不可欠である。

　他方、農業経営の数を維持しつつ、世代交代を進めるには、非農家出身者の農業参入を促進する必要がある。間口を広げ、多くの農業参入希望者を支援する必要がある反面、参入希望者には生産技術の習得に加えて、規制規則への適応や販路開拓のスキルの習得を促さなければらない。

V　結びにかえて

　農業構造は大きく変貌し、雇用労働や法人経営が増加している。しかし、増加する法人の大多数は民法上の民事会社であり、農業活動に加えて、経営内の生産物の加工、調整、販売など付随する活動や、グリーンツーリズムなどの農業を基礎にした活動に限定される。それも、構成員の従事要件が強い GAEC や EARL が支配的であり、大多数が家族農業経営の法人化である。こうして、農事法典が定める農業の範囲にとどまるのであれば、農業固有の税制に従い、社会保障制度に加入することができる。

　1960 年代以降の近代化農政のもとで、農業経営の家族的性格は守られてきた。すなわち、構造規制による農地の利用調整や SAFER の事業などを通じて、多くの雇用労働や外部資本を必要とするような大規模な経営の伸張が抑止されるとともに、一定の技能を備えた若手の農業経営者を育成し、経営継承を円滑化する施策が講じられてきた。今日でも、家族内の経営継承が支配的であるが、それでも、家族外の就農希望者による経営継承、すなわち、第三者経営継承による補完が不可欠になっている。ここに農業経営の家族的性格を重視する政策の後退を見る向きもあるが[25]、フランスにおいて、主として自己資本、自家

---

(25)　Hubert Bosse-Platière, L'avenir familial de l'exploitation. Économie rurale. N., 289-290. 2005.

労働で構成される農業経営の存続と継承の位置づけはいまも明確である。

（いしい・けいいち　東北大学大学院農学研究科准教授）

第5部　比較の中の都市法

ドイツ現代都市計画をどう理解するか

大村謙二郎

Ⅰ　現代都市計画を取り巻く状況：たがの外れた現代都市計画？
Ⅱ　ドイツ都市計画の展開
Ⅲ　全国都市発展政策と都市計画助成制度
Ⅳ　おわりに：現代都市計画をどう理解するか——日独の比較を通じて

Ⅰ　現代都市計画を取り巻く状況：たがの外れた現代都市計画？

1989 年のベルリンの壁の崩壊、翌 90 年の東西ドイツの統一などにより、ドイツ諸都市を取り巻く社会経済状況は激変した。しかし、これはドイツ一国に限ったことでなく、その後の一連の東欧革命、ソ連邦の崩壊などによる、社会主義体制の崩壊、冷戦構造の解体、さらには経済のグローバル化、IT 技術の飛躍的推進、普及などにより、世界各国の都市を取り巻く環境は大きく変化した。

世界の主要大都市では、新たな業務空間、商業空間の形成に向けた空間再編が猛烈な勢いで進んでいる。世界的なスター建築家が登用され、新たなアーバンデザインの工夫による、きらびやかな、一見〈魅力的〉な空間が作り出されている。しかし、皮相な見方をすれば、都心空間が短期的な消費空間として次々と、賞味期限が限られた空間として造られているともいえる[1]。

20 世紀を通じて支配的であった、自治体や中央政府が主導して都市計画のルールを作り、都市全体あるいは地区の計画をつくり、基盤を整備し、その枠組みの中で、民間の投資活動、空間形成を導いていくといった、ある種の古典

---

(1)　グローバル化の進展で世界の大都市の景観が変質している様子を批判的に論じたフランセスク・ムニョス（2013）は示唆的である。

的な都市計画作法が崩れてきているようである。現代都市計画はたがが外れたのか、それとも新たな進化の形態を模索しているのだろうか。

90年代以降、顕著となってきた新自由主義、市場原理主義的な考え方が都市計画、都市開発の分野にも流れ込み、大きな影響を与えてきている。経済成長のために都市開発を活用する、あるいは国の経済発展の機関車として都市、とりわけ、その国の主要大都市を積極的に位置づけ、世界中から投資を呼び込むための規制緩和推進や特区設定を行うといったことが重要な都市開発戦略として考えられるようになってきている。

都市開発における公民連携 PPP や規制緩和 Deregulation が現代都市計画では当然のことと考えられるようになってきたのであろうか。

ただし、こういった市場原理主義的都市計画の流れに抗する形での対抗都市計画的な動きも出てきている点も見落としてはならないであろう。PPP における民間の中味においても、経済的利益以外にも企業の社会的責任、貢献を考慮して都市開発に参画する企業もあるし、行政と協議しながら、より質の高い都市空間の実現に努力する民間の活動がある面も評価すべきであろう。また行政の側の動きも、旧来の硬直的、杓子定規なルールの運用を見直し、民間との協議の中で、柔軟で、創発的な都市開発、都市空間整備の方式、ルールを案出する動きも見られる。

本稿はドイツにおける現代都市計画の動向をどう理解できるかという問題関心の下に論じるものである。

論文の構成は次の通りである。

まず、現代ドイツの都市計画にいたる、動きを70年代以降の西ドイツ都市計画の展開を整理し、さらに90年代の東西ドイツ統一以降のドイツ都市計画制度の変遷を整理、その特質を指摘したい（2章）。

ドイツでは都市計画は基礎自治体の課題であり、連邦政府は都市計画の枠組みや支援制度をつくることが任務であり、具体的な都市政策を方向づけることは少なかった。2007年に連邦政府は全国都市発展政策 Nationale Stadtentwicklungspolitik を打ち出した。その意味では新たな都市計画の動きを象徴する政策である。この政策の背景、その展開過程と現状について紹介するととも

に連邦・州・自治体の共同課題である都市発展政策を実現する手段として大きな意味を持つ都市計画助成制度 Städtebauförderung について論じる（3章）。

最後にドイツの現代都市計画の特質を日本との比較を踏まえて考察する（4章）。

Ⅱ　ドイツ都市計画の展開[2]

都市計画の考え方、制度、実践はある時点で急激に大転換することはまれであるし、むしろ過去の制度、運用などを引きずりながらも、新規のものに置き換わり、回顧してみると、この時代が大きな転換であったなとわかるものが通例である。

長年にわたり、戦後ドイツの都市計画をリードしてきた Albers[3] は都市計画制度と都市計画思想や現実の動きの関係を氷山モデルで理解できるとしている。その意味は、都市問題、都市計画制度の新規制定、改訂に先行する形でさまざまな都市・住宅問題が発生しており、あるいは顕在化はしていないがその徴候が伏在している。それが、社会問題化して、何らかの形で制度的対応が求められ、都市計画制度が制定される。都市計画制度が出来て、現場で実践、運用されると新た計画課題、社会問題が出てくる、また、社会経済状況の変化で新たな制度対応を求める動きが生じる。これが、制度の水面下で進行する。計画制度は海底に出ている氷山のようなものであり、その水面下にはさまざまな先行する問題、思想があるし、制度の効果、問題が出現するのに一定の時間が

---

　(2)　ドイツ都市計画の戦後の変遷については、連邦の建築・都市・国土整備に関わる研究所 Bundesinstitute für Bau-, Stadt- und Raumforschung（BBSR）が 2011 年の研究プロジェクト Rückblick: Stadtentwicklung und Städtebau im Wandel（回顧：変化の中の都市発展と都市計画）を推進し、その成果概要を公開している http://www.bbsr.bund.de/BBSR/DE/Stadtentwicklung/ StadtentwicklungDeutschland/Tendenzen/Projekte/Rueckblick/rueckblick.html、以下の記述はこの部分も参考にしている。また、Düwel/Gutschow（2001）もドイツの都市計画、制度の展開を理解する上で参照している。なお、以下の論述の 70 年代、80 年代の動きは旧西ドイツの動きを扱っているが煩雑になるので、旧西ドイツと言った言葉は使わず「ドイツ」で統一的に記述している。

　(3)　Gerd Albers（1919.9-2015.1）は戦後のドイツ都市計画を領導した都市計画家、研究者であり、数多くの著作、論説を発表している。ここでは Albers（1980）, Albers（2006）を参照している。

かかることを理解する必要があるとの意味だ。

　筆者は70年代から80年代にかけての時代がドイツでは、都市計画の大きな転換点の一つであったと考えている。そこで、以下では70年代以降、10年区切りで2000年代までのドイツ都市計画の展開を振り返ってみよう。

　日本もほぼ同じような軌跡を辿ったといえるが、戦後、ドイツは瓦礫の廃墟となった都市から、復興、再建をはたし、奇跡の経済成長の下に猛烈な勢いで都市の成長、拡大が50年代後半から、60年代にかけて進行した。都市計画と豊かな社会の実現が予定調和的に進展していると想定された、ある意味で牧歌的な時代であった。緑豊かな郊外に清潔で機能的な計画住宅地をつくり、中心市街地や都心は過密、用途混在を解消して商業業務の集積地として整備し、工業用地は鉄道、幹線道路、水路、エネルギーインフラ等の整備されたところに計画的に配置する、こういった形で用途分離を図り、機能的、効率的な都市、地域の整備を図ることが都市の発展につながるとの考えであった。

　また、自動車時代に対応するために幹線道路の整備、新設が都市の内外で推進された。都市計画は専門家、技術者の領域の仕事であり、住民はその成果を享受すればよいとの考えが支配的であった。近代都市計画の原理が教科書的に適用されることに対しての疑念が少ない時代であった。

〈70年代：成長から成長の限界への転換の時代〉

　70年代は2度のオイルショックが象徴するように資源や自然環境の制約が認識され、楽観的な都市成長、拡大政策やそれを支える制度に対して冷水が浴びせられた時代であった。

　1971年に発表されたローマクラブの「成長の限界」はドイツでも評判を呼び、その後の石油危機、資源不足、エネルギー問題を予見していたとドイツ都市計画社会でも受け止められた。

　また、行きすぎた都市拡張、自動車対応型都市開発により、中心市街地の人口減少、商業の衰退などの問題が深刻化し、「都市を救え」が都市政策専門機関のスローガンとして70年代初頭に打ち出された。一方、郊外に建設された大型住宅団地、ニュータウンは単調でヒューマンスケールに欠ける、都市的魅力、アーバニティに欠けるとの批判が出てくるようになってきた。

第5部 比較の中の都市法 461

　1975 年のヨーロッパ記念物保護年のキャンペーンが象徴するように歴史的
環境への関心が高まったのも 70 年代の特色だ。それは、戦後のドイツ都市計
画が機能主義、効率主義に傾斜し、歴史的環境を軽視し、便利で機能的な都市
空間整備に重きを置いた結果、多くの歴史的建造物、街並みが破壊されてきた。
特に、芸術的、文化的価値がないとしても人々の都市・地区での生活、活動に
とって記憶に残る街並み、広場、風景を戦後都市計画がないがしろにしてきた
ことへの強い批判が西ドイツ各都市、各地区で起こってきた。

　もちろん、都市計画の流れが一挙に変わったわけではなく、60 年代に構想
されたニュータウンプロジェクト、都市再開発プロジェクトは 70 年代に推進、
実現されるということが数多くあった。都市計画の実現には多くの労力、時間
を要し計画された段階の都市計画価値が時間とともに陳腐化、反転したとして
も実現したものを変更することは困難なことが多い。都市計画プロジェクトが
持つ慣性力の問題ともいえる。

　筆者は 1974 年から 76 年にかけて、ドイツ西南の中核都市カールスルーエに
滞在していた。カールスルーエは 1715 年に建設された、典型的なバロック都
市であり、中心部にお城を配置した形で放射状の道路網が整備され扇状に市街
地が幾何学的に配置された計画都市である。また、ドイツの中でも歴史の古い
工科系大学が設立された大学都市でもある。

　この市の中心部の一角に、18 世紀の都市建設にあたって建設労働者などが
集住してつくられた、高密で不衛生な市街地が戦災を免れて、戦後も依然とし
て残っていた。ここデルフレ Dörfle 地区では、風俗業、小工場、作業場など
が住居と混在し、公園緑地などの整備もなされていない治安の不安もある問題
市街地であった。特に戦後は米軍相手の怪しげな店が多数立地していた。

　戦前期にもカールスルーエ市行政はこの地区のクリアランスを計画していた。
戦後も他の都市計画課題が優先され、この地区の整備は放置されていた。漸く、
60 年代にはいり、この地区一帯を全面的にクリアランスし、近代的で清潔、
合理的な土地利用計画の下に業務、住宅市街地として再開発する案が進められ
た。当時のコンペで採択された計画案では、バロック都市の街割りとは無縁の、
近代都市計画の原理に忠実な、中高層の建物群で隣棟間隔をたっぷりとり、自
動車の円滑な交通、駐車のための基盤整備もしようというものであった。これ

に従って、自治体は連邦、州政府の支援を得ながら、ドイツでも当時最大級の再開発事業を進めようとしていた。

　再開発事業は60年代に開始されていたが、1971年に成立した都市建設促進法 Städtebauförderungsgesetz[4] に基づき、72年に市議会はデルフレ地区を法定再開発地区に決定した。当時、ドイツでも最大級の16.3haの範囲が再開発地区となった。あらためて、この地区の再開発の国際コンペが行われた。採択された案は、歴史的市街地の都市構造、街割りを活かしながらデルフレ地区の過密、不衛生状況を改善する、より現実的な手法が想定されていた。このコンペ案を基に、事業実施のためのBプランが策定された。デルフレ地区の再開発では60年代当初は、全面クリアランス型の案であったが、その後の都市計画価値観の変化を反映し、事業実施の過程で、歴史的建造物の保全・修復などの手法が取り入れられた。大学における都市計画設計ゼミナールにおいても、地域に入り、住民の意向を反映した計画案づくりを進める、住民参加型都市計画実践が取り組まれるようになってきたし、地元メディアにも大きく取り上げられた。70年代の都市計画の変化を象徴する事例がカールスルーエでも起きていた。

　1970年代のドイツ都市計画の実践において、大きな影響を与えたのは中心部の歩行者専用空間の整備である。象徴的なプロジェクトが1972年のミュンヘンオリンピックを契機として進められたミュンヘン都心部の歩行者専用ゾーン整備プロジェクトである。公共交通、自動車交通抑制と駐車場整備、道路網の再編などの総合的交通計画と組み合わせた歩行者専用空間整備は当初の危惧を乗り越えて、多くの市民の共感、支持を得て、商業的にも大きな成功をもたらした。この成功にも影響を受けて、旧西ドイツの各都市では70年代から80年代にかけて精力的に都心空間の整備が進められ、都心回帰、魅力回復が進んだ。また、ミュンヘン都心部の歩行者専用空間整備にあたっては、市内で計画

---

(4)　わが国では都市建設促進法との訳語が定着しており、法の名称についてはこの訳語を本稿でも採用するが、本来的には都市計画、都市建設を助成する制度を根拠づけた法制であり、後述するように、本稿では主に都市計画助成制度と言う言葉をつかう。また、当初の都市建設促進法では既成市街地の再開発プロジェクトと郊外部での計画住宅地開発（大規模団地、ニュータウン）プロジェクトの助成、支援が対象となっていたが、後述するように、その後の展開で、助成対象プロジェクトが多様化していった。

第 5 部　比較の中の都市法　463

されていた、自動車交通のための環状幹線に対する反対に端を発する市民の反対運動、都市計画への参加要求があったことも忘れてはならない。

　70 年代は既成の都市計画のあり方に多くの異議が出され、参加の都市計画が強調された時代でもあった。こういった動きを受けて、西ドイツでは 1976 年に都市計画の基本法である、連邦建設法の改定を行い、計画過程への早期の段階からの住民参加を義務づける規定を導入した。これ以降、ドイツ各都市ではさまざまな実験的試みも含めて、F プラン、B プランあるいは非法定の地区マスタープランに市民が参加する事例が蓄積されていった。

〈80 年代：産業構造転換の時代とストック重視の都市計画へ〉

　80 年代は、産業構造の変化、社会経済体制の変化に規定される形で、都市計画の考え方、実践にもトレンドの変化が生じた時代である。世界的には 79 年に成立した英国サッチャー政権、80 年のレーガン政権によって打ち出された新自由主義的政策の影響を受けて、民間活力の活用、民営化、規制緩和の流れは先進諸国の都市計画、都市開発に大きな影響を与えた時代であった。日本では 83 年の中曽根政権以降、民活、規制緩和が都市開発の主要テーマとなり、たとえば、山手線内側の高層化を積極的に進めるべきとのアーバンルネサンスが主張された。一方、ドイツでは 82 年に成立したコール政権も新自由主義的な政策を打ち出したが、都市計画分野ではそれほどドラスティックな規制緩和制度は打ち出されなかった。しかし、産業構造の転換に対応した、大型都市再開発、土地利用転換プロジェクトを推進する動きが 80 年代後半から目立つようになった、それは、90 年代により顕著な形で進展する動きでもあった。

　一方で 80 年代は 70 年代にあらわれた参加の都市計画、環境、自然生態系に配慮した都市計画などの従来のトップダウン型の都市計画を転換する都市計画の実践が着実に積み重ねられた時代でもあった。

　再開発の動きでは、70 年代に一斉に進展したドイツ各都市での都心部の歩行者専用空間整備の動きがほぼ収束し、次の整備課題となったのが 19 世紀末から 20 世紀初頭の急激な市街化により、計画規制がゆるやかなままに形成された既成市街地、いわゆるグリュンダーツァイト市街地の再整備、居住環境整備が大きなテーマとなってきた。これらの市街地は、歩行者専用空間整備の対

象となった都心空間を取り囲む外周部の空間といえる。連邦、州政府の支援の下にドイツ各都市で居住環境整備のモデル事業が推進された。ここでは、自動車通過交通を排除して、歩車共存型の街路整備、街区内部の用途混在、過密状況を改善する中庭整備、面的な交通抑制政策などが精力的に進められた。居住環境整備においては居住者参加のワークショップ、計画づくりなどの実験都市計画が推進された。

　70年代後半、酸性雨による森林枯死、土壌汚染問題による団地建設の中止、湖沼の水質汚染、大気汚染などの市民に眼に見える形で、さまざまな公害、環境破壊が伝えられるようになり、環境に配慮した都市計画への市民的関心が高まった。先進自治体では土地利用計画Fプランの策定と連携する形で、自然生態系に配慮した風景計画Lanndschaftplanの策定や独自の環境アセスメントが実践されるようになってきた。フライブルクは、環境に配慮した都市計画、交通計画の先駆的試みを次々と行い、ドイツの環境首都という評判を得るようなった。環境への配慮を行っていることが、住民や企業の居住地選択、立地選択に大きな影響を与えるようになってきた。

　60年代、70年代前半にかけて盛んに建設された大型住宅団地の再整備課題が80年代にはいって大きく取り上げられるようになってきた。特に大都市郊外部でつくられた大規模団地はヒューマンスケールを超えるような住棟配置、単調で機械的、効率的なデザイン、都市性の欠如といった物的環境の問題もさることながら、外国人労働者、低所得層など特定の階層が集積する団地として社会問題視されることとなった。また経済環境の悪化の中で失業した若者たちが器物破損、落書きなどのバンダリズムを繰り返し、団地居住者の不安、不満が高まってきた。こういった事態に際して、住民の参加を得ながら、単調な団地空間を分節化する、外壁の色彩改善、外回りの居住環境改善を図るといった、団地再生整備のモデルプロジェクトが連邦、州の支援を得ながら進められるようになった。団地再生問題は内容的に変化する面もあるが、引き続き、90年代、2000年代における、ドイツ都市計画の主要課題となった。

　80年代のドイツ都市計画において、その後の再開発、既成市街地整備の考え方に大きな影響を与えたのがIBAベルリン（1977-1987）であろう。ドイツではIBA Internationale Bauausustellung（直訳すれば国際建築博覧会あるいは展

示会）という、ユニークな都市計画文化の伝統がある[5]。

IBA の名称が使われるのは IBA ベルリンが最初であるが、その歴史は 20 世紀初頭にまでさかのぼり、数々の建築、都市計画に対する実験的、革新的試みを提示し、ドイツ国内にとどまらず、国際的にも大きな影響を与えている。

IBA ベルリンでは当時の西ベルリン市全体が対象となった。その背景には、戦後、東西にドイツが分断され、ベルリンは旧東独のなかにうかぶ島のような形で、東西ベルリンに別れた状態であり、西ベルリンは西側世界のショーウィンドウとして独自の都市計画、住宅政策を展開する必要性が高かった。

IBA ベルリンは、ニュー IBA とオールド IBA の二つの考え方からなっていた。ニュー IBA は新市街地形成型といえるもので、西ベルリン市内に残る、空閑地、戦後再建されないまま放置されていた遊休地等を活用して、新たな都市住宅を建設して都市の住まい方モデルを提示しようという考えで展開された。批判的再構築という形で従来の成長拡大型都市計画に見直しを迫り、また、ヨーロッパに伝統的な街路沿道景観を意識した中庭を内部にかかえた街区型住宅形式の再評価を行った。ニュー IBA では当時のスター建築家が多数登用され、ポストモダンの住宅デザインも評判となった。

オールド IBA のほうは、既成市街地の再開発を主眼としたものであり、対象となったのはグリュンダーツァイト市街地のクロイツベルク、ズード・フリードリッヒシュタット等の密集市街地である。60 年代の再開発では全面クリアランス型の市街地再開発の対象となっていたエリアでもある。これら対象地区には戦後の西ドイツの経済復興に引き寄せられる形でやってきた外国人労働者家族が多数住んでいた。とりわけ、クロイツベルク地区はトルコ人の集住地区としての特色があった。これらの密集市街地の再開発においては、たとえばトルコ人家族の住まい方、習慣を尊重し、多文化共生の考えの基に、きめ細かな住民参加を伴った慎重な都市更新 Behutosame Stadterneuerung という漸進的市街地整備の考えが打ち出された。出来る限り現状の建物ストック、街区構造を保全した形で部分的再開発、修復、改善を進めるといった、その後のドイ

（5） IBA の歴史等について、詳しくは次の論文を参照。太田尚孝他（2012）：ドイツの都市計画における国際建築展（IBA）の役割と存在意義に関する研究、都市計画論文集 Vol. 47, No.3, pp.679-685

ツ都市計画の考え方、再開発実践に大きな影響を与えた。90 年代以降のドイ
ツ各都市での都市再開発はこの漸次的市街地整備が既成市街地再開発のメイン
ストリームとなった。

　80 年代における、計画制度面での大きな変化は、従来の都市計画の一般法
である連邦建設法と、都市計画事業の助成制度を規定した都市建設促進法が合
体整理されて、1986 年に建設法典 Baugesetzbuch が制定されたことである。
また、80 年代後半には、これからの都市計画の重点は内部市街地の整備 In-
nenentwicklung におかれることが強調され、従来の都市計画助成制度の主対
象の一つであった、郊外開発措置 Entwicklungsmaßnahmen に対する助成は
原則廃止されることが打ち出されるようになった。80 年代は成長拡大都市計
画からストック重視の都市計画への方向転換が打ち出された時代でもあった。

〈90 年代：多様な都市計画の方向が模索された時代〉

　90 年代のドイツ都市計画は、89 年のベルリンの壁の崩壊、90 年の東西ドイ
ツの統一という、だれもが予期せぬ形の現代史の大転換の動きに大きな影響を
受けた激動の 10 年であった。70 年代、80 年代に定着した、環境・生態系重視、
既存ストックの活用、歴史文化環境への配慮、参加の都市計画といった考え方
は継続される一方で、新たな復興需要への対応、新たな都市・地域の成長＝開
発、民営化、規制緩和といった新自由主義、市場重視の都市計画の流れも強ま
ってきた。何よりも 90 年代において加速化した経済のグローバル化、EU 統
合の進展、労働力移動の増大、人口構造の変化に影響を受ける形で都市間、地
域間競争が強まったことがドイツの都市計画のトレンドを変化させた。そうい
った意味では 90 年代は都市計画の多角化、混乱の時代であったともいえよう。

　90 年代の前半は、実質的に吸収合併された旧東独が予想以上にインフラ整
備、都市整備が低い水準にあったこと、新たな開発、成長フロンティアが一挙
に広がったとの期待がひろがり、楽観的な成長主義、計画多幸症 Planungseu-
phorie が広がった。また、旧東独に西側の計画制度が原則適用されることに
なったが、旧東独への投資を加速させるためのさまざまな税制優遇、特別措置
が設けられ、その後の展開の中で、これが旧西独地域に還流して、ドイツ全体
の計画制度の改変につながることもあった。

第5部　比較の中の都市法　467

　90年代前半の高揚した、躁状態の都市計画が幻想、幻滅に変わり、ペシミスティックな論調が登場したのが90年代後半といえる。90年代はベクトルの異なる都市計画が生じた時代である。

　旧東独での主要な都市計画の課題は次のようなものであった。東独市民の主要な住宅地である都市郊外に主に建設された大型住宅団地（プレハブコンクリートパネルを作った工業化工法の団地からPlattenbausiedlungと呼ばれた）の改修・再生問題がある。また長年にわたって、投資、整備がなされず、インフラ、建物の老朽化、荒廃が顕著であった中心市街地の再生も大きな課題であった。

　さらに、長年需要が抑圧されていた旧東独市民は一斉に車を入手し、郊外戸建て住宅を指向することになり、当時の計画規制の不十分さもあって、大都市周辺の郊外に戸建て住宅地開発が進展した。ドイツ型スプロール市街地が形成されたことになる。90年代末に顕在化する、団地居住者の転出、減少、空き家の大量発生という問題につながる要因ともいえる。

　広域的な計画調整の仕組みが整わない段階で、旧東独大都市周辺自治体に西側資本が入り込み、大型のショッピングセンター、産業用地開発が進展した。このことによって、旧来の大都市の商業地が大きな打撃を受ける問題も発生した。

　いろいろ問題含みであったが、90年代を通じて、旧東独には膨大な公共投資、インフラ整備、市街地整備が推進され、急速に旧東独地域の都市環境の改善、整備が進んだことも確かである。また、歴史的な市街地の整備にも多大な補助、投資がなされ、2000年代に入っての都市観光による復興の基盤が整備されたことも銘記されよう。

　旧西独地域も伝統的な工業地域では産業構造の転換を受けて、多くの課題が噴出した時期であり、なおかつ、連邦政府が旧東独地域に傾斜的に公共投資、補助金投入を行ったので、旧西独自治体、諸州では不満が高まっていた。そういったなかで、90年代のドイツ都市計画に大きな影響を与えたプロジェクトとしてIBAエムシャーパーク[6]（1989-1999）があげられる。従来の自治体中心の都市計画の枠を越え、広域連携を図ること、また、広域政府と基礎自治体が

────────────────

(6)　IBAエムシャーパーク、及び後述のIBA Stadtumbau 2010の記述は主として大村（2014b）による。

連携し、市民、民間企業の参画を得て、地域のイメージアップを持続的に展開するといった点で、都市・地域計画の画期をなすプロジェクトであった。その特徴、意義を少し論じる。

　第二次大戦後、西ドイツの奇跡の復興、経済成長の機関車となったルール工業地帯は60年代頃から始まる、エネルギー革命、構造転換などにより石炭鉄鋼産業は競争力をなくし、工場は遊休地化し、多くの失業者を抱える不況地域となっていた。また長年の産業化の過程で土壌汚染、河川の汚染が進行し、環境的にも多くの問題をかかえる地域であり、長年、この地域への教育文化投資が少なく、地域イメージが悪化していた。

　ルール地域を抱えるNRW州（ノルトライン・ヴェストファーレン州）がイニシアティブをとって、今や産業排水路の汚染河川となっているエムシャー川流域の17、市町村（約250万人）、800平方キロメートルを束ねる時限型の組織、IBAエムシャーパーク公社が結成され、1989年より10年間にわたって、この地域を会場として120近くのプロジェクトが展開された。

　このIBAの主たる目的は大きな社会経済構造の転換によって、疲弊、衰退した旧産業地域を再生させることで、そのために、独自の考え方、原則が導入された。

　新しい環境を軸とした産業や次世代産業を育成させること、長い間産業排水路として使用され、環境汚染の象徴であったエムシャー川を浄化、再生させ、かつての自然を取り戻し、水と緑の環境ネットワークを形成させること、ルールの伝統、歴史を踏まえた文化を再生させること、女性、マイノリティが地域・まちづくりに参加する仕組みを作り出すこと、産業遺跡を活用した新たなツーリズムを生み出すこと等、さまざまな革新的なプロジェクトが提案され、IBA（エムシャーパーク）公社による組織的調整、マネージメントを受けながら、成功裡にプログラムが展開されていった。10年の活動の成果として、この地域のイメージは大きく変貌し、地域に新たな活力、産業、文化が生まれようとしており、国内外からの訪問者、観光客も増大している。

　IBAエムシャーパークによる広域的なプロジェクト展開をいくつかのテーマにまとめ上げ、地域イメージを高めていく方向は今後のわが国、とりわけ、産業の衰退、人口の減少、高齢化が懸念される地域にとって次のような示唆す

る点があげられる。

第一に、10年という時間を限定して組織を作り、明確な目標を作り、地域整備、再生のためのアイディア、プロジェクトをボトムアップ型で参加市町村、地域内団体の創意を活かす形でとりまとめていったことである。

明確な戦略、計画目標は打ち出すものの、上からの指令的統制ではなく、さまざまな地域アイディアを連携していくことは示唆的である。

第二に産業構造転換の過程で発生した膨大な産業跡地の活用についてである。IBAエムシャーパークを通じて17の新たなテクノロジーセンターが整備されるなど、新たな産業育成の努力はなされているが、それだけでは広大なかつての工場用地、流通施設用地等を置き換えるほどの需要はまだ生じていないことも事実である。

一方でこれらの産業用地はドイツの工業化を支え、ドイツの戦後の復興を支えた象徴でもあり、地域のアイデンティティにつながるものである。そこで、IBAエムシャーパークでは、広大な産業施設、用地を風景公園としてまた産業遺跡公園として活用することで地域のイメージをポジティブなものに変えていくことに成功している。

たとえば、ルール地域内のエッセンのツォルフェライン Zollverein はそのユニークなデザインの工業建築として世界遺産の指定を受け（2004年）、その施設をルール地域の歴史、文化を展示する博物館として転換して活用され、この施設を含む産業遺産全体は風景空間公園 Landschaftspark としてツーリズムの拠点となっている。さらに、ルール地域に残る歴史的産業遺跡を結ぶルートを自転車道としてネットワーク化し産業遺跡文化ルート Route der Industriekultur として25の拠点を結びつけ、新たな形態のツーリズムとして注目を浴びている。ポスト工業化時代の歴史文化を継承しつつストックを再生、活用するやり方は示唆的である。

第三に示唆を受ける点は、このIBAエムシャーパークによって、地域整備が持続可能な形で、継続的に展開される運動論が果たす役割の重要性を示した点にあるといえる。10年間の間に120近くのさまざまなハード、ソフトのプロジェクトが立ち上げられたがそのすべてが、最終年に完成したわけではないし、またIBA自身もそれを狙っていたわけではない。それでも、10年という

節目にこの IBA の活動を通じてどこまで地域が変わって、イメージアップが進んだのか、この壮大なプログラムに関わった自治体、諸団体、企業、専門家、NPO、市民などが確認し、あらためてルールを一つの地域共同体として認識してその地域の整備、発展に取り組んで行く意識を高め、永続的な活動としての地域整備、まちづくりの必要性をあらためて認識したといえる。

　事実、IBA エムシャーパーク終了後もさまざまな試みが展開されている。NRW 州はポスト IBA の発展型として広域連携による、地域づくり、まちづくりを支援するプログラムとしてレギオナーレ Rgionale を企画、展開している。州内の広域団体（複数自治体で構成）が企画提案を行い、複数年かけて地域整備・発展のためのプロジェクトを企画して実施していく形式であり、IBAの組織運動モデルを継承している。2010 年にはエッセンを中心とするルール地域がヨーロッパ文化首都に指定され、さまざまなイベント、プロジェクトでIBA エムシャーパーク以降の地域整備を継承、発展させている。

　筆者がルール地域や他の地域での都市開発、地域整備事例について調査した際に、専門家にインタビューをしたことが何度かあるが、何人かの自治体の専門家、プロジェクトマネージメント組織の専門家は IBA エムシャーパークで仕事に携わっていた、あるいは IBA ベルリンで活動していたという人が多くであった。ドイツでは専門家がキャリアアップする際に職場を移動することは多いが、IBA の知識、経験がドイツ各地に伝播し、ドイツの地域整備・まちづくりの底上げにつながっている点も示唆的である

　90 年代の都市計画制度の展開はなんと言っても、東西ドイツ統一に関連した制度改定が多い。1990 年の突然のドイツ統一や東欧諸国の開放政策の進展の影響を受けて、人口構造が大転換すること、多くの流入人口が大都市を中心に増大されることが予測されることになった。

　こういった急激な住宅需要の爆発的増大、住宅不足の顕在化への緊急対応策として 1990 年 6 月に、5 年間の時限立法の形で建設法典措置法 Maßnahmengesetz zum Baugesetzbuch が制定された。住宅需要に迅速に対応するために、手続き規定の緩和、外部地域（原則、市街化禁止地域）や非計画既成市街地で住宅建設の緩和規定が設けられた。

　また、旧西独では 80 年代後半に原則、禁止、抑制されることになった郊外

住宅団地開発プロジェクトが再度許容されることになった。この規定は 1993 年に改定され、住宅地整備の促進が推進された。また、この過程で民間事業者が主体となって計画、開発をすすめる、プロジェクト型 B プランともいうべき Vorhaben- und Eschließungsplan が発見され、これと並んで民間事業者と行政が契約を結んでプロジェクトを進める都市計画契約[7]の方式が、まずは旧東独地域で適用されることになった。

1998 年の建設法典および国土整備法の改定によって、東西ドイツ統一の経過期間に適用されていた各種法令の整理と都市計画法制の統一化が進められた。この時期になって、制度運用についても一定の統一化、平準化が図られたといえよう。また、98 年法の改定により、土地利用規制における自然保護条項の強化、拡張が行われた。また、外部地域での農業構造の変化に対応した規制緩和が行われた。

〈2000 年代：都市改造の時代〉

90 年代にその傾向は既に現れていたが、2000 年代に入り、ドイツは他のヨーロッパ諸国と同様にドラスティックな人口構造の転換に直面した。人口の減少、少子高齢化、ダイナミックな移民動態、東から西への地域間人口移動の拡大、社会的分極化等の人口構造に関わる現象が顕著となってきた。

連邦政府は何年かおきに国土空間の動向を国土利用白書の形で公刊しているが、それに掲載された図面ではおおむね、旧東独地域や旧西独の伝統的工業地域等で人口減少、高齢化が顕著に進行していることが示されている。地域間の格差が生じると同時に、一見、産業立地が進み、人口集中が見られる大都市圏内でもホットスポット、コールドスポットがまだら状に分布している状況が見られるようになってきた。

90 年代から 2000 年代にかけて、ドイツでは持続可能な都市、コンパクトな都市あるいは人口減少や経済低成長・停滞を与件とした縮小する都市 Schrumpfende Stadt 等の言葉がよく使われるようになってきた。また、EU の統合の進展の影響であろうか、ヨーロッパ諸国の都市計画専門家が集まって

---

(7) ドイツの都市計画契約については大村（2016b）を参照のこと。

開催される会議などで、これからの共通の都市像としてヨーロッパ都市といった言葉も使われるようなり、いくつかの都市自治体のマスタープランでのキーワードとなっている。

　こういったキーワードの中でも制度用語に取り入れられた言葉として都市改造 Stadtumbau があげられる。Altrock, Kunze（2005）によれば、都市改造は2000 年代にはいって注目されるようになった都市更新の新たな切り口である。80 年代、90 年代のドイツ再開発の基調であった、保全・改善型再開発、慎重な都市更新のパラダイムを抜け出て、魅力向上、付加価値向上を目指し、場合によってはクリアランスもタブー視しないで都市・地区の構造に積極的に介入する新たな都市更新の考え方で、創造的、革新的アイディアを誘発するものと位置づけている。

　2000 年に入っての 10 年は、後述する東の都市改造プログラム、西の都市改造プログラムに代表されるように、かつての都市環境ストック、交通インフラ、産業インフラが社会経済構造の変化により、老朽化、陳腐化、不要化する中で、新たな都市環境ストックとして再生、再利用することが大きな挑戦課題となってきたといえよう。この 20 年近くのあいだにドイツ大都市ではドイツ鉄道、ドイツポストなどの民営化が進み、それらが有していた駅舎、貨物ヤード、郵便局の土地利用転換プロジェクトが都市再生のビッグプロジェクトとして続々と打ち出されている。軍用地、工場跡地の土地利用転換、河川港湾地区の土地利用転換と親水型ウォータフロント再開発が次々と進行している。これらは総じて、長期的な都市の将来を見据えたマスタープランで位置づけられるというよりも、プロジェクトが主導でマスタープランの再編、改訂を同時に進めるという形で、従来のドイツ都市計画の伝統的手法とは違うやり方で行われている。

　2000 年代を特色づけるのは、新自由主義的、市場経済指向型の都市計画イデオロギーがドイツ都市計画の世界に広がってきた点である。進展するグローバリゼーション、国際的な経済競争の影響を受けた形で、都市間競争という側面、都市マーケッティング、都市ブランディング、PPP、PFI、アーバンルネサンスといった形で、国際共通語としての英語が流通しドイツ都市計画においてもこれら用語が多用されるようになってきた。ドイツでも 21 世紀にはいり、都市計画の目標像、理念について百家争鳴的状況が続いているようだ。

第 5 部　比較の中の都市法　**473**

　2000 年代の代表的プロジェクトをあげるのは困難であるが、縮退の時代を
見据えて、成長なき時代の都市計画のあり方を問いかけたユニークなプロジェ
クトして、IBA Stadtumbau 2010 があげられる。ドイツ都市計画の多様な方
向性の一つを示す事例として、これについて紹介しよう[8]。

　旧東独地域にはインフラ更新、住宅ストックの改善、新規住宅供給の促進と
いった形で巨額の投資がなされたが、一方でさまざまな形の都市縮退
Schrumpfung プロセスが進行した。脱工業化（製造業の解体的縮小）、郊外化、
人口構造の転換などの結果、多くの旧東独諸都市は人口、世帯の減少と大量の
空き家発生、失業率の増大等の現象をドラスティックに経験することになった。
とりわけ、若くて意欲、活力のある人材は旧東独地域には適切な雇用の場がな
いと判断し、西側の大都市などへ転出することになった。

　こういった状況の中で、旧東独の一州、ザクセン・アンハルト州は成長を前
提とせず、縮退を真正面から受け止める形で、いかに都市・地域のクォリティ
を高めていくかという課題に取り組むために、IBA 方式を採択した。それが
IBA Stadtumbau 2010 である。

　ザクセン・アンハルト州は州内に強い競争力のある大都市が存在せず、統一
後、縮退現象に直面した州である。実は、この州では 1950 年代初めから継続
的に人口減少傾向を示しており、1989 年以降にその傾向が加速され、90 年代
末以降、よりドラスティックに人口減少傾向が強くなってきているという状況
に直面していた。

　1989 年に 296.5 万人いた州人口が 2009 年には 236.8 万人と 17% 近く減少し
2040 年には 1950 年人口の半分になると予測されている。若い働き手の転出に
よる人口減が顕著であり、その結果、少子化、高齢化が進行している。

　住宅の空き家率も 2008 年で 15.5% と、2002 年以来の東の都市改造で進めら
れた減築政策による空き家解消策にも関わらず、まだ、高い空き家率を示して
いる。

　IBA Stadtumbau 2010 は 2002 年にザクセン・アンハルト州政府のイニシア
ティブで開始され州全体を対象エリアとする IBA となり、2010 年にそのフィ

---

　(8)　以下の部分は大村（2014b）と主として次のサイト及び、これに掲載されている資料によっ
ている。http://www.iba-stadtumbau.de/index.php?iba-stadtumbau-in-sachsen-anhalt-2010

ナーレを迎えた。

　IBAのきっかけとなったのはザクセン・アンハルト州がデッサウにあるバウハウスに委託して、「Weniger ist mehr」（よりすくないことがより豊かである）というタイトルの下、東ドイツで起こっている縮退都市の現象、原因、施策等について検討するワークショップを開催したことである。ワークショップでは多くの建築家、プランナーなどの専門家が参加して人口減少、縮退都市について議論を行い、基本的考えを整理した。この結果を受けて、ザクセン・アンハルト州は2002年より、バウハウス及び州の公社が全体をマネージメントする組織となり、IBA Stadtumbau 2010が開始されることになった。

　IBA Stadtumbau 2010は従来のIBAとは異なり、大規模プロジェクトや象徴的プロジェクトを展開するものではなく、また、大都市を中心としたプログラムでもない独自の特色を持ったIBAである。その特色は次の六つに示されている。

　第一は縮退Schrumpfungを正面に見据えたIBAであるという点である。ドイツでは連邦全体で見ても多くの自治体では人口減少が顕著な傾向となっており、その先鋭的な状況を示しているのが、ザクセン・アンハルト州である。人口減少、経済の縮退が見られる社会での新たな質の高いくらしのあり方を示す実験モデルとしてIBAが企画された。

　第二のIBAの特色は中小都市が主体のIBAという点である。IBA Stadtumbau 2010のザクセン・アンハルト州では大都市がなく、中小都市が多数存在している特性を踏まえて、これからの縮退時代における中小都市の課題、施策のあり方を示すことを特色としている。

　第三の特色は、統一後の旧東独での郊外化の進行に歯止めをかけて、都市中心に活動を集中することの意義、必要性、可能性をこのIBAで示そうとしている。

　第四にこのIBAでは中小都市のもつそれぞれ固有の都市文化の歴史を持つ都心を現代的に再生させることに特色を持たせようとしている。たんなる凍結保全ではなく、現代的な要素を組み込んだ歴史都心の再生である。

　第五に、このIBAでは大規模プロジェクトによってプログラムをもり立てるのではなく、財政力に限りのある中小都市に相応しい、身の丈にあったプロ

ジェクトで IBA の特色を見いだそうとしている。縮退の時代に相応しい IBA を目指している。

第六に、縮退を与件とし、それにどう立ち向かっていくかは、それぞれの都市が置かれた状況によって異なる。この IBA では統一テーマを設定するのではなく IBA に参加した都市それぞれがテーマ設定を行って IBA を創りあげるという原則を採択している。

IBA Stadtumbau 2010 には当初、東の都市改造プログラムに参加している州内の 43 都市に参加招請が出された。結果は 19 都市が 19 のテーマでもって、この IBA に参加することになった。参加都市のうち、マグデブルク Magdeburg（州都）とハレ Halle（Saale）の 2 都市が人口 23 万人と中規模都市であり、他の都市は 10 万人以下の小都市である。これらの諸都市がそれぞれ、人口減少を与件としながら、量ではなく質の高い地区・都市を目指す「より少ないことに未来がある」（Weniger ist Zukunft, less is future）をモットーとして IBA を展開していった。このプロジェクトの成果がどの程度現れているか、評価の難しい面もあるが、縮退をマイナスイメージとして捉えるのではなく、これを機会として、新たな都市発展、活性化のアイディアを練り上げ、少しずつであれ具体化していく方向は高く評価できよう。

2000 年代に入ってからの都市計画制度の改定は EU の政策の影響とドイツ国内での国土、地域構造、都市構造の変化に影響されたものが出てきている。

EU の指針を受けて、2001 年には F プラン、B プランの策定に際して、環境影響評価を行い、計画策定理由に環境影響評価をつける規定が導入された。事業だけでなく、計画に際しても環境影響評価が義務づけられることになった。

2004 年には、ヨーロッパ建築法制との対応で、建設法典の改定がなされた。特に環境保護に関する指針への対応が図られ、環境アセスメント手続きの強化、拡充が進められた。都市計画（F プラン、B プラン）の策定に際しての基本原則の充実、強化が図られ、環境への配慮、都市の持続可能性、現況ストック重視の姿勢が打ち出された。また、F プラン、B プランに関する第 5 条、9 条の規定の充実がはかられた。

さらに、開発企画案の許容性 Zulässigkeit von Vorahaben についての規定（29 条から 35 条）の大幅改訂が進められた。基本は、郊外への開発拡散を抑止

し、内部市街地へ開発を誘導するために、内部市街地での建築、開発の柔軟化、迅速化などの規制緩和が進められた。一方、外部地域ではバイオマス、再生エネルギー関連の施設立地を許容する規定が導入された。

建設法典第2章、特別都市計画法 Besonderes Städtebaurecht の部分において、新たに都市改造 Stadtumbau と社会都市 Soziale Stadt の規定が導入された。これは東西ドイツ統一後生じた新たな都市問題、行政課題に対応するために、都市計画助成制度が拡充、多様化されたことに対応する措置といえよう。

2011年の東日本大震災、特に福島原子力発電所の事故はドイツに大きな衝撃を与え、ドイツでは Fukushima が、原子力政策からの大転換を促す、象徴的言葉となった。2011年に気候変動に対応した法制度が整備されたのと関連して都市計画制度である建設法典の改定が行われた。都市計画の原則条項の中に、再生エネルギー関連規定の拡充、強化が図られた。また、Fプラン、Bプラン、都市計画契約関連規定が、再生エネルギーに関連して改定が行われた。

2013年には中心市街地の再生、強化、気候変動対応への制度改定が進められ建設法典、建築利用令が改正された。21世紀にはいってから、都市開発の方向性を既成市街地の整備、再生に向けてより強化する流れの一環といえよう。

建設法典第1条の都市計画の原則の中で、内部市街地整備 Innenentwicklung 優先の原則が強調される一方で、都市周辺の農地、森林の保全、保護が強調された。参加手続きについても強化、拡充の方向が打ち出され、早期の計画段階から、子供、若者も参加することが規定された（建設法典3条1項）。

Bプランが整備されていない既成市街地の開発・建築規制に関わる第34条の規定も改定がなされた。既成市街地（34条区域）での風俗施設、ゲームセンター等の既成誘導のための簡易Bプランの規定が導入された。また、同じく、既成市街地の産業施設を住居目的の建物に利用転換、改修するための緩和規定が導入された。

Ⅲ　全国都市発展政策[9]と都市計画助成制度

2007年夏、連邦政府は2007年5月に公表された、ヨーロッパの今後の都市発展政策の原則を示したライプチヒ憲章を引き継ぎ、発展させる形で、連

邦[10]、州、市町村および関連諸団体と連携して、全国的に都市・地域を発展、強化させる目的の全国都市発展政策を推進することを打ち出した。この政策について紹介する前に、政策の基となったライプチヒ憲章についてみておこう。

〈ライプチヒ憲章〉

ライプチヒ憲章とは正式名称を「持続可能なヨーロッパ都市のためのライプチヒ憲章」というもので、当時の連邦建設大臣の主唱の基で、EUの都市計画・空間計画担当大臣、専門家が集まり、過去のヨーロッパレベルの空間整備、建築政策等に関する各種会議、調査スタディの成果を整理する形でとりまとめられたもので、都市政策担当大臣の了解の下で署名され、2007年5月24／25日にライプチヒで発表された。

憲章は前文、大臣たちの宣言と勧告よりなっている。前文と宣言の部分では、ヨーロッパの多極的な都市システムをベースにした均衡ある空間的発展を支援していくことが必要で、この憲章は加盟国それぞれが、全国、広域地域、都市レベルの空間政策に具体化していくことが責務であるとしている。

勧告は大きく二つの柱より成り立っている。

第一は、総合的都市発展政策の原則、考え方を強力に推進することである。特に、ヨーロッパ諸都市の競争力強化、発展のために次の行動戦略が重要としている。

---

(9)　ドイツ語では Nationale Stadtentwicklungspoltik となっている。Entwicklung は英語の development に相当し、開発とか発展の意味がある。本稿では、開発、都市開発などの用語は、主として、建築的な物的環境を造り上げる意味に捉えられることが多く、ドイツで展開されている政策は物的環境の形成だけでなく、社会的な政策、ソフト施策も含んだ都市の持続可能な発展も含んでいるので、本稿では基本的に「都市発展政策」の用語を使うが、文脈によっては都市開発の言葉も適宜使うことにする。

(10)　連邦の都市計画を所管する省はこの間、たびたび名称、組織替えを行っている。1972年から1998年までは Bundesminister für Raumordnung, Bauwesen und Städtebau が 1998年から2005年までは Bundesminister für Verkehr, Bau- und Wohnungswesen が、2005年から2013年までは Bundesminister für Verkehr, Bau und Stadtentwicklung が、2013年からは連邦環境省と合体する形で Bundesminister für Umwelt, Naturschutz, Bau und Reaktorsicherheit となっている。簡便のために、本稿では特段の別表現をしない限り、連邦建設省という形で都市計画所管省の呼称とする。

a）質の高い公的空間の創出と確保

都市住民、企業の立地誘導、とりわけクリエイティブな階層をひきつける要素として公共空間の高い質が不可欠であり、これは都市観光にも寄与する。また、建築、インフラと都市計画が連携した高い質の魅力ある建築文化 Baukultur の意義をあげている。これは、建築文化を狭い意味の建築物に限るのではなく、地区、都市の歴史文化、伝統を含めた、総合的な課題とし、また、公的空間だけでなく、民間空間も含めた都市全体の課題としている。

b）インフラネットワークのリノベーションとエネルギー効率の向上

アクセスのよい都市公共交通システム、広域交通ネットワーク、自転車交通、歩行者交通を含む総合的交通マネージメントシステムの重要性が指摘されている。高い質の都市生活を保障するために、水供給処理システムのリノベーションがあげられている。さらに、省エネルギーを推進するために既存建物ストックのリノベーションと連携したエネルギー供給インフラの改善、効率性向上の重要性を指摘している。これらは、気候変動への対応、温暖化ガス排出削減による低炭素社会実現における、総合的都市政策の必要性を示している。

資源の効率的利用にとって不可欠なのが、コンパクトな都市・地域構造を作り上げることである。適切な都市・広域計画によるスプロール型市街地開発の抑制、職・住・教育・福祉・自由時間活動の混合的土地利用を推進することをあげている。

これらの物的環境整備に並んで、IT 技術を活用して、高い質の都市生活の実現、効率的都市マネージメント実現、e-ガバメントの推進をあげている。

c）積極的なイノベーション、教育政策の推進

今後の経済社会では知識産業が大きな位置を占めることになるが、その中でも、都市の果たす役割がますます重要になってくる。その基盤として、基礎から高等教育、社会人教育までの生涯にわたる教育システムを充実、確立することをあげている。また、大学に代表される高等教育機関と産業との交流ネットワークの構築の必要性をあげ、そのためにも総合的な都市発展政策を推進することを指摘している。

第二の柱は、都市全体のコンテクストの中で、特に不利な条件、問題を抱えている地区に焦点をあてて、問題克服に傾注することを強調し、次の戦略を提

示している。都市の中にも高い失業率、社会的分断、格差の拡大、社会経済的チャンスの格差、環境の質の差異の問題が偏在しており、これらの地区の状況が負のスパイラルに陥る前に、早期の対策、手当が結果的にさまざまなコストの削減につながるという、予防的措置の必要を強調している。

　a）都市計画的な魅力向上戦略の強化

　質の高い都市空間、インフラストラクチャーが経済的発展と強い相関関係にあるとの認識の下、都市空間の魅力向上のために、建築ストックのリノベーション、デザイン改修、地区景観の向上等、公民の投資を引き出す長期的都市発展コンセプトをつくることを提唱している。

　b）ローカル経済の強化、地域の雇用市場の改善

　地区の特性に応じた経済、雇用政策、職業訓練などの教育研修システム、特に子供、若者向けの積極的な教育システム構築の重要性を説いている。

　c）機能的で価格競争力のある都市公共交通システムの構築

　地区住民のモビリティ、活動力を高めるためにも公共交通システム、歩行者・自転車交通も含めた総合的交通政策の強化を指摘している。

　以上のライプチヒ憲章を受ける形で、この憲章制定の主唱国であったドイツは 2007 年夏より、全国都市発展政策を展開することになる。この政策推進から、ほぼ 5 年たった 2012 年春から夏にかけてこの政策の中間評価について協議を行い、2012 年 10 月にドイツの都市計画専門家が「都市のエネルギー：都市の将来課題」メモランダムという覚え書きを公表した[11]。2011 年の東日本大震災、福島第一原子力発電所事故を受けて、連邦政府はエネルギー転換という形で、脱原発政策、再生エネルギーを打ち出した。さらに、この間、深刻化が懸念される気候変動への対応という形でとりまとめられたのがこのメモランダムである。その内容の詳細はここでは割愛するが、この覚え書きは、全体 4 章構成で 50 点にわたって、今後の都市発展政策についての提言を行っている。特に、①建物、地区の慎重で配慮されたエコロジカルな改造、②都市技術イン

---

　(11)　以下のサイトにこの覚え書きが掲載されている。http://www.bmub.bund.de/fileadmin/
　　　Daten_BMU/Download_PDF/Nationale_Stadtentwicklung/staedtische_energien_memorandum_
　　　bf.pdf

フラの更新、③新しいモビリティの開発推進、④社会的統合・包摂、の四つを重要な柱と設定して、これらを個別に取り扱うのではなく、総合的に連携して進めるための個別政策を例示している。

この覚え書きを受けて、連邦政府は2014年、全国都市発展政策の活動分野「都市発展と経済」の分野に、覚え書きに対応した新規プロジェクトの推進、助成を行っている。

〈全国都市発展政策〉

全国都市発展政策の全体像を素描しよう[12]。

この政策の目的は、ライプチヒ憲章で打ち出された持続可能なヨーロッパ都市をドイツ諸都市で実現するために、ドイツ全体で、連邦、州、市町村が共同の課題として取り組むための都市政策といえる。

次の六つの政策活動分野が設定されている。

①　市民社会 Zwillgesellschaft：市民が自分の都市を活性化させる

都市の活力を維持、創出する上で、何よりも市民の役割が決定的に重要である。特に、近隣コミュニティ、インフォーマルグループ、広範な市民社会組織の役割が大切で、参加の機会についての各種施策の強化、充実を図るねらいだ。

②　社会都市 soziale Stadt：機会を創出し、共生を守っていく

自由と公正の適切なバランスの下に社会的統合を図ることが大きな課題となっており、都市における空間的分断、隔離が生じないようにするために、社会的インフラの充実が課題である。特に教育システムを通じた社会的公正の実現、学校が都市の社会的資本として不可欠であり、若者、移民、社会的弱者の社会的統合を図る上で、教育が大きな役割を持つとの認識だ。全国都市発展政策は、既に連邦の都市計画助成制度で進められている社会都市プログラムを積極的支援する目的で、この柱を掲げている。

③　イノベーティブな都市 Innovative Stadt：経済的発展のモーターとしての都市

---

(12)　以下では、連邦政府が運営している、全国都市発展政策のポータルサイトでの情報、ここに掲載されている電子刊行物、資料を基に記述する。http://www.nationale-stadtentwicklungspolitik. de/NSP/DE/Home/home_node.html（2017年1月から2月にかけて閲覧）

経済的発展のモーターとしての都市の役割を強化、発展させる分野である。創造的、革新的研究・生産・マーケッティングの結節点、合流点としての都市を強めることが必要としている。三つのT（Talenten才能、Toleranz寛容、Technologie技術）の推進と創造都市の場をつくる実験的政策を推奨している。

④　明日の都市の建設 Die Stadt von morgen bauen：気候変動とグローバルな責任

都市発展の持続性戦略を推進するために各空間レベルでの気候変動対応施策の必要性を説いている。コンパクトなヨーロッパ都市は、省エネ・省資源、不要な交通の削減・縮小化を目指すものであり、気候変動に対応した都市改造を目指し、コンパクトで持続可能な健康都市推進プロジェクトを支援することとしている。

⑤　建築文化 Baukultur：都市をより良きものにデザインしていく

都市のアイデンティティを確保するためにも都市デザインの重要性を強調している。質の高い建築空間、オープンスペースの確保、広場、街路、公園などの公共空間のデザインの質の向上、歴史的、文化的空間の保全、修復の推進などの施策を例示して、過去・現在・未来をつなぐ架け橋として建築文化があるとしている。さらに、建築文化を越えた計画文化、透明性の高い、質を確保する手続きなども活動分野にあげている。

⑥　広域連携 Regionalisierung：都市の未来は広域連携にある

成長とイノベーションのモーターとしての都市の役割は地域の中に都市を適切に位置づけることによって強化できるとの観点から、広域的連携を重要な活動分野として位置づけている。

全国都市発展政策は連邦、州、市町村の協働政策として位置づけられており、その展開においては、三つの道具、すなわちa）優良実践、b）都市とアーバニティのためのプロジェクトシリーズ、c）都市発展プラットフォームを用意している。

優良実践 Gute Praxis とは、長期的な都市発展政策に資するためにも現実の社会経済状況の変化、需要に対応した現場での実践が必要で、都市発展政策の中でも今後の都市計画助成制度、都市・地域研究の推進に役立つ、優良な実践

を選定し、これを共通の知見として役立てようとの意図で構想された仕組みである。これは、都市単独で複雑で変化する都市発展の挑戦課題には解決できないとの認識が背景にある。優良実践は都市発展政策の次の点で重要な基礎を形作っている。

　　・都市計画助成プログラムの評価とさらなる展開
　　・州と自治体の恒常的な情報、経験交流
　　・都市計画助成および全国都市発展政策のための地域会議の実施

　都市とアーバニティのためのプロジェクトシリーズ Projektreihe für Stadt und Urbanität は優良実践を選定する基礎となるもので、革新的、先駆例示的、協働・連携的であるかなどを判断基準として連邦・州政府が市町村にプロジェクト応募を呼びかけて、選定されるものである。2015年8月時点の連邦建設省の資料によれば、2007年以降2014年までの間に約1000件の申請があり、2007年以来、130以上のプロジェクトがパイロットプロジェクトとして選定され、助成を受けている。パイロットプロジェクトの中から、優良実践が選定され、次の制度改定、都市計画助成の展開につながるという構図だ。

　全国都市発展政策のポータルサイトではプロジェクトというタグがあり、これを辿っていくとドイツ全体でのパイロットプロジェクトの分布状況が示された図と、プロジェクトを検索できるデータバンクが用意されている。プロジェクトは先述の六つの活動分野毎に検索でき、さらに、自治体名、州毎に検索可能となっている。検索結果は、プロジェクト名、プロジェクト実施主体、州名、自治体名がわかり、さらにプロジェクト毎の詳細情報がわかるようになっている。

　このプロジェクトタグのところには、新たなプロジェクト公募テーマ、過年度の公募テーマの情報が掲載されている。最近の公募テーマは、「都市発展と人口移動 Stadtentwicklung und Migration」となっている。

　ポータルサイトには、「都市ワークショップ——都市計画におけるイノベーティブプロジェクト」というタグがあり、都市計画にとって先駆的、模範的なプロジェクト事例集が検索できるようになっている。これは、連邦建築・都市・国土研究所が運営していたポータルサイトを統合したものである。随時、新たなプロジェクト事例が編集、追加され、独自の切り口で都市計画実践、経

第 5 部　比較の中の都市法　483

験交流に役立つデータバンクとなっている。

　都市発展プラットフォームは実践、知識、経験交流は都市発展政策にとって重要な柱であるとの認識の下に設けられている。プラットフォームは各種の会議、イベント、広報活動で構成されている。毎年、開催される連邦会議では政治、行政、経済、学術、社会団体、市民組織、プランナー組織の人々、約1000名が集まり国内外のプロジェクト、手続きなどが紹介され、意見交換がなされている。

　専門的協議組織として、政治、学術、経済、市民組織代表など40人を超える委員からなる評議員会 Kuratorium が設けられ、それぞれの分野の視点からの都市発展政策についての議論、情報交換を行い、都市発展政策への指針を与えている。

　定期的に開催される大学関係者会議 Hochschultagen や対話集会 Hochschul-dialogen では行政と学術関係者、若手研究者、学生が集まり、今後の都市研究の方向性と都市発展政策について知見を深めている。

　広域地域レベルでは各州と自治体連合組織が連携して定期的に専門家会議を開催している。また、経験、情報交流を目的としたプロジェクト会議も開催している。

　一連のプラットフォームづくりにおいて、重要な役割を果たしているのが広報活動である。さまざまな会議、催しの記録文書、あるいは動画の形でネット上に公開されており、閲覧可能となっている。また、全国都市発展政策の定期情報誌として、"stadt:pilot" を 2009 年 6 月より、刊行して、2016 年 9 月まで、通巻 11 号を刊行している。各号では特集テーマをくみ、それに関わる人物インタビュー、プロジェクト紹介などが行われ、全国都市発展政策の展開状況の定期観測報告の役割を果たしている。また、"stadt:pilot" の特別号を 2013 年、14 年、15 年と刊行して、掘り下げたテーマ特集を行っている。

〈都市計画助成制度〉

　全国都市発展政策の構成要素でもあり、この政策を実現していく上で、重要な役割を担うのが都市計画助成制度[13]である。この制度は全国都市発展政策が提案される以前の 1971 年、当時の西ドイツ政府が進めていた、再開発、新

規開発事業推進のための特別法 Städtebauförderungsgesetz の形で制定された制度であり、ドイツ都市計画において長い実績を持っている。

2011 年には連邦政府は、この制度制定 40 年を記念した記念誌を刊行しており、都市再開発の専門家が刊行している再開発年報でも特集を行っている[14]。

都市計画助成制度は 1971 年の制度成立以降、連邦、州、自治体が応分に負担する形で既成市街地の再開発、新市街地開発事業の推進に大きな役割を果たしてきた。

1990 年の東西ドイツ統一以降は、都市計画課題が多様化してきたこと、また、旧東独への緊急対応措置の必要性が高まったことを受けて、都市計画助成のテーマが多様化してきた。2007 年の全国都市発展政策以降は、この政策で認定されたパイロットプロジェクトの多くは都市計画助成制度の枠組みで支援を得るようになっている。

2007 年から 2008 年にかけて、専門家がこれからの都市計画助成制度のあり方について議論を行い、改革の方向性として次の四つの論点を提示している。

a) 深刻化する地球環境問題への対応、b) 地域資源や各種補助金の統合の強化、c) 民間事業者や市民の積極的な参加による地区マネージメント、d) 自治体の長期的計画およびファイナンスの安定化、の論点である。これと並行する形で、連邦制度改革に伴い、補助金の時限化・漸減化、定期的評価が義務づけられた。こういった一連の改革の中で、都市計画助成制度で行われた政策プログラムの中間評価、成果報告、研究機関によるモニタリング、専門家鑑定などが行われている。補助金投入の透明性確保、政策効果評価などは現代都市計画の方向の変化を反映しているといえよう。

2017 年 1 月時点の都市計画助成の対象となっている政策プログラムは次の六つである。いずれも、都市や地区の再生などに関わる政策プログラムである。なお、長年にわたって補助の対象となってきた、再開発事業 Sanierungsmaß-nahmen、新市街地開発事業 Entwicklungsmaßnahmen は 2012 年に助成対象

---

(13) 以下の都市計画助成制度については大田尚孝他 (2014) をベースに、最新の情報をつけて論述したものである。

(14) Bundesministerium für Verkehr, Bau und Stadtentwicklung (BMVBS) (2011): 40 Jahre Städtebauförderung, Uwe Altrock u.a. (2012): Jahrbuch Stadterneuerung 2012: 40 Jahre Städtebauförderung-50 Jahre Nachmoderne, Berlin

から外された。これら事業は現代都市計画の課題からはずされたといえる。

① 都市計画的歴史街並み保全（記念物保護）Städtebaulicher Denkmal-schutz

このプログラムの目的は建築文化的に価値のある都心地区やその周辺の再生を目指し、個別の歴史的文化的記念物、街路、広場などの修復、保全を越えて、地区全体の統一性、個性を再生させようというもので、連邦が強調している、中心市街地活性化、内部市街地整備重視の方向とも軌を一にするものといえよう。2009 年は歴史的な街並み、市街地再生の対象領域も都心地区を越えて、グリュンダーツァイト市街地や 1920 年代、30 年代の団地等にもプログラムの範囲を広げている。

このプログラムは、長年にわたって、中心市街地の整備が放置され、荒廃、空き家状況が深刻であった、旧東独地域を対象に 1991 年から開始され、旧西独地域には 2009 年から助成が行われている。ハードなリノベーション、修復、保全事業に対する補助だけでなく、地権者、投資家に対するコンサルタント等のソフト施策に対しての助成も行っている。2016 年までに全国 480 市町村（旧東独 220、旧西独 260）、570 事業（旧東独 300、旧西独 270）の助成実績がある。

② 社会都市 Soziale Stadt

社会経済構造の転換の中で、成長、発展する地区がある一方で、都市計画的、経済的、社会的に問題が山積する地区が生じている。建物の欠陥、住環境の荒廃、インフラの不備、高い失業率、教育機会の不備、社会環境の悪化などの問題地区に対して、その安定化と価値・魅力の向上を図ることを目的として 1999 年に全ドイツを対象に導入された政策プログラムである。建物、住環境、地区インフラの改善、整備等の物的環境改善のための助成と並んで、地区コミュニティの改善、社会的統合、包摂のためのさまざまな社会的施策の実施への助成、地区マネージメントへの助成が対象となっている。また、社会都市プログラム実施地区に対して、EU の社会ファンドと連邦環境建設省（BMUB）の補助金を使っての「地区における教育、経済、雇用」Bildung, Wirtschaft, Arbeit im Quatier-BIWAQ プログラムが連携して、助成がされ、政策効果を高めることが行われている。この BIWAQ は地区の経済状況、雇用環境、社会教育を改善のための様々な施策支援を行っている。

この社会都市プログラムは、物的環境の改善、整備が主体であった従来の正統的都市計画の枠を踏み出したプログラムといえる。総合的な社会的都市政策プログラムで経済的、社会的に問題を抱え、人口衰退や人口構成の偏り傾向がある地区の居住、生活条件の改善を企図しているが、たんなる物的環境の改善にとどまらず、地区経済、福祉、教育、文化、社会環境等のソフト環境の改善も目指す総合的な都市計画といえる。

2016年時点で全ドイツ約420市町村、約720事業が助成を受けた実績がある。

③　東の都市改造 Stadtumbau Ost

このプログラムは、東西ドイツ再統一後の旧東独地域で90年代末頃から顕在化したさまざまな構造的問題に緊急かつ総合的に対応しようとして連邦政府が旧東独地域の諸州と連携しながら開始した政策プログラムである。

東の都市改造の大きな目標は、旧東独で生じている人口構造、産業構造の転換に適切に対応し、持続可能で魅力ある住宅地、雇用の場を再生することにあり、次の三つの具体的目標が設定された。

　a）空き家状況に対し減築等を通じて住宅過剰供給状況を解消し、住宅市場の安定化を図る、

　b）衰退懸念地区に対して、既存建物の再開発、リノベーション、建築文化的価値のある街並みの再生・保全などを通じて、都市・地区の魅力向上を図る、

　c）中心部等の既成市街地に住宅投資を集約化する、

の3点である。

東の都市改造対象地区は次の二つの市街地類型といえる。一つは旧東独の主要な住宅ストックを構成する、パネル工法住宅団地である。主として都市縁辺部、郊外に建てられた団地地区である。ここでは減築による需給バランスの調整、現代ニーズに対応した住宅の改善、新築、公共空間をはじめとする居住環境の改善等と地区コミュニティ再生のための社会マネージメントの推進が主要な施策となっている。

他の一つの対象地区はグリュンダーツァイト市街地といわれる19世紀末から20世紀初頭に建設された高密市街地である。この地区にはバス、トイレ、

暖房設備に事欠き、建物の老朽化が著しい住宅ストックが多数存在している。統一直後の旧東独ではこういった地区に既に 40 万戸近くの空き家、放置状態の住宅があった。この市街地類型では部分的な建物撤去や中庭整備を行うが、基本的には歴史的な建造物ストックを活用した形で、居住者、地権者の参加を得ながら慎重な都市更新を進めることが主流となっている。また、郊外の団地の減築施策と連携して、インナーシティの都市居住を進めること、持ち家主体の都市居住を進めることも想定してグリュンダーツァイト市街地の再生に取り組んでいる。

東の都市改造の重点部門として、次の 4 部門が設定され、助成がなされている。

a）居住空間都市の魅力・価値向上（2002 年から助成）

b）減築（2002 年から助成）

c）歴史的市街地ストックの保全・再生（2005 年から助成、2010 年より拡張）

d）都市インフラの撤去整理（2006 年より助成）

2016 年時点で旧東独の約 490 の市町村、1180 のプロジェクトが助成を受けた実績がある。

④　西の都市改造 Stadtumbau West

旧西独の自治体では連邦政府の都市計画助成が旧東独に傾斜していることに不満が高まってきた。旧西独の諸都市においてもグローバル経済の進展、社会経済構造の転換の中で、数々の問題が存在し、その解決が必要であるとの要求が高まってきた。旧西独の諸州は州内の各都市、地域において人口構造、経済構造の転換による問題が起きているとの認識をもち、東ほど深刻化する前に早めに手を打つことが重要と考えるようになった。予防的都市計画の考えといえよう。

2002 年、連邦政府は州政府と協働で、西の都市改造に関する実験的住宅・都市プロジェクトを開始して、西の都市改造に取り組む 16 パイロット事業都市への支援を開始した。

2 年間の実験プロジェクトの成果を受けて、2004 年、連邦政府は都市計画助成プログラム「西の都市改造」を開始することにした。

プログラムの構成要素は主として次の三つの要素が想定されている。

a）持続可能な都市計画構造創出のための総合的都市計画発展コンセプトの策定とその実施

b）遊休地、空閑地の再生、利用転換や居住地・経済拠点としての地区の強化などを通じて、経済的、軍事的構造転換に直面している都市の価値増進、魅力向上

c）50年代から70年代にかけての住宅団地を現在的な需要に対応するように改善し、将来性のある、家族向けの世代を超えて引き継がれる居住形式の創出、空き家状況の改善等

2016年時点で、旧西独の約500の市町村、580のプロジェクトが助成実績を有している。

⑤　中心市街地活性化 Aktive Stadt- und Ortsteilzenntren

連邦各市町村での中心市街地、地区中心の衰退、機能喪失に対処する政策で、とりわけ、中心市街地の空き地、空き家問題などの空洞化、地域の魅力の喪失などに対処するため、都市・地区中心を経済、文化、住み・働き・生活する拠点として再生することを企図しており、ドイツ版中心市街地活性化プログラムということができよう。2008年より助成制度が開始されている。

連邦助成は中心地の立地点としての価値上昇、魅力向上のための投資を引き出すための施策に対して行われる。例えば、次の施策に対して補助が行われる。

・公的空間の魅力、価値向上（道路、街路、広場）

・都市の顔を作る建造物の補修、改善（エネルギー施設も含む）

・空き家や未利用、有効利用されていない建物及び土地の整備措置、暫定的な中間的利用も含めての更新

・シティマネージメント、地権者・商業経営者の参加によるマネージメント：ドイツ版 BID

等

2016年時点で、連邦全域、約530の市町村、600プロジェクトが助成実績を有している。

⑥　小規模市町村活力維持 Kleinere Städte und Gemeinden-überörtliche Zusammenarbeit und Netzwerke

2010年から開始されたこのプログラムは社会経済構造、人口構造の転換に

より需要構造が大きく変化して、学校、保育園等の施設や生活支援サービスの存立が困難となり、地域の居住や生活の質の存立が危機に瀕している農村地域への対応策として導入された都市計画助成プログラムである。

人口減少、高齢化などの人口構造上の問題に直面している空間に対して、地域の住民のための居住、労働、生活支援の拠点として長期的に担保していくことを目標として、地域の拠点となる中小都市を強化し、広域連携とネットワークを進めることを目標としている。

2016年時点で広域市町村連携を進めている組織を中心に約490のプロジェクトに助成実績がある。

以上の、六つの都市計画助成プログラムにおいて共通するのは個別プロジェクトへの助成を行うのでなくそれらのプロジェクトが展開されるエリアを空間的に設定し、その範囲での総合的都市計画的施策の総体に助成、支援を行うとの考えに立っている。従って、都市計画助成を受給するのにあたって、前提となる総合的都市発展コンセプトの策定が不可欠となっている。都市計画助成の申請を行うのは市町村であるが、総合的都市発展コンセプトの策定にあたって、政治家、行政だけでなく、住民、民間企業、地権者、市民組織等、様々なステークホルダーが参加して、コンセプトづくりにあたっている。

都市計画助成による補助金の投入はローカルエコノミーの活性化に大きな影響があり、最近の調査では連邦、州政府による都市計画助成は、地域の公共、民間の投資を大いに誘発し、7.1倍の誘発効果があるとのことだ。

2017年の後半から、新たな都市計画助成プログラムとして「都市の緑改善のための未来の都市の緑」"Zukunft Stadtgrün" zur Verbesserung städtischen Grüns が導入されることになっている。

都市計画助成のポータルサイト[15]が設けられており、最近の情報や各種助成プログラムの関連の情報が掲載されている。

---

(15) http://www.staedtebaufoerderung.info/StBauF/DE/Home/home_node.html

〈小括〉

2007 年から、開始された全国都市発展政策は、現在も継続中であり、内容、プロジェクト等は社会経済環境の変化に合わせて、更新されるので、全体的な特質指摘、評価を行うのは困難であるが、日本の状況と比較しながら、その特質を簡単に整理しよう。

まず、この政策の背景、経緯、全体構造について興味を持った、一般の市民や国内外の研究者が知ろうとしたとき、専用のポータルサイトを設けて、また、必要な基礎情報、資料、記録を整理して、アクセス可能にしている点は高く評価できると思う。インターネットが普及した現在、行政情報、政策目的、効果などを一般にわかりやすく開示することはきわめて重要な課題である。

日本でも近年は各種行政情報、審議会、委員会等の議事録、資料等がインターネット上で開示されて、必要な情報が手に入れやすくなってきている。行政構造がドイツとは異なっているので単純な比較は困難であるが、都市再生を例にとって、ネットアクセスの状況を見てみよう。

国土交通省のホームページにアクセスして政策・仕事〉都市とたぐっていくと、画面上の左側に、主な施策が一覧の形で掲げられ、その中に都市再生のタグがある。これをたぐっていくと、都市再生についてのメニューがあり、その下に、背景、都市再生本部の設置、都市再生本部の具体的施策の項目がある。また、都市再生関連施策のメニューが別立てであり、その下に民間の活力を中心とした都市再生、都市計画の特例、民間都市再生事業に係わる支援措置、公共施設整備との民間活力の連携による全国都市再生、都市再生整備計画事業（旧まちづくり交付金）、都市再生機構による支援、民間都市再生整備事業に係わる支援措置、都市再生総合整備事業、都市開発事業調査と 9 項目の関連施策情報があげられている。

別の都市再生関係法令の項目を探ると、「都市再生制度に関する基本的枠組み」という表題の概要説明図があり、現行の都市再生が、a）民間活力を中心とした都市再生、b）官民の公共公益施設整備等による全国都市再生、c）土地利用誘導によるコンパクトシティの推進の 3 本柱で推進されていることがようやく理解できる。

また、都市再生のトップの組織が都市再生本部であり、その情報は内閣府地

第5部　比較の中の都市法　491

方創成推進事務局のホームページにあり、都市再生の施策についてはこのホームページを介して、都市再生緊急整備地域及び特定都市再生緊急整備地域の一覧などの各地のプロジェクトの詳細情報を得られる構造となっている。

　情報公開は相当程度進められており、丁寧にたぐっていけば、その概要を知ることができるかもしれないが、都市再生の施策の全体像や制度の詳細、運用状況を把握することは難しい。

　ドイツの全国都市政策についても、詳細情報を得るためには関連機関への問い合わせなどが必要であるし、また、連邦と協働でこの政策を進めている各州の情報にあたる必要があるが、それでも定期的にこの政策について、全国的な取り組み、会議、ユニークな活動記録、都市発展政策に関連する都市再生プログラムの政策効果評価記録等をとりまとめ公表、公刊している点は参考にすべき点が多い。

　現在のドイツの都市計画理論において、活発な発言を行っているアーヘン大学の Klaus Selle が中心になって、"planung neu denken"（計画を新たに考える）というタイトルの、都市・地域計画に係わる電子マガジンをインターネット上で公開している[16]。

　この雑誌の 2013 ／ I 号が、「総合的都市発展政策」Integrierte Stadtentwicklungspolitik を特集テーマに掲げ、論説を掲載している。その中で、Altrock（2013）は連邦が提起した全国都市発展政策についての評価を行っているので、その内容を紹介しよう。

　Altrock によれば、連邦政府は戦後、ナチス時代の中央集権的国土計画、空間計画体制に対する反省もあり、連邦体制の下で分権的計画が原則であったのに、連邦が全国都市発展政策を打ち出したのはいささか奇異に思えるかもしれない。しかし、これはこの 10 年近くの連邦が進めてきた政策背景があったことであり、全国都市発展政策は突然の政策転換ではないとの意見である。すなわち、連邦は都市計画関連法制、制度の改定を継続的につとめており、連邦・州の共同課題としての都市計画助成の仕組み、国土空間のモニタリング、空間関連調査の実施などを通じて体制を整えてきた。その上で、国が自治体の計画

---

　(16)　http://www.planung-neu-denken.de/

領域にどこまで、影響を与えて、誘導することが可能かについては、すでに自治体都市計画に対する連邦の政策実績があり、これを少し発展させたものが全国都市発展政策であるとの見方だ。

今回の連邦政策で、ヨーロッパ都市が空間、社会モデルとしての価値を与えられているが、ヨーロッパ都市については専門家集団内にも大きな議論があり、必ずしも共通理解が存在しないとしている。また、全国都市発展政策の重要な柱として掲げている建築文化 Baukultur に対して、連邦の運動の限界を示したのがシュツットガルト 21[17] (Stuttgart21) の事例であり、新たな計画手続文化が必要と論じている。

一方で、従来の都市計画助成ではすくい上げられなかった、小さなプロジェクト、実験的な試みに目配り、支援する姿勢は新たな、ガバナンスを連邦も模索しているとして、高く評価している。また、各地の都市発展の試みを顕彰し、知識・経験交流のプラットフォームづくりを進めている点も評価している。総じて、Altrock は連邦が主唱して新たな都市発展の方向性を示したとポジティブに評価している。

同じ特集号に、全国都市発展政策の考え方に大きく係わってきた、ライプチヒ市の都市計画責任者 (2013 年当時) の Martin zur Nedden に対する編集部のインタビュー記事が掲載されている。Nedden の説明によれば、全国都市発展政策のアイディアは 2005 年頃から起きてきた考えであり、都市発展政策は総合的な道具を組み合わせた政策である一方で、都市発展政策に投下される費用は、交通インフラ等の費用に比べて、きわめてすくない現状を打破して、連邦レベルでも省庁間の壁を越えて、総合的都市発展政策を展開すべきとの議論であった。

彼が理解するヨーロッパ都市はコンパクトで、機能的にも社会的にも混合した都市であり、ライプチヒはその典型となるとしている。ライプチヒは東西統一後、多くの都市計画の負の遺産を抱え、人口も 10 万人以上喪失したが、これをチャンスと捉え、中心市街地の再生、若いファミリー層の取り込み、回復

---

(17) シュツットガルト市での鉄道建設事業をめぐる、一連の反対運動、計画手続をめぐる論争を総称した言葉である。野田嵩 (2014) にシュツットガルト 21 をめぐる議論の詳細な分析がなされている。

第5部　比較の中の都市法　493

に大きな成果をあげてきているとしている。また、ヨーロッパ都市と広域連携都市コンセプトは両立可能としつつも、旧東独の復興過程において、中心都市と周辺自治体の競合問題があり、広域連携、協力の困難性も率直に指摘している。

　さらに、都市発展政策においてはまだ、市民社会組織が未成熟で、力が弱いなど、今後の公民連携の可能性と課題についても言及している。

　全国都市発展政策は、ドイツの都市計画の新たな方向性を模索する動きとして見ることができ、これについて、研究者、行政者、計画実務者、市民組織等が議論し、批判的に評価する機会、場が継続的に設けられていくことは、計画文化の発展という面でも重要といえよう。

Ⅳ　おわりに：現代都市計画をどう理解するか──日独の比較を通じて

　以上、70年代以降のドイツ都市計画の動きをたどりながら、現代ドイツの都市計画の象徴的動きとして全国都市発展政策についてその全体像と特質についてみてきた。

　本稿を終えるにあたって、現代都市計画はどのようなものとして、理解できるか、筆者の見解を整理したい。

　ドイツの都市計画制度面での特色として、時代環境の変化に対応して、計画理念の見直しが行われ、制度の原則、目的規程に反映している点が大きな特色といえよう。

　ドイツの現行都市計画制度の出発点にあたるのは1960年制定の連邦建設法である。ここで打ち出された、都市計画の主体は基礎自治体である市町村であり、その計画権限が強く保証される構造は、一貫して保持されている。また、この基礎自治体である市町村が策定する都市基本計画 Bauleitplan は F プランと B プランの2層構造からなり、無秩序な開発、土地利用の混乱が発生することを抑止する、法の仕組みは基本的に維持されている。

　しかしその後の社会、経済条件の変化に対応するために、一連の制度改定が進められていることも確かである。例えば、70年代以降顕著になった、参加の都市計画の要請にこたえるために、次々と住民参加規定を拡充、強化してい

る。また、環境保護、自然保護に対する社会的関心の高まり、地球環境問題への対応などを考慮した制度改定も行われている。省資源、省エネルギーや土地を節約して使う方向への制度改定もこの系列で捉えることができよう。

　一方、90年代以降強まってきた、市場経済重視、新自由主義的な考えに影響を受けた形で、民間発意型のBプランというプロジェクトBプランの規定、あるいは、公民連携都市計画の推進を支える、都市計画契約規定の導入、整理等は社会経済のトレンド変化のあらわれである。

　また、東西ドイツ統一以降、出てきて新たな状況への対応として都市計画助成制度を見直し、都市改造、社会都市の規定を導入したのは、社会、産業構造転換対応といえよう。

　日本の場合、1968年都市計画法改正（新法）、建築基準法改正が、現行都市計画制度の起点となっている。市街化区域、市街化調整区域による区域区分制度の導入は、計画的土地利用制度の確立にむけた動きとして画期をなすものであった。

　その後の社会経済構造の変化に対応する形で次々と改定が行われてきたのは、ドイツと同様である。主立ったものをあげても、1976年の日影規制の導入、1980年の地区計画制度の導入は身近な居住環境を保全、整備していく動き、住民の参加、合意を得ながら市町村が主体となって都市計画を進める起点となった制度改定であった。80年代後半のバブル経済期と同期する形で、一連の規制緩和、民間活力型の制度改定も進められた。88年の再開発地区計画制度を端緒として、それ以降、さまざまなタイプの地区計画が導入され、規制強化型と並んで規制緩和型地区計画が多様な形で併存することになっている。

　1992年の都市計画法・建築基準法改正では市町村都市マスタープランの制度と12用途地域制が導入され、市町村主体の都市計画充実の方向性がうちだされ、その後の地方分権の流れにつながるものといえる。

　90年代後半以降は、バブル崩壊後の低迷状況を抜けだし、グローバルな経済競争に資するといった趣旨で、新自由主義的、民活型の制度改定が次々と打ち出されてきたといえよう。たとえば、2000年の法改正による、線引き選択制、準都市計画区域の創設、特例容積率適用地区制度による容積率移転制度、2002年の都市再生特別措置法制定と一連の特区制度導入などがあげられる。

第5部 比較の中の都市法 495

　大きな都市計画関連諸制度の変化の方向は、日独とも市場活用型、公民連携型、参加型、地球環境配慮型、省エネ・省資源型の都市計画制度に向かってきているといえよう。それを確認した上で、筆者は日独の大きな違いは、都市計画基本制度における、理念的目的規定に対する制度改定の姿勢の違いにあるのではと考えている。

　日本でも90年代末頃から2000年代にかけて、社会経済構造が大きく変わり、従来の成長拡大志向の都市計画からの脱却が意識されるようになってきた。吉田克己（2016）は国の一連の審議会答申などを引用、分析しながら、都市法の理念が拡大型都市法から持続型都市法、縮退型都市法への転換が進んでおり、その中で、集約型都市構造、持続可能な都市構造にむけた制度改定が議論されていると整理している。そのひとつの帰結が、2014年の都市再生特別措置法による立地適正化計画制度の導入であろう。

　国は、コンパクト＆ネットワークをキーワードに全国自治体に立地適正化計画の策定を推奨している。立地適正化計画は68年都市計画法による線引き制度から踏み込んだものであり、人口減少社会、都市縮退時代の計画論につながる点で画期をなすものであるので、本来ならば、都市計画法の改定で対応すべきはずなのが、時限立法である法律で制度化されたのも奇妙であるし、そもそも、都市計画の目的、理念が大きく変化したにもかかわらず現行都市計画法は、法の目的、理念については制定以来、一度も改訂されていない。国が出している、都市計画運用指針では詳しく、制度の考え方、理念の変化した事情も踏まえて、制度運用について書かれているが、都市計画の基本法が変わらないのはいささか奇異といえよう。あるいは、基本理念、目的規定を法レベルで変更するのは日本の場合、相当ハードルが高いのであろうか。

　これに対して、ドイツでは都市計画の基本法である、建設法典は基本原則、計画策定に際しての考慮事項等、計画の理念、目的に係わる規定を基本法の改定毎に拡充している点に日本との大きな違いがある。

　例示しよう。1960年の連邦建設法では、第1条は都市基本計画の目的と種類という題目で、簡潔に、5項目にわたって都市計画の目的、都市基本計画がFプラン、Bプランで構成されること、国土整備、州計画の目標に適合すること、配慮事項などがかかれている程度である。

これが、1976 年の改訂連邦建設法になると、第 1 条のタイトルが、「都市基本計画の課題、概念及び基本原則」と変わり、1 項から 7 項にわたって規定数が増え、時代変化に対応した記述となっている。第 5 項では 70 年代にはいって、多くの都市自治体で策定されるようになってきた、総合計画としての発展計画 Entwicklungsplanung の動向を受ける形で、「市町村によって決議された都市発展計画が存在し、その成果が都市計画的に意味を持つ場合は、都市基本計画の策定に際して考慮すること」という旨の規定を設けている。法律では実は Entwicklungsplanung についての定義や、規定は設けていないが、70 年代の自治体都市計画の動きを踏まえた規定の導入という点で注目される。

　さらに、第 6 項では、「都市基本計画は秩序ある都市計画的発展と全体の福利厚生に対応した社会的に公正な土地利用を実現し、人間を尊重した環境を確保することに貢献しなければならない」として、都市基本計画の策定にあたって、特に考慮すべき事項を、17 点にわたって、列挙している。そして、この第 6 項の最後の文では「農業、林業あるいは居住に利用されている土地は、必要な範囲においてのみ、他の利用に予定され、使われるべきである」としている。

　70 年代にはいって強まってきた、歴史的環境、文化保全、自然環境保全の考え方を取り入れた規定となっている。

　第 2 条のタイトルも「都市基本計画の策定と公的利害関係者の参加」と変更になり、F プラン、B プランの策定にあたって、関係公的機関が参加することが明記されている。さらに、新たに第 2a 条が「都市基本計画への市民の参加」のタイトルで導入され、市民の計画への参加規定が充実している。70 年代にドイツで高まった、参加の都市計画への対応といえる。

　1986 年の建設法典の制定以降、何度かの改訂を経る形で、都市計画の目的、理念に対応する規定が拡充強化されてきている。

　2015 年の建設法典では、その第 1 条「都市基本計画の課題、概念及び基本原則」の第 5 項では、都市計画の潮流、考え方の変化に対応した規定が盛り込まれている。

　すなわち、「都市基本計画は社会的、経済的そして環境保護的要求事項について将来世代に対する責任の下に、相互が調和するような持続可能な都市発展

と、全体の福利厚生に役立つような社会的に公正な土地利用を実現するべきである。都市基本計画はさらに、人間を尊重した環境を確保し、自然的生存の基盤を保全、発展させ、気候保全、気候変動対応を特に都市発展にあっても支援し、都市計画的景観、地区の景観、風景を建築文化的に保全し、発展させることに貢献しなければならない。このためにも、都市計画的な発展は内部市街地の整備のための施策を優先的に行うことによって達成されるべきである。」と、持続可能な都市発展、社会的公正な土地利用、気候変動への対応、自然的生存基盤の保全、広義の建築文化につながる地区・都市景観の保全、創出、風景の保全・発展など、現代ドイツ都市計画の重要な課題、理念を盛り込んだ規定となっている。

第6項では、都市基本計画策定に際して、考慮すべき公益を、13項目にわたって、番号を付す形で列挙している。個別の公益についての記載は省くが、これも、最近の社会情勢の変化を盛り込んだ形の規定となっている。

都市計画が社会経済の変化に対応した形で変わっていくとしたら、その価値観、理念、考え方の変化を都市計画の基本法のところで、随時改訂して取り入れていくドイツ都市計画の姿勢は示唆する点が多い。

ドイツの有力プランナー組織に、ドルトムントに本部を置くIfR[18]という、全国プランナー組織がある。その機関誌 "RaumPlanung" の167号で「計画はどこへ？ Quo Vadis Planugn?」という特集を組み、ドイツ現代都市計画のこれからについて議論、論説を掲載している。とりわけ、筆者にとって興味深いのが、計画論を専門とする Altrock と Selle の自治体の都市発展政策についての議論である[19]。

彼らによれば、ドイツの自治体はグローバルな社会経済環境の変化の影響を受けて、自治体を取り巻く制約条件の増大、変容もあり、計画高権にゆらぎが生じている。また、都市計画行政、事務に係わる手続費用の増大、煩瑣化、一方での自治体財政の危機もあり、計画行政の外部化、人員削減、民営化が進んでいる。東西ドイツ統一以降の25年間の動きを捉えてみると、自治体の都市発展政策の方向は統一的というより、多方向的、分散的で、参加の都市計画は

---

(18)　Informationskreis für Raumplanung
(19)　Altrock, Selle（2013）

進展しているが、基調は民営化、市場化の方向であった。しかしながら、彼らはその背景、要因については言及していないが、アメリカ、イギリスなどに比べて、ネオリベラリズム的な計画文化はそれほど顕著ではないとしている。

筆者が90年代末頃から継続的にドイツでの調査を行ってきた。ドイツのいくつかの都市自治体の調査で都市計画担当者に話を聞いたとき、都市の発展成長のために都市計画プロジェクトを推進することの必要性をPPPやPFI、あるいはマスタープランといった、アングロサクソン型計画用語を使って、説明を受け、ドイツでもアメリカ型都市開発手法の考えが普及していることを知って、いささか驚いた経験がある。

しかし、よく調べ、話を聞いていくと、闇雲な規制緩和に対する警戒感、批判の意見も強い。これは、行政プランナー、民間プランナーに共通した計画マインドといえる。いかにドイツの都市計画の伝統である社会的公正に配慮した計画を持続させていくかに注意を払っているし、いろいろな都市計画プロジェクトを通じて、公益を実現することにプロジェクトに係わる行政、企業、プランナーが腐心している。少なくとも都市の構造に大きな影響与えるプロジェクトに対して広く情報が早期の段階から公開され、そのプロジェクトの可否をめぐって、メディア、説明会などを通じて、議論の場が設定されること、公開の都市計画コンペが行われより質の高い都市空間を実現するために、その内容、評価のプロセスに透明性を確保することに努力が払われている。

現代都市計画において、市場の動向、あるいはさまざまな社会的需要を無視した都市計画の策定、政策推進はありえないことは自明である。しかしこのことは市場にアクセルを踏んで、経済成長を加速する手段として都市計画を位置づけることや、開発、投資に刺激を与え、それを促進するために抑制なく、規制緩和を行うこととは違うことであろう。

19世紀末から20世紀初頭に成立した近代都市計画のバックボーンとして、19世紀に支配的なイデオロギーであった、レッセ・フェイルとその系である建築自由、開発自由がもたらした深刻な都市住宅問題を解決するためには、市場の暴走を押さえること、適切に誘導する考えがしっかりと存在していた。一方で、1989年のベルリンの壁崩壊やその後の社会主義諸国の崩壊は、統制、指令型の都市計画、行きすぎた市場統制主義はもはやなり立たないことを示し

たことも確かである。

　市場の暴走も問題であるし、過剰な計画主義、硬直した計画主義も問題といえる。

　現代都市計画が、近代都市計画が持っていた、市場の暴走がもたらす危険性を抑止する姿勢、社会的公正を目指す姿勢を放擲し、短期的な視野の下に市場の動向に都市計画をゆだねるとしたら、それは、まさにたがの外れた現代都市計画となってしまう。

　市場の活力、それが生み出す創発力については信頼しつつも、その暴走、偏りには注意を払い、市場をスマートに活用しつつ、現代的な社会、経済問題に的確に対応して魅力ある都市空間を作り、次世代に引き渡せる長期的な視野に立った都市空間資産を作り上げることが必要であろう。また、都市計画を一つの価値観で単一の目標、方向に収斂させるのではなく、多様な取り組みを認め、都市計画の意味を検証していく健全な批判精神を育てていくことが重要であろう。

　こういった方向に現代都市計画を持続的、漸進的に向上、構築することがドイツであれ、日本であれ求められている。

参考文献

Gerd Albers（1980）: Das Stadtplanungsrecht im 20 Jahrhundert als Niederschlag der Wanderlungen im Planungsverständnis, im Stadtbauwelt 1980, Heft 65

Gerd Albers（2006）: Zur Entwicklung des Planungsverständnisses: Kontinuität und Wandel, im Klaus Selle Hrsg. „Zur räumlichen Entwicklung beitragen" (Planung neu denken Bd.1), Rohn Verlag

Uwe Altrock, Ronald Kunze（2005）: Einführung in den Schwerpunkt Stadtumbau, im "Jahrbuch Stadterneuerung 2004/2005 Stadtumbau"

Uwe Altrock, Ronald Kunye, Gisela Schmidt, Dirk Schubert Hrsg.（2012）:

Jahrbuch Stadterneuerung 2012: 40 Jahre Städtebauförderung-50 Jahre Nachmoderne, Berlin

Uwe Altrock, Klaus Selle（2013）: Kommunlae Stadtentwicklungspolitik-quo vadis?, im RaumPlaung 167/2-2013

Uwe Altrock（2013）: Die Nationale Stadtentwicklungspolitik der Bundesregierung –

Stand und Perspektiven, im pnd/online 1/2013

Baugesetzbuch, dtv. 48. Aufl. 2016

Bundesministerium für Verkehr, Bau und Stadtentwicklung（BMVBS）（2011）: 40 Jahre Städtebauförderung

Bundesministerium für Umwelt, Naturaschutz, Bau und Reaktorsicherheit-BMUB （2015 Aug.）: Nationale Stadtentwicklngspolitik Eine Gemeinschaftsinitiative von bund, Ländern und Gemeinden

Bundesministerium für Umwelt, Naturaschutz, Bau und Reaktorsicherheit-BMUB （2016. 01）: Städtebau-förderung 2016 –Bürgerinfomation

Jörn Düwel, Niel Gutschow（2001）: Städtebau in Deutschland im 20. Jahrhundert, Teubner

Schmidt-Eichstaedt/ Weyrauch/ Zemke（2013）: Städtebaurecht, 5. Auflage, Kohlhammer

Leipzig Charta zur nachhaltigen europäischen Stadt（2007）, in Informationen zur Raumentwicklung Heft 4. 2010

Martin zur Nedden（2013）: Interview mit Martin zur Nedden zur Nationalen Stadtentwicklungspolitik, im pnd/online 1/2013

太田尚孝・大村謙二郎（2014）: 再統一後のドイツにおける都市再生プログラム推進のための支援制度に関する基礎的研究——「都市計画助成制度 Städtebauförderung」に注目して、『都市計画学会論文集』

太田尚孝・エルファディング ズザンネ・大村謙二郎・有田智一・藤井さやか（2012）「ドイツの都市計画における国際建築展（IBA）の役割と存在意義に関する研究——IBA の歴史的発展と現代的位置づけに注目して」都市計画論文集 47（3）、pp.679-684

大村謙二郎・太田尚孝・有田智一（2008）: 縮小都市時代のドイツにおける都市・地域計画と日本への示唆に関する調査報告書——東西の都市改造計画を中心に、アーバンハウジング

大村謙二郎（2013）: ドイツにおける縮小対応型都市計画: 団地再生を中心に『土地総合研究』第 21 巻第 1 号、2013 年冬

大村謙二郎（2014a）:「縮退から成熟にむけた土地利用計画制度を考える——ドイツの事例を参考に」『UED レポート』2014 夏号、pp.8-22

大村謙二郎（2014b）: ドイツから被災地環境まちづくりへの示唆、『環境まちづくり最前線——東日本大震災および福島原発事故後の動向を中心に』（2014 年度日本建築学会大会（近畿）都市計画部門研究懇談会資料）2014 年 9 月、pp.30-35

大村謙二郎（2016a）：ドイツにおける団地再生と都市計画文脈『都市計画』No.322、20169.09 pp.40-43

大村謙二郎（2016b）：ドイツの都市計画契約——公民連携時代の都市計画を考える、吉田克己＝角松生史編『都市空間のガバナンスと法』2016.10 所収 pp.415-438、信山社

野田嵩（2014）：大規模施設設置手続と市民——シュツットガルト 21 を巡る議論(1)（2・完）、「法と政治」65 巻 2 号（2014 年 8 月）、65 巻 3 号（2014 年 11 月）

フランセスク・ムニョス著／竹中克行＝笹野益生訳（2013）：俗都市化——ありふれた景観　グローバルな場所、昭和堂

吉田克己（2016）：人口減少社会と都市法の課題、吉田克己＝角松生史編『都市空間のガバナンスと法』2016.10 所収 pp.5-48、信山社

（おおむら・けんじろう　筑波大学名誉教授）

シャンパン生産地の文化的景観の保全

鳥海基樹

0　研究の背景と意義
Ⅰ　シャンパーニュの世界遺産登録の経緯・構成・論理
Ⅱ　保全のための計画技術
Ⅲ　管理組織と補完措置
Ⅳ　結論

0　研究の背景と意義

　原田純孝に拠れば、フランスで 2014 年 10 月 13 日に制定された「農業・食品・森林の未来のための第 2014-1170 号法律」の基礎理念は、農業の国際競争力の維持・強化とその緑化（verdissement）である[1]。即ち、農業による経済成長への寄与と同時に、それが有する環境変動対応能力の強化である。その中で、ワイン用葡萄畑による双方への寄与が明確に位置付けられている。さらに、農村・海洋漁業法典法律編第 665-6 条に挿入された同法第 22 条は、以下の如く述べる：

　「葡萄畑の産物であるワイン、葡萄農業のテロワール、並びに地域の伝統に基づくシードル及びポワレ、スピリッツ及びビールは、フランスで保護された文化的、美食的及び景観的な遺産を構成する」

　興味深いのは、飲料種別が例示される中、例外的に「葡萄農業のテロワール」という農地が挙げられたことである。これは、フランスの立法府に、葡萄畑の景観は遺産として保護すべきとする共通認識が存在することを意味する。

　そこで本稿は、その一例として、2015 年に世界文化遺産登録されたシャン

---

(1)　原田純孝「フランスの農業・農地政策の新たな展開——『農業、食料及び森林の将来のための法律』の概要」『土地の農業』第 45 号（2015 年）pp. 45-65、p. 46。

パン生産地の文化的景観の保全を論じる。我国では和食の世界無形遺産登録の一方で、食材生産の伝統的空間や附随施設の保護が充分とは言い難い。つまり、本稿には食や農の問題に関して、無形遺産と有形遺産の境界を横断し、さらに後述の通り、文化的景観と産業遺産の区分も縦断する意義があろう。

I　シャンパーニュの世界遺産登録の経緯・構成・論理

1　世界遺産申請の背景と経緯

　地域発意の世界遺産登録運動は、2006年に同業者団体・シャンパーニュ地方ワイン職種横断委員会（CIVC[2]）による世界遺産登録検討委員会設置で開始され、これが後述のシャンパーニュ景観協会（APC）となる[3]。CIVC は同時期にワイン観光の研究にも着手しており[4]、両者とも背景にはシャンパンの販売促進、さらには呼称保護や葡萄栽培の自由化を目論む欧州連合への抵抗があった[5]。

　それまでシャンパンは祝祭のためのワインで、景観はイメージに含まれてこなかった[6]。ところがグローバル化した競争の中で、景観を媒体とした販売促進や観光商品開発の必要性が高まった。世界遺産登録は、シャンパンの差別化と優位拡大、さらに端的に言えば地理的表示保護の手段なのである[7]。

　申請は中途で論拠と領域に関する修正があった。前者は景観主軸のものへの文化面の取り込みで[8]、後者は構成資産の絞り込みである。

---

(2)　零細農家を束ねる葡萄農総合組合（SGV）と対になり、CIVC は基本的に呼称保護や世界規模でのプロモーションを担う組織である。なお、略号に関しては稿末の一覧を参照のこと。

(3)　APC (2014), *CMCC - Plan de gestion*, p. 15.

(4)　APC (2014), *CMCC*, tome III, p. 118.

(5)　BONOMELLI Alexandra et al.,《La Candidature au patrimoine mondial de l'Unesco et le programme AGIR》, dans *Le Vigneron champenois*, février 2014, pp. 67-79, p. 70. なお、蛯原（2014）、pp. 103-104 に拠れば、栽培自由化は 2008 年の欧州連合ワイン共通市場制度改革により決まった。ワイン生産は供給過剰状態にあり葡萄樹の栽培制限制度があるが、2014 年 1 月から新規植え付けの自由化を行うとするものである。しかし、その廃止は欧州連合レヴェルで 2015 年末、加盟国レヴェルで 2018 年末まで先送りとなった。それでも大多数のワイン生産国は自由化の撤廃を要求し、結局、加盟国は毎年 1％までしか葡萄畑を拡大できないとする規制が残されている。

(6)　PITTE Jean-Robert, 《Luxe, calme et volupté: la construction de l'image du champagne du XVIIᵉ siècle à nos jours》, dans DESBOIS-THIBAULT et al. (2011), pp. 205-217, p. 217.

(7)　Jeune Chambre Economique d'Epernay et sa région (2012), p. 15 et pp. 23-24.

フランス文化財審議会でのシャンパーニュの申請説明は 2009 年 11 月だが、その際に基準(iv)（祝祭性）の追加と構成資産の範囲修正を助言された[9]。さらに、ドイツ系業者の活躍、ヴーヴ・クリコ等の女性の活躍、そして博愛主義的経営者の慈善的社会活動といった論拠が構築された。これらは、仏独和解、女性の社会進出、そして企業メセナという現代的テーマの嚆矢であることを提起する[10]。ただし、基準(iii)(iv)では原産地統制呼称（AOC）の全 319 基礎自治体に関わるため、基準(iv)で構成資産の絞り込みを行った[11]。

そして 2012 年に、それらに加え、葡萄農の農家建築と協同組合の建物や歴史的丘陵の地下構造物の研究結果を加筆され[12]、「シャンパーニュの丘陵・メゾン・地下蔵」との名称で 2013 年に国内正式申請をした。登録決定は 2015 年 7 月 4 日である。

2　農村と都市の景観の構造

構成資産は、歴史的丘陵部が主に葡萄畑の自然景観、サン・ニケーズ丘陵とシャンパーニュ大通りが主に建築を主軸とした都市景観に大別できる。

（1）　自然景観［図 1］

遠景は、川の流れの侵食谷と軟質地層が侵食されたケスタ地形に大別される。ケスタ丘陵頂部に森、斜面に葡萄畑、平地近くに穀類や野菜の畑地が配置される[13]。村落は川畔か斜面中途の平坦部に布置される。葡萄畑の中に白亜質土壌の農道が映え、さらにエッソール[14]や農機具小屋がアクセントを加える。同様に独立樹、並木、森や林等も重要な構成要素である[15]。

---

(8)　APC（2011），*CMCC en perspective*…, p. 9.

(9)　APC, *Rapport d'activités 2010*, p. 12.

(10)　APC（2014），*CMCC*, tome II, p. 254. なお、現代的テーマでの歴史の再読はフランスの世界遺産登録のための方策のひとつで、2015 年登録の「ブルゴーニュのクリマ」も、畑の区画の意味のクリマを一般的語感の気候に連関させ、現代の気候変動問題への先見性を看取させている。

(11)　*ibidem*, p. 311.

(12)　APC, *Rapport d'activités 2012*, p. 6.

(13)　GUILLARD et TRICAUD（sous la direction de）（2013），p. 22.

(14)　シャンパーニュでは、同じ地下坑でもクレイエール（crayère）と地下蔵（cave）は区別される。前者は採石坑跡で地下蔵に再利用されたもの、後者は酒や食品の貯蔵目的で掘られたものである。エッソール（essor）は後者の縦穴上の雨水除け・日除けで、採石や吸気のためのものである。

図1 歴史的丘陵部に代表されるシャンパン生産地の自然景観

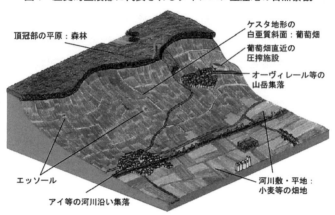

GUILLARD et TRICAUD (sous la direction de) (2013), p.23 の図に著者が解説を附記

　中景の特徴は葡萄畑の細分化である。2010年現在、AOC内の一筆平均は12アール[16]に過ぎない。近景を見ると、葡萄樹は垣根仕立てで斜面の等高線と垂直方向に植えられている。平均斜度は12%だが50%を超える場所もある[17]。近年では草生栽培が拡がり、夏季に地面が隠される。

　今次申請の中途に、1887年出版のシャンパーニュの風景の一連のデッサンが発見され、現状と比較すると殆ど不変であることが判明した[18]。

(2) 都市景観

　サン・ニケーズ丘陵とシャンパーニュ大通りは、前者が散逸的な城館型で、後者が街路に邸館が面する街並み型の都市景観を有する。

　前者の特徴は、著名メゾンによる大規模様式建築で、アール・ヌーヴォー様式やネオ・チューダー様式のものもある[19]。また、直近に労働者村としてシュマン・ヴェール田園都市が存在し、中でもサン・ニケーズ教会の1920年代のアール・デコの装飾は歴史的モニュメント（MH）指定されている。

　シャンパーニュ大通りのメゾンの多くは、大規模な短冊状の敷地に独立して

---

(15) PNR de la Montagne de Reims (2007), *Amélioration qualitative*…, p. 13..
(16) APC (2011), *CMCC en perspective*…, p. 17.
(17) DESBOIS-THIBAULT et al. (sous la direction de) (2011), p. 159.
(18) BAUDEZ-SCAO et GUILLARD (2011), pp. 13-14.
(19) APC (2013), *CMCC*, p. 37.

邸館を構える。街路から見える庭園はフランス式、メゾンの建築に隠されたものはイギリス式が多い。意匠的には煉瓦をポリクロミーとして利用した建築が少なくない。

(3) その他の景観要素

顕著な建築的価値は有さないが、カドル（cadole）と呼ばれるヴァナキュラーな石積みの休憩・物置小屋[20]や、上級畑の脇に設置された著名メゾンの銘票石[21]も、自然景観の中景や近景に於ける特徴的景観要素である。また、都市景観としては、集落の中の圧搾施設[22]や、当地ならではのストリート・ファーニチャとして古い圧搾機が公共空間に飾られているものもある。

3　産業遺産という論理の構築

シャンパーニュは疾うに無形遺産登録されていて当然の案件で[23]、その論理は、今日でも自動車競技の表彰式や船舶の進水式で用いられる祝祭性である。今次の有形の世界遺産登録でもその論理が活用された。事実、ワイン関連世界遺産で基準(iv)が認証されたのはシャンパーニュが嚆矢で、それは祝祭性を論拠とする。

とはいえ、本案件の特徴は、産業遺産という保存論理である[24]。世界遺産登録には他の遺産との差別化が必要だが、ワイン生産を主題とした世界遺産と比較したシャンパーニュの特異点は、工業性、さらに大半が稼働している動態

---

(20) IAU（2007）, p. 13 et p. 63.

(21) *ibidem*, p. 48 et p. 59.

(22) GUILLARD et TRICAUD（sous la direction de）（2013）, p. 64.

(23) PRATS Michèle,《VUE en vue》, dans GUILLARD et TRICAUD（sous la direction de）（2014）, pp. 133-140, p. 133.

(24) シャンパンを工業製品と捉える違和感に関してだが、DOREL-FERRE Gracia,《Introduction》, dans *idem*（sous la direction de）（2006）, pp. 11-14, p. 14 が指摘する様に、機械を介した一連の流れ作業での大量生産、19世紀の著名メゾンがワイン業界としても至って初期の段階で使い始めた広告に於いて工場から蒸気機関の煙突が屹立している表象、さらにポメリー夫人等の当時の言質にも「工場」との表現からも、シャンパンは19世紀には工業製品として捉えられており、現代の概念では産業遺産に他ならないと言える。加えて、シャンパンは瓶内二次発酵で生じた二酸化炭素を発泡させるため、高い内圧に耐えるボトルやコルク栓の使用が不可欠で、それらの関連材料の開発史は産業遺産的アプローチで語られ得る。さらにヴーヴ・クリコ社のルイ・ボーヌに見られる海外への流通経路開拓や、メルシエ社の広告活用は、既に19世紀にシャンパンが6次産業的産物であったことを示す。

性となる。これまでのワイン関連遺産は、景観や建築の歴史性や審美的性質こそ議論されたが、産業遺産的価値が問題とされたことはなかった[25]。

ところで、産業遺産としての認識は、農業関連の文化的景観の概念に、流通経路と労働環境という2側面の拡張をもたらす。

前者に関して舟運に注目すると、砂や炭酸カリウムといったボトル材料に加え、フランス北部の石炭が供給可能になり大量生産の条件も整備されたことが解る[26]。1849年開通の鉄道に注目すると、流通量の飛躍的増大と同時に、1903年から1904年にかけて建設されたドゥ゠カステランヌ社の塔が、鉄道でエペルネを来訪する人々に向けてデザインされている意匠の変容を触発したことが解る[27]。

後者に関しては、シュマン・ヴェール田園都市が構成資産として包摂される。シャンパンのボトル製造業者が、著名メゾンと共に第一次世界大戦後に創設したもので、最終的に617戸が建設され、現在も当初の良好な環境を保つ[28]。

II 保全のための計画技術

1 景観に関わる問題

まず、保全措置の前提となる景観に関わる問題を概観する。

自然景観に関しては、歴史的丘陵の冠部は私有森を頂くことが多く、多くは国立森林事務所（ONF）が管理を行う。その場合、国定管理規則への従属が必要で、これが良好な保護を担保するため、保存状態は良好である[29]。

葡萄畑に関しても問題は殆どない。特級畑の葡萄の価格は1キロ6ユーロ以上になる。また、葡萄畑の所有権移転は殆ど行われず安定している[30]。実際、

---

(25) PRATS, *op.cit.*, p. 134.

(26) COUTANT Catherine, 《Les Amours du verre et de la bulle》, dans DELOT et al. (sous la direction de) (2012), pp. 60–65, p. 60.

(27) MICHEL Florence, 《Maisons de Champagne》, dans *Monuments historiques*, n° 145, 1986, pp. 70–76, pp. 75–76 に拠れば、設計者のマリウス・トゥドワールはパリ・リヨン駅の建築家でもあり、その塔に呼応するものをエペルネ駅直近に建設したのであった。

(28) APC (2013), *CMCC*, pp. 98–99.

(29) APC (2014), *CMCC*, tome III, p. 16.

(30) MAHE (2014), pp. 52–53.

第5部 比較の中の都市法 509

表1 フランスのワインの銘醸地の地価

2006	シャンパーニュ	アルザス	ブルゴーニュ	ボルドー	コニャック
€/ha	626000	133700	85300	56500	19900

表1は2006年のものだが、シャンパン生産地の地価の高さは抜群と言える[31]。

ただ、ワイン生産関連施設の扱いが要注意である[32]。また、歴史的丘陵に於ける郊外スプロールは懸念材料である他、エッソール等の工作物の保全は如何なる制度によっても担保されていない。

一方、都市景観に関しても同様で、現時点では大きな問題はない。ただ、地方団体による公共空間整備等、コスト制約が厳格な改変行為がメゾンの周辺空間を毀損する可能性がある。また、観光に関わる眺望景観は構成資産の管理のみでは制御不可能だし、後述の地下蔵の問題があり、文化財や都市計画の制度改良が必要である。

2 保全措置の概要

そこで、都市計画や文化財保護等の物的環境制御手法を検討してみたい［表2］。以下に、各々の手法に関し、特徴的な点や特異事項を分析する。

3 葡萄畑を対象とする特別用途地域を有する都市計画

構成資産内の全基礎自治体が地域都市計画プラン（PLU）を有し、一部は葡萄畑に特化した用途地域を設定している。

ランス市のPLUは2008年2月に改定され2011年9月に修正された。一般的にPLU領域は都市区域（U）と自然区域（N）に二分され、さらに用途地域に細分化されるが、本PLUは構成資産及び緩衝地帯にUA（中心市街地）、UP（田園都市）、UV（シャンパーニュのメゾン）を指定している。UVのVは

---

(31) DESBOIS-THIBAULT et al. (sous la direction de) (2011), p. 362. なお、ROUYN Nicolas (de), 《Champagne - de crayères en coteaux》, dans *Les Echos*, série limitée, 13 juillet 2012 に拠れば、シャンパン生産地の葡萄畑は、モエ・エ・シャンドン社クラスのメゾンに葡萄を売却するそれであれば、1ha 当たり年間5万から7万ユーロの収入をもたらし、その土地の売買価格となると、同じく 1ha 当たり 100 万ユーロ台になる。

(32) AUDRR (2009), p. 9.

表2 シャンパン生産地の文化的景観保護のための計画技術

		歴史的丘陵	サン・ニケーズ丘陵	シャンパーニュ大通り
文化財保護	MH	構成資産内に4件（指定3件・登録1件）	構成資産内に3件（指定2件・登録1件）緩衝地帯内に4件（指定2件・登録2件）双方の枠外だが物件周囲500mの景観制御領域が双方にかかるMH1件。構成資産のほぼ全域が景観制御領域 ［構想］ポメリー社総体のMH保護	構成資産内に1件（登録）緩衝地帯内に4件（指定1件・登録3件）構成資産のほぼ全域が景観制御領域 ［構想］構成資産内で6件をMH化
	景勝地	ドン・ペリニオンの葡萄畑が登録景勝地 ［予定］緩衝地帯を含み指定景勝地を設定することで見晴らし眺望景観を含め保全	サン・ニケーズ丘陵公園とルイナール社のクレイエールが指定景勝地	なし
	ZPP AUP/ AVAP	［予定］オーヴィレール／アイ／マルイユ・シュール・アイの集落に基礎自治体横断型AVAPを設定	［予定］サン・ニケーズ丘陵AVAP（2013年5月13日に市議会が案委承認、同年6月27日には地方圏文化財・景勝地審議会も承認の答申。ランス市PLU改定に同期させた承認待ち）	2003年8月1日の県条例でZPPAUP承認 ［予定］エペルネ都市圏の広域都市計画の改定（2016年承認予定）に同期させたAVAPへの移行（内容に大幅な変更はなし） ［構想］SS化
都市計画	PLU	各基礎自治体のPLUが葡萄畑に特化した特別用途地域を設定（一部はガイドラインでそれを補完）	ランス市PLUがメゾン・葡萄畑・田園都市に特化した特別用途地域を設定。さらに眺望景観を保存	特に本案件に関連する規定はない
	SCOT	エペルネ地方広域一貫スキーム（SCOTER）により葡萄畑の地下帯水層に関係する水質管理を規定	2007年12月3日承認のランス地方広域一貫スキーム（SCOT2R）が緩衝地帯外の郊外化も制御	SCOTERにより葡萄畑の地下帯水層に関係する水質管理を規定
PNR		構成資産を全面的に包含し、法的拘束力は有さないものの景観制御の指針を提示	関係せず	関係せず
地下蔵等のハザード		マルヌ川沿いに、国の出先であるマルヌ県庁が策定した洪水危険防止プランがかけられ、それが土地利用計画を拘束	PLU及びAVAPで上部への建設を規制	［予定］国の出先であるマルヌ県庁が空隙崩落危険防止プランを策定中
参画区域		構成資産・緩衝地帯を包含する全AOCエリアに精神規定としての景観憲章を設定 パイロット・エリアの景観整備に対して補助金を支給		
屋外広告物		ワイン生産地の文化的景観に特化した屋外広告物規制は未設定。ただし、ランス市内では看板やショー・ウィンドーの他、テラス席の出し方に関するガイドラインを設定済み		
風力発電		世界遺産センターが高さ30メートル以上の風車や50キロワット／時以上の施設を構成資産内に設置しないことを推奨。そもそも、既に地方圏、マルヌ県、エーヌ県の各々が風力発電施設憲章を策定済みで、風力発電塔は構成資産内に建設不可能		

viniviticole（葡萄農・ワイン醸造）の V で、ワインに特化した特別用途地域である。例えば、UV 地域では、建物ファサードの開口部のリズム、材料、装飾、或いはバルコニー等に関し、既存景観との調和なくして許可が下りない[33]。UP 地域はシュマン・ヴェール田園都市にかけられている。本 PLU は同時に眺望景観保全規制をかけているが、内 1 件はヴランケン・ポメリー社の敷地からランス大聖堂への遠景で、ワイン観光を意識している。

　オーヴィレールの PLU は 2012 年 8 月承認だが、U・N 区域に加え、世界遺産申請のために創設された AOC を示す A 区域が加わる[34]。その内、Av（v は葡萄畑 vigne）が大半を占める[35]。Ap はサント・エレーヌ圧搾所を点的に対象にしている。Av／Ap 地域の規則第 11 条は農地全般の建設物は景観に配慮すべきとする規制である[36]。また、改定に併行して申請者の理解促進のため『建築的・都市的・景観的推奨ノート』が策定されている[37]。アイ[38]やマルイユ・シュール・アイ[39]の PLU にも同様の規定がある。

4　農地への見晴らし型眺望景観の制御［図 2］

　歴史的丘陵では、農業関連の文化的景観に特有の広大な農地へのパノラマ的眺望景観の問題がある。そのため、構成資産と緩衝地帯を跨ぐ形で新規に景勝地指定をかけて管理する[40]。景勝地には明文化された形態制御規則がないが、ドン・ペリニオン伝説の地の保全には歴史的物語性を理由に指定可能な同制度が適切で、取壊し許可制度を通じてエッソールやカドルの保全も課すことが可能になる。

　ただ、申請者も文化省の歴史的環境建築家（ABF）も事前確定規則のない判

---

(33)　Direction de l'urbanisme et de l'habitat de la commune de Reims, *Plan Local d'Urbanisme - Règlement d'urbanisme*, 2011, pp. 163-164.

(34)　AUDRR, *Plan Local d'Urbanisme d'Hautvillers - Rapport de présentation*, 2012, p. 65.

(35)　*ibidem*, p. 85.

(36)　*ibidem*, pp. 32-33.

(37)　Commune d'Hautvillers, *Cahier de recommandations architecturales, urbanistiques et paysagères*, juillet 2011.

(38)　Commune d'Aÿ, *Plan Local d'Urbanisme - Rapport de présentation*, 2009, IV-12.

(39)　Commune de Mareuil-sur-Aÿ, *Plan Local d'Urbanisme - Rapport de présentation*, 2010, IV-11.

(40)　APC (2014), *CMCC*, tome III, p. 18.

図2　見晴らし型眺望景観保護も含めた歴史的丘陵の保全措置

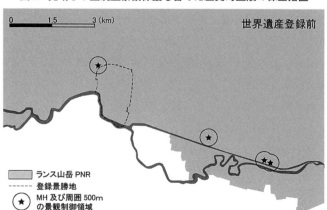

APC（2014），*CMCC*, ANNEXE 3: Documents cartographiques, pp.26-27 を基に著者作成

断を迫られる。その擦り合わせ措置として、『ランス山岳――傑出したワインのための優美な景観』との憲章が策定されている[41]。また、大規模建設物に関する指針[42]も策定されており、これらが当該憲章の基礎となっている。

---

(41) PNR de la Montagne de Reims (2013).
(42) PNR de la Montagne de Reims (2007), *Intégration d'un bâtiment*….

第 5 部　比較の中の都市法　513

5　建築・文化財活用区域（AVAP）の活用による街路景観の保護

　シャンパーニュ大通りでは 2003 年創設の建築的・都市的・景観的文化財保護区域（ZPPAUP）が建築・文化財活用区域（AVAP）に移行し、歴史的丘陵部では村落部分に基礎自治体横断型の AVAP を設定予定である。AVAP 内の建設許可には ABF の明示意見の他、PLU 合致を市により審査される。シャンパーニュ大通りでは、ヴォリューム、意匠、装飾、材料等が、建物のみならず界隈に特徴的な鉄柵や門扉等も規制される。また、併行してエペルネ市はファサード洗い出し色彩憲章を策定し、準拠事業に対し 4573.47 ユーロを上限に費用の 20％を助成している。

　さらに、効果の可視化に時間がかかる規制に対し、短期間で成果が顕現する公共空間整備が併走する[43]。緩衝地帯でも市の空間整備憲章に従って 2009 年から公共空間整備が進められている[44]。なお、シャンパーニュ大通りの保全地区（SS）化も検討されている[45]。

6　地下蔵の問題

　シャンパン生産地の文化的景観の特徴のひとつは、外部から不可視の地下蔵の存在である。構成資産内だけでも 370 件[46]存在し、歴史的丘陵で約 20km、サン・ニケーズ丘陵で約 57km、シャンパーニュ大通りで約 74km の延長が確認されている[47]。それらには崩落危険性等がある[48]。管理憲章の策定計画もあるが完成には至っていない[49]。

　地下構造物の保護には、文化財保護制度という方策もあるが[50]、優品の文

---

(43)　HACHACHE Nora,《Epernay fait mousser la qualité urbaine》, dans *Traits urbains*, n° 46, avril-mai 2011, pp. 36-39, p. 39.

(44)　APC (2014), *CMCC*, tome III, p. 108. なお、公共空間整備に伴い歩車道が整備されたことから、エペルネ市はシャンパーニュ大通りを主要走路として 2010 年、2012 年及び 2014 年にツール・ドゥ・フランスを誘致し、世界的イヴェントを通じて世界遺産候補の景観をメディアに取り上げさせた。

(45)　APC (2014), *CMCC – Plan de gestion*, p. 83.

(46)　(anonyme),《CMCC – Candidature au patrimoine mondial de l'UNESCO》, dans *Le Vignon champenois*, n° 6, juin 2012, pp. 36-52, p. 40.

(47)　GUILLARD et TRICAUD (sous la direction de) (2014), p. 248.

(48)　APC (2014), *CMCC – Plan de gestion*, p. 97.

(49)　*ibidem*, p. 99.

化財的価値のある建設物が必要となる。他方、内部意匠保護を諦めれば、地下空隙上部の建設行為や密度規制による面積の制御といった都市計画制度を援用可能である[51]。事実、サン・ニケーズ丘陵では都市計画文書が管理する。他方、現時点では歴史的丘陵やシャンパーニュ大通りの地下蔵は、総体としては何ら保護措置がない。引き続き使用する際に、構造補強が必要な場合もある[52]。

　なお、崩落危険性に関し、サン・ニケーズ丘陵では埋め戻しではなく構造補強で対応すべきことを、地域都市計画プランや策定中のサン・ニケーズ丘陵AVAPで述べている[53]。また、シャンパーニュ大通りに対し、国の出先機関であるマルヌ県庁が空隙崩落危険防止プランを作成中である。

Ⅲ　管理組織と補完措置

1　管理組織

　景観管理は、基本的に都市計画規制を司る地方団体と、文化財保護を司る文化省地方出先機関の任務である。ここではそれらに対して垂直的な上位方針提示機関と、それらの水平的な協働促進組織を検討する。

　(1)　ランス山岳地方圏自然公園

　地方圏自然公園（PNR）は 1967 年 3 月 1 日の政令で制度化された。PNR は憲章を策定して活動方針を規定するが、建設許可申請者への法的拘束力はない。しかし、環境法典法律編第 333-1 条の規定通り、国を含む関係自治体に景観制御を課すことができ、上記条項及び都市計画法典法律編第 122-1 条、第 123-1 条及び第 124-2 条により、関係自治体の都市計画文書は当該 PNR の憲章と両立していることが課される。

　ランス山岳 PNR は 1976 年創設で、歴史的丘陵の構成資産を全面的に含み、AOC シャンパーニュの面積の 41.5％、12,795ha を覆うため、緩衝地帯や広域

---

(50)　GASTEBOIS Raphaël et ROLLAND Elodie,《La Champagne souterraine》, dans *Pierre d'angle*, n° 59, mai 2012, pp. 34-35; APC (2009), *Reims - Colline Saint-Nicaise*, p. 36 et p. 40.

(51)　APC (2014), *CMCC - Plan de gestion*, pp. 97-98.

(52)　APC (2011), *Inventaire du patrimoine souterrain…*, p. 9.

(53)　APC (2014), *CMCC*, tome III, p. 122.

景観の保全にも影響がある[54]。

　現行憲章は、2007 年 12 月 11 日に関係自治体の加盟組合が承認し、2009 年から 2020 年の期間を対象とするが、その冒頭で「明日のための戦略」としてシャンパン生産地の文化的景観の世界遺産登録を謳っている[55]。また、複数の憲章を発行して景観への配慮を喚起し、物置小屋等、小規模ながら景観的に重要な文化財のリストを作成し、所有者に保全を推奨している[56]。

（2）　シャンパーニュ景観協会（APC）

　既述の通り、APC は CIVC による世界遺産登録運動着手後の 2007 年に創設された。

　現在、AOC シャンパーニュに含まれる 319 基礎自治体の内、約 100 が加盟する。年度により多少の増減はあるが年間予算は平均約 30 万ユーロで、歳入は 55％が CIVC、41％が自治体、2％が地方圏商工会議所、2％がメセナからである。世界遺産登録申請は、APC が各団体の水平的中心となり合意形成を進め、必要書類の準備を担当した。

　フランスでは、経済的利害の絡む事案に関しては、関連業界を軸に世界遺産申請を試行することが通例化しつつある。事実、世界遺産登録後、APC は引き続き関係諸主体の調整役を務める[57]。主要関係機関が、それを規定した管理憲章に 2011 年 10 月 19 日に調印した[58]。ただ、法的強制力を有するのは司法裁決を除くと行政のみで、国を含めた自治体に責任がかかる。

2　緩衝地帯及び広域景観の管理

　上述の通り、歴史的丘陵では景勝地指定を通じて緩衝地帯の管理を行うが、南斜面の葡萄畑の足許の畑地に関しては、ランス山岳 PNR 憲章とそれに基づく各自治体の PLU が制御する。

　サン・ニケーズ丘陵では、AVAP が完全に緩衝地帯と一致し、PLU が保護樹林地規定で緑地保全を、指定並木規定で街路樹の保全を担う[59]。

---

(54)　PNR de la Montagne de Reims (2007), *Amélioration qualitative*…, p. 0 et p. 2.

(55)　PNR de la Montagne de Reims (2007), *Charte du Parc*…, p. 11.

(56)　APC (2014), *CMCC*, tome III, p. 19.

(57)　APC (2011), *Charte des paysages du Champagne*…, p. 4.

(58)　APC (2014), *CMCC*, tome III, p. 264.

シャンパーニュ大通りでも AVAP が完全に緩衝地帯と一致すると同時に公共空間整備が併置されている。また、エペルネ市の PLU 及びファサード洗い出し色彩憲章や空間整備憲章が制御を補完する。

ただ、農地の文化的景観では、広大な附帯的空間の制御が必要となる場合がある。シャンパン生産地のそれでは、構成資産・緩衝地帯に加え、参画区域（zone d'engagement）が設定された[60]。これは、構成資産に含まれなかった基礎自治体を、法的拘束はないが世界遺産登録の便益は享受可能として説得する懐柔策でもある。

参画区域の管理は SCOT や PLU に依存する。他方で、関係者はより簡易かつ望ましい意志決定の支援手段として、法的拘束力を有さない緩やかな方針文書として『シャンパーニュ景観憲章』を策定した[61]。そこでは「欧州持続的観光憲章」（1992 年）や「国際文化観光憲章」（1999 年）等も勘案されたが、これはワイン観光の発展が背景にある[62]。参画区域は AOC 全 319 基礎自治体を覆い、憲章承認は各自治体の任意だが、APC 加入自治体は全て承認済みである。

景観憲章には、大項目として「文化財」「環境」「経済・観光」「文化」があり、その下位に小項目の記載がぶら下がる[63]。また、現代建築の創造を推奨し、AVAP ／ PLU 等の諸制度も、既存景観との調和を課しつつも前衛的建築を許容している。さらに既存制度では取り扱いの難しい地下遺構の保全も謳われる[64]。

さらに、憲章の事業的措置として、CIVC とランス山岳 PNR が協働して持続的空間整備・管理プログラム（AGIR）が策定され、パイロット・エリアとして 3 箇所が選定された。パイロット・エリアには CIVC による資金援助がある。

---

(59)　*ibidem*, p. 70.

(60)　CHEVAL Pierre,《La Zone d'engagement de la candidature des CMCC》, dans ICOMOS France, *Entre repli et ouverture – Quelles limites pour les espaces patrimoniaux*, actes du séminaire Maison-Laffitte, 5-6 novembre 2013, pp. 140-144, p. 140.

(61)　*ibidem*, p. 142.

(62)　APC (2011), *Charte des paysages du Champagne*…, p. 9.

(63)　*ibidem*, p. 10.

(64)　*ibidem*, p. 11.

3 観光関連措置と補完措置

シャンパーニュの場合、パリから日帰り可能で、著名メゾンの1時間程度の地下蔵見学と試飲に限られることから、観光はサン・ニケーズ丘陵とシャンパーニュ大通りにほぼ限定される。そのこともあり、屋外広告物に関する言及は少ない[65]。サン・ニケーズ丘陵では AVAP に加え都市デザイン事業を活用して公共空間整備を進める。また、既存の『テラス席憲章』や『看板・ショー・ウィンドー憲章』で、PLU や AVAP で対応困難な問題を扱う。

ワイン銘醸地の文化的景観の保全には、景観に関わる措置に加え、社会基盤等の下部構造に関する複数の補完措置が必要である。

例えば、エペルネ地方広域一貫スキーム（SCOTER）では白亜岩層は帯水層として各自治体の上水供給のために保全が謳われている[66]。上下水道等はAOC 制度でも文化保護制度でも扱えないので、都市計画文書の役割となる。また、シャンパーニュ業界も地下浸透水の水質管理に取り組んでおり、農薬汚染管理や醸造過程での排水や副産物の管理を励行した[67]。

IV 結論

今日、消費者は飲むことと同じくらい見ている[68]。即ち、ワインの銘醸地は消費者に見られている。本稿はとりわけシャンパーニュに関し、冒頭の問題意識に基づき研究を進めた結果、以下の結論を得た。

① 産業遺産という保存論理

ワインの銘醸地の文化的景観の保護対象は、多くの場合は風景自体であった。シャンパン生産地のそれは、生産施設を含め産業遺産としても認識されてきた。それは遺産概念を拡張し、流通経路や労働者村を包摂する。

② 農地ならではの広域景観の管理

農業関連の文化的景観では、中心的資産の規模に対し、その緩衝地帯や関連

---

(65) PNR de la Montagne de Reims (2013), *Montagne de Reims…*, p. 12 で若干の言及が見られる程度である。

(66) APC (2014), *CMCC*, tome III, p. 112.

(67) *ibidem*, p. 112.

(68) GUILLARD et TRICAUD (sous la direction de) (2013), pp. 134-135.

する眺望景観の領域が広域になり得る。シャンパーニュでは、文化財保護や都市計画の他、憲章や参画区域、さらに補助金制度を整備して管理している。また、行政の不連続性の忌避のため、非営利社団が協働のための水平的調整役を務めている。

③　開発との共存のための制度整備

堅固に保全すべき資産に対し、それと景観的に矛盾せず統一感を維持しつつも、現代的で挑戦的なデザインの実現のため、公共空間整備憲章等のガイドラインが設定されている。また、建築に関しても規制の記述に幅を持たせ、個別協議の上でそれが実現可能な制度設計としている。

対して、以下の欠点や問題が看取される。

❶　規制の重合と複雑さ

世界遺産登録の審査は年々要求水準が増大しており、シャンパーニュでは文化財保護や都市計画、そして AOC といった強制性を伴う措置に加え、各種憲章が布置された。ただ、現時点では、それらの重合性が充分に検証されていない。

❷　地下蔵の問題

現時点では、地下空間の保全に特化した施策はなく、既存制度を応用して次善の策としている。また、構造診断方法も未確立で、補強も高額になり得るため、放置され劣化に任される事例も出てきている。

略号一覧

・ABF: Architecte des Bâtiments de France
・AGIR: Aménagement et GestIon duRable
・AOC: Appellation d'Origine Contrôlée
・APC: Association Paysages du Champagne
・APIC: Association pour le Patrimoine Industriel de Champagne-Ardenne
・AUDRR: Agence d'Urbanisme, de Développement, et de prospective de la Région de Reims
・AVAP: Aire de mise en Valeur de l'Architecture et du Patrimoine
・CIVC: Comité Interprofessionnel du Vin de Champagne
・CMCC: Coteaux, Maisons et Caves de Champagne

第 5 部　比較の中の都市法　519

- IAU: Institut d'Aménagement et d'Urbanisme – Ile-de-France
- INAO: Institut National des Appellations d'Origine
- MH: Monument Historique
- ONF: Office National des Forêts
- PLU: Plan Local d'Urbanisme
- PNR: Parc Naturel Régional
- SCOT: Schéma de COhérence Territoriale
- SCOTER: SCOT d'Epernay et sa Région
- SCOT2R: SCOT de la Région de Reims
- SGV: Syndicat Général des Vignerons
- SS: Secteur Sauvegardé
- ZPPAUP: Zone de Protection du Patrimoine Architectural, Urbain et Paysager

参考文献

- 蛯原健介『はじめてのワイン法』（虹有社、2014）
- APC, *Reims – Colline Saint-Nicaise – Paysage culturel du Champagne – V.U.E. et mode de gestion des zones centrales et tampon*, juillet 2009
- APC, *Rapport d'activités 2010*
- APC, *Charte des paysages du Champagne – Candidature des Coteaux, Maisons et Caves de Champagne au patrimoine mondial*, octobre 2011（以下 *Coteaux, Maisons et Caves de Champagne* を *CMCC* と略す）
- APC, *CMCC en perspective – Un projet à partager*, actes du séminaire, Aÿ, Villa Bissinger, 27 et 28 octobre 2011
- APC, *Rapport d'activités 2012*
- APC, *CMCC – Un monde illustré et inconnu*, Reims, Editions de Larenée, 2013
- APC, *CMCC*, tome II, 2014
- APC, *CMCC*, tome III, 2014
- APC, *CMCC – Plan de gestion*, 2014
- APC, *CMCC*, ANNEXE 3: Documents cartographiques, 2014
- APC, *CMCC*, ANNEXE 4（partie 1/2 et partie 2/2）: Arrêtes et documents d'urbanisme, 2014
- AUDRR, *Référentiel architectural, patrimonial et paysager – Dans le cadre de la candidature Paysages du Champagne au patrimoine mondial de l'Unesco*, 2009
- BAUDEZ-SCAO Caroline et GUILLARD Michel, *Vues panoramiques des vignobles*

de la Champagne – Evolution entre 1887 et 2007, Mercurol, Yvelinédition, 2011

- DELOT Catherine, LIOT David et THOMINE-BERRADA Alice (sous la direction de), *Les Arts de l'effervescence – Champagne!*, catalogue de l'exposition au Musée des Beaux-Arts de Reims, 14 décembre 2012 – 26 mai 2013, Paris, Somogy éditions d'art, 2012
- DESBOIS-THIBAULT Claire, PARAVICINI Werner et POSSOUS Jean-Pierre (sous la direction de), *Le Champagne – Une histoire franco-allemande*, Paris, Presses de l'université Paris-Sorbonne, 2011
- DOREL-FERRE Gracia (sous la direction de), *Le Patrimoine des caves et des celliers – Vins et alcools en Champagne-Ardenne et ailleurs*, actes du colloque de l'APIC – Aÿ, 17, 18 et 19 mai 2002, CRDP Champagne-Ardenne, 2006
- GUILLARD Michel et TRICAUD Pierre-Marie (sous la direction de), *Côte des Blancs en Champagne*, Mercurol, Yvelinédition, 2013
- GUILLARD Michel et TRICAUD Pierre-Marie (sous la direction de), *Encyclopédie des caves de Champagne*, Mercurol, Yvelinédition, 2014
- IAU, *Le Patrimoine bâti des villages de la Champagne viticole – Principales typologies et enjeux*, septembre 2007
- IAU, *Inventaire des paysages viticoles champenois*, septembre 2008
- Jeune Chambre Economique d'Epernay et sa région, *Les Impacts de la candidature au patrimoine mondial de l'Unesco sur l'attractivité de notre territoire*, décembre 2012
- MAHE Patrick, *Culture Champagne*, Paris, Editions du Chêne, 2014
- (revue), *Monuments historiques*, n° 145: 《Champagne-Ardenne》, Paris, Caisse nationale des monuments historiques et des sites, juin-juillet 1986
- PNR de la Montagne de Reims, *Amélioration qualitative des paysages viticoles – Diagnostic opérationnel*, janvier 2007
- PNR de la Montagne de Reims, *Charte du Parc – Objectif 2020*, 2007
- PNR de la Montagne de Reims, *Intégration d'un bâtiment de gros volume – Bien réussir*, 2007
- PNR de la Montagne de Reims, *Montagne de Reims – Un paysage d'excellence pour un vin d'exception*, 2013

（とりうみ・もとき　首都大学東京都市環境学部准教授）

「近隣計画制度」にみる
イギリス都市法における住民自治の位置づけ

小川祐之

Ⅰ　はじめに
Ⅱ　イギリスにおけるネイバーフッド・レベルのまちづくりの進展
Ⅲ　おわりに

Ⅰ　はじめに

1　本稿の目的

　原田都市法論の特徴のひとつは、フランスの urbanisme の概念に呼応するように、都市のみならず農村・農業をも対象に、都市農村空間の全構造を法的・社会科学的に把握しようとするところにある。こうした関心から様々な比較法研究がおこなわれてきたが[1]、筆者が比較の対象としてきたイギリス[2]についていえば、これまで、農村部において計画法制がどのように機能しているかまで視野に入れた研究が十分におこなわれてきたとは言えない[3]。そのため、幅広い比較法的分析が強みである日本の都市法研究において、イギリスの法制

---

(1)　稲本洋之助ほか編著『ヨーロッパの土地法制──フランス・イギリス・西ドイツ』（東京大学出版会、1983 年）といった農業・農地法制にまで言及した概説書のほか、例えばフランスについて、原田純孝「フランスの土地利用調整制度」農業総合研究所編『土地利用調整をめぐる課題と政策Ⅱ──西欧の農地整備・土地利用調整制度』（農業総合研究所、1990 年）所収 87 頁以下、同「フランスの都市計画制度改正と農地保全制度の新動向」農政調査時報 552 号（2004 年）15 頁以下、ドイツについて、髙橋寿一『地域資源の管理と都市法制──ドイツ建設法典における農地・環境と市民・自治体』（日本評論社、2010 年）などがある。イギリスについては、大澤正俊『農地所有権の理論と展開』（成文堂、2005 年）が、計画法制にも触れている。

(2)　デボリューションの進んだ英国では、もはやイングランドとそれ以外のネイションでは制度の詳細が異なって展開するようになっており、都市法の分野もその例外ではない。本稿では連合王国を構成する四つのネイションのうちイングランドを念頭に議論を進める。

度研究に大きな空白領域が生じているように思う。そこで、原田都市法論に倣いつつ、以上のようなイギリス法研究の空白を少しでも埋めることを試みてみたい。とはいえ、この空白を埋めるには、なすべき課題が多く積みあがっている[4]。そのため本稿では、以下に記す内容に限定し、まずは日英比較の視角を得ることとしたい。

原田（2001）は、「これからの『日本の都市法』の発展に課された課題」を、次に示すような8項目に整理している[5]。それは、フランスの「urbanisme」ないしはイギリスの「Town and Country Planning」といった観念を念頭に、都市農村の両方にまたがる全国土において「原則としての建築の不自由」をふまえた制度確立を目指すことを指摘する第1にはじまり、第2に「建設省的な都市計画の狭い概念の克服」、第3に「都市計画事業を含む公共事業制度の見直し」、そして第4に「自然・環境・景観等の保護・保全の課題」と続いたのち、第5から最後の第8に至るまでは、広くいえば住民の参加ないしは自治に関わる諸課題を指摘している[6]。

そこで本稿は、これら指摘のうち、第1の点を念頭に置きつつ、第5から第8にわたって指摘されている住民参加・自治の問題を中心に据えて、イギリスにおける状況、とりわけ農村エリア（rural area）を主として展開してきたネイバーフッド・レベルのまちづくりにおけるそれが、近年、どのような展開を辿

---

(3) このような限定をすれば、少なくとも「農村」とはどのような地域を指すかという問いが生ずることになる。しかしながら本稿では、さしあたり「都市の中心からみてアーバンフリンジより外側の地域」という、曖昧な限定を与えるにとどめておく。

(4) 周知のとおり、イギリス国民は、2016年6月23日の国民投票で、欧州連合（EU）からの離脱を選択した。このことによりイギリス都市法が、どのような変容を被ることになるのか、離脱の時期・手順等がなお不明な現在（2016年9月）、先が見通せない状況である。House of Commons Library が分析した離脱に伴う各政策分野への影響についての調査報告書によると、少なくとも「Planning」は独立の項目として分析されていないだけでなく、本文を詳しく見ても、野生生物保護の文脈など言及箇所はきわめて限られている（House of Commons Library Briefing Paper, *Brexit: impact across policy areas*, Number 07213, 2016）。しかし、EU共通農業政策と農村開発の関係一つを取っても、全く影響が無いとは考え難い。

(5) 原田純孝「都市計画制度の改正と日本都市法のゆくえ」同編『日本の都市法II──諸相と動態』（東京大学出版会、2001年）477頁以下、496〜9頁。

(6) 原田・前掲註（5）498〜9頁。それぞれ要約すると、第5が「建設省的『都市の再構築』政策と住民・市民参加型の自治的まちづくりという2つの極の連関のさせ方」、第6が「自治的なまちづくりを見据えた市町村マスタープラン等の再定位」、第7が「市町村への分権と住民自治制度の拡充」、第8が「地域空間の形成・管理主体の法的把握と手続保障等」。

っているのか確認することを通じて、イギリスにおける第1の問題における法のあり様に接近したいと考えている。

叙述の順序としては、イギリスの問題に入る前に、まず上記の二つの課題に関わる日本の都市法の近年の展開を追うことで、日本法における問題状況を確認しておきたい（I―2、I―3）。ついで、2011年地域主義法（Localism Act 2011）によって導入された近隣計画制度（Neighbourhood Planning）を中心に、イギリス都市法における住民参加・自治の近年の展開を明らかにする（Ⅱ―1、Ⅱ―2、Ⅱ―3）。そして最後に、日本法との比較を視野に入れつつ、さらにこの分野の研究上の空白を埋めるための方向性について検討したい（Ⅲ―1、Ⅲ―2）。

2 「建築不自由」原則をめぐる日本の都市法の現在

ここで取り上げる日本の都市法にとっての今後の課題の二つのうち、前者の「全国土における建築不自由の確立」の必要性については、あるいは、少なくとも従来の都市計画区域のみを対象とした規制枠組みを領域的に拡大させる必要は、この分野に関心をもつ者にとって、もはや広範な共通認識となっていると言って良いだろう。

こうした立場に立つ都市計画学・法学研究者の言及は数多いため、先の原田（2001）の指摘をもって残りを省くこととするが、研究者以外に目を転ずれば、たとえば日本弁護士連合会が2010年に意見書を発表しており、そこでは、「『計画なければ開発なしの原則』及び『建築調和の原則』を実現するために、全国土を規制対象としたうえで、市町村マスタープランに法的拘束力をもたせ、開発されていない場所では開発が認められないことを原則とし、その例外を認めるためには地区詳細計画の策定を要するものとすること」など、都市計画法（都計法）・建築基準法の抜本的改革を提案している[7]。

また、国土交通省社会資本整備審議会都市計画部会の「都市計画制度小委員会」での事務局（都市局都市計画課）提出資料においても、「市街化調整区域、非線引き都市計画区域、都市計画区域外における土地利用上の課題に関する論点」の中で、「都市的土地利用コントロールの対象区域の拡大」について今後

---

(7) 日本弁護士連合会『持続可能な都市の実現のために都市計画法と建築基準法（集団規定）の抜本的改正を求める意見書』（2010年）日弁連HP参照。

あり得べき方向性として、「都市的土地利用が盛んでないエリアまで、財産権を制約してまで土地利用規制を行う根拠はない」という対象区域拡大否定論と並んで、「まず一律に建築不自由の原則に転換し、地域の主体的判断でこれを緩和する仕組にすべき」という原田（2001）の第1の指摘に沿ったシナリオと、「何らかの広域的調整の枠組が不可欠［であり……］その中で、農業上の土地利用との調整も十分図っていくべき」という三つのシナリオが提示されている⁽⁸⁾。さらに同小委員会の『中間とりまとめ』（2012）では、「都市計画区域を超えた広域における散発的な都市開発」という項の中で、「財産権の制約に対する合理性・正当性を確保する必要があることにも留意しつつ、国土利用計画法や農業上の土地利用に関する制度も含めた体系的な整理が必要である」⁽⁹⁾と、少し引いた表現になったものの、従来の都市計画区域を越えて何らかの土地利用規制の拡大もしくは計画間調整が必要との認識が示されるに至っている。

　なお、2000年の都計法改正では、都市計画区域外の既存集落の周辺でのスポット的な開発等を念頭に、農業振興地域整備法（農振法）の規制の状況等を勘案して、「そのまま土地利用を整序することなく放置すれば、将来における都市としての整備、開発及び保全に支障が生じるおそれがあると認められる区域」を、準都市計画区域として指定し、一定の行為について開発許可・建築確認の対象とできるようにしたほか、都市計画区域・準都市計画区域外における政令で定める一定規模（1ha）以上の開発行為についても、これを開発許可の対象とする制度変更がおこなわれた⁽¹⁰⁾。不十分とはいえ、従来の、都市計画区域内のみを対象とした規制を領域的に拡大させる必要があるという認識にもとづく改正と言えよう。こうした傾向は2006年改正でも引き継がれ、郊外部での虫食い的開発のきっかけとなりがちであった公共公益施設の開発に関して、それまで許可が不要であった医療施設・学校等の建設や公的主体がおこなう開

（8）　国土交通省社会資本整備審議会都市計画・歴史的風土分科会都市計画部会都市計画制度小委員会「第7回議事録」12頁および「配付資料2・建築的土地利用と非建築的土地利用のバランスの取れた一体的な土地利用のあり方（その3）」14～5頁参照。同小委員会の議事録・資料等は国交省HP参照。［　］内は、小川による補筆（以下、本稿において同じ）。

（9）　都市計画制度小委員会・中間とりまとめ『都市計画に関する諸制度の今後の展開について』（都市計画制度小委員会、2012年）27頁。

（10）　2006年改正前の都計法5条の2および、同法29条2項。

第5部 比較の中の都市法 525

発行為も開発許可対象に含めたほか[11]、準都市計画区域について、農地を含んで土地利用の整序が必要な区域にも指定できるよう要件を緩和している[12]。

しかし、その一方で、2000年改正は、市街化区域・市街化調整区域間の線引き制度を都道府県の選択制とすることで、線引きそのものを廃止することを可能にしたほか[13]、市街化調整区域の開発行為について、許可不要であった既存宅地制度を廃止し、都道府県等の定める条例（いわゆる3411条例）にもとづく許可制に移行する[14]などの制度改正も行っている。そして、一部地域では、当初から懸念があったとおり、これらの制度を梃子として都市計画区域内での新たなスプロール化現象が引き起こされていることが確認されている[15]。

他方の農業サイドの動きについても、管見のかぎり確認しておきたい。ごく最近のものとしては、2015年に、いわゆる第5次地方分権一括化法[16]が、4ha以下の農地転用許可を都道府県の自治事務とし（従来の「国との協議」の廃止）、4ha超についても法定受託事務として都道府県知事が許可できるようにした（従来は国の許可が必要だったものを国との協議に変更）。さらに、これらの都道府県知事の権限を、農水大臣が指定する市町村長も行使可能とするなど、農地転用許可についての権限委譲が行われた[17]。こうした動きは、「都市と農村の土地利用に係る法体系を統合し、一元的な主体として基礎的な自治体である市町村が管理するというのが大きな流れ」であることや、「いわゆる白地に対する規制を含めたゾーニング規制の在り方、適切な広域調整の仕組みの構築などについて、検討すべき」といった部会構成員の指摘をふまえ、「今後、このような指摘も踏まえ、総合的かつ計画的な土地利用を行うため、都市と農村の土

---

(11) 2006年改正による現行の都計法29条1項3号と、同改正前の同項3号・4号を比較のこと。

(12) 2006年改正による現行の都計法5条の2と、本文上記の同改正前の条文を比較のこと。

(13) 都計法7条。

(14) 2006年改正前の都計法34条8号の3、同年改正以降の同法34条11号。

(15) 線引き廃止について、福岡アジア都市研究所編『市街化調整区域の施策に関する研究（中間報告書）——第1篇市街化調整区域制度の他都市比較調査』（福岡アジア都市研究所、2009年）59頁以下、3411条例について、浅野純一郎「市街化調整区域における土地利用マネジメント手法に関する研究——都市計画法34条11号条例及び同12号条例の運用成果の検証から」住宅総合研究財団研究論文集37号（2010年）61頁以下、それぞれ参照。

(16) 地域の自主性及び自立性を高めるための改革の推進を図るための関係法律の整備に関する法律（平成27年法律第50号）。

(17) 第5次地方分権一括化法7条、および、同法による改正農地法4条を参照。

地利用に係る法体系の統合など、国土全体の利用の在り方を議論し、中長期的に土地利用に係る制度全般を見直していくことが望まれる」と締めくくられている、地方分権改革有識者会議の『農地・農村部会報告書』(2015)[18]を受けてのものと思われる。

ただし、土地利用コントロールを基礎自治体の権限とするという意味で正しい方向への改正と評価できるこうした動きも、現状としては、農村を含めた全国土を包括的に対象とする土地利用規制制度が不存在のまま進められていることを、急ぎ再確認しておく必要があるだろう。さらにいえば、農地制度をめぐる近年の規制緩和傾向に加えて、従来、農業者の選挙によって選出された委員によって構成され、「農地等として利用すべき土地の農業上の利用の確保」[19]を任意業務としていた農業委員会が、2015年の農業委員会法改正により、首長の任命制による委員の下、「農地等の利用の最適化の推進」(それには、上記のような「農地の農業上の利用の確保」のほか「農地等の効率的な利用の促進」などが含まれる)[20]を必須業務とする組織へと抜本的に変更されていることにも注意しておく必要がある。実際には、このように性質を変えた農業委員会が農地転用申請に附す意見をもとにして農地転用の可否の判断がおこなわれることを考えると、農地法による転用規制が唯一の開発規制となっている現状では、従来の転用許可基準をはるかに逸脱させた運用をする都道府県・指定市町村が出てきかねないという懸念が拭えないのである[21]。

3 土地利用調整条例と参加・自治

このように、都市農村をまたいだ「建築不自由の原則」確立の必要性が広く

---

(18) 『地方分権改革有識者会議農地・農村部会報告書』(2015年) 17〜8頁。内閣府地方分権有識者会議 HP 参照。

(19) 2015年改正前の農業委員会法6条2項1号。

(20) 2015年改正後の農業委員会法6条2項1号、2号。

(21) 桂明宏「農業委員会制度改革と今後の課題」農業法研究51号 (2016年) 58頁以下参照。農地利用の最適化は、主として農地中間管理機構を通じた流動化・集積が想定されているが、そのことにつき、「中間管理機構経由の農地集積ニーズの中には、地域内からの農地集積ニーズも含まれているが、〔中略〕地域を飛び越えた農地集積ニーズも含まれ、さらにその中には農外企業からのニーズも含まれている。このような地域外在的な農地集積ニーズにも農業委員会が対応しなければならなくなったということが、今回の改正の一つの象徴的な事柄だろう」(同64頁)という評価に注目しておきたい。

認識されながら、弥縫策的な法制度改革にとどまるなか、独自に条例を制定し、この課題への対応を試みている市町村が知られている。それら条例は、都市計画区域に限らず行政区域内を一体として総合的な土地利用計画を策定したり、協議会方式によって地区ごとの計画を策定するなどして土地利用調整をおこなっているのである[22]。

　その代表的な一例として、長野県旧穂高町の「穂高町まちづくり条例」[23]がある。同条例は、土地利用調整基本計画をもとに用途地域指定のない地域を9種のゾーンに区分し、区分ごとに設けた立地基準に基づき事前開発協議をおこなう仕組みを用意していた。旧穂高町は、農振法上の農業振興地域と都市計画白地地域がほぼ重なる地域に置かれていたなか、隣接する松本市での就業人口の高まりの影響を受けて、極めてルーズな農振除外がおこなわれ虫食い的な宅地化が進展していた[24]。しかし、この条例の実効性を分析した研究によると、同条例が届出・事前協議・勧告という条例特有の弱い力しか持たないにもかかわらず、施行後、町内の開発総量が変わらない中、条例独自の農業保全ゾーンでの農振除外の大幅減少、集落居住ゾーンへの開発の集中といった結果が出ている[25]。

　ただし、国家法のレベルで「建築自由」が原則となっている中、市町村の条例により、個別法の穴を埋めるような総合的な土地利用コントロールをおこなう（その多くは現行法より規制を強化しようとする）ことは、法律との牴触問題を引き起こす。旧穂高町の条例を含む多くの土地利用調整系のまちづくり条例が開発の事前協議といったソフトな手段を通じて土地利用をコントロールしようとしているのは、こうした問題をできるだけ避けようとしているからでもある。

---

(22)　小林重敬編著『地方分権時代のまちづくり条例』（学芸出版社、1999年）、内海麻利『まちづくり条例の実態と理論――都市計画法制の補完から自治の手だてへ』（第一法規、2010年）参照。

(23)　1999年制定、2005年町村合併（後述）に伴う暫定運用を経て、2010年に「安曇野市の適正な土地利用に関する条例」制定により廃止。

(24)　大方潤一郎「土地利用調整系まちづくり条例」小林・前掲註（22）111頁以下、140〜45頁参照。

(25)　秋田典子ほか「土地利用調整を主目的とするまちづくり条例の実効性の評価――長野県穂高町のまちづくり条例を事例として」第36回日本都市計画学会学術研究論文集（2001年）1頁以下。

そうすると、このような法的な裏付けに欠ける条例が、事実レベルで実効性を持つには、計画内容や規制基準を「住民の総意」と受けとめることができるだけの住民間の合意形成がどれだけ図られたかに懸かってくる[26]。旧穂高町の条例も制定に際して丁寧な住民参加が採り入れられていたが、同町が2005年に周辺5町村の合併により安曇野市となった際も、新しい土地利用調整条例ができるまで、まず、23回に及ぶ市民検討委員会、のべ31会場の地区別懇談会、全戸対象アンケートを経た後、さらに専門家による制度設計とその地区別懇談会へのフィードバック（のべ118会場）をおこなうという二段階の参加過程を踏んでいる[27]。このような丁寧な地区レベルでの合意プロセスを経たのは、旧穂高町の経験をふまえて「住民の総意」形成の重要性を理解してのことと思われる。

　しかし他方で、市町村レベルでの総合的土地利用調整の仕組みの進展は、農地法制の運用によりかろうじて保たれてきた農地の維持（その裏返しとしての開発用地の抑制）に対して、大きなダメージを与えかねないことにも注意が必要である。すなわち、このような方向性は農地のあり方を含めた土地利用の全体的・総合的な調整を、自治体内の民主的プロセスに委ねることを意味するが、そうすると圧倒的大多数の自治体において、農地の維持に利害・関心を有する者は少数派となり、中央・地方の政治がなお開発志向にあるなか、かえって、乱開発を招きかねないからである[28]。

II　イギリスにおけるネイバーフッド・レベルのまちづくりの進展

1　近隣計画制度の登場による計画制度の刷新

　2010年の総選挙により、イギリスでは13年ぶりに政権交代が起こり、ブレア、ブラウンと続いた労働党政権から、キャメロン保守党党首を首相とする保

---

(26)　大方・前掲註（24）141～42頁、村山元展「農村土地利用と土地利用調整条例——論点の整理」同著『地方分権と自治体農政』（日本経済評論社、2006年）所収29頁以下、および同「土地利用調整条例の挑戦と課題」79～89頁、参照。

(27)　倉根明徳ほか「線引き・非線引き都市計画区域の統合を目的とした自主条例の制定プロセスと内容に関する考察」都市計画報告集10号（2012年）217頁以下。

(28)　見上崇洋『地域空間をめぐる住民の利益と法』（有斐閣、2006年）181～83頁。

守・自由民主党による連立政権が発足した。この連立政権の発足は、計画法制にも大きな影響を与えることとなるが、それは、2011 年に成立した地域主義法によってもたらされた。同法は、それまで活動の制約原理として働いてきた「権限踰越の法理」を排し地方政府に包括的権限を与えた点でも画期的な立法といえるが[29]、計画分野においては、前政権下において強められてきた「リージョナル・レベル」[30]の制度を一切廃止し、代わりに、基礎自治体より狭域のパリッシュ等[31]が作成する近隣計画制度（Neighbourhood Planning）を導入した点が注目される[32]。

　これにより、1968 年以来続いてきた主にカウンティ・レベルでおこなう非拘束的計画である Structure Plan が、すでに前政権時代の 2004 年に、もともとはリージョナル・レベルに移行する目的で廃止されていたことと相まって[33]、イギリスの計画法制は、基礎自治体が作成する Local Plan[34]と新しい近隣計画制度とを中心として、その上に、非常に簡素化された中央政府の政策

---

(29)　Localism Act 2011, s 1.

(30)　本稿では、イングランドを「ナショナル」とし、二層の地方制度のうち上層を「カウンティ」、下層もしくは大都市圏の一層性の地方（District、Borough 等、以下本稿では「基礎自治体」と記す）を「ローカル」と区分している。このように区分したとき、「リージョナル」とは、カウンティより一つ上位の区分をさす。たとえば、Regional Development Agencies Act 1998 は、イングランドを、八つのリージョン（とグレーター・ロンドン）に分けていた。

(31)　「パリッシュ」とは、周知のとおり歴史的には教会の教区を意味するが、救貧行政の発達に伴い、その担い手として、ローカルより下の区分の自治機構としての性格を強めてきた。Local Government Act 1894 は、教会制度から分離させたパリッシュに法人格を与え、意思決定機関としてカウンシルもしくは住民総会をもつことを認めた。このときつくられたパリッシュは主に農村部で存続したが、Local Government Act 1972 により新規に設置が認められるようになると、再び都市部にも増加するようになった。こうした自治機構は、地域により、自らの区域を Town（主に都市部）、Parish、Village（主に農村部）などと呼称し、また Community や Neighbourhood と呼ぶこともある。本稿では、煩雑さを避け「パリッシュ等」と記す。パリッシュに関しては、竹下譲『パリッシュにみる自治の機能——イギリス地方自治の基盤』（イマジン出版、2000 年）、山田光矢『パリッシュ——イングランドの地域自治組織（準自治体）の歴史と実態』（北樹出版、2004 年）参照。なお、前掲註（30）の区分けに加えて、パリッシュ等のレベルを、（あまり用いられていないが便宜的に）「ネイバーフッド・レベル」と記す。

(32)　Localism Act 2011, pt 6.

(33)　Planning and Compulsory Purchase Act 2004, sch 8(2).

(34)　2004 年法により Local Development Framework と名称変更された基礎自治体の法定計画は、2011 年法により、法律上の正式な呼称はなくなったが、便宜上、2004 年以前に用いられていた、この名称が使われている。

的介入が乗っかるかたちの[35]、かなりボトムアップ型のものへと変貌を遂げたと評価することが、ひとまず、できる。

こうした変化は、前政権によりリージョナル・レベルに中央政府の出先機関としておかれた Regional Development Agency などが、地理的範囲を同じくし、かつ公選制により選ばれた市長・議員によって構成される Grater London Authority の下に置かれた London Development Agency を除くと、いずれも民主的基礎を欠き[36]、そのような遠く離れたリージョナル・レベルの中央政府官僚たちがローカルのことを一方的に決定しているとの理解が広まったことで引き起されたものといえる。こうした前政権がつくり出してしまった「肥大化した中央政府」というイメージに対して、新政権は、「ビッグ・ソサエティ」という大方針の下、「コントロール・シフト」のかけ声を唱え、中央政府のコントロールから地方政府や地方のコミュニティを解放するという政策目標を、地域主義法に結実させたのであった[37]。

近隣計画制度は、Local Plan を補完する Neighbourhood Development Plan（NDP）を中心とした制度である[38]。この計画の策定主体は、パリッシュ・カウンシルが主に想定されているが、これらの団体がない地域でも、21人以上のメンバーで Neighbourhood Forum を新たに起ち上げ、基礎自治体の承認等の一定の手続きを経ることで、新たな主体となることができる。

---

(35)　2011 年法改正以前は、中央政府によって Planning Policy Statement という文書が、気候変動、グリーン・ベルト、住宅などの政策分野ごとに 25 種類つくられ、付属文書と合わせると総計で 1000 頁を超える膨大なものとなっていた。2011 年法は、これらに代えてできるだけ簡素な方針を定めることとし、2012 年に、わずか 50 頁あまりの National Planning Policy Framework が発表されている。

(36)　各 agency には、地方政府・利害関係者からなる非公選の会議体が設けられ、これをベースに公選の会議体を設置すべく、そのための準備法もつくられたが（Regional Assembly (Preparations) Act 2003)、最初に設置可否の住民投票があったノース・イーストで圧倒的多数で否決されると、その後は住民投票にかけるための担当大臣の同意が出ず、結果、一例も実現しなかった。

(37)　中西典子「政権交代後の英国におけるローカル・パートナーシップおよびローカリズム政策の動向」日本都市学会年報 47 巻（2014 年）117 頁以下、参照。

(38)　このほかに、個別の開発について地方計画当局に代わり許可・不許可を決定する Neighbourhood Development Order や、あらかじめリスト化したコミュニティにとって重要なパブ・店舗等の施設が売りに出された際に、パリッシュ等に一種の入札権を与える Community Right to Bid などがある。

NDP 策定のためには、まず、その案が EU 人権条約、英国の計画政策、基礎自治体のつくる計画等に合致しているか、基礎自治体が策定主体の同意の下で任命する独立の有資格者のチェックを受ける。その上で住民投票にかけられ投票者の 50％を越える賛成が得られた場合、基礎自治体は、これを自らの計画の一部として（すなわち開発許可を審査する際の考慮事項として）扱う法的義務を負う。計画の中身は、当該近隣地域に関わる包括的な計画でも良いし、開発に際しての原則を示すだけ、特定の開発についてのみ言及するものでも良く、すべてはパリッシュ等の判断に委ねられている[39]。ただし、国の計画政策である『National Planning Policy Framework』（NPPF）では、「NDP 等は、Local Plan の中の戦略的諸政策に全体として合致している必要があ［り］……、Local Plan で設定されているより少ない開発を奨励したり、その戦略的諸政策を掘り崩すようなことはすべきではない」[40]と明示されている。こうした中央政府の「持続可能な開発」[41]志向の表明は、「近隣計画制度は、コミュニティは自らの近隣地域に対して提案された新しい開発について発言権を持つべきである、という基本方針にもとづくものであるが、同時にそのことにより、コミュニティは、より開発を受け入れるようになる」し、そのことが経済成長を支え、かつ争訟リスクも減らすことになる、という目論みにもとづくものとみられている[42]。

2 「住民自治の強化」という歴史の連続

以上のとおり、近隣計画制度は、連立政権の新しい政策として計画体系の中に持ち込まれ、その重心をリージョナル・レベルからローカル・レベル以下へと一気に引き下げた大改革の象徴的制度と、ひとまず見ることができる。しか

---

(39) Barry Cullingworth, et al., *Town and Country Planning in the UK* (15th edn, Routledge 2015) 119-21. 洞澤秀雄「利用放棄等の消極的行為の法的コントロール——イギリスにおける法的対応」亘理格ほか編『転換期を迎えた土地法制度』（土地総合研究所、2015 年）64 頁以下、80 ～ 88 頁参照。

(40) Department for Communities and Local Government, *National Planning Policy Framework* (2012) para 184.

(41) ibid, para 6.

(42) Ruth Stanier, 'Local Heroes: Neighbourhood Planning in Practice,' (2014) JPEL 13 OP105-16, OP109-10.

しながら、より視野を広げると、前政権（あるいはそれ以前）から連続する、住民自治の強化の歴史を取り出すことが可能であり、この近隣計画制度は、こうした広い視点から見る必要があると思われる。

　たとえば、省庁再編により 2001 年に Department for Environment, Food and Rural Affairs（DEFRA）を構成することとなっていた Department of Environment, Transport and the Regions と Ministry of Agriculture, Fisheries and Food の両者による『Rural White Paper』（2000）において、すでに、地域住民の声を様々なサービス供給主体に届けるためパリッシュ・カウンシルの役割を強化し、タウン・プラン／ビレッジ・プランを策定し、これを基礎自治体の Supplementary Policy Guidance の一つとして個別開発の際の考慮事項とすることが奨励されていた。さらに、農村部における 1000 のプラン策定を援助するため 500 万ポンドの補助金を用意する旨も、表明されていた[43]。こうした動きは、2000 年以前から農村部のパリッシュ等を中心に、自主的におこなってきたまちづくり方針の表明である「Parish Appraisal」や「Village Design Guide」などの作成の取り組みについて、前政権が、その意義を認め中央政府の政策として正式に後押ししようとしたものといえる[44]。さらに DEFRA の『Rural Strategy 2004』では、「パリッシュ・カウンシルをローカル・コミュニティにおける活動、サービス供給、地域再生［regeneration］のための牽引役として発展させてゆく」[45]ことが宣言され、同省の下に置かれていた旧 Countryside Agency によって、同年、『What Makes a Good Parish Plan?』が出されている。

　これと並行するかたちで、パリッシュ等の自治機構の強化も、このときに図られてきていた。Local Government and Rating Act 1997 では、中央政府の担当大臣の決定を受けることを条件に、地域住民の請願による新規のカウンシ

---

(43)　DETR / MAFF, *Our Countryside: the Future*（Rural White Paper, Cm 4909, 2000）paras 12.1-12.3. このとき、1,000 のパリッシュに、1 パリッシュ当たり平均 3,200 ポンド（約 70 万円）が補助され、さらに 2001 年以降、3,000 のパリッシュによって 1,300 のプラン（複数のパリッシュが合同して作成した場合を含む）が作られている（鈴木孝男、山田晴義「地域自治促進に向けたコミュニティプランの策定について——英国パリッシュプランの事例を通じて」日本建築学会大会学術講演梗概集（中国）（2008 年）493 頁）。

(44)　Cullingworth et al.（fn 39）68.

(45)　DEFRA, *Rural Strategy 2004*（2004）para 63.

ル設置が可能となっていたが、さらにLocal Government and Public Involvement 2007 では、設置決定の権限をディストリクト・カウンシルに委譲し、それまで禁止されていたロンドンでのパリッシュ・カウンシルの新規設置が許されるようになっていたのである。

　前政権がおこなったリージョナル・レベルの重点化も、こうした、このパリッシュ等をより効果的に機能させるためにおこなわれたとみるべきものであった。というのも、それは、ローカル・レベルで組まれる「戦略的パートナーシップ」に対して、中央政府よりも、よりローカルに近い組織が資金提供等をおこなうことによって、ネイバーフッド・レベルで必要なサービス提供・資金援助を効率的におこなえるよう目指したものであったからである。

　そして前政権が活用したこの「パートナーシップ」という方法も、すでにサッチャー政権時代の都市再生政策から存在していたものといえる。都市開発特区としてのエンタープライズ・ゾーンの設定に象徴されるように、当時の政策は、日本風にいえば民活ないしは産官連携にとどまるものであったが、つづくメージャー政権下の「シティ・チャレンジ」プログラムで、ボランタリー・セクターとの連携も含められるようになり、基礎自治体と地域の諸セクターからなるパートナーシップへと展開した。これに、省庁間の縦割りを排した政策分野横断的な包括的補助金やEUからの補助金をリージョナル・レベルに設置されたGovernment Office for Region から付与するという、地域再生のための政策枠組みがつくられている[46]。

　こうした流れを受けて、1997 年に始まる労働党政権は、基礎自治体自身と、社会福祉・教育・企業・警察・コミュニティ・トラスト等の各セクターがLocal Strategic Partnership（LSP）を結成し、当該地域の包括的戦略であるCommunity Strategy（CS）を作成するという枠組みを構築していったのであった[47]。

（46）　以下の記述も含め、パートナーシップ政策については、中島恵理『英国の持続可能な地域づくり——パートナーシップとローカリゼーション』（学芸出版社、2005 年）第 1 章、第 3 章、白石克孝編『英国における地域戦略パートナーシップへの挑戦』（公人の友社、2008 年）第 1 章、永田祐『ローカル・ガバナンスと参加』（中央法規、2011 年）第 2 章、第 3 章をそれぞれ参照。

（47）　Local Government Act 2000, s 4(1). その後、Sustainable Communities Act 2007, s 7(1)により、Sustainable Community Strategy と名称変更。

メージャー政権までのパートナーシップ政策がどちらかといえば都市の衰退地域に対する政策だったのに対して、労働党政権は、BSE 問題への対応をひとつの契機にして、これを農村地域にも拡大させている。BSE 被害を被った農業者への補償が財政を圧迫しつつあるなか、同政権は、農業生産支持政策（「第1の柱」）から農村開発政策（「第2の柱」）への重心移動を目指す EU の共通農業政策改革の動きに合わせて、農業政策を、産業としての農業のみへの対応ではなく、より広く「農村」全体を視野に入れた政策とすべく舵を切ったのであった[48]。こうした動きは、結果として、2001 年に口蹄疫問題が生じ再び政策が生産者保護的な狭義の農業重視に戻るまでの、わずか数年のことであったが、地域再生政策の文脈においては、次にみるとおり、その後に続く影響を与えている。

ブレア政権下でつくられた地域再生のための包括的補助金のひとつとして、主に衰退している農村を対象にした Neighbourhood Renewal Fund があった。これを受け取るためには、ローカル・レベルで上記のような LSP を結成し、さらに対象となる近隣地区に関する Neighbourhood Renewal Strategy（NRS）を作成する必要があった。そして、こうした枠組みが用意されているということは、LSP は、CS や NRS を作成する際に、利害関係者としてパリッシュ等から意見聴取・反映をする（場合によっては LSP のボード・メンバーにこれらの関係者を加える）必要があったはずなのである。

つまり、2011 年以前のパリッシュ等が作成するプランには何ら法的位置づけがなかったとはいえ、パリッシュ等は、自らが重要と考える政策課題について上記の枠組みを利用して CS や NRS に反映させることで、十分に自らの優先順位づけを自治体の政策に反映させることができたはずであった。しかしながら、労働党政権は、当初、こうした政策内の理論的連関を、実際の方向づけとして示すことができなかったのである[49]。

もちろんその後、実際に連関させようと試みられたのだが、その成果が表れ

---

(48) 労働党政権のこうした動き（と、その後の失敗）については、安藤光義ほか「イギリス農村政策の生成と変容——MAFF の解体から RPA の失策まで」のびゆく農業 980 号（2009 年）、安藤光義「イギリスにおける農村政策の形成と展開」谷口信和編『世界の農政と日本（日本農業年報 60）』（農林統計協会、2014 年）155 頁以下、参照。

るよりも前に、要支援地区を割り出すためにリージョナル・レベルの政府機関による各種報告書の要求や、有効な資金提供のための事前事業評価などが、中央による地方への過度のコントロールと受け取られ、先にみたとおり、政権交代を機に、そうした業務の中核を担っていたリージョナル・レベルの中央政府機関の全面的廃止へと帰結することとなったのであった。

3 ナショナルとコミュニティの再接続

　このように見てくると、連立政権がおこなった改革の特徴は、都市農村計画法上の変化から見えてくる、リージョナル・レベルの制度廃止と近隣計画制度導入によるネイバーフッド・レベルの強化というところにではなく、ここ20年ちかくネイバーフッド・レベルの強化政策が続くなか、そこへの中央政府（や基礎自治体）の関わり方を変化させたことにある、という見方を取り出すことができる。

　このことについて、Parker（2012）は、「あたらしい地域主義［New Localism］」を、「［合意された、国の最低基準と政策の優先順位の範囲内で、］諸権限［・諸資源］を、中央のコントロールから引き剝がし、前線のマネージャーたち、地方の民主的諸構造、そして地方の消費者とコミュニティへと委譲することを目的とした戦略」というように、すでに2004年に定義づけていたStoker（2004）[50]の説明を参照しつつ、こうした政権をまたぐ長年の取り組みが、あらたに「個人の選択と社会の責任の混合からなる一つの信念に依拠した特定のイデオロギーに裏打ちされたもの」として再登場してきていることに注意を促している[51]。この「個人の選択と社会の責任」をひとつに混ぜ合わせているところに、連立政権、なかんづくその中心となっている保守党に固有の

---

(49)　2003年までの両者の乖離と、その後の架橋の試みについて、Stephen Owen, Malcolm Moseley and Paul Courtney, 'Bridging the gap: An attempt to reconcile strategic planning and very local community-based planning in rural England' (2007) Local Government Studies 33 (1), 49-76.

(50)　Gerry Stoker, 'New Localism, Progressive Politics and Democracy' (2004) Political Quarterly 75 (S1) 117-29, at 117.［　］内は、Paker（2012）による引用から抜け落ちていた部分を、原文にしたがい小川が挿入した。

(51)　Gavin Parker, 'Neighbourhood Planning: Precursors, Lessons and Prospects' (2012) JPEL 13 OP139-54, OP140.

性格が表れているとみているのだろう。

　さらに、Gallent et al.（2015）は、前節までにみてきた一連の動向を、社会が多元化し、そのことによりコミュニティが多様性をもつようになったため、中央政府がコミュニティに対して何を公共善として追求していけばよいか見いだせなくなりつつあるなか、中央の政策とローカル・コミュニティの再接続を図ろうとする、1970 年代以降各国共通に見られる現象について、80 年代のサッチャー政権による逆行を経て、90 年代以降になって、ようやくイギリスがこれに対応しはじめたものとみる。そこでは、前労働党政権と現在の連立政権の違いは、ともに「コミュニティ・リーダーシップ」を掲げながらも、労働党政権が、コミュニティにとって必要な住宅やインフラ、経済開発等を、リージョナル・レベルの中央政府機関と計画を通じて差配しようとしたのに対して、連立政権は、国の政策方針である NPPF を「成長優先」にすることで、地方の計画にもそれを浸透させ、かつ政府の補助金の代わりに市場とコミュニティを通じて必要なサービス供給を促すようにしたことにあるとする[52]。

III　おわりに

1　日・英におけるネイバーフッド・レベルのまちづくりの課題

　本稿をおわるにあたって、前節の最後に到達した「中央とコミュニティの再接続」という視点から、住民参加・自治からみる日本とイギリスの都市農村計画を比較する視角を取りだしてみたい。

　イギリスのネイバーフッド・レベルの政策が主に対象としていた地域と比べる際、これに対応する日本の農村は、社会的・自然的人口減少を主因として地域社会全般の「衰退」が大きな問題となっている。そして日本の農村社会は、水田耕作のあり方に大きく規定された農業の存在と密接に結びついて形成されてきたことから、農村社会においてこの問題を考えるにあたっては、当該社会の中で農業の比重低下があるにせよ、なお農業をどう位置づけるかが避けて通

---

(52)　Nick Gallent, et al., *Introduction to Rural Planning: Economies, Communities and Landscapes*（2nd edn, Routledge 2015）xv-xvi. ここで Gallent 等がいう「ローカル・コミュニティ」は、本稿でいうところのネイバーフッド・レベルにあたる。

れない問題となる。それについては、a) 株式会社・都市住民等の既存農業者以外の者に農業を解放し、そのことによって農村に活力を呼び込もうという考えと、b) 家族経営を中核とする農地法の耕作者主義を維持しつつ、この問題に対処しようとする、二つの対抗する考え方が存在している。

　見上（2004）は、こうした対抗を念頭に b) の立場に立ちつつ、農地が面的にまとまり連担していることで公共的・公益的諸利益を担保し、そのことで農村社会の空間を保持する役割を果たしてきたことについて、戦後日本の農地制度は、これを、農地所有者がすなわち農家であるという事実に依拠するだけで、それ以上の法的担保を確保せずにきたことを指摘する[53]。むしろ、耕作者の所有権を強力に保護する農地法の仕組みは、農地を農地として維持しようという方向であっても、かえって所有者の意向に反して何らかの手を打つことを妨げさえする。耕作者が農地を所有したまま耕作者であることを辞めていく場合にどうするのか何ら想定していなかったという「農地法の無意識の欠陥」は、これまで「農村空間における『定住』の確保手段が法的には検討されてこなかった」なか[54]、どのように埋め合わされれば良いのだろうか。

　仮に、「はじめに」で確認したように、市町村の条例を活用する途を進むとしても、戦後につくられた農地・農村を取り巻く法制度・政策が、農地法の権利移動統制の存在を前提としてつくられてきたことをふまえれば、まずは現行の農地制度を維持した上で、「衰退」を止めるべく農村社会での定住を確保するための手段を講じていく以外に有効な途はないだろう[55]。すなわち、すべてを当該地域の住民自治に委ねるのではなく、一定の国家的政策介入を前提としたうえで自治を展望する必要があることになる。

　他方、農村社会における農業の比重低下という意味では、表面上同じ現象がみられるイギリスだが、イギリスにおけるそれが、いわゆる「カウンター・アーバニゼーション」、すなわち農村が農業者以外の比較的に裕福な中産・上流階級を引きつけることによって起きる人口増加によってもたらされているとい

---

(53)　見上崇洋「土地利用規制の緩和と農村計画の可能性について」神永勲ほか編『室井力先生古稀記念論文集・公共性の法構造』（勁草書房、2004 年）499 頁以下。

(54)　見上・前掲註（53）、508 頁。

(55)　原田純孝「『農地制度見直し』論の現況と問題点——農村地域での『市町村土地利用調整条例』構想を中心として」農政調査時報 547 号（2002 年）23 頁以下、見上・前掲註（53）も同旨。

う点で、日本とは根本的に大きな違いがある。

　20世紀の前半期、特に戦争時に極度の食糧不足を経験したイギリスは、第二次世界大戦後、食糧確保を最優先の政策課題とし、農業に高いプライオリティを置くAgricultural Act 1947を制定することとなった。そして、同年のTown and Country Planning Act 1947の制定以降、あらゆる土地の開発権が国有化されるなか、農地については、それが農業用に供されるかぎりなお自由に開発することが許されるという、土地一般と農地の二重の計画システムが形成されていくことになる。この二重のシステムは、都市と農村を永続的に分断しただけでなく、農村において、一方で、農林業のみに頼った経済発展と、その結果としての低所得・貧困を、他方で、農用地以外の厳しい開発規制と、その結果としての住宅供給の限定をもたらし、さらに両者が合わさって住宅価格が農村における低賃金での取得可能な範囲を超えて高騰することによって、農業従事者の都市への流出を促すこととなった。その代わりに農村に入ってきたのは、比較的長距離となる通勤を厭わない都市のビジネスマンであったり、（セミ・）リタイアした中高年であったり、セカンド・ハウス購入者であったり、いずれにせよ、高価格の住宅をもとめられるだけの購買力の高い人々であった。

　1980年代に入ると、イギリス農業は過剰生産状態にまでなったが、農業内の利用についての計画的コントロール手段を持たない状態でのそれは、深刻な環境汚染を引き起こし社会問題化するようになる。これに厳しい対応を迫ったのが、新規の移住者たちであった。彼らは、イギリスを代表する景観たる田園風景を求めて移住してきたのであるから、その維持こそが最大の関心事だったのである。その結果、イギリスの農村は、環境の維持と引き替えにさらに住宅価格が高止まりし、農場労働者やその家族たちの農村からの退出圧力を強めるに至ったのである[56]。

　こうして、アフォーダブル住宅の問題が、なによりも農村社会の「持続可能性」の確保のために、クローズ・アップしているのである。しかし、その原因

---

(56)　Nigel Curry and Stephen Owen, 'Rural planning in England: A critique of current policy' (2009) TPR 80(6) 575-95, Menelaos Gkartzios and Mark Shucksmith, ''Spatial anarchy' versus 'spatial apartheid': rural housing ironies in Ireland and England' (2015) TPR 86(1) 53-72.

となった以上のような過程をふり返れば、このアフォーダブル住宅の確保も、コミュニティの自治にのみ任せられる問題ではない。

　日本とイギリスの農村社会の現状をみたとき、農村社会全体から見たときの農業の比重低下、高齢化の進展や、それに伴う買い物難民、病院等の公共施設へのアクセス問題、それを支えるはずの自治体の財政危機など、あくまで表面的にラベルだけを並べれば、共通項が多く並ぶ。しかし、かたや「衰退」や「消滅」が問題にされ、かたや人口増加と住宅市場の過熱が問題にされるという、基本的ベクトルを全く異にする状況にある[57]。しかしながら、ネイバーフッド・レベルの参加・自治の問題の検討を通じて見えてくるのは、両社会とも、住民自治のみには委ねられない問題を抱えつつ、上からの政策介入と自治とのバランスをどのようにとるのかという課題を持っている社会であった。そして、その課題を解決するにあたっては、「定住」にせよ「持続可能性」にせよ、農村社会において、そこで暮らす人々の全生活をどのように維持するかが抜き難い課題として意識されているということも共通していると言えよう。

2　今後の研究に向けて

　このような定住・持続可能性の確保について、近隣計画制度は、どのように機能している／いないのだろうか。現在、最初期につくられた計画の検証的研究がはじまっており、その実態が、少しずつ分かりはじめているところである。

　近隣計画制度が提案された当初、とりわけ田園風景の維持を望み、したがって新規の開発を嫌うような住民層の多い農村地域を中心に、この制度が「開発反対宣言（NIMBY Charter）」として用いられるのではないかという懸念がもたれていた。しかし上述の研究をみると、計画の策定過程において、当初そのような望みを持っていた住民たちが、NPPF に明示されているとおり、上位計画で定められた開発計画を全く避けることは不可能だと知ると、開発を自らの観点からどう形作ることができるかという方向に考えを転換していったことが伝えられている[58]。その中には、District of South Oxfordshire の Thame

---

(57)　安藤光義ほか「農村再考——英国の農村政策が忘れているものは何か」のびゆく農業 1022・1023 号（2015 年）。同じ「高齢化」の日英の相違について、安藤光義ほか「高齢化するイングランド農村」のびゆく農業 974 号（2008 年）とりわけ安藤「解題」2 頁以下を参照。

Town Council の例として、ディストリクト・カウンシルの計画で、総計775軒分、そのうち600軒の住宅を町外れの一箇所にまとめて、開発する計画が立てられていたのに対して、当初これに反対していた住民たちが、町内に2000軒分の住宅用地を発見し、最終的に7箇所に分散させて775軒分の用地を確保するNDPを策定し、それが投票者の75％の賛成により承認されるという、この制度の「成功譚」も含まれている[59]。

　このような研究をふまえると、住民たちに自己決定の機会を確保しつつ開発を受け入れさせ、それを通じて経済成長を目指すという政策目標は、一定の成功を収めつつあるのかもしれない。しかし、多くの研究が、イギリス農村においてアフォーダブル住宅が不足している理由として、社会住宅への財政支出不足と不適切な計画政策を指摘しているのに対して[60]、現政権は、地方への財政支出を大幅にカットし、あくまでそれを市場の力とコミュニティの自助に頼って達成しようとしているのであり[61]、かつ「農村（countryside）固有の性質と美しさを認識し、その範囲内で農村コミュニティ（rural communities）の繁栄をサポートする」という政策をなお維持しているのである[62]。

　こうした政権の性格による政策への影響を含め、より広い観点から近隣計画制度を位置づける作業が、なお残されている[63]。

※なお、脱稿（2016年9月）後、校正の途中でNeighbourhood Planning Act 2017が成立した（2017年4月27日）。

（おがわ・ゆうじ　常葉大学法学部講師）

---

(58)　Stanier (fn 42), OP109, John Sturzaker and Dave Shaw, 'Localism in practice: lessons from a pioneer neighbourhood plan in England' (2015) TPR 86(5) 587-609.

(59)　Gallent et al (fn 52), 225.

(60)　See Gkartzios and Shucksmith (fn 56), 63, and the articles cited in this page.

(61)　ibid, and Gallent et al (fn 52). 中西・前掲註（37）、兼村高文「英国キャメロン政権の緊縮財政政策と地方財政──国の政策で財政危機に追い込まれた地方自治体とその対応」自治総研434号（2014年）26頁以下参照。

(62)　NPPF (fn 40), para 17, especially 5th principle. 傍点は筆者追加。

(63)　さしあたり、社会住宅の売却や計画手続きの短縮などにより政策目標の実現を狙う Housing and Planning Act 2016 の分析等が必要となる。別稿を期したい。

米国 Michigan 州 Detroit 市の Land bank による不動産取得について
違法な土地収用と規制との間

長谷川貴陽史

Ⅰ　Land bank の誕生
Ⅱ　Land bank の法的権能
Ⅲ　Detroit の Land bank（Detroit Land Bank Authority, DLBA）と nuisance 排除プログラム（Nuisance Abatement Program, NAP）
Ⅳ　DLBA に対する違憲論
Ⅴ　わが国の空き家対策に対する示唆

　本稿では、米国 Michigan 州 Detroit 市の Land bank の活動——とりわけ不動産の取得——をとりあげ、それが米国連邦憲法第 5 修正に反しないか、いかなる社会的帰結を生んでいるかを紹介する。

Ⅰ　Land bank の誕生

　米国に Land bank や Land banking が新たな都市計画の手法として登場したのは、1960 年代のことであるとされる[1]。当時、米国全土の大都市圏は二つの問題に直面していた。一つは郊外部への規制なきスプロール化現象であり、もう一つは inner city 地域の荒廃であった。これらの問題に対する解決策として Land Bank が登場した[2]。
　すなわち、第一に、郊外・準郊外（exurban）の乱開発や排他的 zoning を阻止するために、公共団体は Land bank を通じて予め私有地を取得（acquisition）し、将来の公共の用のために当該土地を公有地として保有（reserve）した。第

---

(1)　Frank S. Alexander, *Land Banks and Land Banking*, 2nd Edition, Center for Community Progress (2016). p.18. 以下の記述の多くも同書の紹介に負う。

二に、放棄地の拡大や租税を滞納している inner city の不動産を削減するため、

(2)　Alexander, *op.cit.*, p. 18. なお、Land bank に関する法律学における邦語文献としては、何よりも寺尾美子「アメリカ土地利用計画法の発展と財産権の保障㈠〜㈤完」法学協会雑誌 100 巻 2 号 270 〜 374 頁（㈠）、100 巻 10 号 1735 〜 1822 頁（㈡）、101 巻 1 号 64 〜 155 頁（㈢）、101 巻 2 号 270 〜 319 頁（㈣、101 巻 3 号 357 〜 420 頁（㈤）（1983 〜 1984 年）を参照。

　寺尾によれば、Land bank とは「長期的な計画に基づいた、政府による大量の土地の取得・保有および適宜の処分を通じて、土地市場（land market）をコントロールすると同時に、土地利用計画上の様々な目的の実現を図ることを目的とする制度」である（寺尾・前掲論文㈡1785 頁以下）。

　寺尾は Land bank の代表的な機能として 3 点を挙げる。第一に、Land bank は「スプロール現象が進行すると予測される都市周辺部の土地一帯を政府が取得してこれを保有し、まず都心部に十分開発を行わせ、そこが飽和状態となった段階で、次に開発さるべき部分（政府が獲得した土地の一部）を順次解放する。このことを通じてスプロール現象を防止するだけでなく、都市の開発・発展の、速度・方向およびそのパターンをコントロールすることが可能になる」。第二に土地市場の改善であり、Land bank によって「独占状態にある土地を政府が取得し、これを本来配分されるべきところへ……流してやったり、情報量を増加させてやったりして、市場の健全化を図」る。第三に「政府の公共投資等の開発行為によって私人の土地に生じた、開発利益の回収機能」である。Land bank はそうした土地を政府に取得させることによってこの機能を引き受ける。

　なお、寺尾は Land bank 制度の問題点を 2 点、指摘している。第一に——後述の Detroit の Land bank でも問題となる点であるが——Land bank のための収用権の行使を憲法上正当化しうるかという問題である。これは Land bank の目的が収用権行使の要件である「公共の用 public use」の要件を満たすかという問題であり、寺尾は「public use 要件に対する解釈は、一般にかなり緩和される傾向にある」と指摘している。第二に、Land bank は政府による自由な土地取得、大規模な土地所有を必要とするものであり、米国における伝統的な土地私有財産制のイメージを根本的に変更しうるもので、政治的に受け入れられないかもしれないという問題である。

　さらに、Land bank に関する都市計画分野における近年の邦語文献として、北崎朋希＝小林庸至「都市再生から都市の脱構築の時代へ——諸外国における PPP を活用した新たな都市脱構築の動き」NRI パブリックマネジメントレビュー 79 号 1 〜 6 頁（2010 年）、前根美穂＝清水陽子＝中山徹「アメリカにおける空き家対策事業に関する研究——ミシガン州フリント市・オハイオ州ヤングスタウン市について」都市計画報告集 9 号 27 〜 30 頁（2010 年）、清水陽子＝中山徹＝前根美穂「アメリカ Land Bank の取組と滞納空き家物件の活用——ミシガン州・オハイオ州の事例」日本建築学会技術報告集 18 巻 40 号 1051 〜 1056 頁（2012 年）、西浦定継「米国におけるコンパクトをめざした都市計画——都市成長管理から縮小都市政策まで」土地総合研究 2013 年春号 55 〜 64 頁（2013 年）、藤井康幸＝大方潤一郎＝小泉秀樹「米国ミシガン州ジェネシー郡におけるランドバンクの担う差押不動産、空き家・空き地対策の研究」都市計画論文集 48 巻 3 号 993 〜 998 頁（2013 年）、藤井康幸＝大方潤一郎＝小泉秀樹「米国オハイオ州クリーブランドにおける二層のランドバンクの担う差押不動産対応、空き家・空き地対策の研究」都市計画論文集 49 巻 1 号 101 〜 112 頁（2014 年）、藤井康幸「米国デトロイト市におけるランドバンクによる地区を選別した空き家・空き地問題への対処」都市計画論文集 50 巻 3 号 1032 〜 1038 頁（2015 年）、藤井康幸「米国における滞納物件、空き家等の差押後の所有、納税状況の変化とランドバンクの役割——クリーブランド市におけるケーススタディ」都市計画論文集 51 巻 3 号 798 〜 803 頁（2016 年）などを参照。

政府機関はもはや市場価値のない土地を Land bank を通じて取得し、これを管理した。

F.Alexander によれば、米国における Land bank には設立時期により3つの世代があった（Alexander, op. cit., pp. 18-22）。

第1世代は1970〜1990年代のものであり、St. Louis（1971）、Cleveland（1976）、Louisville（1989）、Atlanta（1991）における Land bank がこれにあたる。第1世代の Land Bank は、放置不動産（abandoned properties）及び租税滞納不動産（tax-delinquent properties）に焦点をあてていた。第2世代は2000年代のものであり、Genesee County, Michigan（2002）、Cuyahoga County（2008）における Land bank がこれにあたる。第2世代の Land bank は法改正によりその権能を拡大し、土地保有税徴収制度やその改革と結びついていた。第3世代は2010年代であり、New York（2011）、Georgia（2012）、Missouri（2012）、Pennsylvania（2012）、Tennessee（2012）、Nebraska（2013）、Alabam（2013）、West Virginia（2014）の Land bank がこれにあたる。第3世代の Land bank は、大不況（Great Recession）の帰結に対応するものであった。

Land banking とは、地方政府が余剰不動産を取得し、これを生産的な用途に転換したり、長期的で戦略的な公共目的のために保有するプロセスや政策をいう。これに対して、Land bank とは上述した Land banking 活動に特化した行政組織をいう（Alexander, op. cit., p. 23）。Land bank 以外の公的主体が Land banking 活動を行うこともあり、すべてのコミュニティが独立した Land bank を創設する必要はない。

II　Land bank の法的権能

Alexander によれば、Land bank の活動に不可欠な中心となる法的権能とは、不動産を①取得し（acquire）、②管理し（manage）、③処分する（dispose）権能である（Alexander, op. cit., p. 50）。

このうち Land bank が不動産の権原を取得する方法については、3種類のケースがある。第一に、地方政府が（競売手続の結果として）公的に取得した不動産や売却した不動産を Land bank が当該地方政府から取得する場合がある。

第二に、私人（私企業）から自発的な寄付や所有権移転（transfer）を受けて、Land bank が不動産の権原を取得できる場合がある。第三に、Land bank が市場において不動産を（任意で）買収（purchase）したり賃借（lease）する権能を有している場合がある（Alexander, op. cit., pp. 51-53）。

ただし、連邦憲法第 5 修正は「私有財産は正当な補償なく公共の用のために収用してはならない」（……nor shall private property be taken for public use, without just compensation）と規定する（いわゆる収用条項 taking close）[3]。また、各州の憲法にも類似の規定が置かれている。では、地方政府が不動産の権原を専ら他の私的所有権者（＝ Land bank）に移転（convey）する目的で、当該不動産の土地区画を取得するために土地収用権限（eminent domain）を行使することは合憲か。

Alexander によれば、1954 年の Berman 事件・連邦最高裁判決（*Berman v. Parker*（348 U.S. 26（1954）））は、（コロンビア特別区の）スラム地区再開発のために地方政府が土地収用権限を行使できるとしたが、地方政府が他の所有権者に権利を移譲する目的で収用権限を行使できるかどうかは不明確であった[4]。し

---

(3) 日本国憲法 29 条 3 項（「私有財産は、正当な補償の下に、これを公共のために用ひることができる。」）は上述した連邦憲法第 5 修正に類似する。

(4) Berman 事件とは、自ら所有する土地は収用の対象ではなかったが、その土地を含むコロンビア特別区のスラム地区が収用対象予定地であったデパートの所有者である S. Berman 氏が提起した民事訴訟である。原告は①自己のデパートはスラム家屋ではないこと、②私的主体が私的な利用のために当該［スラム］区域を再開発する場合、収用はなしえないこと、③収用した土地の権原を再開発業者に移転することは「あるビジネスマンの土地を他のビジネスマンのために」収用することになり、連邦憲法第 5 修正に反するなどと主張した。第一審連邦地方裁判所は収用を合憲であると判断した。

連邦最高裁は、本件を police power の問題であるとし、公共の目的の有無については立法府の判断が尊重されるとし、「大規模な収用の問題は、大規模かつ総合的な再開発計画によって処理されなければならない」とした。こうして同裁判所は、収用委員会（the Planning Commission）側の主張を裁判官の全員一致で認めた。

同事件については寺尾美子「土地収用の公共性をめぐる最近のアメリカ法の動き――Poletown 事件を題材として」国家学会編『国家と市民　第 1 巻』427 ～ 483 頁（1987 年）の449 ～ 452 頁、福永実「経済と収用：経済活性化目的での私用収用は合衆国憲法第五修正「公共の用」要件に反しない（Kelo v. City of New London, 545 U.S. 469（2005））」大阪経大論集 60 巻2 号 137 ～ 150 頁（2009 年）の 144 ～ 145 頁、渕圭吾「アメリカ合衆国の土地利用法〔下〕」神戸法学雑誌 65 巻 4 号 173 ～ 296 頁（2016 年）の 177 頁をも参照。なお、寺尾・前掲論文 452 頁は、本判決を「public use の要件を大幅に緩和した判決」として位置づける。

かし、1984年のMidkiff事件・連邦最高裁判決（*Hawaii Housing Authority v. Midkiff*（467 U.S. 229（1984）））は、連邦憲法上の「公共の用」（public use）規定の実質的な射程は、（個々の）法律において「公共の用」を構成する要素と同一の広がりを持つ（co-extensive）と判示した[5]。さらに、2005年のKelo事件・連邦最高裁判決（*Kelo v. City of New London*（545 U.S. 469（2005）））は、たとえ公共の目的（public purpose）が経済的開発であっても、地方政府は土地を私的所有権者に移転するために土地収用権限を行使できるとした[6]。

　Alexanderは、州法レベルではLand bankに土地収用権限を付与することについて合意が形成されてきたとしながらも、Land bankに土地収用権限を委譲することについては三つの議論（異論）があるという（Alexander, op. cit., p. 53）。第一に、再開発を目的として土地収用権限を行使することに対しては、州憲法が実質的な制限を課しているという異論である。第二に、地方政府自体が土地収用権限を有しており、その限りで土地収用権限は（Land bankではなく）有権者に直接に責任を負う統治主体（地方政府）によって行使されるべきであるという異論である。第三に、こうした形式の土地収用権限の行使はしばしば「スポット的収用」（spot condemnation）と呼ばれ、最も強烈な公的・政治的反発を生むという異論である。

　なお、次節でみるDetroit市の位置するMichigan州では、2005年のKelo

（5）　Midkiff事件とは、Oahu島の単純不動産権（fee simple）が寡占状態にあったことに対して、1967年のHawaii州法（土地改革法、Land Reform Act of 1967）が借地人の申請によりこれらの土地を収用し借地人に譲渡する収用スキームを策定したため、その合憲性が争われた事件である。

　連邦最高裁は、全員一致（8対0）でHawaii州法が合憲であると認めた。すなわち、寡占状態を規制するHawaii州法は古典的な州のpolice powerの行使とみなしうるものであり、市場の失敗を同定し補正するとともに、公共の用の法理（public use doctrine）を満たす包括的かつ合理的なアプローチであるとした。

　同判決については、寺尾・前掲論文及び寺尾美子「Hawaii Housing Authority v. Midkiff, 467 U.S. 229, 104 S.Ct. 2321（1984）──収用権行使を手段とした、大土地の所有者から賃借人への強制的所有権移転により、土地所有の集中状態の改善を目的とするハワイイ州の土地改革立法は、合衆国憲法第5修正の“public use”要件に抵触しない」アメリカ法1987年228～233頁（1987年）、福永・前掲注（4）145～146頁を参照。寺尾・前掲注（4）454頁は本判決を「Berman v. Parkerが大きく踏み出したpublic use要件緩和の傾向をさらに数歩進め、この点についての司法審査の役割限定を、ほぼその限界にまで推し進めた判決」として位置づける。他方、福永・前掲注（4）は、このMidkiff事件を、日本の農地改革の合憲性を支持した最大判昭28・12・23民集7巻13号1523頁に比すべき事案であるとする。

事件・連邦最高裁判決を受けて――すなわち同判決に反発して――2006年に
Michigan州憲法10章2節の収用条項を改正した。改正後は、（Kelo判決のよ
うな）経済的開発を目的とする土地収用権限の行使は禁ぜられている。Kelo
判決は全米で大きな批判を招き、Michigan州に限らず様々な州でKelo判決の
論理に対抗する法改正がなされた（これはAlexanderのいう第一の異論に関わる
ものであろう）。

　より詳しく述べると、Michigan州では、州憲法改正に先立つ2004年の
Hathcock事件・州最高裁判決（*County of Wayne v. Hathcock*, 684 N.W. 2d 765）が
既に「一般的な経済的便益」は「公共の用や便益」（public use or benefit）とは
なりえない旨を判示していた[7]。同判決は、ある土地の権原を私的所有者に移
転する（transfer）場合、それが（例外的に）適法な公用収用となるような、憲
法上の「公共の目的（public purposes）」を判断する3条件を示していた。第一
に、当該土地に鉄道を敷設するために私的主体（鉄道会社）に土地を譲渡する

---

(6)　Kelo事件とは、New London市が土地収用権限を濫用（misuse）したとして、S. Kelo氏ら
　　が同市に対して提起した差止訴訟である。原告らは、市の土地収用権限は第5修正の収用条項と
　　第14修正のdue process条項によって制限されている（収用条項は第14修正によって州や地方
　　政府の行為にも適用される）ところ、経済的開発を目的として土地を収用しNew London開発
　　会社に所有権を移転することは、第5修正にいう「公共の用」には該当しないと主張した。だが、
　　連邦最高裁の法廷意見は、たとえ経済開発を目的とする土地収用権限の行使であっても、州憲法
　　及び連邦憲法の「公共の用」条項（public use clauses）には反しないとした（法廷は5：4に分
　　かれた）。もし経済開発が雇用を創出し、税収を初めとする歳入を増大させ、不況の都市区域を
　　再活性化すると立法府が認識しているならば、当該計画は公共の目的に資するものであり、「公
　　共の用」に該当するというのである。
　　　ただし、O'Conner反対意見は、法廷意見は財産の私的使用と公的使用とのあらゆる区別を無
　　視するものであり、その結果、連邦憲法第5修正の収用条項から「公共の用のために」という語
　　句を事実上削除することになる、と批判した。
　　　さらに、Thomas反対意見は、政府に公共目的のためだけに不動産の収用を認めることだけで
　　もよいこととは言えないが、さらに公共目的の概念を拡大し、あらゆる経済的に有益な目的をも
　　含むものとすると、損失は貧しいコミュニティにだけ押しつけられることになる、と指摘した。
　　　同事件については、福永前掲注(4)、渕前掲注(4)177-181頁、藤井樹也「公用収用と合衆国憲
　　法」樋口範雄ほか編『アメリカ法判例百選』有斐閣104～105頁（2012年）をも参照。
(7)　Hathcock事件とは、Detroit市のWayne Countyがオフィス区域を生み出す開発計画のた
　　めに土地収用権限を行使したのに対して、開発区域内の土地所有権者らが、当該収用は私的なデ
　　ベロッパーに土地の権原を移転するものであるから「公共の用」に該当しないと主張して訴訟を
　　提起した事件である。第1審、控訴審ではCountyが勝訴したが、Michigan州最高裁は土地所
　　有権者側の主張を認めた。
　　　同事件については、福永・前掲注(4)147頁をも参照。

場合のように、その土地が中央政府には利用できない手段によってのみ集積（assemble）できる場合である。第二に、不動産を譲り受ける私的主体が当該不動産の利用について公衆（the public）に説明責任を負い続けられる場合である。第三に、当該不動産の権原が老朽家屋の撤去（blight）のように「それ自体が公的な重要性を持つ事実（facts of independent public significance）」に基づいて移転される場合である。Hathcock 事件において、Michigan 州最高裁は当該収用がこれらの条件を満たさないと判断した。

その後、2006 年に改正された Michigan 州憲法 10 章 2 節は、次のように規定する。

「私的財産は正当な補償なく公共の用（public use）のために収用してはならない」「「公共の用」には、経済的開発や税収の増大を目的として、私的財産の権原を私的主体に移転する収用を含まない」「収用行為においては、収用機関は、私的財産の収用が公共の用のためであることを、証拠の優越が認められる程度に立証する責任を負う。ただし、収用行為が廃屋の撤去のための収用を含む場合、収用機関は、私的財産の収用が公共の用の為であることを、明白かつ説得的な証拠（clear and convincing evidence）により立証する責任を負う」

同条によれば、Hathcock 事件判決と同様に、収用目的が経済的開発である場合、当該収用は「公共の用」（公共の目的）にはあたらないことになる。また、老朽家屋の収用の場合、（通常の「証拠の優越」を超えて）収用が公共の目的のためであることの「明白かつ説得的な証拠」による立証までをも収用機関に要求している。

III　Detroit の Land bank（Detroit Land Bank Authority, DLBA）と nuisance 排除プログラム（Nuisance Abatement Program, NAP）

ここでは Detroit の Land bank（DLBA）の活動と nuisance 排除プログラム（NAP）について概説する[8]。

まず、Detroit 市は米国 Michigan 州東部に位置し、人口は 677,116 人である

---

(8)　筆者は 2015 年、Detroit 市で開催された Center for Community Progress の年次総会に出席した。以下の記述は、同総会の資料や聞き取りにも基づいている。

（2015 年 7 月 1 日）。また、黒人又はアフリカ系アメリカ人の比率が 82.7%、白人の比率が 10.6% である（2010 年 4 月 1 日）。貧困率は 39.8% である。人口の減少、黒人比率の増大、貧困率の増大が顕著である[9]。

　同市は 20 世紀初頭から自動車産業の街として発展してきたが、1970 年代に日本の自動車産業に追い抜かれてからは徐々に衰退した。2013 年 7 月 18 日、同市は財政破綻を表明し、同年 9 月 18 日、Michigan 州連邦裁判所に連邦破産法 9 条の申請を行い、12 月 3 日に適用が認められた。米国郵政公社によれば、2016 年 9 月現在デトロイト市の空き屋率は 21.9% であり、空き屋数は 87,762 件であった[10]。

　DLBA は 2008 年に設立された公的機関であり、Michigan 州法である Land Bank Fast Track Act（PA258）を根拠法とする。Detroit 市内の空き家（vacant property）、放置不動産（abandoned property）、競売不動産（foreclosed property）をより生産的な不動産へと転換することを目的とする。主たる活動は競売（auction）、隣地への不動産売却（side lot sales）、地域との連携（community partnership）、建物収去（demolition）などである。なお、建物収去については、財務省から Hardest Hit Fund という助成金を得ている。

　NAP は 2014 年春に DLBA が立ち上げたプログラムである。NAP の特徴は、nuisance を排除し、近隣を再生し、あるいはコミュニティを再活性化するために、空き家に対して訴訟を提起することである[11]。nuisance の具体例としては、①修復のために空き家となったまま他者が自由に侵入できる建物、②不具合があり、水漏れし、雨水が入り込み、建物の壁や内装の劣化を防止できていない屋根、③ゴミ、害虫の群生、液体の漏洩その他の不衛生な状態、④雑草

---

(9)　US Census Bureau（https://www.census.gov/quickfacts/table/PST045215/2622000）.

(10)　"Vacancy Rates in Detroit Remain Stagnant" Drawing Detroit,〈http://www.drawingdetroit. com/detroit-vacancy-sept2016/〉（2017 年 2 月 9 日閲覧）

(11)　Detroit City Code Ch. 37 Art. Ⅱ Sec. 37-2-6（a）は、「空き屋でありかつ危険な状態にあるあらゆる家屋の所有権は、巡回裁判所に対する所有権確認訴訟を通じて、市が取得しうる。もし所有権者が自己の不動産を空き家としかつ危険な状態に放置し、さらに不動産税を滞納するならば、所有権者は当該不動産の所有権を市に帰属させることを意図していたものと推定する」と規定する。また、同（e）は、「nuisance 排除受託者はまた本章の規定に従って所有権確認訴訟を提起することによって、あらゆる放置家屋の権原取得を求めることができる」と規定する。

　なお、nuisance 排除に関する一般的な規定として International Code Council による International Property Maintenance Code がある。

図1：Detroit 市の人口の推移（1880-2010 年）

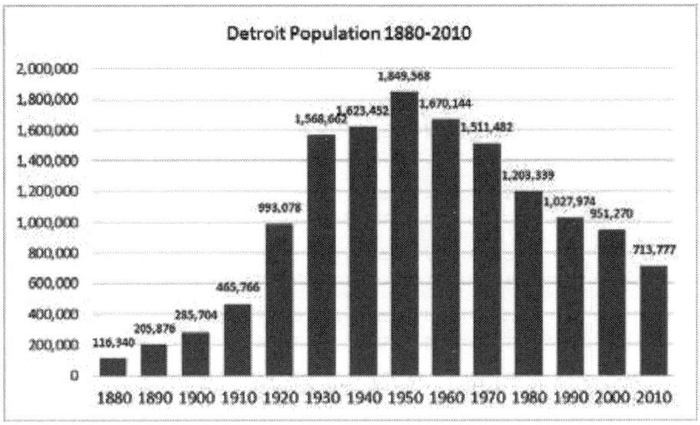

Detroit Population 1880-2010

2,000,000
1,800,000
1,600,000
1,400,000
1,200,000
1,000,000
800,000
600,000
400,000
200,000
0

116,340 / 205,876 / 285,704 / 465,766 / 993,078 / 1,568,662 / 1,623,452 / 1,849,568 / 1,670,144 / 1,511,482 / 1,203,339 / 1,027,974 / 951,270 / 713,777

1880 1890 1900 1910 1920 1930 1940 1950 1960 1970 1980 1990 2000 2010

の過度な繁茂、⑤放置ゴミ、食物のゴミ、庭ゴミ、剥き出しのままだったり濡れていたりゴミ箱に入っていない廃棄物、⑥生命や不動産にとって危険であるが剪定や切除されていない木々や低木、⑦建物に隣接する歩道、側溝、路地などに建築資材、建築設備、家具、電化製品等のゴミやガラクタが堆積している状態などが挙げられる。

　NAP の対象区域は限定されており、対象となる不動産は①私的に所有されていること、②空き家（vacant）であること、③特定の領域に存在することが必要である。具体的には、Detroit 市内全域にある不法侵入されやすい放置家屋や危険な家屋である。こうした家屋が行政データや現地調査、コミュニティ団体や近隣によって特定される。家屋が特定されると、NAP は当該土地の権原や納税状況を調査し、不動産所有者及び利害関係人を特定する。不動産所有者等は訴訟を回避するためには、不動産特定・公告後 72 時間以内に DLBA に連絡をとらなければならない。訴訟回避がなされない場合、当該土地に対する訴訟が提起され、関係者全員に通知される。

　請求の内容は、土地所有権者に対して、地域の利益になるように当該不動産を改修するか、さもなければ DLBA に土地所有権を明け渡すことを認めるか、いずれかを要求するものとなる。所有者には法廷で nuisance の申立に対する弁明の機会が与えられる。所有者が訴訟に応じなければ、欠席判決（default judgement）が下され、nuisance 排除のため、当該不動産の権原は DLBA に移転する。権原が DLBA に移転することにより、DLBA は当該不動産を第三者

に再譲渡できる。この場合、譲受人は6か月以内に不動産を修復しなければならない。また、DLBAは必要があれば、当該不動産を——再譲渡するのではなく——収去することもできる。

DLBAによれば、2014年4月17日、NAPは緊急に修復が必要な25の空き家および放置家屋に対して訴訟を提起した。それ以降、NAPは12の異なるコミュニティ計画区域の450の空き家に対して、20以上の訴訟を提起している。そのうち175の空き家不動産所有権者とは契約を締結し、また応訴しない被告からは48の欠席判決（default judgments）を得ているという。

さらに2014年7月1日、NAPは対象不動産を拡大し、ドラッグに関わる違法行為（drag activity）によってnuisanceを生じさせている不動産をも対象とすることになった。捜査令状が発布され、当該不動産で薬物が発見された場合、その情報はNAPプログラムに送付される。最初の令状発布後にNAPから土地所有権者に警告書が送付され、第2の令状が薬物の存在を認定している場合には、放置家屋と同様の手続によって訴訟が提起される。

Ⅳ　DLBAに対する違憲論

前節で紹介したDLBAによる不動産の取得が連邦憲法第5修正に違反すると強く批判しているのが、Loyola大学law school教授のY. M. Murrayである[12]。

Murrayによれば、DetroitのTask Force代表は、Michigan州憲法が廃墟家屋の収用について広範な制限を課している以上、自分たちのプログラムによる廃墟不動産取得は土地収用ではなく、Michigan州のnuisance除去プログラム（規制）の拡張されたヴァージョンとして捉えるべきであるとしている。しかし、MurrayによればDLBAはそのプログラムが連邦憲法第5修正に違反して実施されていることを認めていない。

ここで規制と収用との関係についてみると、たしかに連邦憲法上の収用条項

---

(12)　Yxta Maya Murray, "Detroit Looks Toward a Massive Blight Condemnation: The Optics of Eminent Domain in Motor City," *Georgetown Journal on Poverty Law and Policy*, 23-3, pp. 395 ～ 461（2016年）.

は当初は（規制ではなく）公共の利益を目的とする私的財産権の物理的な把捉（physical grab）に適用されていた。

　しかし、1922 年の Mahon 事件・連邦最高裁判決（*Pennsylvania Coal Co. v. Mahon*, 260 U.S. 393（1922））は、物理的な収用と同様の効果を持つ規制行為をも収用条項の適用対象とした[(13)]。その後の判例によれば、土地のあらゆる経済的有効利用を否定する規制（1992 年の Lucas 事件・連邦最高裁判決、*Lucas v. South Carolina Coastal Council*, 505 U.S. 1003（1992））や[(14)]、政府が土地を恒久的に物理的に侵害したり占有したりする規制（*Loretto v. Telepromoter Manhattan*

---

(13) Mahon 事件とは、当初、炭鉱会社が不動産譲渡証書において石炭の採掘権を保持したまま Mahon 氏に地上権を設定していたところ、1921 年に Pennsylvania 州法（Kohler Act）が制定され、人が居住している土地に地盤沈下を生じさせるような無煙炭の採掘を禁止したというものである。炭鉱会社は Mahon 氏に対して、同氏の居住する土地の地下の石炭採掘計画を通知したので、同氏は炭鉱会社に対して Kohler Act に基づき、採掘を差し止める訴訟を提起した。

　連邦最高裁は、規制行為が補償を要する収用に該当するか否かは、不動産の価値の低下の程度によると判示した（いわゆる「規制的収用法理 the doctrine of regulatory taking」の展開の端緒であり、ここでは「価値低下テスト the diminution-of-value test」が用いられた）。同裁判所は、① Kohler Act によって禁止された行為（採掘）によって生ずる損害は私的なものであり公的 nuisance ではないこと（しかも損害は甚大であること）、②同法は一般的に、私人や政府によって所有されている土地地盤下にある価値ある不動産の採掘権を毀損してしまうことなどを挙げ、本件は収用に該当するとした。同事件については、渕前掲注(4)203 ～ 209 頁をも参照。

　中村孝一郎『アメリカにおける公用収用と財産権』大阪大学出版会 174 頁（2006 年）は、上記判決のように、土地の財産権の規制が一定の場合には収用となりうるという「規制的収用法理」が展開された根拠として、財産権が「「権利の束」であるという理解が強まり、土地などの財産に対して規制を行うということは、束となっている財産的権利の一部を取り上げる（take）ことになり、第 5 修正でいうところの収用となるのではないかといわれるようになった」点を指摘する。

(14) Lucas 事件とは、1986 年に Lucas 氏が海岸の不動産を購入したところ、州海岸管理法（1988 年）が同氏の不動産上の家の建築を禁止したため、同氏が同法による土地利用規制は正当な補償のない収用にあたるとして訴訟を提起したものである。South California 州最高裁判所は、海岸管理法は正当な police power の行使であり、収用にあたらないとした。これに対して、連邦最高裁は、土地所有者からあらゆる土地の経済的有効利用を剥奪する規制は、禁止された利用関係が当初から権原の一部に含まれていないのではない［含まれている］ならば、収用にあたると判示した。この判決は「全面的収用のテスト（total takings test）」という審査基準を確立したと考えられている。

　同事件については、由喜門眞治「Lucas v. South Carolina Coastal Council, ──U.S.──, 112 S. Ct. 2886（1992）──原則として、経済的に有益なすべての利用を否定する土地利用規制は「収用」にあたり補償を要するとして、「収用」にあたらないとして補償を不要とした原審判決を破棄し差し戻した事例」アメリカ法 1995（1）146-152 頁（1995 年）、渕前掲注(4)214 ～ 220 頁をも参照。

CATV Corp., 458 U.S. 419（1982））などは、カテゴリカルに又は本質的に収用に
あたる。連邦最高裁判所は、その他の規制的収用（regulatory takings）については
case by case の衡量テスト（case-by-case balancing test）で判断してきた。

　また、Murray によれば、nuisance 法のように危険で違法な土地利用を禁止
する規制は、伝統的には収用にあたらないとされてきた。nuisance 条例は自
治体の police power の行使として認められてきたからである。たとえば、
Murray が引用する DeBenedictis 事件・連邦最高裁判決（*Keystone Bituminous
Coal Ass'n v. DeBenedictis*, 480 U.S. 470（1987））は、「州は違法な行為を中止させ
たり、公的 nuisance を排除することにより、たとえ当該不動産の価値を下落
又は破壊したとしても、それを補償する必要はない」とする。また、前述した
1992 年の Lucas 事件・連邦最高裁判決も「当該土地のあらゆる経済的な有効
利用を禁止する規制は（補償がなくても）権原自体に、また、州の財産権法や
nuisance 法の背後にある諸原理が既に土地所有権に課している制限に、内在
している」とした。

　さらに、Murray によれば、連邦最高裁は、「違法行為」を支えるために不
動産が利用されている場合、当該 nuisance 不動産を無補償で接収する（seizure）
ことをも認めてきた（*Mugler v. Kansas*, 123 U.S. 623（1887））。

　しかし、Murray の見解では、ある不動産が犯罪に用いられていなかった場
合、nuisance 法の下で当該不動産の権原を接収することを認めた判例は存在
しない。Detroit の Land bank の場合、NAP の下で接収された不動産は、い
かなる犯罪行為にも関係していない［場合がある］。それらの不動産はたんに
深刻な老朽化の状態にあるというだけなのだ。したがって、NAP の下で不動
産を接収することは、適切な補償のない収用を禁止する連邦憲法第 5 修正に違
反する。

　さらに Murray は、歴史的に見れば土地収用は低所得者層や有色人種を搾取
してきたと指摘する。たとえば、1936 年の Muller 事件（*New York City Housing
Authority v. Muller*, 270 N.Y. 333, 1 N.E. 2d 153（1936））においてニューヨーク州
控訴裁判所が土地収用を認めた結果、Lower East Side の貧しい移民が排除さ
れたこと、1954 年の Berman 事件において連邦最高裁がワシントン特別区に
黒人の排除（Negro removal）を許したこと、1981 年に Florida 州最高裁がスラ

ムの再開発クリアランスを是認したために有色人種のコミュニティが排除され
たこと、1985 年に Florida 州控訴裁判所がスラムの土地収用を認めたことによ
り、おそらくはホームレスを増加させたことなどがそれにあたるという。ただ
し、こうした土地収用のもたらす社会的排除効果に対する懸念は、既に 2005
年の Kelo 事件判決における O'Conner 反対意見や Thomas 反対意見にも見ら
れたものであり、Murray の特異な見解ではないであろう。Murray は Detroit
の Task Force が（土地収用理論ではなく）NAP の下で廃屋を撤去する場合に
も、こうした排除の危険が生ずるし、既に DLBA の建物撤去によりホームレ
スの人々は転出の脅威に晒されていると指摘する。

　しかし、Detroit の Task Force 代表は、Detroit には同様の搾取の危険は存
在しないかのように装っているという。また、一般に裁判官や行政官は、これ
までも土地収用手続にかかる貧困地区を見下してきたという。すなわち、1954
年の Berman 事件以降、裁判所は立ち退きを認める前から、「荒廃した」コミ
ュニティを醜悪で動物的で、危険なまでに［醜悪さを］周囲に広めるものとし
て記述してきた。他方、裁判所は富裕な大企業を好意的に見ており、このよう
な評価が経済的開発のための収用（1981 年の Poletown 事件・Michigan 州最高裁
判決（*Poletown Neighborhood Council v. City of Detroit*, 410 Mich. 616（1981））や
Kelo 事件判決）を後押ししてきたというのである。

　Murray によれば、Detroit の Task Force は、Detroit 住民の恐怖や危険に
訴えることで、人々の注意を憲法問題や貧困問題からたくみにそらしている。
すなわち、かれらは数千の不動産を無補償で収用できると政治家、裁判官、市
民たちを説得したという。

　DLBA の土地の取得が違法な土地収用であるか否かは、今後の判例の蓄積
を待つ必要があるかもしれないが、少なくともこうした違憲論が主張されるほ
どには、DLBA の土地取得は土地利用規制の限界に踏み込んでいるといえる
だろう。

V　わが国の空き家対策に対する示唆

日本でも近年、空き家問題が社会的注目を集めている。自治体や国による対

策も進んでいる。日本の空き家問題の社会経済的背景としては、高齢化の進展により若年層が流出する一方、高齢者は親族の居宅や施設・病院等に移転し、あるいは死亡し、空き家が増加してしまうことがあげられる[15]。同時に、制度的背景としては、住宅用地の特例措置により、更地と比較して家屋が残存している場合、固定資産税及び都市計画税の減免があった（地方税法349条の3の2、702条の3）。さらに、放棄した空き家を除却する費用を捻出できない場合もある。

　日本では空き家対策を目的として、各地方公共団体が空き家対策条例を制定していた。すなわち、所沢市「空き家等の適正管理に関する条例」（2010年）を嚆矢として、大仙市や柏市など各地で空き地・空き家の適正管理条例が制定された（建築基準法10条3項には特定行政庁による既存不適格建築物に関する措置命令の規定が存在したが、活用されてこなかった）。条例の規定事項としては、実態調査や立入調査のほか、助言・指導、勧告さらには命令、公表、行政代執行、刑罰まで規定する条例も存在した。

　こうした条例制定の動きを受けて、2014年11月、国は「空家等対策の推進に関する特別措置法」を制定した。同法は一定の条件を満たした空き家（「特定空家等」）に対する改善勧告や命令を認めただけではなく、行政代執行や罰金まで認めている点に特徴がある。

　ここで「特定空家」とは「そのまま放置すれば倒壊等著しく保安上危険となるおそれのある状態又は著しく衛生上有害となるおそれのある状態、適切な管理が行われていないことにより著しく景観を損なっている状態その他周辺の生活環境の保全を図るために放置することが不適切である状態にあると認められる空家等」を指している（同法2条2項）。

　ここでは特定空家の除却処分までが認められているが、特定空家が立地して

---

(15)　空き地・空き家問題と適正管理条例については、北村喜宣（監修）『空き家等の適正管理条例』地域科学研究会（2012年）などを参照。後述する空家対策特措法制定以降の論考として、小澤英明「法律家の視点からみる空き家問題」法律のひろば68巻7号37-44頁（2015年）、北村喜宣「空家対策特措法の制定と市町村の空き家対応施策」論究ジュリスト15号70-80頁（2015年）、北村喜宣・米山秀隆・岡田博史『空き屋対策の実務』有斐閣（2016年）、角松生史「空き屋条例と空家法——「空き屋問題」という定義と近隣外部性への焦点化をめぐって」都市政策164号13-21頁（2016年）、吉田克己「空き家問題は土地所有権論にどのような影響を与えるか」月報司法書士534号36-45頁（2016年）などがある。

いる土地区画を行政庁が取得するわけではない。行政庁が土地を任意に買収したり、ましてや土地を収用したりすることまでは考えられていない。

また、以上のような空き家対策法・条例とは別に、わが国においてもランドバンク事業と称する取り組みが空き家・空き地対策として実施されている[16]。たとえば山形県鶴岡市のランドバンク事業では、空き家・空き地の所有権者がNPO に対して土地・建物を低価格で売却する。NPO は当該空き家を解体し、隣地の土地所有権者に低価格で土地を再譲渡する（これによって解体費用を補填する）。隣地の土地所有権者らは狭隘道路も解消され、将来の建替えも可能になる。いわば小規模な開発を繰り返して低未利用地を有効活用する手法である。これは収用ではなく任意買収であること、大規模な経済的開発などではなく小規模な宅地開発であることなど、Detroit などで問題とされている Land bankとは機能も手法も全く異なるものであるといえよう。

さらに、2017 年 2 月 3 日、住宅セーフティネット法（「住宅確保要配慮者に対する賃貸住宅の供給の促進に関する法律」）の一部改正が閣議決定された。同改正は、空き家・空き室となっている民間賃貸住宅等のうち、高齢者や低額所得者など「住宅確保要配慮者」の入居を拒まないものを登録させる制度（「住宅確保要配慮者円滑入居賃貸住宅事業」）を創設するものであり、同制度は地方公共団体の空き家バンクを法制化した面がある。低所得者層をも考慮した空き家の利活用策であり、公営住宅の不足を補完する制度として注目されるが、家賃補助等は条文化されず、その実効性には疑問もある。

わが国においては、都市再開発は都市再開発法が規定する第 1 種（権利変換方式）・第 2 種（用地買収方式）市街地再開発事業や、土地区画整理法に基づく土地区画整理事業によって行われることが多く、用地の確保が必要な場合にも任意買収が用いられ、土地収用が問題となることは多くはなかった。また、土地収用権限の違法性をめぐる違憲訴訟も少なかった。ここには寺尾・前掲注（4）が指摘する私的財産権の「強さ」——換言すれば既得権の強さ——が影響しているのかもしれない。また、社会経済的・制度的背景としては、土地の担保価値の重要性、地価の恒常的上昇などがあったように思われる。

---

(16) 国土交通省都市局「不動産業者等が連携した中心市街地の低未利用地の有効活用推進調査報告書」国土交通省都市局（2014 年）[http://www.mlit.go.jp/common/001057868.pdf]。

だが、日本社会は今日、高齢化と格差拡大、地価の低迷に直面しており、空き家・空き地の集積や再利用、財産的価値の乏しい土地の利用方法の模索等が続いている。従って、老朽家屋の立ち並ぶ住宅地を改良するために、新たな土地収用事業制度を創設すべきだという議論が出てくる可能性は皆無ではない。

ただし、そのさいには Murray が問題にしたように、経済的な利潤追求を目的とした土地収用による開発が、低所得者層を駆逐する社会的排除やジェントリフィケーションの道具となりうることを考えなければならない。同時に、強度な負担を課す土地利用規制が、わが国においても実質的に収用と同視できる場合がないか留意する必要があろう[17]。

※本稿は、科学研究費・基盤研究(B)「空き家問題に関する総合的・戦略的法制度の構築を目指す提言型学術調査」(研究課題／領域番号 26301008、研究代表：角松生史) の研究成果の一部である。

(はせがわ・きよし　首都大学東京都市教養学部教授)

---

(17)　土地基本法 (1989 年) 制定以降は、「土地所有権については財産権一般よりも広汎な規制が容認され」ると解されるようになってきている。渡辺康行・宍戸常寿・松本和彦・工藤達朗『憲法 I 基本権』(日本評論社、2016 年) 345 頁。だが、憲法論の次元では「文脈への顧慮を内在させない一般論で、変転する Bodenverfassung に対応してゆく」必要性を説いた石川健治「憲法論から土地法制をみる視角——戦後の土地法制と憲法二九条論」ジュリスト 1089 号 254 ～ 259 頁 (1996 年) の視点も忘れてはならないだろう。なお、最判昭和 38 年 6 月 26 日刑集 17 巻 5 号 521 頁 (奈良県ため池の保全に関する条例) について、規制による収用の問題として解し得ることを指摘する渕前掲注(4)220 頁をも参照。

原田純孝先生
略歴・著作目録

略　歴

略歴・職歴

1946 年 1 月 1 日	出生（岡山県）
1964 年 3 月	岡山県立岡山操山高等学校卒業
4 月	東京大学教養学部文科一類入学
1967 年 9 月	司法試験第二次試験合格
1968 年 3 月	東京大学法学部第一類卒業
4 月	東京大学法学部第三類学士入学
11 月	東京大学法学部第三類退学
12 月	東京大学社会科学研究所助手（1976 年 12 月まで）
1973 年 7 月	フランス政府給費留学生（ストラスブール大学Ⅲ、パリ大学Ⅱ。1975 年 11 月まで）
1978 年 4 月	東京経済大学経済学部専任講師（民法担当）
1979 年 4 月	東京経済大学経済学部助教授（民法担当）
1982 年 4 月	東京大学社会科学研究所助教授
1991 年 4 月	東京大学社会科学研究所教授
1993 年 8 月	文部省在外研究員：パリ大学Ⅰ客員教授（1995 年 3 月まで）
1996 年 5 月	日本法社会学会事務局長（1999 年 5 月まで）
11 月	日本農業法学会事務局長（2004 年 11 月まで）
2008 年 3 月	東京大学退職（東京大学名誉教授）
4 月	中央大学法科大学院教授
11 月	日本農業法学会副会長（2012 年 11 月まで）
2012 年 11 月	日本農業法学会会長（現在に至る）
2016 年 3 月	中央大学定年退職（中央大学法科大学院フェロー）
4 月	弁護士（現在に至る）

著作目録

Ⅰ　著書・共著・編著

〔単著〕

『近代土地賃貸借法の研究——フランス農地賃貸借法の構造と史的展開』東京大学出版会、
　　1980 年 3 月、全 507 頁（第 1 回日本農業法学会賞受賞：1988 年 5 月）

『農地制度を考える——わが国農地制度の沿革・現状と課題』全国農業会議所、1997 年
　　12 月、全 240 頁

〔共著〕

『民法Ⅱ　物権』（淡路剛久・鎌田薫・生熊長幸と共著）有斐閣、初版 1987 年 12 月、全
　　326 頁、第 2 版 1994 年 4 月、全 359 頁、第 3 版 2005 年 4 月、全 358 頁、第 3 版 補
　　訂 2010 年 3 月、全 373 頁、第 4 版 2017 年 10 月、全 378 頁

『商業法規』（久留島隆と共著。民法の部分の全体を執筆）一橋出版、1994 年 3 月、全
　　165 頁

『フランスの民間賃貸住宅』（檜谷美恵子・寺尾仁・吉田克己・大家亮子と共著）日本住
　　宅総合センター、1995 年 4 月、全 176 頁

"La famille au Japon et en France"（Alain BENABENT 他 10 人と共著），Société de
　　législation comparée, septembre 2002, Paris, 162 p.

『日本不動産業史』（橘川武郎・粕谷誠編。ほか 9 人と共著）名古屋大学出版会、2007 年
　　9 月、全 402 頁（不動産協会優秀著作奨励賞受賞：2009 年 5 月）

〔編著〕

『ヨーロッパの土地法制——フランス、イギリス、西ドイツ』（稲本洋之助・戒能通厚・
　　田山輝明と共編著）東京大学出版会、1983 年 2 月、全 516 頁

『土地基本法を読む——都市・土地・住宅問題のゆくえ』（本間義人・五十嵐敬喜と共編
　　著）日本経済評論社、1990 年 7 月、全 337 頁

『現代の都市法——ドイツ・フランス・イギリス・アメリカ』（広渡清吾・吉田克己・戒能通厚・渡辺俊一と共編著）東京大学出版会、1993 年 2 月、全 537 頁（日本不動産学会著作賞受賞：1994 年 5 月）

『日本の都市法 I —構造と展開』東京大学出版会、2001 年 4 月、全 492 頁

『日本の都市法 II —諸相と動態』東京大学出版会、2001 年 5 月、全 530 頁

『現代都市法の新展開——持続可能な都市発展と住民参加——ドイツ・フランス』（大村謙二郎と共編著）『東京大学社会科学研究所研究シリーズ』No.16、2004 年 3 月、全 213 頁

『アメリカ・イギリスの現代都市計画と住宅問題——自治体・市場・コミュニティ関係の新展開』（渡辺俊一と共編著）『東京大学社会科学研究所研究シリーズ』No.18、2005 年 3 月、全 139 頁

『日本社会と法律学——歴史、現状、展望——渡辺洋三先生追悼論集』（戒能通厚・広渡清吾と共編著）日本評論社、2009 年 3 月、全 1214 頁

『地域農業の再生と農地制度』農山漁村文化協会、2011 年 6 月、全 330 頁

II 論 文

1 民法財産法関係

「戦後フランスにおける農地賃貸借制度」農業法研究 8 号（1973 年 3 月）85-125 頁

「フランスにおける農地賃貸借制度改革」東京大学社会科学研究所編『戦後改革 6 農地改革』東京大学出版会、1975 年 2 月、417-459 頁

「平野部落村持地・共有地における入会慣行の現状と法的性質および若干の問題点」渡辺洋三・北条浩編『林野入会と村落構造』東京大学出版会、1975 年 3 月、113-165 頁

「農地賃貸借の法構造とその特質——ナポレオン法典の成立過程に見るその法律的社会的基礎(1)(2)」社会科学研究 28 巻 3 号（1976 年 11 月）1-90 頁、6 号（1977 年 3 月）194-273 頁（その後『近代土地賃貸借法の研究』東京大学出版会、1980 年に所収）

「土地所有権の制限とその法概念」全国農地保有合理化協会『農用地価抑制と現代的土地所有権——農用地確保・規模拡大と土地負担に関する調査研究報告書』1977 年 3 月、34-49 頁

「序論 2 土地はどのような特徴を有する資産および商品か。その特徴は土地法のあり方にどのような結果をもたらしているか」、「序論 3 土地所有をめぐる社会的利益と

原田純孝先生　略歴・著作目録　561

私的利益は、どのように対立するか。またそれらはどのように調節されるべきか」
　　稲本洋之助・真砂泰輔編『土地法の基礎』青林書院新社、1978年6月、7-14頁
「フランス革命の土地変革と農地賃貸借」社会科学研究30巻3号（1978年10月）118-
　　151頁（その後『近代土地賃貸借法の研究』東京大学出版会、1980年に所収）
「『賃借権の物権化』の現代的意義について」不動産研究20巻4号（1978年10月）
　　42-51頁
「『近代的土地所有権』論の再構成(上)(下)」社会科学の方法137号（1980年11月）10-16
　　頁、140号（1981年2月）11-17頁
「共同研究――近代土地法研究の到達点と今後の課題」（大阪市立大学民事法研究会にお
　　ける報告と討議の記録）民商法雑誌84巻5号（1981年8月）713-770頁
「フランス民法典と農地賃貸借」比較法研究43号（1981年11月）141-148頁
「区分所有建物における賃借人の権利義務」法律時報55巻9号（1983年9月）35-43頁
「規約および集会」丸山英氣編『区分所有法』大成出版、1984年10月、167-219頁
「建物区分所有法30～33条、46条の注釈」水本浩・遠藤浩編『基本法コンメンタール
　　――住宅関係法』日本評論社、1984年10月、307-315頁、324-327頁
「不動産賃借権の譲渡・転貸――日本民法学説史の一断面㈠」社会科学研究36巻5号
　　（1985年2月）1-59頁
「賃借権の譲渡・転貸」星野英一他編『民法講座第5巻』有斐閣、1985年6月、295-383
　　頁
「借地・借家法改正の問題点――借地権の担保」法律時報58巻5号（1986年4月）
　　73-79頁
「フランスの借家法の現状」（東川始比古と共著）水本浩・田尾桃二編『現代借地借家法
　　講座3　借地借家法の現代的諸問題』日本評論社、1986年6月、69-122頁
「転換期の日本法制――不動産利用における所有権と利用権」ジュリスト875号（1987
　　年1月）51-57頁
「賃借権の譲渡・転貸」法学教室80号（1987年5月）61-67頁
「民法606条、607条、608条」「借家法5条」の注釈補訂（旧版：渡辺洋三）、幾代通・
　　広中俊雄編『新版注釈民法(15)』有斐閣、1989年4月、209-265頁、749-785頁
「借地・借家法改正の課題――借地権の存続期間」ジュリスト939号（1989年8月）
　　70-80頁
「賃貸借における当事者の交替の法律関係(1)～(3)・完」法学教室121号（1990年10月）

110-115 頁、122 号（1990 年 11 月）56-61 頁、123 号（1990 年 12 月）44-51 頁

「フランスの区分所有法」マンション学創刊号（1992 年 4 月）15-24 頁

「借地権の存続期間」ジュリスト 1006 号（1992 年 8 月）35-44 頁

「賃借権の無断譲渡・転貸」法学教室 143 号（1992 年 8 月）54-59 頁

「借地借家法第 33 ～ 37 条、付則第 13 ～ 14 条の注釈」広中俊雄編『注釈借地借家法：新版注釈民法(15)別冊』有斐閣、1993 年 10 月、945-977 頁、1003-1005 頁

「建物区分所有法第 30 ～ 32 条および第 46 条の注釈」水本浩・遠藤浩・丸山英氣編『基本法コンメンタール：マンション法（建物区分所有法）』日本評論社、1994 年 3 月、55-64 頁、71-74 頁

「フランスの区分所有法——所有関係と管理システムの法制度的特徴」水本浩・遠藤浩・丸山英氣編『基本法コンメンタール：マンション法（建物区分所有法）』日本評論社、1994 年 3 月、190-198 頁

「賃借権の無断譲渡・転貸」星野英一編『判例に学ぶ民法』有斐閣、1994 年 9 月、173-187 頁

「定期借家制度で借家人は『民法以下』の地位に落とされる」エコノミスト 1998 年 6 月 23 日号、72-75 頁

「民法 612 条（賃借権の無断譲渡、無断転貸）」広中俊雄・星野英一編『民法典の百年 III 個別的観察・債権編』有斐閣、1998 年 10 月、397-438 頁

「借地権の無断譲渡・転貸」稲葉威雄他編集『新借地借家法講座 I　総論・借地編 1』日本評論社、1998 年 12 月、341-377 頁

"Notion de propriété: traits caractéristiques en droit japonais", Centre Français de Droit Comparé (éd.), Etudes de Droit Japonais, Société de Législation comparée, octobre 1999, Paris, pp.115-121

「建物区分所有法第 30 ～ 32 条および第 46 条の注釈」水本浩・遠藤浩・丸山英氣編『基本法コンメンタール：マンション法（第 2 版）』日本評論社、1999 年 10 月、57-69 頁、77-80 頁

「定期借家制度導入法の問題点——異常な立法過程とその狙い」法律時報 72 巻 2 号（2002 年 2 月）1 ～ 3 頁

「建物区分所有法第 30 ～ 32 条および第 46 条の注釈」水本浩・遠藤浩・丸山英氣編『基本法コンメンタール：マンション法（第 3 版）』日本評論社、2006 年 10 月、61-77 頁、86-89 頁

「現代における私法・公法の〈協働〉：全体シンポジウムの企画の趣旨と問題の提示」法社会学66号（2007年3月）1-15頁

「規約および集会」丸山英氣編『改訂版　区分所有法』大成出版社、2007年3月、199-270頁

「土地所有権の規制」内田貴・大村敦志編『民法の争点（ジュリスト増刊）』有斐閣、2007年9月、118-119頁

「日本からみた『中国物権法における用益物権制度』」星野英一・梁慧星監修『中国物権法を考える』商事法務、2008年9月、144-162頁

「21世紀の農地制度と土地所有権論──日仏の比較土地法研究の視点から」戒能通厚・石田眞・上村達夫編『法創造の比較法学：先端的課題への挑戦』日本評論社、2010年7月、77-103頁

「農地・採草放牧地の賃貸借」松尾弘・山野目章夫編『不動産賃貸借の課題と展望』商事法務、2012年10月、101-120頁

「マンション建替え制度における居住の権利と土地所有権──とくに団地内建物一括建替えの場合を中心として」広渡清吾・浅倉むつ子・今村与一編『日本社会と市民法学──清水誠先生追悼論集』日本評論社、2013年8月、297-322頁

2　民法家族法・相続法関係

「第6章　離婚──前注」稲本洋之助編訳『フランス民法典第1編──その原始規定（1804）と現行規定（1971）』（「家」制度研究会『比較家族法資料6』）、1972年3月、79-88頁

「フランスにおける農地賃貸借と相続」農業法研究15・16合併号（1981年5月）105-132頁

「フランスにおける家族農業経営資産の相続──1978～81年実態調査（海外学術調査）中間報告」（稲本洋之助・渡辺洋三・鎌田薫と共著）社会科学研究33巻5号（1981年12月）151-241頁

"Research on succession to agricultural assets in Europe; Interium report──Enquête sur la transmission héréditaire des fonds agricoles dans l'exploitation familiale en France", Annals of Institute of Social Science, special issue, march 1982（The Institute of Sociale Science, University of Tokyo）（稲本洋之助・渡辺洋三・鎌田薫と共著）、pp.19-110

「ヨーロッパの農家相続——フランス」法社会学 34 号（1982 年 3 月）122-151 頁（分担執筆）

「家族と契約——フランスの農家相続実態調査との関連で」創文 240 号（1984 年 1 月）10-13 頁

「離婚の比較法的研究——フランスの離婚」及び "Le divorce en France"（仏文）比較法研究 47 号（1985 年 10 月）89-110 頁、288-297 頁

「農家相続における所有と経営——フランスの農家相続(1)〜(4)・完」社会科学研究 37 巻 6 号（1986 年 3 月）121 -170 頁、38 巻 3 号（1986 年 10 月）175 -235 頁、38 巻 5 号（1987 年 1 月）161-216 頁、39 巻 5 号（1988 年 2 月）151-218 頁

「フランスにおける離婚」利谷信義・江守五夫・稲本洋之助編『離婚の法社会学——欧米と日本』東京大学出版会、1988 年 3 月、185-230 頁

「『日本型福祉社会』論の家族像——家族をめぐる政策と法の展開方向との関連で」東京大学社会科学研究所編『転換期の福祉国家(下)』東京大学出版会、1988 年 6 月、303-392 頁

「債務の相続」川井健・鎌田薫編『基本問題セミナー・民法 3　親族・相続法』一粒社、1990 年 4 月、169-183 頁

「高齢化社会と家族——家族の変容と社会保障政策の展開方向との関連で」東京大学社会科学研究所編『現代日本社会 6　問題の諸相』東京大学出版会、1992 年 1 月、81-146 頁

「国家のなかの家族——日本型福祉と家族政策」上野千鶴子他編『変貌する家族 6　家族に侵入する社会』岩波書店、1992 年 2 月、39-61 頁

「家族と社会保障(1)(2)」松村祥子編『社会保障論』放送大学教育振興会、1994 年 3 月、115-141 頁

「高齢化社会と家族および社会保障政策」東京大学社会科学研究所『Discussion Paper Series』No.J-47（1995 年 9 月）1-41 頁

"La transformation de la famille et la politique de protection sociale au Japon", Discussion Paper Series No.F-49, Insitute of Social Science, University of Tokyo, September 1995, pp.1-19（RCSL95 ［Rescearch Committee on Sociology of Law］の報告原稿）

"The Aging Society, the Family, and Social Policy", Occasional Paper in Law and Society No.8, Insitute of Social Science, University of Tokyo, March 1996, pp.1-70

"La transformation de la famille et la politique de protection sociale au Japon", Années Documents CLEIRPPA, no. 239, juillet 1996, Paris, pp.6-10

「現代家族政策と福祉」『福祉を創る（ジュリスト増刊)』有斐閣、1996 年 11 月、21-31 頁

「家族法の史的変遷——個人とコミュニティの視点から」法律時報 69 巻 2 号（1997 年 2 月）20-28 頁

「家族の変容と相続制度——『均分相続』問題から『高齢社会の相続』問題へ」法社会学 49 号（1997 年 3 月）144-150 頁

"The Ageing Society, the Family, and Social Policy", Junji Banno (ed.), The Political Economy of Japanese Society, Vol.2, Internationalization and Domestic Issues, Oxford University Presse, March 1998, pp.175-228, 344-377（notes)

「扶養と相続——フランス法と比較してみた日本法の特質」比較家族史学会監修／奥山恭子・田中真砂子・義江明子編『扶養と相続』（『シリーズ比較家族　第Ⅱ期』1 号)、早稲田大学出版部、1998 年 10 月、167-237 頁（新装補訂版：2004 年 8 月）

「フランスにおける『連帯民事協約』＝ PACS 制度の成立」国際長寿センター『少子化対策に関する国際比較研究』2000 年 3 月、159-172 頁

「扶養・介護と相続——その『法的』関係の今日的捉え直しに関する試論的考察」東京大学社会科学研究所『Discussion Paper Series』No.J-99（2001 年 3 月）1-18 頁

"Quelques observations comparatives entre le Japon et la France sur le droit patrimonial de la Famille: A propos des droits du conjoint survivant", Alain BENABENT et als., La famille au Japon et en France, Société de législation comparée, septembre 2002, Paris, pp.149-159

「日本とフランスの家族財産法に関する比較考察」日仏法学会編：A. ベナバン他と共著『日本とフランスの家族観』有斐閣、2003 年 4 月、161-179 頁

「フランス相続法の改正と生存配偶者の法的地位——2001 年 12 月 3 日の法律をめぐって (1)～(3)」判例タイムズ 1116 号（2003 年 6 月 1 日）69-81 頁、1117 号（2003 年 6 月 15 日）62-73 頁、1120 号（2003 年 8 月 1 日）35-44 頁（初出＝米倉明他『相続法の諸問題』[トラスト 60 研究叢書] ㈶トラスト 60、2003 年 6 月に所収の同名の論稿の加筆・修正版）

「相続・贈与遺贈および夫婦財産制——家族財産法」北村一郎編『フランス民法典の 200 年』有斐閣、2006 年 10 月、232-302 頁

3 都市・土地・住宅法関係

「フランスの公的土地取得の法構造」、「公的土地取得法制の展開」法律時報 49 巻 12 号
　（1977 年 10 月）22-33 頁、33-49 頁

「フランスにおける土地取引規制と地価抑制の諸制度」土地と農業 9 号（全国農地保有合
　理化協会、1978 年 4 月）24-49 頁

「フランスの公的土地取得法制」日本土地法学会編『土地所有権の比較法的研究』（『土地
　問題双書』9）有斐閣、1978 年 4 月、110-122 頁

「土地取引介入区域——ZIF」日本不動産研究所『フランスの土地利用制度と運用の実態
　——土地利用調整のための規制誘導手法』1981 年 2 月、67-106 頁

「総論（フランス）——現代土地法制の構造と展開」渡辺洋三・稲本洋之助編『現代土地
　法の研究㊦』岩波書店、1983 年 3 月、31-53 頁

「フランス：公的土地取得法制の構造」渡辺洋三・稲本洋之助編『現代土地法の研究
　㊦』岩波書店、1983 年 3 月、55-91 頁

「フランスの自然環境法制と土地利用規制」東京経大学会誌 130 号（1983 年 3 月）279-
　332 頁

「フランスの現代土地法制と『土地公有』」日本土地法学会編『ヨーロッパ・近代日本の
　所有観念と土地公有論』（『土地問題双書』21）有斐閣、1985 年 2 月、56-68 頁

「戦後住宅法制の成立過程——その政策論理の批判的検証」東京大学社会科学研究所編
　『福祉国家 6　日本の社会と福祉』東京大学出版会、1985 年 7 月、317-396 頁

「フランス——1980 年代の都市開発政策の動向と建築者の財政分担」小林国際都市政策
　研究財団『欧米における都市開発制度の動向』、1987 年 10 月、61-76 頁

「線引き制度の限界と市街地開発手法の再検討」『日本の農業 166——計画的農地転用の
　諸問題』（農政調査委員会、1988 年 3 月）143-149 頁

「フランスの都市再開発——わが国都市再開発の現状と問題把握の視点から」自由と正義
　39 巻 5 号（1988 年 5 月）54-58 頁

「今日の都市開発と現代都市法の論理——比較による問題把握の基本的視点」法律時報
　61 巻 1 号（1989 年 1 月）6-12 頁

「フランスの住宅政策と住宅保障」社会保障研究所編『フランスの社会保障』東京大学出
　版会、1989 年 2 月、351-377 頁

「理念なき土地基本法と土地政策の行方」法律時報 62 巻 2 号（1990 年 2 月）2-5 頁

「土地利用と土地利用計画」本間義人・五十嵐敬喜・原田純孝編『土地基本法を読む——都市・土地・住宅問題のゆくえ』日本経済評論社、1990年7月、97-144頁

「『計画的』市街地開発手法とその論理——計画による規制と誘導」法律時報62巻8号（1990年7月）28-37頁

「序説 比較都市法研究の視点」原田純孝・広渡清吾・吉田克己・戒能通厚・渡辺俊一編『現代の都市法』東京大学出版会、1993年2月、3-27頁

「フランス——都市計画システムとその主体」原田純孝・広渡清吾・吉田克己・戒能通厚・渡辺俊一編『現代の都市法』東京大学出版会、1993年2月、192-221頁

「フランスの都市計画制度と地方分権化(上)(下)」社会科学研究44巻6号（1993年3月）1-52頁、45巻2号（1993年11月）157-234頁

「フランスの1980年代の都市開発政策の動向——都市計画の地方分権化」、「新たな都市政策の展開と分権化の再調整」都市開発制度比較研究会編『諸外国の都市計画と都市開発』ぎょうせい、1993年11月、186-210頁

「住宅と社会保障」松村祥子編『社会保障論』放送大学教育振興会、1994年3月、142-155頁

「フランスの住宅問題および住宅政策と民間賃貸住宅」原田純孝他共著『フランスの民間賃貸住宅』日本住宅総合センター、1995年4月、1-27頁

「都市の土地所有（権）と法社会学」法社会学48号（1996年3月）42-53頁

「フランスの都市計画制度と地方分権化の現況」日本都市センター編『欧米4ヵ国のまちづくり制度——地方分権の視点から』日本都市センター、1996年3月、85-121頁

「都市の発展と法の発展」岩波講座『現代の法9 都市と法』岩波書店、1997年11月、3-35頁

「都市・住宅問題と規制緩和」法律時報70巻2号（1998年2月）6-9頁

「都市にとって法とは何か」都市問題90巻6号（1999年6月）3-18頁

「フランスの住宅政策と住宅保障」（大家亮子と共著）藤井良治・塩野谷祐一編『先進諸国の社会保障6 フランス』東京大学出版会、1999年7月、305-345頁

「日本の都市法——序」原田純孝編『日本の都市法Ⅰ—構造と展開』東京大学出版会、2001年4月、1-10頁

「『日本型』都市法の形成」原田純孝編『日本の都市法Ⅰ—構造と展開』東京大学出版会、2001年4月、13-70頁

「戦後復興から高度成長期の都市法制の展開——『日本型』都市法の確立」原田純孝編

『日本の都市法 I ―構造と展開』東京大学出版会、2001 年 4 月、71-138 頁

「都市計画制度の改正と日本都市法のゆくえ」原田純孝編『日本の都市法 II ―諸相と動態』東京大学出版会、2001 年 5 月、477-502 頁

「現代日本の住宅法制と政策論理――イギリス・ドイツ・フランスとの比較の視点から」日本住宅総合センター『住宅・土地問題研究論文集』23 集、2001 年 7 月、1-59 頁（初出：東京大学社会科学研究所『Discussion Paper Series』No.J-95, 2000 年 7 月）

「フランス都市法の新展開――連帯と参加のある持続可能な都市再生」原田純孝・大村謙二郎編『現代都市法の新展開――持続可能な都市発展と住民参加――ドイツ・フランス』（『東京大学社会科学研究所研究シリーズ』No.16）、2004 年 3 月、103-129 頁

「都市開発を促進する法制度の整備――高度成長期」「『土地バブル』の法制度的基盤」「さらなる規制緩和と高度・高密度利用へ――バブル崩壊後の法制度」橘川武郎・粕谷誠編『日本不動産業史』名古屋大学出版会、2007 年 9 月、241-255 頁、307-319 頁、319-336 頁

『特集　日本における『都市法』論の生成と展望』社会科学研究 61 巻 3・4 合併号（2010 年 3 月）、全 266 頁（「序　『都市法』論のさらなる展開に向けて」1-4 頁、「都市法研究の軌跡と展望――共同討議の記録（原田純孝をゲストスピーカーとする共同討議）」207-237 頁、「資料――都市法研究会の活動記録：I　発表業績一覧、II　研究経費（科学研究費補助金）と『研究成果報告書』一覧」239-246 頁）

4　農地制度・農業法関係

「第 63 国会と主要成立法――農業関係法」法律時報 42 巻 10 号（1970 年 8 月）33-42 頁

「産業組合法の形成」高柳信一・藤田勇編『資本主義法の形成と展開』第 3 巻、東京大学出版会、1973 年 3 月、131-204 頁

「フランスの政策基本法――二つの『方向づけの法律』」（稲本洋之助・吉田克己と分担執筆〔「2　農業の方向づけの法律」を担当〕）法律時報 45 巻 7 号（1973 年 6 月）90-98 頁

「土地所有と土地利用――農業における現代的土地所有権論の一側面」土地と農業 9 号（全国農地保有合理化協会、1978 年 4 月）50-60 頁

「農地・農業法制と法学――戦時体制への移行期を中心に」『昭和の法と法学』法律時報 50 周年記念臨時増刊（1978 年 12 月）73-84 頁

法律辞典編集委員会編『労働運動・市民運動法律辞典』大月書店、1979 年 6 月、817-

829 頁、840-869 頁（「第Ⅳ編第 1 章　農業危機・農民運動と法」中、「第 1 節　現代農業問題と農業法制」、「第 3 節　農用地の保全・確保と権利関係の民主的調整」、「第 4 節　農業生産基盤の整備と土地改良」を担当）

「フランスの農地制度」不動産研究 22 巻 2 号（1980 年 4 月）20-28 頁

「農地法の理念と農地の流動化」ジュリスト 735 号（1981 年 3 月）20-26 頁

「『農地三法』の制定と農地制度の現代的展開——農地賃貸借制度を中心として」東京経大学会誌 122 号（1981 年 10 月）1-47 頁

「農地立法と立法学」『民事立法学——法律時報臨時増刊』（1981 年 12 月）126-137 頁

「フランス農業関係法における有益費について」土地と農業 13 号（1982 年 3 月）34-62 頁（これに関する討議速記として「フランス農業関係法における有益費について」全国農地保有合理化協会『昭和 56 年度　有益費算定方式に関する検討——有益費算定方式研究会会議要旨』1982 年 3 月、97-112 頁）

「『資産的土地所有』と土地税制」農業と経済（1982 年 5 月号）44-51 頁

「フランスの交換分合特別手続——公共的整備・開発事業の施行と交換分合」農政調査委員会『農地・農村整備に関する調査研究』、1983 年 3 月、153-167 頁

「フランス農業における地価問題と『農地価額総覧』の作成——とくに『収益価額』の算定方法とその意義について」農政調査会『地域土地管理と経営発展方策に関する調査研究報告書——諸外国土地制度調査報告』、1983 年 3 月、185-203 頁

「フランスの共同経営農業集団 GAEC と青年農業者の自立の実態」日本産業構造研究所『土地利用型農業における営農組織の役割と担い手形成に関する調査研究』、1987 年 3 月、136-167 頁

「市街化区域における宅地と農地——都市縁辺部における宅地開発と農地保全の法制度の理論的検討作業をかねて(上)(下)」農政調査時報 375 号（1987 年 12 月）2-13 頁、376 号（1988 年 1 月）2-20 頁

「わが国農地賃貸借制度の特徴と課題——その理論、歴史、現状の法制度論的考察を踏まえて(1)〜(14)」農政調査時報 386 号（1988 年 11 月）2-9 頁、387 号（1988 年 12 月）30-41 頁、388 号（1989 年 1 月）11-21 頁、391 号（1989 年 4 月）27-34 頁、392 号（1989 年 5 月）21-29 頁、393 号（1989 年 6 月）9-15 頁、394 号（1989 年 7 月）8-13 頁、396 号（1989 年 9 月）36-46 頁、397 号（1989 年 10 月）30-38 頁、399 号（1989 年 12 月）17-23 頁、400 号（1990 年 1 月）10-17 頁、401 号（1990 年 2 月）8-14 頁、403 号（1990 年 4 月）10-18 頁、409 号（1990 年 10 月）36-46 頁

「借地権と耕作権の相違」不動産研究31巻1号（1989年1月）18-26頁

「近年におけるフランスのSAFERの動向」土地と農業20号（1990年3月）33-62頁

「ECおよびフランスにおける農業・農用地の多面的利用方策の現況」全国農地保有合理
　　化協会『平成2年度農林水産省委託調査──農地の多面的利用の手法開発に関する
　　調査報告書：海外調査部会編・そのⅡ』、1991年3月、1-161頁

「EC農政の転換と社会構造政策の展開──農業の多面的価値づけと新しい政策論理の形
　　成を中心にして」社会科学研究44巻6号（1992年3月）1-62頁

「フランスの構造政策の再編と農地保有・流動化政策の方向」島本富夫・田畑保編『転換
　　期の土地問題と農地政策』日本経済評論社（農業総合研究所研究叢書113号）、1992
　　年3月、405-490頁

「フランスにおけるSAFERの機能・役割の再編と拡張」土地と農業22号（1992年3
　　月）107-153頁

「フランスの家族農業経営と女性──農業構造政策の展開を踏まえて」農村女性問題研究
　　会編『むらを動かす女性たち』家の光協会、1992年4月、229-274頁

「フランスの新『農業の方向づけの法律』と農業構造政策の再編──1980年代前半期」
　　農業総合研究46巻3号（1992年7月）35-105頁

『EC・フランスの新政策とSAFERの新しい役割』全国農地保有合理化協会、1992年11
　　月、全118頁

"Le droit rural au Japon", U.M.A.U., AGRICULTURAL LAW/ AGRARRECHT/
　　DIRITTO AGRARIO/ DROIT RULAL, vol.1, Editizioni ETS, 1992, Pisa（Italy）,
　　pp.119-225

「新しい農業・農村・農地政策の方向と農地制度の課題──新政策関連二法律の制定とそ
　　の評価をめぐって(1)～(6)・完」法律時報66巻4号（1994年4月）6-13頁、66巻6
　　号（1994年5月）6-17頁、66巻7号（1994年6月）6-10頁、66巻8号（1994年
　　7月）11-19頁、66巻9号（1994年8月）18-25頁、66巻10号（1994年9月）
　　6-15頁

「ヨーロッパの農業構造・農村政策といま我が国に求められているもの──農地保有合理
　　化事業に期待する」土地と農業26号（1996年3月）1-72頁

「農地法の今日的意義と課題」農業と経済62巻4号（1996年4月号）5-14頁

「フランスの農業生産法人の展開状況」（報告論文と討議）（農業・食料政策研究センタ
　　ー）協同農業研究会会報38号（1996年12月）7-98頁

「農業・農地からみた規制緩和と地方分権論」法律時報 69 巻 4 号（1997 年 4 月）39-46
　　頁

「規制緩和・地方分権と農地制度」農村と都市をむすぶ 549 号（1997 年 4 月）12-21 頁

「21 世紀に向けた農業の体制づくりと経営体の展開方向──農地制度、多様な経営体、
　　新農業基本法の課題〜 EU の例も参考にして⑴〜⑶」北方農業（北海道農業会議）
　　1997 年 6 月号 43-48 頁、7 月号 40-48 頁、8 月号 42-48 頁

「農地保有と経営規制の日仏比較──株式会社の農地保有許容論議をめぐって」農業と経
　　済 63 巻 9 号（1997 年 8 月号）47-57 頁

「農地法の役割と株式会社の農地取得問題」農政ジャーナリストの会編『日本農業の動
　　き』122 号（農林統計協会、1997 年 11 月）17-60 頁

「UR 協定実施下におけるフランスの農業構造・経営対策の動向」土地と農業 28 号
　　（1998 年 3 月）85-109 頁

「フランスの新『農業の方向づけの法律案』を読む──EU 農政の新展開を見通したその
　　狙いと日本への示唆⑴〜⑺・完」農政調査時報 507 号（1998 年 12 月）19-27 頁、
　　508 号（1999 年 1 月）44-55 頁、511 号（1999 年 4 月）33-47 頁、513 号（1999 年 6
　　月）58 -62 頁、514 号（1999 年 7 月）55 -62 頁、515 号（1999 年 8 月）55 -61 頁、
　　516 号（1999 年 9 月）63-70 頁

「フランスの新『農業の方向づけの法律』の内容と特徴──日本の新『食料・農業・農村
　　基本法』との比較を意識して⑴〜⑻・完」農政調査時報 517 号（1999 年 10 月）
　　61-69 頁、519 号（1999 年 12 月）53-61 頁、520 号（2001 年 1 月）49-60 頁、521 号
　　（2001 年 2 月）46 -52 頁、523 号（2001 年 4 月）10 -18 頁、524 号（2001 年 5 月）
　　22-29 頁、525 号（2001 年 6 月）31-38 頁、550 号（2003 年 11 月）2-35 頁

「新食料・農業・農村基本法（案）の検討──フランスの新『農業の方向づけの法律』案
　　との比較の視点から」農業法研究 35 号（2000 年 5 月）119-127 頁

「『農地制度見直し』論の現況と問題点──農村地域での『市町村土地利用調整条例』構
　　想を中心として」農政調査時報 547 号（2002 年 9 月）23-30 頁

「女性農業者の制度的位置づけの可能性とその方向をめぐって──フランスの場合を参考
　　にして」農山漁村女性・生活活動支援協会『女性農業者の法的地位の明確化・強化
　　について──女性農業経営者の位置づけ諸問題検討会報告書』2004 年 3 月、32-40
　　頁

「フランスの農業社会保障制度と農業者の出産等への支援措置」、「出産休業等の支援措置

と女性農業者の職業上の地位」㈶農村生活総合研究センター『生活研究レポート・60　出産育児期の女性農業者の働き方とその支援』2004年3月、9-36頁、51-52頁（初出＝2003年3月『中間報告』の補訂版）

「農地制度の規制緩和——『農地市場の開放』論の企図と狙い」丹宗暁信・小田中聡樹編『構造改革批判と法の視点——規制緩和・司法改革・独占禁止法』花伝社、2004年6月、139-172頁

「経営主体としての〈家族農業経営〉の位置と可能性——日仏の比較のなかからの考察」農業法研究39号（2004年6月）74-88頁

「フランスの都市計画制度改正と農地保全制度の新動向」農政調査時報552号（2004年10月）15-26頁

「フランスにおける農地の権利移動統制——『農業経営構造コントロール』の意義と機能」農政調査会『平成16年度　農地の権利移動・転用規制の合理的な調整方策に関する調査研究・結果報告書』、2005年3月、57-91頁

「フランスの新『農業基本法』制定の動向」農政調査時報554号（2005年10月）39-45頁

「農業構造・経営政策の方向づけと農地制度の課題——フランス『農業基本法』（LOA）の軌跡をかえりみて」（農業・食料政策研究センター）協同農業研究会会報76号（2006年6月）4-62頁

「渡辺洋三先生と農業法学」農業法研究41号（2007年6月）144-152頁（後に戒能通厚・原田純孝・広渡清吾編『日本社会と法律学—歴史、現状、展望——渡辺洋三先生追悼論集』日本評論社、2009年、1083-1091頁に所収）

「農地制度はどこに向かうのか——『所有』から『利用』への意味を問う」農業と経済74巻1号・2008年1・2月合併号（2007年12月）28-41頁

「農地所有権論の現在と農地制度のゆくえ」戒能通厚・原田純孝・広渡清吾編『日本社会と法律学—歴史、現状、展望——渡辺洋三先生追悼論集』日本評論社、2009年3月、443-470頁

「自壊する農地制度——農地法等改正法律案の問題点」法律時報81巻5号（2009年5月）1-3頁

「農地法改正案の問題点——農業・農村への企業参入の道」農村と都市をむすぶ691号（59巻5号、2009年5月）4-11頁

「農地制度の何が問題か——主要な論点と議論の方向をめぐって」農業法研究44号

（2009 年 6 月）81-94 頁

「新しい農地制度と『農地貸借の自由化』の意味」ジュリスト 1388 号（2009 年 11 月）13-20 頁

「構造・経営政策と農地制度の展開の軌跡——日仏比較の視点から」土地と農業 40 号（2010 年 3 月）35-54 頁

"The Freedom of Contracts and The Agricultural Land System: A Comparative Study of The Experiences of Japan and France", Cambodian Yearbook of Comparative Legal Studies, Vol.1, March 2010, pp.53-70.

「改正農地制度の運用をめぐる法的論点」農業法研究 45 号（2010 年 6 月）69-84 頁、100-114 頁（全体討論での応答）

「〔特集：農地法改正と農地の有効利用〕農地貸借の自由化とその今後—道半ばの『改革』のゆくえを問う—」日本不動産学会誌 24 巻 3 号（通巻 94 号、2010 年 12 月）77-84 頁

「農地制度『改革』とそのゆくえ——地域農業と地域資源たる農地はどうなるか」原田純孝編『地域農業の再生と農地制度』農山漁村文化協会、2011 年 6 月、37-67 頁

「フランスにおける農地の権利移動規制——『農業経営構造コントロール』の意義と機能——日本との比較の視点から」政策科学 21 巻 4 号（立命館大学、2014 年 3 月）3-31 頁

「農地中間管理機構創設の意義と問題点——制度的見地からの検討」日本農業年報 61（2015 年 3 月）61-89 頁

「フランスの農業・農地政策の新たな展開——『農業、食料及び森林の将来のための法律』の概要」土地と農業 No.45（2015 年 3 月）45-65 頁

「戦後農政転換の背景と論点」農業法研究 51 号（2016 年 6 月）5-20 頁

「農業関係法における『農地の管理』と『地域の管理』——沿革、現状とこれからの課題(1)(2)」土地総合研究 25 巻 3 号（2017 年夏）122-138 頁、25 巻 4 号（2017 年秋）102-125 頁

Ⅲ　判例評釈・判例解説等

「1. 民法 203 条但書の趣旨　2. 占有回収の訴を提起した被侵奪者が後に追加提起した損害賠償請求の訴が出訴期間を徒過するものとされた事例（最判昭和 44 年 12 月 2 日第 3 小法廷判決民集 23 巻 12 号 2333 頁）」法学協会雑誌 88 巻 1 号（1971 年 1

月）117-130 頁

「賃貸建物の所有権移転と敷金の承継される範囲は、未払賃料債務があればこれに当然充当された後の残額についての権利義務であるとされた事例（最判昭和 44 年 7 月 17 日第 1 小法廷判決民集 23 巻 8 号 1610 頁）」法学協会雑誌 88 巻 4 号（1971 年 4 月）509-520 頁

「交通事故による損害賠償を訴求するのに要した弁護士費用（成功報酬）の損害賠償請求権の消滅時効が当該報酬支払契約をした時から進行するものとされた事例（最判昭和 45 年 6 月 19 日第 2 小法廷判決民集 24 巻 6 号 561 頁）」法学協会雑誌 89 巻 11 号（1972 年 11 月）1601-1616 頁

不動産鑑定誌上での不動産関係判例紹介

① 「最判昭和 51 年 10 月 1 日第 2 小法廷判決判例時報 835 号 63 頁：宅地賃貸借契約の更新と更新料の支払い義務」不動産鑑定（1977 年 8 月号）80-84 頁

② 「最判昭和 52 年 3 月 25 日第 2 小法廷判決判例時報 847 号 36 頁：いわゆる根仮登記担保権の極度額」不動産鑑定（1977 年 9 月号）60-62 頁

③ 「最判昭和 51 年 9 月 21 日第 3 小法廷判決判例時報 833 号 69 頁：譲渡担保の目的とされた賃借地上の建物と清算金額算定に際しての適正評価」不動産鑑定（1977 年 9 月号）62-64 頁

④ 「最判昭和 52 年 3 月 28 日第 1 小法廷判決民集 31 巻 1 号 67 頁、判例時報 846 号 63 頁：競売手続が完結した場合における抵当権と同時に設定された抵当権者自身を権利者とする賃借権の帰趨」不動産鑑定（1977 年 11 月号）95-97 頁

⑤ 「最判昭和 52 年 1 月 20 日第 1 小法廷判決判例時報 848 号 63 頁：土地区画整理法による換地処分といわゆる権利申告がされていない従前の土地についての未登記賃借権の帰趨」不動産鑑定（1978 年 2 月号）66-69 頁

⑥ 「最判昭和 51 年 8 月 30 日第 2 小法廷判決民集 30 巻 7 号 737 頁：仮換地につき売買契約が締結されたのち仮換地の指定の変更により右仮換地がそのまま換地となった場合と買主の取得する土地」不動産鑑定（1978 年 3 月号）126-130 頁

⑦ 「最判昭和 52 年 3 月 11 日民集 31 巻 2 号 171 頁判例時報 851 号 178 頁：土地の賃借人が賃借地上の所有建物に抵当権を設定・登記したのち第三者が賃貸人の承諾を得て土地賃借権のみを譲り受けた場合と、1）抵当権実行後の右賃借権の帰趨、2）抵当権実行による競落人の賃借権取得を承諾した賃貸人の賃借権譲受人に対する責任」

不動産鑑定（1978 年 7 月号）51-56 頁

⑧「最判昭和 52 年 12 月 8 日第 1 小法廷判決判例時報 879 号 70 頁：民法上の組合所有の
　不動産を理事名義に登記することを承諾した組合員が組合から右不動産を譲り受け
　たのちも理事名義のままにしておいた場合と第三者に対する責任」不動産鑑定
　（1978 年 9 月号）106-111 頁

「例題解説」（司法試験昭和 54 年度論文式問題：民法の解説）法学セミナー 295 号（1979
　年 9 月号）101-104 頁

「判例解説——賃貸借に関する№ 99 ～№ 104 の判例」好美清光編『基本判例双書・民法
　（債権）』同文館、1982 年 5 月、210-223 頁

「日常家事の範囲と表見法理の類推適用（名古屋地判昭和 55 年 11 月 11 日判時 1015 号
　107 頁）」ジュリスト 772 号（1982 年 8 月）209-213 頁

「建設請負における瑕疵担保」建設工事紛争実務研究会編『建設工事紛争予防・解決の手
　引　第 2 巻』新日本法規出版、1982 年 11 月（第 1(2)の 11〔かし担保〕の 11 設問）

「転用目的の農地売買と許可申請協力請求権の消滅時効の起算点（浦和地川越支判昭和
　58 年 5 月 19 日判タ 501 号 170 頁、判時 1083 号 120 頁）」判例タイムズ 507 号（1983
　年 11 月）85-89 頁

「養母名義でなされた建物保存登記と法定地上権の対効力（最判昭和 58 年 4 月 14 日判タ
　497 号 93 頁、判時 1077 号 62 頁）」判例タイムズ 507 号（1983 年 11 月）90-93 頁

「分譲マンション・団地に関する 2、3 の判例（大阪地判昭和 57 年 1 月 22 日判タ 487 号
　106 頁、判時 1068 号 85 頁、東京高判昭和 58 年 2 月 28 日判タ 495 号 96 頁、判時
　1075 号 121 頁、東京地判昭和 57 年 10 月 25 日判時 1071 号 86 頁）」判例タイムズ
　507 号（1983 年 11 月）93-97 頁

「転用目的の農地売買と許可申請協力請求権の消滅時効（浦和地川越支判昭和 58 年 5 月
　19 日判タ 501 号 170 頁、判時 1083 号 120 頁）」ジュリスト 806 号（1984 年 2 月）
　72-76 頁

「公営住宅の無断増改築と信頼関係の法理（最一小判昭和 59 年 12 月 13 日判タ 546 号 85
　頁）」判例タイムズ 551 号（1985 年 5 月）247-257 頁

「立退料の提供と正当の事由（最判昭和 46 年 11 月 25 日民集 25 巻 8 号 1343 頁）」平井宜
　雄編『民法の基本判例』有斐閣、1986 年 4 月、153-156 頁

「『袋地』所有者の導管設置と相隣関係規定の類推適用（大阪地判昭和 60 年 4 月 22 日判

タ 560 号 169 頁）」判例タイムズ 598 号（1986 年 7 月）87-93 頁

「民法判例レビュー：不動産——裁判例の概観」判例タイムズ 613 号（1986 年 10 月）
65-69 頁

「建物区分所有法に基づく『暴力団追出し訴訟』（①横浜地判昭和 61 年 1 月 29 日判タ
579 号 85 頁、判時 1178 号 53 頁、②札幌地判昭和 61 年 2 月 18 日判タ 582 号 94 頁、
判時 1180 号 3 頁）」判例タイムズ 613 号（1986 年 10 月）69-76 頁

「民法判例レビュー：不動産——裁判例の概観」判例タイムズ 643 号（1987 年 10 月）
99-108 頁

「一部共有者の意思に基づく共有物の占有使用とその余の共有者の明渡請求（最判昭和
63 年 5 月 20 日判タ 668 号 128 頁、判時 1277 号 116 頁）」判例タイムズ 682 号（1989
年 2 月）59-65 頁

「正当事由と建物賃借人の事情（最判昭和 58 年 1 月 20 日民集 37 巻 1 号 1 頁）」『民法判
例百選 II 債権（第 3 版）』有斐閣、1989 年 10 月、128-129 頁

「不動産賃貸借に関する№.55 〜 72 の判例、計 18 件の解説」川井健編『判例マニュア
ル・民法 IV』三省堂、1990 年 5 月、130-165 頁

「民法判例レビュー：不動産——今期の主な裁判例」判例タイムズ 722 号（1990 年 5
月）49-52 頁

「建築基準法 65 条と民法 234 条 1 項との関係（最三小判平成元年 9 月 19 日民集 43 巻 8
号 955 頁）」判例タイムズ 722 号（1990 年 5 月）53-58 頁

「民法判例レビュー：不動産——今期の主な裁判例」判例タイムズ 757 号（1991 年 8
月）59-62 頁

「民法 597 条 2 項但書の類推適用による使用貸借の解約告知と立退料の提供（大阪高判平
成 2 年 9 月 25 日）」判例タイムズ 757 号（1991 年 8 月）62-66 頁

「公営住宅の入居者の死亡と相続人による使用権の承継（最判平成 2 年 10 月 18 日）」法
学教室 133 号（1991 年 10 月）96-97 頁

「民法判例レビュー：不動産——今期の主な裁判例」判例タイムズ 786 号（1992 年 8
月）56-59 頁

「区分所有建物の共用部分から生ずる利益と帰属の態様（東京地判平成 3 年 5 月 29 日判
時 1406 号 33 頁）」判例タイムズ 786 号（1992 年 8 月）59-64 頁

「正当事由と建物賃借人の事情（最判昭和 58 年 1 月 20 日）」『民法判例百選 II 債権（第
4 版）』有斐閣、1996 年 3 月、128-129 頁

「無断転貸と解除（最判昭和 28 年 9 月 25 日）」『民法判例百選 II　債権（第 4 版）』有斐閣、1996 年 3 月、130-131 頁

「賃料自動改定特約の効力と経済事情の変動（東京地判平成 6 年 11 月 28 日）」判例タイムズ 901 号（1996 年 5 月）55-62 頁

「民法判例レビュー：不動産——今期の主な裁判例」判例タイムズ 901 号（1996 年 5 月）51-54 頁

「賃料不払による解除と転借人に支払機会を与えることの要否（最二小判平成 6 年 7 月 18 日）」私法判例リマークス 13 号（1996 年 7 月）49-52 頁

「民法判例レビュー：不動産——今期の主な裁判例」判例タイムズ 1002 号（1999 年 8 月）60-66 頁

「民法判例レビュー：不動産——今期の主な裁判例」判例タイムズ 1054 号（2001 年 5 月）57-58 頁

「正当事由と立退料の算定方法——最近の裁判例における新しい動向」判例タイムズ 1054 号（2001 年 5 月）58-74 頁

「小作地への宅地並み課税により固定資産税等の額が増加したことを理由とする小作料増額請求の可否（最大判平成 13 年 3 月 28 日民集 55 巻 2 号 611 頁）」法学教室 253 号（2001 年 10 月）124-125 頁

「正当事由と建物賃借人の事情（最判昭和 58 年 1 月 20 日）」『民法判例百選 II　債権（第 5 版）』有斐閣、2001 年 10 月、126-127 頁

「物権に関する基本判例の要約：75 ～ 87 事件」山田卓生他編『基本判例・民法』有斐閣、2001 年 10 月、140-161 頁

「金銭による特別受益と遺留分の算定（最一小判昭和 51 年 3 月 18 日）」『家族法判例百選（第 6 版）』有斐閣、2002 年 5 月、186-187 頁

「競買に伴う土地賃借権譲受許可に係る裁判において敷金交付を命ずることの可否（最二小判平成 13 年 11 月 21 日）」『平成 13 年度重要判例解説（ジュリスト臨時増刊)』有斐閣、2002 年 6 月、87-89 頁

「民法判例レビュー：不動産——今期の主な裁判例」判例タイムズ 1099 号（2002 年 11 月）51-56 頁

「民法判例レビュー：不動産——今期の主な裁判例」判例タイムズ 1144 号（2004 年 5 月）62-66 頁

「従物たる付属建物の第三取得者と抵当権の効力（東京高判平成 15 年 3 月 25 日判時

1829 号 79 頁)」判例タイムズ 1144 号（2004 年 5 月）84-88 頁

「賃料自動改定特約と借地借家法 11 条 1 項（最一小判平成 15 年 6 月 12 日）」『平成 15 年
　度重要判例解説（ジュリスト臨時増刊）』有斐閣、2004 年 6 月、78-79 頁

「民法判例レビュー：不動産――今期の主な裁判例」判例タイムズ 1196 号（2006 年 2
　月）21-24 頁

「通行地役権の内容と妨害排除請求権（最三小判平成 17 年 3 月 29 日判タ 1180 号 182 頁、
　判時 1895 号 56 頁)」判例タイムズ 1196 号（2006 年 2 月）37-42 頁

「民法判例レビュー：不動産――今期の主な裁判例」判例タイムズ 1256 号（2008 年 2
　月）17-21 頁

「特殊な賃料の仕組みを有する百貨店店舗用建物賃貸借と借地借家法 32 条 1 項の適用
　（横浜地判平成 19 年 3 月 30 日金判 1273 号 44 頁)」判例タイムズ 1256 号（2008 年
　2 月）26-29 頁

「正当事由と建物賃借人の事情（最判昭和 58 年 1 月 20 日）」『民法判例百選Ⅱ　債権（第
　6 版）』有斐閣、2009 年 4 月、116-117 頁

「民法判例レビュー：不動産――今期の主な裁判例」判例タイムズ 1312 号（2010 年 2
　月）20-30 頁

「最新民事裁判例の動向：2011 年後期――不動産裁判例の動向」現代民事判例研究会編
　『民事判例Ⅳ　2011 年後期』日本評論社、2012 年 4 月、39-50 頁

「注目裁判例研究：権利能力のない社団である入会団体の総有権確認請求訴訟と代表者へ
　の訴訟追行の授権の要件（東京高判平成 26 年 4 月 23 日金法 2004 号 134 頁)」現代
　民事判例研究会『民事判例Ⅹ　2014 年後期』日本評論社、2015 年 4 月、94-97 頁

Ⅳ　鑑定意見書

渡辺洋三「鑑定書」（入会権：東京高等裁判所係属）（北条浩とともに執筆協力）、1977
　年 5 月、全 41 頁

東京高等裁判所平成 22 年(ネ)第 1182 号損害賠償等請求控訴事件（東京高等裁判所第 14 民
　事部。原審：東京地方裁判所平成 20 年(ワ)第 5456 号、第 8649 号)、2009 年 10 月 9
　日、全 25 頁

東京地方裁判所平成 21 年(ワ)第 8422 号建物明渡等請求事件、平成 21 年(ワ)第 23111 号建物
　明渡等請求事件（東京地方裁判所民事第 5 部)、2010 年 4 月 14 日、全 22 頁

東京地方裁判所平成 22 年(ワ)第 45977 号建物賃料請求事件（東京地方裁判所民事第 34 部)、

2011 年 9 月 5 日、全 23 頁

東京地方裁判所平成 24 年㈦第 11361 号建替え決議無効確認請求事件（東京地方裁判所民事第 25 部甲 1A）、2012 年 11 月 30 日、全 19 頁

神戸地方裁判所平成 23 年㈦第 812 号抵当権設定登記抹消登記手続請求事件（神戸地方裁判所第 4 民事部）、2013 年 4 月 5 日、全 22 頁

東京高等裁判所平成 27 年㈭第 5495 号損害賠償等、損害賠償反訴請求控訴事件（東京高等裁判所第 10 民事部。原審：東京地方裁判所平成 20 年㈦第 37367 号（本訴）、平成 22 年㈦第 19806 号（反訴））、⑴⑵、2016 年 6 月 14 日、全 37 頁

東京地方裁判所平成 28 年㈦第 34465 号違約金支払請求事件（東京地方裁判所民事第 23 部 C ろ係）、2017 年 8 月 29 日、全 41 頁

V　その他

1　小　論

「日本列島改造論の法的問題点」（利谷信義・吉田克己と共同執筆）法と民主主義 73 号（1972 年 12 月）10-14 頁

「比較の中の自国認識」判例タイムズ 529 号（1984 年 8 月）2 頁

「フランスの農家相続と土地制度史の研究をめぐって」（東京大学学術研究奨励資金実施報告書より：その 32）東京大学学内広報 No.676（1985 年 5 月）13-14 頁

「日仏農業法の比較研究から」農業法研究 21 号（1986 年 5 月）7-10 頁

「高度成長後の法と社会──新・現代法論に関する一つの視点」民主主義科学者協会法律部会会報 77 号（1987 年 2 月）5-7 頁

「市街化区域内における宅地と農地──その制度論的検討」『新しい都市環境形成のための都市的土地利用と農業的土地利用の計画的共存の研究』（昭和 61 年度文部省科学研究費補助金環境科学特別研究報告書：研究代表者 梶井功）、1987 年 3 月、5-13 頁

「土地所有」、「土地制度」見田宗介他編『社会学辞典』弘文堂、1988 年 2 月

「フランスの共同農業──GAEC への期待と成果」農業協同組合（1989 年 4 月号）26-33 頁

「フランスの農業構造政策の再編成」日仏法学 17 号（1991 年 7 月）93-103 頁

「シンポジウム：家族の変容と家族法のゆくえ──問題の提示」法社会学 46 号（1994 年 3 月）107-110 頁

"Urban Land Law in Japan", Social Science Japan No.6, February1996, Institute of Social Science, University of Tokyo, pp.30-31

「50周年目の事務局」日本法社会学会学会報 No.45（1997年4月）1頁

「シンポジウム：地域の自治と農業政策——企画の趣旨説明と問題の提示」農業法研究 32号（1997年5月）4-7頁

「定期借家権導入論の狙いは何か」世界 1998年2月号、23-26頁

「研究成果の概要」『現代日本の都市土地法と『自治的』土地利用秩序形成の方向に関する総合的研究——研究成果報告書』（文部省科学研究費補助金：基盤研究(B)(1)、研究代表者：原田純孝）1998年3月、3-4頁

「農業構造・経営対策と農地制度のかかわり方に関する一試論——フランスの場合との対比を念頭において」『21世紀の食料需給と地域農業発展の戦略——研究成果報告書』（文部省科学研究費補助金：基盤研究(A)(1)、研究代表者：酒井惇一、東北大学農学部）1998年3月、163-167頁

「シンポジウム：農地制度の新しい理念を求めて——企画の趣旨と基本的な視点」農業法研究33号（1998年5月）4-10頁

「日本の法社会学の一断面——農村と家族と都市」日本法社会学会編『法社会学の新地平』有斐閣、1998年10月、179-181頁

「特集　日本の都市と法——編集するにあたって」社会科学研究52巻6号（2001年3月）1-2頁

「シンポジウム：食の安全と環境、農業——企画の趣旨説明」農業法研究37号（2002年5月）5-10頁

「農村地域の新たな土地利用の枠組みの構築に向けて——言うは易く行うは難しの課題であることを見据えて」月刊JA（2002年11月号）16-19頁

「『協同農業』の研究とGAECのこと」『協同農業の研究の20年』（小倉武一記念協同農業研究会・記念会報）2006年12月、176-177頁

「シンポジウム：直接支払制度の比較研究——企画の趣旨と課題の提示」農業法研究41号（2007年6月）4-7頁

「シンポジウム：現場からみた『農政の大転換』でのコメント」農業法研究43号（2008年6月）84-86頁

"My Research at ISS: Comparative Study of City, Village and Family Law",Social Science Japan No.40, February 2009, Institute of Social Science, University of

Tokyo, pp.19-22

「農地法『改正』で日本農業はどうなるか」世界 2009 年 6 月号、25-28 頁

「移行期の法社会学会」日本法社会学会学会報 No.95（2013 年 9 月 1 日）1 頁

「津波被災地の復興と土地法制度」農林金融 66 巻 9 号（2013 年 9 月）38-39 頁

「コメント——私法の観点から」（シンポジウム：農漁村地域の復興——大震災・大津波後 2 年半を経た現状と課題）農業法研究 49 号（2014 年 6 月）94-95 頁

「師としての廣中俊雄先生」樋口陽一他編『廣中俊雄先生を偲ぶ』創文社、2015 年 2 月、164-166 頁

「『農業法研究』第 50 号の発刊にあたって」農業法研究 50 号（2015 年 6 月）141-144 頁

「農地関係制度の改変と戦争法案」農業と経済 81 巻 9 号（2015 年 10 月）3 頁

2 研究報告・講演録

〈報告・討議速記録〉「土地の所有と利用——現代土地・農地制度の批判的考察のための一視角」農業構造問題研究 129 号（1981 年 9 月）42-58 頁

〈討議速記録〉「フランス農業関係法における有益費について」全国農地保有合理化協会『昭和 56 年度 有益費算定方式に関する検討——有益費算定方式研究会会議要旨』1982 年 3 月、97-112 頁（報告は「フランス農業関係法における有益費について」土地と農業 13 号〔1982 年 3 月〕34-62 頁に収録）

〈報告速記録〉「フランスの農地価格に関する法制度」全国農業会議所『農地価格問題検討会の検討概要』1984 年 5 月、61-93 頁

〈報告・討議速記録〉「フランスの共同経営——GAEC と EARL の最近の動向」（食料・農業政策研究センター）協同農業研究会会報 9 号（1989 年 6 月）3-60 頁

〈報告・討議速記録〉「フランスの土地利用調整制度」農業総合研究所編『土地利用調整をめぐる課題と政策——II 西欧の農地整備・土地利用調整制度』1990 年 2 月、53-95 頁

〈報告・討議速記録〉「フランスの構造政策の再編と農地保有・流動化政策の動向」農業総合研究所編『土地利用調整をめぐる課題と政策——II 西欧の農地整備・土地利用調整制度（その 2）』1991 年 2 月、93-138 頁

〈講演録〉『転換するフランスの農業構造政策——EC 共通農業政策の改革との関連で』全国農業協同組合中央会、1991 年 6 月、全 62 頁

〈講演録〉『EC における農業構造政策の最近の展開状況』日本乳業協議会『シリーズ

世界の農業』No 2（1991 年 7 月）、全 47 頁

〈講演録〉『わが国農地制度の現状と農業委員会の課題』山形県農業会議『農業委員会制度発足 40 周年記念資料』1991 年 10 月、全 52 頁

〈報告速記録〉「フランス及び EC の農業における自立」社団法人全国農村青少年教育振興会『平成 3 年度　農業後継者育成確保方針策定等事業　育成方針策定会議報告書』1992 年 3 月、51-82 頁

〈報告速記録〉「都市計画制度・都市法と土地問題──フランスとの対比を念頭において」国土庁・日本不動産研究所『土地問題研究会報告書』1992 年 3 月、164-177 頁（報告要旨）、511-544 頁（報告速記本文）

〈講演録〉『フランス農業における担い手確保対策と組合的経営形態の役割』全国農業会議所、1992 年 6 月、全 86 頁

〈公開シンポジウムの記録〉「これからの結婚・離婚問題を考える」（木村晋介・高野耕一・原田純孝・円より子・小野幸二）大東文化大学法学研究所報別冊 1 号（1992 年 11 月）1-39 頁

〈報告・討議速記録〉「農用地管理システムの日仏比較論のための覚書──農地流動化と農地利用の集積に関する制度的仕組みの問題を中心として」農政調査会『平成 5 年度　農用地有効利用方策等に関する調査研究』1994 年 3 月、79-105 頁

〈討議速記録〉「地域の特性を活かした経営体の育成と農地管理システムに関する調査研究──研究会討議要旨編」農政調査会『平成 7 年度　農用地の有効利用に関する調査研究事業報告書』1996 年 3 月、1-28 頁、34-60 頁、80-118 頁、141-166 頁、175-196 頁

〈講演録〉「農地改革と農地法の現在」農地改革 50 周年記念の集い実行委員会『農地改革 50 周年記念の集い講演集』1997 年 1 月、27-47 頁（後に農政調査会『農政資料』1092 号［1997 年 4 月］1-14 頁に再録）

〈講演録〉『21 世紀に向けた農業の体制づくり──農業構造・農村政策の現段階と今後の課題』北海道河東郡音更町農業経営改善支援センター、1997 年 3 月、全 80 頁

〈講演録〉「21 世紀に向けた農業の体制づくりと経営体の展開方向──農地制度・多様な経営体・新農業基本法の課題〜 EU の例も参考にして」北海道農業会議『平成 8 年度全道経営基盤確立農地流動化推進研修大会記録』1997 年 3 月、22-51 頁

〈講演録〉「農地改革と農地法の今日的意義──『規制緩和』と農地制度改正の動きとの関連で」いのちと自然 101 号（いのちと自然・明日の農業を研究する会編、1997 年

3 月）16-36 頁

〈報告・討議速記録〉「フランスにおける土地所有権観念と土地利用規制」国土庁・野村
　　総合研究所『平成 9 年度　土地制度に係る基礎的詳細分析に関する調査研究報告
　　書』1998 年 3 月、471-513 頁

〈講演録〉「フランスの農業構造・経営対策、担い手対策、それを支える農地制度から何
　　を学ぶか——EU も視野に入れ、日本での新基本法論議を意識して」京都府農業会
　　議・内部情報 658 号（1998 年 3 月）1-42 頁（後に「農業基本法見直しの視点と方向
　　——農地制度を中心に」京都府農業会議・農政研究資料 98-102 合併号［1998 年 10
　　月］22-62 頁に再録）

〈討議速記録〉「地域の特性を活かした経営体の育成と農地管理システムに関する調査研
　　究——研究会討議要旨編」農政調査会『平成 9 年度　農用地の有効利用に関する調
　　査研究結果報告書』1998 年 3 月、50-279 頁

〈シンポジウムの要録〉"5 èmes Journées juridiques franco-japonaises: Problèmes
　　contemporaines de la propriété immobilière（Paris, Nices,27 octobre-2 novembre
　　1997）", (resumées par C.Beyou), Revue internationale de Droit comparé, Année
　　1998, numéro 1, Paris, pp.230-241

〈報告・討議速記録〉「フランスの新『農業の方向づけの法律』の成立」（農政研究センタ
　　ー）協同農業研究会会報 49 号（1999 年 9 月）65-146 頁

〈講演録〉「21 世紀の新しい農村社会の創造に向けて」『独立行政法人・農村工学研究所
　　設立記念式典の記録』（独立行政法人・農村工学研究所刊）、2001 年 11 月、45-57 頁

〈報告・討議速記録〉「経営地の面的集積と農地制度の課題——フランスの経験からの考
　　察」農政調査会『平成 18 年度　担い手への農地利用集積・効率的利用に関する実態
　　調査報告書』2007 年 3 月、155-183 頁

〈講演録〉「日本の農業・農村の再生に向けて——フランスの構造政策の経験を踏まえて
　　考える」（全国農村技術連盟）農村振興 748 号（2012 年 4 月）10-13 頁

3　翻訳と解説

〈翻訳協力〉稲本洋之助編訳『フランス民法典第 1 編——その原始規定（1804）と現行規
　　定（1971）』（「家」制度研究会『比較家族法資料 6』1972 年 3 月、全 244 頁

〈抄訳〉ジャン・カバイエス「フランス農業の経営権利金とパドポルト」（農政調査委員
　　会）のびゆく農業 397 号（1973 年 4 月）5-32 頁

〈翻訳〉『フランスの農地制度に関する法令資料』(「Ⅰ　農事法典第6編　農事賃貸借」、「Ⅱ　1962年8月8日の共同経営農業集団（GAEC）に関する法律第917号」、「Ⅲ　1970年12月31日の農業土地集団（GFA）に関する法律第1299号」、「Ⅳ　土地投資農業会社（SAIF）に関する法律案」。稲本洋之助と共訳）農林省構造改善局農政部農政課、1973年9月、全132頁

〈翻訳〉クリストバル・カイ「チリの農業改革と革命の経験──アジェンデ政権下」(農政調査委員会) のびゆく農業502号（1977年8月）5-32頁

〈翻訳〉J. L. ヴェイェ＝F. フォシェ「フランスにおける農地市場と農地賃貸借──農業構造改革措置の効果」農林省構造改善局農政部農政課『ヨーロッパにおける農地市場と農地賃貸借──フランス・イタリア編』（1978年2月）1-87頁

〈翻訳協力〉法務大臣官房司法法制調査部『フランス民法典──家族・相続関係』法務資料433号（稲本洋之助監訳、1978年3月。法曹会市販本、1978年9月）、全404頁（市販本、全421頁）

〈翻訳〉『農地制度に関する資料──ベルギーの小作制度』農林省構造改善局農政部農政課、1980年11月、1-69頁

〈翻訳〉『ベルギーにおける土地銀行の構想』農林省構造改善局農政部農政課、1980年11月、全32頁

〈翻訳協力〉法務大臣官房司法法制調査部編『フランス民法典──物権・債権関係』（法務資料441号、稲本洋之助監訳）法曹会、1982年7月、全427頁

〈翻訳と解説〉『フランスの構造政策立法の新動向』(「農業経営の経済的、社会的環境への適応に関する1988年12月30日の法律第1202号」) 農林水産省構造改善局農政部農政課、1990年3月、1-18頁（解説）、19-105頁（翻訳）

〈翻訳〉「EC構造基金の改革後の農業構造政策の概要」全国農地保有合理化協会『平成2年度農林水産省委託調査──農地の多面的利用の手法開発に関する調査報告書：海外調査部会編・そのⅡ』1991年3月、163-230頁

〈翻訳と解説〉『フランスの構造政策の再編と農地政策』(「農業経営の経済的、社会的環境への適応に関する1988年12月30日の法律第1202号を補完する1990年1月23日の法律第85号」及び関係法令) 農林水産省構造改善局農政部農政課、1992年3月、1-36頁（解説）、37-95頁（翻訳）

〈翻訳〉ヴァンサン・ルナール「土地バブルと都市政策──ヨーロッパの文脈のなかでのフランス」(寺尾仁と共訳) 不動産研究38巻4号（1996年10月）1-11頁

〈翻訳と解説〉『フランスの農業生産法人制度』農林水産省構造改善局農政部農政課、
　　1998年1月、全134頁

〈翻訳〉『フランスの農業経営構造改善センター（CNASEA）とは何か』（原田康美と共
　　訳）全国農業会議所、1998年3月、全119頁（CNASEA, Plaquette de Présentation,
　　février 1997 の翻訳）

〈解説〉「フランスの農事法典と『第3編　農業経営』の解説」農政調査委員会『アメリ
　　カ96年農業法等調査――第2分冊　フランス農事法典』1998年3月、1-12頁

〈翻訳〉『フランス・ノール県ヴュー・ラン村の土地占用プラン（POS）』（都市計画文書
　　の実物の全訳。原田康美と共訳）全国農業会議所、2002年5月、全121頁

〈翻訳〉ミシェル・グリマルディ゠フィリップ・デルマス・サンティレール「フランスに
　　おける家族財産法――生存配偶者、生存同棲者および家族企業をめぐって」日仏法
　　学会編・A. ベナバン他と共著『日本とフランスの家族観』有斐閣、2003年4月、
　　114-160頁

〈翻訳資料〉『フランスの農業構造と農業経営の現況に関する統計資料』（2012年2月、
　　非売品）全16頁

〈翻訳と解題〉「フランスの農業経営・農地政策の新動向――2014年10月13日の農業、
　　食料及び森林の将来のための法律」（農政調査委員会）のびゅく農業1032・1033合
　　併号（2016年12月）、1-31頁（解題）、32-90頁（翻訳）

4　調査報告

「長野県真田町における農用地利用増進事業の実施過程と問題点」（後藤光蔵と分担執筆。
　　2、4、5(2)を担当）農政調査委員会『農用地の利用増進』1978年4月、197-237頁、
　　242-247頁

「瑕疵の修補、修繕、改良」、「集合住宅の管理をめぐる財政問題」日本住宅公団管理部
　　『集合分譲住宅の管理等についての調査研究報告書』1979年8月、327-463頁

「大都市近郊における地域社会の変貌――埼玉県川越市の農家調査(1)(2)」（渡辺利治・須
　　江國雄と共著）東京経大学会誌119号（1981年1月）53-105頁、120号（1981年6
　　月）83-139頁

「福島県伊達郡月館町における経営移譲の実態」農業者年金基金『農業者年金制度下の経
　　営移譲の実態に関する調査報告書』、1981年8月

"Enquête sur la transmission héréditaire des fonds agricoles dans l'exploitation familiale en France——Rapport sommaire et provisoire", par Yonosuke INAMOTO, Yozo WATANABE, Sumitaka HARADA et Kaoru KAMATA, The Institute of Social Science, University of Tokyo, 1981, 114 p.

「圃場整備地区農地流動効果調査——山形県羽黒町の事例」農林水産省構造改善局農政部農政課『昭和 56 年度　ほ場整備地区農地流動効果調査報告書』1982 年 3 月、全 97 頁

「新潟県新津市における農地地価——とくに公共用地取得との関連で」全国農業会議所『農地価格等に関する現地調査報告書』1982 年 3 月、51-117 頁

「圃場整備地区農地流動効果調査——高知県安芸市の事例」農林水産構造改善局農政部農政課『昭和 57 年度　ほ場整備地区農地流動効果調査報告書』、1983 年 7 月、57-104 頁（後に土地と農業 14 号［1983 年 3 月］88-134 頁に収録）

「沖縄県平良市における農業構造の変化と農地移動」沖縄総合開発事務局農林水産部農政課『昭和 58 年度　農業構造改善基礎調査報告書』1984 年 3 月、全 42 頁

「福島県会津高田町における農地移動と農地価格」全国農業会議所『農地価格等に関する現地調査報告書』1984 年 5 月、31-43 頁

「長野県真田町菅平地区における農地移動と農地価格」全国農業会議所『昭和 61 年度農地価格評価等に関する現地調査報告書』1987 年 3 月、56-76 頁

「耕作権と借地権の相違について」日本不動産研究所『小作地に係る耕作権割合の調査研究』1988 年 3 月、75-83 頁

「都市近郊の農業・農地をめぐる諸問題と土地利用調整——千葉県佐倉市の事例」農林水産省構造改善局農政部農政課『昭和 63 年度構造改善基礎調査報告書』1989 年 10 月、全 115 頁

「フランスの区分所有法制——集会の運営、建替え等の取扱い、賃借人の位置づけ、組合費の滞納者、共同生活違反者に対する措置」住宅・都市整備公団『海外における分譲マンションの管理運営方法等に関する調査研究（その 1）：フランス、西ドイツ、アメリカの区分所有法制』1990 年 3 月、26-95 頁

『農地の多面的利用に関する中間報告』（「農地の多面的利用に関する研究会」の中間成果取りまとめ）、全国農地保有合理化協会、1992 年 3 月、全 21 頁

「市街化区域内における農地保全の施策の方向と基本的考え方」社会工学研究所『世田谷区の農業振興と農地保全についての調査研究』1992 年 4 月、58-85 頁

「土地利用調整制度の国際比較——A：フランス」、「農地保有・農地流動化政策の国際比

較——Ａ：フランス」農林水産技術会議事務局『産業構造再編段階における土地問題と農地政策の展開方向に関する研究』1992 年 7 月、87-89 頁、90-93 頁

「フランスにおける国公有農地の取扱いについて」全国農地保有合理化協会『西欧諸国における国公有地の利活用等調査報告書』（平成 4 年度農林水産省委託：大都市地域自作農財産多元的活用推進調査）1993 年 3 月、237-252 頁

「フランスの家族農業経営における女性の労働報酬——GAEC における事例を参考にして」農林水産省『農林水産業特別試験研究費実績報告書——家族農業経営における労働報酬の適正な評価手法の開発 1992（平成 4）年〜 1995（平成 7）年 3 月』1995 年、37-46 頁（第 1 年度）

「家族農業経営における女性の地位の位置づけの考え方と法制度上の課題」農林水産省『農林水産業特別試験研究費実績報告書——家族農業経営における労働報酬の適正な評価手法の開発 1992（平成 4）年〜 1995（平成 7）年 3 月』1995 年、159-188 頁（第 2 年度）

「ヨーロッパにおける地域資源管理計画の法制度的構造の解明と我が国への適用可能性」農林水産省科学技術会議・農業研究センター『中山間地域の活性化条件の解明に関する研究』1997 年 3 月、63-64 頁

「フランス・EU の中山間地域農業対策の制度的構造と推進手法」農林水産省科学技術会議・農業研究センター『「中山間活性化」研究成果集』1997 年 3 月、56-57 頁

『多摩ニュータウン 19 住区計画検討委員会報告書——次世代街づくりプロジェクト』（委員として参画）住宅・都市整備公団、1997 年 6 月

「国土資源管理政策の展開方向——ヨーロッパにおける地域資源管理計画の法制度的構造の解明と我が国への適用可能性」農林水産省科学技術会議・農業研究センター編『中山間地域の活性化条件の解明に関する研究』1998 年 3 月、135-141 頁

「フランスにおける公共政策評価」農林水産政策情報センター『フランスにおける政策評価の全体像』2002 年 3 月、1-38 頁

「富山県入善町における『永年小作』と『有益費』」農林水産省経営局構造改善課『平成20 年度 農地賃貸借における有益費等に関する調査結果研究報告書』2009 年 3 月、19-32 頁

「フランスの農事賃貸借と有益費（改良費）の補償——その制度と運用の実態」農林水産省経営局構造改善課『平成 20 年度 農地賃貸借における有益費等に関する調査研究結果報告書』2009 年 3 月、97-117 頁

「地元ベースの農地利用調整と現行農地制度の問題点」全国農業協同組合中央会『JA による地域農業振興と農地利用調整に関する調査検討会報告書』2017 年 6 月、65-82 頁

5　書 評

「〈書評〉ロベェル・シャルヴァン『フランスにおける裁判——司法装置の動揺と階級闘争』（Rorert CHARVIN, La justice en France: mutations de l'appreil juridique et lutte de classes, Editions Sociales, 1976)」法の科学 5 号（1977 年 6 月）280-284 頁

「〈書評〉高橋寿一著『農地転用論——ドイツにおける農地の計画的保全と都市』」農業法研究 37 号（2002 年 5 月）101 頁

"〈Review Essay〉From Family to Nation: A Comparative Approach to the Japanese and French Family System: Kindai Kokka to Kazoku Moderu（The Modern Nation-State and the Family Model), by Nishikawa Yuko, Yoshikawa Kobunkan, 2000)", Social Science Japan Journal, Vol.7, No.2, October 2004, pp.277-281.

「〈書評〉秋山靖浩著『不動産法入門——不動産をキーワードにして学ぶ』（日本評論社、2011 年 12 月）」法学セミナー 692 号（2012 年 9 月）135 頁

"〈Book Review〉Komonzu kara no Toshi Saisei: Chiiki Kyōdō Kanri to Hō no Aratana Yakuwari（Urban Commons and City Revitalization: Community Management of the Commons and New Functions of the Law), by Gakuto TAKAMURA, Tokyo: Minerva Shobō, 2012, 287 + viii pp.", Social Science Japan Journal, Vol.17, No.2, July 2014, pp.247-251

「〈書評〉高村学人著『コモンズからの都市再生——地域共同管理と法の新たな役割』（ミネルヴァ書房、2012 年)」政策科学 24 巻 1 号（立命館大学、2016 年 10 月）85-88 頁

6　座談会

〈座談会〉「農地・農村整備手法の国際比較の論点をめぐって」『農地・農村整備に関する比較研究』農政調査委員会、1983 年 3 月、202-253 頁

〈研究会記録〉『借地・借家制度についての研究会』日本住宅総合センター、1986 年 3 月、全 48 頁

〈座談会〉「利谷信義先生を囲んで」社会科学研究 44 巻 6 号（1993 年 3 月）141-195 頁

〈座談会〉「農地改革 50 周年座談会(上)(下)」農政調査時報 485 号（1997 年 2 月）24-38 頁、
　　486 号（1997 年 3 月）2-18 頁

〈座談会〉『大深度地下利用に関する有識者座談会報告書——法制分野』国土庁大都市圏
　　整備局、1998 年 3 月

〈座談会〉「不動産所有権の現代的諸問題——第 5 回日仏法学共同研究集会」ジュリスト
　　1134 号（1998 年 6 月）58-83 頁

〈座談会〉「新農基法と農地・農業・農村問題のゆくえ」（ゲストとして参加）甲斐道太
　　郎・見上崇洋編『新農基法と 21 世紀の農地・農村』法律文化社、2000 年 7 月、
　　228-265 頁

〈座談会〉「家族の観念と制度——第 6 回日仏法学共同研究集会」ジュリスト 1233 号
　　（2002 年 11 月）64-99 頁（後に日仏法学会編：A. ベナバン他と共著『日本とフラン
　　スの家族観』有斐閣、2003 年 4 月、161-179 頁に所収）

〈座談会〉「利谷信義先生を囲む座談会」現代法学 9 号（東京経済大学現代法学部、2005
　　年 3 月）187-229 頁

〈座談会〉「座談会　不動産セミナー：農地制度の展望と不動産法制(1)～(3)」（ゲストとし
　　て参加）ジュリスト 1358 号（2008 年 6 月）96-114 頁、1359 号（2008 年 7 月）100-
　　114 頁、1360 号（2008 年 7 月）98-117 頁

〈座談会〉「『欧州農家相続調査』インタビュー」土田とも子編『全所的共同研究の 40 年
　　I ——インタビュー記録編』東京大学社会科学研究所研究シリーズ No.42、2011 年 1
　　月、142-181 頁

7　学界回顧・研究動向

「学会動向——農業・土地関係法」農業法研究 7 号（1971 年 11 月）135-143 頁

「学界回顧——フランス法」（島田和夫と共同執筆）法律時報 52 巻 12 号（1980 年 12
　　月）152-156 頁

「学界回顧——フランス法」（島田和夫と共同執筆）法律時報 53 巻 13 号（1981 年 12
　　月）167-171 頁

「学界回顧——フランス法」（島田和夫と共同執筆）法律時報 54 巻 12 号（1982 年 12
　　月）184-187 頁

〈記録〉「日本法社会学会創立 50 周年記念式典の記録」（濱野亮と共著）法社会学 50 号
　　（1998 年 3 月）235-253 頁

「研究動向——大沢真理氏の社会政策研究について」（西田美昭、工藤章、加瀬和俊と共同執筆）社会科学研究 50 巻 3 号（1999 年 2 月）117-120 頁

8　国会参考人意見

「土地に係る規制緩和に関する参考人意見」『第 136 回国会衆議院・規制緩和に関する特別委員会議録』第 10 号、1996 年 6 月 12 日、1-16 頁

「『良質な賃貸住宅等の供給の促進に関する特別措置法案』に対する参考人意見」『第 146 回国会参議院国土・環境委員会議録』第 4 号、1999 年 12 月 7 日、1-18 頁

「農地法等の一部を改正する法律案に対する参考人意見」『第 171 回国会衆議院農林水産委員会議録』第 9 号、2009 年 4 月 14 日、1-16 頁

「『農地中間管理事業の推進に関する法律案』等に対する参考人意見」『第 185 回国会衆議院農林水産委員会議録』第 7 号、2013 年 11 月 20 日、1-16 頁

9　発言・インタビュー

「〈インタビュー〉業務用・住宅用分離で。欠けている都市政策との関連」住宅産業新聞 1989 年 11 月 29 日

「〈インタビュー〉どうする・どうなる土地税制——土地税制だけでは地価・住宅問題の根本的解決にはならない」年金と住宅（年金住宅福祉協会）1990 年 10 月号、4-6 頁

「視点—条件不利地域対策の理念」日本農業新聞 1993 年 5 月 10 日

「視点—農業経営の法人化と家族経営」日本農業新聞 1993 年 9 月 13 日

「農地からみた規制緩和・地方分権——問題多い"農政の分権化"」全国農業新聞 1996 年 3 月 8 日

「農声—農政の新理念へ英知集め議論を」全国農業新聞 1998 年 2 月 27 日

「フランスで新農業基本法案——わが国との相違は」全国農業新聞 1998 年 8 月 7 日

〈インタビュー〉「『存続可能な農業経営』を重点的に育てる——注目されるフランス・サフェールの役割」ふぁーむらんど 19 号（全国農地保有合理化協会、1999 年 1 月）10-17 頁

「CTE：『契約』で透明性確保——EU 農政の動向を先取り」全国農業新聞 2000 年 1 月 21 日

「都市計画制度の見直しと農業・農村サイドの課題」全国農業新聞 2000 年 2 月 25 日

〈インタビュー〉「農地制度見直し：論点を聞く——土地制度全般の再編期」全国農業新

聞 2002 年 9 月 27 日

「農声　仏の農地保全政策――農村空間の保護に一層配慮」全国農業新聞 2004 年 8 月 13 日

「貫かれた『農地耕作者主義』――農地法等改正案の衆院通過に寄せて――採択された修正案の持つ意味」全国農業新聞 2009 年 5 月 22 日

「利用権設定 2 つのルート：農地中間管理機構の検討状況へのコメント」全国農業新聞 2013 年 9 月 13 日

「"農業改革を問う"：農業・農地制度・農村社会の見方――対立・対抗関係浮き彫りに」全国農業新聞 2014 年 9 月 26 日

（以上）

執筆者紹介 （掲載順）

五十嵐敬喜（いがらし・たかよし）　　法政大学名誉教授

高村学人（たかむら・がくと）　　立命館大学政策科学部教授

角松生史（かどまつ・なるふみ）　　神戸大学大学院法学研究科教授

亘理　格（わたり・ただす）　　中央大学法学部教授

山田良治（やまだ・よしはる）　　和歌山大学名誉教授・特任教授

見上崇洋（みかみ・たかひろ）　　立命館大学政策科学部教授

髙橋寿一（たかはし・じゅいち）　　横浜国立大学大学院国際社会科学研究院教授

川瀬光義（かわせ・みつよし）　　京都府立大学公共政策学部教授

名武なつ紀（なたけ・なつき）　　関東学院大学経済学部教授

今村与一（いまむら・よいち）　　横浜国立大学大学院国際社会科学研究院教授

平山洋介（ひらやま・ようすけ）　　神戸大学大学院人間発達環境学研究科教授

佐藤岩夫（さとう・いわお）　　東京大学社会科学研究所教授

寺尾　仁（てらお・ひとし）　　新潟大学工学部准教授

楜澤能生（くるみさわ・よしき）　　早稲田大学法学部教授

緒方賢一（おがた・けんいち）　　高知大学教育研究部人文社会科学系教授

安藤光義（あんどう・みつよし）　　東京大学大学院農学生命科学研究科教授

島村　健（しまむら・たけし）　　神戸大学大学院法学研究科教授

岩崎由美子（いわさき・ゆみこ）　　福島大学行政政策学類教授

石井圭一（いしい・けいいち）　　東北大学大学院農学研究科准教授

大村謙二郎（おおむら・けんじろう）　　筑波大学名誉教授

鳥海基樹（とりうみ・もとき）　　首都大学東京都市環境学部准教授

小川祐之（おがわ・ゆうじ）　　常葉大学法学部講師

長谷川貴陽史（はせがわ・きよし）　　首都大学東京都市教養学部教授

現代都市法の課題と展望
原田純孝先生古稀記念論集

2018 年 1 月 1 日　初版第 1 刷発行

編　者——桝澤能生
　　　　　佐藤岩夫
　　　　　高橋寿一
　　　　　高村学人

発行者——串崎　浩

発行所——株式会社 日本評論社
　　　　　東京都豊島区南大塚 3-12-4　郵便番号 170-8474
　　　　　電話　03-3987-8621（販売）3987-8631（編集）　振替　00100-3-16
　　　　　https://www.nippyo.co.jp/

印　刷——株式会社 平文社
製　本——株式会社 松岳社

© KURUMISAWA Yoshiki, SATO Iwao, TAKAHASHI Juichi, TAKAMURA Gakuto
　 2018 Printed in Japan
ISBN 978-4-535-52187-2　　装幀／レフ・デザイン工房　　写真撮影／富田　豊

JCOPY 〈(社)出版者著作権管理機構 委託出版物〉
本書の無断複写は著作権法上での例外を除き禁じられています。複写される場合は、その
つど事前に、(社)出版者著作権管理機構（電話 03-3513-6969、FAX 03-3513-6979、e-mail:
info@jcopy.or.jp）の許諾を得てください。また、本書を代行業者等の第三者に依頼してス
キャニング等の行為によりデジタル化することは、個人の家庭内の利用であっても、一切
認められておりません。